T0239023

Analytische Geometrie und Lineare Algebra zwischen Abitur und Studium I

Jens Kunath

Analytische Geometrie und Lineare Algebra zwischen Abitur und Studium I

Theorie, Beispiele und Aufgaben zu den Grundlagen

2. Auflage

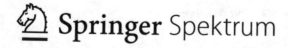 Springer Spektrum

Jens Kunath
Senftenberg, Deutschland

ISBN 978-3-662-67811-4   ISBN 978-3-662-67812-1   (eBook)
https://doi.org/10.1007/978-3-662-67812-1

Die Deutsche Nationalbibliothek verzeichnet diese Publikation in der Deutschen Nationalbibliografie; detaillierte
bibliografische Daten sind im Internet über http://dnb.d-nb.de abrufbar.

© Springer-Verlag GmbH Deutschland, ein Teil von Springer Nature 2019, 2023

Das Werk einschließlich aller seiner Teile ist urheberrechtlich geschützt. Jede Verwertung, die nicht ausdrücklich
vom Urheberrechtsgesetz zugelassen ist, bedarf der vorherigen Zustimmung des Verlags. Das gilt insbesondere für
Vervielfältigungen, Bearbeitungen, Übersetzungen, Mikroverfilmungen und die Einspeicherung und Verarbeitung
in elektronischen Systemen.
Die Wiedergabe von allgemein beschreibenden Bezeichnungen, Marken, Unternehmensnamen etc. in diesem
Werk bedeutet nicht, dass diese frei durch jedermann benutzt werden dürfen. Die Berechtigung zur Benutzung
unterliegt, auch ohne gesonderten Hinweis hierzu, den Regeln des Markenrechts. Die Rechte des jeweiligen
Zeicheninhabers sind zu beachten.
Der Verlag, die Autoren und die Herausgeber gehen davon aus, dass die Angaben und Informationen in diesem
Werk zum Zeitpunkt der Veröffentlichung vollständig und korrekt sind. Weder der Verlag noch die Autoren oder
die Herausgeber übernehmen, ausdrücklich oder implizit, Gewähr für den Inhalt des Werkes, etwaige Fehler
oder Äußerungen. Der Verlag bleibt im Hinblick auf geografische Zuordnungen und Gebietsbezeichnungen in
veröffentlichten Karten und Institutionsadressen neutral.

Planung/Lektorat: Nikoo Azarm
Springer Spektrum ist ein Imprint der eingetragenen Gesellschaft Springer-Verlag GmbH, DE und ist ein Teil von
Springer Nature.
Die Anschrift der Gesellschaft ist: Heidelberger Platz 3, 14197 Berlin, Germany

Das Papier dieses Produkts ist recyclebar.

Vorwort zur zweiten Auflage von Band 1

Im Herbst 2022 erreichte mich vom Spinger-Verlag die Bitte, eine zweite Auflage zum Band 1 meines Werks *Analytische Geometrie und Lineare Algebra zwischen Abitur und Studium* vorzubereiten. Aufgrund der im Jahr 2022 fast im Monatstakt steigenden Herstellungskosten für gedruckte Bücher war das seitens des Verlags gleichzeitig mit dem Wunsch verbunden, die Lösungen zu den Aufgaben abzuspalten, um das verbleibende Lehrbuch in gedruckter Form auch weiterhin zu einem akzeptablen Preis anbieten zu können. Die auffälligste Veränderung gegenüber der ersten Auflage besteht somit darin, dass die umfangreichen Lösungen zu den Aufgaben jetzt als elektronisches Zusatzmaterial auf SpringerLink zu finden sind. Ansonsten habe ich im Lehrbuch (entspricht Teil 1 aus der ersten Auflage, siehe dazu nachfolgend das Vorwort zur ersten Auflage) einige bisher übersehene Fehler korrigiert und dazu das Werk nochmals selbst sorgfältig durchgearbeitet. Das bedeutet aber nicht, dass es nicht doch weitere übersehene kleine und kleinste Flüchtigkeitsfehler gibt, die man aus Autor eines so umfangreichen Werks unter dem Einfluss einer gewissen Betriebsblindheit wohl leider auch beim 1001. Korrekturlesen übersehen wird. Für ein nochmaliges Durchrechnen aller Aufgaben stand mir jedoch nicht ausreichend Zeit zur Verfügung, hier habe ich nur stichprobenhaft nachgerechnet, gehe aber davon aus, dass die Lösungen weitgehend fehlerfrei sind. Sollten Sie, liebe Leserinnen und Leser, trotzdem auf Fehler aller Art, unklare Formulierungen, falsche Lösungshinweise oder Ähnliches stoßen oder mit Blick auf zukünftige Überarbeitungen des Manuskripts Vorschläge zur Verbesserung bzw. Ergänzung von Inhalten haben, so teilen Sie dies bitte dem Springer-Verlag mit. Vielen Dank dafür.

Senftenberg, Mai 2023

Jens Kunath

Vorwort zur ersten Auflage

Traditionell bereitet der Mathematikunterricht an allgemeinbildenden Schulen auf einen erfolgreichen Einstieg in eine Ausbildung vor, bei der mehr oder weniger Mathematik eine Rolle spielt. Insbesondere der Mathematikunterricht der Abiturstufe ebnet den Weg in ein Studium von Fachgebieten, bei denen Mathematik ein wichtiges Handwerkszeug darstellt oder sogar eine zentrale Bedeutung einnimmt. Die Aufgabe der Schulmathematik besteht folglich in der Vermittlung eines soliden Grundwissens, auf dem in den einführenden Mathematikvorlesungen aufgebaut werden kann. Idealerweise wird dazu bereits im Abitur eine breite Vielfalt an Begriffen, Methoden und Zusammenhängen aus den Bereichen Analysis, Lineare Algebra und Analytische Geometrie vorgestellt und zumindest in Leistungskursen vertieft behandelt.

Leider scheint sich das deutsche Schulwesen im Fach Mathematik dieser wichtigen Aufgabe nicht mehr im notwendigen Umfang bewusst zu sein. Bereits während meiner Tätigkeit an der BTU Cottbus-Senftenberg musste ich feststellen, dass Studierende immer weniger Vorwissen im Fach Mathematik aus der Schule mitbringen. Oft haben wir im Kollegenkreis darüber diskutiert, konnten und wollten nicht so recht glauben, welche großen Wissenslücken im Vergleich zu unserer eigenen Schulzeit zu beobachten sind.

Wie es zu dieser Entwicklung gekommen ist und in welchem Abiturjahrgang sie ihren Anfang hat, lässt sich nicht so einfach ermitteln. Die Ursachenforschung ist vielschichtig und ihre Diskussion würde ein eigenes Buch füllen. Unstrittig ist jedoch die Tatsache, dass zum Beispiel in meiner Heimatregion Brandenburg die Lerninhalte in Analysis, Linearer Algebra und Analytischer Geometrie im Vergleich zu den 1990er Jahren drastisch reduziert wurden. In allen anderen Bundesländern sieht es ähnlich aus, wobei auch die Tatsache bedenklich ist, dass die inhaltliche Ausgestaltung des Mathematikunterrichts von Bundesland zu Bundesland variiert. Deutschland einig Bildungsland? Fehlanzeige!

Es kann lange darüber diskutiert werden, welcher Stoff wie und in welchem Umfang für Schüler[1] zumutbar und wichtig ist. Selbstverständlich wird nicht jeder der heutigen Schüler nach dem Abitur ein Studium in einem Studiengang aufnehmen, in dem Mathematik eine Rolle spielt. Trotzdem wird gerne vergessen, dass der Mathematikunterricht in der gymnasialen Oberstufe im Wesentlichen ein Hauptziel hat, nämlich die Grundlagen für ein Studium zu schaffen, das sich der höheren Mathematik bedient. Diejenigen Schüler, die weniger an Mathematik interessiert sind und nach dem Abitur eine Ausbildung oder ein Studium ohne Mathebezug anstreben, sind naturgemäß nicht glücklich darüber, sich mit dem Stoff der „Abiturmathematik" auseinandersetzen zu müssen.

---

[1] Aus Gründen der besseren Lesbarkeit verwende ich in diesem Buch (überwiegend) das generische Maskulinum. Dies impliziert immer beide Formen, schließt also die weibliche Form mit ein.

Neben der Reduzierung von Inhalten in den Themenkomplexen Analysis, Lineare Algebra und Analytische Geometrie wurde bei verkürzter Schulzeit auf 12 Jahre bis zum Abitur ein „Schnupperkurs Stochastik" in die Rahmenlehrpläne aufgenommen. Dieser Themenkomplex war noch vor 20 Jahren zum Beispiel in Brandenburg kein fester oder gar verbindlicher Bestandteil im Rahmenlehrplan. Die heutigen Rahmenlehrpläne sind dadurch einerseits mit drei großen Themenkomplexen (Analysis, Lineare Algebra/Analytische Geometrie, Stochastik) überfrachtet, andererseits ist jeder Themenkomplex inhaltlich mager und teilweise zusammenhangslos bestückt. Wie ein Hund „schnüffelt" man mal hier mal da hinein. Weiter entsteht, gemessen an der zur Verfügung stehenden Zeit, ein enormer Zeitdruck für Schüler und Lehrer, denn das mittlerweile in allen Bundesländern eingeführte Zentralabitur Mathematik verlangt das Abarbeiten aller Pflichtthemen. So wundert es nicht, dass auch die Umsetzung der Rahmenlehrpläne vielfach zu wünschen übrig lässt. Herleitung bzw. Beweise mathematischer Aussagen fallen vielfach gänzlich unter den Tisch, sind aber zum nachhaltigen Verständnis des Stoffs unumgänglich.

Ganz offensichtlich braucht es Veränderungen in der Organisation und Durchführung von Mathematikunterricht (nicht nur) in der gymnasialen Oberstufe. Ein Blick zurück in frühere Jahrzehnte täte den Verantwortlichen dabei ganz gut. Außerdem muss sich auch der gesellschaftliche Stellenwert der Mathematik bzw. des Mathematiklernens (wieder) zum Positiven verändern. Die im derzeitigen Digitalisierungswahn weit verbreitete Meinung, man könne mathematische Fragen bei Bedarf mittels „Super(taschen)rechner" und Internetsuchmaschine lösen und müsse sich folglich nicht in der Schule damit herumärgern, führt zu immer größeren Problemen.

Nicht umsonst beklagen Hochschulen und Ausbildungsbetriebe die mangelhaften Mathematikkenntnisse ihrer Studierenden und Auszubildenden. Deshalb ist es mittlerweile eine gängige Praxis, in vorbereitenden Kursen zukünftigen Studierenden in Sachen Mathematik das notwendige Grundwissen inklusive der zugehörigen Grundkompetenzen zu vermitteln, was eigentlich Aufgabe der Schulmathematik gewesen wäre. Wenn Hochschulen mühsam versuchen müssen, die Studierfähigkeit frisch gebackener Abiturienten im Fach Mathematik herzustellen, dann zeigt sich spätestens daran, dass an allgemeinbildenden Schulen (nicht nur) im Mathematikunterricht aktuell einiges schief läuft.

Neben den direkt aus der Schule rekrutierten Studierenden gibt es zwei weitere Gruppen von Studienanfängern: Zum einen wollen heute aus verschiedensten Gründen zahlreiche Menschen ein Studium absolvieren, die nach dem Abitur zunächst eine klassische Ausbildung durchlaufen und einige Jahre in ihrem erlernten Beruf gearbeitet haben. Nehmen diese Menschen ein Studium mit Mathematikbezug auf, so haben sie den Stoff der Abiturmathematik naturgemäß in den zurückliegenden Jahren nahezu vergessen und stehen vor dem Problem, vorbereitend grundlegende Inhalte der Schulmathematik wiederholen zu müssen, wenn der Studieneinstieg problemlos gelingen soll.

Zum anderen besteht heute die Möglichkeit, ein Studium auch ohne Abitur zu beginnen. Als Zugangsvoraussetzung genügt hierzu zum Beispiel eine Meisterausbildung im Handwerk. Diese Menschen stehen vor der besonderen Herausforderung, einen Zugang zur Hochschulmathematik zu finden. Dazu ist es unumgänglich, sich vor Studienbeginn mit wichtigen Lerneinheiten, vor allem der Abiturmathematik, auseinanderzusetzen. Vielfach bewerkstelligen das diese Menschen neben einem zeitlich ohnehin gut ausgefüllten Arbeitsleben in Abendkursen und oft im Selbststudium.

Aus welchen Gründen und in welchem Umfang auch immer sich angehende Studierende vor dem Studienbeginn mit den Inhalten der Abiturmathematik auseinandersetzen wollen oder müssen, in jedem Fall wird dies nur mithilfe eines oder mehrerer Lehrbücher zum Erfolg führen, mit denen Lerninhalte im Selbststudium ergänzt und vertieft werden können. Erst auf diese Weise wird die Vorbereitung nachhaltig gelingen, d. h., das erlernte Wissen festigt sich und ist langfristig abrufbar.

Zur Studienvorbereitung gibt es eine Vielzahl von Lehrbüchern, sodass Lernende hier eine breite Auswahl haben. Das vorliegende Lehrbuch ergänzt dieses Angebot. Ursprünglich sollte ein Lehrbuch entstehen, das alle im Mathematikunterricht der gymnasialen Oberstufe behandelten Themen miteinander vereint. Schnell hat sich gezeigt, dass ein solches Werk zu umfangreich werden würde, sodass zunächst das vorliegende Lehrbuch zum Themenkomplex Lineare Algebra/Analytische Geometrie in Angriff genommen wurde.

Mit den Inhalten dieses Lehrbuchs wurden bereits unzählige Generationen von Abiturienten konfrontiert und es wurden ebenso unzählige Lehrbücher zu den Themen verfasst. Das Fahrrad lässt sich bekanntlich nicht neu erfinden, aber immerhin neu verpacken. Diese „Verpackung" besteht in dem Versuch, die Inhalte möglichst ausführlich zu behandeln und nur wenige für die Studieneingangsphase relevante Fragen offen zu lassen. Trotzdem haben Lernende ausreichend Möglichkeiten, selbständig mitzudenken und mitzurechnen.

Das Hauptanliegen dieses Lehrbuchs besteht darin, die reine Mathematik zu einzelnen Themengebieten zu vermitteln, d. h., auf Anwendungen wird bis auf wenige Ausnahmen verzichtet. Bei der Themenauswahl habe ich mich durch die in der Literaturliste aufgeführten Lehrbücher inspirieren lassen. Die dort genannten Lehrbücher zum Studienbeginn sind in neuerer Auflage zum Weiterlesen zum Beispiel in Hochschulbibliotheken erhältlich. Bewusst habe ich auch auf ältere, in dieser Form nicht mehr erhältliche Schullehrbücher zurückgegriffen, um so einen Überblick über die Inhalte zu erhalten, die früher im Schulunterricht behandelt wurden und heute dort nicht mehr gelehrt werden, aber trotzdem zur Vorbereitung auf ein Studium wichtig oder zumindest interessant sind.

Bis auf wenige Ausnahmen habe ich es vermieden, aus Lehrbüchern wortwörtlich zu zitieren. Das ist meiner Meinung nach auch gar nicht notwendig, denn gerade der Stoff der Abiturmathematik ist ein wichtiges Handwerkszeug und deshalb als Grundwissen und in gewisser Weise auch als Allgemeinwissen anzusehen. Wer sich intensiv damit auseinandersetzt, wird zudem schnell merken, dass viele Ideen und Aussagen nahezu von selbst entstehen. Sollte ich auf diese Weise zufällig einmal Formulierungen gewählt haben, die exakt so in einem anderen Werk stehen, dann mögen mir die Autoren verzeihen, dass ich keinen Querverweis auf ihr Werk vornehme.

Die meisten der nicht trivialen mathematischen Aussagen werden bewiesen, wobei das Wort „Beweis" in der Regel vermieden wird, beschert es doch Lernenden im schlimmsten Fall Angstzustände. Die Inhalte vieler Sätze werden deshalb unauffällig Schritt für Schritt hergeleitet, sodass der Satz als Zusammenfassung dieser Herleitung zu verstehen ist und sein Beweis davor geführt wurde. Ausnahmen von diesem Konzept gibt es wenige. Klar ist auch, dass nicht alle Sätze mit dem Wissen der Schulmathematik bewiesen werden können, worauf entsprechend hingewiesen wird. In einigen Fällen kann es Lernenden auch selbst zugetraut werden, den Beweis eines Satzes zu führen, wenn dies zum Beispiel durch einfaches Nachrechnen erfolgen kann.

In jedem Lehrbuch braucht es gewisse Strukturen, und so werden Definitionen, Sätze, wichtige Formeln und Beispiele durchnummeriert. Diese Struktur dürfte vielen Lernenden neu sein, die aus ihrem Schulunterricht eher Notizen in loser Reihenfolge kennen und im Verlauf eines Schuljahres schon einmal ins Schwitzen kommen, wenn sie in ihren Aufzeichnungen etwas Bestimmtes suchen. Die Nummerierung hilft beim Wiederfinden bestimmter Inhalte und erleichtert es, Beziehungen zwischen Inhalten herzustellen. Ich bin davon überzeugt, dass sich Lernende daran schnell gewöhnen können ebenso wie an die Tatsache, dass es zu vielen mathematischen Sachverhalten verschiedene Bezeichnungen und Formelzeichen gibt, die jeweils ein und dasselbe meinen. Um das zu verdeutlichen, habe ich zur Information oft verschiedene Bezeichnungen zu einem Sachverhalt genannt, sodass sich Lernende beim Blick in andere Lehrbücher hoffentlich besser zurechtfinden und nicht lange grübeln müssen, was das eigentlich bekannte XYZ bedeutet.

Das Erlernen und Begreifen von Mathematik geht bekanntlich nicht, ohne selbst aktiv zu werden und dabei eine Vielzahl von Übungsaufgaben durchzurechnen. Deshalb gibt es zu jedem Teilabschnitt eine reichhaltige Auswahl von Übungsaufgaben teils unterschiedlicher Schwierigkeitsgrade. Das reicht von einfachen Augaben bei denen es nur um das Kennenlernen und den Umgang mit den eingeführten Begrifflichkeiten geht, bis hin zu anspruchsvolleren Aufgaben, bei denen Lernende Zusammenhänge selbst erkennen und beschreiben müssen, was gelegentlich auch kleinere Beweise umfasst. Der Schwierigkeitsgrad der Aufgabe wird dabei nicht gekennzeichnet. Lernende sollen und müssen für sich selbst festlegen, was sie als leicht oder schwer einstufen, denn auch das ist ein Teil eines selbstbestimmten Lernprozesses.

Zu allen Aufgaben gibt es zum Teil ausführliche Lösungen. Kritiker mögen mir vorwerfen, dass es Lernenden wenig bringt, wenn sie die Lösungen der Aufgaben zur Hand haben und Gefahr laufen, einfach nachzuschauen, statt selbst zu denken. Das sehe ich etwas anders: Verantwortungsvolle Schüler und Studierende sind sehr wohl in der Lage, zunächst selbst die Lösung einer Aufgabe zu versuchen, gegebenfalls mehrere Anläufe zu unternehmen und erst in die Lösung zu schauen, wenn sie entweder mit ihrer Rechnung fertig sind oder wenn sie partout nicht weiterkommen. Nicht zuletzt lässt sich bei schwereren Aufgaben unter der Voraussetzung einer selbstkritischen Arbeitsweise und mit dem Ziel des Verstehenwollens auch aus Lösungen ein nicht zu unterschätzender Lerngewinn ziehen.

Die Aufgaben zu diesem Buch habe ich entweder selbst entworfen oder seit Jahren im Schulbetrieb genutzte Aufgaben angepasst, verändert, erweitert und kombiniert. Dabei habe ich mir natürlich nicht aufs Geratewohl irgendetwas ausgedacht, sondern habe mich vor allem durch die in der Literaturliste aufgeführten älteren Schullehrbücher inspirieren lassen. Eine große Anzahl von Aufgabenstellungen kann man dabei auch gar nicht neu erfinden, haben sie sich doch seit Jahrzehnten im Mathematikunterricht bewährt und sind (theoretisch) Standard. Nach etwa zweieinhalb Jahren Arbeit an diesem Lehrbuch kann ich nicht mehr nachvollziehen, welche Aufgabe wann und wie entstanden ist oder woher die

Idee dazu kam. Es ist deshalb nicht ganz auszuschließen, dass ich aus älteren Lehrbüchern unabsichtlich doch einmal einen Aufgabentext wortwörtlich übernommen habe. Sollte das der Fall sein, so mögen mir die Autoren verzeihen, dass ich auch in diesen Fällen keine (weil für mich nicht mehr nachvollziehbare) Quellenangabe vornehme.

Aufgrund seines Umfangs wurde das Manuskript in zwei Bände zerlegt. Band 1 enthält die folgenden drei Kapitel, deren Inhalte als Grundwissen anzusehen sind:

- Kapitel 1 behandelt lineare Gleichungssysteme. Dabei werden zuerst einzelne lineare Gleichungen besprochen und darauf aufbauend die gängigen Lösungsverfahren für lineare Gleichungssysteme mit zwei und drei Variablen vorgestellt. Obwohl für die meisten der in der Schulmathematik behandelten Probleme der Gauß-Algorithmus nicht zwingend eingesetzt werden muss, wird dieses für die Hochschulmathematik wichtige Lösungsverfahren ebenfalls vorgestellt.
- In Kapitel 2 werden zunächst die kartesischen Koordinatensysteme der Ebene und des Raums vorgestellt, wobei der Schwerpunkt auf die Darstellung von Punkten im Raum gesetzt wird. Im Anschluss wird der für die Lineare Algebra und die damit zusammenhängende Analytische Geometrie zentrale Begriff des Vektorraums mit den wichtigsten Eigenschaften behandelt. Wie in der Schulmathematik üblich, wird dabei auf die Interpretation als „Verschiebung" von Punkten eingegangen.
- In Kapitel 3 werden ausführlich Geraden und Ebenen behandelt. Zuerst werden verschiedene Möglichkeiten vorgestellt, diese geometrischen Objekte durch Gleichungen darzustellen. Anschließend wird detailliert auf Lagebeziehungen zwischen Geraden bzw. Ebenen untereinander sowie zwischen Geraden und Ebenen eingegangen. Dazu werden mehrere Möglichkeiten aufgezeigt, die von der Darstellungsform der Geraden- bzw. Ebenengleichung abhängen. Lernende sollen dabei erkennen, dass es nicht „den" Lösungsweg gibt, sondern dass sie zwischen verschiedenen Lösungswegen wählen können. Zum Ende des Kapitels wird auf Abstandsberechnungen zwischen Punkten, Geraden und Ebenen sowie auf Spiegelungen eingegangen.

Band 2 behandelt Themen, die heute aus dem deutschen Schulunterricht weitgehend verschwunden sind, aber noch vor 20 Jahren dort wie selbstverständlich, jedoch in unterschiedlichem Umfang vorkamen. Band 2 enthält die folgenden zwei Kapitel und spricht neben besonders interessierten Lesern vor allem diejenigen an, die genau wissen, dass sie in ihrem Studium die darin enthaltenen Themen benötigen werden:

- In Kapitel 4 werden ausführlich Kreise und Kugeln behandelt. Zuerst werden Gleichungen hergeleitet, mit denen die auf einem Kreis bzw. einer Kugel liegenden Punkte beschrieben werden können. Die Betrachtung des Kreises erfolgt in der Ebene und im Raum. Als Anwendung der Kreisgleichung werden Drehungen von Punkten in der Ebene behandelt. Anschließend werden Lagebeziehungen und Abstände zwischen Kreisen, Kugeln, Geraden und Ebenen besprochen. Zum Ende des Kapitels wird auf Polarkoordinaten von Punkten in der Ebene und im Raum eingegangen.
- In Kapitel 5 werden Kegelschnitte behandelt. Das erfolgt in einer für die Schulmathematik unüblichen Weise, die jedoch einen Zusammenhang zwischen den zuvor behandelten Geraden, Ebenen, Kreisen und Kugeln aufzeigt und nutzt. Nach der Definition und Herleitung einer Gleichung für einen geraden Kreiskegel wird der Begriff des Kegelschnitts erläutert. Im Anschluss werden Ellipsen, Hyperbeln und Parabeln jeweils

einzeln und in der Ebene behandelt, wobei der Schwerpunkt auf einer ausführlichen Herleitung von Koordinatengleichungen für diese Kegelschnitte liegt. Für Ellipsen und Hyperbeln werden zusätzlich Lagebeziehungen zu Geraden untersucht.

Beide Bände sind jeweils in zwei Teile aufgeteilt: Teil 1 enthält Theorie und Aufgabenstellungen, Teil 2 enthält Lösungen zu den Aufgaben. Es sei den Lesern empfohlen, zunächst die Hinweise zu Aufbau und Notation zu Beginn der beiden Teile durchzulesen sowie einen Blick in das Symbolverzeichnis zu werfen. Neben den Schreibweisen, die bereits aus der Schulmathematik bekannt sind, werden auch einige für die Hochschulmathematik typische Notationen verwendet. Letzteres betrifft insbesondere die Schreibweise von Äquivalenzumformungen unter anderem bei der Lösung von Gleichungen, die vielen Lesern unbekannt sein dürfte.

Es bleibt mir noch die angenehme Aufgabe, Frau Dr. Annika Denkert vom Springer-Verlag für ihr Interesse an meinem Buchprojekt und für die sehr gute Beratung und Betreuung während der gesamten Projektzeit zu danken. Weiter danke ich Frau Stella Schmoll vom Springer-Verlag für die kompetente und geduldige Beratung zur Text- und Bildgestaltung. Ein besonders großes Dankeschön richte ich an Frau Micaela Krieger-Hauwede für die mit viel Fleiß, Geduld und Genauigkeit durchgeführte Suche nach Rechtschreibfehlern einschließlich deren Korrektur und die zahlreichen Vorschläge zur Verbesserung der Lesbarkeit und des Layouts.

Eine abschließende Bitte an die Leser: Die theoretischen Abhandlungen, Aufgaben und Lösungen wurden mehrfach durchgesehen und sollten damit weitgehend fehlerfrei sein. Trotzdem schleichen sich in längere und auch kürzere mathematische Texte in aller Regel einige Fehler ein. Aus Tipp- und Flüchtigkeitsfehlern werden dabei ungewollt inhaltliche Fehler, die selbst nach mehrfachem Korrekturlesen unentdeckt bleiben. Ich bitte alle Leserinnen und Leser, die auf Fehler aller Art, unklare Formulierungen, falsche Lösungshinweise oder Ähnliches stoßen, diese dem Springer-Verlag mitzuteilen. Vielen Dank dafür.

Senftenberg, November 2019

Jens Kunath

Hinweise zu Aufbau und Notation

Definitionen, Sätze, Folgerungen, Bemerkungen, wichtige Formeln und Beispiele sind in jedem Kapitel fortlaufend durchnummeriert. Die Nummerierung hat die Gestalt **C.N**, wobei **C** die Kapitelnummer und **N** eine durch das Kapitel laufende Nummer ist, d. h., mit dem Beginn jedes neuen Abschnitts wird die Nummerierung nicht unterbrochen, sondern weitergezählt. Die Nummerierung der Aufgaben wird dagegen mit jedem Abschnitt eines Kapitels neu begonnen und hat die Gestalt **C.S.N**, wobei **C** die Kapitelnummer, **S** die Abschnittsnummer und **N** die laufende Nummer der Aufgabe ist. Die Nummerierung von Abbildungen erfolgt fortlaufend.

Wichtige Begriffe und besondere fachliche Sprechweisen werden (mindestens) bei ihrer erstmaligen Erwähnung durch <u>doppelte Unterstreichung</u> hervorgehoben. Definitionen sind in einer umrandeten Box notiert:

Definition 1.1. Für $x \in \mathbb{R}$ wird folgendes definiert: ...

Sätze und Folgerungen sind in einer farbig ausgefüllten und zusätzlich umrandeten Box notiert, zum Beispiel:

Satz 1.2. Für alle $x \in \mathbb{R}$ gilt ...

Es ist sinnvoll, häufig durchzuführende Lösungsschritte zu einem Problem als kompakte Rechenanleitung zusammenzufassen, notiert in einer farbig ausgefüllten Box:

Anleitung 1.3. Folgende Schritte sind durchzuführen ...

Umrandete oder farbig ausgefüllte Boxen fassen zusammengehörende Inhalte zusammen. Der Anfang von Bemerkungen und Beispielen wird durch das jeweilige Schlüsselwort markiert, das Ende einer Bemerkung wird durch das Zeichen ◯ gekennzeichnet, Beispiele werden durch das Zeichen ◀ beendet. Auf häufige Fehlerquellen wird explizit hingewiesen. Diese nicht nummerierten Hinweise stehen in einer umrandeten Box und beginnen mit dem Wort „Achtung!":

ACHTUNG! Ein häufiger Fehler ist ...

Eine besondere Erläuterung ist zur Notation von Äquivalenz- und Folgerungsumforungen notwendig, die vielen Lesern in der hier verwendeten Form noch nicht begegnet sein dürfte. Im Schulunterricht wird in der Regel bei der Lösung von Gleichungen häufig vor der nächsten, zur Ausgangsgleichung äquivalenten oder einer daraus folgenden Gleichung angegeben, welcher Rechenschritt oder welche (Neben-) Bedingung zu diesem Ziel geführt hat. Das sieht zum Beispiel folgendermaßen aus:

$$2x + 7 = 21 \quad \bigm| -7$$
$$\Leftrightarrow \quad 2x = 14 \quad \bigm| : 2$$
$$\Leftrightarrow \quad x = 7$$

Dabei wird oft der Äquivalenzpfeil $\Leftrightarrow$ weggelassen, der anzeigt, dass eine zulässige(!) Äquivalenzumformung durchgeführt wurde. Solche Rechnungen werden in diesem Buch in der für die Hochschulmathematik typischen Weise kürzer notiert, zum Beispiel:

$$2x + 7 = 21 \quad \Leftrightarrow \quad 2x = 14 \quad \Leftrightarrow \quad x = 7$$

Die Leser sind folglich zum Mitdenken aufgefordert und müssen die durchgeführten Umformungen selbst erkennen. Gelegentlich werden auch nicht alle Zwischenergebnisse notiert, sondern zusammengefasst. Für das Beispiel kann das wie folgt aussehen:

$$2x + 7 = 21 \quad \Leftrightarrow \quad x = 7$$

Analoge Schreibweisen werden bei Folgerungsumformungen verwendet. Das sind Umformungen, bei denen aus einer Gleichung eine andere Gleichung folgt, die Umkehrung („Gegenrichtung") des damit verbundenen Schlusses jedoch nicht gilt oder, wie zum Beispiel bei der Operation des Quadrierens, nur die „halbe Wahrheit" ist. Aus $x = 2$ folgt $x^2 = 4$ notieren wir zum Beispiel kurz wie folgt:

$$x = 2 \quad \Rightarrow \quad x^2 = 4$$

Auch die Gegenrichtung ist ein zulässiger Schluss, d. h.:

$$x^2 = 4 \quad \Rightarrow \quad x = 2$$

Zur Sicherheit sei darauf hingewiesen, dass die Gleichungen $x = 2$ und $x^2 = 4$ nicht äquivalent sind und folglich nicht mit einem Äquivalenzpfeil verknüpft werden dürfen, denn die Gleichung $x^2 = 4$ hat noch eine zweite Lösung, nämlich $x = -2$. Umgekehrt folgt aus $x = -2$ ebenfalls $x^2 = 4$.

Der Äquivalenzpfeil $\Leftrightarrow$ und der Folgerungspfeil $\Rightarrow$ werden nicht nur im Zusammenhang mit der Umformung und Lösung von Gleichungen verwendet, sondern auch allgemeiner zur Verknüpfung von mathematischen Aussagen und Aussageformen. Neben Gleichungen gehören dazu Ungleichungen, für die hier ebenfalls oft die oben genannten Kurzschreibweisen verwendet werden. Dazu sei als Beispiel die folgende verbal formulierte Verknüpfung zweier Aussageformen betrachtet: *x ist eine Zahl größer als* 7. *Dann ist x auch größer als* −1. Das lässt sich kurz wie folgt notieren:

$$x > 7 \quad \Rightarrow \quad x > -1$$

Werden bei der Untersuchung von (Un-) Gleichungen frühere Ergebnisse verwendet, dann kann das auf verschiedene Weise deutlich gemacht werden. Das frühere Ergebnis sei zum Beispiel:

$$x = 4 \ , \ y = -5 \tag{$*$}$$

Mit diesen Werten für x und y soll die Gleichung $2x+3y+3z=2$ gelöst werden, d. h., die Zahlenwerte aus $(*)$ sind eine Nebenbedingung zur Lösung der genannten Gleichung. Das Einsetzen der Zahlenwerte $x=4$ und $y=-5$ aus $(*)$ wird kurz wie folgt notiert:

$$2x+3y+3z=2 \quad \overset{(*)}{\Rightarrow} \quad 2\cdot 4+3\cdot(-5)+3z=2 \quad \Leftrightarrow \quad -7+3z=2$$

$$\Leftrightarrow \quad 3z=9 \quad \Leftrightarrow \quad z=3$$

Dies lässt sich noch kürzer notieren:

$$2x+3y+3z=2 \quad \overset{(*)}{\Rightarrow} \quad -7+3z=2 \quad \Leftrightarrow \quad z=3 \qquad (\#)$$

Letztere Variante fordert die Leser wieder stärker zum Mitdenken und Mitrechnen auf. In jedem Fall bedeutet die Schreibweise $\overset{(*)}{\Rightarrow}$, dass sich die nachfolgende Gleichung unter Verwendung der Zahlenwerte aus $(*)$ ergibt. Bei sehr einfachen Rechnungen, die sich wie in $(\#)$ durch Einsetzen von bekannten Zahlenwerten in eine andere Gleichung ergeben, wird oft darauf verzichtet, die einzelnen Schritte ausführlich zu notieren. Statt dessen wird lediglich verbal gesagt, dass das Einsetzen von $x=4$ und $y=-5$ in die Gleichung $2x+3y+3z=2$ auf den Wert $z=3$ führt. „Einsetzen" bedeutet deshalb oft auch gleichzeitig ausrechnen.

Äquivalenzumformungen werden gern weiter abgekürzt, indem zum Beispiel zur Lösung von Gleichungen Ausdrücke auf einer Seite des Gleichheitszeichens so weit wie möglich umgeformt werden und dann die andere Seite der zu lösenden Gleichung einfach angehangen wird. Die Umformungen

$$2(x+y)-3(x-y)=5 \quad \Leftrightarrow \quad 2x+2y-3x+3y=5 \quad \Leftrightarrow \quad -x+5y=5$$

lassen sich auf diese Weise etwas kompakter in der Form

$$2(x+y)-3(x-y)=2x+2y-3x+3y=-x+5y=5 \qquad (**)$$

schreiben. Auch in diesem Lehrbuch wird von solchen Abkürzungen Gebrauch gemacht. Manchen Didaktikern mag die Variante $(**)$ grauenvoll erscheinen und trotzdem können sich Lernende damit in der Regel gut anfreunden.

Inhaltsverzeichnis

1 Lineare Gleichungssysteme 1
  1.1 Lineare Gleichungen 1
  1.2 Lineare Gleichungssysteme mit zwei Variablen 8
    1.2.1 Gleichsetzungsverfahren 8
    1.2.2 Einsetzungsverfahren 9
    1.2.3 Additionsverfahren 12
    1.2.4 Überbestimmte Gleichungssysteme 17
  1.3 Lineare Gleichungssysteme mit drei Variablen 22
  1.4 Systeme mit drei Variablen und der Gauß-Algorithmus 35
  1.5 Lösung von Systemen mit beliebiger Variablenanzahl 51

2 Vektoren und ihre Eigenschaften 61
  2.1 Punkte in der Ebene und im Raum 61
  2.2 Vektoren 75
  2.3 Addition und skalare Multiplikation im Vektorraum 85
  2.4 Lineare (Un-) Abhängigkeit von Vektoren 100
  2.5 Winkel zwischen Vektoren 124
  2.6 Basis und Dimension 143

3 Geraden und Ebenen 157
  3.1 Geradengleichungen 157
  3.2 Lagebeziehungen zwischen zwei Geraden 179
  3.3 Ebenengleichungen 196
    3.3.1 Parameterform der Ebenengleichung 196
    3.3.2 Normalenform der Ebenengleichung 204
    3.3.3 Koordinatenform der Ebenengleichung 210
    3.3.4 Achsenabschnittsform der Ebenengleichung 217
    3.3.5 Umrechnungen zwischen den Darstellungsformen 220
    3.3.6 Ebenenscharen 225
  3.4 Lagebeziehungen zwischen Geraden und Ebenen 229
    3.4.1 Allgemeine Beziehungen 229
    3.4.2 Schnittwinkel, Spurpunkte und Spurgeraden 242
  3.5 Lagebeziehungen zwischen zwei Ebenen 251
    3.5.1 Rechnung mit beiden Ebenengleichungen in Parameterform . . . 251
    3.5.2 Rechnung mit Ebenengleichungen in verschiedenen Formen . . . 256
    3.5.3 Rechnung mit beiden Ebenengleichungen in Koordinatenform . . 260

3.5.4   Schnittwinkel   266

3.5.5   Spurgeraden   269

3.6   Abstandsberechnungen   272

3.6.1   Abstand zwischen Punkt und Gerade in der Ebene   272

3.6.2   Abstand zwischen Punkt und Gerade im Raum   281

3.6.3   Abstand zwischen Punkt und Ebene   288

3.7   Spiegelungen   298

3.7.1   Spiegelung eines Punkts an einem Punkt und an einer Gerade . .   298

3.7.2   Spiegelungen an einer Ebene   308

Symbolverzeichnis   317

Literaturverzeichnis   321

Sachverzeichnis   323

Lineare Gleichungssysteme

1

1.1 Lineare Gleichungen

Bereits frühzeitig werden im Mathematikunterricht Gleichungen der Gestalt

$$ax = b \tag{1.1}$$

behandelt, wobei die <u>Koeffizienten</u> $a \in \mathbb{R} \setminus \{0\}$, $b \in \mathbb{R}$ gegeben sind und $x \in \mathbb{R}$ die <u>Variable</u> der Gleichung ist. Statt Variable sagt man auch, dass x die <u>Unbekannte</u> der Gleichung ist. Gleichungen der Gestalt (1.1) sind ein Prototyp einer <u>linearen Gleichung</u>, die immer <u>eindeutig lösbar</u> ist. Die Lösung wird durch Umstellen der Gleichung nach der Variablen bestimmt, d. h., Division durch $a \neq 0$ ergibt $x = \frac{b}{a}$.

Im Unterricht der Sekundarstufe I lernen Schüler die lineare Funktion $f : \mathbb{R} \to \mathbb{R}$ mit der Funktionsgleichung $f(x) = mx + n$ kennen, deren Graph eine Gerade ist, weshalb die Funktion f selbst auch als Gerade bezeichnet wird. Durch die Zuordnung $y = f(x)$ ist

$$y = mx + n \tag{1.2}$$

ebenfalls eine lineare Gleichung mit den Koeffizienten $m, n \in \mathbb{R}$ und den Variablen $x, y \in \mathbb{R}$ gegeben. Diese Gleichung hat keine eindeutige Lösung, denn zu *jedem* $x \in \mathbb{R}$ gehört ein $y \in \mathbb{R}$ und umgekehrt. Man sagt auch, dass die Gleichung <u>mehrdeutig lösbar</u> und eine Variable von der anderen abhängig ist.

Die Darstellung einer linearen Gleichung ist nicht eindeutig, denn durch eine eingeschränkte Anzahl von Termumformungen lässt sich eine lineare Gleichung derart umformen, dass das Ergebnis wieder eine lineare Gleichung ist. <u>Zulässige Termumformungen</u> sind dabei Addition und Subtraktion von Termen, die in der Ausgangsgleichung enthalten sind, und die Multiplikation bzw. Division mit reellen Konstanten $k \neq 0$. **Nicht zulässig** sind dagegen die Multiplikation oder Division mit den Variablen und der Konstante $k = 0$.

Durch Subtraktion von mx ergibt sich aus (1.2) die Gleichung

$$-mx + y = n \,. \tag{1.3}$$

Multiplikation mit $b \neq 0$ ergibt daraus:

$$-bmx + by = bn \tag{1.4}$$

Ergänzende Information Die elektronische Version dieses Kapitels enthält Zusatzmaterial, auf das über folgenden Link zugegriffen werden kann https://doi.org/10.1007/978-3-662-67812-1_1.

© Springer-Verlag GmbH Deutschland, ein Teil von Springer Nature 2023
J. Kunath, *Analytische Geometrie und Lineare Algebra zwischen Abitur und Studium I*, https://doi.org/10.1007/978-3-662-67812-1_1

Definieren wir $a := -bm$ und $c := bn$, dann erhält (1.4) die Gestalt

$$ax + by = c. \tag{1.5}$$

Die Gleichungen (1.2), (1.3), (1.4) und (1.5) sind zueinander äquivalent. Das bedeutet, dass diese Gleichungen die gleiche Lösungsmenge haben. Die Lösungsmenge besteht dabei aus allen Wertepaaren $(x;y)$, für die durch Einsetzen in die Gleichungen eine wahre Aussage entsteht, d. h., im Fall von (1.5) ergibt sich auf der linken Seite nach Ausmultiplizieren und Addition der Terme tatsächlich $ax + by = c$. Nicht zur Lösungsmenge gehören solche Wertepaare $(x;y)$, bei denen sich nach Einsetzen in die Gleichung ein Widerspruch ergibt, d. h., im Fall von (1.5) ergibt sich $ax + by \neq c$.

Gleichung (1.5) stellt die Normalform einer linearen Gleichung mit zwei Variablen $x, y \in \mathbb{R}$ und den Koeffizienten $a, b, c \in \mathbb{R}$ dar, wobei zusätzlich $a \neq 0$ und $b \neq 0$ vorausgesetzt sei. Diese Gleichung lässt sich lösen, indem einer der beiden Variablen beliebige Werte zugewiesen werden. Der Wert der anderen Variable hängt von dieser Wahl ab.

Beispiel 1.6. Es ist die lineare Gleichung $2x + 3y = 7$ zu lösen. Die genaue Vorgehensweise hängt davon ab, ob genau *eine* Lösung der Gleichung bestimmt werden soll oder *alle* Lösungen der Gleichung bestimmt werden sollen. In a) bis c) wird demonstriert, wie man genau eine Lösung der Gleichung bestimmt, in d) werden alle Lösungen ermittelt.

a) Wir wählen $y = 1$ und setzen dies in die Gleichung ein. Das ergibt $2x + 3 = 7$ und daraus folgt $2x = 4$, also $x = 2$. Das Lösungspaar $x = 2$ und $y = 1$ ist *eine* Lösung der Gleichung $2x + 3y = 7$. Um die Abhängigkeit der Variablenwerte voneinander deutlich zu machen, nutzen wir die bereits oben angedeutete Schreibweise als Wertepaar und schreiben $(x;y) = (2;1)$.

b) Eine andere Lösung erhalten wir zum Beispiel für $y = 2$, d. h. $2x + 6 = 7$, woraus $x = \frac{1}{2}$ folgt. Damit ist $(x;y) = \left(\frac{1}{2};2\right)$ eine weitere Lösung der Gleichung.

c) Eine weitere Lösung ergibt sich zum Beispiel für $x = -7$, d. h. $-14 + 3y = 7$, woraus $y = 7$ folgt. Auch das Wertepaar $(x;y) = (-7;7)$ löst die Gleichung $2x + 3y = 7$.

d) Die Beliebigkeit der Wahl eines Wertes für eine der Variablen kann verallgemeinert werden. Das wird zum Beispiel durch die Zuweisung $y = t$ mit beliebigem $t \in \mathbb{R}$ deutlich gemacht. Einsetzen von $y = t$ in die Gleichung ergibt $2x + 3t = 7$. Umstellung dieser Gleichung nach der zweiten Variable ergibt $x = \frac{7}{2} - \frac{3}{2}t$. Durch die Wertepaare

$$(x;y) = \left(\frac{7}{2} - \frac{3}{2}t\,;t\right) \tag{$*$}$$

werden für $t \in \mathbb{R}$ alle Lösungen der Gleichung $2x + 3y = 7$ charakterisiert. Alle Wertepaare der Gestalt $(*)$ zusammen ergeben die Lösungsmenge L der Gleichung $2x + 3y = 7$. Die Bezeichnung Lösungs*menge* legt nahe, für L eine Mengenschreibweise zu verwenden, wie zum Beispiel

$$L = \left\{ (x;y) \;\middle|\; x = \frac{7}{2} - \frac{3}{2}t,\; y = t,\; t \in \mathbb{R} \right\} \quad \text{oder} \quad L = \left\{ \left(\frac{7}{2} - \frac{3}{2}t\,;t\right) \;\middle|\; t \in \mathbb{R} \right\}.$$

Die Schreibweise ist nicht eindeutig festgelegt, ihre Bedeutung macht aber unmissverständlich klar, dass L aus allen Wertepaaren der Gestalt $(*)$ besteht. Wir schreiben $(x; y) \in L$ und meinen damit ein Lösungspaar $(x; y)$ aus der Lösungsmenge L. ◄

Es ist zu beachten, dass die Gleichung $2x + 3t = 7$ in Beispiel 1.6 d) in gewisser Weise auch zwei Variablen x und t enthält, jedoch übernimmt $t \in \mathbb{R}$ analog zu Beispiel 1.6 a) und b) in der weiteren Rechnung die Rolle eines *fest* gewählten Zahlenwerts. Mit den Variablen der linearen Gleichung $2x + 3y = 7$ sind demnach x und y gemeint. Der feste und zugleich variabel wählbare Zahlenwert t wird während der Rechnung der Gleichungsvariable y zugeordnet. Das bedeutet mit anderen Worten: $t \in \mathbb{R}$ ist keine Variable der linearen Gleichung $2x + 3y = 7$, sondern eine Variable der Lösungsmenge.

Die in Beispiel 1.6 durchgeführten Schritte zur Lösung der Gleichung $ax + by = c$ lassen sich auf beliebige Koeffizienten $a, b \in \mathbb{R} \setminus \{0\}$ und $c \in \mathbb{R}$ verallgemeinern. Wir können $y = t \in \mathbb{R}$ beliebig wählen und erhalten als Zwischenergbnis die Gleichung $ax + bt = c$, woraus $x = \frac{c}{a} - \frac{b}{a}t$ folgt. Die Lösungsmenge der Gleichung $ax + by = c$ ist

$$L = \left\{ \left(\frac{c}{a} - \frac{b}{a}t ; t \right) \,\middle|\, t \in \mathbb{R} \right\}.$$

Alternativ kann $x = s \in \mathbb{R}$ beliebig gewählt werden. Damit ergibt sich $as + by = c$ als Zwischenergebnis, woraus $y = \frac{c}{b} - \frac{a}{b}s$ folgt. Die Lösungsmenge der Gleichung $ax + by = c$ hat dann die Gestalt

$$L = \left\{ \left(s ; \frac{c}{b} - \frac{a}{b}s \right) \,\middle|\, s \in \mathbb{R} \right\}.$$

Wegen $x \in \mathbb{R}$ und $y \in \mathbb{R}$ ist die abkürzende Schreibweise $(x; y) \in \mathbb{R}^2$ üblich, d. h., die geordneten Wertepaare $(x; y)$ liegen im zweidimensionalen reellen Zahlraum $\mathbb{R}^2$, den wir nachfolgend reelle Zahlenebene nennen werden. Geordnet bedeutet dabei, dass die Reihenfolge der Zahlenwerte $(x; y)$ nicht vertauscht werden darf, d. h., die Wertepaare $(1; 2)$ und $(2; 1)$ sind verschieden, denn in $(1; 2)$ ist die Zuordnung $x = 1$ und $y = 2$ eindeutig festgelegt, entsprechend gilt in $(2; 1)$ die Zuordnung $x = 2$ und $y = 1$. Die Lösungsmenge L der Gleichung $ax + by = c$ ist eine Teilmenge von $\mathbb{R}^2$, in Zeichen $L \subset \mathbb{R}^2$.

Die Lösungsmethode für lineare Gleichungen mit zwei Variablen lässt sich auf lineare Gleichungen mit mehr als zwei Variablen übertragen und verallgemeinern, wie zum Beispiel auf die lineare Gleichung

$$ax + by + cz = d \tag{1.7}$$

mit drei Variablen $x, y, z \in \mathbb{R}$ und den Koeffizienten $a, b, c \in \mathbb{R} \setminus \{0\}$, $d \in \mathbb{R}$. Diese Gleichung hat offenbar ebenfalls keine eindeutige Lösung.

Beispiel 1.8. Zu lösen ist die Gleichung $x + y + z = 1$. Zwei der drei Variablen können beliebige Zahlenwerte zugewiesen werden, der Zahlenwert der dritten Variable hängt von dieser Wahl ab.

a) Zum Beispiel für $y = z = 0$ ergibt sich $x = 1$. Die Abhängigkeit der drei Zahlenwerte machen wir durch das geordnete <u>Zahlentripel</u> bzw. <u>3-Tupel</u> $(x;y;z) = (1;0;0)$ deutlich, das eine Lösung der Gleichung $x+y+z = 1$ darstellt.

b) Für die Wahl $y = 1$ und $z = -1$ folgt nach Einsetzen in die Gleichung ebenfalls $x = 1$. Damit ist $(x;y;z) = (1;1;-1)$ eine weitere Lösung der linearen Gleichung $x+y+z = 1$.

c) Eine weitere Lösung ist $(x;y;z) = (0;-1;2)$.

d) Alle Lösungen der Gleichung erhalten wir z. B. mit $y = s \in \mathbb{R}$ und $z = t \in \mathbb{R}$. Setzen wir dies in die zu lösende Gleichung ein, dann ergibt dies $x+s+t = 1$. Umstellen nach der dritten Gleichungsvariable ergibt $x = 1-s-t$. Die Lösungsmenge L der Gleichung $x+y+z = 1$ wird damit aus den Tripeln $(x;y;z) = (1-s-t;s;t)$ für beliebige $s,t \in \mathbb{R}$ gebildet, d. h.

$$L = \left\{ (1-s-t;s;t) \mid s,t \in \mathbb{R} \right\}.$$ ◀

Für beliebige Koeffizienten $a,b,c \in \mathbb{R} \setminus \{0\}$ und $d \in \mathbb{R}$ lässt sich die Lösungsmenge der Gleichung $ax+by+cz = d$ analog zur Lösung der linearen Gleichung mit zwei Variablen bestimmen. Zum Beispiel können für y und z beliebige Werte gewählt werden, d. h. $y = s \in \mathbb{R}$ und $z = t \in \mathbb{R}$. Das ergibt $ax+bs+ct = d$, woraus $x = \frac{d}{a} - \frac{b}{a}s - \frac{c}{a}t$ folgt. Eine mögliche Darstellung der Lösungsmenge ist damit

$$L = \left\{ \left(\frac{d}{a} - \frac{b}{a}s - \frac{c}{a}t \,;\, s \,;\, t \right) \,\middle|\, s,t \in \mathbb{R} \right\}.$$

Für ein Zahlentripel aus L schreiben wir abkürzend $(x;y;z) \in \mathbb{R}^3$, d. h., die geordneten Zahlentripel $(x;y;z)$ liegen im dreidimensionalen reellen Zahlraum $\mathbb{R}^3$. Die Lösungsmenge L der Gleichung $ax+by+cz = d$ ist eine Teilmenge des $\mathbb{R}^3$, in Zeichen $L \subset \mathbb{R}^3$.

Enthält eine lineare Gleichung Brüche, dann kann es im Sinne einer einfachen Darstellung der Lösungsmenge und im Hinblick auf Folgerechnungen zweckmäßig sein, bereits den Werten eine geeignete Struktur zu geben, die Variablen beliebig zugewiesen werden.

Beispiel 1.9. Es ist die Lösungsmenge der Gleichung

$$5x + \frac{25}{3}y - \frac{5}{7}z = 0 \tag{\#}$$

zu bestimmen. Nach dem Muster von Beispiel 1.8 d) können wir den Variablen y und z beliebige Werte zuweisen, d. h. $y = s$ und $z = t$. Das ergibt $5x + \frac{25}{3}s - \frac{5}{7}t = 0$, woraus $x = -\frac{5}{3}s + \frac{1}{7}t$ folgt. Die Lösungsmenge der Gleichung (#) hat damit die Gestalt

$$L = \left\{ \left(-\frac{5}{3}s + \frac{1}{7}t \,;\, s \,;\, t \right) \,\middle|\, s,t \in \mathbb{R} \right\}. \tag{$*$}$$

Alternativ können wir auch $y = 3\lambda$ und $z = 7\mu$ mit beliebigen $\lambda,\mu \in \mathbb{R}$ ansetzen. Einsetzen von $y = 3\lambda$ und $z = 7\mu$ in Gleichung (#) ergibt $5x + 25\lambda - 5\mu = 0$, woraus $x = -5\lambda + \mu$

folgt. Das führt auf eine gänzlich bruchfreie Darstellung der Lösungsmenge, nämlich

$$L = \{(-5\lambda + \mu\,;\,3\lambda\,;\,7\mu) \mid \lambda, \mu \in \mathbb{R}\}\,.$$
(**)

Die Darstellungen (*) und (**) sind äquivalent, d. h., zu jedem $s, t \in \mathbb{R}$ gibt es eindeutig bestimmte Zahlenwerte $\lambda, \mu \in \mathbb{R}$ mit $-\frac{5}{3}s + \frac{1}{7}t = -5\lambda + \mu$, $s = 3\lambda$ und $t = 7\mu$. ◄

Lineare Gleichungen mit zwei und drei Variablen werden in den nachfolgenden Kapiteln in vielfältiger Weise behandelt und interpretiert. Für den Moment betrachten wir sie lediglich als wichtigen Baustein zur Konstruktion und Lösung linearer Gleichungssysteme, in denen natürlich auch mehr als drei Variablen vorkommen können. Da das Alphabet eine beschränkte Anzahl von Buchstaben anzubieten hat, ist es zweckmäßig, die Bezeichnung von Variablen und Koeffizienten an einen fest gewählten Buchstaben zu binden und mithilfe einer darangesetzten Indexzahl durchzunummerieren.

Definition 1.10.

Sei $n \in \mathbb{N}$. Eine <u>lineare Gleichung n-ter Ordnung</u> ist eine Gleichung der Gestalt

$$a_1 x_1 + a_2 x_2 + \ldots + a_{n-1} x_{n-1} + a_n x_n = b$$

mit den <u>Variablen</u> $x_1, x_2, \ldots, x_n \in \mathbb{R}$ und den <u>Koeffizienten</u> $a_1, a_2, \ldots, a_n, b \in \mathbb{R}$. Für den <u>Index</u> $i \in \{1, \ldots, n\}$ wird x_i als <u>i-te Variable</u> und a_i als <u>Koeffizient zur i-ten Variable</u> bezeichnet. Der Koeffizient b wird als <u>rechte Seite</u> der linearen Gleichung bezeichnet.

Liegt die lineare Gleichung in der Gestalt

$$a_1 x_1 + a_2 x_2 + \ldots + a_{n-1} x_{n-1} + a_n x_n = b$$

vor, dann sprechen wir von der <u>Normalform</u> einer linearen Gleichung. Die durch Addition oder Subtraktion von Termen $a_i x_i$ entstehenden Gleichungen, wie zum Beispiel

$$a_1 x_1 + a_2 x_2 + \ldots + a_{n-1} x_{n-1} = b - a_n x_n\,,$$

werden ebenfalls als lineare Gleichung bezeichnet. Die Untersuchung der Lösbarkeit und die Ermittlung der Lösungsmenge zu linearen Gleichungen mit mehr als drei Variablen orientiert sich an den Rechnungen für lineare Gleichungen mit zwei oder drei Variablen. Ein Element aus der Lösungsmenge L der in Definition 1.10 notierten Gleichung mit n Variablen wird durch ein geordnetes <u>n-Tupel</u> $(x_1\,;\,x_2\,;\,\ldots\,;\,x_{n-1}\,;\,x_n)$ repräsentiert.

Beispiel 1.11. Die lineare Gleichung $x_1 - x_2 + x_3 - x_4 = 1$ hat die Lösungsmenge

$$L = \left\{(1 + r - s + t\,;\,r\,;\,s\,;\,t) \mid r, s, t \in \mathbb{R}\right\}.$$

Für $r = 1$, $s = -1$ und $t = 3$ wird durch das 4-Tupel $(x_1; x_2; x_3; x_4) = (6; 1; -1; 3)$ ein Element der Lösungsmenge erhalten. Durch Einsetzen von $x_1 = 6$, $x_2 = 1$, $x_3 = -1$ und $x_4 = 3$ in die Gleichung $x_1 - x_2 + x_3 - x_4 = 1$ lässt sich verifizieren, dass dieses 4-Tupel eine Lösung der linearen Gleichung ist. ◄

Bei der Aufstellung einer einzelnen linearen Gleichung ist es scheinbar grundsätzlich sinnvoll zu fordern, dass die Koeffizienten vor den Variablen von null verschieden sind. Diese
zu Beginn des Abschnitts für Gleichungen bis zur Ordnung 3 zur Vereinfachung verwendete Forderung stellt jedoch eine für die Praxis zu starke Einschränkung dar, die deshalb
bereits in Definition 1.10 aufgehoben wurde. Die Sinnhaftigkeit dieser Definition wird sich
in den folgenden Kapiteln zeigen, wo wir geometrische Objekte wie Geraden und Ebenen
untersuchen werden, die durch eine lineare Gleichung beschrieben werden können. Dabei kann mindestens ein Koeffizient vor einer der Variablen gleich null sein. Beispiele für
solche Gleichungen sind

$$a \cdot x + 0 \cdot y = c \,, \ a \neq 0 \quad \text{oder} \quad 0 \cdot x + b \cdot y + c \cdot z = d \,, \ b \neq 0 \,, \ c \neq 0 \,.$$

Abkürzend schreibt man dann natürlich

$$ax = c \,, \ a \neq 0 \quad \text{und} \quad by + cz = d \,, \ b \neq 0 \,, \ c \neq 0 \,.$$

Man muss sich für Rechnungen konsequent merken, dass in solchen Gleichungen noch
eine dritte Variable steht, die nicht einfach „vergessen" werden darf, denn der Koeffizient
Null vor einer Variable hat in diesen Fällen eine besondere geometrische Bedeutung. Auch
im Zusammenhang mit den in den nachfolgenden Abschnitten behandelten linearen Gleichungssystemen können derartige lineare Gleichungen vorkommen, wobei der Koeffizient
Null vor einer Variable Aufschluss über die Lösbarkeit eines linearen Gleichungssystems
und die Anzahl der Lösungen geben kann.

Wir lassen zur Vorbereitung auf die folgenden Inhalte dieses Lehrbuchs (einschließlich der
Übungsaufgaben zu diesem Abschnitt) ab jetzt lineare Gleichungen zu, in denen Koeffizienten vor Variablen gleich null sind.

Beispiel 1.12. Es ist die Lösungsmenge der linearen Gleichung $0 \cdot x + 2y = 4$ zu bestimmen. Offensichtlich können für x beliebige Werte eingesetzt werden, d. h. $x = s \in \mathbb{R}$. Dann
gilt $0 \cdot s + 2y = 2y = 4$, woraus $y = 2$ folgt. Die Lösungsmenge der linearen Gleichung ist
demzufolge $L = \big\{ (s;2) \mid s \in \mathbb{R} \big\}$.   ◄

Beispiel 1.13. Es ist die Lösungsmenge der linearen Gleichung $0 \cdot x + 2y - 4z = 8$ zu bestimmen. Für x und z können beliebige Werte eingesetzt werden, d. h. $x = s \in \mathbb{R}$ und
$z = t \in \mathbb{R}$. Dann gilt $0 \cdot s + 2y - 4t = 2y - 4t = 8$, woraus $y = 4 + 2t$ folgt. Die Lösungsmenge der linearen Gleichung ist $L = \big\{ (s; 4 + 2t; t) \mid s, t \in \mathbb{R} \big\}$.   ◄

Beispiel 1.14. Die Gleichung $0 \cdot x = 0$ hat die Lösungsmenge $L_1 = \mathbb{R}$, denn Einsetzen für
jedes beliebige $x \in L_1$ ergibt eine wahre Aussage. Die Gleichung $0 \cdot x + 0 \cdot y = 0$ hat die
Lösungsmenge $L_2 = \big\{ (s;t) \mid s, t \in \mathbb{R} \big\} = \mathbb{R}^2$. In solchen und ähnlichen Fällen sagen wir
auch, dass die Gleichung <u>allgemeingültig</u> ist.   ◄

Beispiel 1.15. Die Gleichung $0 \cdot x = 1$ hat keine Lösung, denn $0 = 1$ ist ein Widerspruch.
Folglich ist die Lösungsmenge L dieser Gleichung leer, was mithilfe des Symbols der
leeren Menge ausgedrückt wird, d. h. $L = \emptyset$.   ◄

Aufgaben zum Abschnitt 1.1

Aufgabe 1.1.1: Bestimmen Sie die Lösungsmenge L der folgenden linearen Gleichungen:

a) $3x = 9$

b) $-3x = 9$

c) $3x + 6y = 9$

d) $3x - 6y = -9$

e) $x + 0y = -1$

f) $0x - 2y = 18$

g) $2x_1 + x_2 = 1$

h) $-3x_1 + 5x_2 = -2$

i) $3x + 6y + 6z = -9$

j) $-x + 5y - 7z = -100$

k) $5x - 4y + 3z = 2$

l) $2x - 2y + 2z = -2$

m) $-2x_1 + 3x_2 - 6x_3 = 2$

n) $z_1 - z_2 + 2z_3 = 80$

o) $5x_1 + 0x_2 + 0x_3 = -3$

p) $0y_1 - 4y_2 + 0y_3 = 120$

q) $0x + 0y + 0z = 0$

r) $0x + 0y + 0z = 5$

s) $x_1 + x_2 + x_3 + x_4 = 5$

t) $2x_1 + x_2 + 3x_3 + 4x_4 - 5x_5 = 6$

u) $2x_1 + x_2 + 0x_3 + 4x_4 + 0x_5 = 6$

v) $0x_1 + 0x_2 + 3x_3 + 4x_4 - 5x_5 = 6$

Aufgabe 1.1.2: Untersuchen Sie, ob die angegebenen 3-Tupel $(x; y; z)$ Lösungen der vorstehenden linearen Gleichung sind:

a) $2x + 4y - 8z = 8$, $(-30; 3; -7)$, $(-2; -1; -2)$, $(18; 3; -2)$

b) $-5x + 2y - 7z = 35$, $(5; 10; 4)$, $(-12; 5; 5)$, $(5; -5; -10)$

c) $3x - 5y - 6z = 9$, $(3 + 5s - 2t \,; 3s \,; t)$, $(3 + 5s - 4t \,; 3s \,; -2t)$, $(3 + 5s + 2t \,; s \,; t)$, wobei $s, t \in \mathbb{R}$ beliebig sind.

Aufgabe 1.1.3: Stellen Sie die Lösungsmengen der folgenden linearen Gleichungen nach dem Muster der Darstellung $(**)$ in Beispiel 1.9 als Menge von n-Tupeln dar, die frei von Brüchen sind:

a) $3x + 4y = -12$

b) $7x + 4y - 3z = 42$

c) $4x + \frac{3}{4}y + \frac{2}{5}z = 4$

d) $\frac{3}{2}x + 0y - \frac{4}{3}z = 24$

Aufgabe 1.1.4: Bestimmen Sie die Lösungsmenge der linearen Gleichung $ax + by + cz = d$ für den Fall $a = 0$ und beliebige $b, c, d \in \mathbb{R}$.
Hinweis: Fallunterscheidung bezüglich der Koeffizienten b, c, d.

1.2 Lineare Gleichungssysteme mit zwei Variablen

Sollen zu zwei linearen Gleichungen $a_1x + b_1y = c_1$ und $a_2x + b_2y = c_2$ mit den Variablen $x, y \in \mathbb{R}$ und den Koeffizienten $a_1, a_2, b_1, b_2, c_1, c_2 \in \mathbb{R}$ Wertepaare $(x; y)$ derart bestimmt werden, dass sie *beide* Gleichungen gleichzeitig lösen, dann sprechen wir von der Untersuchung eines <u>linearen Gleichungssystems mit zwei Gleichungen und zwei Variablen</u>. Zum Zwecke einer besseren Nachvollziehbarkeit der nachfolgenden Überlegungen und Rechnungen nummerieren wir die Gleichungen mit römischen Ziffern I und II durch und notieren das Gleichungssystem wie folgt:

$$\begin{array}{ll} \text{I} : a_1x + b_1y = c_1 \\ \text{II} : a_2x + b_2y = c_2 \end{array} \tag{1.16}$$

Die Lösungsmenge L des Gleichungssystems (I-II) besteht aus allen Wertepaaren $(x; y)$, die sowohl Gleichung I als auch Gleichung II lösen. Zur Ermittlung der Lösungsmenge gibt es verschiedene Methoden, die nachfolgend vorgestellt werden sollen.

1.2.1 Gleichsetzungsverfahren

Wir stellen beide Gleichungen I und II nach der gleichen Variable (*x oder y*) um. Statt umstellen sagt man auch, dass die Gleichungen nach x bzw. y aufgelöst werden. Wurde zum Beispiel nach y umgestellt, dann ergibt dies ein zu (1.16) äquivalentes lineares Gleichungssystem (I'-II'), das die gleiche Lösungsmenge wie das System (I-II) hat:

$$\begin{array}{ll} \text{I}' : y = \frac{c_1}{b_1} - \frac{a_1}{b_1}x \\ \text{II}' : y = \frac{c_2}{b_2} - \frac{a_2}{b_2}x \end{array}$$

Ist $(x^*; y^*)$ eine Lösung des Gleichungssystems (I-II), dann ergibt dies nach Einsetzen von $x = x^*$ in die Gleichungen I' und II' jeweils den *gleichen* und von $x = x^*$ abhängigen Wert $y = y^*$. Folglich kann x^* durch Gleichsetzen der Gleichungen I' und II' bestimmt werden. Das bedeutet:

$$\frac{c_1}{b_1} - \frac{a_1}{b_1}x = \frac{c_2}{b_2} - \frac{a_2}{b_2}x \tag{1.17}$$

Auflösung dieser Gleichung nach x liefert den gesuchten Wert $x = x^*$. Dieser muss in eine der Gleichungen I' oder II' eingesetzt werden, um $y = y^*$ zu bestimmen.

Entsteht bei der Auflösung von (1.17) nach x eine allgemeingültige Gleichung der Gestalt $0x = 0$ bzw. kürzer $0 = 0$, können für x beliebige Werte gewählt werden, d. h. $x = s \in \mathbb{R}$. Das ist klar, denn Gleichung (1.17) hat x als einzige Variable.

Dieser groben und theoretischen Umschreibung des Gleichsetzungsverfahrens folgen einige Beispiele, die aus Platzgründen nebeneinander abgedruckt werden, was einen direkten Vergleich der Lösungsschritte ermöglicht.

Beispiel 1.18. Es ist die Lösbarkeit des linearen Gleichungssystems

$$\begin{aligned} \text{I} &: 2x + y = 4 \\ \text{II} &: 2x - y = 8 \end{aligned}$$

zu untersuchen. Durch Auflösung beider Gleichungen nach y ergibt sich das folgende, zu (I-II) äquivalente Gleichungssystem:

$$\begin{aligned} \text{I}' &: y = 4 - 2x \\ \text{II}' &: y = -8 + 2x \end{aligned}$$

Wir setzen die Gleichungen I' und II' gleich und lösen nach x auf:

$$\begin{aligned} & 4 - 2x = -8 + 2x \\ \Leftrightarrow\quad & 4x = 12 \\ \Leftrightarrow\quad & x = 3 \end{aligned}$$

Einsetzen von $x = 3$ in Gleichung I' ergibt

$$y = 4 - 2 \cdot 3 = -2 \,.$$

Es gibt mit $(x;y) = (3;-2)$ genau eine Lösung, d. h., das lineare Gleichungssystem (I-II) ist eindeutig lösbar und hat die Lösungsmenge $L = \{(3;-2)\}$. ◄

Beispiel 1.19. Es ist die Lösbarkeit des linearen Gleichungssystems

$$\begin{aligned} \text{I} &: 2x + y = 4 \\ \text{II} &: 2x + y = -8 \end{aligned}$$

zu untersuchen. Durch Auflösung beider Gleichungen nach y ergibt sich das folgende, zu (I-II) äquivalente Gleichungssystem:

$$\begin{aligned} \text{I}' &: y = 4 - 2x \\ \text{II}' &: y = -8 - 2x \end{aligned}$$

Wir setzen die Gleichungen I' und II' gleich und lösen nach x auf:

$$\begin{aligned} & 4 - 2x = -8 - 2x \\ \Leftrightarrow\quad & 0 \cdot x = 12 \\ \Leftrightarrow\quad & 0 = 12 \end{aligned}$$

Die erhaltene Gleichung $0 = 12$ stellt einen Widerspruch dar. Das bedeutet, dass es kein $x \in \mathbb{R}$ gibt, das die Gleichung $0 \cdot x = 12$ löst. Folglich hat das Gleichungssystem (I-II) keine Lösung und die Lösungsmenge ist $L = \emptyset$. ◄

Beispiel 1.20. Es ist die Lösbarkeit des linearen Gleichungssystems

$$\begin{aligned} \text{I} &: 2x + y = 4 \\ \text{II} &: -2x - y = -4 \end{aligned}$$

zu untersuchen. Durch Auflösung beider Gleichungen nach y ergibt sich das folgende, zu (I-II) äquivalente Gleichungssystem:

$$\begin{aligned} \text{I}' &: y = 4 - 2x \\ \text{II}' &: y = 4 - 2x \end{aligned}$$

Wir setzen die Gleichungen I' und II' gleich und lösen nach x auf:

$$\begin{aligned} & 4 - 2x = 4 - 2x \\ \Leftrightarrow\quad & 0 \cdot x = 0 \\ \Leftrightarrow\quad & 0 = 0 \end{aligned}$$

Die Gleichung $0 = 0$ ist allgemeingültig, d. h., für x können beliebige Werte gewählt werden. Einsetzen von $x = s \in \mathbb{R}$ in I' ergibt $y = 4 - 2s$. Das lineare Gleichungssystem (I-II) ist mehrdeutig lösbar und hat die Lösungsmenge $L = \{(s; 4 - 2s) \mid s \in \mathbb{R}\}$. ◄

1.2.2 Einsetzungsverfahren

Bei dieser Methode beginnt man damit, eine der beiden Gleichungen nach einer Variable (x oder y) aufzulösen. Der Einfachheit halber sei zum Beispiel $b_1 \neq 0$ vorausgesetzt, sodass Gleichung I nach y aufgelöst werden kann:

$$y = \frac{c_1}{b_1} - \frac{a_1}{b_1} x \tag{1.21}$$

Ist das Wertepaar $(x^*; y^*)$ eine Lösung des linearen Gleichungssystems (I-II), dann ist $(x^*; y^*)$ auch eine Lösung von (1.21), d. h., Einsetzen von $x = x^*$ in (1.21) ergibt $y = y^*$. Aus diesen Überlegungen folgt, dass sich $x = x^*$ durch Einsetzen von (1.21) in Gleichung II ermitteln lässt. Die auf diese Weise entstehende Gleichung

$$a_2 x + b_2 \cdot \left(\frac{c_1}{b_1} - \frac{a_1}{b_1} x \right) = c_2$$

muss dazu nach x aufgelöst werden. Anschließend ist $x = x^*$ in (1.21) einzusetzen, um den zu $x = x^*$ zugehörigen y-Wert zu bestimmen.

Dieser groben und theoretischen Umschreibung des Einsetzungsverfahrens folgen einige konkrete Zahlenbeispiele. Zu Vergleichszwecken behandeln wir dazu die bereits bekannten linearen Gleichungssysteme aus den Beispielen 1.18 bis 1.20.

Beispiel 1.22. Es ist die Lösbarkeit des linearen Gleichungssystems

$$\begin{aligned} \text{I} &: 2x + y = 4 \\ \text{II} &: 2x - y = 8 \end{aligned}$$

zu untersuchen. Aus Gleichung I folgt:

$$y = 4 - 2x \qquad (*.1)$$

Dies setzen wir in Gleichung II ein:

$$\begin{aligned} & 2x - (4 - 2x) = 8 \\ \Leftrightarrow & \qquad 4x - 4 = 8 \\ \Leftrightarrow & \qquad\qquad x = 3 \end{aligned}$$

Einsetzen von $x = 3$ in (*.1) ergibt $y = -2$. Es gibt mit $(x; y) = (3; -2)$ genau eine Lösung, d. h., das lineare Gleichungssystem (I-II) ist eindeutig lösbar und hat die Lösungsmenge $L = \{(3; -2)\}$. ◄

Beispiel 1.23. Es ist die Lösbarkeit des linearen Gleichungssystems

$$\begin{aligned} \text{I} &: 2x + y = 4 \\ \text{II} &: 2x + y = -8 \end{aligned}$$

zu untersuchen. Aus Gleichung II folgt:

$$y = -8 - 2x$$

Dies setzen wir in Gleichung I ein:

$$\begin{aligned} & 2x + (-8 - 2x) = 4 \\ \Leftrightarrow & \qquad 0 \cdot x - 8 = 4 \\ \Leftrightarrow & \qquad\qquad -8 = 4 \end{aligned}$$

Die erhaltene Gleichung $-8 = 4$ stellt einen Widerspruch dar. Das bedeutet, dass es kein $x \in \mathbb{R}$ gibt, das die Gleichung $0 \cdot x - 8 = 4$ löst. Folglich hat das Gleichungssystem (I-II) keine Lösung und die Lösungsmenge ist $L = \emptyset$. ◄

Beispiel 1.24. Es ist die Lösbarkeit des linearen Gleichungssystems

$$\begin{aligned} \text{I} &: 2x + y = 4 \\ \text{II} &: -2x - y = -4 \end{aligned}$$

zu untersuchen. Aus Gleichung I folgt:

$$x = 2 - \tfrac{1}{2} y \qquad (*.3)$$

Dies setzen wir in Gleichung II ein:

$$\begin{aligned} & -2 \left(2 - \tfrac{1}{2} y \right) - y = -4 \\ \Leftrightarrow & \qquad 0 \cdot y - 4 = -4 \\ \Leftrightarrow & \qquad\qquad 0 = 0 \end{aligned}$$

Die Gleichung $0 = 0$ ist allgemeingültig, d. h., y kann beliebig gewählt werden. Einsetzen von $y = 2t$ für $t \in \mathbb{R}$ in (*.3) ergibt $x = 2 - t$. Das lineare Gleichungssystem (I-II) hat die Lösungsmenge $L = \{(2 - t; 2t) \mid t \in \mathbb{R}\}$. ◄

An den beiden folgenden Beispielen wird demonstriert, dass verschiedene Lösungswege bei der Anwendung des Einsetzungsverfahrens zum gleichen Ziel führen, es dabei jedoch zu unterschiedlichen Darstellungen der Lösungsmenge kommen kann.

Beispiel 1.25. Es ist die Lösbarkeit des linearen Gleichungssystems

$$\text{I} : 2x + 3y = 24$$
$$\text{II} : 4x + 6y = 48$$

zu untersuchen und gegebenenfalls die Lösungsmenge zu bestimmen. Dazu nutzen wir das Einsetzungsverfahren auf verschiedene Weise:

Lösungsweg 1:

Wir lösen Gleichung I nach y auf:

$$y = 8 - \tfrac{2}{3}x \qquad (\#.1)$$

Dies setzen wir in Gleichung II ein und lösen die entstehende Gleichung nach x auf:

$$4x + 6\left(8 - \tfrac{2}{3}x\right) = 48$$
$$\Leftrightarrow \qquad 0x + 48 = 48$$
$$\Leftrightarrow \qquad\qquad 0 = 0$$

Die Gleichung $0 = 0$ ist allgemeingültig, d. h., x kann beliebig gewählt werden. Einsetzen von $x = s \in \mathbb{R}$ in $(\#.1)$ ergibt:

$$y = 8 - \tfrac{2}{3}s$$

Lösungsweg 2:

Wir lösen Gleichung II nach x auf:

$$x = 12 - \tfrac{3}{2}y \qquad (\#.2)$$

Dies setzen wir in Gleichung I ein und lösen die entstehende Gleichung nach y auf:

$$2\left(12 - \tfrac{3}{2}y\right) + 3y = 24$$
$$\Leftrightarrow \qquad 0y + 24 = 24$$
$$\Leftrightarrow \qquad\qquad 0 = 0$$

Die Gleichung $0 = 0$ ist allgemeingültig, d. h., y kann beliebig gewählt werden. Einsetzen von $y = t \in \mathbb{R}$ in $(\#.2)$ ergibt:

$$x = 12 - \tfrac{3}{2}t$$

Die Lösungsmenge L eines linearen Gleichungssystems ist eindeutig bestimmt, kann jedoch verschiedene Darstellungen haben: Aus Lösungsweg 1 folgt die Darstellung

$$L = \left\{ \left(s\,;\,8 - \tfrac{2}{3}s\right) \mid s \in \mathbb{R} \right\},$$

während aus Lösungsweg 2 die Darstellung

$$L = \left\{ \left(12 - \tfrac{3}{2}t\,;\,t\right) \mid t \in \mathbb{R} \right\}$$

folgt. Eindeutigkeit der Lösungsmenge bedeutet, dass beide Darstellungen äquivalent sind, d. h., zu jedem $s \in \mathbb{R}$ gibt es ein $t \in \mathbb{R}$ mit $s = 12 - \tfrac{3}{2}t$ und $8 - \tfrac{2}{3}s = t$. ◀

Beispiel 1.26. Es ist die Lösbarkeit des linearen Gleichungssystems

$$\text{I} : 2x + 3y = 24$$
$$\text{II} : 4x - 5y = -40$$

zu untersuchen und gegebenenfalls die Lösungsmenge zu bestimmen. Dazu nutzen wir das Einsetzungsverfahren auf verschiedene Weise:

Lösungsweg 1:

Wir lösen Gleichung I nach x auf:

$$x = 12 - \tfrac{3}{2}y \qquad (*.1)$$

Dies setzen wir in Gleichung II ein und lösen die entstehende Gleichung nach y auf:

$$4\left(12 - \tfrac{3}{2}y\right) - 5y = -40$$
$$\Leftrightarrow \qquad 48 - 11y = -40$$
$$\Leftrightarrow \qquad -11y = -88$$
$$\Leftrightarrow \qquad y = 8$$

Einsetzen von $y = 8$ in $(*.1)$ ergibt $x = 0$.

Lösungsweg 2:

Wir lösen Gleichung II nach y auf:

$$y = 8 + \tfrac{4}{5}x \qquad (*.2)$$

Dies setzen wir in Gleichung I ein und lösen die entstehende Gleichung nach x auf:

$$2x + 3\left(8 + \tfrac{4}{5}x\right) = 24$$
$$\Leftrightarrow \qquad \tfrac{22}{5}x + 24 = 24$$
$$\Leftrightarrow \qquad \tfrac{22}{5}x = 0$$
$$\Leftrightarrow \qquad x = 0$$

Einsetzen von $x = 0$ in $(*.2)$ ergibt $y = 8$.

Unabhängig vom Lösungsweg erhalten wir die eindeutige Lösung $(x;y) = (0;8)$. Die Lösungsmenge der Gleichung ist demzufolge $L = \left\{(0;8)\right\}$. ◄

1.2.3 Additionsverfahren

Unter der Addition der Gleichungen I und II wird das separate Addieren von Termen zu den Variablen x bzw. y bzw. der rechten Seiten verstanden, woraus eine neue lineare Gleichung entsteht. Das ergibt die Summe I+II der Gleichungen I und II, die wir als Gleichung III bezeichnen:

$$\begin{array}{rl} \text{I}: & a_1 x + \quad b_1 y = \quad c_1 \\ \text{II}: & a_2 x + \quad b_2 y = \quad c_2 \\ \hline \text{I+II} = \text{III}: & (a_1 + a_2)x + (b_1 + b_2)y = c_1 + c_2 \end{array}$$

Zum besseren Verständnis folgen zwei Beispiele mit konkreten Zahlenwerten:

$$\begin{array}{rl} \text{I}: & 2x + \ 4y = \ \ 8 \\ \text{II}: & -5x + \ 7y = -3 \\ \hline \text{I+II} = \text{III}: & -3x + 11y = \ \ 5 \end{array} \qquad \begin{array}{rl} \text{I}: & 7x + 4y = -3 \\ \text{II}: & 3x - 7y = \ \ 1 \\ \hline \text{I+II} = \text{III}: & 10x - 3y = -2 \end{array}$$

Und bei diesen zwei weiteren Zahlenbeispielen sind einzelne Koeffizienten gleich null:

$$\begin{array}{rl} \text{I}: & x \quad\ \ = 4 \\ \text{II}: & x + 3y = 5 \\ \hline \text{I+II} = \text{III}: & 2x + 3y = 9 \end{array} \qquad \begin{array}{rl} \text{I}: & 2x + 3y = 0 \\ \text{II}: & \quad\ \ 4y = 5 \\ \hline \text{I+II} = \text{III}: & 2x + 7y = 5 \end{array}$$

Das Additionsverfahren nutzt die Summe der Gleichungen I und II und basiert auf dem Sonderfall, dass $a_2 = -a_1$ gilt mit $a_1 \neq 0$. Die Addition der Gleichungen I und II führt dann auf das folgende Ergebnis:

$$
\begin{array}{rl}
\mathrm{I}: & \mathbf{a}_1\mathbf{x} + \mathbf{b}_1\mathbf{y} = \mathbf{c}_1 \\
\mathrm{II}: & -\mathbf{a}_1\mathbf{x} + \mathbf{b}_2\mathbf{y} = \mathbf{c}_2 \\
\hline
\mathrm{I+II=III}: & (\mathbf{b}_1+\mathbf{b}_2)\mathbf{y} = \mathbf{c}_1+\mathbf{c}_2
\end{array}
\tag{1.27}
$$

Gleichung III ist eine lineare Gleichung, die nur eine Variable enthält, nämlich y. Im Fall $b_1 + b_2 \neq 0$ lässt sich Gleichung III mit Division durch $b_1 + b_2$ nach y auflösen. Der so entstehende Zahlenwert sei $y = y^*$. Durch Einsetzen von $y = y^*$ in Gleichung I oder alternativ in Gleichung II entsteht eine lineare Gleichung mit der Variable x. Für $a_1 \neq 0$ lässt sich diese nach x auflösen, was einen Zahlenwert $x = x^*$ ergibt.

Beispiel 1.28. Wir lösunen das folgende lineare Gleichungssystem (I-II):

$$
\begin{array}{rl}
\mathrm{I}: & 2x + 3y = -12 \\
\mathrm{II}: & -2x + 6y = 48 \\
\hline
\mathrm{I+II=III}: & 9y = 36
\end{array}
$$

Aus Gleichung III folgt $y = 4$. Einsetzen von $y = 4$ in Gleichung I ergibt $2x + 12 = -12$, woraus $x = -12$ folgt. Es gibt mit $(x;y) = (-12;4)$ genau eine Lösung, d. h., das lineare Gleichungssystem (I-II) ist eindeutig lösbar und die Lösungsmenge ist $L = \{(-12;4)\}$. ◄

Beispiel 1.29. In Abhängigkeit von $k \in \mathbb{R}$ ist die Lösungsmenge L_k des folgenden linearen Gleichungssystems (I-II) zu bestimmen:

$$
\begin{array}{rl}
\mathrm{I}: & 2x + 3y = 0 \\
\mathrm{II}: & -2x - 3y = k \\
\hline
\mathrm{I+II=III}: & 0 = k
\end{array}
$$

Es sind zwei Fälle zu unterscheiden:

- Im Fall $k \neq 0$ stellt Gleichung III einen Widerspruch dar, d. h., kein $y \in \mathbb{R}$ löst III für $k \neq 0$. Folglich hat das Gleichungssystem (I-II) keine Lösung, d. h. $L_k = \emptyset$ für $k \neq 0$.
- Für $k = 0$ ist Gleichung III allgemeingültig, d. h., $y = t \in \mathbb{R}$ kann beliebig gewählt werden. Einsetzen von $y = t$ in Gleichung I ergibt $2x + 3t = 0$, woraus $x = -\frac{3}{2}t$ folgt. Das lineare Gleichungssystem (I-II) hat für $k = 0$ unendlich viele Lösungen, die in der Lösungsmenge $L_0 = \left\{ \left(-\frac{3}{2}t; t\right) \mid t \in \mathbb{R} \right\}$ vereint sind. ◄

Jedes lineare Gleichungssystem der Gestalt (1.16) mit zwei Variablen und zwei Gleichungen lässt sich durch geeignete äquivalente Umformungen der Gleichungen I und II in ein lineares Gleichungssystem der Gestalt (1.27) überführen. Äquivalent bedeutet dabei, dass sich durch die Umformung der Gleichungen die Lösungsmenge nicht verändern darf, d. h., das Ausgangssystem hat die gleiche Lösungsmenge wie das durch die Umformungen entstandene. Wird von der <u>Normalform</u> (1.16) ausgegangen, dann bestehen diese geeigneten äquivalenten Umformungen offenbar

- in der Vertauschung der Reihenfolge der Gleichungen I und II und
- in der Multiplikation der linken und rechten Seite in den Gleichungen I und II mit einer Konstante $k \neq 0$.

Die folgenden beiden Beispiele zeigen die beschriebene Vorgehensweise und damit die Anwendung des Additionsverfahrens auf beliebige Gleichungssysteme mit zwei Variablen und zwei Gleichungen. Dabei gehen wir stets von einem Gleichungssystem (I-II) aus und beginnen kommentarlos gleich im Anschluss mit den Rechnungen, wobei die Rechenschritte wie oben zusätzlich symbolhaft durch Rechnungen mit den Gleichungsnummern links von den Gleichungen notiert werden und damit nachvollziehbar sind. Das als Zwischenschritt erhaltene Gleichungssystem (I′-II′) entspricht dem System (1.27). Außerdem demonstrieren wir, dass der Lösungsweg beim Additionsverfahren nicht eindeutig ist.

Beispiel 1.30. Wir untersuchen die Lösbarkeit des folgenden linearen Gleichungssystems:

$$\text{I}: 2x + 2y = 8$$
$$\text{II}: 3x + 4y = -6$$

Lösungsweg 1:

$$
\begin{array}{rl}
3 \cdot \text{I} = \text{I}' : & 6x + 6y = 24 \\
-2 \cdot \text{II} = \text{II}' : & -6x - 8y = 12 \\
\hline
\text{I}' + \text{II}' = \text{III} : & -2y = 36
\end{array}
$$

Lösungsweg 2:

$$
\begin{array}{rl}
\tfrac{1}{2} \cdot \text{I} = \text{I}' : & x + y = 4 \\
-\tfrac{1}{3} \cdot \text{II} = \text{II}' : & -x - \tfrac{4}{3}y = 2 \\
\hline
\text{I}' + \text{II}' = \text{III} : & -\tfrac{1}{3}y = 6
\end{array}
$$

Aus beiden Lösungswegen folgt aus Gleichung III der Zahlenwert $y = -18$. Einsetzen von $y = -18$ in Gleichung I ergibt $2x - 36 = 8$, woraus $x = 22$ folgt. Es gibt mit $(x;y) = (22;-18)$ genau eine Lösung, d. h., das Gleichungssystem (I-II) ist eindeutig lösbar. ◄

Beispiel 1.31. Wir untersuchen die Lösbarkeit des folgenden linearen Gleichungssystems:

$$\text{I}: x + 5y = 4$$
$$\text{II}: 3x + 9y = 6$$

Lösungsweg 1:

$$
\begin{array}{rl}
\text{I} = \text{I}' : & x + 5y = 4 \\
-\tfrac{1}{3} \cdot \text{II} = \text{II}' : & -x - 3y = -2 \\
\hline
\text{I}' + \text{II}' = \text{III} : & 2y = 2
\end{array}
$$

Lösungsweg 2:

$$
\begin{array}{rl}
3 \cdot \text{I} = \text{I}' : & 3x + 15y = 12 \\
-1 \cdot \text{II} = \text{II}' : & -3x - 9y = -6 \\
\hline
\text{I}' + \text{II}' = \text{III} : & 6y = 6
\end{array}
$$

Aus beiden Lösungswegen folgt aus Gleichung III der Zahlenwert $y = 1$. Einsetzen von $y = 1$ in Gleichung I ergibt $x + 5 = 4$, woraus $x = -1$ folgt. Es gibt mit $(x;y) = (-1;1)$ genau eine Lösung, d. h., das Gleichungssystem (I-II) ist eindeutig lösbar. ◄

Da die Lösungsmenge L eines Gleichungssystems eindeutig bestimmt ist, führen verschiedene Rechenwege natürlich immer zu L, jedoch kann man sich dabei den bequemsten Rechenweg selbst zusammenstellen. Wer zum Beispiel nicht gerne Brüche addiert oder subtrahiert, kann das zumindest in Teilen des Lösungswegs gezielt umgehen.

Beispiel 1.32. Es ist die Lösbarkeit des linearen Gleichungssystems

$$\text{I}: -\tfrac{3}{2}x + \tfrac{1}{2}y = 1$$
$$\text{II}: \tfrac{5}{4}x - y = -1$$

zu untersuchen. Wir stellen dazu zwei verschiedene Lösungswege gegenüber, die beide zu reinen Demonstrationszwecken die zweite mögliche äquivalente Umformung, die Vertauschung der Reihenfolge von Gleichungen, enthalten:

Lösungsweg 1:

$$\text{II} = \text{I}': \quad \tfrac{5}{4}x - y = -1$$
$$\text{I} = \text{II}': \quad -\tfrac{3}{2}x + \tfrac{1}{2}y = 1$$
$$\overline{\tfrac{3}{2} \cdot \text{I}' = \text{I}'': \quad \tfrac{15}{8}x - \tfrac{3}{2}y = -\tfrac{3}{2}}$$
$$\tfrac{5}{4} \cdot \text{II}' = \text{II}'': \quad -\tfrac{15}{8}x + \tfrac{5}{8}y = \tfrac{5}{4}$$
$$\overline{\text{I}' + \text{II}' = \text{III}: \quad -\tfrac{7}{8}y = -\tfrac{1}{4}}$$

Lösungsweg 2:

$$10 \cdot \text{I} = \text{I}': \quad -15x + 5y = 10$$
$$12 \cdot \text{II} = \text{II}': \quad 15x - 12y = -12$$
$$\overline{\text{II}' = \text{I}'': \quad 15x - 12y = -12}$$
$$\text{I}' = \text{II}'': \quad -15x + 5y = 10$$
$$\overline{\text{I}'' + \text{II}'' = \text{III}: \quad -7y = -2}$$

Aus beiden Lösungswegen folgt aus Gleichung III $y = \tfrac{2}{7}$. Einsetzen von $y = \tfrac{2}{7}$ in Gleichung I ergibt $-\tfrac{3}{2}x + \tfrac{1}{7} = 1$, woraus $x = -\tfrac{4}{7}$ folgt. Das lineare Gleichungssystem (I-II) ist eindeutig lösbar und die Lösungsmenge ist $L = \left\{ \left(-\tfrac{4}{7}; \tfrac{2}{7}\right) \right\}$. ◀

Wird eine der beiden Gleichungen mit (-1) multipliziert und anschließend zur anderen Gleichung addiert, dann spricht man von der Subtraktion der Gleichungen I und II:

$$\text{I}: \quad a_1 x + b_1 y = c_1$$
$$\text{II}: \quad a_2 x + b_2 y = c_2$$
$$\overline{\text{I} - \text{II} = \text{III}: (a_1 - a_2)x + (b_1 - b_2)y = c_1 - c_2}$$

Zum besseren Verständnis folgen zwei Zahlenbeispiele:

$$\text{I}: \quad 2x + 4y = 8$$
$$\text{II}: -5x + 7y = -3$$
$$\overline{\text{I} - \text{II} = \text{III}: \quad 7x - 3y = 11}$$

$$\text{I}: 7x + 4y = -3$$
$$\text{II}: 3x - 7y = 1$$
$$\overline{\text{I} - \text{II} = \text{III}: 4x + 11y = -4}$$

Mithilfe der Subtraktion lässt sich das Additionsverfahren abkürzen, da auf diese Weise gegebenfalls Umformungsschritte zusammengefasst werden können. Außerdem können auch die Multiplikationen der Gleichungen zwecks Herstellung des zum Ausgangssystem äquivalenten Gleichungssystems der Gestalt (1.27) gleich mit in die Addition oder Subtraktion der Gleichungen I und II integriert werden. Die dazu notwendigen Rechnungen können im Kopf durchgeführt werden, sodass (1.27) nicht zwingend als Zwischenschritt notiert werden muss. Auf diese Weise wird auch eine Vertauschung der Reihenfolge der Gleichungen überflüssig.

Beispiel 1.33. Die Rechnung zur Lösung des Gleichungssystems (I-II) aus Beispiel 1.30 lässt sich wie folgt abkürzen:

$$\text{I}: 2x + 2y = 8$$
$$\text{II}: 3x + 4y = -6$$
$$\overline{3 \cdot \text{I} - 2 \cdot \text{II} = \text{III}: \quad -2y = 36}$$

Die restliche Rechnung erfolgt analog zu Beispiel 1.30 und liefert die Lösungsmenge $L = \{(22; -18)\}$. ◄

Beispiel 1.34. Die Rechnung zur Lösung des Gleichungssystems (I-II) aus Beispiel 1.32 lässt sich wie folgt abkürzen:

$$\text{I}: -\tfrac{3}{2}x + \tfrac{1}{2}y = 1$$
$$\text{II}: \tfrac{5}{4}x - y = -1$$
$$\overline{\tfrac{5}{4} \cdot \text{I} + \tfrac{3}{2} \cdot \text{II} = \text{III}: \quad -\tfrac{7}{8}y = -\tfrac{1}{4}}$$

Die restliche Rechnung erfolgt analog zu Beispiel 1.32 und liefert die Lösungsmenge $L = \left\{\left(-\tfrac{4}{7}; \tfrac{2}{7}\right)\right\}$. ◄

Es folgen zwei weitere Beispiele, in denen die abkürzende Schreibweise genutzt und Rechnungen im Kopf durchgeführt werden.

Beispiel 1.35. Es ist die Lösbarkeit des folgenden linearen Gleichungssystems (I-II) zu untersuchen:

$$\text{I}: -4x + 5y = 10$$
$$\text{II}: \tfrac{8}{3}x - \tfrac{10}{3}y = -\tfrac{20}{3}$$
$$\overline{\text{I} + \tfrac{3}{2} \cdot \text{II} = \text{III}: \quad 0 = 0}$$

Gleichung III ist allgemeingültig und folglich kann $y = t \in \mathbb{R}$ beliebig gewählt werden. Einsetzen von $y = t$ in Gleichung I ergibt $x = \tfrac{5}{4}t - \tfrac{5}{2}$. Das lineare Gleichungssystem ist mehrdeutig lösbar und hat die Lösungsmenge $L = \left\{\left(\tfrac{5}{4}t - \tfrac{5}{2}; t\right) \mid t \in \mathbb{R}\right\}$. ◄

Beispiel 1.36. Es ist die Lösbarkeit des folgenden linearen Gleichungssystems (I-II) zu untersuchen:

$$\text{I}: -3x + 5y = 6$$
$$\text{II}: -5x + \tfrac{25}{3}y = 3$$
$$\overline{5 \cdot \text{I} - 3 \cdot \text{II} = \text{III}: \quad 0 = 21}$$

Gleichung III ist ein Widerspruch und folglich hat das lineare Gleichungssystem keine Lösung. Die Lösungsmenge des Gleichungssystems ist $L = \emptyset$. ◄

Durch die Addition von Vielfachen der Gleichungen I und II im Gleichungssystem (1.16) entsteht eine neue Gleichung, die nur noch die Variable y enthält. Man sagt auch, dass die Variable x (in der entstehenden Gleichung III) <u>eliminiert</u> wird. Nach dem Kommutativgesetz der Addition können wir die Reihenfolge der Summanden auf der linken Seite der Gleichungen I und II vertauschen. Auf das Additionsverfahren bezogen bedeutet dies, dass die Rolle der Variablen x und y vertauscht wird. Deshalb können wir das Additionsverfahren auch grundsätzlich so anwenden, dass durch Addition von Vielfachen der Gleichungen I und II eine neue Gleichung III entsteht, aus der y eliminiert wird.

Beispiel 1.37. Es ist die Lösbarkeit des linearen Gleichungssystems

$$\text{I}: 2x + 5y = 10$$
$$\text{II}: 3x + 4y = 22$$

zu untersuchen. Wir stellen dazu zwei verschiedene Lösungswege gegenüber:

Lösungsweg 1:

$$3 \cdot I - 2 \cdot II = III : \quad 7y = -14$$

Aus Gleichung III folgt $y = -2$. Einsetzen von $y = -2$ in Gleichung I ergibt $2x - 10 = 10$, woraus $x = 10$ folgt.

Lösungsweg 2:

$$4 \cdot I - 5 \cdot II = III' : \quad -7x = -70$$

Aus Gleichung III' folgt $x = 10$. Einsetzen von $x = 10$ in Gleichung I ergibt $20 + 5y = 10$, woraus $y = -2$ folgt.

Aus beiden Lösungswegen folgt die Lösbarkeit des linearen Gleichungssystems (I-II). Die eindeutige Lösung ist $(x;y) = (10;-2)$. ◀

Es folgen zwei weitere Beispiele, in denen jeweils die Variable y durch Addition von Vielfachen der Gleichungen I und II eliminiert wird.

Beispiel 1.38. Wir untersuchen die Lösbarkeit des Gleichungssystems (I-II):

$$
\begin{aligned}
I : \quad & 7x - y = 1 \\
II : \quad & -14x + y = -22 \\
\hline
I + II = III : \quad & -7x = -21
\end{aligned}
$$

Aus Gleichung III folgt $x = 3$. Einsetzen von $x = 3$ in Gleichung I ergibt $21 - y = 1$, woraus $y = 20$ folgt. Die eindeutige Lösung des Gleichungssystems (I-II) ist $(x;y) = (3;20)$. ◀

Beispiel 1.39. Wir untersuchen die Lösbarkeit des Gleichungssystems (I-II):

$$
\begin{aligned}
I : \tfrac{4}{3}x + \ & 2y = 1 \\
II : 8x + \ & 12y = 6 \\
\hline
II - 6 \cdot I = III : \quad & 0 = 0
\end{aligned}
$$

Gleichung III ist allgemeingültig. Da wir y eliminiert haben, kann $x = s \in \mathbb{R}$ beliebig gewählt werden. Einsetzen von $x = s$ in Gleichung I ergibt $y = \tfrac{1}{2} - \tfrac{2}{3}s$. Das Gleichungssystem (I-II) ist mehrdeutig lösbar und hat die Lösungsmenge $L = \left\{ \left(s ; \tfrac{1}{2} - \tfrac{2}{3}s \right) \mid s \in \mathbb{R} \right\}$. ◀

Die Beispiele zeigen, dass es nicht *den* Lösungsweg gibt. Lernende sollten verschiedene Rechenwege ausprobieren, zu Beginn zunächst die ausführliche Variante, und später zur abgekürzten Variante übergehen. Es sei darauf hingwiesen, dass nicht jedes lineare Gleichungssystem mit zwei Variablen und zwei Gleichungen mit dem Additionsverfahren gelöst werden kann. Ist einer der Koeffizienten a_1, a_2, b_1 oder b_2 gleich null, dann muss man zur Lösung das Einsetzungsverfahren nutzen.

1.2.4 Überbestimmte Gleichungssysteme

Hat ein lineares Gleichungssystem mehr Gleichungen als Variablen, dann sprechen wir von einem <u>überbestimmten linearen Gleichungssystem</u>. Bei zwei Variablen hat ein solches Gleichungssystem demzufolge mindestens drei Gleichungen. Grundsätzlich lässt sich die Lösbarkeit mit einer Verallgemeinerung des Einsetzungs- oder Additionsverfahrens untersuchen. Wir demonstrieren die Vorgehensweise an einigen Beispielen:

Beispiel 1.40. Es ist die Lösbarkeit des überbestimmten linearen Gleichungssystems

$$\begin{aligned} \text{I}: \quad x + 4y &= 1 \\ \text{II}: 2x + 3y &= -1 \\ \text{III}: 2x + 13y &= 5 \end{aligned}$$

zu untersuchen. Wir stellen dazu zwei verschiedene Lösungswege gegenüber:

Lösungsweg 1:

Wir nutzen das Einsetzungsverfahren und lösen dazu Gleichung I nach x auf:

$$x = 1 - 4y \qquad (*)$$

Einsetzen von $(*)$ in die Gleichungen II und III ergibt:

$$\begin{aligned} \text{II}': 2 - 5y &= -1 \\ \text{III}': 2 + 5y &= 5 \end{aligned}$$

Beide Gleichungen werden nach y aufgelöst. Aus Gleichung II' folgt $y = \frac{3}{5}$ und aus Gleichung III' ergibt sich ebenfalls $y = \frac{3}{5}$. Aus beiden Gleichungen erhalten wir den gleichen Wert für y und das bedeutet, dass das überbestimmte Gleichungssystem (II'-III') eindeutig lösbar ist. Folglich ist auch das lineare Gleichungssystem (I-III) eindeutig lösbar. Den Lösungswert der Variable x bestimmen wir durch Einsetzen von $y = \frac{3}{5}$ in $(*)$. Das ergibt $x = -\frac{7}{5}$.

Lösungsweg 2:

Wir nutzen das Additionsverfahren und wenden es wie folgt an:

$$\begin{aligned} \text{I}: \quad x + 4y &= 1 \\ \text{II}: 2x + 3y &= -1 \\ \underline{\text{III}: 2x + 13y = 5} \\ \text{II} - 2\cdot\text{I} = \text{IV}: \quad -5y = -3 \\ \text{III} - 2\cdot\text{I} = \text{V}: \quad 5y = 3 \end{aligned}$$

Beide Gleichungen IV und V werden nach y aufgelöst. Aus Gleichung IV folgt $y = \frac{3}{5}$ und aus Gleichung V ergibt sich ebenfalls $y = \frac{3}{5}$. Aus beiden Gleichungen IV und V erhalten wir den gleichen Wert für y und das bedeutet, dass das überbestimmte Gleichungssystem (IV-V) eindeutig lösbar ist. Folglich ist auch das lineare Gleichungssystem (I-III) eindeutig lösbar. Den Lösungswert der Variable x bestimmen wir durch Einsetzen von $y = \frac{3}{5}$ in eine der Gleichungen I, II oder III. Das ergibt $x = -\frac{7}{5}$.

Aus beiden Lösungswegen folgt die eindeutige Lösbarkeit des linearen Gleichungssystems (I-III) und dessen Lösung ist $(x; y) = \left(-\frac{7}{5}; \frac{3}{5}\right)$. ◀

Beispiel 1.41. Wir untersuchen die Lösbarkeit des linearen Gleichungssystems

$$\begin{aligned} \text{I}: \quad 2x - y &= 1 \\ \text{II}: \quad 4x - 2y &= 2 \\ \text{III}: -6x + 3y &= -3 \end{aligned}$$

und stellen dazu zwei verschiedene Lösungswege gegenüber:

- Lösungsweg 1: Wir nutzen das Einsetzungsverfahren. Aus Gleichung I folgt dazu:

$$y = 2x - 1 \qquad (\#)$$

Einsetzen von (#) in die Gleichungen II und III ergibt:

$$II' : 0 \cdot x + 2 = 2$$
$$III' : 0 \cdot x - 3 = -3$$

Beide Gleichungen sind äquivalent zur allgemeingültigen Gleichung $0 = 0$. Folglich kann $x = s \in \mathbb{R}$ beliebig gewählt werden. Das bedeutet, dass das überbestimmte Gleichungssystem (II'-III') mehrdeutig lösbar ist. Folglich ist auch das lineare Gleichungssystem (I-III) mehrdeutig lösbar. Die Lösungswerte der Variable y bestimmen wir durch Einsetzen von $x = s$ in (#). Das ergibt $y = 2s - 1$.

- Lösungsweg 2: Wir nutzen das Additionsverfahren und wenden es wie folgt an:

$$II - 2 \cdot I = IV : \quad 0 = 0$$
$$III + 3 \cdot I = V : \quad 0 = 0$$

Die Anwendung des Additionsverfahrens hatte zum Ziel, mit IV und V zwei neue Gleichungen zu gewinnen, in denen mit y nur noch eine Variable vorkommt. Da die erhaltenen Gleichungen IV und V allgemeingültig sind, kann $y = t \in \mathbb{R}$ beliebig gewählt werden. Das bedeutet, dass das überbestimmte Gleichungssystem (IV-V) mehrdeutig lösbar ist. Folglich ist auch das lineare Gleichungssystem (I-III) mehrdeutig lösbar. Die Lösungswerte der Variable x bestimmen wir durch Einsetzen von $y = s$ in eine der Gleichungen I, II oder III. Das ergibt $x = \frac{1}{2} + \frac{1}{2}t$.

Aus beiden Lösungswegen folgt die mehrdeutige Lösbarkeit des linearen Gleichungssystems (I-III), jedoch zwei verschiedene Darstellungen der Lösungsmenge:

$$L = \left\{ (s; 2s - 1) \mid s \in \mathbb{R} \right\} = \left\{ \left(\tfrac{1}{2} + \tfrac{1}{2}t; t \right) \mid t \in \mathbb{R} \right\} \qquad \blacktriangleleft$$

Beispiel 1.42. Es ist die Lösbarkeit des linearen Gleichungssystems

$$I : \quad x + 4y = 1$$
$$II : 2x + 3y = -1$$
$$III : 2x + 13y = -5$$

zu untersuchen. Dazu stellen wir zwei verschiedene Lösungswege gegenüber:

Lösungsweg 1:

Wir nutzen das Einsetzungsverfahren. Aus Gleichung I folgt $x = 1 - 4y$. Das setzen wir in II und III ein und erhalten:

$$II' : 2 - 5y = -1$$
$$III' : 2 + 5y = -5$$

Aus Gleichung II' folgt $y = \frac{3}{5}$, aus Gleichung III' ergibt sich $y = -\frac{7}{5}$.

Lösungsweg 2:

Wir nutzen das Additionsverfahren und wenden dieses analog zu den vorhergehenden Beispielen an:

$$II - 2 \cdot I = IV : -5y = -3$$
$$III - 2 \cdot I = V : 5y = -7$$

Aus Gleichung IV folgt $y = \frac{3}{5}$, aus Gleichung V ergibt sich $y = -\frac{7}{5}$.

In beiden Lösungswegen erhalten wir für y verschiedene Werte, und das ist ein Widerspruch. Dies bedeutet, dass das überbestimmte Gleichungssystem (II'-III') bzw. (IV-V) nicht lösbar ist, und folglich ist auch das lineare Gleichungssystem (I-III) nicht lösbar. ◄

Beispiel 1.43. Wir untersuchen die Lösbarkeit des linearen Gleichungssystems

$$\begin{aligned} \text{I}: & \quad 2x - 3y = 4 \\ \text{II}: & \quad x + y = 2 \\ \text{III}: & \quad 3x + 3y = 6 \\ \text{IV}: & \quad -2x - 2y = 4 \end{aligned}$$

und stellen dazu zwei verschiedene Lösungswege gegenüber:

Lösungsweg 1:

Wir nutzen das Einsetzungsverfahren. Aus Gleichung II folgt $x = 2 - y$. Das setzen wir in I, III und IV ein und erhalten:

$$\begin{aligned} \text{I}': & \quad 4 - 5y = 4 \\ \text{III}': & \quad 6 \quad\quad = 6 \\ \text{IV}': & \quad -4 \quad\quad = 4 \end{aligned}$$

Gleichung IV' ist ein Widerspruch, und folglich ist das überbestimmte Gleichungssystem (I',III',IV') nicht lösbar.

Lösungsweg 2:

Wir nutzen das Additionsverfahren und wenden dieses wie folgt an:

$$\begin{aligned} \text{I} - 2 \cdot \text{II} = \text{V}: & \quad -5y = 0 \\ \text{III} - 3 \cdot \text{II} = \text{VI}: & \quad 0 = 0 \\ \text{IV} + 2 \cdot \text{II} = \text{VII}: & \quad 0 = 8 \end{aligned}$$

Gleichung VII ist ein Widerspruch, und folglich ist das überbestimmte Gleichungssystem (V,VI,VII) nicht lösbar.

Aus der Nichtlösbarkeit der überbestimmten linearen Gleichungssysteme (I',III',IV') bzw. (V,VI,VII) folgt, dass das lineare Gleichungssystem (I-IV) nicht lösbar ist. ◄

Die Rechnungen aus den Beispielen lassen sich wie folgt zusammenfassen:

- Zur Untersuchung der Lösbarkeit eines Gleichungssystems mit zwei Variablen x und y und $n \geq 3$ Gleichungen auf Basis des Einsetzungsverfahrens wird eine Gleichung ausgewählt, die man nach x oder y auflöst. Das Ergebnis dieser Auflösung wird in alle anderen Gleichungen eingesetzt, was ein überbestimmtes lineares Gleichungssystem mit einer Unbekannten (x oder y) und $n - 1$ Gleichungen ergibt. Dieses Gleichungssystem ist entweder eindeutig, mehrdeutig oder nicht lösbar. Daraus folgt, dass auch das Ausgangssystem mit zwei Variablen eindeutig, mehrdeutig oder nicht lösbar ist.

- Zur Untersuchung der Lösbarkeit eines Gleichungssystems mit zwei Variablen x und y und $n \geq 3$ Gleichungen auf Basis des Additionsverfahrens wird eine Gleichung ausgewählt. Vielfache dieser Gleichung werden zu allen anderen Gleichungen addiert mit dem Ziel, auf diese Weise ein überbestimmtes lineares Gleichungssystem mit einer Unbekannten (x oder y) und $n - 1$ Gleichungen zu konstruieren. Dieses Gleichungssystem ist entweder eindeutig, mehrdeutig oder nicht lösbar. Daraus folgt, dass das Ausgangssystem mit zwei Variablen eindeutig, mehrdeutig oder nicht lösbar ist.

Aufgaben zum Abschnitt 1.2

Aufgabe 1.2.1: Untersuchen Sie die Lösbarkeit der folgenden linearen Gleichungssysteme. Ist ein Gleichungssystem eindeutig lösbar, so geben Sie seine Lösung als Wertepaar an. Ist ein Gleichungssystem mehrdeutig lösbar, dann geben Sie die aus unendlich vielen Wertepaaren bestehende Lösungsmenge L an.

a)
$$\begin{aligned} x + 2y &= 2 \\ 3x - 4y &= -4 \end{aligned}$$

b)
$$\begin{aligned} -x + 3y &= 7 \\ 5x + 4y &= 3 \end{aligned}$$

c)
$$\begin{aligned} 8x - 3y &= 11 \\ 5x + 2y &= 34 \end{aligned}$$

d)
$$\begin{aligned} -3x + 9y &= 6 \\ 4x - 12y &= -8 \end{aligned}$$

e)
$$\begin{aligned} -3x + 9y &= 6 \\ 4x + 12y &= 8 \end{aligned}$$

f)
$$\begin{aligned} 3x - 9y &= -6 \\ -4x + 12y &= -8 \end{aligned}$$

g)
$$\begin{aligned} 5x - 5y &= 3 \\ 9x - 9y &= 1 \end{aligned}$$

h)
$$\begin{aligned} 8x - 6y &= 2 \\ -2x - 3y &= -2 \end{aligned}$$

i)
$$\begin{aligned} 21x - 14y &= 28 \\ -15x + 10y &= -20 \end{aligned}$$

j)
$$\begin{aligned} x + \tfrac{6}{5}y &= 9 \\ \tfrac{1}{3}x + \tfrac{2}{5}y &= 3 \end{aligned}$$

k)
$$\begin{aligned} -\tfrac{4}{3}x - \tfrac{8}{5}y &= \tfrac{6}{7} \\ 2x + \tfrac{12}{5}y &= -\tfrac{9}{7} \end{aligned}$$

l)
$$\begin{aligned} \tfrac{3}{2}x - 2y &= 4 \\ \tfrac{4}{3}y &= \tfrac{4}{3} \end{aligned}$$

m)
$$\begin{aligned} 3x + 5y &= 16 \\ 4x &= -12 \end{aligned}$$

n)
$$\begin{aligned} -3x &= 90 \\ 4x + 5y &= -20 \end{aligned}$$

o)
$$\begin{aligned} 4y &= 0 \\ 7x + 5y &= 0 \end{aligned}$$

p)
$$\begin{aligned} 6a + 9b &= -21 \\ -4a + 10b &= 6 \end{aligned}$$

q)
$$\begin{aligned} 16u + 12v &= 28 \\ 20u + 15v &= 35 \end{aligned}$$

r)
$$\begin{aligned} 4\lambda - 2\mu &= 8 \\ 3\lambda + \mu &= 11 \end{aligned}$$

Aufgabe 1.2.2: Der Koch eines kleinen Restaurants geht zum Bauern seines Vertrauens, um seine Vorratskammer aufzufüllen. Als er den Bauern fragt, wie viele Gänse und Hasen er bekommen kann, antwortet der Scherzkeks: „Die Tiere, die ich dir geben kann, haben insgesamt vierzig Augen und zweiundsechzig Beine". Wie viele Gänse und wie viele Hasen kann der Koch bekommen?

Aufgabe 1.2.3: Wir betrachten eine zweistellige natürliche Zahl. Wird das Doppelte der ersten Ziffer zur zweiten Ziffer addiert, dann ergibt dies 17. Werden die beiden Ziffern der Zahl vertauscht, dann ergibt das eine um 18 größere Zahl. Wie lautet die gesuchte Zahl?

Aufgabe 1.2.4: Wie muss $c \in \mathbb{R}$ gewählt werden, sodass das lineare Gleichungssystem mit den Variablen x und y lösbar bzw. nicht lösbar ist? Für welche $c \in \mathbb{R}$ ist das Gleichungssystem gegebenfalls eindeutig bzw. mehrdeutig lösbar?

a)
$$\begin{aligned} 2x + 3y &= 7 \\ 4x + cy &= 2 \end{aligned}$$

b)
$$\begin{aligned} -x + 2y &= 1 \\ cx - 3y &= 1 \end{aligned}$$

c)
$$\begin{aligned} 4x - 5y &= 5 \\ cx + 7y &= -7 \end{aligned}$$

d)
$$\begin{aligned} -x + 3y &= 5 \\ 2x - 4y &= c+6 \end{aligned}$$

e)
$$\begin{aligned} -x + 2y &= c^2 \\ x - 2y &= 1 \end{aligned}$$

f)
$$\begin{aligned} cx + y &= 5 \\ 8x + (c+2)y &= 10 \end{aligned}$$

g) $\quad 3x + cy = -5$ $\qquad$ h) $\quad 6x + 6y = 5$ $\qquad$ i) $\quad cx + \qquad y = -5$
$\quad -6x + 4y = c + 12$ $\qquad\quad cx + 5y = \frac{1}{6}c^2$ $\qquad\qquad 8x + (c+2)y = 10$

Aufgabe 1.2.5: Untersuchen Sie die Lösbarkeit der folgenden linearen Gleichungssysteme. Ist ein Gleichungssystem eindeutig lösbar, so geben Sie seine Lösung als Wertepaar an. Ist ein Gleichungssystem mehrdeutig lösbar, dann geben Sie die aus unendlich vielen Wertepaaren bestehende Lösungsmenge L an.

a) $\quad 2x + 5y = \quad 45$ $\qquad$ b) $\quad 2x + 5y = \quad 45$ $\qquad$ c) $\quad 4x - 6y = \quad 8$
$\quad 3x - 6y = -27$ $\qquad\qquad 3x - 6y = -27$ $\qquad\qquad -6x + 9y = -12$
$\quad 10x - 2y = \quad 36$ $\qquad\quad 10x - 2y = \quad 36$ $\qquad\qquad 2x - 3y = \quad 4$
$\qquad\qquad\qquad\qquad\qquad 9x + 9y = 150$ $\qquad\qquad -14x + 21y = -28$
$\qquad\qquad\qquad\qquad\qquad\qquad\qquad\qquad\qquad 18x - 27y = \quad 36$

Aufgabe 1.2.6: Gegeben seien die linearen Gleichungssysteme

$$\begin{cases} \text{I}: a_1x + b_1y = c_1 \\ \text{II}: a_2x + b_2y = c_2 \end{cases} \quad \text{und} \quad \begin{cases} \text{I}': a_1x + \qquad\qquad b_1y = \qquad\qquad c_1 \\ \text{II}': \qquad (b_1a_2 - a_1b_2)y = c_1a_2 - a_1c_2 \end{cases}.$$

Das Gleichungssystem (I'-II') entsteht durch Anwendung des ersten Arbeitsschrittes beim Additionsverfahren, d. h., es gilt der Zusammenhang $\text{II}' = a_2 \cdot \text{I} - a_1 \cdot \text{II}$.

a) Bestimmen Sie die Lösungsmenge des Gleichungssystems (I'-II') für beliebige Koeffizienten $a_1, b_1, c_1, a_2, b_2, c_2 \in \mathbb{R}$.
b) Weisen Sie nach, dass die Gleichungssysteme (I-II) und (I'-II') äquivalent sind. Zeigen Sie dazu durch Nachrechnen, dass jede in a) bestimmte Lösung des Gleichungssystems (I'-II') auch eine Lösung des Gleichungssystems (I-II) ist.

1.3 Lineare Gleichungssysteme mit drei Variablen

Aus drei linearen Gleichungen der Ordnung 3 lässt sich ein lineares Gleichungssystem der folgenden Gestalt konstruieren:

$$\begin{aligned} \text{I}: a_1x + b_1y + c_1z = d_1 \\ \text{II}: a_2x + b_2y + c_2z = d_2 \\ \text{III}: a_3x + b_3y + c_3z = d_3 \end{aligned} \tag{1.44}$$

Dabei sind $x, y, z \in \mathbb{R}$ die Variablen und $a_1, a_2, a_3, b_1, b_2, b_3, c_1, c_2, c_3, d_1, d_2, d_3 \in \mathbb{R}$ die Koeffizienten des Gleichungssystems. Die Lösungsmenge L des Gleichungssystems (1.44) besteht aus allen Wertetripeln $(x; y; z)$, die *gleichzeitig* Gleichung I, Gleichung II und Gleichung III erfüllen. Zur Ermittlung der Lösungsmenge L kann eine Mischung aus Rechenschritten verwendet werden, die in Analogie zum Additions- und Einsetzungsverfahren für lineare Gleichungssysteme mit zwei Variablen stehen. Genauer sind die folgenden drei Lösungsschritte abzuarbeiten:

Anleitung 1.45.

- **Schritt 1:** Vielfache einer der Gleichungen I, II oder III werden zu Vielfachen der beiden anderen Gleichungen addiert oder subtrahiert mit dem Ziel, eine der drei Variablen zu eliminieren, d. h., die auf diese Weise entstehenden Gleichungen IV und V enthalten nur noch zwei Variablen und in beiden Gleichungen IV und V stehen die gleichen Variablen.

  Zur Vereinfachung sei angenommen, dass die Elimination von x mithilfe der Gleichung I durchgeführt wurde, d. h. zum Beispiel $IV = k \cdot I + r \cdot II$ und $V = s \cdot I + t \cdot III$ mit geeigneten $k, r, s, t \in \mathbb{R} \setminus \{0\}$. Die Gleichungen IV und V enthalten die Variablen y und z. Die Gleichungssysteme (I-III) und (I,IV,V) sind äquivalent, d. h., sie haben die gleiche Lösungsmenge.

- **Schritt 2:** Das aus den Gleichungen IV und V gebildete Gleichungssystem (IV-V) mit zwei Variablen wird mit einem der in Abschnitt 1.2 genannten Lösungsverfahren, d. h., dem Additions-, Einsetzungs- oder Gleichsetzungsverfahren gelöst. Hat das System (IV-V) keine Lösung, dann ist auch das System (I-III) nicht lösbar, und damit gilt $L = \emptyset$.

- **Schritt 3:** Hat das Gleichungssystem (IV-V) eine oder mehrere Lösungen, dann sind diese in die in Schritt 1 zur Variablenelimination ausgewählte Gleichung einzusetzen. Die entstehende Gleichung mit einer Variable wird nach dieser Variable aufgelöst.

  Unter den in Schritt 1 genannten Beispielannahmen lösen hierbei die Wertepaare $(y; z) = (y^*; z^*)$ das System (IV-V). Einsetzen von $(y^*; z^*)$ in Gleichung I ergibt den von y^* und z^* abhängigen Wert $x = x^*$. Das Tripel $(x^*; y^*; z^*)$ löst das Gleichungssystem (I-III). Die Lösungsmenge L besteht aus allen möglichen Lösungstripeln $(x^*; y^*; z^*)$, die das System (I-III) lösen.

Da im Lösungsweg auf die in Abschnitt 1.2 behandelten Verfahren zurückgegriffen wird, können bereits Schlüsse über die Struktur der Lösungsmenge L gezogen werden:

- <u>Fall 1:</u> Das Gleichungssystem (1.44) ist nicht lösbar und die Lösungsmenge ist demzufolge leer, wenn bei der Durchführung von Anleitung 1.45 eine nicht erfüllbare Gleichung der Form $0 = d$ mit einer Konstante $d \neq 0$ entsteht.

- <u>Fall 2:</u> Das Gleichungssystem (1.44) ist mehrdeutig lösbar und die Lösungsmenge besteht demzufolge aus unendlich vielen Lösungstripeln $(x^*; y^*; z^*)$, wenn bei der Durchführung von Anleitung 1.45 eine allgemeingültige Gleichung (d. h. $d = d$ mit $d \in \mathbb{R}$) und *keine* nicht erfüllbare Gleichung gemäß Fall 1 entsteht.

- <u>Fall 3:</u> Das Gleichungssystem (1.44) ist eindeutig lösbar und die Lösungsmenge besteht demzufolge aus genau einem Lösungstripel $(x^*; y^*; z^*)$, wenn bei der Durchführung von Anleitung 1.45 *keine* allgemeingültige Gleichung und *keine* nicht erfüllbare Gleichung entsteht.

Die Ausgestaltung möglicher Lösungswege ist nahezu beliebig, was an den folgenden Beispielen demonstriert werden soll.

Beispiel 1.46. Wir untersuchen die Lösbarkeit des linearen Gleichungssystems

$$\begin{array}{rl} \text{I}: & 2x + 3y - 4z = 12 \\ \text{II}: & -3x - 4y + 5z = -16 \\ \text{III}: & -4x + 5y - 6z = 12 \end{array}$$

und stellen dazu zwei verschiedene Lösungswege gegenüber:

Lösungsweg 1:

$$\begin{array}{rl} 3\cdot\text{I}+2\cdot\text{II}=\text{IV}: & y - 2z = 4 \\ 2\cdot\text{I}+\text{III}=\text{V}: & 11y - 14z = 36 \\ \hline \text{V}-11\cdot\text{IV}=\text{VI}: & 8z = -8 \end{array}$$

Aus Gleichung VI folgt $z = -1$. Einsetzen von $z = -1$ in Gleichung IV ergibt $y + 2 = 4$, woraus $y = 2$ folgt.

Lösungsweg 2:

$$\begin{array}{rl} 3\cdot\text{I}+2\cdot\text{II}=\text{IV}: & y - 2z = 4 \\ 2\cdot\text{I}+\text{III}=\text{V}: & 11y - 14z = 36 \end{array}$$

Aus Gleichung IV folgt $y = 4 + 2z$. Dies eingesetzt in V ergibt $44 + 8z = 36$, woraus $z = -1$ folgt. Einsetzen von $z = -1$ in die Gleichung $y = 4 + 2z$ ergibt $y = 2$.

Der letzte Rechenschritt ist für beide Lösungswege gleich: Einsetzen von $y = 2$ und $z = -1$ in Gleichung I ergibt $2x + 10 = 12$, woraus $x = 1$ folgt. Das führt zu dem Ergebnis, dass das Gleichungssystem (I-III) die eindeutige Lösung $(x; y; z) = (1; 2; -1)$ hat. ◀

Beispiel 1.47. Wir untersuchen die Lösbarkeit des linearen Gleichungssystems

$$\begin{array}{rl} \text{I}: & 2x + 3y - 4z = 15 \\ \text{II}: & x + 3y + 2z = 12 \\ \text{III}: & -5x + 3y - 2z = -6 \end{array}$$

und stellen dazu zwei verschiedene Lösungswege gegenüber:

Lösungsweg 1:

$$\begin{array}{rl} \text{I}-2\cdot\text{II}=\text{IV}: & -3y - 8z = -9 \\ \text{III}+5\cdot\text{II}=\text{V}: & 18y + 8z = 54 \\ \hline \text{IV}+\text{IV}=\text{VI}: & 15y = 45 \end{array}$$

Aus Gleichung VI folgt $y = 3$. Einsetzen von $y = 3$ in Gleichung IV ergibt $-9 - 8z = -9$, woraus $z = 0$ folgt. Einsetzen von $y = 3$ und $z = 0$ in Gleichung II ergibt $x + 9 = 12$, woraus $x = 3$ folgt.

Lösungsweg 2:

$$\begin{array}{rl} \text{II}-\text{I}=\text{IV}: & -x + 6z = -3 \\ \text{III}-\text{I}=\text{V}: & -7x + 2z = -21 \\ \hline \text{V}-7\cdot\text{IV}=\text{VI}: & -40z = 0 \end{array}$$

Aus Gleichung VI folgt $z = 0$. Dies eingesetzt in IV ergibt $-x = -3$, woraus $x = 3$ folgt. Einsetzen von $x = 3$ und $z = 0$ in Gleichung I ergibt $6 + 3y = 15$, woraus $y = 3$ folgt.

Beide Lösungswege führen zu dem Ergebnis, dass das Gleichungssystem (I-III) die eindeutige Lösung $(x; y; z) = (3; 3; 0)$ hat. ◀

Beispiel 1.48. Wir untersuchen die Lösbarkeit des linearen Gleichungssystems

$$
\begin{aligned}
\text{I} : &\quad 3y + 2z = 1 \\
\text{II} : &\quad x \qquad + 3z = 7 \\
\text{III} : &\quad 2x - 4y + \ z = 8
\end{aligned}
$$

und stellen dazu zwei verschiedene Lösungswege gegenüber:

Lösungsweg 1:

$$
\begin{array}{l}
\text{I} - 2 \cdot \text{III} = \text{IV} : -4x + 11y = -15 \\
\underline{\text{II} - 3 \cdot \text{III} = \text{V} : -5x + 12y = -17} \\
4 \cdot \text{V} - 5 \cdot \text{IV} = \text{VI} : \qquad -7y = \ \ 7
\end{array}
$$

Aus Gleichung VI folgt $y = -1$. Einsetzen von $y = -1$ in Gleichung IV ergibt $-4x - 11 = -15$, woraus $x = 1$ folgt. Einsetzen von $x = 1$ und $y = -1$ in Gleichung III ergibt $6 + z = 8$, woraus $z = 2$ folgt.

Lösungsweg 2:

$$
\begin{array}{l}
2 \cdot \text{II} - 3 \cdot \text{I} = \text{IV} : 2x - \ 9y = 11 \\
\underline{2 \cdot \text{III} - \text{I} = \text{V} : 4x - 11y = 15} \\
\text{V} - 2 \cdot \text{IV} = \text{VI} : \qquad 7y = -7
\end{array}
$$

Aus Gleichung IV folgt $y = -1$. Einsetzen von $y = -1$ in Gleichung IV ergibt $2x + 9 = 11$, woraus $x = 1$ folgt. Einsetzen von $x = 1$ und $y = -1$ in Gleichung I ergibt $-3 + 2z = 1$, woraus $z = 2$ folgt.

Beide Lösungswege führen zu dem Ergebnis, dass das Gleichungssystem (I-III) die eindeutige Lösung $(x; y; z) = (1; -1; 2)$ hat.

Die in Anleitung 1.45 gegebene Vorgehensweise schränkt bei diesem Gleichungssystem den ersten Schritt dahingehend ein, dass zur Konstruktion der Gleichungen IV und V ausschließlich die Variable z eliminiert werden kann. Das liegt daran, dass in den Gleichungen I bzw. II jeweils ein Koeffizient vor x bzw. y gleich null ist. In solchen und ähnlichen Fällen kann es sinnvoll sein, alternative Lösungswege einzuschlagen. Ein Alternative für das System (I-III) demonstrieren wir am folgenden

Lösungsweg 3: Zunächst lösen wir Gleichung I nach z auf. Das ergibt:

$$
z = \tfrac{1}{2} - \tfrac{3}{2}y \tag{$*$}
$$

Dies setzen wir jeweils in die Gleichungen II und III ein und erhalten auf diese Weise ein lineares Gleichungssystem (II′-III′) mit den Variablen x und y:

$$
\left\{
\begin{array}{l}
\text{II}' : \ x \qquad + 3\left(\tfrac{1}{2} - \tfrac{3}{2}y\right) = 7 \\
\text{III}' : 2x - 4y + \quad \tfrac{1}{2} - \tfrac{3}{2}y = 8
\end{array}
\right\}
\quad \Longleftrightarrow \quad
\left\{
\begin{array}{l}
\text{II}' : \ x - \tfrac{9}{2}y = \tfrac{11}{2} \\
\text{III}' : 2x - \tfrac{11}{2}y = \tfrac{15}{2}
\end{array}
\right\}
$$

Das System (II′-III′) wird mit dem Additionsverfahren zum Beispiel wie folgt gelöst:

$$
\text{III}' - 2 \cdot \text{I}' : \ \tfrac{7}{2}y = -\tfrac{7}{2}
$$

Daraus folgt $y = -1$. Einsetzen von $y = -1$ in Gleichung II′ ergibt $x + \tfrac{9}{2} = \tfrac{11}{2}$, woraus $x = 1$ folgt. Einsetzen von $y = -1$ in Gleichung $(*)$ ergibt $z = \tfrac{1}{2} + \tfrac{3}{2} = 2$. Wie bei den Lösungswegen 1 und 2 erhalten wir das Ergebnis, dass das Gleichungssystem (I-III) die eindeutige Lösung $(x; y; z) = (1; -1; 2)$ hat. ◀

Der in Beispiel 1.48 vorgestellte dritte Lösungsweg lässt sich auch nutzen, wenn alle Koeffizienten vor den Variablen von null verschieden sind. Verallgemeinert führt das auf die folgende aus vier Schritten bestehende alternative Vorgehensweise zur Ermittlung der Lösungsmenge L des Gleichungssystems (1.44):

Anleitung 1.49.

- **Schritt 1:** Wähle eine Variable x, y oder z derart aus, dass die Koeffizienten zu dieser Variable in allen drei Gleichungen I, II und III von null verschieden sind. Löse eine der Gleichungen I, II oder III nach der ausgewählten Variable auf.

  Beispiel: Zur Vereinfachung sei angenommen, dass x die ausgewählte Variable ist und Gleichung I nach x aufgelöst wird. Das ergibt eine Gleichung der Gestalt

  $$x = \lambda y + \mu z + \kappa, \quad \lambda, \mu, \kappa \in \mathbb{R}. \qquad (*)$$

- **Schritt 2:** Ersetze in den Gleichungen, die in Schritt 1 nicht nach der ausgewählten Variable aufgelöst wurden, die ausgewählte Variable durch den dafür in Schritt 1 erhaltenen Ausdruck. Die daraus erhaltenen Gleichungen mit zwei Variablen seien mit IV und V bezeichnet.

  Bezogen auf das zu Schritt 1 genannte Beispiel wird in den Gleichungen II und III also jeweils x durch $\lambda y + \mu z + \kappa$ ersetzt.

- **Schritt 3:** Das Gleichungssystem (IV-V) mit zwei Variablen wird mit einem der in Abschnitt 1.2 genannten Lösungsverfahren, d. h. dem Additions-, Einsetzungs- oder Gleichsetzungsverfahren, gelöst. Hat das System (IV-V) keine Lösung, dann ist auch das System (I-III) nicht lösbar, und damit gilt $L = \emptyset$.

- **Schritt 4:** Hat das Gleichungssystem (IV-V) eine oder mehrere Lösungen, dann sind diese in die in Schritt 1 erhaltene Gleichung für die in (IV-V) nicht vorkommende Variable einzusetzen.

  Unter den in Schritt 1 genannten Beispielannahmen lösen hierbei die Wertepaare $(y; z) = (y^*; z^*)$ das System (IV-V). Einsetzen von $(y^*; z^*)$ in Gleichung $(*)$ ergibt den von y^* und z^* abhängigen Wert $x = x^*$. Das Tripel $(x^*; y^*; z^*)$ löst das Gleichungssystem (I-III). Die Lösungsmenge L besteht aus allen möglichen Lösungstripeln $(x^*; y^*; z^*)$, die das System (I-III) lösen.

Beispiel 1.50. Wir untersuchen die Lösbarkeit des linearen Gleichungssystems

$$\begin{aligned}
\text{I} &: \quad x - 2y - 3z = 10 \\
\text{II} &: 2x + 3y + 2z = 8 \\
\text{III} &: 3x + 4y + z = 20
\end{aligned}$$

und stellen dazu zwei verschiedene Lösungswege gemäß Anleitung 1.49 gegenüber:

Lösungsweg 1:

Auflösung von I nach x ergibt:

$$x = 10 + 2y + 3z \qquad (*.1)$$

Dies setzen wir in die Gleichungen II und III ein, fassen zusammen und sortieren so, dass die Variablen links und die Konstanten rechts vom Gleichheitszeichen stehen. Das ergibt ein lineares Gleichungssystem (IV-V) mit den Variablen y und z, das wir mit dem Additionsverfahren lösen:

$$
\begin{array}{rl}
\text{II} \to \text{IV}: & 7y + 8z = -12 \\
\text{III} \to \text{V}: & 10y + 10z = -10 \\
\hline
7 \cdot \text{V} - 10 \cdot \text{IV} = \text{VI}: & -10z = 50
\end{array}
$$

Aus Gleichung VI folgt $z = -5$. Einsetzen von $z = -5$ in Gleichung IV ergibt $7y - 40 = -12$, woraus $y = 4$ folgt. Einsetzen von $y = 4$ und $z = -5$ in Gleichung $(*.1)$ ergibt $x = 3$.

Lösungsweg 2:

Auflösung von III nach z ergibt:

$$z = 20 - 3x - 4y \qquad (*.2)$$

Dies setzen wir in die Gleichungen I und II ein, fassen zusammen und sortieren so, dass die Variablen links und die Konstanten rechts vom Gleichheitszeichen stehen. Das ergibt ein lineares Gleichungssystem (IV'-V') mit den Variablen x und y, das wir mit dem Additionsverfahren lösen:

$$
\begin{array}{rl}
\text{I} \to \text{IV}': & 10x + 10y = 70 \\
\text{II} \to \text{V}': & -4x - 5y = -32 \\
\hline
10 \cdot \text{V}' + 4 \cdot \text{IV}' = \text{VI}': & -10y = -40
\end{array}
$$

Aus Gleichung VI' folgt $y = 4$. Einsetzen von $y = 4$ in Gleichung IV' ergibt $10x + 40 = 70$, woraus $x = 3$ folgt. Einsetzen von $x = 3$ und $y = 4$ in Gleichung $(*.2)$ ergibt $z = -5$.

Beide Lösungswege führen zu dem Ergebnis, dass das Gleichungssystem (I-III) die eindeutige Lösung $(x; y; z) = (3; 4; -5)$ hat. ◄

Nachdem bisher ausschließlich Beispiele mit eindeutig lösbaren Gleichungssystemen vorgestellt wurden, folgen jetzt Beispiele für mehrdeutig und nicht lösbare Gleichungssysteme mit drei Variablen und drei Gleichungen:

Beispiel 1.51. Wir untersuchen die Lösbarkeit des linearen Gleichungssystems

$$
\begin{array}{rl}
\text{I}: & x + 2y + 3z = 4 \\
\text{II}: & 2x + 3y + 4z = 5 \\
\text{III}: & 3x + 3y + 3z = 3
\end{array}
$$

und stellen dazu zwei verschiedene Lösungswege gegenüber:

- Lösungsweg 1: Wir verwenden Anleitung 1.45 und eliminieren x:

$$
\begin{array}{rl}
\text{II} - 2 \cdot \text{I} = \text{IV}: & -y - 2z = -3 \\
\text{III} - 3 \cdot \text{I} = \text{V}: & -3y - 6z = -9 \\
\hline
\text{V} - 3 \cdot \text{IV} = \text{VI}: & 0 = 0
\end{array}
$$

Ziel des letzten Rechenschritts war, die Variable y zu eliminieren. Die erhaltene allgemeingültige Gleichung VI können wir deshalb auch schreiben als $0 \cdot z = 0$. Diese

Darstellung zeigt, dass wir für z beliebige Werte wählen können, d. h. $z = t \in \mathbb{R}$. Einsetzen von $z = t$ in IV ergibt $-y - 2t = -3$, woraus $y = 3 - 2t$ folgt. Einsetzen von $y = 3 - 2t$ und $z = t$ in Gleichung I ergibt $x - t + 6 = 4$, woraus $x = t - 2$ folgt.

• Lösungsweg 2: Wir nutzen Anleitung 1.49 und lösen Gleichung III nach z auf:

$$z = 1 - x - y \qquad (\#)$$

Dies setzen wir in die Gleichungen I und II ein und gehen wie in Beispiel 1.50 vor:

$$
\begin{array}{rl}
\text{I} \to \text{IV}' : & -2x - y = 1 \\
\text{II} \to \text{V}' : & -2x - y = 1 \\
\hline
\text{V}' - \text{IV}' = \text{VI}' : & \phantom{-2x - y = {}} 0 = 0
\end{array}
$$

Aus der allgemeingültigen Gleichung VI$'$ folgt, dass wir y beliebig wählen können, z. B. $y = 2s$ mit $s \in \mathbb{R}$. Einsetzen von $y = 2s$ in Gleichung IV$'$ ergibt $-2x - 2s = 1$, woraus $x = -\frac{1}{2} - s$ folgt. Einsetzen von $x = -\frac{1}{2} - s$ und $y = 2s$ in Gleichung (#) ergibt $z = \frac{3}{2} - s$.

Beide Lösungswege führen zu dem Ergebnis, dass das Gleichungssystem (I-III) mehrdeutig lösbar ist. Die Darstellung der Lösungsmenge L ist nicht eindeutig, d. h.

$$L = \left\{ (t - 2 \,;\, 3 - 2t \,;\, t) \mid t \in \mathbb{R} \right\} = \left\{ \left(-\tfrac{1}{2} - s \,;\, 2s \,;\, \tfrac{3}{2} - s \right) \mid s \in \mathbb{R} \right\} .$$

Die Darstellungen von L sind natürlich äquivalent, d. h., zu jedem $s \in \mathbb{R}$ gibt es ein $t \in \mathbb{R}$ mit $-\frac{1}{2} - s = t - 2$, $2s = 3 - 2t$ und $\frac{3}{2} - s = t$. ◄

Beispiel 1.52. Wir untersuchen die Lösbarkeit des linearen Gleichungssystems (I-III):

$$
\begin{array}{rl}
\text{I} : & x + 2y + 3z = 1 \\
\text{II} : & 6x + 12y + 18z = 6 \\
\text{III} : & -2x - 4y - 6z = 2 \\
\hline
\text{II} - 6 \cdot \text{I} = \text{IV} : & 0 = 0 \\
\text{III} + 2 \cdot \text{I} = \text{V} : & 0 = 4
\end{array}
$$

Gleichung V ist ein Widerspruch. Folglich ist das Gleichungssystem nicht lösbar. ◄

Beispiel 1.53. Wir untersuchen die Lösbarkeit des linearen Gleichungssystems (I-III):

$$
\begin{array}{rl}
\text{I} : & 2x + 3y + 4z = 3 \\
\text{II} : & 5x + 2y + 5z = 0 \\
\text{III} : & -2x + 8y + 6z = 7 \\
\hline
2 \cdot \text{II} - 5 \cdot \text{I} = \text{IV} : & -11y - 10z = -15 \\
\text{I} + \text{III} = \text{V} : & 11y + 10z = 10 \\
\hline
\text{IV} + \text{V} = \text{VI} : & 0 = {-5}
\end{array}
$$

Gleichung VI ist ein Widerspruch. Folglich ist das Gleichungssystem nicht lösbar. ◄

Beispiel 1.54. Wir untersuchen die Lösbarkeit des linearen Gleichungssystems

$$
\begin{array}{rrrrr}
\text{I}: & 4x + & 8y + & 12z = & 4 \\
\text{II}: & 6x + & 12y + & 18z = & 6 \\
\text{III}: & -2x - & 4y - & 6z = & -2
\end{array}
$$

und stellen dazu zwei verschiedene Lösungswege gegenüber:

Lösungsweg 1:

Wir nutzen Anleitung 1.45 und konstruieren ein lineares Gleichungssystem (IV-V) mit den Variablen y und z:

$$
\begin{array}{ll}
4 \cdot \text{II} - 6 \cdot \text{I} = \text{IV}: & 0 = 0 \\
2 \cdot \text{III} + \text{I} = \text{V}: & 0 = 0
\end{array}
$$

Die erhaltenen Gleichungen IV und V sind allgemeingültig. Das bedeutet, dass für y und z beliebige Werte gewählt werden können, d. h. $y = s \in \mathbb{R}$ und $z = t \in \mathbb{R}$. Einsetzen von $y = s$ und $z = t$ in Gleichung I ergibt $4x + 8s + 12t = 4$, woraus $x = 1 - 2s - 3t$ folgt.

Lösungsweg 2:

Wir nutzen Anleitung 1.49 und lösen Gleichung III nach $x = 1 - 2y - 3z$ auf. Dies setzen wir in die Gleichungen I und II ein und erhalten folgende Gleichungen:

$$
\begin{array}{ll}
\text{I} \rightarrow \text{IV}': & 0 = 0 \\
\text{II} \rightarrow \text{V}': & 0 = 0
\end{array}
$$

Die erhaltenen Gleichungen IV$'$ und V$'$ sind allgemeingültig. Das bedeutet, dass für y und z beliebige Werte gewählt werden können, d. h. $y = s \in \mathbb{R}$ und $z = t \in \mathbb{R}$. Einsetzen von $y = s$ und $z = t$ in die Gleichung $x = 1 - 2y - 3z$ ergibt $x = 1 - 2s - 3t$.

Beide Lösungswege führen zu dem Ergebnis, dass das Gleichungssystem (I-III) mehrdeutig lösbar ist und die Lösungsmenge $L = \left\{ (1 - 2s - 3t; s; t) \mid s, t \in \mathbb{R} \right\}$ hat. ◀

Wie bei den linearen Gleichungssystemen mit zwei Variablen lassen sich auch bei linearen Gleichungssystemen mit drei Variablen überbestimmte Gleichungssysteme betrachten. Diese haben mindestens vier Gleichungen und ihre Lösungsmenge wird mit angepassten Varianten der Anleitungen 1.45 und 1.49 bestimmt. Als Zwischenschritt ergibt sich dabei zunächst ein überbestimmtes lineares Gleichungssystem mit zwei Variablen.

Beispiel 1.55. Wir untersuchen die Lösbarkeit des überbestimmten linearen Gleichungssystems (I-IV):

$$
\begin{array}{rrrrr}
\text{I}: & 2x + & 3y - & z = & 1 \\
\text{II}: & x + & 3y + & z = & 2 \\
\text{III}: & -2x - & 2y + & 4z = & 4 \\
\text{IV}: & 5x + & 8y - & 4z = & -1 \\
\hline
\text{I} - 2 \cdot \text{II} = \text{V}: & & -3y - & 3z = & -3 \\
\text{III} + 2 \cdot \text{II} = \text{VI}: & & 4y + & 6z = & 8 \\
\text{IV} - 5 \cdot \text{II} = \text{VII}: & & -7y - & 9z = & -11 \\
\hline
\text{VI} + 2 \cdot \text{V} = \text{VIII}: & & -2y & = & 2 \\
\text{VII} - 3 \cdot \text{V} = \text{IX}: & & 2y & = & -2
\end{array}
$$

Die Gleichungen VIII und IX werden nach y aufgelöst. Aus Gleichung VIII folgt $y = -1$, aus Gleichung IX folgt ebenfalls $y = -1$. Aus beiden Gleichungen VIII und IX erhalten wir den gleichen Wert für y und das bedeutet, dass das überbestimmte Gleichungssystem (VIII-IX) mit der Variable y eindeutig lösbar ist. Folglich sind auch die linearen Gleichungssysteme (V-VII) mit den Variablen y und z und das Ausgangssystem (I-IV) eindeutig lösbar. Den Lösungswert der Variable z bestimmen wir durch Einsetzen von $y = -1$ in eine der Gleichungen V, VI oder VII. Das ergibt $z = 2$. Einsetzen von $y = -1$ und $z = 2$ zum Beispiel in Gleichung II ergibt $x - 1 = 2$, woraus $x = 3$ folgt. Die eindeutige Lösung des Gleichungssystems (I-IV) ist $(x; y; z) = (3; -1; 2)$.   ◀

Beispiel 1.56. Wir untersuchen die Lösbarkeit des überbestimmten linearen Gleichungssystems (I-VI):

$$
\begin{array}{rrrrrr}
\text{I}: & x + & 3y + & 2z = & 4 \\
\text{II}: & 2x + & y + & z = & -2 \\
\text{III}: & x + & 2y - & z = & 2 \\
\text{IV}: & 2x + & 2y + & 4z = & 0 \\
\text{V}: & 2x + & 10y + & 4z = & 16 \\
\text{VI}: & -6x - & 2y + & 12z = & 10 \\
\hline
\text{II} - 2 \cdot \text{I} = \text{II}': & & -5y - & 3z = & -10 \\
\text{III} - \text{I} = \text{III}': & & -y - & 3z = & -2 \\
\text{IV} - 2 \cdot \text{I} = \text{IV}': & & -4y & = & -8 \\
\text{V} - 2 \cdot \text{I} = \text{V}': & & 4y & = & 8 \\
\text{VI} + 6 \cdot \text{I} = \text{VI}': & & 16y + & 24z = & 34 \\
\end{array}
$$

Aus den Gleichungen IV' und V' folgt $y = 2$. Das Gleichungssystem (II'-VI') mit den Variablen y und z ist lösbar, wenn durch Einsetzen von $y = 2$ in die Gleichungen II', III' und VI' ein eindeutiger Wert für z folgt:

- Einsetzen von $y = 2$ in Gleichung II' ergibt $-10 - 3z = -10$, woraus $z = 0$ folgt.
- Einsetzen von $y = 2$ in Gleichung III' ergibt $-2 - 3z = -2$, woraus $z = 0$ folgt.
- Einsetzen von $y = 2$ in Gleichung VI' ergibt $32 + 24z = 34$, woraus $z = \frac{1}{12}$ folgt.

Wir erhalten für z verschiedene Werte und das ist ein Widerspruch. Dies bedeutet, dass das überbestimmte Gleichungssystem (II'-VI') nicht lösbar ist, und folglich ist auch das überbestimmte lineare Gleichungssystem (I-VI) nicht lösbar.   ◀

Im Gegensatz zu überbestimmten linearen Gleichungssystemen stehen <u>unterbestimmte lineare Gleichungssysteme</u>. Die Anzahl der Gleichungen ist dort kleiner als die Anzahl der Variablen. Das Musterbeispiel für ein unterbestimmtes lineares Gleichungssystem ist eine einzelne lineare Gleichung mit zwei Variablen.

Zu jedem mehrdeutig lösbaren linearen Gleichungssystem mit drei Variablen und drei Gleichungen lässt sich ein unterbestimmtes lineares Gleichungssystem mit drei Variablen zuordnen. Bei der Ermittlung der Lösungsmenge des Gleichungssystems (I-III) in Beispiel 1.51 haben wir als Zwischenschritt eine allgemeingültige Gleichung erhalten, sodass für eine der drei Variablen beliebige Werte gewählt werden konnten. Das lässt sich so interpretieren, dass eine der drei Gleichungen zur Bestimmung der Lösungsmenge überflüssig ist, d. h., die Bestimmung der Lösungsmenge des Systems (I-III) kann zum Beispiel auf die Lösung eines der unterbestimmten linearen Gleichungssysteme

$$\left.\begin{array}{l} \text{I}: \ x + 2y + 3z = 4 \\ \text{II}: 2x + 3y + 4z = 5 \end{array}\right\} \qquad \text{oder} \qquad \left.\begin{array}{l} \text{I}: x + 2y + 3z = 4 \\ \text{IV}: - \ y - 2z = -3 \end{array}\right\}$$

zurückgeführt werden, wobei Gleichung IV in Beispiel 1.51 als Zwischenschritt erhalten wurde. Die Gleichungssysteme (I-III), (I-II) und (I,IV) haben die gleiche Lösungsmenge. Wäre dabei das Gleichungssystem (I,IV) gegeben, dann könnte dieses nach dem Muster von Anleitung 1.49 gelöst werden, d. h., Gleichung IV wird zum Beispiel nach y aufgelöst und der so erhaltene Ausdruck mit der Variable z in I anstelle von y eingesetzt. Das ergibt eine lineare Gleichung mit den Variablen x und z, die leicht lösbar ist.

Aufgaben zum Abschnitt 1.3

Aufgabe 1.3.1: Untersuchen Sie die Lösbarkeit der folgenden linearen Gleichungssysteme. Ist ein Gleichungssystem eindeutig lösbar, so geben Sie seine Lösung als Wertetripel an. Ist ein Gleichungssystem mehrdeutig lösbar, dann geben Sie die aus unendlich vielen Wertetripeln bestehende Lösungsmenge L an.

a)
$$\begin{aligned} -x + 6y + 2z &= 4 \\ 2x - 2y - z &= 2 \\ 3x - 4y - 2z &= 1 \end{aligned}$$

b)
$$\begin{aligned} 3x + 2y - 3z &= 4 \\ x - 2y + 3z &= -2 \\ 3x - 4y + 6z &= -2 \end{aligned}$$

c)
$$\begin{aligned} x + 2y + 3z &= 2 \\ 2x + 2y + 5z &= 6 \\ 4y + 2z &= -4 \end{aligned}$$

d)
$$\begin{aligned} 3x + 4y + 5z &= 12 \\ 4x + 5y + 9z &= 18 \\ 7x - 2y + 8z &= 13 \end{aligned}$$

e)
$$\begin{aligned} 2x + y - 4z &= 1 \\ 3x + 2y - 7z &= 1 \\ 4x - 3y + 2z &= 7 \end{aligned}$$

f)
$$\begin{aligned} 4x + 8y - 4z &= 3 \\ 2x - y + 2z &= 8 \\ 2x + 9y - 6z &= 5 \end{aligned}$$

g)
$$\begin{aligned} 2x - 3y &= 3 \\ 4x - 5y + z &= 7 \\ 2x - y - 3z &= 5 \end{aligned}$$

h)
$$\begin{aligned} 7x - 5y + 3z &= 0 \\ -x + 2y - z &= 0 \\ 4x + y &= 0 \end{aligned}$$

i)
$$\begin{aligned} 3x + 2y + 4z &= 3 \\ 5x + 2y + 5z &= 4 \\ 2x + 6y + z &= 3 \end{aligned}$$

j)
$$\begin{aligned} x + y - z &= -5 \\ 5x - y - z &= 7 \\ 5x + 2y - 3z &= -9 \end{aligned}$$

k)
$$\begin{aligned} 3x + 4y + 5z &= -4 \\ 5x - 6y + 3z &= 5 \\ 7x + 3y + 9z &= 13 \end{aligned}$$

l)
$$\begin{aligned} x - y + z &= 3 \\ 2x - 2y + 2z &= 6 \\ 5x - 5y + 5z &= 15 \end{aligned}$$

m)
$$\begin{aligned} 2x_1 + 4x_2 + 3x_3 &= 1 \\ 3x_1 - 6x_2 - 2x_3 &= -2 \\ 5x_1 - 8x_2 - 2x_3 &= -4 \end{aligned}$$

n)
$$\begin{aligned} x_1 - 2x_2 + 3x_3 &= 4 \\ 3x_1 + x_2 - 5x_3 &= 5 \\ 2x_1 - 3x_2 + 4x_3 &= 7 \end{aligned}$$

o)
$$\begin{aligned} 2x_1 + 2x_2 + 5x_3 &= 3 \\ x_1 - 3x_2 - 6x_3 &= 5 \\ 7x_1 - 5x_2 - 8x_3 &= 15 \end{aligned}$$

p)
$$\begin{aligned} 5a - 7c &= 4 \\ 4b &= 4 \\ 7a - 3b - 5c &= -7 \end{aligned}$$

q)
$$\begin{aligned} 3u - 8w &= 33 \\ 2u + 5v - 6w &= 51 \\ 7u + 9v &= 10 \end{aligned}$$

r)
$$\begin{aligned} 8\alpha + 2\beta - 5\gamma &= 18 \\ - 3\beta + 8\gamma &= 10 \\ 3\gamma &= 6 \end{aligned}$$

Aufgabe 1.3.2: Untersuchen Sie die Lösbarkeit der folgenden unterbestimmten linearen Gleichungssysteme. Ist ein Gleichungssystem mehrdeutig lösbar, dann geben Sie die aus unendlich vielen Wertetripeln bestehende Lösungsmenge L an.

a) $\begin{aligned} 4x + \quad y - 2z &= 7 \\ 2y + 4z &= 6 \end{aligned}$

b) $\begin{aligned} 3x - 8y + 7z &= -3 \\ - 3z &= -9 \end{aligned}$

c) $\begin{aligned} 2y \quad\;\; &= 7 \\ 2x + \quad 2y - 2z &= 13 \end{aligned}$

d) $\begin{aligned} x + \quad 2y - 4z &= 1 \\ 5x + 12y + 4z &= -1 \end{aligned}$

e) $\begin{aligned} 4x + 6y - 4z &= 12 \\ 6x + 9y - 6z &= 18 \end{aligned}$

f) $\begin{aligned} 9x - \quad 6y + 3z &= 12 \\ 15x - 10y + 5z &= 12 \end{aligned}$

Aufgabe 1.3.3: Untersuchen Sie die Lösbarkeit der folgenden überbestimmten linearen Gleichungssysteme. Ist ein Gleichungssystem eindeutig lösbar, so geben Sie seine Lösung als Wertetripel an. Ist ein Gleichungssystem mehrdeutig lösbar, dann geben Sie die aus unendlich vielen Wertetripeln bestehende Lösungsmenge L an.

a) $\begin{aligned} 2x - 3y + 2z &= 10 \\ 3y + \quad z &= 9 \\ 3x \quad\quad + 4z &= 27 \\ 2y \quad\quad &= 4 \end{aligned}$

b) $\begin{aligned} -5x + 8y - 9z &= -7 \\ 7x - 5y - 2z &= -7 \\ 2x + 4y \quad\quad &= 10 \\ 5z &= 10 \end{aligned}$

c) $\begin{aligned} 2x \quad\quad - 3z &= -3 \\ 3x + 2y + 5z &= -8 \\ 5y + 5z &= 10 \\ 5x \quad\quad &= 15 \end{aligned}$

d) $\begin{aligned} 2x + 2y - 4z &= -6 \\ 4x + 3y + 6z &= 4 \\ 3x + \quad y - 3z &= -2 \\ 3y + 8z &= 2 \end{aligned}$

e) $\begin{aligned} x + 2y - 3z &= 5 \\ -x - 2y - 3z &= 7 \\ x + 2y + 3z &= -7 \\ 3x + 6y - 3z &= 3 \end{aligned}$

f) $\begin{aligned} x + 4y - 2z &= -8 \\ 2x + 5y - 3z &= -8 \\ 3x + 6y + 4z &= 8 \\ 2x + 5y + 13z &= 24 \end{aligned}$

g) $\begin{aligned} 2x + 3y - 2z &= 3 \\ 3x - \quad y + 4z &= 0 \\ 4x + 3y - 2z &= 9 \\ 3x + 7y - 8z &= 4 \end{aligned}$

h) $\begin{aligned} 3x + 3y - 2z &= -1 \\ 2x - \quad y + 4z &= 9 \\ 5x + 2y + 2z &= 8 \\ -4x - 7y + 8z &= 11 \end{aligned}$

i) $\begin{aligned} 4x - 8y + 12z &= 4 \\ 6x - 12y + 18z &= 6 \\ -2x + 4y - 6z &= -2 \\ 5x - 10y + 15z &= 5 \end{aligned}$

j) $\begin{aligned} x + 3y - 4z &= 8 \\ -x - 12y + \quad z &= 10 \\ 2x + 3y + \quad z &= -8 \\ -x + 3y - 4z &= 10 \\ 2x + 9y - 7z &= 10 \end{aligned}$

k)
$$\begin{aligned}
x + 2y - 15z &= 6 \\
2x + 4y + 6z &= 6 \\
5x + 10y - 3z &= 18 \\
-3x - 6y - 9z &= -9 \\
3x + 6y - 9z &= 12 \\
8x + 16y - 30z &= 33
\end{aligned}$$

l)
$$\begin{aligned}
12x - 8y + 16z &= 12 \\
-3x + 2y - 4z &= -3 \\
9x - 6y + 12z &= 9 \\
15x - 10y + 20z &= 15 \\
3x + 6y + 9z &= 6 \\
8x - 16y + 4z &= 4
\end{aligned}$$

Aufgabe 1.3.4: Bestimmen Sie, für welche $t \in \mathbb{R}$ bzw. $a, b \in \mathbb{R}$ die folgenden linearen Gleichungssysteme lösbar sind, und geben Sie die Lösungsmengen an. Geben Sie außerdem alle $t \in \mathbb{R}$ bzw. $a, b \in \mathbb{R}$ an, für die das Gleichungssystem keine Lösung besitzt.

a)
$$\begin{aligned}
2x + 4y + 2z &= 12t \\
2x + 12y + 7z &= 12t + 7 \\
x + 10y + 6z &= 7t + 8
\end{aligned}$$

b)
$$\begin{aligned}
x + y + tz &= 1 \\
x + ty + z &= 2 \\
tx + y + z &= 3 + t
\end{aligned}$$

c)
$$\begin{aligned}
x \qquad + z &= a \\
3x - 4y + bz &= 1 \\
5x - y \qquad &= 2
\end{aligned}$$

Aufgabe 1.3.5: Ein Kunde kauft beim Bäcker vier Brötchen, zwei Mischbrote, drei Stück Kuchen und bezahlt 9,35 Euro. Ein anderer Kunde kauft drei Brötchen, eineinhalb Mischbrote, zwei Stück Kuchen und bezahlt 6,70 Euro. Ein dritter Kunde kauft zwölf Brötchen, ein halbes Mischbrot, fünf Stück Kuchen und bezahlt dafür 9,85 Euro. Wieviel kosten ein Brötchen, ein Mischbrot und ein Stück Kuchen?

Aufgabe 1.3.6: Ein Lebensmittelhersteller bezieht von einem Zulieferbetrieb drei Grundsubstanzen M_1, M_2 und M_3, die wiederum aus drei Rohstoffen R_1, R_2 und R_3 gemischt werden, und zwar nach den folgenden Prozentangaben:

	R_1	R_2	R_3
M_1	30 %	50 %	20 %
M_2	20 %	20 %	60 %
M_3	40 %	50 %	10 %

Für die Herstellung eines neuen Produkts benötigt man aber eine Grundsubstanz, die 30 % des Rohstoffs R_1, 40 % des Rohstoffs R_2 und 30 % des Rohstoffs R_3 enthält. Kann man eine solche Grundsubstanz durch Mischung der vorhandenen Grundsubstanzen M_1, M_2 und M_3 erhalten? Falls ja, dann geben Sie an, wie die Mischung herzustellen ist.

Aufgabe 1.3.7: Wir betrachten eine dreistellige natürliche Zahl. Vertauscht man die erste und zweite Ziffer, so ergibt dies eine um 180 größere Zahl. Vertauscht man die erste und die dritte Ziffer, so ergibt dies eine um 297 kleinere Zahl. Die Summe der drei Ziffern ist 14. Wie lautet die gesuchte Zahl?

Aufgabe 1.3.8: Bestimmen Sie die Koeffizienten $a, b, c \in \mathbb{R}$ so, dass $(x; y; z)$ eine Lösung des linearen Gleichungssystems ist.

a) $\quad cx + ay + bz = 17$ b) $3ax - cy + 2bz = \quad 18$ c) $4ax + \quad by + 5cz = \quad 53$
$\quad -ax + by + cz = 16$ $2bx + ay + \quad cz = \quad 5$ $6x + \quad cy + 2az = 13b$
$\quad\;\; bx + ay + cz = 19$ $\;\; bx + cy + 2az = -10$ $cx + 2ay - 3bz = -9c$

$\quad (x; y; z) = (1; 2; 3)$ $(x; y; z) = (2; -2; -1)$ $(x; y; z) = (5; 1; 2)$

Aufgabe 1.3.9: Gegeben sei das lineare Gleichungssystem

$$\text{I} : a_1 x + b_1 y + c_1 z = 0$$
$$\text{II} : a_2 x + b_2 y + c_2 z = 0$$
$$\text{III} : a_3 x + b_3 y + c_3 z = 0$$

mit den Variablen $x, y, z \in \mathbb{R}$ und den Koeffizienten $a_1, a_2, a_3, b_1, b_2, b_3, c_1, c_2, c_3 \in \mathbb{R}$.

a) Begründen Sie, dass das Gleichungssystem (I-III) entweder die eindeutige Lösung $(x; y; z) = (0; 0; 0)$ hat oder mehrdeutig lösbar ist.
Hinweise: Untersuchen Sie die Lösbarkeit des Gleichungssystems (I-III) für beliebige Koeffizienten, d. h., rechnen Sie mit $a_1, a_2, a_3, b_1, b_2, b_3, c_1, c_2, c_3$. Führen Sie bereits während der Addition bzw. Subtraktion von Gleichungen eine Fallunterscheidung durch. Die Fälle ergeben sich dabei aus Fragestellungen, wie zum Beispiel diesen beiden: Wann ist eine Gleichung allgemeingültig? Unter welchen Bedingungen darf das Gleichungssystem weiter umgeformt werden? Dabei darf vorausgesetzt werden, dass in jeder Zeile mindestens einer der Koeffizienten von null verschieden ist und außerdem, dass mindestens einer der Koeffizienten a_1, a_2 und a_3 von null verschieden ist.

b) Das Gleichungssystem (I-III) habe die Lösungen $(x_1; y_1; z_1)$ und $(x_2; y_2; z_2)$. Beweisen Sie, dass dann auch $(x; y; z)$ mit

$$x = \lambda x_1 + \mu x_2, \quad y = \lambda y_1 + \mu y_2 \text{ und } z = \lambda z_1 + \mu z_2$$

für beliebige $\lambda, \mu \in \mathbb{R}$ eine Lösung des Gleichungssystems (I-III) ist.

c) Das Gleichungssystem (I-III) habe die Lösungen $(1; 2; 3)$ und $(4; -1; 5)$. Welche der Tripel $(-4; 10; 2)$, $(6; 3; 1)$ und $(11; -5; 12)$ sind weitere Lösungen des Gleichungssystems (I-III)?

d) Das Gleichungssystem (I-III) habe die Lösungen $(1; 2; 4)$ und $(2; -6; 4)$. Bestimmen Sie *alle* Lösungen von (I-III).

1.4 Systeme mit drei Variablen und der Gauß-Algorithmus

Die bei der Lösung von linearen Gleichungssystemen mit drei Variablen genutzten Methoden ermöglichen es stets, die Lösbarkeit eines Gleichungssystems zu untersuchen und die Lösungsmenge zu bestimmen. Dabei gibt es allerdings keinen fest vorgeschriebenen Lösungsweg. Bereits die Gleichung, auf deren Basis die Umformung des Gleichungssystems beginnt, kann nahezu beliebig ausgewählt werden. Ebenso gibt es für die äquivalenten Umformungen von Gleichungen keine einheitliche Vorschrift, sie können irgendwie geschehen. Diese fehlende Ordnungsstruktur ist nicht geeignet, daraus Lösungsalgorithmen für lineare Gleichungssysteme mit mehr als drei Variablen abzuleiten. Das Fehlen einheitlicher Regeln lässt außerdem die Umsetzung dieser Verfahren zur numerischen Lösung am Computer scheitern.

Auf den zweiten Blick lässt sich in die Rechnungen nachträglich etwas Ordnung bringen. Dazu betrachten wir das Gleichungssystem

$$
\begin{aligned}
\text{I} : \quad & 2x + 3y - 4z = 12 \\
\text{II} : \quad & -3x - 4y + 5z = -16 \\
\text{III} : \quad & -4x + 5y - 6z = 12
\end{aligned}
$$

aus Beispiel 1.46 und den Lösungsweg 1 etwas näher. Dabei stellen wir fest, dass die eindeutige Lösung $(x; y; z) = (1; 2; -1)$ nicht nur das Gleichungssystem (I-III) löst, sondern auch die beiden Gleichungssysteme

$$
\left\{
\begin{aligned}
\text{I} : \; & 2x + 3y - 4z = 12 \\
\text{IV} : \; & y - 2z = 4 \\
\text{V} : \; & 11y - 14z = 36
\end{aligned}
\right\}
\quad \text{und} \quad
\left\{
\begin{aligned}
\text{I} : \; & 2x + 3y - 4z = 12 \\
\text{IV} : \; & y - 2z = 4 \\
\text{VI} : \; & 8z = -8
\end{aligned}
\right\} . \quad (1.57)
$$

Dabei ergaben sich die Gleichungen IV, V und VI im Lösungsweg 1 von Beispiel 1.46 als Zwischenschritte. Wir haben bei der Lösung des Systems (I-III) in jedem Schritt durch Elimination von jeweils einer Variable nicht nur neue Gleichungen mit weniger Variablen als in den Ausgangsgleichungen konstruiert, sondern auf diese Weise nacheinander Gleichungssysteme (I,IV,V) und (I,IV,VI) erstellt, die zum Ausgangssystem (I-III) äquivalent sind. Dabei bedeutet äquivalent, dass die Gleichungssysteme (I-III), (I,IV,V) und (I,IV,VI) die gleiche Variablenanzahl, die gleiche Anzahl von Gleichungen und die gleiche Lösungsmenge haben. Während aus den Gleichungssystemen (I-III) und (I,IV,V) noch kein Rückschluss auf die Lösungsmenge möglich ist, lässt sich das eindeutige Lösungstripel ganz bequem aus dem System (I,IV,VI) bestimmen. Dazu wird der Lösungswert der Variable z aus Gleichung VI ermittelt, damit ergibt sich der Lösungswert der Variable y aus Gleichung IV und schließlich der Lösungswert der Variable x aus Gleichung I.

Analoge Beobachtungen lassen sich für das lineare Gleichungssystem

$$
\begin{aligned}
\text{I} : \quad & 2x + 3y - 4z = 15 \\
\text{II} : \quad & x + 3y + 2z = 12 \\
\text{III} : \quad & -5x + 3y - 2z = -6
\end{aligned}
$$

aus Beispiel 1.47 anstellen. Auch hier kann man beispielsweise aus dem Lösungsweg 1 drei äquivalente lineare Gleichungssysteme ablesen, d. h.,

$$\left\{\begin{array}{rl} \text{II}: & x + 3y + 2z = 12 \\ \text{I}: & 2x + 3y - 4z = 15 \\ \text{III}: & -5x + 3y - 2z = -6 \end{array}\right\} \qquad , \qquad \left\{\begin{array}{rl} \text{II}: x + & 3y + 2z = 12 \\ \text{IV}: & -3y - 8z = -9 \\ \text{V}: & 18y + 8z = 54 \end{array}\right\}$$

und schließlich aus dem letzten Umformungsschritt das folgende System:

$$\begin{array}{rl} \text{II}: x + & 3y + 2z = 12 \\ \text{IV}: & -3y - 8z = -9 \\ \text{VI}: & 15y \quad\;\; = 45 \end{array} \qquad (1.58)$$

Die Gleichungssysteme (I,II,III) und (II,I,III) gehen dabei aus einem Tausch der Reihenfolge der Gleichungen I und II hervor. Das eindeutige Lösungstripel $(x; y; z) = (3; 3; 0)$ der Gleichungssysteme (I,II,III), (II,I,III), (II,IV,V) und (II,IV,VI) lässt sich aus dem finalen Gleichungssystem (II,IV,VI) leicht berechnen. Alternativ wäre ausgehend von (II,IV,V) auch die folgende Rechnung möglich gewesen:

$$\begin{array}{rl} \text{II}: x + & 3y + 2z = 12 \\ \text{IV}: & -3y - 8z = -9 \\ 6 \cdot \text{IV} + \text{V} = \text{VI}': & -40z = 0 \end{array} \qquad (1.59)$$

Auch dieses Gleichungssystem ist zu den Systemen (I,II,III), (II,I,III), (II,IV,V) und (II,IV,VI) äquivalent, und die eindeutige Lösung kann daraus ebenfalls leicht bestimmt werden.

Die Lösung des Ausgangssystems (I-III) wird in beiden Beispielen erst aus dem System möglich, das von einer Gleichung zur nächsten je eine Variable weniger enthält. Die betreffenden Gleichungssysteme (1.57) und (1.59) weisen bezüglich der Variablen x, y und z die Struktur eines Dreiecks auf. Gleichungssysteme mit einer solchen Gestalt werden deshalb auch als <u>Dreieckssysteme</u> bezeichnet. Auch das System (1.58) lässt sich durch Vertauschung der Variablenreihenfolge in ein Dreieckssystem überführen. Zum besseren Verständnis seien die Dreiecke in den vorgenannten Gleichungssystemen durch farbige Hinterlegung verdeutlicht:

$$\begin{array}{rl} 2x + 3y - 4z = & 12 \\ y - 2z = & 4 \\ 8z = & -8 \end{array} \quad \bigg| \quad \begin{array}{rl} x + 3y + 2z = & 12 \\ -3y - 8z = & -9 \\ -40z = & 0 \end{array} \quad \bigg| \quad \begin{array}{rl} x + 2z + 3y = & 12 \\ -8z - 3y = & -9 \\ 15y = & 45 \end{array}$$

Auch mehrdeutig lösbaren linearen Gleichungssystemen kann man Dreieckssysteme zuordnen, wobei die Dreiecke in diesem Fall nicht so offensichtlich ins Auge fallen wie bei den eindeutig lösbaren Gleichungssystemen. So ergibt sich für das mehrdeutig lösbare Gleichungssystem aus Beispiel 1.51 aus den dort mit I, IV und VI bezeichneten Gleichungen das folgende Dreieckssystem, das zum Ausgangssystem (I-III) äquivalent ist:

$$\begin{aligned} x + 2y + 3z &= 4 \\ -y - 2z &= -3 \\ 0 &= 0 \end{aligned}$$

Die letzte Gleichung ist allgemeingültig und kann deshalb auch weggelassen werden, sodass daraus ein unterbestimmtes lineares Gleichungssystem entsteht. An dieser Tatsache wird deutlich, dass der Begriff des Dreieckssystems nur für eindeutig lösbare lineare Gleichungssysteme sinnvoll ist, bei denen die Anzahl der Variablen und die Anzahl der (zur Bestimmung des eindeutigen Lösungstripels benötigten) Gleichungen gleich ist.

Für lineare Gleichungssysteme mit beliebiger Gleichungsanzahl, in denen sich die Anzahl der Variablen von einer Gleichung zur nächsten verringert, gibt es eine alternative und ebenso anschauliche Bezeichnung. Man sagt, dass ein solches Gleichungssystem eine Zeilenstufenform oder kürzer eine Stufenform hat. Was das für die bisher betrachteten Beispiele bedeutet, lässt sich wieder durch farbliche Hinterlegung der Gleichungen veranschaulichen:

$$\begin{aligned} 2x + 3y - 4z &= 12 \\ y - 2z &= 4 \\ 8z &= -8 \end{aligned} \qquad \begin{aligned} x + 3y + 2z &= 12 \\ -3y - 8z &= -9 \\ - 40z &= 0 \end{aligned} \qquad \begin{aligned} x + 2y + 3z &= 4 \\ -y - 2z &= -3 \end{aligned}$$

Definition 1.60. Ein lineares Gleichungssystem mit $n = 3$ Variablen und $m \in \mathbb{N}$ Gleichungen hat Stufenform, wenn es die folgenden Bedingungen a) bis d) erfüllt:

a) Die erste Gleichung hat die Gestalt $ax + by + cz = d$ mit $a \in \mathbb{R} \setminus \{0\}$ und $b, c, d \in \mathbb{R}$.

b) Ist $m \geq 2$, dann hat die zweite Gleichung die Gestalt $b'y + c'z = d'$ mit $b', c', d' \in \mathbb{R}$.

c) Ist $m \geq 3$, dann hat die dritte Gleichung die Gestalt $c''z = d''$ mit $c'', d'' \in \mathbb{R}$.

d) Ist $m \geq 4$, dann sind die folgenden $m - 3$ Gleichungen entweder allgemeingültig (d. h., sie haben die Gestalt $0 = 0$) oder nicht lösbar (d. h., sie haben die Gestalt $0 = k$ mit $k \in \mathbb{R} \setminus \{0\}$).

Enthält ein Gleichungssystem in Stufenform keine nicht lösbaren Gleichungen, dann nennen wir das Gleichungssystem widerspruchsfrei. Jede von allgemeingültigen und nicht lösbaren Gleichungen verschiedene Gleichung in einer Stufenform bezeichnen wir als nichttriviale Gleichung.

Im Sinne von Definition 1.60 liegen folgende Gleichungssysteme in Stufenform vor:

$$\begin{aligned} 2x &= 5 \\ 3y &= 4 \\ 4z &= 3 \end{aligned} \qquad \begin{aligned} 2x + 3y + 4z &= 0 \\ 5z &= 1 \\ 0 &= 0 \end{aligned} \qquad \begin{aligned} 2x + 3y + 4z &= 5 \\ 0 &= 0 \\ 0 &= 0 \end{aligned}$$

Im Sinne von Definition 1.60 haben die folgenden Gleichungssysteme *keine* Stufenform:

$$
\begin{array}{rcr}
2x & = & -1 \\
0 = & 0 \\
3y & = & 2
\end{array}
\qquad
\begin{array}{rcl}
5x & = & 1 \\
& 0 = & 0 \\
2x + 3y + 4z & = & 0
\end{array}
\qquad
\begin{array}{rcl}
0 = & 0 \\
0 = & 0 \\
2x + 3y + 4z & = & 5
\end{array}
$$

Bereits die Gestalt eines linearen Gleichungssystems in Stufenform gibt Auskunft über seine Lösbarkeit oder Nichtlösbarkeit.

Satz 1.61. Gegeben sei ein lineares Gleichungssystem in Stufenform mit 3 Variablen und $m \in \mathbb{N}$ Gleichungen.

a) Enthält die Stufenform eine nicht lösbare Gleichung, dann ist das Gleichungssystem nicht lösbar.

b) Ist die Stufenform widerspruchsfrei und die Anzahl nichttrivialer Gleichungen gleich der Variablenanzahl, dann ist das Gleichungssystem eindeutig lösbar.

c) Ist die Stufenform widerspruchsfrei und die Anzahl nichttrivialer Gleichungen kleiner als die Variablenanzahl, dann ist das Gleichungssystem mehrdeutig lösbar.

Beispiel 1.62. Das in Stufenform befindliche lineare Gleichungssystem

$$
\begin{array}{rrrrr}
\mathrm{I}: & 2x + & y - & z = & 4 \\
\mathrm{II}: & & 3y + & z = & 14 \\
\mathrm{III}: & & & 4z = & 8
\end{array}
$$

ist widerspruchsfrei und eindeutig lösbar. Das Lösungstripel wird wie folgt bestimmt: Auflösung von Gleichung III nach z ergibt $z = 2$. Einsetzen von $z = 2$ in Gleichung II ergibt $3y + 2 = 14$, woraus $y = 4$ folgt. Einsetzen von $y = 4$ und $z = 2$ in Gleichung I ergibt $2x + 2 = 4$, woraus $x = 1$ folgt. Die eindeutige Lösung des Systems (I-III) ist $(x; y; z) = (1; 4; 2)$. ◀

Beispiel 1.63. Das in Stufenform befindliche lineare Gleichungssystem

$$
\begin{array}{rrrrr}
\mathrm{I}: & 2x + & y - & z = & 4 \\
\mathrm{II}: & & 3y + & z = & 14 \\
\mathrm{III}: & & & 0 = & 5
\end{array}
$$

ist nicht widerspruchsfrei und damit nicht lösbar. Das wird an Gleichung III deutlich, die unterhalb der aus den nichttrivialen Gleichungen I und II gebildeten Stufenfigur steht. Gleichung III stellt einen Widerspruch dar und ist demzufolge nicht lösbar. ◀

Zur Ermittlung der Lösungsmenge von mehrdeutig lösbaren Gleichungssystemen hilft es, *gedanklich*[1] einen Bezug zur maximal möglichen Stufenanzahl herzustellen. Auf diese Weise wird deutlich, für welche Variablen Werte beliebig gewählt werden können.

---

[1] *Gedanklich* deshalb, da dieser als kleine Lernhilfe gedachte Trick nur im Kopf oder bestenfalls auf einem Blatt Schmierpapier notiert werden sollte. Um negative Bewertungen zu vermeiden, sollten die in den Beispielen als *gedanklich* hervorgehobenen Zwischenschritte in Klausuren oder Prüfungen besser nicht notiert werden.

Beispiel 1.64. Das in Stufenform befindliche lineare Gleichungssystem

$$\begin{aligned} \text{I} &: 2x + y - 2z = 7 \\ \text{II} &: \quad\quad 3y + 6z = 9 \\ \text{III} &: \quad\quad\quad\quad\quad 0 = 0 \end{aligned}$$

ist widerspruchsfrei und hat nur zwei nichttriviale Gleichungen. Folglich ist das System mehrdeutig lösbar. Die für ein Gleichungssystem mit drei Variablen maximal mögliche Stufenform mit drei Stufen ist hier nicht vollendet, was an Gleichung III deutlich wird. Zum besseren Verständnis ergänzen wir *gedanklich* die fehlende Stufe wie folgt:

$$\begin{aligned} \text{I} &: 2x + y - 2z = 7 \\ \text{II} &: \quad\quad 3y + 6z = 9 \\ \text{III} &: \quad\quad\quad\quad 0 \cdot z = 0 \end{aligned}$$

Auf diese Weise erkennen wir, dass $z = t \in \mathbb{R}$ beliebig gewählt werden kann. Einsetzen von $z = t$ in Gleichung II ergibt $3y + 6t = 9$, woraus $y = 3 - 2t$ folgt. Einsetzen von $y = 3 - 2t$ und $z = t$ in Gleichung I ergibt $2x + 3 - 4t = 7$, woraus $x = 2 + 2t$ folgt. Die Lösungsmenge des Gleichungssystems (I–III) ist $L = \left\{ (2 + 2t\,;\, 3 - 2t\,;\, t) \mid t \in \mathbb{R} \right\}$. ◄

Beispiel 1.65. Das in Stufenform befindliche lineare Gleichungssystem

$$\begin{aligned} \text{I} &: 2x + y + 2z = 8 \\ \text{II} &: \quad\quad\quad 7z = 14 \\ \text{III} &: \quad\quad\quad\quad 0 = 0 \end{aligned}$$

ist widerspruchsfrei und hat nur zwei nichttriviale Gleichungen. Folglich ist das System mehrdeutig lösbar. Die maximal mögliche Stufenform (die „perfekte Treppe") für ein Gleichungssystem mit drei Variablen ist bezüglich der Variable y „gestört", denn die in der zweiten Gleichung ansetzende Stufe „überspringt" die Variable y. Zum besseren Verständnis ergänzen wir *gedanklich* die fehlende Stufe wie folgt:

$$\begin{aligned} \text{I} &: 2x + 4y + 2z = 8 \\ \text{III} &: \quad\quad 0 \cdot y \quad\quad = 0 \\ \text{II} &: \quad\quad\quad\quad 7z = 14 \end{aligned}$$

Auf diese Weise wird deutlich, dass wir für y beliebige Werte wählen können, d. h. $y = s \in \mathbb{R}$. Aus Gleichung II folgt $z = 2$. Einsetzen von $y = s$ und $z = 2$ in Gleichung I ergibt $2x + 4s + 4 = 8$, woraus $x = 2 - 2s$ folgt. Die Lösungsmenge des Gleichungssystems (I–III) ist $L = \left\{ (2 - 2s\,;\, s\,;\, 2) \mid s \in \mathbb{R} \right\}$. ◄

Ist ein lineares Gleichungssystem in Stufenform lösbar, dann wird zuerst die Gleichung in der untersten Stufe gelöst. In Beispiel 1.62 ist das die Gleichung, die nur die Variable z enthält. In Beispiel 1.64 besteht die unterste Stufe aus einer Gleichung mit den Variablen y und z. Sind die Lösungen der Gleichung in der untersten Stufe bestimmt, dann werden diese Lösungen in die Gleichung der nächsthöheren Stufe eingesetzt, sodass in dieser Gleichung nur noch eine Variable steht, nach der die Gleichung aufgelöst wird. Falls vorhanden, dann wird diese Vorgehensweise mit der darüberliegenden Gleichung wiederholt.

Bei den hier verwendeten Stufenformen wird zur Ermittlung der Lösungswerte für die Variablen immer mit der letzten nicht allgemeingültigen und in der Stufenform ganz unten stehenden Gleichung begonnen. Davon ausgehend werden die weiteren Variablenwerte durch zeilenweises Nach-oben-Gehen mit den aus bereits „abgearbeiteten" Zeilen gewonnenen Variablenwerten ermittelt. Entsprechend dieser Arbeitsrichtung sagt man auch: Das Gleichungssystem wird von unten aufgerollt. Eine andere Bezeichnung für diese Methode ist Rückwärtseinsetzen.

Jedes beliebige lineare Gleichungssystem lässt sich durch die folgenden Operationen in ein lineares Gleichungssystem in Stufenform überführen:

Definition 1.66. Unter <u>zulässigen Äquivalenzumformungen</u> zur Überführung eines linearen Gleichungssystems in Stufenform verstehen wir die folgenden Operationen:

a) Vertauschen der Reihenfolge zweier Gleichungen.

b) Multiplikation einer Gleichung mit einer reellen Zahl $\lambda \neq 0$.

c) Addition des λ-fachen einer Gleichung zu einer anderen Gleichung.

Soll die Stufenform so gestaltet werden, dass die Stufen alle zu Beginn des Stufenblocks angeordnet sind, dann kommt ergänzend die folgende Umformung hinzu:

d) Vertauschung der Reihenfolge von zwei Variablen in *allen*(!) Gleichungen.

Die Vertauschung der Reihenfolge von zwei Variablen ist vor allem für die stabile Lösung von linearen Gleichungssystemen in Computerprogrammen von Bedeutung. Bei der per Hand durchgeführten Lösung führt dies nicht selten zu Fehlern, weil in Rechnungen gern vergessen wird, dass zwischendurch die Reihenfolge von Variablen vertauscht wurde. Wir werden deshalb von dieser Umformungsmöglichkeit hier keinen Gebrauch machen.

Basierend auf den mit wenig Systematik ausgestatteten Lösungsansätzen in Abschnitt 1.3 und den Stufenformen haben wir alle Zutaten zur Formulierung eines Algorithmus zusammengetragen, der zur Lösung eines linearen Gleichungssystems mit drei Variablen verwendet werden kann. Das nachfolgend vorgestellte Verfahren ist eine auf ein lineares Gleichungssystem mit drei Variablen zugeschnittene Variante des <u>Gauß-Algorithmus</u>, der auf den deutschen Mathematiker Carl Friedrich Gauß (1777 - 1855) zurückgeht.

Anleitung 1.67. Zur Bestimmung der Lösungsmenge L des linearen Gleichungssystems

$$\begin{aligned}
\text{I}_1 &: a_1x + b_1y + c_1z = d_1 \\
\text{I}_2 &: a_2x + b_2y + c_2z = d_2 \\
\text{I}_3 &: a_3x + b_3y + c_3z = d_3 \\
\text{I}_4 &: a_4x + b_4y + c_4z = d_4 \\
&\ \ \vdots \qquad\qquad \vdots \\
\text{I}_m &: a_mx + b_my + c_mz = d_m
\end{aligned}$$

mit $m \geq 2$ Gleichungen sind die folgenden Schritte durchzuführen.

- **Schritt 1:** Wähle eine beliebige Gleichung I_k aus, in der $a_k \neq 0$ gilt. Zur Vereinfachung sei angenommen, dass dies die erste Gleichung I_1 ist.

  Ergänzung: Falls $a_1 = 0$ ist und folglich zwingend eine Gleichung I_k mit $k > 1$ gewählt werden muss, dann wird zusätzlich Gleichung I_1 gegen Gleichung I_k ausgetauscht.

- **Schritt 2:** Ersetze für $j = 2, 3, \ldots, m$ die Gleichung I_j durch $\text{II}_j := a_1 \cdot \text{I}_j - a_j \cdot \text{I}_1$. Auf diese Weise entsteht das zu $(\text{I}_1\text{-}\text{I}_m)$ äquivalente Gleichungssystem $(\text{II}_1\text{-}\text{II}_m)$:

$$
\begin{aligned}
\text{II}_1 : a_1 x \ \ b_1 y + c_1 z &= d_1 \\
\text{II}_2 : \qquad\quad b_2' y + c_2' z &= d_2' \\
\text{II}_3 : \qquad\quad b_3' y + c_3' z &= d_3' \\
\text{II}_4 : \qquad\quad b_4' y + c_4' z &= d_4' \\
&\vdots \\
\text{II}_m : \qquad\quad b_m' y + c_m' z &= d_m'
\end{aligned}
$$

- **Schritt 3:** Wähle eine beliebige Gleichung II_k mit $k \in \{2, 3, \ldots, m\}$ aus, in der $b_k' \neq 0$ gilt. Zur Vereinfachung sei angenommen, dass dies die zweite Gleichung II_2 ist.

  Ergänzung: Falls $b_2' = 0$ ist und folglich zwingend eine Gleichung II_k mit $k > 2$ gewählt werden muss, dann wird zusätzlich Gleichung II_2 gegen Gleichung II_k ausgetauscht.

- **Schritt 4:** Ersetze für $j = 3, \ldots, m$ die Gleichung II_j durch $\text{III}_j := b_2' \cdot \text{II}_j - b_j' \cdot \text{II}_2$. Auf diese Weise entsteht das zu $(\text{I}_1\text{-}\text{I}_m)$ äquivalente Gleichungssystem $(\text{III}_1\text{-}\text{III}_m)$:

$$
\begin{aligned}
\text{III}_1 : a_1 x \ \ b_1 y + c_1 z &= d_1 \\
\text{III}_2 : \qquad\quad b_2' y + c_2' z &= d_2' \\
\text{III}_3 : \qquad\qquad\qquad c_3'' z &= d_3'' \\
\text{III}_4 : \qquad\qquad\qquad c_4'' z &= d_4'' \\
&\vdots \\
\text{III}_m : \qquad\qquad\qquad c_m'' z &= d_m''
\end{aligned}
$$

- **Schritt 5:** Wähle eine beliebige Gleichung III_k mit $k \in \{3, \ldots, m\}$ aus, in der $c_k'' \neq 0$ gilt. Zur Vereinfachung sei angenommen, dass dies die dritte Gleichung III_3 ist.

  Ergänzung: Falls $c_3'' = 0$ ist und folglich zwingend eine Gleichung III_k mit $k > 3$ gewählt werden muss, dann wird in diesem Schritt zusätzlich Gleichung III_3 gegen Gleichung III_k ausgetauscht.

- **Schritt 6:** Ersetze für $j = 4, \ldots, m$ die Gleichung III_j durch $\text{IV}_j := c_3'' \cdot \text{III}_j - c_j'' \cdot \text{III}_3$. Auf diese Weise entsteht das zu $(\text{I}_1\text{-}\text{I}_m)$ äquivalente Gleichungssystem $(\text{IV}_1\text{-}\text{IV}_m)$:

$$
\begin{aligned}
\text{IV}_1 : a_1 x \ \ b_1 y + c_1 z &= d_1 \\
\text{IV}_2 : \qquad\quad b_2' y + c_2' z &= d_2' \\
\text{IV}_3 : \qquad\qquad\qquad c_3'' z &= d_3'' \\
\text{IV}_4 : \qquad\qquad\qquad\qquad 0 &= d_4''' \\
&\vdots \\
\text{IV}_m : \qquad\qquad\qquad\qquad 0 &= d_m'''
\end{aligned}
$$

- **Schritt 7:** Das Gleichungssystem $(\text{IV}_1\text{-}\text{IV}_m)$ hat Stufenform. Enthält das System $(\text{IV}_1\text{-}\text{IV}_m)$ keine nicht lösbare Gleichung, dann ist das System lösbar. Bestimme die Lösungen von $(\text{IV}_1\text{-}\text{IV}_m)$ durch Rückwärtseinsetzen. Die Lösungsmenge L von $(\text{IV}_1\text{-}\text{IV}_m)$ ist zugleich die Lösungsmenge des Ausgangssystems $(\text{I}_1\text{-}\text{I}_m)$.

Anleitung 1.67 ist als *grober Rahmen* zur Durchführung der Rechnungen zu verstehen, bei denen häufig ergänzende Schritte erforderlich sind. Ein Sonderfall ergibt sich zum

Beispiel, wenn in Schritt 2 die Koeffizienten $b'_2 = \ldots = b'_m = 0$ berechnet werden, sodass mit einer angepassten Variante von Schritt 5 weitergearbeitet werden muss. Auch im Fall $m = 2$ und im Fall $c''_3 = \ldots = c''_m = 0$ lässt sich die Anleitung nicht ohne Anpassung nutzen, denn hierbei erfolgt der nächste Schritt in Analogie zu Schritt 7.

Die in Anleitung 1.67 in den Schritten 1, 3 und 5 genannten Koeffizienten a_1, b'_2 und c''_3 werden als <u>Pivotelemente</u> bezeichnet. Diese Bezeichnung stammt von dem französischen Wort *pivot*, was soviel bedeutet wie Dreh- oder Angelpunkt. Die jeweils auf die Auswahl eines geeigneten Pivotelements folgenden Rechnungen unterstreichen diese Bedeutung, denn die <u>Elimination</u> der zum jeweils aktuellen Pivotelement zugehörigen Variable aus allen Gleichungen, die unterhalb der zum Pivotelement zugehörigen Gleichung liegen, ist ein zentraler Schritt des Gauß-Algorithmus. Das ausgewählte Pivotelement legt zudem den Anfang einer Stufe in der angestrebten Stufenform fest.

Bei der Auswahl der Pivotelemente sind keine Grenzen gesetzt. Es ist jedoch zu empfehlen, wenn immer es möglich und sinnvoll ist, ± 1 als Pivotelement zu wählen. Gibt es dabei zur gerade aktuellen Variable zwar von null verschiedene Koeffizienten, aber keinen der Gestalt ± 1, dann lässt sich dieser Zustand durch Multiplikation von Gleichungen mit geeigneten reellen Zahlen $\lambda \neq 0$ erreichen.

Beispiel 1.68. Wir untersuchen die Lösbarkeit des Gleichungssystems (I_1-I_3) mit dem Gauß-Algorithmus:

$$
\begin{array}{rl}
I_1 : & x + y + z = 1 \\
I_2 : & 2x + 3y + 3z = 1 \\
I_3 : & 3x + 4y + 5z = 0 \\
\hline
I_1 = II_1 : & x + y + z = 1 \\
I_2 - 2 \cdot I_1 = II_2 : & y + z = -1 \\
I_3 - 3 \cdot I_1 = II_3 : & y + 2z = -3 \\
\hline
II_1 = III_1 : & x + y + z = 1 \\
II_2 = III_2 : & y + z = -1 \\
II_3 - II_2 = III_3 : & z = -2 \\
\end{array}
$$

Das zum Ausgangssystem (I_1-I_3) äquivalente Gleichungssystem (III_1-III_3) hat Stufenform und ist eindeutig lösbar. Das Lösungstripel $(x; y; z)$ wird durch Rückwärtseinsetzen bestimmt. Aus Gleichung III_3 folgt $z = -2$. Einsetzen von $z = -2$ in Gleichung III_2 ergibt $y - 2 = -1$, woraus $y = 1$ folgt. Einsetzen von $y = 1$ und $z = -2$ in Gleichung III_1 ergibt $x - 1 = 1$, woraus $x = 2$ folgt. Die eindeutige Lösung der Systeme (III_1-III_3) und (I_1-I_3) ist $(x; y; z) = (2; 1; -2)$. ◀

Beispiel 1.69. Wir untersuchen die Lösbarkeit des Gleichungssystems (I_1-I_3) mit dem Gauß-Algorithmus:

$$
\begin{array}{rl}
I_1 : & y + z = -5 \\
I_2 : & 2x + y + 3z = 1 \\
I_3 : & 3x + 4y - 5z = 13 \\
\hline
I_2 = II_1 : & 2x + y + 3z = 1 \\
I_3 = II_2 : & 3x + 4y - 5z = 13 \\
I_1 = II_3 : & y + z = -5 \\
\hline
II_1 = III_1 : & 2x + y + 3z = 1 \\
2 \cdot II_2 - 3 \cdot II_1 = III_2 : & 5y - 19z = 23 \\
II_3 = III_3 : & y + z = -5 \\
\hline
III_1 = IV_1 : & 2x + y + 3z = 1 \\
III_3 = IV_2 : & y + z = -5 \\
III_2 = IV_3 : & 5y - 19z = 23 \\
\hline
IV_1 = V_1 : & 2x + y + 3z = 1 \\
IV_2 = V_2 : & y + z = -5 \\
IV_3 - 5 \cdot IV_2 = V_3 : & -24z = 48 \\
\end{array}
$$

Das erhaltene und zum Ausgangssystem (I_1-I_3) äquivalente Gleichungssystem (V_1-V_3) hat Stufenform und ist eindeutig lösbar. Durch Rückwärtseinsetzen wird das Lösungstripel $(x; y; z) = (5; -3; -2)$ bestimmt. ◀

Von einem Umformungsschritt zum nächsten entsteht jeweils ein zum vorhergehenden Gleichungssystem äquivalentes Gleichungssystem, die in den Beispielen durch horizontale Linien voneinander abgegrenzt sind. Dabei verringert sich die Anzahl der durch zulässige Äquivalenzumformungen neu entstehenden Gleichungen von einem System zum nächsten, die Anzahl der sich nicht verändernden Gleichungen erhöht sich. Das wirft die Frage auf, ob die sich während der Rechnungen nicht mehr verändernden Gleichungen zwingend weiter mitgeführt werden müssen. Mit Blick auf die Programmierung ist dies zu verneinen, für die Rechnung per Hand sei aber die folgende Empfehlung ausgesprochen: Um bei der Durchführung des Gauß-Algorithmus nicht den Überblick zu verlieren, werden bei der Rechnung per Hand immer *alle* Gleichungen mitgeführt. Das ermöglicht außerdem eine schnelle Fehlersuche, sollte es zu Flüchtigkeitsfehlern kommen.

Bei der Durchführung des Gauß-Algorithmus gibt es viele Freiräume zur Gestaltung des Lösungswegs, der stets in dem durch Anleitung 1.67 festgelegten Rahmen bleibt.

Beispiel 1.70. Zur Untersuchung der Lösbarkeit des linearen Gleichungssystems

$$I_1 : 3x - 2y + 6z = 17$$
$$I_2 : 5x + y + 3z = 16$$
$$I_3 : 4x + 8z = 28$$
$$I_4 : 4x - y + z = 5$$

verwenden wir den Gauß-Algorithmus mit zwei verschiedenen Lösungswegen:

Lösungsweg 1:

$$
\begin{aligned}
I_1 = II_1 : 3x - 2y + 6z &= 17\\
3 \cdot I_2 - 5 \cdot I_1 = II_2 : 13y - 21z &= -37\\
3 \cdot I_3 - 4 \cdot I_1 = II_3 : 8y &= 16\\
3 \cdot I_4 - 4 \cdot I_1 = II_4 : 5y - 21z &= -53\\
\end{aligned}
$$

$$
\begin{aligned}
II_1 = III_1 : 3x - 2y + 6z &= 17\\
II_2 = III_2 : 13y - 21z &= -37\\
13 \cdot II_3 - 8 \cdot II_2 = III_3 : 168z &= 504\\
13 \cdot II_4 - 5 \cdot II_2 = III_4 : -168z &= -504\\
\end{aligned}
$$

$$
\begin{aligned}
III_1 = IV_1 : 3x - 2y + 6z &= 17\\
III_2 = IV_2 : 13y - 21z &= -37\\
III_3 = IV_3 : 168z &= 504\\
III_4 + III_3 = IV_4 : 0 &= 0\\
\end{aligned}
$$

Das System (IV_1-IV_4) hat eine widerspruchsfreie Stufenform mit drei nichttrivialen Gleichungen und ist demzufolge eindeutig lösbar. Das Lösungstripel $(x;y;z)$ wird durch Rückwärtseinsetzen bestimmt. Aus Gleichung IV_3 folgt $z = 3$. Einsetzen von $z = 3$ in Gleichung IV_2 ergibt $13y - 63 = -37$, woraus $y = 2$ folgt. Einsetzen von $y = 2$ und $z = 3$ in Gleichung IV_1 ergibt $3x + 14 = 17$, woraus $x = 1$ folgt.

Lösungsweg 2:

$$
\begin{aligned}
\tfrac{1}{4} \cdot I_3 = II_1 : x + 2z &= 7\\
I_1 = II_2 : 3x - 2y + 6z &= 17\\
I_4 = II_3 : 4x - y + z &= 5\\
I_2 = II_4 : 5x + y + 3z &= 16\\
\end{aligned}
$$

$$
\begin{aligned}
II_1 = III_1 : x + 2z &= 7\\
II_2 - 3 \cdot II_1 = III_2 : -2y &= -4\\
II_3 - 4 \cdot II_1 = III_3 : -y - 7z &= -23\\
II_4 - 5 \cdot II_1 = III_4 : y - 7z &= -19\\
\end{aligned}
$$

$$
\begin{aligned}
III_1 = IV_1 : x + 2z &= 7\\
-\tfrac{1}{2} \cdot III_2 = IV_2 : y &= 2\\
III_3 = IV_3 : -y - 7z &= -23\\
III_4 = IV_4 : y - 7z &= -19\\
\end{aligned}
$$

$$
\begin{aligned}
IV_1 = V_1 : x + 2z &= 7\\
IV_2 = V_2 : y &= 2\\
IV_3 + IV_2 = V_3 : -7z &= -21\\
IV_4 - IV_2 = V_4 : -7z &= -21\\
\end{aligned}
$$

$$
\begin{aligned}
V_1 = VI_1 : x + 2z &= 7\\
V_2 = VI_2 : y &= 2\\
V_3 = VI_3 : -7z &= -21\\
V_4 - V_3 = IV_4 : 0 &= 0\\
\end{aligned}
$$

Durch Rückwärtseinsetzen erhalten wir $z = 3$, $y = 2$ und $x = 1$.

Unabhängig von der Wahl des Lösungswegs erhalten wir das Tripel $(x;y;z) = (1;2;3)$ als eindeutige Lösung des überbestimmten linearen Gleichungssystems (I_1-I_4). In Lösungsweg 2 wurden mehr Umformungen durchgeführt als in Lösungsweg 1. Dafür haben die äquivalenten Gleichungssysteme des Lösungswegs 2 betragsmäßig kleinere Zahlen als die Systeme im Lösungsweg 1 und das reduziert die Gefahr von Flüchtigkeitsfehlern, die bei der Rechnung mit größeren Zahlen verstärkt auftreten können. Ein wie im Lösungsweg 2 eingeschlagener Umweg kann demzufolge Vorteile haben.   ◄

Beispiel 1.71. Wir untersuchen die Lösbarkeit des Gleichungssystems (I_1-I_3) mit dem Gauß-Algorithmus und zeigen dabei, wie sich das Rechnen mit Brüchen umgehen lässt:

$$
\begin{array}{rrrrrr}
I_1: & \tfrac{1}{2}x + & \tfrac{1}{3}y + & \tfrac{1}{4}z = & \tfrac{5}{3} \\
I_2: & \tfrac{3}{4}x + & \tfrac{7}{5}y - & \tfrac{3}{2}z = & \tfrac{1}{4} \\
I_3: & \tfrac{3}{4}x + & \tfrac{3}{2}y - & \tfrac{7}{4}z = & 0 \\
\hline
12 \cdot I_1 = II_1: & 6x + & 4y + & 3z = & 20 \\
20 \cdot I_2 = II_2: & 15x + & 28y - & 30z = & 5 \\
4 \cdot I_3 = II_3: & 3x + & 6y - & 7z = & 0 \\
\hline
II_3 = III_1: & 3x + & 6y - & 7z = & 0 \\
II_1 = III_2: & 6x + & 4y + & 3z = & 20 \\
II_2 = III_3: & 15x + & 28y - & 30z = & 5 \\
\hline
III_1 = IV_1: & 3x + & 6y - & 7z = & 0 \\
III_2 - 2 \cdot I_1 = IV_2: & & - 8y + & 17z = & 20 \\
III_3 - 5 \cdot I_1 = IV_3: & & - 2y + & 5z = & 5 \\
\hline
IV_1 = V_1: & 3x + & 6y - & 7z = & 0 \\
-IV_3 = V_2: & & 2y - & 5z = & -5 \\
IV_2 = V_3: & & - 8y + & 17z = & 20 \\
\hline
V_1 = VI_1: & 3x + & 6y - & 7z = & 0 \\
V_2 = VI_2: & & 2y - & 5z = & -5 \\
V_3 + 4 \cdot V_2 = VI_3: & & - & 3z = & 0 \\
\end{array}
$$

Das zum Ausgangssystem (I_1-I_3) äquivalente Gleichungssystem (VI_1-VI_3) hat Stufenform und ist eindeutig lösbar. Das Lösungstripel $(x;y;z)$ wird durch Rückwärtseinsetzen bestimmt. Aus Gleichung VI_3 folgt $z = 0$. Einsetzen von $z = 0$ in Gleichung VI_2 ergibt $2y = -5$, woraus $y = -\tfrac{5}{2}$ folgt. Einsetzen von $y = -\tfrac{5}{2}$ und $z = 0$ in Gleichung IV_1 ergibt $3x - 15 = 0$, woraus $x = 5$ folgt. Die eindeutige Lösung des linearen Gleichungssytems (I_1-I_3) ist $(x;y;z) = \left(5; -\tfrac{5}{2}; 0\right)$.   ◄

Bei den Rechnungen mit dem Gauß-Algorithmus haben wir bisher in allen Gleichungen die Variablen x, y und z sowie Additions- und Gleichheitszeichen „mitgeschleppt". Da Vielfache gleicher Variablen stets untereinander stehen, lässt sich die Rechnung auch in Form einer übersichtlichen Tabelle notieren, sodass unnötige Schreibarbeit eingespart werden kann. Eine solche Tabelle besteht aus vier Spalten, wobei den ersten drei Spalten jeweils eine der Variablen fest zugeordnet wird und in der vierten Spalte die Konstanten aus den rechten Seiten der Gleichungen notiert werden. Statt

$$I_1 : \qquad\quad 3y - 4z = \;\; 12$$
$$I_2 : -3x \qquad\quad + 5z = -16$$
$$I_3 : -4x + 5y \qquad\;\; = \;\; 12$$

schreiben wir kürzer:

	x	y	z	
I_1	0	3	-4	12
I_2	-3	0	5	-16
I_3	-4	5	0	12

Während in der Gleichungsschreibweise auf der linken Seite der Gleichheitszeichen die Nullen in der Regel weggelassen werden, notiert man diese dagegen in der Tabellenschreibweise mit, um bei den Rechnungen mit dieser Tabelle nicht den Überblick darüber zu verlieren, welche Zahlen in welcher Zeile bzw. Spalte stehen.

Beispiel 1.72. Anhand des bereits aus Beispiel 1.69 bekannten Gleichungssystems (I_1-I_3) stellen wir die Kurzdarstellung der Rechnung mithilfe derartiger Tabellen der bisherigen Rechnung in Gleichungsschreibweise gegenüber.

Rechnung in Gleichungsschreibweise:

$$I_1 : \qquad\quad y + \quad z = -5$$
$$I_2 : 2x + \;\; y + 3z = \;\; 1$$
$$I_3 : 3x + 4y - 5z = 13$$

$$I_2 = II_1 : 2x + \;\; y + 3z = \;\; 1$$
$$I_3 = II_2 : 3x + 4y - 5z = 13$$
$$I_1 = II_3 : \qquad\quad y + \quad z = -5$$

$$II_1 = III_1 : 2x + \;\; y + 3z = \;\; 1$$
$$2\cdot II_2 - 3\cdot II_1 = III_2 : \qquad 5y - 19z = 23$$
$$II_3 = III_3 : \qquad\quad y + \quad z = -5$$

$$III_1 = IV_1 : 2x + \;\; y + 3z = \;\; 1$$
$$III_3 = IV_2 : \qquad\quad y + \quad z = -5$$
$$III_2 = IV_3 : \qquad\quad 5y - 19z = 23$$

$$IV_1 = V_1 : 2x + \;\; y + 3z = \;\; 1$$
$$IV_2 = V_2 : \qquad\quad y + \quad z = -5$$
$$IV_3 - 5\cdot IV_2 = V_3 : \qquad - 24z = 48$$

Rechnung in Tabellenschreibweise:

	x	y	z	
I_1	0	1	1	-5
I_2	2	1	3	1
I_3	3	4	-5	13
$I_2 = II_1$	2	1	3	1
$I_3 = II_2$	3	4	-5	13
$I_1 = II_3$	0	1	1	-5
$II_1 = III_1$	2	1	3	1
$2\cdot II_2 - 3\cdot II_1 = III_2$	0	5	-19	23
$II_3 = III_3$	0	1	1	-5
$III_1 = IV_1$	2	1	3	1
$III_3 = IV_2$	0	1	1	-5
$III_2 = IV_3$	0	5	-19	23
$IV_1 = V_1$	2	1	3	1
$IV_2 = V_2$	0	1	1	-5
$IV_3 - 5\cdot IV_2 = V_3$	0	0	-24	48

Verwendet man die Tabellenschreibweise, ist bei der Ermittlung des eindeutigen Lösungstripels $(x;y;z) = (5;-3;-2)$ etwas Sorgfalt notwendig. Einerseits muss zunächst im unteren Teil der Tabelle erkannt werden, dass das zum Ausgangssystem äquivalente Gleichungssystem (V_1-V_3) Stufenform hat und keine weiteren Umformungen des Gleichungssystems notwendig sind. Bei der Ermittlung der Lösung durch Rückwärtseinsetzen lässt es sich nicht vermeiden, die in der Tabelle lediglich durch ihre Koeffizienten kodierten Gleichungen V_1, V_2 und V_3 zumindest *gedanklich* tatsächlich als „echte" Gleichung zu schreiben. Mit etwas Übung gelingt dies Lernenden aber in der Regel sehr schnell. ◀

Beispiel 1.73. Wir untersuchen die Lösbarkeit des linearen Gleichungssystems

$$
\begin{aligned}
I_1 &: \ x - 2y + \ z = \ \ 2 \\
I_2 &: 2x + 3y - 2z = -4 \\
I_3 &: 4x - \ y + 2z = \ \ 4 \\
I_4 &: 3x - 6y + 5z = \ 10
\end{aligned}
$$

mithilfe des Gauß-Algorithmus und nutzen dazu die Tabellenschreibweise:

	x	y	z	
I_1	1	-2	1	2
I_2	2	3	-2	-4
I_3	4	-1	2	4
I_4	3	-6	5	10
$I_1 = II_1$	1	-2	1	2
$I_2 - 2 \cdot I_1 = II_2$	0	7	-4	-8
$I_3 - 4 \cdot I_1 = II_3$	0	7	-2	-4
$I_4 - 3 \cdot I_1 = II_4$	0	0	2	4
$II_1 = III_1$	1	-2	1	2
$II_2 = III_2$	0	7	-4	-8
$II_3 - II_2 = III_3$	0	0	2	4
$II_4 = III_4$	0	0	2	4
$III_1 = IV_1$	1	-2	1	2
$III_2 = IV_2$	0	7	-4	-8
$III_3 = IV_3$	0	0	2	4
$III_4 - III_3 = IV_4$	0	0	0	0

Das zum Ausgangssystem (I_1-I_4) äquivalente System (IV_1-IV_4) hat die für ein Gleichungssystem mit drei Variablen maximal mögliche widerspruchsfreie Stufenform und ist demzufolge eindeutig lösbar. Das Lösungstripel $(x; y; z)$ wird durch Rückwärtseinsetzen bestimmt. Gleichung IV_3 lautet ausgeschrieben $2z = 4$, woraus $z = 2$ folgt. Dies wird in Gleichung IV_2, d. h. $7y - 4z = -8$, eingesetzt. Das ergibt $7y - 8 = -8$, woraus $y = 0$ folgt. Einsetzen von $y = 0$ und $z = 2$ in Gleichung $IV_1 = I_1$ ergibt $x + 2 = 2$, woraus $x = 0$ folgt. Die eindeutige Lösung des linearen Gleichungssytems (I_1-I_3) ist $(x; y; z) = (0; 0; 2)$. ◄

Beispiel 1.74. Wir untersuchen die Lösbarkeit des linearen Gleichungssystems

$$
\begin{aligned}
I_1 &: \ \ \ \ \ \ y - \ 2z = -5 \\
I_2 &: 2x + \ y - \ 4z = \ \ 1 \\
I_3 &: 3x + 2y - \ 7z = -1 \\
I_4 &: 8x + 5y - 18z = -1
\end{aligned}
$$

mithilfe des Gauß-Algorithmus und nutzen dazu die Tabellenschreibweise:

	x	y	z	
I_1	0	1	-2	-5
I_2	2	1	-4	1
I_3	3	2	-7	-1
I_4	8	5	-18	-1
$I_2 = II_1$	2	1	-4	1
$I_1 = II_2$	0	1	-2	-5
$I_3 = II_3$	3	2	-7	-1
$I_4 = II_4$	8	5	-18	-1
$II_1 = III_1$	2	1	-4	1
$II_2 = III_2$	0	1	-2	-5
$2 \cdot II_3 - 3 \cdot II_1 = III_2$	0	1	-2	-5
$II_4 - 4 \cdot II_1 = III_4$	0	1	-2	-5
$III_1 = IV_1$	2	1	-4	1
$III_2 = IV_2$	0	1	-2	-5
$III_3 - III_2 = IV_3$	0	0	0	0
$III_2 - III_2 = IV_4$	0	0	0	0

Das zu (I_1-I_4) äquivalente System (IV_1-IV_4) hat eine widerspruchsfreie Stufenform, bei der die Anzahl der nichttrivialen Zeilen kleiner ist als die Anzahl der Variablen. Folglich ist das Gleichungssystem mehrdeutig lösbar. Da eine nur die Variable z enthaltende nichttriviale Gleichung in der Stufenform fehlt, kann $z = t \in \mathbb{R}$ beliebig gewählt werden. Dies wird in Gleichung IV_2, d. h. $y - 2z = -5$, eingesetzt. Das ergibt $y - 2t = -5$, woraus $y = 2t - 5$ folgt. Einsetzen von $y = 2t - 5$ und $z = t$ in Gleichung $IV_1 = I_2$ ergibt $2x - 2t - 5 = 1$, woraus $x = t + 3$ folgt. Das System (I_1-I_3) hat die Lösungsmenge $L = \{ (t + 3 ; 2t - 5 ; t) \mid t \in \mathbb{R} \}$. ◀

Bisher wurden bei der Umformung von Gleichungssystemen die Gleichungen mit römischen Ziffern durchnummeriert. Mithilfe dieser Nummern wurde der Rechenweg nachvollziehbar gemacht, indem vor die Gleichungen die zugehörige Rechnung notiert wurde. Lernende auf diese oder ähnliche Weise an die Lösungsalgorithmen für lineare Gleichungssysteme heranzuführen ist eine gängige Praxis. Nach etwas Übung sollte es aber kein Problem sein, ohne derartige Hilfestellungen auszukommen. Bei den letzten Beispielen dieses Abschnitts notieren wir deshalb die Rechenschritte zur Überführung der Gleichungssysteme nicht mit, sondern nur die Ergebnisse der Umformungen.

Beispiel 1.75. Wir untersuchen die Lösbarkeit des linearen Gleichungssystems

$$\begin{aligned} I_1 : \quad\quad y - 2z &= 3 \\ I_2 : x + y + z &= 39 \\ I_3 : x + 2y + 4z &= 57 \end{aligned}$$

mithilfe des Gauß-Algorithmus und nutzen dazu die Tabellenschreibweise:

	x	y	z	
	0	1	-2	3
	1	1	1	39
	1	2	4	57
	1	1	1	39
	1	2	4	57
	0	1	-2	3
	1	1	1	39
	0	1	3	18
	0	1	-2	3
I_1'	1	1	1	39
I_2'	0	1	3	18
I_3'	0	0	-5	-15

Das im letzten Block kodierte Gleichungssystem (I_1'-I_3') ist zum Ausgangssystem (I_1-I_3) äquivalent, hat eine widerspruchsfreie Stufenform mit drei Stufen und ist folglich eindeutig lösbar. Das Lösungstripel $(x;y;z)$ wird durch Rückwärtseinsetzen bestimmt. Aus Gleichung I_3' folgt $z = \frac{-15}{-5} = 3$, aus Gleichung I_2' folgt $y = 18 - 3 \cdot 3 = 9$ und aus Gleichung I_1' folgt $x = 39 - 9 - 3 = 27$. Die eindeutige Lösung ist $(x;y;z) = (27;9;3)$. ◄

Beispiel 1.76. Wir untersuchen die Lösbarkeit des linearen Gleichungssystems

$$I_1 : 2x - 2y + z = 1$$
$$I_2 : 3x - 3y + 2z = 1$$
$$I_3 : 4x - 4y - 3z = 7$$

mithilfe des Gauß-Algorithmus:

	x	y	z	
	2	-2	1	1
	3	-3	2	1
	4	-4	-3	7
	2	-2	1	1
	0	0	1	-1
	0	0	-5	5
I_1'	2	-2	1	1
I_2'	0	0	1	-1
I_3'	0	0	0	0

• Das im letzten Block kodierte Gleichungssystem (I_1'-I_4') ist zum Ausgangssystem (I_1-I_4) äquivalent und hat eine widerspruchsfreie Stufenform, bei der die Anzahl der nichttrivialen Zeilen kleiner ist als die Variablenanzahl. Folglich ist das Gleichungssystem mehrdeutig lösbar. Die Lösungstripel $(x;y;z)$ werden durch Rückwärtseinsetzen bestimmt. Da die zweite Stufe, d. h. Gleichung I_2', nicht mit der Variable y beginnt, kann $y = s \in \mathbb{R}$ beliebig gewählt werden. Aus Gleichung I_2' folgt außerdem $z = -1$. Einsetzen von $y = s$ und $z = -1$ in Gleichung I_1' ergibt $x = s + 1$. Das Gleichungssytem (I_1-I_3) hat die Lösungsmenge $L = \{(s + 1; s; -1) \mid s \in \mathbb{R}\}$. ◄

Nicht immer muss ein lineares Gleichungssystem in Stufenform gebracht werden, um Aussagen über seine Lösbarkeit zu erhalten. Entsteht beispielsweise bereits während der Umformungen eine nicht lösbare Gleichung, dann können die Rechnungen sofort abgebrochen werden.

Beispiel 1.77. Die Lösbarkeit des linearen Gleichungssystems

$$
\begin{aligned}
I_1 &: \; x + y + z = 0 \\
I_2 &: \qquad 2y - 2z = 1 \\
I_3 &: 2x + 4y \qquad = 0 \\
I_4 &: \qquad 3y + 2z = 2
\end{aligned}
$$

untersuchen wir mit dem Gauß-Algorithmus und nutzen dazu die Tabellenschreibweise. Die Rechnungen in der Tabelle sind aus Platzgründen nebenstehend am rechten Seitenrand gedruckt. Das im letzten Block der Tabelle kodierte Gleichungssystem hat noch keine Stufenform. Es sind auch keine weiteren Umformungen zur Überführung in eine Stufenform notwendig, denn die farblich hinterlegte Zeile stellt einen Widerspruch dar, der auch durch weitere Äquivalenzumformungen nicht „entfernt" werden kann. Das bedeutet, dass das überbestimmte lineare Gleichungssystem (I_1-I_4) nicht lösbar ist. ◄

x	y	z	
1	1	1	0
0	2	-2	1
2	4	0	0
0	3	2	2
1	1	1	0
0	2	-2	1
0	2	-2	0
0	3	2	2
1	1	1	0
0	2	-2	1
0	1	-1	0
0	3	2	2
1	1	1	0
0	1	-1	0
0	2	-2	1
0	3	2	2
1	1	1	0
0	1	-1	0
0	0	0	1
0	0	5	2

Ist der Gauß-Algorithmus einmal eingeübt, dann lassen sich weitere Schritte abkürzen. Nach einer ausreichenden Anzahl durchgerechneter Übungsaufgaben lässt sich auch das Rückwärtseinsetzen abkürzen und die notwendigen Rechnungen lassen sich leicht aus der Tabelle herleiten, ohne (gedanklich) die vollständigen Gleichungen notieren zu müssen.

Beispiel 1.78. Das folgende lineare Gleichungssystem liegt in widerspruchsfreier Stufenform vor und ist eindeutig lösbar. Die Rechnungen zum Rückwärtseinsetzen lassen sich wie folgt bequem neben die Stufen notieren:

x	y	z		
4	2	-7	50	$\Rightarrow \; x = \frac{1}{4} \cdot \left(50 - 2 \cdot 16 + 7 \cdot (-2)\right) = 1$
0	3	4	40	$\Rightarrow \; y = \frac{1}{3} \cdot \left(40 - 4 \cdot (-2)\right) = 16$
0	0	-5	10	$\Rightarrow \; z = \frac{10}{-5} = -2$
0	0	0	0	

Die eindeutige Lösung des linearen Gleichungssytems ist $(x; y; z) = (1; 16; -2)$. ◄

Beispiel 1.79. Das folgende lineare Gleichungssystem liegt in widerspruchsfreier Stufenform vor, die Anzahl der nichttrivialen Gleichungen ist kleiner als die Variablenanzahl und folglich ist das Gleichungssystem mehrdeutig lösbar. Die Rechnungen zum Rückwärtseinsetzen lassen sich wie folgt bequem neben die Stufen notieren und beginnen formal mit der Feststellung, dass eine nur die Variable z enthaltende nichttriviale Gleichung in der Stufenform fehlt und demzufolge für z beliebige Werte gewählt werden können:

$$
\begin{array}{ccc|c}
x & y & z & \\
\hline
5 & -3 & 1 & 14 \\
0 & -2 & 4 & -24 \\
0 & 0 & 0 & 0
\end{array}
\begin{array}{l}
\Rightarrow x = \frac{1}{5} \cdot \left(14 + 3 \cdot (12 + 2t) - 1 \cdot t\right) = 10 + t \\
\Rightarrow y = -\frac{1}{2} \cdot (-24 - 4 \cdot t) = 12 + 2t \\
\Rightarrow z = t \in \mathbb{R}
\end{array}
$$

Die Lösungsmenge des Gleichungssytems ist $L = \{(10 + t\,;\, 12 + 2t\,;\, t) \mid t \in \mathbb{R}\}$.   ◄

Aufgaben zum Abschnitt 1.4

Aufgabe 1.4.1: Bestimmen Sie die Lösungsmenge L der folgenden Gleichungssysteme:

a)
$$\begin{aligned}
2x + 6y + 12z &= -44 \\
3y + 10z &= 40 \\
10z &= -20
\end{aligned}$$

b)
$$\begin{aligned}
3x + 2y - z &= 31 \\
4y - 6z &= 8 \\
0 &= 0
\end{aligned}$$

c)
$$\begin{aligned}
x - y - z &= 5 \\
- 3z &= 9 \\
0 &= 0
\end{aligned}$$

d)
$$\begin{aligned}
5x - 7y + 8z &= 0 \\
0 &= 1 \\
0 &= 0
\end{aligned}$$

e)
$$\begin{aligned}
-3x + 2y - z &= 45 \\
4y - 6z &= 6 \\
7z &= 21
\end{aligned}$$

f)
$$\begin{aligned}
4x - 5y + 6z &= 8 \\
0 &= 0 \\
0 &= 0
\end{aligned}$$

Aufgabe 1.4.2: Untersuchen Sie die Lösbarkeit der folgenden Gleichungssysteme mit dem Gauß-Algorithmus und ermitteln Sie gegebenfalls alle Lösungstripel. Verwenden Sie dabei die Gleichungsschreibweise und notieren Sie jeden der durchgeführten Rechenschritte zur Überführung der Gleichungssysteme in Stufenform.

a)
$$\begin{aligned}
2x + 4y + 4z &= 8 \\
x - 3y - 2z &= -5 \\
-4x + 2y + z &= -2
\end{aligned}$$

b)
$$\begin{aligned}
10x + 8y - 8z &= -12 \\
6x + 12y + 3z &= -21 \\
2x - 4y + 2z &= 18 \\
4y - 15z &= -27
\end{aligned}$$

c)
$$\begin{aligned}
\tfrac{3}{5}x + \tfrac{2}{5}z &= 0 \\
\tfrac{2}{3}x + \tfrac{1}{2}y - \tfrac{3}{4}z &= \tfrac{1}{2} \\
\tfrac{5}{2}x - y &= 1 \\
\tfrac{1}{2}x + \tfrac{1}{4}y - \tfrac{3}{4}z &= 0
\end{aligned}$$

Aufgabe 1.4.3: Die folgenden Tabellen repräsentieren jeweils ein lineares Gleichungssystem. Schreiben Sie diese Gleichungssysteme vollständig aus (Gleichungsschreibweise).

a)

x	y	z	
5	1	12	1
7	-5	-13	2
-2	3	-1	3

b)

x	y	z	
-1	-3	5	1
0	4	0	2
1	0	8	0

c)

x	y	z	
11	12	-13	10
0	3	-1	17
0	0	0	0

Aufgabe 1.4.4: Schreiben Sie die folgenden linearen Gleichungssysteme in Tabellenschreibweise. Nutzen Sie diese Darstellung, um die Lösbarkeit der Gleichungssysteme mit dem Gauß-Algorithmus zu untersuchen und bestimmen Sie gegebenenfalls alle Lösungen.

a) $2x - 5y + 9z = -3$
$4x - 9y + 11z = 5$
$6x - y + 7z = -11$

b) $3x - 2y + 5z = 10$
$2x - 5y + 8z = 6$
$-4x - y + 2z = -8$

c) $4x - y = 0$
$6y - 7z = 0$
$x + 2y - 3z = 3$

Aufgabe 1.4.5: Die folgenden Tabellen repräsentieren jeweils ein lineares Gleichungssystem. Nutzen Sie diese Tabellen, um die Lösbarkeit der Gleichungssysteme mit dem Gauß-Algorithmus zu untersuchen und bestimmen Sie gegebenenfalls alle Lösungen.

a)

x	y	z	
2	-4	2	0
-1	1	1	-2
2	4	2	4
1	7	-1	6

b)

x	y	z	
6	4	8	20
5	5	9	17
1	-1	-1	3
3	7	11	11

c)

x	y	z	
0	5	-2	1
2	3	4	5
6	-7	8	-1
-2	13	0	1

1.5 Lösung von Systemen mit beliebiger Variablenanzahl

Der Gauß-Algorithmus beschränkt sich nicht nur auf die Lösung von linearen Gleichungssystemen mit drei Variablen, sondern lässt sich zur Lösung linearer Gleichungssysteme mit beliebiger Variablenanzahl und beliebiger Gleichungsanzahl nutzen. Das soll nachfolgend aufgezeigt werden. Wir betrachten dazu ein allgemeines lineares Gleichungssystem mit $n \in \mathbb{N}$ Variablen $x_1, \ldots, x_n$ und $m \in \mathbb{N}$ Gleichungen. Die Normalform eines solchen Gleichungssystems sieht folgendermaßen aus:

$$
\begin{aligned}
a_{11}x_1 + a_{12}x_2 + \ldots + a_{1n}x_n &= b_1 \\
a_{21}x_1 + a_{22}x_2 + \ldots + a_{2n}x_n &= b_2 \\
&\vdots \\
a_{m1}x_1 + a_{m2}x_2 + \ldots + a_{mn}x_n &= b_m
\end{aligned}
\tag{1.80}
$$

Dabei sind $a_{ij}, b_i \in \mathbb{R}$ für $i \in \{1, \ldots, m\}$ und $j \in \{1, \ldots, n\}$ die Koeffizienten des Gleichungssystems.[2] Wir werden für die Rechnungen mit diesem System nicht auf die Gleichungsschreibweise (1.80) zurückgreifen, sondern konsequent die im vorhergehenden Abschnitt kennengelernte Tabellenschreibweise nutzen. In tabellarischer Schreibweise lässt sich (1.80) in kompakter Form wie folgt notieren:

---

[2] Die hier zur Abkürzung eingeführte Schreibweise a_{ij} mit dem Doppelindex ij kennzeichnet den Koeffizient in der i-ten Gleichung zur Variable x_j. Zum Beispiel steht a_{21} in der zweiten Gleichung und gehört zur Variable x_1.

$$
\begin{array}{cccc|c}
x_1 & x_2 & \cdots & x_n & \\
\hline
a_{11} & a_{12} & \cdots & a_{1n} & b_1 \\
a_{21} & a_{22} & \cdots & a_{2n} & b_2 \\
\vdots & & \ddots & \vdots & \vdots \\
a_{m1} & a_{m2} & \cdots & a_{mn} & b_m
\end{array}
\tag{1.81}
$$

Die j-te Spalte gehört dabei zur Variable x_j, wobei j die Zahlen von 1 bis n durchläuft, wofür wir abkürzend $j = 1,\ldots,n$ schreiben. Die Koeffizienten $a_{i1},\ldots,a_{in},b_i$ gehören zur i-ten Gleichung, wobei $i = 1,\ldots,m$.

Beispiel 1.82. Wir stellen die Gleichungsschreibweise und die abkürzende Tabellenschreibweise für ein Gleichungssystem mit vier Variablen gegenüber:

$$
\left\{
\begin{aligned}
x_1 + 4x_2 - 6x_3 + 8x_4 &= 10 \\
3x_1 - 5x_2 + 7x_3 - 2x_4 &= 11 \\
2x_2 + 12x_3 - x_4 &= 0 \\
-4x_1 + 13x_2 + 14x_4 &= -15
\end{aligned}
\right\}
\quad \Longleftrightarrow \quad
\begin{array}{cccc|c}
x_1 & x_2 & x_3 & x_4 & \\
\hline
1 & 4 & -6 & 8 & 10 \\
3 & -5 & 7 & -2 & 11 \\
0 & 2 & 12 & -1 & 0 \\
-4 & 13 & 0 & 14 & -15
\end{array}
$$

Sind Koeffizienten gleich null, dann werden diese in der Tabelle stets mitgeschrieben. ◄

Die Lösungsmenge L eines Gleichungssystems mit n Variablen besteht aus <u>n-Tupeln</u> $(x_1;\ldots;x_n)$. Ist ein Gleichungssystem nicht lösbar, dann ist die Lösungsmenge leer und wir schreiben dafür wie üblich $L = \emptyset$.

Die im vorhergehenden Abschnitt für den Spezialfall von drei Variablen eingehend beschriebene Vorgehensweise des Gauß-Algorithmus lässt sich auf Gleichungssysteme mit n Variablen und m Gleichungen übertragen. Grundsätzlich sind dabei mindestens zwei der drei folgenden Schritte abzuarbeiten:

- **Schritt 1:** Überführung des gegebenen Gleichungssystems in Stufenform.

- **Schritt 2:** Aus der Stufenform wird die Lösbarkeit oder Nichtlösbarkeit abgelesen.

- **Schritt 3:** Gegebenenfalls wird die Lösungsmenge durch Rückwärtseinsetzen ermittelt.

Mit wenigen Anpassungen lässt sich der Begriff der Stufenform auf Gleichungssysteme mit n Variablen erweitern. Dazu benötigen wir eine Verallgemeinerung des Begriffs der nichttrivialen linearen Gleichung mit n Variablen.

Definition 1.83. Eine lineare Gleichung $a_{i1}x_1 + \ldots + a_{in}x_n = b_i$ der Ordnung $n \in \mathbb{N}$ heißt <u>nichttriviale Gleichung</u>, wenn sie die folgenden Eigenschaften a) und b) erfüllt:

a) Die Gleichung ist nicht allgemeingültig, d. h., sie hat nicht die Gestalt $0 = 0$.

b) Die Gleichung ist widerspruchsfrei, d. h., sie hat nicht die Gestalt $0 = b_i$ mit $b_i \neq 0$.

Definition 1.84. Ein lineares Gleichungssystem mit $n \in \mathbb{N}$ Variablen und $m \in \mathbb{N}$ Gleichungen hat <u>Stufenform</u>, wenn es die folgenden Bedingungen a) bis d) erfüllt:

a) Das Gleichungssystem enthält $k \leq \min(n,m)$ nichttriviale Gleichungen.[3]

b) Die erste Gleichung enthält einen Term der Gestalt $a_{11}x_1$ mit $a_{11} \neq 0$.

c) Für $j = 2, \ldots, k$ hat die j-te Gleichung die Gestalt $a_{jj}x_j + \ldots + a_{jn}x_n = b_j$, wobei mindestens einer der Koeffizienten $a_{jj}, \ldots, a_{jn}$ von null verschieden ist.

d) Die restlichen $\max(0, m-k)$ Gleichungen sind entweder allgemeingültig $(0 = 0)$ oder nicht lösbar $(0 = d$ mit $d \neq 0)$.[3]

Enthält ein Gleichungssystem in Stufenform keine nicht lösbaren Gleichungen, dann nennen wir das Gleichungssystem <u>widerspruchsfrei</u>.

Beispiel 1.85. Wir stellen die Gleichungsschreibweise und die Tabellenschreibweise für ein Gleichungssystem in Stufenform gegenüber:

$$\left\{ \begin{array}{rcrcrcrcl} 2x_1 & + & x_2 & - & x_3 & + & x_4 & = & 1 \\ & & 4x_2 & + & 9x_3 & - & 2x_4 & = & 2 \\ & & & & 6x_3 & + & 3x_4 & = & 3 \\ & & & & & & 0 & = & 0 \end{array} \right\} \quad \Longleftrightarrow$$

x_1	x_2	x_3	x_4	
2	1	-1	1	1
0	4	9	-2	2
0	0	6	3	3
0	0	0	0	0

◄

Wörtlich lassen sich die Lösbarkeitskriterien aus Satz 1.86 übernehmen, den wir der Vollständigkeit wegen auch für Gleichungssysteme mit beliebiger Variablenanzahl notieren:

Satz 1.86. Gegeben sei ein lineares Gleichungssystem in Stufenform mit $n \in \mathbb{N}$ Variablen und $m \in \mathbb{N}$ Gleichungen.

a) Enthält die Stufenform eine nicht lösbare Gleichung, dann ist das Gleichungssystem nicht lösbar.

b) Ist die Stufenform widerspruchsfrei und die Anzahl nichttrivialer Gleichungen gleich der Variablenanzahl, dann ist das Gleichungssystem eindeutig lösbar.

c) Ist die Stufenform widerspruchsfrei und die Anzahl nichttrivialer Gleichungen kleiner als die Variablenanzahl, dann ist das Gleichungssystem mehrdeutig lösbar.

Mit steigender Variablen- und Gleichungsanzahl ist in größeren Tabellen aufmerksam nach dem Beginn der Stufen zu suchen, um keine Variablen zu übersehen, denen gegebenenfalls beliebige Werte zugewiesen werden können. Deshalb ist bei der Methode des Rückwärtseinsetzens in mehrdeutig lösbaren Gleichungssystemen besondere Sorgfalt geboten.

---

[3] Der Ausdruck $\min(n,m)$ steht für das Minimum der Zahlen n und m, d. h. die kleinere der beiden Zahlen. Beispiel: $\min(2,3) = 2$. Der Ausdruck $\max(a,b)$ steht für das Maximum der Zahlen a und b, d. h. die größere der beiden Zahlen. Beispiele sind $\max(0,3) = 3$ und $\max(0,-3) = 0$. Die beiden abkürzenden Schreibweisen erlauben einen Verzicht auf eine ausführlich aufzuschreibende Fallunterscheidung zwischen „normalen", unter- und überbestimmten Gleichungssystemen.

Die folgenden Beispiele demonstrieren das Rückwärtseinsetzen an Systemen mit vier Variablen. Dabei werden zum besseren Verständnis die Stufen in den Tabellen farblich hinterlegt, wozu vereinbart sei, dass der Beginn einer Stufe durch den ersten von null verschiedenen Koeffizienten in einer nichttrivialen Gleichung festgelegt wird. Bei eindeutig lösbaren linearen Gleichungssystemen mit n Variablen gibt es mit dieser Festlegung keinen Diskussionsbedarf, denn offenbar gilt für alle $i = 1, 2, \ldots, n$: Die Stufe zur i-ten Gleichung beginnt beim von null verschiedenen Koeffizient a_{ii} zur Variable x_i. Das bedeutet, dass die Stufe zur Gleichung i jeweils $n - i + 1$ Variablen umfasst, d. h., von einer Gleichung zur darunterliegenden wird die Stufe um genau eine Variable kleiner. Bei mehrdeutig lösbaren Systemen ist es notwendig, die gegebenenfalls „übersprungenen" Variablen zu ermitteln, denen beliebige Zahlenwerte zugewiesen werden können.

Beispiel 1.87. Das in der folgenden Tabelle notierte lineare Gleichungssystem mit vier Variablen und vier Gleichungen hat eine widerspruchsfreie Stufenform. Die Anzahl der nichttrivialen Gleichungen ist gleich der Anzahl der Variablen und folglich ist das Gleichungssystem eindeutig lösbar. Das Lösungs-4-Tupel bestimmen wir durch Rückwärtseinsetzen und notieren die dazu notwendigen Rechnungen gleich neben die Tabelle:

x_1	x_2	x_3	x_4		
2	8	4	-10	20	$\Rightarrow x_1 = \frac{1}{2} \cdot \left(20 - 8 \cdot (-3) - 4 \cdot 9 + 10 \cdot 4\right) = 24$
0	-6	2	-3	24	$\Rightarrow x_2 = -\frac{1}{6} \cdot \left(24 - 2 \cdot 9 + 3 \cdot 4\right) = -3$
0	0	3	-5	7	$\Rightarrow x_3 = \frac{1}{3} \cdot (7 + 5 \cdot 4) = 9$
0	0	0	2	8	$\Rightarrow x_4 = \frac{8}{2} = 4$

Die eindeutige Lösung des Gleichungssystems ist $(x_1; x_2; x_3; x_4) = (24; -3; 9; 4)$. ◀

Beispiel 1.88. Das in der folgenden Tabelle notierte lineare Gleichungssystem hat eine widerspruchsfreie Stufenform. Die Anzahl der nichttrivialen Gleichungen ist kleiner als die Anzahl der Variablen und folglich ist das Gleichungssystem mehrdeutig lösbar. Die Bestimmung der 4-Tupel der Lösungsmenge L beginnt mit der Feststellung, dass es keine bei x_4 beginnende Stufe gibt. Das bedeutet, dass x_4 beliebig gewählt werden kann. Mit diesen Vorüberlegungen lassen sich die 4-Tupel der Lösungsmenge L durch Rückwärtseinsetzen bestimmen, wobei wir die dazu notwendigen Rechnungen neben die Tabelle notieren:

x_1	x_2	x_3	x_4		
1	2	-3	4	5	$\Rightarrow x_1 = 5 - 2 \cdot (4s - 3) + 3 \cdot (4 - 2s) - 4 \cdot s = 23 - 18s$
0	-2	1	10	10	$\Rightarrow x_2 = -\frac{1}{2} \cdot \left(10 - (4 - 2s) - 10 \cdot s\right) = 4s - 3$
0	0	2	4	8	$\Rightarrow x_3 = \frac{1}{2} \cdot (8 - 4 \cdot s) = 4 - 2s$
0	0	0	0	0	$\Rightarrow x_4 = s \in \mathbb{R}$

Die Lösungsmenge ist $L = \left\{ (23 - 18s; 4s - 3; 4 - 2s; s) \mid s \in \mathbb{R} \right\}$. ◀

Beispiel 1.89. Das in der folgenden Tabelle notierte lineare Gleichungssystem ist mehrdeutig lösbar. Die Stufe zur zweiten Gleichung beginnt erst unterhalb der Variable x_3, d. h., x_2 wird „übersprungen". Das bedeutet, dass für x_2 beliebige Werte gewählt werden können. Mit diesen Vorüberlegungen lassen sich die 4-Tupel der Lösungsmenge L durch Rückwärtseinsetzen bestimmen:

x_1	x_2	x_3	x_4	
$\frac{2}{3}$	-2	4	-8	48
0	0	3	6	9
0	0	0	-4	8
0	0	0	0	0

$\Rightarrow x_1 = \frac{3}{2} \cdot \left(48 + 2 \cdot s - 4 \cdot 7 + 8 \cdot (-2)\right) = 6 + 3s$

$\Rightarrow x_2 = s \in \mathbb{R}, \ x_3 = \frac{1}{3} \cdot \left(9 - 6 \cdot (-2)\right) = 7$

$\Rightarrow x_4 = \frac{8}{-4} = -2$

Die Lösungsmenge ist $L = \left\{ (6+3s\,;\,s\,;\,7\,;\,-2) \mid s \in \mathbb{R} \right\}$. ◀

Beispiel 1.90. Das in der folgenden Tabelle notierte lineare Gleichungssystem ist mehrdeutig lösbar. Die zweite und zugleich letzte Stufe beginnt erst unterhalb der Variable x_4, d. h., x_2 und x_3 werden „übersprungen". Das bedeutet, dass für x_2 und x_3 beliebige Werte gewählt werden können. Mit diesen Vorüberlegungen lassen sich die 4-Tupel der Lösungsmenge L durch Rückwärtseinsetzen bestimmen:

x_1	x_2	x_3	x_4	
6	-18	12	$-\frac{6}{5}$	0
0	0	0	3	15
0	0	0	0	0
0	0	0	0	0

$\Rightarrow x_1 = \frac{1}{6} \cdot \left(0 + 18 \cdot s - 12 \cdot t + \frac{6}{5} \cdot 5\right) = 1 + 3s - 2t$

$\Rightarrow x_2 = s \in \mathbb{R}, \ x_3 = t \in \mathbb{R}, \ x_4 = \frac{15}{3} = 5$

Die Lösungsmenge ist $L = \left\{ (1+3s-2t\,;\,s\,;\,t\,;\,5) \mid s,t \in \mathbb{R} \right\}$. ◀

Beispiel 1.91. Das in der folgenden Tabelle notierte lineare Gleichungssystem ist mehrdeutig lösbar. Die Stufe in der zweiten Gleichung beginnt erst unterhalb der Variable x_3, d. h., x_2 wird „übersprungen". Das bedeutet, dass für x_2 beliebige Werte gewählt werden können. Außerdem fehlt eine bei x_4 beginnende Stufe, sodass auch x_4 beliebig gewählt werden kann. Mit diesen Vorüberlegungen lassen sich die 4-Tupel der Lösungsmenge L durch Rückwärtseinsetzen bestimmen:

x_1	x_2	x_3	x_4	
$-\frac{1}{4}$	5	$-\frac{1}{2}$	2	3
0	0	$\frac{1}{2}$	-3	1
0	0	0	0	0
0	0	0	0	0

$\Rightarrow x_1 = -4 \cdot \left(3 - 5 \cdot s + \frac{1}{2} \cdot (2 + 6t) - 2 \cdot t\right) = -16 + 20s - 4t$

$\Rightarrow x_2 = s \in \mathbb{R}, \ x_3 = 2 \cdot (1 + 3 \cdot t) = 2 + 6t$

$\Rightarrow x_4 = t \in \mathbb{R}$

Die Lösungsmenge ist $L = \left\{ (-16+20s-4t\,;\,s\,;\,2+6t\,;\,t) \mid s,t \in \mathbb{R} \right\}$. ◀

Jedes lineare Gleichungssystem mit $n \in \mathbb{N}$ Variablen und $m \in \mathbb{N}$ Gleichungen in der Gestalt (1.80) lässt sich durch die in Definition 1.66 genannten zulässigen Äquivalenzumformungen in ein lineares Gleichungssystem in Stufenform überführen. Die folgenden drei Beispiele demonstrieren dies im Zusammenhang mit einen kompletten Rechengang des Gauß-Algorithmus für Gleichungssysteme mit vier Variablen.

Beispiel 1.92. Zur Untersuchung der Lösbarkeit des linearen Gleichungssystems

$$\begin{aligned} x_1 + x_2 + 2x_3 + 2x_4 &= 13 \\ 2x_1 + 2x_2 - x_3 + x_4 &= 13 \\ 4x_1 - 3x_2 + 2x_3 + x_4 &= 12 \\ 3x_1 + 4x_2 + 2x_3 - 5x_4 &= 23 \end{aligned}$$

nutzen wir die Tabellenschreibweise des Gleichungssystems. Durch zulässige Äquivalenzumformungen überführen wir das System in Stufenform, prüfen daran die Lösbarkeit und ermitteln anschließend die Lösungsmenge durch Rückwärtseinsetzen:

x_1	x_2	x_3	x_4	
1	1	2	2	13
2	2	−1	1	13
4	−3	2	1	12
3	4	2	−5	23
1	1	2	2	13
0	0	−5	−3	−13
0	−7	−6	−7	−40
0	1	−4	−11	−16
1	1	2	2	13
0	1	−4	−11	−16
0	−7	−6	−7	−40
0	0	−5	−3	−13
1	1	2	2	13
0	1	−4	−11	−16
0	0	−34	−84	−152
0	0	−5	−3	−13
1	1	2	2	13
0	1	−4	−11	−16
0	0	17	42	76
0	0	−5	−3	−13

$$\begin{array}{ccccc|l}
1 & 1 & 2 & 2 & 13 & \Rightarrow x_1 = 13 - 3 - 2 \cdot 2 - 2 \cdot 1 = 4 \\
0 & 1 & -4 & -11 & -16 & \Rightarrow x_2 = -16 + 4 \cdot 2 + 11 \cdot 1 = 3 \\
0 & 0 & 17 & 42 & 76 & \Rightarrow x_3 = \frac{1}{17} \cdot (76 - 42 \cdot 1) = 2 \\
0 & 0 & 0 & 159 & 159 & \Rightarrow x_4 = \frac{159}{159} = 1
\end{array}$$

Das Gleichungssystem hat die eindeutige Lösung $(x_1; x_2; x_3; x_4) = (4; 3; 2; 1)$. ◄

Beispiel 1.93. Zur Untersuchung der Lösbarkeit des linearen Gleichungssystems

$$\begin{aligned} -5x_1 + 3x_2 \quad\quad + 3x_4 &= 7 \\ 2x_1 - 4x_2 + 6x_3 - 8x_4 &= 24 \\ -3x_1 - x_2 + 6x_3 - 5x_4 &= 31 \\ 7x_1 - 7x_2 + 6x_3 - 11x_4 &= 17 \end{aligned}$$

nutzen wir die Tabellenschreibweise des Gleichungssystems:

x_1	x_2	x_3	x_4	
-5	3	0	3	7
2	-4	6	-8	24
-3	-1	6	-5	31
7	-7	6	-11	17
2	-4	6	-8	24
-5	3	0	3	7
-3	-1	6	-5	31
7	-7	6	-11	17
1	-2	3	-4	12
-5	3	0	3	7
-3	-1	6	-5	31
7	-7	6	-11	17
1	-2	3	-4	12
0	-7	15	-17	67
0	-7	15	-17	67
0	7	-15	17	-67

$$\begin{array}{cccc|c} 1 & -2 & 3 & -4 & 12 \\ 0 & -7 & 15 & -17 & 67 \\ 0 & 0 & 0 & 0 & 0 \\ 0 & 0 & 0 & 0 & 0 \end{array}$$

$$\Rightarrow x_1 = 12 + 2x_2 - 3x_3 + 4x_4 = -\tfrac{50}{7} + 9s - 6t$$
$$\Rightarrow x_2 = -\tfrac{1}{7} \cdot (67 - 15x_3 + 17x_4) = -\tfrac{67}{7} + 15s - 17t$$
$$\Rightarrow x_3 = 7s,\ s \in \mathbb{R},\ x_4 = 7t,\ t \in \mathbb{R}$$

Das Gleichungssystem ist mehrdeutig lösbar und hat die Lösungsmenge

$$L = \left\{ \left(-\tfrac{50}{7} + 9s - 6t;\ -\tfrac{67}{7} + 15s - 17t;\ 7s;\ 7t \right) \mid s, t \in \mathbb{R} \right\}.$$

◀

Beispiel 1.94. Zur Untersuchung der Lösbarkeit des linearen Gleichungssystems

$$\begin{aligned} x_1 + 2x_2 + 3x_3 + 4x_4 &= 18 \\ x_1 + 2x_2 + 4x_3 + 3x_4 &= 20 \\ -x_1 - 2x_2 - 6x_3 - x_4 &= 10 \end{aligned}$$

nutzen wir die Tabellenschreibweise des Gleichungssystems:

$$
\begin{array}{cccc|c}
x_1 & x_2 & x_3 & x_4 & \\
\hline
1 & 2 & 3 & 4 & 18 \\
1 & 2 & 4 & 3 & 20 \\
-1 & -2 & -6 & -1 & 10 \\
\hline
1 & 2 & 3 & 4 & 18 \\
0 & 0 & 1 & -1 & 2 \\
0 & 0 & -3 & 3 & 28 \\
\hline
1 & 2 & 3 & 4 & 18 \\
0 & 0 & 1 & -1 & 2 \\
0 & 0 & 0 & 0 & 34 \\
\end{array}
$$

Die erhaltene Stufenform ist nicht widerspruchsfrei. Folglich ist das Gleichungssystem nicht lösbar und hat die Lösungsmenge $L = \emptyset$. ◀

Aufgaben zum Abschnitt 1.5

Aufgabe 1.5.1: Untersuchen Sie die Lösbarkeit der folgenden linearen Gleichungssysteme. Ist ein Gleichungssystem eindeutig lösbar, so geben Sie seine Lösung als Wertetupel an. Ist ein Gleichungssystem mehrdeutig lösbar, dann geben Sie die aus unendlich vielen Wertetupeln bestehende Lösungsmenge L an.

a)
$$
\begin{aligned}
x_1 + x_2 \qquad\;\; + x_4 &= 1 \\
x_1 + x_2 \qquad\qquad\;\; &= -4 \\
2x_1 + x_2 + 3x_3 + x_4 &= 1 \\
-x_1 \qquad\; - 2x_3 + x_4 &= 1
\end{aligned}
$$

b)
$$
\begin{aligned}
4x_1 + x_2 + x_3 + x_4 &= 10 \\
- x_2 \qquad\; - 2x_4 &= -3 \\
-2x_1 \qquad\qquad + x_4 &= -4 \\
-4x_1 - x_2 - x_3 - x_4 &= -10
\end{aligned}
$$

c)
$$
\begin{aligned}
x_1 + x_2 + x_3 + x_4 &= 1 \\
6x_1 + x_2 + 4x_3 + 3x_4 &= 4 \\
x_1 + 3x_2 \qquad\; + 4x_4 &= 2
\end{aligned}
$$

d)
$$
\begin{aligned}
2x_1 + 3x_2 + x_3 + x_4 &= 1 \\
-x_1 - x_2 \qquad\; + x_4 &= 2 \\
x_1 + 2x_2 + x_3 + 2x_4 &= 1
\end{aligned}
$$

e)
$$
\begin{aligned}
3x_1 + x_2 + 2x_3 + x_4 &= 1 \\
x_1 \qquad\; + x_3 + 4x_4 &= 5 \\
4x_1 + 2x_2 + 3x_3 + 2x_4 &= 0 \\
2x_1 + x_2 + x_3 + 3x_4 &= 2
\end{aligned}
$$

f)
$$
\begin{aligned}
2x_1 + 9x_2 + 3x_3 + x_4 &= 1 \\
4x_1 + 3x_2 + x_3 + 2x_4 &= 7 \\
3x_1 + x_2 + 2x_3 + 4x_4 &= 9 \\
5x_1 + 12x_2 + 4x_3 + 5x_4 &= 11
\end{aligned}
$$

g)
$$
\begin{aligned}
x_1 + x_2 - 2x_3 - x_4 &= 9 \\
x_1 + 3x_2 + 2x_3 - 9x_4 &= 13 \\
2x_1 - x_2 + x_3 - x_4 &= 1 \\
x_1 - 3x_2 - 10x_3 + 15x_4 &= 1 \\
-4x_1 + 9x_2 + x_3 - 15x_4 &= 23
\end{aligned}
$$

h)
$$
\begin{aligned}
2x_1 + 3x_2 + 4x_3 - 5x_4 &= 0 \\
2x_1 + 3x_2 - 4x_3 + 5x_4 &= 0 \\
2x_1 + 3x_2 + 5x_3 + 4x_4 &= 0 \\
2x_1 + 3x_2 - 5x_3 - 4x_4 &= 0 \\
8x_1 + 12x_2 - x_3 + 9x_4 &= 0
\end{aligned}
$$

i)
$$
\begin{aligned}
3x_1 + 3x_2 - x_3 - x_4 &= 1 \\
2x_1 + 2x_2 + x_3 + x_4 &= 1 \\
4x_1 + 4x_2 + 2x_3 + 2x_4 &= 2
\end{aligned}
$$

j)
$$
\begin{aligned}
5x_1 - 5x_2 + x_3 + x_4 &= 2 \\
-3x_1 + 3x_2 - x_3 - x_4 &= -2 \\
4x_1 - 4x_2 + 2x_3 + 2x_4 &= 0
\end{aligned}
$$

Aufgabe 1.5.2: Bestimmen Sie die Lösungsmenge des in der folgenden Tabelle notierten linearen Gleichungssystems mit sechs Variablen:

x_1	x_2	x_3	x_4	x_5	x_6	
1	2	3	0	1	0	1
0	1	−1	1	0	1	2
0	0	0	0	1	2	3
0	0	0	0	0	−1	1

Aufgabe 1.5.3: Die folgende Skizze stellt den Verkehrsfluss zwischen vier Kreuzungen schematisch dar. Alle Straßen sind dabei Einbahnstraßen. In einer Verkehrsmessung wurden zudem die angegebenen ein- und ausfahrenden Fahrzeugzahlen pro Minute ermittelt. Wie viele Fahrzeuge passieren die Straßenabschnitte zwischen den Kreuzungen?

a) Stellen Sie ein Gleichungssystem für die unbekannten Fahrzeugzahlen x_1, x_2, x_3 und x_4 auf und lösen Sie es mit dem Gauß-Algorithmus.

b) Wie hoch ist die Fahrzeuganzahl auf dem Abschnitt $\overline{AD}$ *mindestens*?

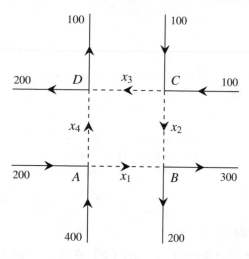

Aufgabe 1.5.4: Gegeben sei das folgende lineare Gleichungssystem:

$$\begin{aligned} x_1 + x_2 + x_3 + x_4 &= 10 \\ -x_1 \qquad\qquad &= -4 \\ - x_2 \qquad - 2x_4 &= -3 \\ - x_3 \qquad &= -2 \end{aligned}$$

a) Weisen Sie mithilfe des Gauß-Algorithmus nach, dass das System eindeutig lösbar ist und bestimmen Sie die Lösung.

b) Wie kann das Gleichungssystem ohne den Gauß-Algorithmus einfacher gelöst werden? Beschreiben Sie eine Lösungsmethode und wenden Sie diese an.

Aufgabe 1.5.5: Untersuchen Sie die Lösbarkeit der folgenden linearen Gleichungs-systeme. Ist ein Gleichungssystem eindeutig lösbar, so geben Sie seine Lösung als Werte-tupel an. Ist ein Gleichungssystem mehrdeutig lösbar, dann geben Sie die aus unendlich vielen Wertetupeln bestehende Lösungsmenge L an.

a)
$$
\begin{array}{rcrcrcrcrcrcl}
5x_1 & + & x_2 & + & 2x_3 & + & 3x_4 & + & 4x_5 & & & = & 1 \\
-x_1 & + & x_2 & + & x_3 & - & x_4 & - & x_5 & + & x_6 & = & 0 \\
3x_1 & + & 3x_2 & + & 4x_3 & + & x_4 & + & 2x_5 & + & 2x_6 & = & 3
\end{array}
$$

b)
$$
\begin{array}{rcrcrcrcrcl}
 & & x_2 & + & 2x_3 & + & 9x_4 & & & = & 1 \\
3x_1 & + & 4x_2 & + & 5x_3 & + & 9x_4 & + & x_5 & = & 1 \\
6x_2 & + & 7x_2 & + & 8x_3 & + & 9x_4 & + & 2x_5 & = & 1 \\
9x_3 & + & 9x_2 & + & 9x_3 & + & 9x_4 & & & = & 9
\end{array}
$$

c)
$$
\begin{array}{rcrcrcrcl}
-x_1 & & & - & x_3 & & & - & x_6 & = & 0 \\
x_1 & - & x_2 & & & & & - & x_5 & = & 0 \\
 & & x_2 & & & + & x_4 & & & + & x_6 & = & 0 \\
 & & & & x_3 & - & x_4 & + & x_5 & & & = & 0 \\
-x_1 & - & x_2 & & & & & & & = & -2 \\
 & & - & x_2 & & & & & & = & -1 \\
x_1 & & & - & 2x_3 & & & & & = & -1
\end{array}
$$

Aufgabe 1.5.6: Welche Bedingungen müssen die Parameter $r, s, t \in \mathbb{R}$ erfüllen, damit das lineare Gleichungssystem

$$
\begin{array}{rcrcrcrcr}
x_1 & + & 2x_2 & & & + & 3x_4 & = & 0 \\
2x_1 & + & 2x_2 & - & x_3 & + & 6x_4 & = & -1 \\
x_1 & + & 4x_2 & + & tx_3 & + & 5x_4 & = & 3 \\
 & & 2x_2 & + & x_3 & + & rx_4 & = & s
\end{array}
$$

a) eindeutig lösbar,
b) nicht lösbar bzw.
c) mehrdeutig lösbar ist?

Bestimmen Sie für den Fall der mehrdeutigen Lösbarkeit außerdem die Lösungsmenge.

Vektoren und ihre Eigenschaften 2

2.1 Punkte in der Ebene und im Raum

Zur Achseneinteilung einer Zahlengerade wählt man zwei Punkte O (von lateinisch origo = Ursprung) und E (Einheitspunkt). Dann ist jedem Punkt P der Gerade eine reelle Zahl x zugeordnet, die wir Koordinate nennen und dafür $P(x)$ schreiben (siehe Abb. 1).

Werden zwei reelle Zahlengeraden miteinander in einer eindeutig festgelegten und geordneten Reihenfolge kombiniert, dann entsteht auf diese Weise die reelle Zahlenebene, die nachfolgend kurz als *die* Ebene bezeichnet wird. Die Ebene besteht aus geordneten Zahlenpaaren $(x; y)$, zu deren Darstellung meist ein Koordinatensystem verwendet wird, das durch ein rechtwinkliges Achsenkreuz bestehend aus zwei Zahlengeraden mit einem gemeinsamen Nullpunkt gebildet wird. Der Nullpunkt wird dabei mit 0 (Null) oder O (von origo) beschriftet. Die Geraden werden häufig als x-Achse und y-Achse bezeichnet und ihre Lage wird wie in Abb. 2 festgelegt.

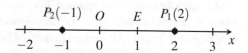

Abb. 1: Reelle Zahlengerade

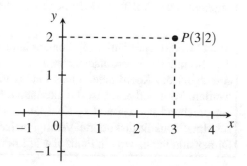

Abb. 2: Ein Punkt in der Ebene

Werden ausgehend von einem Punkt P die Parallelen zu den Achsen gezogen, dann heißt die dabei auf der x-Achse abgelesene Zahl x-Koordinate von P und die auf der y-Achse abgelesene Zahl y-Koordinate von P.

Für die Koordinaten $x, y \in \mathbb{R}$ eines Punkts schreiben wir $(x|y)$. Erhält ein Punkt einen Namen, so werden dazu in der Regel Großbuchstaben verwendet. Für die Koordinaten eines mit P bezeichneten Punkts schreiben wir $P(x|y)$. Um die Zugehörigkeit der Koordinaten zum Punkt P hervorzuheben oder um Koordinaten mehrerer Punkte unterscheiden zu können, schreiben wir $P(p_x|p_y)$ oder alternativ $P(p_1|p_2)$, wobei p_x bzw. p_1 die x-Koordinate und p_y bzw. p_2 die y-Koordinate von P ist.

Im vorgenannten Koordinatensystem der Ebene wird die x-Achse auch als Abszissenachse, die y-Achse als Ordinatenachse bezeichnet. Diese Bezeichnungen stammen von den latei-

Ergänzende Information Die elektronische Version dieses Kapitels enthält Zusatzmaterial, auf das über folgenden Link zugegriffen werden kann https://doi.org/10.1007/978-3-662-67812-1_2.

© Springer-Verlag GmbH Deutschland, ein Teil von Springer Nature 2023
J. Kunath, *Analytische Geometrie und Lineare Algebra zwischen Abitur und Studium I*, https://doi.org/10.1007/978-3-662-67812-1_2

nischen Begriffen *linea abscissa* bzw. *linea ordinata*, was „abgeschnittene Linie" bzw. „geordnete Linie" bedeutet. Entsprechend spricht man von der <u>Abszisse</u> (das ist die x-Koordinate) und der <u>Ordinate</u> (das ist die y-Koordinate) eines Punkts P.

Viele Anwendungen der Mathematik sind in einer räumlichen Perspektive zu betrachten und benötigen deshalb Punkte aus dem <u>dreidimensionalen reellen Zahlraum</u>, der nachfolgend kurz als *der* <u>Raum</u> bezeichnet wird. Zur Visualisierung von Punkten im Raum wird ein dreidimensionales, räumliches Koordinatensystem benötigt. Standard im Schulunterricht ist dabei ein Koordinatensystem, das aus dem Koordinatensystem der Ebene durch Hinzunahme einer dritten Zahlengerade entsteht, die rechtwinklig durch den Nullpunkt des ebenen Koordinatensystems gelegt und als <u>z-Achse</u> bezeichnet wird.

Ein Punkt P im Raum wird durch ein geordnetes Zahlentripel $(x|y|z)$ charakterisiert, wobei wir $x, y, z \in \mathbb{R}$ die Koordinaten des Punkts $(x|y|z)$ nennen. Für einen mit P bezeichneten Punkt schreiben wir entsprechend $P(x|y|z)$. Um die Zugehörigkeit der Koordinaten zum Punkt P hervorzuheben oder um Koordinaten mehrerer Punkte unterscheiden zu können, schreiben wir $P(p_x|p_y|p_z)$ oder alternativ $P(p_1|p_2|p_3)$, wobei p_x bzw. p_1 die x-Koordinate, p_y bzw. p_2 die y-Koordinate und p_z bzw. p_3 die z-Koordinate von P ist.[1]

Bei den genannten Koordinatensystemen für die Ebene und den Raum schneiden sich die Koordinaten rechtwinklig. Ein Koordinatensystem, in denen sich die Achsen rechtwinklig schneiden, nennt man <u>kartesisch</u>. Wird nichts anderes gesagt, dann betrachten wir im Folgenden ausschließlich kartesische Koordinatensysteme.

ACHTUNG! Bezeichnungen können in der Mathematik nahezu beliebig gewählt werden. So müssen Koordinatenachsen nicht zwangsläufig als x-, y- und z-Achse und entsprechend die Koordinaten eines Punkts nicht als x-, y- und z-Koordinate bezeichnet werden. Weit verbreitet ist die alternative Bezeichnung als x_1-, x_2- und x_3-Achse und entsprechend x_1-, x_2- und x_3-Koordinate. Diese Darstellung führt an die in der Hochschulmathematik diskutierte Verallgemeinerung des Raumbegriffs von höhergradiger Dimension heran, wo ein Punkt $n \in \mathbb{N}$ Koordinaten $x_1, x_2, x_3, x_4, \ldots, x_n$ hat.

Es wird notwendig sein, einzelne oder mehrere räumliche Punkte in geeigneter Weise grafisch darzustellen. Dazu muss das räumliche, kartesische Koordinatensystem geeignet auf ein Blatt Papier abgebildet werden, wobei sich folgende Vorgehensweise bewährt hat:

- Wir wählen irgendeinen Punkt 0 als Koordinatenursprung. Es sollte selbstverständlich sein, bei der Verwendung von kariertem Papier den Schnittpunkt einer horizontalen und einer vertikalen Gitternetzlinie als 0 zu wählen.

---

[1] Gelegentlich werden wir auch andere Darstellungen verwenden, wie zum Beispiel $P_1(x_1|y_1|z_1)$ und $P_2(x_2|y_2|z_2)$, um zwischen zwei verschiedenen Punkten P_1 und P_2 unterscheiden zu können. In diesem Lehrbuch wird keine feste Schreibweise bevorzugt, sondern von der Freiheit Gebrauch gemacht, verschiedene Schreibweisen zu verwenden. Letzlich sind aber nicht Bezeichnungen und Schreibweisen zum Verständnis des Stoffs relevant, sondern die Interpretation der einzelnen Symbole und dies ist bei unterschiedlichen Bezeichnungen von Koordinaten kein Problem und eindeutig.

- Die y-Achse zeichnen wir parallel zum Blattrand in horizontaler Richtung durch den Koordinatenursprung, wobei die Zahlenwerte von links nach rechts größer werden.
- Die z-Achse zeichnen wir parallel zum Blattrand in vertikaler Richtung durch den Koordinatenursprung, wobei die Zahlenwerte von unten nach oben größer werden.
- Die x-Achse zeichnen wir als Gerade durch den Koordinatenursprung, welche die y-Achse in einem Winkel von 45 Grad schneidet. Dadurch erhalten wir die gewünschte räumliche Wirkung. Die x-Achse zeigt anschaulich aus dem Blatt heraus, die Zahlenwerte werden von rechtsoben („hinten") nach linksunten („vorn") größer.

Oft wird die Skalierung der Achsen wie in Abb. 3 ausreichen, wo eine <u>Längeneinheit</u> (nachfolgend mit <u>LE</u> abgekürzt) auf der y- und auf der z-Achse jeweils gerade 1 cm entspricht, und eine LE auf der x-Achse wird durch die $\frac{\sqrt{2}}{2}$ cm lange Diagonale eines Kästchens des karierten Papiers festgelegt. Hin und wieder wird es zweckmäßig sein, die Längeneinheiten einzelner oder aller Achsen zu strecken oder zu stauchen, d. h., eine LE auf der x-Achse hat auf dem Papier die Länge $a \cdot \frac{\sqrt{2}}{2}$ cm, eine LE auf der y-Achse wird durch b cm und eine LE auf der z-Achse durch c cm auf dem Papier festgelegt, wobei $a, b, c \in \mathbb{R}$ *sinnvoll(!)* gewählt werden.

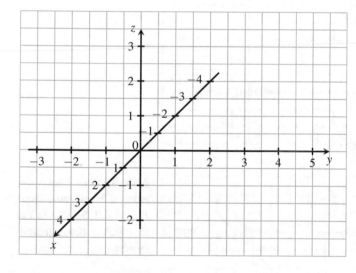

Abb. 3: Grundmuster eines räumlichen, kartesischen Koordinatensystems. Diese bewährte, aber nicht ganz perfekte Darstellung erlaubt eine zweckmäßige, effektive und sehr anschauliche Abbildung vieler geometrischer Sachverhalte.

Anleitung 2.1. Zum Einzeichnen eines Punkts $P(p_x|p_y|p_z)$ in ein räumliches kartesisches Koordinatensystem sind die folgenden drei Schritte durchzuführen:

- **Schritt 1**: Gehe vom Koordinatenursprung $|p_x|$ LE entlang der x-Achse (nach „vorn", falls $p_x > 0$ bzw. nach „hinten", falls $p_x < 0$). Dies ergibt den Hilfspunkt $H_1(p_x|0|0)$.
- **Schritt 2**: Gehe von $H_1(p_x|0|0)$ aus $|p_y|$ LE *parallel* zur y-Achse (nach rechts, falls $p_y > 0$ bzw. nach links, falls $p_y < 0$). Dies ergibt den Hilfspunkt $H_2(p_x|p_y|0)$.
- **Schritt 3**: Gehe von $H_2(p_x|p_y|0)$ aus $|p_z|$ LE *parallel* zur z-Achse (nach oben, falls $p_z > 0$ bzw. nach unten, falls $p_z < 0$). Dies ergibt den gewünschten Punkt $P(p_x|p_y|p_z)$.

In den Abbildungen 4, 5 und 6 sind Beispiele dargestellt, wie nach der in Anleitung 2.1 beschriebenen Vorgehensweise Punkte in ein räumliches Koordinatensystem eingezeichnet werden. Zum besseren Verständnis sind einige Abstände in Zentimeter angegeben, auch wenn aus Platzgründen in den Abbildungen eine dargestellte LE natürlich nicht einen Zentimeter misst. Die Leser sind aufgefordert, diese einführenden Beispiele auf einem echten Blatt kariertem Papier nachzuvollziehen.

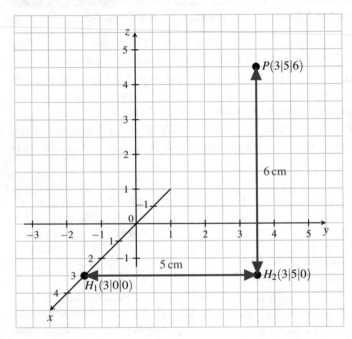

Abb. 4: Vorgehensweise zum Einzeichnen des Punkts $P(3|5|6)$ in ein räumliches Koordinatensystem. Die Hilfspunkte H_1 und H_2 werden natürlich allgemein nicht mit eingezeichnet.

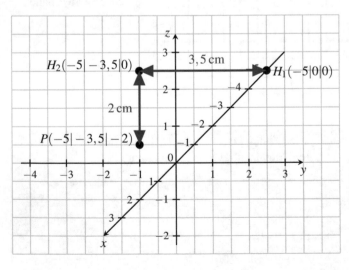

Abb. 5: Vorgehensweise zum Einzeichnen von $P(-5|-3,5|-2)$ in ein räumliches Koordinatensystem

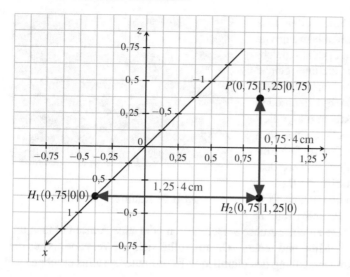

Abb. 6: Vorgehensweise zum Einzeichnen von $P(0{,}75|1{,}25|0{,}75)$ in ein räumliches Koordinatensystem. Alle drei Achsen werden mit dem Faktor 4 skaliert, d. h., auf der y- und der z-Achse gilt 1 LE = 4 cm und auf der x-Achse gilt 1 LE = $2\sqrt{2}$ cm.

Besondere Bedeutung kommt im Raum den Punkten zu, bei denen mindestens eine Koordinate gleich null ist:

- Alle Punkte mit $z = 0$ wie zum Beispiel $A(1|2|0)$ und $B(-7|6|0)$ liegen in der Punktmenge $E_1 = \{P(x|y|0) \mid x, y \in \mathbb{R}\}$, die wir als <u>$xy$-Koordinatenebene</u> oder kürzer als <u>xy-Ebene</u> bezeichnen.

- Alle Punkte mit der Koordinate $y = 0$ wie zum Beispiel $A(1|0|2)$ und $B(-7|0|6)$ liegen in der Punktmenge $E_2 = \{P(x|0|z) \mid x, z \in \mathbb{R}\}$, die wir als <u>$xz$-Koordinatenebene</u> oder kürzer als <u>xz-Ebene</u> bezeichnen.

- Alle Punkte mit $x = 0$ wie zum Beispiel $A(0|2|1)$ und $B(0|6| - 7)$ liegen in der Punktmenge $E_3 = \{P(0|y|z) \mid y, z \in \mathbb{R}\}$, die wir als <u>$yz$-Koordinatenebene</u> oder kürzer als <u>yz-Ebene</u> bezeichnen.

Lernende haben zu Beginn der Lerneinheit Analytische Geometrie oft Schwierigkeiten, sich in das räumliche kartesische Koordinatensystem hineinzudenken und zu erkennen, wo sich einzelne Punkte hinsichtlich der Koordinatenachsen und Koordinatenebenen befinden. Oft wird berechtigt die Frage gestellt, was die Darstellung gemäß Abb. 3 mit dem Raum zu tun hat, in dem wir uns täglich bewegen. Die Fähigkeit, sich in räumliche Strukturen hineinzudenken, lässt sich mit einfachen Hilfsmitteln gut trainieren, wozu die uns angeborenen dreidimensionalen Denk- und Sichtweisen auf unsere Umgebung helfen. Leicht verständlich sind zum Beispiel die folgenden Modelle:

- **Raumeckenmodell**: Eine Ecke auf dem Fußboden eines Raums wird als Koordinatenursprung festgelegt, der Fußboden selbst als xy-Ebene, die Wand links vom Betrachter als xz-Ebene, die Wand rechts vom Betrachter als yz-Ebene (siehe Abb. 7).

- **Tischplattenmodell**: Eine Tischplatte wird als xy-Ebene interpretiert, darauf gelegte Stifte symbolisieren die Koordinatenachsen (siehe Abb. 8).

Solche und ähnliche Modelle helfen Lernenden nicht nur bei der Lokalisierung von
Punkten im Raum, sondern erklären gleichzeitig auch, warum die Darstellung gemäß
Abb. 3 gewählt wird. Dies wird deutlich,
wenn zum Beispiel das Tischplattenmodell
aus verschiedenen Perspektiven fotografiert
wird. Diese Fotos entsprechen einer Projektion des Raums in die Ebene. Die Perspektiven sollten dabei so gewählt werden,
dass einerseits näherungsweise die Darstellung in Abb. 3 erkennbar wird (siehe Abb. 8,
links), andererseits auch Perspektiven, in

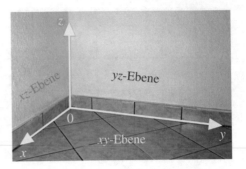

Abb. 7: Raumeckenmodell

denen zwei Achsen scheinbar zu einer Achse verschmelzen oder eine Achse beinahe un-
sichtbar wird (siehe Abb. 8, Mitte und rechts). Daraus sollte sich ein Verständnis für die
übliche, nicht ganz perfekte Darstellung des räumlichen Koordinatensystems ergeben.

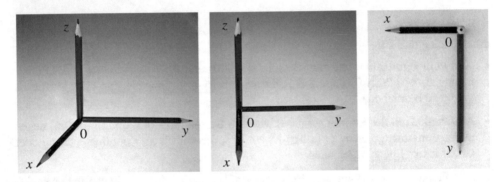

Abb. 8: Das Tischplattenmodell aus verschiedenen Blickwinkeln

---

ACHTUNG! Das Einzeichnen eines Punkts P in ein räumliches Koordinatensystem ist
eindeutig. Umgekehrt ist es nicht möglich, aus einer gegebenen Grafik die Koordinaten
eines Punkts zweifelsfrei zu ermitteln. Das wird auch in Abhängigkeit von Maßstab und
Darstellung von Grafiken erst möglich, wenn über einen Punkt Zusatzinformationen
vorhanden sind, die seine Lage im Raum eindeutig festlegen. Das können neben der
Angabe von mindestens einer Punktkoordinate oder dem Zusammenhang zu anderen
Punkten auch die Darstellung von Hilfslinien sein.

Ist von einem Punkt lediglich die z-Koordinate bekannt, so lassen sich aus einer grafischen
Darstellung von P im räumlichen Koordinatensystem die restlichen Koordinaten ermitteln,
indem die Schritte aus Anleitung 2.1 in umgekehrter Reihenfolge abgearbeitet werden.

Beispiel 2.2. Von dem in Abb. 9 dargestellten Punkt P sei bekannt, dass er die z-Koordinate
$p_z = 3$ hat. Da z positiv ist, zählen wir ausgehend von P drei LE nach unten ab. Das ergibt
einen Hilfspunkt H, der in der xy-Ebene liegt. Ausgehend von H gehen wir parallel zur

y-Achse in Richtung x-Achse. Dabei zählen wir die Längeneinheiten, die wir von H bis zur x-Achse zurücklegen. Das sind 4 LE und da wir von links zur x-Achse gegangen sind, hat P folglich die y-Koordinate $p_y = -4$. Dort, wo wir auf die x-Achse gestoßen sind, lesen wir auf der x-Achse die zugehörige x-Koordinate von P ab, d. h. $p_x = 2$. Damit sind alle drei Koordinaten des Punkts bestimmt, nämlich $P(2|-4|3)$. ◄

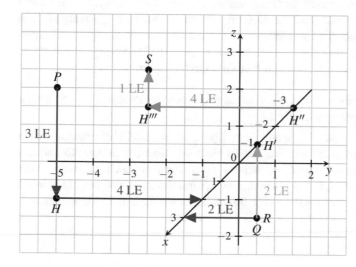

Abb. 9: Ermittlung der x- und y-Koordinate des Punkts $P(p_x|p_y|3)$, Ermittlung der x- und z-Koordinate des Punkts $Q(q_x|2|q_z)$, Ermittlung der y- und z-Koordinate des Punkts $R(-1|r_y|r_z)$ sowie Ermittlung der y- und z-Koordinate des Punkts $S(-3|s_y|s_z)$

Sind von einem Punkt lediglich die x- oder y-Koordinate bekannt, dann lassen sich die beiden anderen Koordinaten aus einer Grafik ebenfalls leicht ermitteln.

Beispiel 2.3. Von dem in Abb. 9 dargestellten Punkt Q sei bekannt, dass er die y-Koordinate $q_y = 2$ hat. Ausgehend von Q gehen wir 2 LE parallel zur y-Achse und in Richtung x-Achse. Dort, wo wir auf die x-Achse stoßen, lesen wir auf der x-Achse die zugehörige x-Koordinate von Q ab, d. h. $q_x = 3$. Offenbar muss Q die z-Koordinate $q_z = 0$ haben, denn würden wir ausgehend von Q parallel zur z-Achse nach oben oder unten gehen, dann würde sich damit $q_y \neq 2$ ergeben, was der Voraussetzung $q_y = 2$ widerspricht. Damit sind alle drei Koordinaten des Punkts bestimmt, nämlich $Q(3|2|0)$. ◄

Beispiel 2.4. Von dem in Abb. 9 dargestellten Punkt R sei bekannt, dass er die x-Koordinate $r_x = -1$ hat. Anhand der Gitternetzlinien stellen wir fest, dass R unterhalb der x-Achse liegen muss, denn R und der auf der x-Achse liegende Hilfspunkt $H'(-1|0|0)$ liegen auf der gleichen vertikalen Gitternetzlinie. Das bedeutet, dass R die y-Koordinate $r_y = 0$ hat. Die z-Koordinate ermitteln wir durch Abzählen der LE, die ausgehend von R auf dem zur z-Achse parallelen Weg bis H' zurückgelegt werden. Dies sind 2 LE. Da wir H' von unten kommend erreichen, folgt $r_z = -2$. Insgesamt erhalten wir $R(-1|0|-2)$. ◄

Beispiel 2.5. Von dem in Abb. 9 dargestellten Punkt S sei bekannt, dass er die x-Koordinate $s_x = -3$ hat. Ausgehend vom auf der x-Achse liegenden Punkt $H''(-3|0|0)$ gehen wir soweit parallel zur y-Achse in Richtung S, bis wir genau unterhalb von S sind, und zählen die zurückgelegten LE. Das ergibt einen Hilfspunkt H'''', zu dem 4 LE nach links zurückgelegt werden. Folglich hat S die y-Koordinate $s_y = -4$. Ausgehend von H'''' ist genau eine LE nach oben zu gehen, bis S erreicht ist. Folglich hat S die z-Koordinate $s_z = 1$. Insgesamt erhalten wir $S(-3|-4|1)$.   ◄

Ob Koordinaten aus Grafiken ermittelt werden können, hängt auch vom Maßstab und der Darstellung einer Grafik ab. Enthält die Grafik analog zu Abb. 9 ein geeignetes Gitternetz (wie z. B. kariertes Papier) und sind die Koordinaten eines Punkts P ganzzahlig, dann sollte es nicht schwer fallen, die Koordinaten unter Nutzung der Gitternetzlinien korrekt zu ermitteln. Wird dagegen zum gleichen Maßstab z. B. $p_z = 0{,}1234$ vorgegeben, dann ist es nicht sinnvoll, x- und y-Koordinaten von P aus der Grafik bestimmen zu wollen.

Noch besser wird das räumliche Vorstellungsvermögen durch das Beschreiben und Zeichnen von beliebigen Punktmengen trainiert.

Beispiel 2.6. In Abb. 10 ist die Teilmenge einer <u>Ebene</u> E dargestellt, die senkrecht zur xy-Ebene liegt und die z-Achse enthält. Folglich ist die z-Koordinate beliebig wählbar. Aus Abb. 10 geht außerdem hervor, dass E sowohl mit der x-Achse als auch mit der y-Achse einen Winkel von $45°$ bildet. Die Schnittmenge von E mit der xy-Ebene besteht folglich aus allen Punkten mit $x = y$ und $z = 0$. Die Ebene E können wir nach diesen Überlegungen durch die Punktmenge $E = \{P(x|x|z) \mid x,z \in \mathbb{R}\}$ beschreiben.   ◄

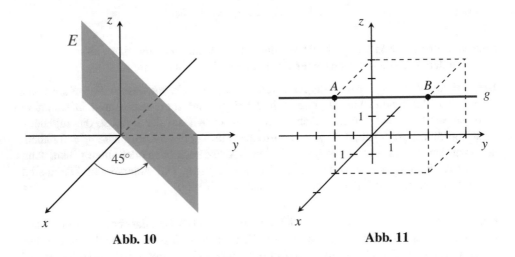

Abb. 10   Abb. 11

Beispiel 2.7. In Abb. 11 ist eine Punktmenge g im Raum dargestellt. Offenbar handelt es sich bei g um eine Gerade, die durch die Punkte A und B geht. Mithilfe der gestrichelten Hilfslinien lassen sich die Koordinaten der beiden Punkte ermitteln: $A(2|0|4)$ und $B(2|5|4)$. Daraus folgt, dass g parallel zur xy-Ebene und parallel zur yz-Ebene ist, d. h., die y-Koordinate kann zur Beschreibung eines Punkts aus g beliebig gewählt werden, während $x = 2$ und $z = 4$ für alle Punkte aus g gilt. Damit lässt sich die Gerade durch die Punktmenge $g = \{P(2|y|4) \mid y \in \mathbb{R}\}$ beschreiben.   ◄

Wichtig für spätere Anwendungen ist in der Ebene und im Raum die Berechnung des Abstands zweier Punkte. Zur Herleitung einer Abstandsformel in der Ebene betrachten wir zwei beliebige Punkte $P_1(x_1|y_1)$ und $P_2(x_2|y_2)$. Der Abstand $d(P_1,P_2)$ zwischen P_1 und P_2 wird durch die Länge der kürzesten Verbindung zwischen P_1 und P_2 definiert, also durch die Länge der Verbindungsstrecke $\overline{P_1P_2}$. Wie Abb. 12 zeigt, lässt sich zur Berechnung von $d(P_1,P_2)$ der Satz des Pythagoras anwenden. Das führt auf folgendes Ergebnis:

Satz 2.8. Die in der Ebene liegenden Punkte $P_1(x_1|y_1)$ und $P_2(x_2|y_2)$ haben den Abstand

$$d(P_1,P_2) = \sqrt{(x_2-x_1)^2+(y_2-y_1)^2}\ .$$

Beispiel 2.9. Die Punkte $P_1(7|-3)$ und $P_2(3|4)$ haben nach der Berechnungsformel aus Satz 2.8 den Abstand $d(P_1,P_2) = \sqrt{(3-7)^2+(4+3)^2} = \sqrt{65}$. ◀

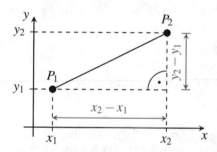

Abb. 12: Berechnung des Abstands zweier Punkte in der Ebene

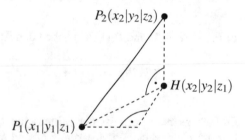

Abb. 13: Berechnung des Abstands zweier Punkte im Raum

Auch im Raum definieren wir den Abstand $d(P_1,P_2)$ zweier Punkte $P_1(x_1|y_1|z_1)$ und $P_2(x_2|y_2|z_2)$ durch die Länge der Verbindungsstrecke $\overline{P_1P_2}$. Zur Herleitung einer Formel betrachten wir den Hilfspunkt $H(x_2|y_2|z_1)$. Die Skizze in Abb. 13 macht deutlich, dass die Abstandsberechnung auch hier mit dem Satz des Pythagoras erfolgt. Die Punkte P_1 und H haben den gleichen Abstand zur xy-Ebene, womit die z-Koordinate bei der Abstandsberechnung keine Rolle spielt, d. h., wir können zur Berechnung von $d(P_1,H)$ auch speziell $z_1 = 0$ unterstellen und damit anschaulich die Berechnung des Abstands von P_1 und H in die xy-Ebene verlagern. Damit können wir Satz 2.8 anwenden und erhalten:

$$d(P_1,H) = \sqrt{(x_2-x_1)^2+(y_2-y_1)^2} \tag{2.10}$$

Die Verbindungsstrecke $\overline{P_2H}$ steht senkrecht zur xy-Ebene und deshalb ist das Dreieck ΔP_1HP_2 rechtwinklig mit der Hypotenuse $\overline{P_1P_2}$ und den Katheten $\overline{P_1H}$ und $\overline{P_2H}$. Die Anwendung des Satzes des Pythagoras liefert:

$$d(P_1,P_2) = \sqrt{\big(d(P_1,H)\big)^2+(z_2-z_1)^2} \tag{2.11}$$

Die Anwendung von (2.10) ergibt schließlich die folgende Abstandsformel:

Satz 2.12. Die im Raum liegenden Punkte $P_1(x_1|y_1|z_1)$ und $P_2(x_2|y_2|z_2)$ haben den Abstand

$$d(P_1, P_2) = \sqrt{(x_2 - x_1)^2 + (y_2 - y_1)^2 + (z_2 - z_1)^2} \ .$$

Beispiel 2.13. Zur Illustration der Abstandsformel aus Satz 2.12 berechnen wir:

a) $P_1(0|0|0)$ und $P_2(1|2|3)$ haben den Abstand

$$d(P_1, P_2) = \sqrt{(1-0)^2 + (2-0)^2 + (3-0)^2} = \sqrt{14} \ .$$

b) $P_1(1|2|3)$ und $P_2(-1|-2|-3)$ haben den Abstand

$$d(P_1, P_2) = \sqrt{(-1-1)^2 + (-2-2)^2 + (-3-3)^2} = \sqrt{56} = 2\sqrt{14} \ .$$

c) $P_1(-1|2|-3)$ und $P_2(1|2|3)$ haben den Abstand

$$d(P_1, P_2) = \sqrt{(1+1)^2 + (2-2)^2 + (3+3)^2} = \sqrt{40} = 2\sqrt{10} \ . \qquad \blacktriangleleft$$

Einfach zu berechnen ist der Mittelpunkt M einer Strecke $\overline{P_1P_2}$, der die Strecke $\overline{P_1P_2}$ in zwei gleichlange Teilstrecken $\overline{P_1M}$ und $\overline{MP_2}$ teilt. Die folgenden beiden Sätze geben die Berechnungsvorschrift für die Mittelpunktskoordinaten an, zu deren Beweis einerseits $d(P_1, M) = d(M, P_2)$ nachzurechnen ist, und außerdem zu zeigen ist, dass M tatsächlich auf der Strecke $\overline{P_1P_2}$ liegt. Letzteres lässt sich mit den in Kapitel 3 behandelten Geradengleichungen leicht verifizieren.

Satz 2.14. Gegeben seien in der Ebene die Punkte $P_1(x_1|y_1)$ und $P_2(x_2|y_2)$. Der Mittelpunkt der Strecke $\overline{P_1P_2}$ ist

$$M\left(\frac{x_1 + x_2}{2} \ \middle| \ \frac{y_1 + y_2}{2}\right) \ .$$

Satz 2.15. Gegeben seien im Raum die Punkte $P_1(x_1|y_1|z_1)$ und $P_2(x_2|y_2|z_2)$. Der Mittelpunkt der Strecke $\overline{P_1P_2}$ ist

$$M\left(\frac{x_1 + x_2}{2} \ \middle| \ \frac{y_1 + y_2}{2} \ \middle| \ \frac{z_1 + z_2}{2}\right) \ .$$

Die Herleitung der Abstandsberechnung in den Sätzen 2.8 und 2.12, aber auch die Berechnung der Mittelpunktskoordinaten zeigen beispielhaft, dass zwischen der Ebene und dem Raum offenbar ein Zusammenhang besteht. Das ist kein Zufall, denn die Koordinatenebenen des kartesischen Koordinatensystems können als Prototyp der reellen Zahlenebene interpretiert werden, wenn zum Beispiel bei ausschließlicher Betrachtung von Punkten in der xy-Ebene die für alle Punkte gleiche Koordinate $z = 0$ „ignoriert" wird. Folglich ist es möglich, einige geometrische Modelle zuerst in der Ebene zu betrachten und (ggf. nach einigen Anpassungen) anschließend in den Raum zu übertragen. Umgekehrt wird sich zeigen, dass einige Untersuchungen im Raum vereinfacht werden können, wenn ihre Betrachtung durch geeignete Hilfsmittel in die Ebene verlagert wird. Ein solcher einfacher Übergang zwischen Ebene und Raum oder umgekehrt wird natürlich nicht immer gelingen. Trotzdem werden wir nachfolgend dort, wo es möglich ist oder besonders angebracht erscheint, Ebene und Raum stets parallel betrachten.

Aufgaben zum Abschnitt 2.1

Aufgabe 2.1.1: Zeichnen Sie die Punkte $A(1|1)$, $B(4|1)$, $C(2,5|3)$, $D(4|5)$, $E(1|5)$ und $F(2,5|7)$ in ein ebenes kartesisches Koordinatensystem. Verbinden Sie anschließend *alle* Punkte miteinander, ohne dabei den Stift abzusetzen und eine Verbindungsstrecke zwischen zwei Punkten zweimal nachzuziehen, wobei einzelne Punkte mehrfach durchlaufen werden können. Welche Figur entsteht?

Aufgabe 2.1.2: Zeichnen Sie die Punkte A bis F in ein räumliches Koordinatensystem ein:

a) $A(5|0|0)$, $B(0|2|0)$, $C(0|0|4)$, $D(-5|0|0)$, $E(0|-2|0)$, $F(0|0|-4)$

b) $A(5|2|0)$, $B(0|2|4)$, $C(2|0|4)$, $D(-5|0|-4)$, $E(-5|-2|0)$, $F(0|4|-4)$

c) $A(5|7|2)$, $B(3|2|4)$, $C(-2|-5|3)$, $D(-5|2,5|-4)$, $E(-5|-2|-5)$, $F(4|4|-2)$

Aufgabe 2.1.3: Durch die Punkte $A(4|1|-3)$ und $B(4|7|-3)$ wird die Seite einer geraden Pyramide mit quadratischer Grundfläche $ABCD$ und Spitze S festgelegt, wobei die Grundfläche parallel zur xy-Ebene liegt. Die Pyramide ist genauso hoch, wie die Seiten der Grundfläche lang sind.

Zeichnen Sie die Pyramide in ein räumliches Koordinatensystem und geben Sie die Koordinaten der Punkte C, D, S sowie des in der Grundfläche liegenden Höhenfußpunkts F an.

Aufgabe 2.1.4: Abb. 14 zeigt die Umrisse eines Hauses. Der Fußboden des Dachraums liegt in der xy-Ebene. Bestimmen Sie die Koordinaten der Punkte P_1 bis P_{10}.

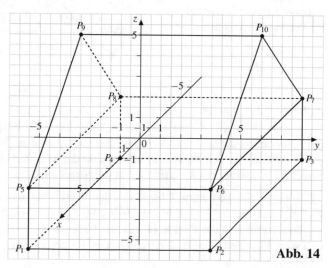

Abb. 14

Aufgabe 2.1.5: Lesen Sie die Koordinaten der Eckpunkte A, B, C, D und S der in Abb. 15 dargestellten schiefen Pyramide $ABCDS$ mit rechteckiger Grundfläche $ABCD$ ab. Die Punkte A und C liegen in der xy-Ebene und das gleichschenklige Dreieck $\triangle BDS$ ist zur xz-Ebene parallel.

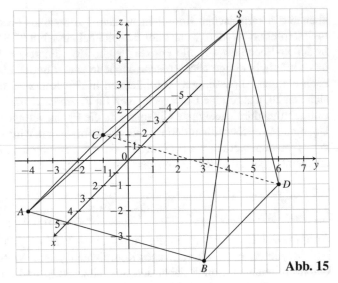

Abb. 15

Aufgabe 2.1.6: Bestimmen Sie die Koordinaten der Punkte A bis H der in Abb. 16 dargestellten Figur. Unterscheiden Sie dabei die folgenden Fälle:

a) Der Punkt C liegt auf der y-Achse.
b) Vom Punkt C sind zwei Koordinaten bekannt: $C(\ ?\ |8|2)$.
c) Vom Punkt C ist eine Koordinate bekannt: $C(-4|\ ?\ |\ ?\ )$.

Aufgabe 2.1.7: Skizzieren Sie im räumlichen Koordinatensystem die Menge aller Punkte $P(x|y|z)$ mit

a) $y = 3$ bzw.
b) $x = 2$ *und* $y = -2$.

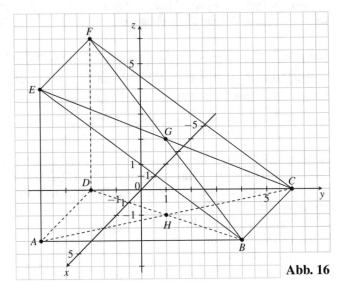

Abb. 16

Aufgabe 2.1.8: Die Punkte $A(4|-5|-4)$, $B(4|3|-4)$, $C(-4|3|-4)$, $D(-4|-5|-4)$, $E(4|-5|4)$, $F(4|3|4)$, $G(-4|3|4)$ und $H(-4|-5|4)$ sind Eckpunkte eines Würfels. M_1 sei der Mittelpunkt der Strecke $\overline{AB}$, M_2 sei der Mittelpunkt der Strecke $\overline{BC}$, M_3 sei der Mittelpunkt der Strecke $\overline{CG}$, M_4 sei der Mittelpunkt der Strecke $\overline{GH}$, M_5 sei der Mittelpunkt der Strecke $\overline{HE}$ und M_6 sei der Mittelpunkt der Strecke $\overline{AE}$.

a) Zeichnen Sie die Punkte A bis H und den Würfel in ein räumliches Koordinatensystem.
b) Zeichnen Sie die Mittelpunkte M_1 bis M_6 auf den Würfel aus a) und bestimmen Sie die Koordinaten der Punkte M_1 bis M_6. *Hinweis: Diese Aufgabe lässt sich zeichnerisch lösen. Eine Berechnung der Mittelpunktskoordinaten ist nicht notwendig.*

Aufgabe 2.1.9: Abbildung 17 zeigt die räumliche Lage der Punkte A, B, C und D, von denen jeweils genau eine Koordinate bekannt ist:

$$A(\,?\,|\,?\,|\,4\,)$$
$$B(\,?\,|-3\,|\,?\,)$$
$$C(-4\,|\,?\,|\,?\,)$$
$$D(4\,|\,?\,|\,?\,)$$

Bestimmen Sie für jeden der Punkte A, B, C und D mögliche Koordinaten. Sind die Ergebnisse eindeutig?

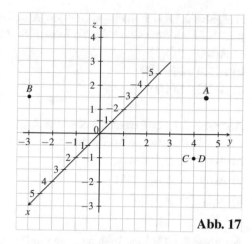

Abb. 17

Aufgabe 2.1.10: Beschreiben Sie die in den Abb. 18 bis 20 dargestellten Punktmengen. *Hinweise: Gestrichelte Linien, Winkel und einzelne, zu den jeweiligen Mengen zugehörige Punkte sollen helfen, die räumliche Lage der in den Abbildungen dargestellten Mengen eindeutig zu lokalisieren. Beachten Sie außerdem, dass aus Platzgründen natürlich immer nur eine Teilmenge dargestellt werden kann, d. h., die dargestellten Teilmengen sind gedanklich in die entsprechenden Richtungen fortzusetzen.*

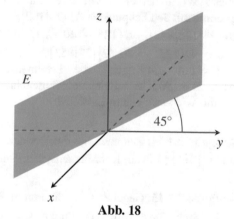

Abb. 18

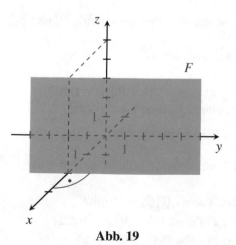

Abb. 19

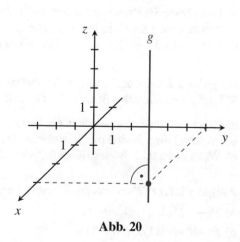

Abb. 20

Aufgabe 2.1.11: Berechnen Sie den Abstand $d(A,B)$ und die Koordinaten des Mittelpunkts M der Strecke $\overline{AB}$ für die folgenden Punkte A und B in der Ebene:

a) $A(0|0)$, $B(4|2)$ 　　　　　　　　　　　　b) $A(0|0)$, $B(4|-2)$

c) $A(0|0)$, $B(-4|2)$ 　　　　　　　　　　　d) $A(0|0)$, $B(-4|-2)$

e) $A(1|3)$, $B(4|7)$ 　　　　　　　　　　　　f) $A(1|-3)$, $B(5|-6)$

Aufgabe 2.1.12: Berechnen Sie den Abstand $d(A,B)$ und die Koordinaten des Mittelpunkts M der Strecke $\overline{AB}$ für die folgenden Punkte A und B im Raum:

a) $A(0|0|0)$, $B(4|2|4)$ 　　　　　　　　　　b) $A(0|0|0)$, $B(-4|-2|4)$

c) $A(0|0|1)$, $B(4|-2|5)$ 　　　　　　　　　d) $A(0|-2|0)$, $B(-4|-2|-2)$

e) $A(1|3|2)$, $B(4|7|0)$ 　　　　　　　　　　f) $A(1|-3|1)$, $B(-3|5|0)$

Aufgabe 2.1.13: Eine in den Bergen gelegene ebene Wiese hat die Form eines Parallelogramms mit den Eckpunkten $A(123|102|842)$, $B(123|132|842)$, $C(123-40\sqrt{2}|152|853)$ und $D(123-40\sqrt{2}|122|853)$, wobei $1\,\text{LE}=1\,\text{m}$ gilt (siehe die schematische Abb. 21)). Welche scheinbaren Seitenlängen hat die Wiese auf einem Luftbild?

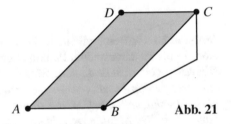

Abb. 21

Aufgabe 2.1.14: Zeichnen Sie das Dreieck mit den Eckpunkten $A\left(-1|0|\frac{5}{2}\right)$, $B(2|-3|1)$ und $C\left(0|1|\frac{3}{2}\right)$ in ein Koordinatensystem und berechnen Sie den Umfang des Dreiecks.

Aufgabe 2.1.15: Gegeben seien die Punkte $A(2|5|-1)$, $B(-3|2|2)$ und $C(2|-3|6)$.

a) Zeichnen Sie das durch die Punkte A, B und C aufgespannte Dreieck in ein kartesisches Koordinatensystem.

b) Berechnen Sie jeweils die Koordinaten der Mittelpunkte der Strecken $\overline{AB}$, $\overline{AC}$ und $\overline{BC}$, und zeichnen Sie diese in die Skizze aus a) ein.

c) Berechnen Sie die Längen der Dreiecksseiten $\overline{AB}$, $\overline{AC}$ und $\overline{BC}$.

Aufgabe 2.1.16: Gegeben sind die Punkte $A(5|6|1)$, $B(2|6|1)$, $C(0|2|1)$, $D(3|2|1)$ und $S(2|4|5)$. Das Viereck $ABCD$ ist die Grundfläche einer Pyramide mit der Spitze S.

a) Zeichnen Sie die Pyramide in ein kartesisches Koordinatensystem.

b) Welche Länge besitzt die Seitenkante $\overline{AS}$?

c) Welcher Punkt F ist der Höhenfußpunkt der Pyramide? Wie hoch ist die Pyramide?

Aufgabe 2.1.17: Wie muss $t \in \mathbb{R}$ gewählt werden, damit $d(P,Q)=10$ gilt?

a) $P(-\sqrt{11}|2|3)$, $Q(0|t|11)$ 　　　　　　b) $P(17|-14|t)$, $Q(12|-14|22)$

c) $P(-9|-4|11)$, $Q(t|6|11)$ 　　　　　　　d) $P(-t|-2|t)$, $Q(4|-t|3t)$

Aufgabe 2.1.18: Gegeben seien für beliebiges $t \in \mathbb{R}$ die Punkte

$$A(t \mid t \mid -1) \,,\; B(2 \mid t+1 \mid t-2) \text{ und } C(2t \mid 1 \mid t-3) \,.$$

Bestimmen Sie alle Parameterwerte $t \in \mathbb{R}$, für die das Dreieck ΔABC gleichseitig ist.

Aufgabe 2.1.19: Bestimmen Sie (falls möglich) die Koordinaten eines Punkts P

a) auf der x-Achse bzw. b) auf der y-Achse,

der von $A(0 \mid -2 \mid 4)$ doppelt so weit entfernt ist wie von $B(6 \mid 2 \mid -1)$.

Aufgabe 2.1.20: Für welches $x \in \mathbb{R}$ wird der Abstand zwischen den Punkten $P(2 \mid 4 \mid -1)$ und $Q(x \mid 3 \mid 2)$ minimal? *Hinweis: Interpretieren Sie den von $x \in \mathbb{R}$ abhängigen Abstand $d(P,Q)$ als Funktion $f : \mathbb{R} \to [0; \infty)$.*

2.2 Vektoren

Die Schulmathematik beschränkt sich meist auf eine bestimmte Art der Interpretation von Vektoren, nämlich als Menge der Verschiebungen von Punkten in der Ebene oder im Raum. In der Regel wird der Vektorbegriff durch Betrachtung zweier verschiedener Punkte A und B motiviert. Zentraler Ausgangspunkt ist dabei sowohl in der Ebene als auch im Raum der Begriff des Pfeils und seiner Länge:

Definition 2.16. Ein geordnetes Paar zweier Punkte A und B heißt Pfeil von A nach B. Wir schreiben dafür $\overrightarrow{AB}$ und nennen A Anfangspunkt und B Endpunkt des Pfeils. Die Länge $|\overrightarrow{AB}|$ des Pfeils $\overrightarrow{AB}$ ist definiert durch den Abstand der Punkte A und B.

Ein Pfeil kann als Verschiebung des Punkts A entlang der durch $\overrightarrow{AB}$ vorgeschriebenen Richtung zur Position des Punkts B aufgefasst werden. Die Definition der Pfeillänge $|\overrightarrow{AB}|$ legt nahe, dass der Weg dieser Verschiebung von A nach B durch die Verbindungsstrecke $\overline{AB}$ festgelegt wird.

Zur Präzisierung der Begriffe betrachten wir zwei verschiedene Punkte $A(a_x \mid a_y)$ und $B(b_x \mid b_y)$ in der Ebene. Die Differenzen $b_x - a_x$ bzw. $b_y - a_y$ der x- bzw. y-Koordinaten von A und B geben einen Weg vor, wie im Koordinatensystem ausgehend von A nach B gelaufen werden kann. Falls $b_x \geq a_x$ und $b_y \geq a_y$ gilt, dann sind $b_x - a_x$ LE parallel zur x-Achse und anschließend $b_y - a_y$ LE parallel zur y-Achse zurückzulegen, wie sich leicht anhand von Abb. 22 nachvollziehen lässt. Die Differenzen $b_x - a_x$ und $b_y - a_y$ lassen sich als Koordinaten des zurückgelegten Wegs auffassen, die wir dem Pfeil $\overrightarrow{AB}$ zuordnen und schreiben dafür

$$\overrightarrow{AB} := \begin{pmatrix} b_x - a_x \\ b_y - a_y \end{pmatrix} . \tag{2.17}$$

Das Vorzeichen der <u>Pfeilkoordinaten</u> $b_x - a_x$ und $b_y - a_y$ gibt dabei die <u>Richtung</u> des Wegs vor. Unter der oben genannten Voraussetzung $b_x \geq a_x$ und $b_y \geq a_y$ gilt $b_x - a_x \geq 0$ und $b_y - a_y \geq 0$. Das bedeutet, dass parallel zur x-Achse nach rechts und parallel zur y-Achse nach oben gelaufen wird. Gilt dagegen zum Beispiel $b_x \leq a_x$ und $b_y \leq a_y$, dann ist $b_x - a_x \leq 0$ und $b_y - a_y \leq 0$, was bedeutet, dass $|b_x - a_x|$ LE parallel zur x-Achse nach links und $|b_y - a_y|$ LE parallel zur y-Achse nach unten gelaufen wird.

Die Richtung der Verschiebung $\overrightarrow{AB}$ machen wir in Grafiken dadurch deutlich, dass am Endpunkt B der Strecke $\overline{AB}$ eine Pfeilspitze angetragen wird (siehe Abb. 22).

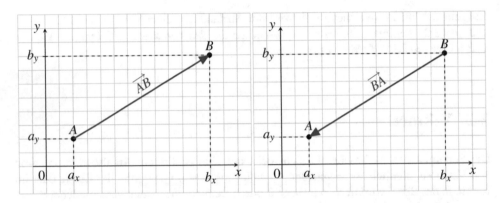

Abb. 22: Pfeile zwischen zwei Punkten A und B in der Ebene

Wir fassen alle möglichen Fälle in folgender „Navigationsanleitung" zusammen:

Anleitung 2.18. Die Verschiebung von A nach B mithilfe des Pfeils $\overrightarrow{AB}$ lässt sich in der Ebene wie folgt beschreiben:

- **Schritt 1:** Ausgehend von A gehe $|b_x - a_x|$ LE parallel zur x-Achse, und zwar nach *links*, falls $b_x - a_x \leq 0$ bzw. nach *rechts*, falls $b_x - a_x \geq 0$. Dies führt zu einem Hilfspunkt $H(b_x|a_y)$.

- **Schritt 2:** Ausgehend von H gehe $|b_y - a_y|$ LE parallel zur y-Achse, und zwar nach *unten*, falls $b_y - a_y \leq 0$ bzw. nach *oben*, falls $b_y - a_y \geq 0$. Im Ergebnis dieses Schritts wird der Zielpunkt $B(b_x|b_y)$ erreicht.

Diese Vorgehensweise lässt sich auf den dreidimensionalen Raum übertragen: Gegeben seien zwei verschiedene Punkte $A(a_x|a_y|a_z)$ und $B(b_x|b_y|b_z)$. Wir definieren den Pfeil

$$\overrightarrow{AB} := \begin{pmatrix} b_x - a_x \\ b_y - a_y \\ b_z - a_z \end{pmatrix}.$$ (2.19)

Anleitung 2.20. Die Verschiebung von A nach B mithilfe des Pfeils $\overrightarrow{AB}$ lässt sich im Raum wie folgt beschreiben:

- **Schritt 1:** Ausgehend von A gehe $|b_x - a_x|$ LE parallel zur x-Achse, und zwar nach „*hinten*", falls $b_x - a_x \leq 0$ bzw. nach „*vorn*", falls $b_x - a_x \geq 0$. Dies führt zu einem Hilfspunkt $H_1(b_x|a_y|a_z)$.

- **Schritt 2:** Ausgehend von H_1 gehe $|b_y - a_y|$ LE parallel zur y-Achse, und zwar nach *links*, falls $b_y - a_y \leq 0$ bzw. nach *rechts*, falls $b_y - a_y \geq 0$. Dies führt zu einem Hilfspunkt $H_2(b_x|b_y|a_z)$.

- **Schritt 3:** Ausgehend von H_2 gehe $|b_z - a_z|$ LE parallel zur z-Achse, und zwar nach *unten*, falls $b_z - a_z \leq 0$ bzw. nach *oben*, falls $b_z - a_z \geq 0$. Im Ergebnis dieses Schritts wird der Zielpunkt $B(b_x|b_y|b_z)$ erreicht.

Mit den folgenden Kriterien können zwei Pfeile $\overrightarrow{AB}$ und $\overrightarrow{PQ}$ verglichen werden:

- $\overrightarrow{AB}$ und $\overrightarrow{PQ}$ haben die gleiche Länge oder haben nicht die gleiche Länge.

- $\overrightarrow{AB}$ und $\overrightarrow{PQ}$ sind parallel oder sind nicht parallel.

- $\overrightarrow{AB}$ und $\overrightarrow{PQ}$ zeigen in die gleiche Richtung oder zeigen in verschiedene Richtungen. Wir sagen auch, dass $\overrightarrow{AB}$ und $\overrightarrow{PQ}$ <u>gleichgerichtet</u> bzw. <u>nicht gleichgerichtet</u> sind.

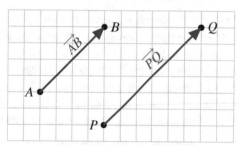

Abb. 23: Musterbeispiel gleichgerichteter Pfeile, wobei die Punkte A, B, P und Q nicht auf einer Gerade liegen

Offensichtlich besteht zwischen der Parallelität und der Richtung von zwei Pfeilen ein Zusammenhang, denn sind $\overrightarrow{AB}$ und $\overrightarrow{PQ}$ gleichgerichtet, dann müssen sie gleichzeitig auch parallel zueinander sein.

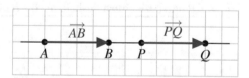

Abb. 24: Musterbeispiel gleichgerichteter Pfeile, wobei die Punkte A, B, P und Q auf einer Gerade liegen

Die Umkehrung dieser Tatsache gilt nicht, denn sind $\overrightarrow{AB}$ und $\overrightarrow{PQ}$ parallel, so können sie trotzdem in verschiedene Richtungen zeigen.

Auf eine genaue mathematische Präzisierung des Richtungsbegriffs für Pfeile müssen wir vorerst verzichten und begnügen uns mit einer rein anschaulichen Festlegung, die jedoch unmissverständlich ist: Zwei Pfeile $\overrightarrow{AB}$ und $\overrightarrow{PQ}$ sind gleichgerichtet, wenn sie parallel zueinander sind und

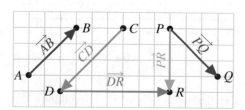

Abb. 25: Pfeile, die in verschiedene Richtungen zeigen

ihre Pfeilspitzen wie in den Abb. 23 und 24 ausgerichtet sind. Weitere Beispiele gleichgerichteter Pfeile finden sich weiter unten in Abb. 26. Beispiele nicht gleichgerichteter Pfeile
finden sich in Abb. 25.

Bereits aus der Definition eines Pfeils $\overrightarrow{AB}$ wird deutlich, dass $\overrightarrow{AB} \neq \overrightarrow{BA}$ gilt, denn $\overrightarrow{AB}$ und
$\overrightarrow{BA}$ verbinden zwar die gleichen Punkte und haben die gleiche Länge, geben aber verschie-
dene Richtungen vor. Das wird in Abb. 22 ebenso deutlich wie durch Zahlenbeispiele:

Beispiel 2.21. Für die Punkte $A(1|1)$ und $B(6|4)$ gilt $\overrightarrow{AB} = \begin{pmatrix} 5 \\ 3 \end{pmatrix}$ und $\overrightarrow{BA} = \begin{pmatrix} -5 \\ -3 \end{pmatrix}$. ◀

Beispiel 2.22. Für die Punkte $P(-4|4)$ und $Q(1|7)$ gilt $\overrightarrow{PQ} = \begin{pmatrix} 5 \\ 3 \end{pmatrix}$ und $\overrightarrow{QP} = \begin{pmatrix} -5 \\ -3 \end{pmatrix}$. ◀

Wie ein Vergleich zwischen den Beispielen 2.21 und 2.22 zeigt, erhalten wir trotz ver-
schiedener Punktkoordinaten die gleichen Pfeile, d. h. $\overrightarrow{AB} = \overrightarrow{PQ}$ bzw. $\overrightarrow{BA} = \overrightarrow{QP}$. Das zeigt,
dass es unendlich viele Punktepaare gibt, deren Pfeilkoordinaten übereinstimmen. Außer-
dem haben diese Pfeile die gleiche Länge, sind parallel und zeigen in die gleiche Richtung.
Umgekehrt bedeutet dies, dass der Pfeil $\overrightarrow{PQ}$ aus Beispiel 2.22 verwendet werden kann, um
damit den Punkt A aus Beispiel 2.21 nach B zu verschieben. Die Menge von Pfeilen mit
exakt den gleichen Eigenschaften lässt sich wie folgt zusammenfassen:

Definition 2.23. Die Menge aller parallelen, gleich langen und gleichgerichteten Pfeile
heißt <u>Vektor</u>. Als Symbole für Vektoren verwenden wir in der Regel Kleinbuchstaben
mit einem darüber geschriebenen Pfeil, wie zum Beispiel $\vec{a}$, $\vec{b}$, $\vec{u}$ oder $\vec{v}$. Jeder Pfeil
$\overrightarrow{AB}$ ist ein Repräsentant des Vektors, zu dem er gehört. In diesem Sinne schreiben wir
$\vec{u} = \overrightarrow{AB}$ und bezeichnen deshalb auch $\overrightarrow{AB}$ als Vektor.

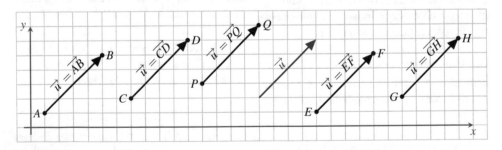

Abb. 26: Repräsentanten eines Vektors in der Ebene

Die Bedeutung dieser Begriffsbildung lässt sich gut mit dem Übergang von Brüchen zu
rationalen Zahlen vergleichen. Wir stellen die Gemeinsamkeiten zwischen rationalen
Zahlen und Vektoren gegenüber:

Die **Brüche**

$$\tfrac{1}{2}, \tfrac{2}{4}, \tfrac{3}{6}, \tfrac{7}{14}, \tfrac{10}{20}, \tfrac{123}{246}, \ldots$$

gehen durch Kürzen oder Erweitern auseinander hervor. Sie sind dem **gleichen Punkt** auf der Zahlengerade zugeordnet.

Die Brüche $\tfrac{1}{2}, \tfrac{2}{4}, \tfrac{3}{6}, \tfrac{7}{14}, \tfrac{10}{20}, \tfrac{123}{246}, \ldots$ sind **Repräsentanten** der rationalen Zahl $\tfrac{1}{2}$, d. h., jeder der Brüche kann zur Beschreibung der rationalen Zahl $\tfrac{1}{2}$ verwendet werden. Streng genommen müssten wir

$$\tfrac{1}{2} = \left\{ \tfrac{1}{2}, \tfrac{2}{4}, \tfrac{3}{6}, \tfrac{7}{14}, \tfrac{10}{20}, \tfrac{123}{246}, \ldots \right\}$$

schreiben, denn bei der rationalen Zahl $\tfrac{1}{2}$ handelt es sich um die Menge ihrer Repräsentanten. Umgekehrt legt jeder Repräsentant die rationale Zahl $\tfrac{1}{2}$ eindeutig fest.

Als **Variable für rationale Zahlen** werden überlicherweise Kleinbuchstaben verwendet, wie zum Beispiel a, b, c, x, ... Man spricht kurz von der rationalen Zahl

$$x = \tfrac{1}{2} = \tfrac{2}{4} = \tfrac{3}{6} = \tfrac{7}{14} = \tfrac{10}{20} = \ldots .$$

Die **Pfeile**

$$\overrightarrow{AB}, \overrightarrow{CD}, \overrightarrow{EF}, \overrightarrow{RS}, \overrightarrow{PQ}, \ldots$$

mit den *gleichen(!) Eigenschaften* erhält man gemäß (2.17) und (2.19) aus den zugehörigen Punktepaaren. Sie legen alle die **gleiche Verschiebung** in der Ebene oder im Raum fest.

Die Pfeile $\overrightarrow{AB}, \overrightarrow{CD}, \overrightarrow{EF}, \overrightarrow{RS}, \overrightarrow{PQ}, \ldots$ sind **Repräsentanten** des Vektors $\overrightarrow{AB}$, d. h., jeder der Pfeile kann zur Beschreibung des Vektors $\overrightarrow{AB}$ verwendet werden. Streng genommen müssten wir

$$\overrightarrow{AB} = \left\{ \overrightarrow{AB}, \overrightarrow{CD}, \overrightarrow{EF}, \overrightarrow{RS}, \overrightarrow{PQ}, \ldots \right\}$$

schreiben, denn bei dem Vektor $\overrightarrow{AB}$ handelt es sich um die Menge seiner Repräsentanten. Umgekehrt legt jeder Repräsentant den Vektor $\overrightarrow{AB}$ eindeutig fest.

Als **Variable für Vektoren** werden Kleinbuchstaben mit einem darübergesetzten Pfeil verwendet, wie z. B. $\vec{a}$, $\vec{b}$, $\vec{u}$, ... Man spricht kurz vom Vektor

$$\vec{u} = \overrightarrow{AB} = \overrightarrow{CD} = \overrightarrow{EF} = \overrightarrow{RS} = \ldots .$$

Definition 2.24. Einen Vektor der Gestalt

$$\vec{u} := \begin{pmatrix} u_x \\ u_y \end{pmatrix} \quad \text{bzw.} \quad \vec{u} := \begin{pmatrix} u_x \\ u_y \\ u_z \end{pmatrix}$$

nennen wir <u>Spaltenvektor</u>. Die Zahlenwerte $u_x, u_y, u_z \in \mathbb{R}$ heißen <u>Koordinaten</u> des Vektors $\vec{u}$. Im Einzelnen nennen wir u_x die x-Kooordinate, u_y die y-Kooordinate und u_z die z-Kooordinate von $\vec{u}$.

Bemerkung 2.25. Es muss klar zwischen Punktkoordinaten und Vektorkoordinaten unterschieden werden. In vielen Lehrbüchern wird das durch unterschiedliche Schreibweisen für die Koordinaten deutlich gemacht. Da einerseits eine solche Abgrenzung in der Regel nicht ganz konfliktfrei ist und andererseits bereits durch die Schreibweise klar und deutlich hervorgehoben wird, ob es sich um einen Punkt oder einen Spaltenvektor mit entsprechenden Koordinaten handelt, wird in diesem Lehrbuch *keine* gesonderte Zeichensetzung zur Trennung der Begriffe vorgenommen. Ähnliche Bezeichnungen für Koordinaten wie

$P(p_x|p_y)$ und $\vec{p} = \begin{pmatrix} p_x \\ p_y \end{pmatrix}$ werden hier weitgehend konfliktfrei verwendet. ○

Um mit Vektoren rechnen zu können, benötigen wir den folgenden speziellen Vektor:

Definition 2.26. Zu einem Punkt $A(a_x|a_y)$ der Ebene bzw. $A(a_x|a_y|a_z)$ des Raums definieren wir den <u>Ortsvektor</u> $\overrightarrow{0A}$ durch[2]

$$\overrightarrow{0A} := \begin{pmatrix} a_x \\ a_y \end{pmatrix} \quad \text{bzw.} \quad \overrightarrow{0A} := \begin{pmatrix} a_x \\ a_y \\ a_z \end{pmatrix}.$$

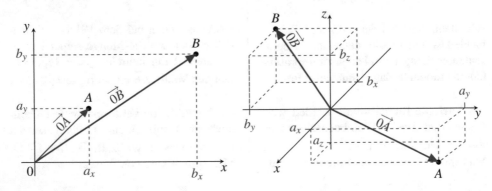

Abb. 27: Ortsvektoren von Punkten A und B in der Ebene (links) und im Raum (rechts)

Beispiel 2.27. Der in der Ebene liegende Punkt $A(3|7)$ hat den Ortsvektor $\overrightarrow{0A} = \begin{pmatrix} 3 \\ 7 \end{pmatrix}$. ◀

Beispiel 2.28. Der im Raum liegende Punkt $A(2|7|3)$ hat den Ortsvektor $\overrightarrow{0A} = \begin{pmatrix} 2 \\ 7 \\ 3 \end{pmatrix}$. ◀

---

[2] Die Null im Symbol $\overrightarrow{0A}$ für den Ortsvektor des Punkts A ist kein Schreibfehler, denn zu Beginn von Abschnitt 2.1 wurde vereinbart, dass die Zahl 0 auch als Bezeichnung für den Koordinatenursprung verwendet wird. Da dies konsequent beibehalten werden soll, passt die Schreibweise $\overrightarrow{0A}$ bestens zum Pfeil mit dem Anfangspunkt 0 und dem Endpunkt A. Verbreitet ist auch die Schreibweise $\overrightarrow{OA}$, wobei der Buchstabe O auf den Begriff <u>O</u>rtsvektor oder auf die lateinische Bezeichnung <u>o</u>rigo für Ursprung anspielt.

In Definition 2.16 wurde die Länge $|\overrightarrow{AB}|$ eines Pfeils $\overrightarrow{AB}$ durch den Abstand $d(A,B)$ der Punkte A und B erklärt. Für die ebenen Punkte $A(a_x|a_y)$ und $B(b_x|b_y)$ gilt

$$|\overrightarrow{AB}| = d(A,B) = \sqrt{(b_x - a_x)^2 + (b_y - a_y)^2} \, ,$$

und für im Raum liegende Punkte $A(a_x|a_y|a_z)$ und $B(b_x|b_y|b_z)$ gilt

$$|\overrightarrow{AB}| = d(A,B) = \sqrt{(b_x - a_x)^2 + (b_y - a_y)^2 + (b_z - a_z)^2} \, .$$

Der Pfeil $\overrightarrow{AB}$ ist Repräsentant eines Vektors $\vec{u}$ und offensichtlich hat jeder andere Pfeil als Repräsentant von $\vec{u}$ ebenfalls die Länge $|\overrightarrow{AB}| = d(A,B)$, wie zum Beispiel nach einem Vergleich der in Abb. 26 dargestellten Pfeile deutlich wird. Da wir $\overrightarrow{AB}$ ebenfalls als Vektor interpretieren, motiviert dies die Definition eines Längenbegriffs für Vektoren.

Definition 2.29. Gegeben sei in der Ebene bzw. im Raum ein Vektor

$$\vec{u} = \begin{pmatrix} u_x \\ u_y \end{pmatrix} \quad \text{bzw.} \quad \vec{u} = \begin{pmatrix} u_x \\ u_y \\ u_y \end{pmatrix} .$$

Die reelle Zahl

$$|\vec{u}| := \sqrt{u_x^2 + u_y^2} \quad \text{bzw.} \quad |\vec{u}| := \sqrt{u_x^2 + u_y^2 + u_z^2}$$

heißt <u>Länge des Vektors $\vec{u}$</u> oder alternativ <u>Betrag des Vektors $\vec{u}$</u>.

Beispiel 2.30. Der Vektor $\vec{u} = \begin{pmatrix} 5 \\ 4 \end{pmatrix}$ hat die Länge $|\vec{u}| = \sqrt{5^2 + 4^2} = \sqrt{41}$. ◀

Beispiel 2.31. Der Vektor $\vec{u} = \begin{pmatrix} 2 \\ -2 \\ 1 \end{pmatrix}$ hat die Länge $|\vec{u}| = \sqrt{2^2 + (-2)^2 + 1^2} = 3$. ◀

Vektoren lassen sich gemäß früherer Überlegungen über ihre Länge und Richtung miteinander vergleichen. Das bedeutet genauer:

Definition 2.32. Gegeben seien in der Ebene oder im Raum die Vektoren $\vec{u}$ und $\vec{w}$.

a) $\vec{u}$ und $\vec{w}$ heißen gleich, wenn sie die gleiche Länge *und* die gleiche Richtung haben. In diesem Fall schreiben wir $\vec{u} = \vec{w}$.

b) $\vec{u}$ und $\vec{w}$ heißen verschieden, wenn sie verschiedene Längen *oder* verschiedene Richtungen haben. In diesem Fall schreiben wir $\vec{u} \neq \vec{w}$.

Die Ermittlung von Länge und Richtung ist in der Praxis nicht notwendig, denn die Länge eines Vektors wird durch die Beträge seiner Koordinaten festgelegt und für die Richtung sind (und anderem) die Vorzeichen der Koordinaten maßgeblich. Deshalb lässt sich ein Vergleich von zwei Vektoren allein auf den Vergleich ihrer Koordinaten zurückführen.

Satz 2.33. Zwei Vektoren $\vec{u} = \begin{pmatrix} u_x \\ u_y \end{pmatrix}$ und $\vec{w} = \begin{pmatrix} w_x \\ w_y \end{pmatrix}$ in der Ebene sind gleich, wenn

für ihre Koordinaten $u_x = w_x$ und $u_y = w_y$ gilt. Analog sind zwei Vektoren $\vec{u} = \begin{pmatrix} u_x \\ u_y \\ u_z \end{pmatrix}$

und $\vec{w} = \begin{pmatrix} w_x \\ w_y \\ w_z \end{pmatrix}$ im Raum gleich, wenn $u_x = w_x$, $u_y = w_y$ und $u_z = w_z$ gilt.

Beispiel 2.34. Die Vektoren $\vec{u_1} = \begin{pmatrix} 1 \\ 2 \end{pmatrix}$ und $\vec{w_1} = \begin{pmatrix} 1 \\ 2 \end{pmatrix}$ sind gleich, denn ihre Koordinaten

stimmen überein. Dagegen sind die Vektoren $\vec{u_2} = \begin{pmatrix} 1 \\ 2 \end{pmatrix}$ und $\vec{w_2} = \begin{pmatrix} -1 \\ 2 \end{pmatrix}$ nicht gleich,

denn ihre x-Koordinaten sind verschieden.   ◄

Aufgaben zum Abschnitt 2.2

Aufgabe 2.2.1: Im gleichschenkligen Dreieck $\triangle ABC$ in Abb. 28 liegen die Punkte M, N und P auf den Strecken $\overline{AC}$, $\overline{AB}$ bzw. $\overline{BC}$. Nennen Sie Pfeile, die

a) in die gleiche Richtung wie der Pfeil $\overrightarrow{AN}$ zeigen,

b) Repräsentanten des Vektors $\overrightarrow{AN}$ sind,

c) in die gleiche Richtung wie $\overrightarrow{NA}$ zeigen und die Länge $|\overrightarrow{AN}|$ haben,

d) in die gleiche Richtung wie $\overrightarrow{NA}$ zeigen und nicht die Länge $|\overrightarrow{AN}|$ haben,

e) weder in die Richtung von $\overrightarrow{AN}$ noch in die Richtung von $\overrightarrow{NA}$ zeigen.

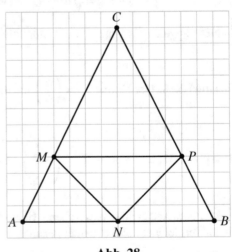

Abb. 28

Aufgabe 2.2.2: Geben Sie jeweils die Koordinatendarstellung der Pfeile $\overrightarrow{AB}$ und $\overrightarrow{BA}$ an:

a) $A(0|0)$, $B(8|3)$ b) $A(-1|1)$, $B(3|1)$

c) $A(0|0|0)$, $B(8|3|-4)$ d) $A(-1|1|1)$, $B(3|1|-1)$

e) $A(10|20|30)$, $B(456|765|123)$ f) $A(-9|0|9)$, $B(9|0|-9)$

Aufgabe 2.2.3: Im gleichsseitigen Dreieck ΔABC in Abb. 29 sind M, N und P die Mittelpunkte der Strecken $\overline{AC}$, $\overline{AB}$ bzw. $\overline{BC}$. Nennen Sie alle Pfeile, die

a) zum Vektor $\overrightarrow{NP}$ gehören,

b) zum Vektor $\overrightarrow{NM}$ gehören,

c) die gleiche Länge wie $\overrightarrow{AN}$ haben,

d) mit $\overrightarrow{AM}$ gleichgerichtet sind, aber nicht die Länge $|\overrightarrow{AM}|$ haben,

e) mit $\overrightarrow{AC}$ nicht gleichgerichtet sind, aber die Länge $|\overrightarrow{AC}|$ haben.

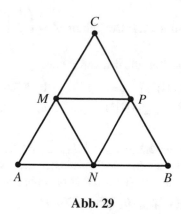

Abb. 29

Aufgabe 2.2.4: Skizzieren Sie die Pfeile zwischen den folgenden Punkten der Ebene in einem gemeinsamen Koordinatensystem, wobei der jeweils zuerst genannte Punkt der Anfangspunkt des Pfeils ist. Je zwei Pfeile sind Repräsentanten eines Vektors. Geben Sie die Vektoren an und ordnen Sie die Pfeile dem jeweiligen Vektor zu.

a) $A(1|1)$, $B(3|3)$

b) $C(-2|3)$, $D(1|3)$

c) $E(-4|3)$, $F(-2|1)$

d) $G(-3|-2)$, $H(-1|0)$

e) $I(4|4)$, $J(1|4)$

f) $K(2|1)$, $L(5|1)$

h) $M(3|-2)$, $N(5|-4)$

g) $O(-1|-3)$, $P(-4|-3)$

Aufgabe 2.2.5: Bestimmen Sie die Koordinatendarstellung der Pfeile zwischen den folgenden Punkten im Raum, wobei der jeweils zuerst genannte Punkt der Anfangspunkt des Pfeils ist. Drei der sechs Pfeile sind Repräsentanten eines Vektors $\overrightarrow{u}$, die anderen drei sind Repräsentanten eines Vektors $\overrightarrow{v}$. Geben Sie die Vektoren $\overrightarrow{u}$ und $\overrightarrow{v}$ an und ordnen Sie die Pfeile dem jeweiligen Vektor zu.

a) $A(2|2|2)$, $B(13|14|15)$

b) $C(-2|0|-3)$, $D(-5|-5|-13)$

c) $E(1|4|3)$, $F(-2|-1|-7)$

d) $G(8|6|14)$, $H(5|1|4)$

e) $I(-17|-45|88)$, $J(-6|-33|101)$

f) $K(5|9|21)$, $L(16|21|34)$

Aufgabe 2.2.6: Geben Sie an, welche der auf dem Quader in Abb. 30 eingezeichneten Pfeile Repräsentanten des Vektors $\overrightarrow{u}$ sind.

a) $\overrightarrow{u} = \overrightarrow{AB}$ b) $\overrightarrow{u} = \overrightarrow{BC}$

c) $\overrightarrow{u} = \overrightarrow{GF}$ d) $\overrightarrow{u} = \overrightarrow{ED}$

e) $\overrightarrow{u} = \overrightarrow{FE}$ f) $\overrightarrow{u} = \overrightarrow{FA}$

Begründen Sie außerdem, weshalb die Pfeile $\overrightarrow{AB}$ und $\overrightarrow{FE}$ nicht zum gleichen Vektor gehören.

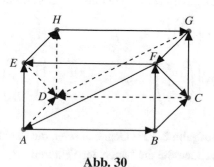

Abb. 30

Aufgabe 2.2.7: Der Vektor $\vec{u} = \begin{pmatrix} 1 \\ 2 \\ 3 \end{pmatrix}$ verschiebt den Punkt P in den Punkt Q. Bestimmen

Sie die Koordinaten von P bzw. Q.

a) $P(1|1|2)$, $Q = ?$ b) $P(2|-3|1)$, $Q = ?$ c) $P(-7|7|3)$, $Q = ?$

d) $P = ?$, $Q(1|1|2)$ e) $P = ?$, $Q(2|-3|1)$ f) $P = ?$, $Q(-7|7|3)$

Aufgabe 2.2.8: Die Pfeile $\overrightarrow{AB}$ und $\overrightarrow{CD}$ sollen Repräsentanten des gleichen Vektors sein. Bestimmen Sie die Koordinaten des jeweils fehlenden Punkts, wobei in den Aufgabenteilen f), h) und j) $a, b, c \in \mathbb{R}$ beliebig sind.

a) $A(1|2|3)$, $B(4|5|6)$, $C(0|0|0)$ b) $A(-1|2|-3)$, $B(4|-5|6)$, $C(0|1|0)$

c) $A(1|2|3)$, $B(4|5|6)$, $D(0|0|0)$ d) $A(1|-2|3)$, $B(-4|5|-6)$, $D(1|-1|1)$

e) $A(3|2|-1)$, $C(2|-3|5)$, $D(3|1|2)$ f) $A(c|c|3)$, $B(c+1|c|1)$, $D(1|1|c)$

g) $B(-5|5|0)$, $C(2|4|4)$, $D(3|6|9)$ h) $A(3|a|1)$, $B(2|b|2)$, $C(4|b+3a|3)$

i) $A(3|3|4)$, $C(12|2|15)$, $D(22|7|8)$ j) $A(c|c|c)$, $B(c+1|c+2|3)$, $D(c|2|c-1)$

Aufgabe 2.2.9: Berechnen Sie die Länge (den Betrag) des Vektors $\vec{u}$.

a) $\vec{u} = \begin{pmatrix} 3 \\ 4 \end{pmatrix}$ b) $\vec{u} = \begin{pmatrix} -3 \\ 4 \end{pmatrix}$ c) $\vec{u} = \begin{pmatrix} 3 \\ -4 \end{pmatrix}$

d) $\vec{u} = \begin{pmatrix} -3 \\ -4 \end{pmatrix}$ e) $\vec{u} = \begin{pmatrix} \sqrt{17} \\ 8 \end{pmatrix}$ f) $\vec{u} = \begin{pmatrix} 20 \\ -15 \end{pmatrix}$

g) $\vec{u} = \begin{pmatrix} 8 \\ 4 \\ 1 \end{pmatrix}$ h) $\vec{u} = \begin{pmatrix} 0 \\ -12 \\ 11 \end{pmatrix}$ i) $\vec{u} = \begin{pmatrix} -9 \\ 9 \\ -\sqrt{7} \end{pmatrix}$

j) $\vec{u} = \begin{pmatrix} 0 \\ 0 \\ 1 \end{pmatrix}$ k) $\vec{u} = \begin{pmatrix} 1 \\ -1 \\ 1 \end{pmatrix}$ l) $\vec{u} = \begin{pmatrix} -\sqrt{3} \\ \sqrt{3} \\ \sqrt{3} \end{pmatrix}$

Aufgabe 2.2.10: Wie muss $t \in \mathbb{R}$ gewählt werden, damit die Gleichung gilt?

a) $\left| \begin{pmatrix} 4 \\ t \end{pmatrix} \right| = 5$ b) $\left| \begin{pmatrix} 2 \\ t-1 \end{pmatrix} \right| = \sqrt{8}$ c) $\left| \begin{pmatrix} 2t \\ t+2 \end{pmatrix} \right| = 5$

d) $\left| \begin{pmatrix} t \\ -1 \\ 4 \end{pmatrix} \right| = 9$ e) $\left| \begin{pmatrix} t \\ -2 \\ 2t \end{pmatrix} \right| = \sqrt{724}$ f) $\left| \begin{pmatrix} t-2 \\ t+1 \\ \sqrt{27} \end{pmatrix} \right| = 2(t+1)$

Aufgabe 2.2.11: Gegeben seien die Punkte $A(-1|2|-5)$, $B(1|12|6)$ und $C(3|6|-3)$. Berechnen Sie die Länge der Vektoren $\overrightarrow{AB}$, $\overrightarrow{AC}$, $\overrightarrow{BC}$ und den Umfang des Dreiecks ΔABC.

2.3 Addition und skalare Multiplikation im Vektorraum

Auf einer Menge von Vektoren lassen sich verschiedene Rechenoperationen wie zum Beispiel die Addition von Vektoren durchführen.

Definition 2.35. Unter der <u>Summe</u> $\vec{u} + \vec{w}$ zweier Vektoren $\vec{u}$ und $\vec{w}$ versteht man den Vektor, der entsteht, wenn wir einander entsprechende Koordinaten von $\vec{u}$ und $\vec{w}$ addieren. Das bedeutet für Vektoren in der Ebene:

$$\vec{u} = \begin{pmatrix} u_x \\ u_y \end{pmatrix}, \quad \vec{w} = \begin{pmatrix} w_x \\ w_y \end{pmatrix} \quad \Rightarrow \quad \vec{u} + \vec{w} := \begin{pmatrix} u_x + w_x \\ u_y + w_y \end{pmatrix}$$

Und analog im Raum:

$$\vec{u} = \begin{pmatrix} u_x \\ u_y \\ u_z \end{pmatrix}, \quad \vec{w} = \begin{pmatrix} w_x \\ w_y \\ w_z \end{pmatrix} \quad \Rightarrow \quad \vec{u} + \vec{w} := \begin{pmatrix} u_x + w_x \\ u_y + w_y \\ u_z + w_z \end{pmatrix}$$

Beispiel 2.36. Die Summe der ebenen Vektoren $\vec{u} = \begin{pmatrix} 1 \\ 2 \end{pmatrix}$ und $\vec{w} = \begin{pmatrix} 3 \\ 5 \end{pmatrix}$ ist der ebenfalls in der Ebene liegende Vektor $\vec{u} + \vec{w} = \begin{pmatrix} 1+3 \\ 2+5 \end{pmatrix} = \begin{pmatrix} 4 \\ 7 \end{pmatrix}$. ◀

Am Beispiel der in Anleitung 2.18 vorgestellten Interpretation einer Verschiebung als Wegbeschreibung im ebenen kartesischen Koordinatensystem wollen wir untersuchen, wie die Addition von Vektoren geometrisch interpretiert werden kann. Dazu nehmen wir Bezug zu dem in Anleitung 2.18 beschriebenen Umweg zur Verschiebung von $A(a_x|a_y)$ nach $B(b_x|b_y)$ über den Hilfspunkt $H(b_x|a_y)$. Gemäß (2.17) gilt

$$\overrightarrow{AH} = \begin{pmatrix} b_x - a_x \\ 0 \end{pmatrix} \quad \text{und} \quad \overrightarrow{HB} = \begin{pmatrix} 0 \\ b_y - a_y \end{pmatrix}.$$

Damit gilt für den Ortsvektor von B:

$$\overrightarrow{OB} = \overrightarrow{OA} + \overrightarrow{AH} + \overrightarrow{HB} = \begin{pmatrix} a_x \\ a_y \end{pmatrix} + \begin{pmatrix} b_x - a_x \\ 0 \end{pmatrix} + \begin{pmatrix} 0 \\ b_y - a_y \end{pmatrix} = \begin{pmatrix} b_x \\ b_y \end{pmatrix} \qquad (2.37)$$

Außerdem gilt

$$\overrightarrow{AB} = \overrightarrow{AH} + \overrightarrow{HB} = \begin{pmatrix} b_x - a_x \\ 0 \end{pmatrix} + \begin{pmatrix} 0 \\ b_y - a_y \end{pmatrix} = \begin{pmatrix} b_x - a_x \\ b_y - a_y \end{pmatrix}, \qquad (2.38)$$

und damit

$$\overrightarrow{OB} = \overrightarrow{OA} + \overrightarrow{AB} = \begin{pmatrix} a_x \\ a_y \end{pmatrix} + \begin{pmatrix} b_x - a_x \\ b_y - a_y \end{pmatrix} = \begin{pmatrix} b_x \\ b_y \end{pmatrix}. \qquad (2.39)$$

Aus (2.37) bis (2.39) gewinnen wir wichtige Erkenntnisse: Obwohl wegen

$$|\overrightarrow{AH}| + |\overrightarrow{HB}| \;=\; d(A,H) + d(H,B) \;>\; d(A,B) \;=\; |\overrightarrow{AB}|$$

der im Koordinatensystem zurückgelegte Weg von A nach B über den Hilfspunkt H weiter ist, stellt die Summe $\overrightarrow{AH} + \overrightarrow{HB}$ die gleiche Verschiebung dar, die durch $\overrightarrow{AB}$ auf direktem Weg realisiert wird. Nebenbei haben wir damit herausgefunden, dass jeder Vektor $\overrightarrow{AB}$ in die Summe von (mindestens) zwei Vektoren zerlegt werden kann.

In Abb. 31 sind die Rechnungen aus (2.37) bis (2.39) grafisch dargestellt. Daraus lässt sich erkennen, wie eine <u>grafische Addition</u> der Vektoren $\overrightarrow{AH}$ und $\overrightarrow{HB}$ erfolgen kann: Die Vektoren $\overrightarrow{AH}$ und $\overrightarrow{HB}$ werden addiert, indem der Anfang von $\overrightarrow{HB}$ an das Ende (d. h. die Pfeilspitze) des Vektors $\overrightarrow{AH}$ angesetzt wird. Die Verbindungsstrecke vom Anfang des Pfeils $\overrightarrow{AH}$ zum Ende des Pfeils $\overrightarrow{HB}$ ist der Pfeil $\overrightarrow{AH} + \overrightarrow{HB} = \overrightarrow{AB}$.

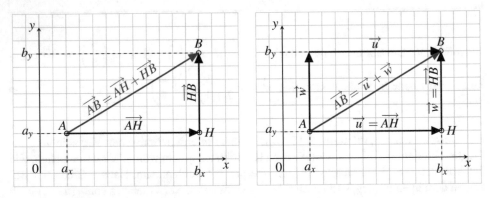

Abb. 31: Vektorieller Umweg von A nach B über H und Addition von Vektoren.

Aus den obigen Überlegungen und Rechnungen folgt außerdem, dass die Vektoraddition *kommutativ* ist, d. h., zum Beispiel können wir (2.38) auch schreiben als

$$\overrightarrow{AB} \;=\; \overrightarrow{HB} + \overrightarrow{AH} \;=\; \begin{pmatrix} 0 \\ b_y - a_y \end{pmatrix} + \begin{pmatrix} b_x - a_x \\ 0 \end{pmatrix} \;=\; \begin{pmatrix} b_x - a_x \\ b_y - a_y \end{pmatrix}. \qquad (2.40)$$

Das unterstreicht nochmals die Definition 2.23 eines Vektors, wonach die Pfeile $\overrightarrow{AB}$, $\overrightarrow{AH}$ und $\overrightarrow{HB}$ tatsächlich nur Repräsentanten von Vektoren $\overrightarrow{v}$, $\overrightarrow{u}$ bzw. $\overrightarrow{w}$ sind, die wir als abstrakte Objekte betrachten und mit denen wir gewisse Rechenoperationen durchführen können. Ein Vektor $\overrightarrow{v} = \overrightarrow{AB}$ ist folglich nicht notwendig an ein bestimmtes Paar von Punkten A und B mit zugehörigem Pfeil $\overrightarrow{AB}$ gebunden, sondern lässt sich anschaulich „irgendwo" in der Ebene bzw. im Raum platzieren.

Wir fassen zusammen:

Satz 2.41. Zwei Punkte $A(a_x|a_y)$ und $B(b_x|b_y)$ in der Ebene bzw. $A(a_x|a_y|a_z)$ und $B(b_x|b_y|b_z)$ im Raum bestimmen eindeutig den Vektor $\overrightarrow{u} = \overrightarrow{AB}$. Die Koordinaten von $\overrightarrow{u}$ sind gleich den Koordinatendifferenzen der Punktkoordinaten:

$$\overrightarrow{u} = \overrightarrow{AB} = \begin{pmatrix} b_x - a_x \\ b_y - a_y \end{pmatrix} \quad \text{bzw.} \quad \overrightarrow{u} = \overrightarrow{AB} = \begin{pmatrix} b_x - a_x \\ b_y - a_y \\ b_z - a_z \end{pmatrix}$$

Umgekehrt gilt: Ein Punkt $A(a_x|a_y)$ in der Ebene bzw. $A(a_x|a_y|a_z)$ im Raum und ein Vektor

$$\overrightarrow{u} = \begin{pmatrix} u_x \\ u_y \end{pmatrix} \quad \text{bzw.} \quad \overrightarrow{u} = \begin{pmatrix} u_x \\ u_y \\ u_z \end{pmatrix}$$

bestimmen durch $\overrightarrow{u} = \overrightarrow{AB}$ eindeutig den Punkt B. Die Koordinaten von B sind

$$B(a_x + u_x | a_y + u_y) \quad \text{bzw.} \quad B(a_x + u_x | a_y + u_y | a_z + u_z) \, .$$

Beispiel 2.42. Wir betrachten den Punkt $A(1|2)$ und den Vektor $\overrightarrow{u} = \begin{pmatrix} 2 \\ 7 \end{pmatrix}$. Wir berechnen mit $\overrightarrow{0B} = \overrightarrow{0A} + \overrightarrow{u} = \begin{pmatrix} 3 \\ 9 \end{pmatrix}$ den Ortsvektor des Punkts $B(3|9)$. Der Vektor $\overrightarrow{u}$ verschiebt den Punkt A in den Punkt B, d. h. $\overrightarrow{u} = \overrightarrow{AB}$. ◄

Die Addition der Vektoren in (2.38) und (2.40) sowie Abb. 31 sind ein Muster für eine geometrische Interpretation der Vektoraddition. Allgemeiner gilt die Parallelogrammregel: Der Summenvektor $\overrightarrow{u} + \overrightarrow{w}$ lässt sich als Diagonalenvektor in dem durch $\overrightarrow{u}$ und $\overrightarrow{w}$ aufgespannten Parallelogramm darstellen (siehe Abb. 32). Dadurch wird die folgende Vorgehensweise zur grafischen Addition von Vektoren festgelegt:

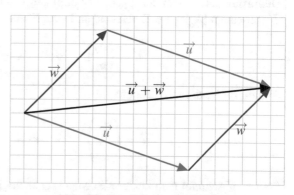

Abb. 32: Parallelogrammregel zur Addition von Vektoren

Anleitung 2.43. Zwei Vektoren $\overrightarrow{u}$ und $\overrightarrow{w}$ werden addiert, indem man den Anfang eines Repräsentanten von $\overrightarrow{w}$ an die Spitze eines Repräsentanten von $\overrightarrow{u}$ setzt. Der Pfeil vom Anfang des Repräsentanten von $\overrightarrow{u}$ zum Ende des Repräsentanten von $\overrightarrow{w}$ ist ein Repräsentant von $\overrightarrow{u} + \overrightarrow{w}$.

Bei der Addition reeller Zahlen verhält sich die Zahl 0 neutral, d. h., die Addition von 0 zu einer beliebigen anderen reellen Zahl x verändert x nicht, denn es gilt $x + 0 = x$. Analoges finden wir auch für die Vektoraddition:

Satz 2.44. Es existiert sowohl in der Ebene als auch im Raum genau ein Vektor $\vec{0}$, sodass $\vec{u} + \vec{0} = \vec{u}$ für alle Vektoren $\vec{u}$ gilt.

Die Koordinaten der hier betrachteten Vektoren sind reelle Zahlen und folglich hat $\vec{0}$ eine denkbar einfache Gestalt:

Definition 2.45. Der in der Ebene bzw. im Raum definierte Vektor

$$\vec{0} := \begin{pmatrix} 0 \\ 0 \end{pmatrix} \quad \text{bzw.} \quad \vec{0} := \begin{pmatrix} 0 \\ 0 \\ 0 \end{pmatrix}$$

heißt <u>Nullvektor</u>. Man bezeichnet $\vec{0}$ auch als <u>neutrales Element</u> oder <u>neutralen Vektor</u> der Vektoraddition.

Durch den Nullvektor wird keine Verschiebung von Punkten durchgeführt, denn für jeden beliebigen Punkt P gilt $\overrightarrow{0P} + \vec{0} = \overrightarrow{0P}$, d. h., durch die Addition des Nullvektors erfolgt keine Ortsveränderung. Der Nullvektor hat eine <u>unbestimmte Richtung</u>.

Für Anwendungen der Vektoraddition wird es notwendig sein, die durch einen Vektor $\vec{u}$ vorgegebene Richtung beizubehalten, den Vektor selbst aber in seiner Länge zu strecken oder zu stauchen. Dies erreichen wir mit der skalaren Multiplikation.

Definition 2.46. Unter der <u>skalaren Multiplikation</u> wird die Multiplikation eines Vektors $\vec{u}$ mit einem <u>Skalar</u> $r \in \mathbb{R}$ verstanden. In der Ebene wird definiert:

$$\vec{u} = \begin{pmatrix} u_x \\ u_y \end{pmatrix} \quad \Rightarrow \quad r \cdot \vec{u} = \begin{pmatrix} r \cdot u_x \\ r \cdot u_y \end{pmatrix}$$

Analog für Vektoren im Raum:

$$\vec{u} = \begin{pmatrix} u_x \\ u_y \\ u_z \end{pmatrix} \quad \Rightarrow \quad r \cdot \vec{u} = \begin{pmatrix} r \cdot u_x \\ r \cdot u_y \\ r \cdot u_z \end{pmatrix}$$

Statt $r \cdot \vec{u}$ schreibt man kürzer $r\vec{u}$. Man sagt auch: <u>$\vec{u}$ wird skalar mit r multipliziert.</u>

Beispiel 2.47. Skalare Multiplikation des Vektors $\vec{u} = \begin{pmatrix} 4 \\ 3 \end{pmatrix}$ mit $r = 2$ ergibt den Vektor

$2\vec{u} = 2 \begin{pmatrix} 4 \\ 3 \end{pmatrix} = \begin{pmatrix} 2 \cdot 4 \\ 2 \cdot 3 \end{pmatrix} = \begin{pmatrix} 8 \\ 6 \end{pmatrix}$. Weiter berechnen wir die Vektorlängen $|\vec{u}| = 5$ und $|2\vec{u}| = 10$. Das bedeutet, dass die skalare Multiplikation mit $r = 2$ den Vektor $\vec{u}$ in der Länge um den Faktor 2 streckt. ◀

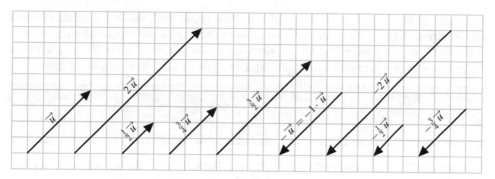

Abb. 33: Skalare Multiplikation eines Vektors

Durch einfaches Nachrechnen gemäß Definition 2.46 lassen sich leicht die folgenden Eigenschaften der skalaren Multiplikation beweisen:

Satz 2.48. In der Ebene bzw. im Raum sei $\mathbb{V}$ die Menge aller möglichen Verschiebungsvektoren gemäß Definition 2.24. Es gelten die folgenden <u>Axiome der skalaren Multiplikation</u>:

a) Die skalare Multiplikation ist eine abgeschlosssene Verknüpfungsoperation, d. h., für alle $\vec{u} \in \mathbb{V}$ und $r \in \mathbb{R}$ gilt:

$$r \cdot \vec{u} \in \mathbb{V}$$

b) Es gilt das erste Distributivgesetz, d. h., für alle $\vec{u}, \vec{v} \in \mathbb{V}$ und $r \in \mathbb{R}$ gilt:

$$r \cdot (\vec{u} + \vec{v}) = r \cdot \vec{u} + r \cdot \vec{v}$$

c) Es gilt das zweite Distributivgesetz, d. h., für alle $\vec{u} \in \mathbb{V}$ und $r, s \in \mathbb{R}$ gilt:

$$(r + s) \cdot \vec{u} = r \cdot \vec{u} + s \cdot \vec{u}$$

d) Der Skalar $r = 1$ ist das eindeutig bestimmte <u>neutrale Element</u> der skalaren Multiplikation, d. h., für alle $\vec{u} \in \mathbb{V}$ gilt $1 \cdot \vec{u} = \vec{u}$.

Ebenso durch Nachrechnen leicht zu verifizieren sind die folgenden Aussagen:

Satz 2.49. In der Ebene bzw. im Raum sei $\vec{u}$ ein beliebiger Vektor und $r \in \mathbb{R}$ ein Skalar. Dann gilt:

a) $\left| r\vec{u} \right| = |r| \cdot \left| \vec{u} \right|$

b) $\left| r\vec{u} \right| > \left| \vec{u} \right|$ für $|r| > 1$ und $\vec{u} \neq \vec{0}$

c) $\left| r\vec{u} \right| < \left| \vec{u} \right|$ für $0 \leq |r| < 1$ und $\vec{u} \neq \vec{0}$

d) $\left| r\vec{u} \right| = 0$ für $r = 0$ oder $\vec{u} = \vec{0}$

Die Subtraktion einer reellen Zahl x von sich selbst ergibt Null, also das neutrale Element der Addition, d. h. $x - x = 0$. Aus algebraischer Sicht ist eine gesonderte Definition einer Subtraktion reeller Zahlen überflüssig, denn schreiben wir $x + (-x) = 0$, dann wird die Subtraktion auf die Addition zurückgeführt. Dies lässt sich auf Vektoren übertragen:

Satz 2.50. Zu jedem Vektor $\vec{u}$ der Ebene bzw. des Raums gibt es genau einen Vektor $-\vec{u}$, so dass gilt:
$$\vec{u} + (-\vec{u}) = \vec{0}$$

Wie bei der Definition des Nullvektors gibt die Tatsache, dass die Koordinaten der hier betrachteten Vektoren reelle Zahlen sind, die Gestalt von $-\vec{u}$ vor.

Definition 2.51. Der Vektor
$$-\vec{u} := -1 \cdot \vec{u}$$
heißt <u>Gegenvektor</u> (oder <u>inverser Vektor</u>) zu $\vec{u}$.

Die Bezeichnung Gegenvektor ist dabei anschaulich klar, denn $\vec{u}$ und $-\vec{u}$ sind parallel, gleich lang, aber entgegengesetzt gerichtet.

Beispiel 2.52. Durch zwei beliebige Punkte A und B wird ein Vektor $\vec{u} = \overrightarrow{AB}$ festgelegt. Der Gegenvektor ist $-\vec{u} = -\overrightarrow{AB} = \overrightarrow{BA}$.   ◄

Beispiel 2.53. Der Gegenvektor zu $\vec{u} = \begin{pmatrix} 1 \\ -2 \\ 3 \end{pmatrix}$ ist $-\vec{u} = \begin{pmatrix} -1 \\ 2 \\ -3 \end{pmatrix}$.   ◄

Im Zusammenspiel von (2.17) und (2.19) mit den Definitionen 2.23 und 2.51 wird klar, dass allgemein
$$\vec{u} \neq -\vec{u}$$
gilt, denn $\vec{u}$ und $-\vec{u}$ haben zwar die gleiche Länge, aber verschiedene Richtungen. Einzige Ausnahme ist natürlich der Nullvektor, für den $\vec{0} = -\vec{0}$ gilt.

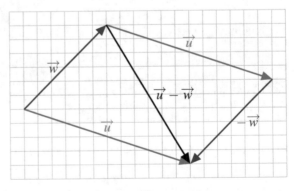

Abb. 34: Parallelogrammregel zur Subtraktion von Vektoren

Die Richtung eines Vektors wird in grafischen Darstellungen festgelegt durch die Pfeilspitze und rechnerisch durch die Vorzeichen der x-, y- und z-Koordinaten. Folglich können wir die Subtraktion zweier Vektoren auf die Addition von Vektoren zurückführen, womit sich auch die Parallelogrammregel der Vektoraddition überträgt (siehe Abb. 34). Die Subtraktion als Rechenoperation auf der Menge aller Vektoren stellt also lediglich einen Sonderfall der Vektoraddition dar.

Definition 2.54. Die Differenz $\vec{u} - \vec{w}$ der Vektoren $\vec{u}$ und $\vec{w}$ wird definiert durch

$$\vec{u} - \vec{w} := \vec{u} + (-\vec{w}).$$

Beispiel 2.55. Für die Vektoren $\vec{u} = \begin{pmatrix} 1 \\ 2 \end{pmatrix}$ und $\vec{w} = \begin{pmatrix} 8 \\ -2 \end{pmatrix}$ berechnen wir die Differenz

$$\vec{u} - \vec{w} = \vec{u} + (-\vec{w}) = \begin{pmatrix} 1 \\ 2 \end{pmatrix} + \begin{pmatrix} -8 \\ 2 \end{pmatrix} = \begin{pmatrix} -7 \\ 4 \end{pmatrix}. \qquad \blacktriangleleft$$

Durch einfaches Nachrechnen gemäß Definition 2.35 und unter Anwendung der Rechenregeln für reelle Zahlen auf die Vektorkoordinaten lassen sich leicht die im folgenden Satz genannten Eigenschaften der Vektoraddition beweisen.

Satz 2.56. In der Ebene bzw. im Raum sei $\mathbb{V}$ die Menge aller möglichen Verschiebungsvektoren gemäß Definition 2.24. Es gelten die folgenden <u>Axiome der Vektoraddition</u>:

a) Die Vektoraddition ist eine abgeschlosssene Verknüpfungsoperation, d. h., für alle $\vec{u}, \vec{v} \in \mathbb{V}$ gilt:

$$\vec{u} + \vec{v} \in \mathbb{V}$$

b) Es gilt das Assoziativgesetz, d. h., für alle $\vec{u}, \vec{v}, \vec{w} \in \mathbb{V}$ gilt:

$$(\vec{u} + \vec{v}) + \vec{w} = \vec{u} + (\vec{v} + \vec{w})$$

c) Der Nullvektor $\vec{0}$ ist das eindeutig bestimmte <u>neutrale Element</u> der Vektoraddition, d. h., für alle $\vec{v} \in \mathbb{V}$ gilt:

$$\vec{v} + \vec{0} = \vec{v}$$

d) Zu jedem $\vec{v} \in \mathbb{V}$ existiert mit $-\vec{v} \in \mathbb{V}$ ein Gegenvektor, d. h. $\vec{v} + (-\vec{v}) = \vec{0}$.

e) Es gilt das Kommutativgesetz, d. h., für alle $\vec{u}, \vec{v} \in \mathbb{V}$ gilt:

$$\vec{u} + \vec{v} = \vec{v} + \vec{u}$$

Wir kehren noch einmal zurück zur skalaren Multiplikation und stellen einen Zusammenhang zur Länge von Vektoren her. Dazu benötigen wir:

Definition 2.57. Ein Vektor $\vec{u}$ heißt <u>Einheitsvektor</u>, wenn $|\vec{u}| = 1$ gilt.

Offenbar lässt sich aus jedem Vektor $\vec{u} \neq \vec{0}$ ein Einheitsvektor gewinnen, wenn $\vec{u}$ skalar mit dem Kehrwert seiner Länge multipliziert wird, d. h.:

$$\vec{w} := \frac{1}{|\vec{u}|} \cdot \vec{u} \quad \Rightarrow \quad |\vec{w}| = \left| \frac{1}{|\vec{u}|} \cdot \vec{u} \right| = \frac{1}{|\vec{u}|} \cdot |\vec{u}| = 1 \qquad (2.58)$$

Der Vektor $\vec{w}$ ist ein Einheitsvektor und hat die gleiche Richtung wie $\vec{u}$. In diesem Zusammenhang sei auf eine häufig verwendete sprachliche Festlegung hingewiesen:

Definition 2.59. Wird ein Vektor $\vec{u} \neq \vec{0}$ mit dem Kehrwert seiner Länge $\frac{1}{|\vec{u}|}$ multipliziert, so sagt man: $\underline{\vec{u} \text{ wird auf die Länge Eins normiert.}}$

Beispiel 2.60. Der Vektor $\vec{u} = \begin{pmatrix} 3 \\ 4 \end{pmatrix}$ hat die Länge $|\vec{u}| = 5$. Normierung von $\vec{u}$ auf die

Länge Eins ergibt den Einheitsvektor $\vec{w} = \frac{1}{5} \begin{pmatrix} 3 \\ 4 \end{pmatrix}$.   ◀

Durch Kombination von Vektoraddition und skalarer Multiplikation lassen sich $\underline{\text{Vektorgleichungen}}$ bilden. Das sind Gleichungen der Gestalt

$$r_1 \vec{u}_1 + r_2 \vec{u}_2 + \ldots + r_n \vec{u}_n = \vec{w} \,, \tag{2.61}$$

die aus $(n+1)$ Vektoren $\vec{u}_1, \ldots, \vec{u}_n, \vec{w}$ und $n \in \mathbb{N}$ Skalaren $r_1, \ldots, r_n \in \mathbb{R}$ gebildet werden. Vektorgleichungen eignen sich gut, um das Rechnen mit Vektoren zu trainieren. Interessant ist dabei die Vielfalt der möglichen Aufgabenstellungen, denn es können Skalare r_i, ganze Vektoren $\vec{u}_i$ oder einzelne Vektorkoordinaten als Unbekannte der Gleichung vorkommen.

In der Ebene lassen sich Vektorgleichungen grafisch lösen. Das ist dann sinnvoll, wenn Vektorkoordinaten und Skalare ganzzahlig sind.

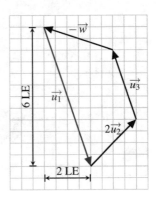

Beispiel 2.62. Gesucht ist ein Vektor $\vec{u}_1$, der die Vektorgleichung $\vec{u}_1 + 2\vec{u}_2 + \vec{u}_3 = \vec{w}$ mit den Vektoren

$$\vec{u}_2 = \begin{pmatrix} 1 \\ 1 \end{pmatrix}, \ \vec{u}_3 = \begin{pmatrix} -1 \\ 3 \end{pmatrix} \ \text{und} \ \vec{w} = \begin{pmatrix} 3 \\ -1 \end{pmatrix}$$

löst. Subtrahieren wir $\vec{w}$, dann ergibt sich die Gleichung $\vec{u}_1 + 2\vec{u}_2 + \vec{u}_3 - \vec{w} = \vec{0}$. Zur grafischen Lösung dieser Gleichung zeichnen wir den Vektor $2\vec{u}_2 = \begin{pmatrix} 2 \\ 2 \end{pmatrix}$ auf ein kariertes

Abb. 35

tes Blatt Papier (1 LE = 1 cm). Dann addieren wir grafisch den Vektor $\vec{u}_3$ dazu, indem wir $\vec{u}_3$ an die Pfeilspitze von $2\vec{u}_2$ antragen. Zum so erhaltenen Vektor $2\vec{u}_2 + \vec{u}_3$ addieren wir $-\vec{w} = \begin{pmatrix} -3 \\ 1 \end{pmatrix}$. Das ergibt den

Vektor $2\vec{u}_2 + \vec{u}_3 - \vec{w}$. Der gesuchte Vektor $\vec{u}_1$ schließt die Vektorkette, d. h., wird $\vec{u}_1$ an die Pfeilspitze von $2\vec{u}_2 + \vec{u}_3 - \vec{w}$ angetragen, dann muss die Pfeilspitze von $\vec{u}_1$ am Anfang der Vektorkette $2\vec{u}_2 + \vec{u}_3 - \vec{w}$ enden (siehe Abb. 35). Es bleiben die in x- bzw. y-Richtung

zurückgelegten LE zu zählen, und dies ergibt $\vec{u}_1 = \begin{pmatrix} 2 \\ -6 \end{pmatrix}$.   ◀

Die grafische Lösung von Gleichungen bleibt natürlich eine Ausnahme, die rechnerische Lösung ist die Regel.

Beispiel 2.63. Die Vektorgleichung aus Beispiel 2.62 lässt sich rechnerisch lösen, indem man die Gleichung $\vec{u_1} + 2\vec{u_2} + \vec{u_3} = \vec{w}$ nach $\vec{u_1}$ umstellt:

$$\vec{u_1} = \vec{w} - 2\vec{u_2} - \vec{u_3} = \begin{pmatrix} 3 \\ -1 \end{pmatrix} - 2\begin{pmatrix} 1 \\ 1 \end{pmatrix} - \begin{pmatrix} -1 \\ 3 \end{pmatrix} = \begin{pmatrix} 3-2+1 \\ -1-2-3 \end{pmatrix} = \begin{pmatrix} 2 \\ -6 \end{pmatrix} \blacktriangleleft$$

Der einfachste Fall einer Vektorgleichung hat die Gestalt $r\vec{u} = \vec{w}$. In der Ebene bzw. im Raum bedeutet das genauer

$$r\begin{pmatrix} u_x \\ u_y \end{pmatrix} = \begin{pmatrix} w_x \\ w_y \end{pmatrix} \quad \text{bzw.} \quad r\begin{pmatrix} u_x \\ u_y \\ u_z \end{pmatrix} = \begin{pmatrix} w_x \\ w_y \\ w_z \end{pmatrix}.$$

Die Lösbarkeit solcher Gleichungen hängt unter anderem davon ab, was in dieser Gleichung die Unbekannten sind. Sind zum Beispiel die Koordinaten des Vektors $\vec{w}$ und der Skalar $r \in \mathbb{R}$ gegeben und die Koordinaten des Vektors $\vec{u}$ gesucht, dann hat die Gleichung für $r \neq 0$ stets eine Lösung.

Beispiel 2.64. Gesucht ist ein Vektor $\vec{u} = \begin{pmatrix} u_x \\ u_y \end{pmatrix}$, sodass die Gleichung $2\vec{u} = \begin{pmatrix} 2 \\ 8 \end{pmatrix}$ gilt. Wir multiplizieren die Gleichung auf beiden Seiten skalar mit $\frac{1}{2}$, was offensichtlich eine äquivalente Umformung der Gleichung darstellt:

$$2\vec{u} = \begin{pmatrix} 2 \\ 8 \end{pmatrix} \quad \Leftrightarrow \quad \tfrac{1}{2} \cdot 2\vec{u} = \tfrac{1}{2}\begin{pmatrix} 2 \\ 8 \end{pmatrix} \quad \Leftrightarrow \quad \vec{u} = \begin{pmatrix} 1 \\ 4 \end{pmatrix} \qquad \blacktriangleleft$$

Bereits etwas mehr Aufwand macht der Fall, dass zum Beispiel $\vec{w}$, r und eine Koordinate von $\vec{u}$ bekannt sind. Die folgenden beiden Beispiele zeigen, dass eine solche Gleichung eine Lösung haben kann, aber auch nicht lösbar sein kann.

Beispiel 2.65. Es ist die Lösbarkeit der Vektorgleichung $2\begin{pmatrix} x \\ 3 \end{pmatrix} = \begin{pmatrix} 4 \\ 6 \end{pmatrix}$ zu untersuchen.

Nach Definition der skalaren Multiplikation muss $2x = 4$ gelten, d. h. $x = 2$. Dies ist die Lösung der Vektorgleichung, wie durch Nachrechnen leicht überprüft wird. $\blacktriangleleft$

Beispiel 2.66. Die Vektorgleichung $2\begin{pmatrix} x \\ 3 \end{pmatrix} = \begin{pmatrix} 4 \\ -6 \end{pmatrix}$ hat keine Lösung, denn für die y-Koordinaten gilt $2 \cdot 3 = 6 \neq -6$. $\blacktriangleleft$

Der Aufwand zur Lösung steigt, je mehr Vektoren eine Vektorgleichung enthält. Wir betrachten jetzt Vektorgleichungen der Gestalt $r\vec{u} + s\vec{v} = \vec{w}$. Das bedeutet in der Ebene in Koordinatenschreibweise:

$$r\begin{pmatrix} u_x \\ u_y \end{pmatrix} + s\begin{pmatrix} v_x \\ v_y \end{pmatrix} = \begin{pmatrix} w_x \\ w_y \end{pmatrix}$$

Die Lösbarkeit und sogar die Wahl einer möglichen Lösungsstrategie für eine solche Gleichung hängt davon ab, ob die Skalare r, s oder die Koordinaten von $\vec{u}$, $\vec{v}$ und $\vec{w}$ gegeben oder unbekannt sind.

Beispiel 2.67. Es ist die Lösbarkeit der Vektorgleichung

$$2 \begin{pmatrix} 2 \\ 3 \end{pmatrix} + s \begin{pmatrix} -1 \\ 5 \end{pmatrix} = \begin{pmatrix} 8 \\ -14 \end{pmatrix}$$

zu untersuchen. Da die Vektoren $2 \begin{pmatrix} 2 \\ 3 \end{pmatrix}$ und $\begin{pmatrix} 8 \\ -14 \end{pmatrix}$ keine Variablen enthalten, können

wir die Gleichung durch Subtraktion von $2 \begin{pmatrix} 2 \\ 3 \end{pmatrix}$ umformen zu $s \begin{pmatrix} -1 \\ 5 \end{pmatrix} = \begin{pmatrix} 4 \\ -20 \end{pmatrix}$. Gibt

es einen Skalar $s \in \mathbb{R}$, der diese Gleichung löst, dann ist dieser Wert eindeutig bestimmt und muss die Gleichungen erfüllen, die den x-bzw. y-Koordinaten zugeordnet werden können, d. h., s ist Lösung des folgenden linearen Gleichungssystems:

$$\begin{aligned} \text{I} &: -s = 4 \\ \text{II} &: 5s = -20 \end{aligned}$$

Aus Gleichung I folgt $s = -4$, aus Gleichung II folgt ebenfalls $s = -4$. Folglich ist $s = -4$ die Lösung des Gleichungssystems und damit die Lösung der Vektorgleichung.   ◄

Beispiel 2.68. Es ist die Lösbarkeit der Vektorgleichung

$$\begin{pmatrix} a \\ a \end{pmatrix} + 3 \begin{pmatrix} b \\ a+2b \end{pmatrix} = \begin{pmatrix} 2 \\ a \end{pmatrix}$$

zu untersuchen. Hier gibt es zwei Unbekannte a und b. Gibt es eine Lösung, dann muss diese die Gleichungen erfüllen, die den x-bzw. y-Koordinaten zugeordnet werden können. Diese Gleichungen ergeben zusammen das folgende lineare Gleichungssystem (I-II):

$$\begin{Bmatrix} \text{I} : a + 3b = 2 \\ \text{II} : a + 3(a+2b) = a \end{Bmatrix} \quad \Leftrightarrow \quad \begin{Bmatrix} \text{I} : a + 3b = 2 \\ \text{II} : 3a + 6b = 0 \end{Bmatrix}$$

Zum Beispiel mit dem Additionsverfahren wird die eindeutige Lösung $(a; b) = (-4; 2)$ des Gleichungssystems ermittelt.   ◄

Im Raum kommt bei den Rechnungen jeweils die Betrachtung der den z-Koordinaten zugeordneten Gleichung hinzu. Unabhängig davon, ob Vektorgleichungen in der Ebene oder im Raum zu lösen sind, besteht ein Lösungsansatz darin, ihre Lösung auf (nicht notwendig lineare) Gleichungssysteme zurückzuführen. Diese werden aus den Gleichungen gebildet, die den x-, y- und im Raum zusätzlich den z-Koordinaten zugeordnet sind. Die Anzahl der Lösungen dieses Gleichungssystems entspricht der Anzahl der Lösungen der Vektorgleichung. Die Methode, Vektorgleichungen in lineare oder nichtlineare Gleichungssysteme zu überführen und aus deren Lösungen Rückschlüsse auf die Lösungen der Vektorgleichung zu ziehen, wird uns in vielfältiger Weise begegnen.

Mit den Rechenregeln zur Addition und zur skalaren Multiplikation von Verschiebungs-vektoren haben wir Regeln kennengelernt, die sich als wichtiges Merkmal der Menge $\mathbb{V}$ aller möglichen Verschiebungsvektoren in der Ebene bzw. im Raum herausstellen. Deshalb ist es gerechtfertigt, der Menge $\mathbb{V}$ einen eigenen Namen zu geben:

> **Definition 2.69.** In der Ebene bzw. im Raum sei $\mathbb{V}$ die Menge aller möglichen Verschie-bungsvektoren gemäß Definition 2.24. Die Menge $\mathbb{V}$ *zusammen* mit der Vektoraddition als <u>innerer Verknüpfung</u> und der skalaren Multiplikation als <u>äußerer Verknüpfung</u> heißt <u>Vektorraum</u>.

Die Bezeichnung Vektorraum ist aber kein Alleinstellungsmerkmal für die hier betrachte-ten Verschiebungsvektoren, denn es gibt viele weitere Mengen, für deren Elemente sich geeignete Rechenoperationen definieren lassen, die gewissen Rechenregeln (den Axio-men) genügen. Die Elemente solcher Mengen müssen dabei nicht notwendig durch Pfeile repräsentiert werden, wie das bei den Verschiebungsvektoren der Fall ist.

Das Konzept des Vektorraums lässt sich folgendermaßen verallgemeinern: Sei $\mathbb{V}$ eine Menge, deren Elementen eine geeignete Grundmenge $\mathbb{K}$ zugrunde liegt, in der gewisse Grundrechenoperationen und Rechenregeln definiert sind. Auf $\mathbb{V}$ sei eine *Addition* $\oplus : \mathbb{V} \times \mathbb{V} \to \mathbb{V}$ als innere Verknüpfung und eine *(skalare) Multiplikation* $\odot : \mathbb{K} \times \mathbb{V} \to \mathbb{V}$ als äußere Verknüpfung definiert. Erfüllt die Addition $\oplus$ sinngemäß die Axiome aus Satz 2.56 und erfüllt die Multiplikation $\odot$ sinngemäß die Axiome aus Satz 2.48, dann heißt die <u>algebraische Struktur</u> $(\mathbb{V}, \oplus, \odot)$ Vektorraum. Die Elemente von $\mathbb{V}$ heißen *Vekto-ren*. Die (Zahl-) Menge $\mathbb{K}$ ist ihrerseits ebenfalls eine algebraische (Grund-) Struktur, die als <u>Körper</u> bezeichnet wird, und die Elemente von $\mathbb{K}$ bezeichnet man häufig als *Skalare*.

Das Standardbeispiel für einen Vektorraum ist $\mathbb{V} = \mathbb{K} = \mathbb{R}$ mit der üblichen Addition reel-ler Zahlen als innerer Verknüpfung und der Multiplikation als äußerer Verknüpfung, d. h., die Menge der reellen Zahlen ist zugleich Körper und Vektorraum. Ein weiteres Beispiel für einen Vektorraum $(\mathbb{V}, \oplus, \odot)$ ist die Menge aller ganzrationalen Funktionen mit der Addition $(f \oplus g)(x) := f(x) + g(x)$ zweier Funktionen f und g als innerer Verknüpfung und der Multiplikation $(r \odot f)(x) := r \cdot f(x)$ als äußerer Verknüpfung.

Die in der Ebene oder im Raum definierte Menge der Verschiebungsvektoren zusammen mit der Vektoraddition und der skalaren Multiplikation bezeichnet man auch als Vektor-raum $\mathbb{V}_2$ (bzw. $\mathbb{V}_3$) der Verschiebungen im zwei- (bzw. dreidimensionalen) Punktraum $\mathbb{R}^2$ (bzw. $\mathbb{R}^3$). Dieses Vektorraummodell lässt für $n \in \mathbb{N}$ auf die sogenannten n-Tupelräume $\mathbb{R}^n$ verallgemeinern, deren Elemente (die „Vektoren") durch n-Tupel dargestellt werden. Mit ihnen wird für $n > 3$ nicht nur die dritte Dimension überwunden, sondern über Orts-vektoren in Koordinatensystemen das Rechnen mit Punkten ermöglicht.

Es fällt auf, dass die Elemente des $\mathbb{V}_2$ und $\mathbb{R}^2$ bzw. $\mathbb{V}_3$ und $\mathbb{R}^3$ die gleiche Struktur ha-ben. Der einzige Unterschied besteht in der Interpretation ihrer Elemente, die je nach An-wendung (z. B. in der Physik, Finanzmathematik, Vermessungskunde, ...) unterschiedliche Bedeutungen haben. Aufgrund der gleichen Struktur von $\mathbb{V}_2$ und $\mathbb{R}^2$ bzw. $\mathbb{V}_3$ und $\mathbb{R}^3$ über-tragen sich die meisten der bisher und nachfolgend genannten Aussagen und Rechenregeln des $\mathbb{V}_2$ (bzw. $\mathbb{V}_3$) auch auf den $\mathbb{R}^2$ (bzw. $\mathbb{R}^3$). Wir werden deshalb im Folgenden die reelle Zahlenebene durch $\mathbb{R}^2$ und den dreidimensionalen rellen Zahlraum (nachfolgend weiter kurz als *der* Raum bezeichnet) durch $\mathbb{R}^3$ identifizieren. Dabei müssen wir aber gelegentlich darauf achten, dass die Symbole $\mathbb{R}^2$ bzw. $\mathbb{R}^3$ jeweils zwei unterschiedliche Bedeutungen haben: Einerseits als Punkträume, d. h., ihre Elemente werden als Punkte bezeichnet und repräsentieren eine Position in der Ebene bzw. im Raum. Andererseits als Vektorräume, d. h., ihre Elemente werden als Vektoren bezeichnet und stellen z. B. eine Verschiebung von Punkten in der Ebene bzw. im Raum dar.

Aufgaben zum Abschnitt 2.3

Aufgabe 2.3.1: Gegeben seien in der Ebene die Vektoren $\vec{a}$, $\vec{b}$ und $\vec{c}$ gemäß Abb. 36. Ermitteln Sie grafisch:

a) $\vec{a} + \vec{b} + \vec{c}$ b) $-\vec{a} - \vec{b} - \vec{c}$

c) $\vec{a} - \vec{b} - \vec{c}$ d) $2\vec{a} + \vec{b}$

e) $\vec{a} - \frac{1}{2}\vec{b} + \frac{5}{2}\vec{c}$ f) $\frac{3}{2}\vec{a} + \frac{1}{2}\vec{b} + \frac{3}{2}\vec{c}$

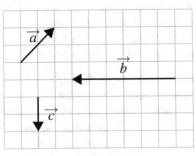

Abb. 36

Aufgabe 2.3.2: Gegeben seien in der Ebene die Vektoren $\vec{a}$, $\vec{b}$ und $\vec{c}$ gemäß Abb. 37. Ermitteln Sie grafisch die folgenden Vektoren:

a) $\vec{u} := 2\vec{a} + \vec{b} + \vec{c}$

b) $\vec{v}$ derart, dass $3\vec{a} - \vec{b} + 3\vec{c} + \vec{v} = \vec{0}$

c) $\vec{w}$ derart, dass $4\vec{a} + \frac{3}{2}\vec{b} - 2\vec{c} + 2\vec{w} = \vec{0}$

Aufgabe 2.3.3: Weisen Sie den Koordinaten der Vektoren

$$\vec{a} = \begin{pmatrix} a_x \\ a_y \end{pmatrix} \quad , \quad \vec{b} = \begin{pmatrix} b_x \\ b_y \end{pmatrix} \quad , \quad \vec{c} = \begin{pmatrix} c_x \\ c_y \end{pmatrix}$$

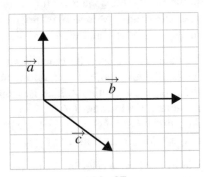

Abb. 37

aus Aufgabe 2.3.2 reelle Zahlenwerte zu. Berechnen Sie damit die Vektoren $\vec{u}$, $\vec{v}$ und $\vec{w}$ aus Aufgabe 2.3.2. Vergleichen Sie mit den Ergebnissen aus Aufgabe 2.3.2.

Aufgabe 2.3.4: Ermitteln Sie die Koordinaten der Punkte A und B in Abb. 38 sowie die Vektoren $\overrightarrow{OA}$, $\overrightarrow{OB}$, $\overrightarrow{AB}$ und $\overrightarrow{BA}$. Stellen Sie Beziehungen zwischen den Vektoren $\overrightarrow{OA}$, $\overrightarrow{OB}$, $\overrightarrow{AB}$ und $\overrightarrow{BA}$ her.

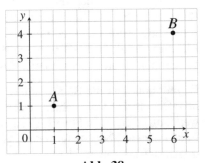

Abb. 38

Aufgabe 2.3.5: Berechnen Sie:

a) $3 \cdot \begin{pmatrix} 4 \\ 7 \end{pmatrix}$

b) $\begin{pmatrix} 3 \\ 5 \end{pmatrix} + \begin{pmatrix} -2 \\ 3 \end{pmatrix}$

c) $2 \cdot \begin{pmatrix} 1 \\ 3 \end{pmatrix} + 3 \cdot \begin{pmatrix} 6 \\ 2 \end{pmatrix}$

d) $2 \cdot \begin{pmatrix} 1 \\ 3 \end{pmatrix} - 3 \cdot \begin{pmatrix} 6 \\ 2 \end{pmatrix}$

e) $2 \cdot \begin{pmatrix} 1 \\ 0 \end{pmatrix} + 2 \cdot \begin{pmatrix} 0 \\ 5 \end{pmatrix} - 3 \cdot \begin{pmatrix} 2 \\ 7 \end{pmatrix}$

f) $-\begin{pmatrix} 3 \\ -1 \end{pmatrix} - 2 \cdot \left[2 \cdot \begin{pmatrix} 1 \\ 1 \end{pmatrix} - 2 \cdot \begin{pmatrix} 3 \\ -1 \end{pmatrix} \right]$

Aufgabe 2.3.6: Berechnen Sie:

a) $2 \cdot \begin{pmatrix} 1 \\ -2 \\ 5 \end{pmatrix}$

b) $-2 \cdot \begin{pmatrix} 1 \\ -2 \\ 5 \end{pmatrix}$

c) $\begin{pmatrix} 1 \\ -2 \\ 5 \end{pmatrix} + \begin{pmatrix} 12 \\ 2 \\ -7 \end{pmatrix}$

d) $\begin{pmatrix} 1 \\ -2 \\ 5 \end{pmatrix} - \begin{pmatrix} 12 \\ 2 \\ -7 \end{pmatrix}$

e) $2 \cdot \begin{pmatrix} 1 \\ 2 \\ 3 \end{pmatrix} + 3 \cdot \begin{pmatrix} 12 \\ 2 \\ -7 \end{pmatrix}$

f) $2 \cdot \begin{pmatrix} 1 \\ 2 \\ 3 \end{pmatrix} - 3 \cdot \begin{pmatrix} 12 \\ 2 \\ -7 \end{pmatrix}$

g) $-2 \cdot \begin{pmatrix} 1 \\ 2 \\ 3 \end{pmatrix} + 3 \cdot \begin{pmatrix} 12 \\ 2 \\ -7 \end{pmatrix}$

h) $3 \cdot \begin{pmatrix} -1 \\ -2 \\ 3 \end{pmatrix} + 2 \cdot \begin{pmatrix} -4 \\ 5 \\ 0 \end{pmatrix} - 5 \cdot \begin{pmatrix} 0 \\ 6 \\ -7 \end{pmatrix}$

i) $\frac{1}{2} \cdot \begin{pmatrix} 1 \\ 2 \\ 3 \end{pmatrix} + \frac{1}{4} \cdot \begin{pmatrix} 4 \\ 5 \\ 6 \end{pmatrix}$

j) $3 \cdot \begin{pmatrix} -1 \\ -2 \\ 3 \end{pmatrix} + 2 \cdot \left[\begin{pmatrix} -4 \\ 5 \\ 0 \end{pmatrix} + \begin{pmatrix} 0 \\ 6 \\ -7 \end{pmatrix} \right]$

k) $-2 \cdot \begin{pmatrix} 1 \\ 2 \\ 3 \end{pmatrix} - 3 \cdot \begin{pmatrix} 12 \\ 2 \\ -7 \end{pmatrix}$

l) $3 \cdot \begin{pmatrix} -1 \\ -2 \\ 3 \end{pmatrix} + 2 \cdot \left[\begin{pmatrix} -4 \\ 5 \\ 0 \end{pmatrix} - 2 \cdot \begin{pmatrix} 0 \\ 6 \\ -7 \end{pmatrix} \right]$

Aufgabe 2.3.7: Vereinfachen Sie:

a) $\left[(-\vec{a} + \vec{c}) + (-\vec{b}) \right] + \vec{a} + \vec{b}$

b) $\vec{a} + \left[(\vec{x} + (-\vec{a})) + (\vec{a} + (-\vec{x})) \right]$

c) $\vec{p} + \vec{u} - (\vec{x} + \vec{0}) - (\vec{0} + \vec{p}) - (\vec{0} - \vec{x})$

d) $\vec{a} + \vec{b} - (\vec{a} - \vec{c}) - \left[\vec{c} + \vec{b} - (\vec{a} + \vec{c}) \right] - \left[\vec{a} + (\vec{c} - \vec{a}) \right]$

e) $\vec{a} - \left[-(\vec{b} - (\vec{c} - \vec{a})) + (-(\vec{a} - \vec{b}) + (\vec{a} - \vec{c})) \right] - (\vec{a} + \vec{b})$

f) $2 \left[2(\vec{u} + 6\vec{w}) - 3(\vec{u} + 4\vec{w}) \right] + 5(\vec{u} - \vec{w} + 100\vec{0}) + 4(\vec{w} - 30\vec{0} + \vec{u})$

Aufgabe 2.3.8: Drücken Sie die für jeden Vektor $\vec{u}$ gültige Gleichung $\vec{u} + (-\vec{u}) = \vec{0}$ durch Repräsentanten von $\vec{u}$, $-\vec{u}$ und $\vec{0}$ aus.

Aufgabe 2.3.9: Lösen Sie die folgenden Gleichungen nach $\vec{x}$ auf:

a) $\vec{a} + \vec{x} - \vec{b} = \vec{a} + \vec{b}$

b) $\vec{a} + \vec{x} + \vec{b} = \vec{p} - \vec{a} - \vec{b}$

c) $-(\vec{a} - \vec{x}) = -(\vec{b} + \vec{x})$

d) $-(-\vec{x} + 2\vec{a}) = 4\vec{b} - \vec{x}$

e) $-(\vec{p} - \vec{x}) - \vec{a} = \vec{x} - (\vec{x} + \vec{w})$

f) $10\vec{x} + \vec{a} = 4(2\vec{x} - 4\vec{a} + \vec{b})$

g) $\frac{1}{2}\vec{x} - 2\vec{a} = \vec{x}$

h) $\frac{3}{2}(\vec{x} - 2\vec{a}) = -\frac{3}{4}(\vec{a} - \vec{x})$

Aufgabe 2.3.10: Bestimmen Sie (falls möglich) $a \in \mathbb{R}$ bzw. $b \in \mathbb{R}$ so, dass die folgenden Vektorgleichungen erfüllt sind:

a) $a \begin{pmatrix} 5 \\ 3 \end{pmatrix} = \begin{pmatrix} 15 \\ 9 \end{pmatrix}$

b) $a \begin{pmatrix} 5 \\ 3 \end{pmatrix} = \begin{pmatrix} -15 \\ 9 \end{pmatrix}$

c) $a \begin{pmatrix} 1 \\ 4 \end{pmatrix} + b \begin{pmatrix} 3 \\ 8 \end{pmatrix} = \begin{pmatrix} 1 \\ 0 \end{pmatrix}$

d) $a \begin{pmatrix} -1 \\ 2 \end{pmatrix} = b \begin{pmatrix} 2 \\ -4 \end{pmatrix}$

e) $a \begin{pmatrix} 2 \\ 4 \end{pmatrix} - \begin{pmatrix} 1 \\ 1 \end{pmatrix} = b \begin{pmatrix} -1 \\ 1 \end{pmatrix}$

f) $a \begin{pmatrix} 5 \\ 4 \end{pmatrix} + b \begin{pmatrix} 10 \\ 8 \end{pmatrix} = \begin{pmatrix} -5 \\ 4 \end{pmatrix}$

g) $a \begin{pmatrix} 1 \\ 2 \end{pmatrix} + b \begin{pmatrix} 2 \\ -1 \end{pmatrix} = \begin{pmatrix} -1 \\ 8 \end{pmatrix}$

h) $\begin{pmatrix} a \\ 1 \end{pmatrix} + \begin{pmatrix} 2 \\ b \end{pmatrix} = \begin{pmatrix} 3 \\ 4 \end{pmatrix}$

i) $\begin{pmatrix} a \\ 1 \end{pmatrix} + \begin{pmatrix} b \\ 2 \end{pmatrix} = \begin{pmatrix} 4 \\ 3 \end{pmatrix}$

j) $2 \begin{pmatrix} 1 \\ a \end{pmatrix} - 3 \begin{pmatrix} b \\ b+1 \end{pmatrix} = \begin{pmatrix} 1 \\ 0 \end{pmatrix}$

Aufgabe 2.3.11: Bestimmen Sie (falls möglich) $r, s \in \mathbb{R}$ so, dass die folgenden Vektorgleichungen erfüllt sind:

a) $r \cdot \begin{pmatrix} 4 \\ -2 \\ 3 \end{pmatrix} = \begin{pmatrix} -12 \\ 6 \\ -9 \end{pmatrix}$

b) $r \cdot \begin{pmatrix} 4 \\ -2 \\ 3 \end{pmatrix} = \begin{pmatrix} 12 \\ 6 \\ 9 \end{pmatrix}$

c) $r \cdot \begin{pmatrix} 3 \\ 2 \\ -1 \end{pmatrix} + s \begin{pmatrix} -2 \\ 1 \\ 4 \end{pmatrix} = \begin{pmatrix} -12 \\ -1 \\ 14 \end{pmatrix}$

d) $r \cdot \begin{pmatrix} 1 \\ 2 \\ 3 \end{pmatrix} = s \cdot \begin{pmatrix} 4 \\ 5 \\ 6 \end{pmatrix}$

e) $\begin{pmatrix} s \\ -4 \\ 4 \end{pmatrix} = \begin{pmatrix} -1 \\ 2 \\ s-2 \end{pmatrix} + \begin{pmatrix} 2 \\ s+8 \\ 11 \end{pmatrix}$

f) $\begin{pmatrix} 2s+7 \\ 4 \\ -4 \end{pmatrix} = \begin{pmatrix} 8 \\ 2 \\ s+11 \end{pmatrix} + \begin{pmatrix} s+2 \\ s-1 \\ -18 \end{pmatrix}$

g) $\begin{pmatrix} s^2 \\ 4-s \\ -7s \end{pmatrix} + \begin{pmatrix} s-6 \\ s^2 \\ s^2+17 \end{pmatrix} = \begin{pmatrix} 0 \\ 6 \\ 7 \end{pmatrix}$

h) $\begin{pmatrix} s^4 \\ -20s^2 \\ -323 \end{pmatrix} + \begin{pmatrix} -13s^2 \\ 2s^4 \\ 45s^2 \end{pmatrix} = \begin{pmatrix} -36 \\ -18 \\ s^4+1 \end{pmatrix}$

Hinweise zu g) und h): Bestimmen Sie die Lösungsmengen L_1, L_2 bzw. L_3 der Gleichungen, die den x-, y- bzw. z-Koordinaten der Vektoren zugeordnet sind, jeweils getrennt voneinander. Begründen und verwenden Sie, dass die Schnittmenge $L_1 \cap L_2 \cap L_3$ die Lösungsmenge für die Variable s in der Vektorgleichung ist.

Aufgabe 2.3.12: Berechnen Sie die Länge des Vektors $\vec{a}$ und bestimmen Sie einen Skalar $r \in \mathbb{R}$, sodass der Vektor $r\,\vec{a}$ die Länge 10 hat.

a) $\vec{a} = \begin{pmatrix} 4 \\ 3 \end{pmatrix}$
b) $\vec{a} = \begin{pmatrix} -12 \\ 8 \end{pmatrix}$
c) $\vec{a} = \begin{pmatrix} 5 \\ -3 \end{pmatrix}$

d) $\vec{a} = \begin{pmatrix} 1 \\ 2 \\ 3 \end{pmatrix}$
e) $\vec{a} = \begin{pmatrix} -10 \\ 20 \\ -20 \end{pmatrix}$
f) $\vec{a} = \begin{pmatrix} 3 \\ 3 \\ 2\sqrt{3} \end{pmatrix}$

Aufgabe 2.3.13: Ein Viereck mit den im mathematisch positiven Drehsinn angeordneten Punkten A, B, C und D bildet ein Parallelogramm, wenn zwei gegenüberliegende Seiten parallel und gleich lang sind. In der Sprache der Vektorrechnung heißt das $\overrightarrow{AB} = \overrightarrow{DC}$ oder alternativ $\overrightarrow{AD} = \overrightarrow{BC}$ (siehe Abb. 39). Prüfen Sie grafisch *und* rechnerisch, ob es sich bei den durch die folgenden Punkte definierten Vierecke um Parallelogramme handelt.

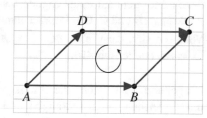

a) $A(-2|1)$, $B(4|-1)$, $C(7|2)$, $D(1|4)$
b) $A(2|1)$, $B(5|2)$, $C(5|5)$, $D(1|4)$
c) $A(3|2|1)$, $B(6|3|4)$, $C(5|-1|2)$, $D(2|-2|-1)$

Abb. 39

Aufgabe 2.3.14:

a) Begründen Sie, warum in Aufgabe 2.3.13 nicht $\overrightarrow{AB} = \overrightarrow{DC}$ *und* $\overrightarrow{AD} = \overrightarrow{BC}$ nachgewiesen werden muss, sondern dass $\overrightarrow{AB} = \overrightarrow{DC}$ (*oder* alternativ $\overrightarrow{AD} = \overrightarrow{BC}$) genügt.
b) Stellen Sie mithilfe des Gegenvektors zu $\overrightarrow{AB}$ oder $\overrightarrow{DC}$ alternative Bedingungen für den Nachweis eines Parallelogramms auf.

Aufgabe 2.3.15: Beweisen Sie mittels Vektorrechnung, dass die Seitenmittelpunkte eines beliebigen (nicht notwendig rechtwinkligen) Vierecks ein Parallelogramm bilden.

Aufgabe 2.3.16: Gegeben seien die Punkte $A(1|-2|0)$, $B(1|2|1)$ und $C(2|2|-3)$.

a) Berechnen Sie die Länge der Vektoren $\overrightarrow{AB}$, $\overrightarrow{AC}$ und $\overrightarrow{BC}$ und untersuchen Sie anhand dessen, welcher Dreieckstyp durch die Punkte A, B und C definiert wird.
b) Ein Punkt P ergänzt das Dreieck ΔABC zu einem Parallelogramm. Berechnen Sie die Koordinaten von P.

2.4 Lineare (Un-) Abhängigkeit von Vektoren

Auf Grundlage der Vektoraddition und der skalaren Multiplikation untersuchen wir jetzt weitere Zusammenhänge zwischen Vektoren. Zuerst sollen die bisher nur anschaulich verwendeten Begriffe Parallelität und Richtung von Vektoren präzisiert werden.

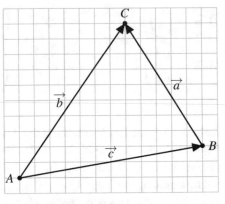

Zur Motivation betrachten wir drei Vektoren $\vec{a}$, $\vec{b}$ und $\vec{c}$, die ein Dreieck aufspannen. Diese Situation ergibt sich zum Beispiel durch die Vorgabe von drei verschiedenen und nicht auf einer Gerade liegenden Punkten A, B und C. Die Repräsentanten der Vektoren sind dann $\vec{a} = \overrightarrow{BC}$, $\vec{b} = \overrightarrow{AC}$ und $\vec{c} = \overrightarrow{AB}$ (siehe Abb. 40).

Abb. 40: Ein Dreieck aus Vektoren

Umgekehrt lässt sich die Frage stellen, unter welchen Voraussetzungen drei gegebene Vektoren $\vec{a}$, $\vec{b}$ und $\vec{c}$ ein Dreieck aufspannen können. Im Zusammenhang mit zueinander passenden Längen- und Winkelverhältnissen zwischen den durch die Vektoren definierten Dreiecksseiten besteht eine Grundvoraussetzung darin, dass keiner der drei Vektoren zu den jeweils beiden anderen Vektoren parallel sein darf (siehe Abb. 41). Das ist nach unserer bisherigen Anschauung der Fall, wenn zum Beispiel $\vec{a}$ und $\vec{b}$ gleich gerichtet sind und $\vec{a}$ durch Streckung oder Stauchung aus $\vec{b}$ entsteht, d. h. $\vec{a} = r\,\vec{b}$ mit $r \neq 0$.

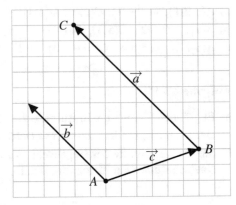

Abb. 41: Sind mindestens zwei von drei Vektoren parallel, so kann durch sie kein Dreieck aufgespannt werden

Dass ein Vektor $\vec{u}$ durch skalare Multiplikation aus einem anderen Vektor $\vec{v}$ entsteht, ist offensichtlich das wesentliche Merkmal für die Parallelität von Vektoren. Wir sagen auch, dass $\vec{u}$ ein skalares Vielfaches von $\vec{v}$ ist (oder umgekehrt). In gewisser Weise ist dabei der eine Vektor vom jeweils anderen abhängig und dies führt zu folgender Begriffsbildung:

Definition 2.70. Zwei Vektoren $\vec{u}$ und $\vec{v}$ heißen kollinear oder linear abhängig, wenn es ein $r \in \mathbb{R}$ gibt mit $\vec{u} = r\,\vec{v}$ oder $\vec{v} = r\,\vec{u}$. Andernfalls heißen $\vec{u}$ und $\vec{v}$ nicht kollinear oder linear unabhängig.

In der Ebene ist die Kollinearität zweier Vektoren grafisch leicht verständlich darstellbar. So sind zum Beispiel jeweils zwei der in Abb. 33 dargestellten Vektoren kollinear. In Abb. 41 sind $\vec{a}$ und $\vec{b}$ kollinear, während $\vec{a}$ und $\vec{c}$ nicht kollinear sind. Für Vektoren im Raum illustrieren wir die Begriffe am folgenden Zahlenbeispiel:

Beispiel 2.71. Wir betrachten die Vektoren

$$\vec{u} = \begin{pmatrix} 1 \\ 2 \\ 3 \end{pmatrix} \quad , \quad \vec{v} = \begin{pmatrix} 4 \\ 8 \\ 12 \end{pmatrix} \quad \text{und} \quad \vec{w} = \begin{pmatrix} 4 \\ 8 \\ -12 \end{pmatrix}$$

Wir untersuchen zunächst, ob $\vec{u}$ und $\vec{v}$ kollinear sind. Dazu schreiben wir die Vektorgleichung $\vec{u} = r\,\vec{v}$ in ein lineares Gleichungssystem um:

$$\begin{aligned} \text{I} &: 1 = 4r \\ \text{II} &: 2 = 8r \\ \text{III} &: 3 = 12r \end{aligned}$$

Wir stellen alle drei Gleichungen nach r um und erkennen, dass $r = \frac{1}{4}$ alle drei Gleichungen löst. Folglich gilt $\vec{u} = \frac{1}{4}\,\vec{v}$ und dies bedeutet, dass die Vektoren $\vec{u}$ und $\vec{v}$ kollinear sind. Analog untersuchen wir, ob $\vec{u}$ und $\vec{w}$ kollinear sind:

$$\begin{aligned} \text{I}' &: 1 = 4r \\ \text{II}' &: 2 = 8r \\ \text{III}' &: 3 = -12r \end{aligned}$$

Wir stellen alle drei Gleichungen nach r um und erkennen, dass die Gleichungen I' und II' durch $r = \frac{1}{4}$ erfüllt werden, die Gleichung III' aber durch $r = -\frac{1}{4}$ erfüllt wird. Das ist ein Widerspruch, d. h., das Gleichungssystem ist nicht lösbar. Daraus folgt, dass die Vektoren $\vec{u}$ und $\vec{w}$ nicht kollinear bzw. linear unabhängig sind. ◄

Analoge Rechnungen sind in der Ebene möglich. Bei der im Beispiel 2.71 demonstrierten Vorgehensweise ist kritisch die Frage nach Aufwand und Nutzen zu stellen. Vielfach wird es nicht notwendig sein, die Vektorgleichung $\vec{u} = r\,\vec{v}$ ausführlich als lineares Gleichungssystem aufzuschreiben. Die Kollinearität oder lineare Unabhängigkeit zweier Vektoren lässt sich mit etwas Übung durch „Hinsehen" erkennen. Dabei kann die durch die folgenden Sätze vorgegebene Methode helfen, die lediglich die Vorgehensweise aus Beispiel 2.71 etwas kompakter darstellt:

Satz 2.72. In der Ebene seien die Vektoren $\vec{u} = \begin{pmatrix} u_x \\ u_y \end{pmatrix}$ und $\vec{v} = \begin{pmatrix} v_x \\ v_y \end{pmatrix}$ gegeben und es gelte $v_x \neq 0$ und $v_y \neq 0$.

a) Gilt $\dfrac{u_x}{v_x} = \dfrac{u_y}{v_y}$, dann sind $\vec{u}$ und $\vec{v}$ kollinear und mit $r = \dfrac{u_x}{v_x}$ gilt $\vec{u} = r\,\vec{v}$.

b) Gilt $\dfrac{u_x}{v_x} \neq \dfrac{u_y}{v_y}$, dann sind $\vec{u}$ und $\vec{v}$ linear unabhängig.

Satz 2.73. Im Raum seien die Vektoren $\vec{u} = \begin{pmatrix} u_x \\ u_y \\ u_z \end{pmatrix}$ und $\vec{v} = \begin{pmatrix} v_x \\ v_y \\ v_z \end{pmatrix}$ gegeben und es

gelte $v_x \neq 0$, $v_y \neq 0$ und $v_z \neq 0$.

a) Gilt

$$\frac{u_x}{v_x} = \frac{u_y}{v_y} = \frac{u_z}{v_z},$$

dann sind $\vec{u}$ und $\vec{v}$ kollinear und mit $r = \dfrac{u_x}{v_x}$ gilt $\vec{u} = r\,\vec{v}$.

b) Gilt

$$\frac{u_x}{v_x} \neq \frac{u_y}{v_y} \quad \text{oder} \quad \frac{u_x}{v_x} \neq \frac{u_z}{v_z} \quad \text{oder} \quad \frac{u_y}{v_y} \neq \frac{u_z}{v_z},$$

dann sind $\vec{u}$ und $\vec{v}$ linear unabhängig.

Beispiel 2.74. Für $\vec{u} = \begin{pmatrix} 2 \\ 4 \\ 6 \end{pmatrix}$ und $\vec{v} = \begin{pmatrix} 1 \\ 2 \\ 3 \end{pmatrix}$ gilt $\dfrac{2}{1} = \dfrac{4}{2} = \dfrac{6}{3} = 2$. Nach Satz 2.73 a)

sind $\vec{u}$ und $\vec{v}$ kollinear mit $\vec{u} = 2\,\vec{v}$.   ◀

Beispiel 2.75. Für $\vec{u} = \begin{pmatrix} 2 \\ 4 \\ 9 \end{pmatrix}$ und $\vec{v} = \begin{pmatrix} 1 \\ 2 \\ 3 \end{pmatrix}$ gilt $\dfrac{u_x}{v_x} = \dfrac{2}{1} = 2 \neq \dfrac{u_z}{v_z} = \dfrac{9}{3} = 3$, woraus

nach Satz 2.73 b) die lineare Unabhängigkeit von $\vec{u}$ und $\vec{v}$ folgt.   ◀

Die Sätze 2.72 und 2.73 gelten nur für den Fall, dass alle Koordinaten des Vektors $\vec{v}$ von null verschieden sind. Leicht lassen sich analoge Sätze für Fälle ableiten, in denen mindestens eine der Koordinaten des Vektors $\vec{v}$ gleich null ist. Wir begnügen uns damit, dies an zwei Beispielen zu demonstrieren:

Beispiel 2.76. Gegeben seien $\vec{u} = \begin{pmatrix} 2 \\ 4 \\ 6 \end{pmatrix}$ und $\vec{v} = \begin{pmatrix} 1 \\ 0 \\ 3 \end{pmatrix}$. Die den y-Koordinaten der

Vektoren zugeordnete Gleichung $4 = r \cdot 0$ ist für kein $r \in \mathbb{R}$ erfüllbar und stellt deshalb einen Widerspruch dar. Folglich sind $\vec{u}$ und $\vec{v}$ linear unabhängig.   ◀

Beispiel 2.77. Für die Vektoren $\vec{u} = \begin{pmatrix} 2 \\ 0 \\ 6 \end{pmatrix}$ und $\vec{v} = \begin{pmatrix} 1 \\ 0 \\ 3 \end{pmatrix}$ gilt

$$u_y = v_y = 0 \quad \text{und} \quad \frac{2}{1} = \frac{6}{3} = 2\ .$$

Daraus folgt, dass $\vec{u}$ und $\vec{v}$ kollinear sind, und es gilt $\vec{u} = 2\,\vec{v}$.   ◀

Mithilfe der Kollinearität von Vektoren und der <u>Vorzeichenfunktion</u> (<u>Signumfunktion</u>)

$$\text{sgn}(k) = \begin{cases} -1 \text{ , falls } k < 0 \\ 0 \text{ , falls } k = 0 \\ 1 \text{ , falls } k > 0 \end{cases}$$

sind wir jetzt nachträglich in der Lage, eine genaue Definition für gleichgerichtete Vektoren anzugeben. Wir beschränken uns dabei auf Vektoren im Raum, in der Ebene gilt natürlich eine analoge Formulierung.

Definition 2.78. Zwei Vektoren $\vec{u} = \begin{pmatrix} u_x \\ u_y \\ u_z \end{pmatrix}$ und $\vec{v} = \begin{pmatrix} v_x \\ v_y \\ v_z \end{pmatrix}$ heißen <u>gleichgerichtet</u>, falls sie kollinear sind und außerdem die Vorzeichen ihrer Koordinaten übereinstimmen, d. h., es gilt

$$\text{sgn}(u_x) = \text{sgn}(v_x) \quad , \quad \text{sgn}(u_y) = \text{sgn}(v_y) \quad \text{und} \quad \text{sgn}(u_z) = \text{sgn}(v_z) \ .$$

Beispiel 2.79. Die Vektoren $\vec{u} = \begin{pmatrix} 1 \\ 0 \\ -3 \end{pmatrix}$ und $\vec{v} = \begin{pmatrix} 4 \\ 0 \\ -12 \end{pmatrix}$ sind gleichgerichtet, denn sie sind wegen $\vec{v} = 4\vec{u}$ kollinear und die Vorzeichen ihrer Koordinaten stimmen überein, d. h., $\text{sgn}(1) = \text{sgn}(4) = 1$, $\text{sgn}(0) = \text{sgn}(0) = 0$ und $\text{sgn}(-3) = \text{sgn}(-12) = -1$. ◀

Beispiel 2.80. Die Vektoren $\vec{u} = \begin{pmatrix} 1 \\ 2 \\ 3 \end{pmatrix}$ und $\vec{v} = \begin{pmatrix} -2 \\ -4 \\ -6 \end{pmatrix}$ sind zwar kollinear, aber nicht gleichgerichtet, denn die Vorzeichen ihrer Koordinaten stimmen nicht überein. ◀

Beispiel 2.81. Die Vektoren $\vec{u} = \begin{pmatrix} 1 \\ 2 \\ 3 \end{pmatrix}$ und $\vec{v} = \begin{pmatrix} 1 \\ -2 \\ 3 \end{pmatrix}$ sind linear unabhängig und deshalb nicht gleichgerichtet. ◀

Die Begriffe der linearen Abhängigkeit und linearen Unabhängigkeit lassen sich auf mehr als zwei Vektoren verallgemeinern, wozu wir den folgenden Begriff benötigen:

Definition 2.82. Gegeben seien $n \in \mathbb{N}$ Vektoren $\vec{u_1}, \ldots, \vec{u_n}$ und Skalare $r_1, \ldots, r_n \in \mathbb{R}$. Eine Summe der Gestalt

$$r_1\vec{u_1} + r_2\vec{u_2} + \ldots + r_n\vec{u_n}$$

heißt <u>Linearkombination</u> der Vektoren $\vec{u_1}, \ldots, \vec{u_n}$.

Beispiel 2.83. Gegeben seien die Vektoren

$$\vec{u_1} = \begin{pmatrix} 1 \\ 2 \\ 3 \end{pmatrix} \quad , \quad \vec{u_2} = \begin{pmatrix} 1 \\ 0 \\ 1 \end{pmatrix} \quad \text{und} \quad \vec{u_3} = \begin{pmatrix} 0 \\ -1 \\ 0 \end{pmatrix}.$$

Durch Linearkombination der Vektoren $\vec{u_1}, \vec{u_2}$ und $\vec{u_3}$ erhalten wir neue Vektoren. Hier folgen drei Beispiele:

$$\vec{u_1} + \vec{u_2} + \vec{u_3} = \begin{pmatrix} 1 \\ 2 \\ 3 \end{pmatrix} + \begin{pmatrix} 1 \\ 0 \\ 1 \end{pmatrix} + \begin{pmatrix} 0 \\ -1 \\ 0 \end{pmatrix} = \begin{pmatrix} 2 \\ 1 \\ 4 \end{pmatrix}$$

$$2\vec{u_1} - \vec{u_2} + 3\vec{u_3} = \begin{pmatrix} 2 \\ 4 \\ 6 \end{pmatrix} - \begin{pmatrix} 1 \\ 0 \\ 1 \end{pmatrix} + \begin{pmatrix} 0 \\ -3 \\ 0 \end{pmatrix} = \begin{pmatrix} 1 \\ 1 \\ 5 \end{pmatrix}$$

$$2\vec{u_1} + 5\vec{u_2} - 3\vec{u_3} = \begin{pmatrix} 2 \\ 4 \\ 6 \end{pmatrix} + \begin{pmatrix} 5 \\ 0 \\ 5 \end{pmatrix} - \begin{pmatrix} 0 \\ -3 \\ 0 \end{pmatrix} = \begin{pmatrix} 7 \\ 7 \\ 11 \end{pmatrix} \qquad \blacktriangleleft$$

Der Begriff der Kollinearität von zwei Vektoren lässt sich sowohl in der Ebene als auch im Raum sinnvoll definieren. Dagegen ist die folgende Definition nur im Raum sinnvoll:

Definition 2.84. Drei Vektoren $\vec{u}, \vec{v}, \vec{w} \in \mathbb{R}^3$ heißen <u>komplanar,</u> wenn einer von ihnen als Linearkombination der beiden anderen darstellbar ist, d. h., es gibt Skalare $r, s \in \mathbb{R}$ mit $r\vec{u} + s\vec{v} = \vec{w}$.

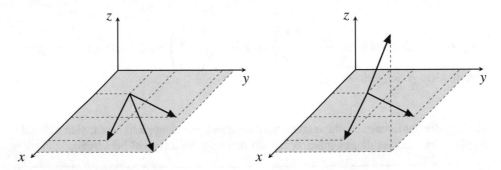

Abb. 42: Komplanare Vektoren in der xy-Ebene des räumlichen kartesischen Koordinatensystems (links) und drei nicht komplanare Vektoren (rechts), von denen zwei Vektoren ebenfalls in der xy-Ebene liegen. Drei Vektoren sind komplanar, wenn sie in einer Ebene liegen.

Beispiel 2.85. Die Vektoren

$$\vec{u} = \begin{pmatrix} 3 \\ 2 \\ 0 \end{pmatrix} \quad , \quad \vec{v} = \begin{pmatrix} 5 \\ 3 \\ 0 \end{pmatrix} \quad \text{und} \quad \vec{w} = \begin{pmatrix} 6 \\ 0 \\ 0 \end{pmatrix}$$

sind komplanar. Offenbar liegen die drei Vektoren in der xy-Ebene, was als Begründung bereits genügen würde. Ein ausführlicher rechnerischer Beweis der Komplanarität gelingt durch die Betrachtung des zur Vektorgleichung $r\vec{u} + s\vec{v} = \vec{w}$ zugehörigen linearen Gleichungssystems, das die eindeutige Lösung $(r;s) = (-18;12)$ liefert. ◀

Beispiel 2.86. Die Vektoren

$$\vec{u} = \begin{pmatrix} 3 \\ 2 \\ 0 \end{pmatrix} \quad , \quad \vec{v} = \begin{pmatrix} 5 \\ 3 \\ 0 \end{pmatrix} \quad \text{und} \quad \vec{w} = \begin{pmatrix} 0 \\ 0 \\ 2 \end{pmatrix}$$

sind nicht komplanar. Dies wird bereits aus einem Vergleich ihrer z-Koordinaten deutlich. Rechnerisch verifiziert man dies durch Untersuchung des zur Gleichung $r\vec{u} + s\vec{v} = \vec{w}$ zugehörigen linearen Gleichungssystems, das nicht lösbar ist. ◀

Auch für eine beliebige Anzahl von Vektoren lässt sich die Vektorgleichung

$$r_1\vec{u_1} + r_2\vec{u_2} + \ldots + r_n\vec{u_n} = \vec{x}$$

stets in ein lineares Gleichungssystem mit den Unbekannten $r_1, \ldots, r_n$ umschreiben. Die Lösbarkeit der Vektorgleichung bzw. des zugehörigen Gleichungssystems bedeutet, dass sich der Vektor $\vec{x}$ als Linearkombination der Vektoren $\vec{u_1}, \ldots, \vec{u_n}$ darstellen lässt. Dies ist aber nicht selbstverständlich, wie die folgenden beiden Beispiele zeigen.

Beispiel 2.87. Es ist zu untersuchen, ob der Vektor $\vec{x} = \begin{pmatrix} 6 \\ 2 \\ 8 \end{pmatrix}$ als Linearkombination der komplanaren Vektoren $\vec{u}$, $\vec{v}$ und $\vec{w}$ aus Beispiel 2.85 darstellbar ist. Dazu betrachten wir das zur Vektorgleichung $r\vec{u} + s\vec{v} + t\vec{w} = \vec{x}$ zugehörige lineare Gleichungssystem:

$$\begin{aligned} \text{I} &: 3r + 5s + 6t = 6 \\ \text{II} &: 2r + 3s + 0t = 2 \\ \text{III} &: 0 + 0 + 0 = 8 \end{aligned}$$

Gleichung III ist ein Widerspruch! Damit kann $\vec{x}$ nicht als Linearkombination von $\vec{u}$, $\vec{v}$ und $\vec{w}$ erhalten werden. Der anschauliche Hintergrund dieses Ergebnisses ist darin zu sehen, dass der Vektor $\vec{x}$ nicht in der durch die komplanaren Vektoren $\vec{u}$, $\vec{v}$, $\vec{w}$ aufgespannten Ebene liegt. ◀

Beispiel 2.88. Der Vektor $\vec{x} = \begin{pmatrix} 3 \\ 2 \\ 5 \end{pmatrix}$ kann nicht als Linearkombination der Vektoren

$$\vec{u} = \begin{pmatrix} -1 \\ 2 \\ -1 \end{pmatrix}, \quad \vec{v} = \begin{pmatrix} 1 \\ 7 \\ 2 \end{pmatrix} \quad \text{und} \quad \vec{w} = \begin{pmatrix} -3 \\ -3 \\ -4 \end{pmatrix}$$

dargestellt werden. Zum Beweis dieser Behauptung untersuchen wir die Lösbarkeit des zur Vektorgleichung $r\vec{u} + s\vec{v} + t\vec{w} = \vec{x}$ zugehörigen linearen Gleichungssystems (I-III):

$$
\begin{array}{rrrrr}
\text{I}: & -r + & s - 3t = & 3 \\
\text{II}: & 2r + & 7s - 3t = & 2 \\
\text{III}: & -r + & 2s - 4t = & 5 \\
\hline
2\cdot\text{I}+\text{II}=\text{IV}: & & 9s - 9t = & 8 \\
\text{III}-\text{I}=\text{V}: & & s - t = & 2 \\
\hline
\text{IV}-9\cdot\text{V}=\text{VI}: & & 0 = & -10 \\
\end{array}
$$

Die erhaltene Gleichung VI ist ein Widerspruch! Damit kann $\vec{x}$ nicht als Linearkombination von $\vec{u}$, $\vec{v}$ und $\vec{w}$ erhalten werden. Die anschauliche Interpretation besteht darin, dass der Vektor $\vec{x}$ nicht in der durch die komplanaren Vektoren $\vec{u}$, $\vec{v}$, $\vec{w}$ aufgespannten Ebene liegt. Zum Nachweis der Komplanarität von $\vec{u}$, $\vec{v}$, $\vec{w}$ siehe Aufgabe 2.4.18.   ◀

Der hier bereits verwendete, anschaulich leicht verständliche Begriff einer Ebene wird zwar erst im Kapitel 3 genauer definiert, lässt sich aber an dieser Stelle gut nutzen, um die Beobachtungen aus den Beispielen 2.87 und 2.88 wie folgt zu verallgemeinern:

Satz 2.89. Gegeben seien die komplanaren Vektoren $\vec{u}$, $\vec{v}$ und $\vec{w}$. Liegt ein Vektor $\vec{x}$ nicht in der von $\vec{u}$, $\vec{v}$ und $\vec{w}$ aufgespannten Ebene, dann hat die Vektorgleichung $r\vec{u} + s\vec{v} + t\vec{w} = \vec{x}$ keine Lösung, d. h., es gilt $r\vec{u} + s\vec{v} + t\vec{w} \neq \vec{x}$ für jede beliebige Wahl von $r, s, t \in \mathbb{R}$.

Die beiden folgenden Beispiele zeigen, dass eine Linearkombination von Vektoren nicht eindeutig sein muss.

Beispiel 2.90. Der Vektor $\vec{u} = \begin{pmatrix} 8 \\ 1 \\ 7 \end{pmatrix}$ kann als Linearkombination der Vektoren

$$\vec{v} = \begin{pmatrix} 16 \\ 2 \\ 14 \end{pmatrix} \quad \text{und} \quad \vec{w} = \begin{pmatrix} -24 \\ -3 \\ -21 \end{pmatrix}$$

dargestellt werden. Wir zeigen, dass diese Darstellung nicht eindeutig ist, und lösen dazu das zur Vektorgleichung $r\vec{v} + s\vec{w} = \vec{u}$ zugehörige lineare Gleichungssystem (I-III):

$$
\begin{aligned}
&\text{I} : 16r - 24s = 8\\
&\text{II} :\ \ 2r - \ \ 3s = 1\\
&\text{III} : 14r - 21s = 7\\
\hline
&\text{I} - 8\cdot\text{II} = \text{IV} :\qquad\qquad 0 = 0\\
&\text{III} - 7\cdot\text{II} = \text{V} :\qquad\qquad 0 = 0
\end{aligned}
$$

Die erhaltenen Gleichungen IV und V sind so zu interpretieren, dass für s beliebige Werte eingesetzt werden können. Wählen wir z. B. $s = t \in \mathbb{R}$ und setzen dies in Gleichung II ein, d. h. $2r - 3t = 1$, so folgt daraus $r = \frac{1}{2} + \frac{3}{2}t$. Wir geben drei Zahlenbeispiele für $t \in \mathbb{R}$ und die daraus folgenden Linearkombinationen an:

$$
t = 0 \Rightarrow \vec{u} = \tfrac{1}{2}\vec{v} + 0\,\vec{w}
$$

$$
t = -2 \Rightarrow \vec{u} = -\tfrac{5}{2}\vec{v} - 2\,\vec{w}
$$

$$
t = 4 \Rightarrow \vec{u} = \tfrac{13}{2}\vec{v} + 4\,\vec{w}
$$

◀

Beispiel 2.91. Der Vektor $\vec{p} = \begin{pmatrix} 1 \\ 2 \\ 3 \end{pmatrix}$ kann als Linearkombination der Vektoren

$$
\vec{u} = \begin{pmatrix} 1 \\ -1 \\ -1 \end{pmatrix}, \ \vec{v} = \begin{pmatrix} 1 \\ 1 \\ 0 \end{pmatrix}, \ \vec{w} = \begin{pmatrix} 0 \\ 1 \\ 1 \end{pmatrix} \text{ und } \vec{x} = \begin{pmatrix} 2 \\ 0 \\ 1 \end{pmatrix}
$$

dargestellt werden. Wir zeigen, dass diese Darstellung nicht eindeutig ist, und lösen dazu das zur Vektorgleichung $r\vec{v} + s\vec{w} = \vec{u}$ zugehörige lineare Gleichungssystem (I-III):

$$
\begin{aligned}
&\text{I} :\quad\ r + \ s \qquad\quad + 2k = \ 1\\
&\text{II} : -r + \ s + \ t \qquad\quad\ \ = \ 2\\
&\text{III} : -r \qquad + \ t + \ k = \ 3\\
\hline
&\text{I} + \text{II} = \text{IV} :\qquad\ 2s + \ t + 2k = \ 3\\
&\text{I} + \text{III} = \text{V} :\qquad\quad\ s + \ t + 3k = \ 4\\
\hline
&\text{IV} - 2\cdot\text{V} = \text{VI} :\qquad\qquad -t - 4k = -5
\end{aligned}
$$

Die erhaltene Gleichung VI ist eine Gleichung mit zwei Variablen, folglich lösbar und für eine der Variablen t oder k können wir beliebige Werte einsetzen. Wählen wir z. B. $k = \alpha \in \mathbb{R}$ und setzen dies in Gleichung IV ein, d. h. $-t - 4\alpha = -5$, so folgt daraus $t = 5 - 4\alpha$. Setzen wir dies und $k = \alpha$ in Gleichung V ein, d. h. $s + 5 - \alpha = 4$, so folgt $s = \alpha - 1$. Schließlich setzen wir dies und $k = \alpha$ in Gleichung I ein und erhalten $r = 2 - 3\alpha$. Wir geben drei Zahlenbeispiele für $\alpha \in \mathbb{R}$ und die dazugehörigen Linearkombinationen an:

$$
\alpha = 0 \Rightarrow \vec{p} = 2\vec{u} - \vec{v} + 5\vec{w} + 0\vec{x}
$$

$$
\alpha = 1 \Rightarrow \vec{p} = -\vec{u} + 0\vec{v} + \vec{w} + \vec{x}
$$

$$
\alpha = -2 \Rightarrow \vec{p} = 8\vec{u} - 3\vec{v} + 13\vec{w} - 2\vec{x}
$$

◀

Auf dem Weg zu einer Definition für die lineare Abhängigkeit von mehr als zwei Vektoren untersuchen wir jetzt, wie der Nullvektor als Linearkombination anderer Vektoren dargestellt werden kann. Formen wir zum Beispiel die Kollinearitätsbedingung $\vec{u} = r\,\vec{v}$ in Definition 2.70 um zu

$$1 \cdot \vec{u} + (-r) \cdot \vec{v} = \vec{0} \, ,$$

dann erhalten wir eine mögliche Linearkombination des Nullvektors aus zwei kollinearen (linear abhängigen) Vektoren. Analog erhalten wir eine alternative Linearkombination des Nullvektors aus drei Vektoren, wenn wir die Komplanaritätsbedingung in Definition 2.84 umformen zu

$$r\,\vec{u} + s\,\vec{v} + (-1) \cdot \vec{w} = \vec{0} \, .$$

Dies lässt sich auf eine beliebige Anzahl von Vektoren verallgemeinern und die erhaltenen Linearkombinationen des Nullvektors erhalten eine eigene Bezeichnung.

Definition 2.92. Gegeben seien $n \in \mathbb{N}$ Vektoren $\vec{u_1}, \ldots, \vec{u_n}$. Eine Linearkombination der Gestalt

$$r_1\vec{u_1} + r_2\vec{u_2} + \ldots + r_n\vec{u_n} = \vec{0} \, ,$$

in der mindestens einer der Skalare $r_1, \ldots, r_n$ von null verschieden ist, heißt <u>nichttriviale Linearkombination</u> des Nullvektors. Entsprechend nennen wir

$$0 \cdot \vec{u_1} + 0 \cdot \vec{u_2} + \ldots + 0 \cdot \vec{u_n} = \vec{0}$$

die <u>triviale Linearkombination</u> des Nullvektors.

Diese Festlegungen führen zu einer Definition der linearen (Un-) Abhängigkeit einer beliebigen Anzahl von Vektoren:

Definition 2.93. Gegeben seien $n \geq 2$ Vektoren $\vec{u_1}, \ldots, \vec{u_n}$.

a) Die Vektoren $\vec{u_1}, \ldots, \vec{u_n}$ heißen <u>linear abhängig</u>, wenn aus ihnen eine nichttriviale Linearkombination des Nullvektors gebildet werden kann.

b) Die Vektoren $\vec{u_1}, \ldots, \vec{u_n}$ heißen <u>linear unabhängig</u>, wenn aus ihnen nur die triviale Linearkombination des Nullvektors gebildet werden kann.

Beispiel 2.94. Wir betrachten einige bereits behandelte Beispiele noch einmal unter dem verallgemeinerten Begriff der linearen (Un-) Abhängigkeit:

a) Die in Beispiel 2.83 gegebenen Linearkombinationen $r_1\vec{u_1} + r_2\vec{u_2} + r_3\vec{u_3} = \vec{x}$ lassen sich umschreiben zu $r_1\vec{u_1} + r_2\vec{u_2} + r_3\vec{u_3} - \vec{x} = \vec{0}$. Das ist unabhängig von konkreten Zahlenwerten für die Skalare r_1, r_2 und r_3 eine nichttriviale Linearkombination des Nullvektors. Folglich sind $\vec{u_1}$, $\vec{u_2}$, $\vec{u_2}$ und $\vec{x}$ linear abhängige Vektoren.

b) Die komplanaren Vektoren $\vec{u}$, $\vec{v}$ und $\vec{w}$ aus Beispiel 2.85 sind linear abhängig, denn $-18\,\vec{u} + 12\,\vec{v} - \vec{w} = \vec{0}$ ist eine nichttriviale Linearkombination des Nullvektors.

c) Die Vektoren $\vec{u}$, $\vec{v}$ und $\vec{w}$ aus Beispiel 2.90 sind linear abhängig, denn zum Beispiel ist $-\vec{u} - \frac{5}{2}\vec{v} - 2\vec{w} = \vec{0}$ eine nichttriviale Linearkombination des Nullvektors.

d) Die Vektoren $\vec{p}$, $\vec{u}$, $\vec{v}$, $\vec{w}$ und $\vec{x}$ aus Beispiel 2.91 sind linear abhängig, denn zum Beispiel ist $-\vec{p} + 8\vec{u} - 3\vec{v} + 13\vec{w} - 2\vec{x} = \vec{0}$ eine nichttriviale Linearkombination des Nullvektors.

e) Für die nicht komplanaren Vektoren $\vec{u}$, $\vec{v}$ und $\vec{w}$ aus Beispiel 2.86 lässt sich zeigen, dass die Gleichung $r\vec{u} + s\vec{v} + t\vec{w} = \vec{0}$ nur die triviale Lösung $r = s = t = 0$ hat. Folglich sind die Vektoren $\vec{u}$, $\vec{v}$ und $\vec{w}$ aus Beispiel 2.86 linear unabhängig.

f) Mit den Vektoren $\vec{u}$, $\vec{v}$, $\vec{w}$ und $\vec{x}$ aus Beispiel 2.88 erhalten wir zum Beispiel die nichttriviale Linearkombination $-2\vec{u} + \vec{v} + \vec{w} + 0\vec{x} = \vec{0}$ des Nullvektors. Folglich sind die Vektoren $\vec{u}$, $\vec{v}$, $\vec{w}$ und $\vec{x}$ aus Beispiel 2.88 linear abhängig. ◄

ACHTUNG! Allgemein darf aus der Nichtlösbarkeit einer Gleichung von beispielsweise der Gestalt $r\vec{u} + s\vec{v} = \vec{w}$ für beliebige Vektoren $\vec{u}$, $\vec{v}$ und $\vec{w}$ nicht der Schluss gezogen werden, dass die Gleichung $r\vec{u} + s\vec{v} + t\vec{w} = \vec{0}$ nur die triviale Lösung $r = s = t = 0$ hat (siehe dazu die Bemerkung im Anschluss von Satz 2.113 zur Vertiefung). Zum Beispiel für $\vec{u} = \begin{pmatrix} 1 \\ 2 \end{pmatrix}$, $\vec{v} = \begin{pmatrix} -1 \\ -2 \end{pmatrix}$ und $\vec{w} = \begin{pmatrix} 1 \\ 0 \end{pmatrix}$ hat die Gleichung $r\vec{u} + s\vec{v} = \vec{w}$ keine Lösung, während die Gleichung $r\vec{u} + s\vec{v} + t\vec{w} = \vec{0}$ die nichttriviale Lösung $(r; s; t) = (1; 1; 0)$ hat.

Bemerkung 2.95. Kollinearität ist ein Spezialfall der linearen Abhängigkeit und beschreibt ausschließlich die lineare Abhängigkeit von genau zwei Vektoren (in der Ebene und im Raum). Auch der nur im Raum definierte Begriff der Komplanarität ist ein Spezialfall der linearen Abhängigkeit und wird ausschließlich im Zusammenhang mit genau drei Vektoren im dreidimensionalen Raum benutzt. ○

ACHTUNG! Die lineare Abhängigkeit von Vektoren $\vec{u_1}, \ldots, \vec{u_n}$ bedeutet ausdrücklich nicht, dass die Vektoren $\vec{u_1}, \ldots, \vec{u_n}$ gleichgerichtet sind. Das wird am Beispiel der ein Dreieck aufspannenden Vektoren $\vec{u_1} = \begin{pmatrix} 1 \\ 1 \end{pmatrix}$, $\vec{u_2} = \begin{pmatrix} 1 \\ -1 \end{pmatrix}$ und $\vec{u_1} = \begin{pmatrix} 2 \\ 0 \end{pmatrix}$ deutlich, die wegen $\vec{u_1} + \vec{u_2} - \vec{u_3} = \vec{0}$ linear abhängig sind, aber in verschiedene Richtungen zeigen.

Direkt aus Definition 2.93 folgt:

Satz 2.96. Sei $n \in \mathbb{N}$. Gilt eine Gleichung der Form

$$r_1\vec{u_1} + r_2\vec{u_2} + \ldots + r_n\vec{u_n} = \vec{0}$$

mit linear unabhängigen Vektoren $\vec{u_1}, \ldots, \vec{u_n}$, so folgt $r_1 = r_2 = \ldots = r_n = 0$.

Ebenfalls direkt aus Definition 2.93 folgt:

Satz 2.97. Sei $n \in \mathbb{N}$. Sind $\vec{u_1}, \dots, \vec{u_n}$ linear abhängige Vektoren, dann ist die Lösung der Vektorgleichung

$$r_1 \vec{u_1} + r_2 \vec{u_2} + \dots + r_n \vec{u_n} = \vec{0} \tag{\#}$$

nicht eindeutig. Genauer hat (#) neben der trivialen Lösung $(r_1; r_2; \dots; r_n) = (0; 0; \dots; 0)$ mindestens eine weitere Lösung $(r_1; r_2; \dots; r_n) = (r_1^*; r_2^*; \dots; r_n^*)$, in der mindestens ein Zahlenwert r_i^* von null verschieden ist.

Beispiel 2.98. Die Vektoren

$$\vec{v_1} = \begin{pmatrix} 2 \\ 1 \\ 1 \end{pmatrix} \quad , \quad \vec{v_2} = \begin{pmatrix} 1 \\ 1 \\ 0 \end{pmatrix} \quad \text{und} \quad \vec{v_3} = \begin{pmatrix} 1 \\ 0 \\ 1 \end{pmatrix}$$

sind linear abhängig. Die Gleichung

$$r_1 \vec{u_1} + r_2 \vec{u_2} + r_3 \vec{u_3} = \vec{0} \quad \Leftrightarrow \quad r_1 \begin{pmatrix} 2 \\ 1 \\ 1 \end{pmatrix} + r_2 \begin{pmatrix} 1 \\ 1 \\ 0 \end{pmatrix} + r_3 \begin{pmatrix} 1 \\ 0 \\ 1 \end{pmatrix} = \begin{pmatrix} 0 \\ 0 \\ 0 \end{pmatrix}$$

hat neben der trivialen Lösung das alternative Lösungstripel $(r_1; r_2; r_3) = (1; -1; -1)$. ◀

Für mehr als zwei Vektoren ist die lineare (Un-) Abhängigkeit meist nicht auf den ersten Blick zu erkennen, sodass sie rechnerisch überprüft werden muss. Der Lösungsansatz besteht darin, die Lösbarkeit des zur Vektorgleichung

$$r_1 \vec{u_1} + r_2 \vec{u_2} + \dots + r_n \vec{u_n} = \vec{0}$$

zugehörigen linearen Gleichungssystems mit den n Variablen $r_1, \dots, r_n$ zu untersuchen.

Beispiel 2.99. Es ist zu untersuchen, ob die Vektoren

$$\vec{u_1} = \begin{pmatrix} 1 \\ 1 \\ 2 \end{pmatrix} \quad , \quad \vec{u_2} = \begin{pmatrix} 1 \\ -1 \\ 0 \end{pmatrix} \quad \text{und} \quad \vec{u_3} = \begin{pmatrix} 0 \\ -2 \\ 2 \end{pmatrix}$$

linear abhängig oder linear unabhängig sind. Dazu untersuchen wir die Lösbarkeit des zur Vektorgleichung $r_1 \vec{u_1} + r_2 \vec{u_2} + r_3 \vec{u_3} = \vec{0}$ zugehörigen linearen Gleichungssystems (I-III):

$$
\begin{array}{lrl}
\text{I}: & r_1 + r_2 & = 0 \\
\text{II}: & r_1 - r_2 - 2r_3 & = 0 \\
\text{III}: & 2r_1 \phantom{{}- r_2} + 2r_3 & = 0 \\
\hline
\text{I+II=IV}: & 2r_1 \phantom{{}- r_2} - 2r_3 & = 0 \\
\text{III}: & 2r_1 \phantom{{}- r_2} + 2r_3 & = 0 \\
\hline
\text{III+IV=V}: & 4r_1 & = 0
\end{array}
$$

Aus Gleichung V folgt $r_1 = 0$. Einsetzen von $r_1 = 0$ in die Gleichungen I und III liefert $r_2 = 0$ und $r_3 = 0$. Das System hat also nur die triviale Lösung $r_1 = r_2 = r_3 = 0$, woraus die lineare Unabhängigkeit der Vektoren $\vec{u_1}, \vec{u_2}, \vec{u_3}$ folgt. ◀

Beispiel 2.100. Es ist zu untersuchen, ob die Vektoren

$$\vec{u_1} = \begin{pmatrix} 1 \\ 1 \\ 2 \end{pmatrix} \quad , \quad \vec{u_2} = \begin{pmatrix} 1 \\ -1 \\ 0 \end{pmatrix} \quad \text{und} \quad \vec{u_3} = \begin{pmatrix} 4 \\ -2 \\ 2 \end{pmatrix}$$

linear abhängig oder linear unabhängig sind. Wir untersuchen die Lösbarkeit des zur Vektorgleichung $r_1\vec{u_1} + r_2\vec{u_2} + r_3\vec{u_3} = \vec{0}$ zugehörigen linearen Gleichungssystems (I-III):

$$
\begin{aligned}
\text{I} : \quad & r_1 + r_2 + 4r_3 = 0 \\
\text{II} : \quad & r_1 - r_2 - 2r_3 = 0 \\
\underline{\text{III} : 2r_1 \qquad\quad + 2r_3 = 0} \\
\text{I+II=IV} : 2r_1 \qquad\quad + 2r_3 = 0 \\
\underline{\text{III} : 2r_1 \qquad\quad + 2r_3 = 0} \\
\text{III−IV=V} : \qquad\qquad\qquad\; 0 = 0
\end{aligned}
$$

Die erhaltene Gleichung V ist allgemeingültig und folglich kann eine der Variablen r_2 oder r_3 beliebig gewählt werden. Wir wählen zum Beispiel $r_3 = 1$, womit bereits klar ist, dass das Gleichungssystem eine nichttriviale Lösung besitzt. Der Vollständigkeit wegen setzen wir $r_3 = 1$ in III ein, was $r_1 = -1$ liefert. Einsetzen von $r_1 = -1$ und $r_3 = 1$ in I liefert $r_2 = -3$. Es gibt also mit $-\vec{u_1} - 3\vec{u_2} + \vec{u_3} = \vec{0}$ eine nichttriviale Linearkombination des Nullvektors, woraus die lineare Abhängigkeit der Vektoren $\vec{u_1}, \vec{u_2}, \vec{u_3}$ folgt. ◀

Aus Definition 2.93 und Satz 2.96 lassen sich diverse weitere Aussagen zur linearen Abhängigkeit von Vektoren herleiten. Wir geben hier nur die folgenden zwei wichtigen Folgerungen an.

Folgerung 2.101. Enthält eine Menge von Vektoren den Nullvektor, so sind die Vektoren der Menge linear abhängig.

Folgerung 2.102. Enthält eine Menge von Vektoren einen Vektor und seinen Gegenvektor, so sind die Vektoren der Menge linear abhängig.

Aus Definition 2.93 und Satz 2.96 lassen sich außerdem Alternativen für die Kollinearität und Komplanarität von Vektoren herleiten, die hier nur der Vollständigkeit wegen notiert werden, während für die Praxis auf bereits bekannte Methoden verwiesen wird.

Folgerung 2.103. Zwei Vektoren $\vec{u}$ und $\vec{w}$ sind genau dann kollinear, wenn es zwei reelle Zahlen $r \neq 0$ und $s \neq 0$ gibt, sodass $r\vec{u} + s\vec{w} = \vec{0}$ gilt.

Folgerung 2.104. Die Vektoren $\vec{u}$ und $\vec{v}$ seien nicht kollinear. Dann hat die Gleichung $r\vec{u} + s\vec{w} = \vec{0}$ nur die triviale Lösung $r = s = 0$.

Folgerung 2.105. Drei Vektoren $\vec{u}$, $\vec{v}$ und $\vec{w}$ sind komplanar, wenn die Gleichung $r\vec{u} + s\vec{v} + t\vec{w} = \vec{0}$ eine nichttriviale Lösung hat.

Folgerung 2.106. Die Vektoren $\vec{u}$, $\vec{v}$ und $\vec{v}$ seien nicht komplanar. Dann hat die Gleichung $r\vec{u} + s\vec{v} + t\vec{w} = \vec{0}$ nur die triviale Lösung $r = s = t = 0$.

Für die Praxis sind die über die Folgerungen 2.103 bis 2.106 festgelegten Rechenwege (d. h., Lösung von linearen Gleichungssystemen mit zwei Variablen im Fall der Kollinearität bzw. mit drei Variablen im Fall der Komplanarität) nicht die bevorzugte Wahl. Im Fall der Kollinearität sollte man besser auf die Sätze 2.72 bzw. 2.73 zurückgreifen und im Fall der Komplanarität wie in den Beispielen 2.85 und 2.86 vorgehen, wo lineare Gleichungssysteme mit nur einer bzw. zwei Variablen auf ihre Lösbarkeit zu untersuchen sind.

Zur Untersuchung der linearen Abhängigkeit von $n \in \mathbb{N}$ Vektoren ist bei Rückgriff auf Definition 2.93 ein lineares Gleichungssystem mit n Variablen zu lösen. Dieses kann vereinfacht werden, denn n Vektoren sind linear abhängig, wenn (mindestens) einer der Vektoren als Linearkombination der restlichen $n-1$ Vektoren dargestellt werden kann. Das lässt sich leicht aus einer nichttrivialen Linearkombination

$$r_1\vec{u_1} + r_2\vec{u_2} + \ldots + r_{n-1}\vec{u_{n-1}} + r_n\vec{u_n} = \vec{0} \tag{2.107}$$

herleiten. Da die Vektoren $\vec{u_1}, \ldots \vec{u_n}$ nach Voraussetzung linear abhängig sind, ist mindestens einer der Skalare $r_1, \ldots, r_n$ von null verschieden. Wir wollen zur Vereinfachung annehmen, dass $r_n \neq 0$ und $\vec{u_n} \neq \vec{0}$ gilt. Addition von $-r_n\vec{u_n}$ in (2.107) ergibt

$$r_1\vec{u_1} + r_2\vec{u_2} + \ldots + r_{n-1}\vec{u_{n-1}} = -r_n\vec{u_n} . \tag{2.108}$$

Division durch $-r_n \neq 0$ ergibt

$$-\frac{r_1}{r_n}\vec{u_1} - \frac{r_2}{r_n}\vec{u_2} - \ldots - \frac{r_{n-1}}{r_n}\vec{u_{n-1}} = \vec{u_n} \tag{2.109}$$

Definieren wir

$$s_1 := -\frac{r_1}{r_n} \ , \ s_2 := -\frac{r_2}{r_n} \ \ldots \ , \ s_{n-1} := -\frac{r_{n-1}}{r_n} , \tag{2.110}$$

dann können wir (2.109) schreiben als

$$s_1\vec{u_1} + s_2\vec{u_2} + \ldots + s_{n-1}\vec{u_{n-1}} = \vec{u_n} . \tag{2.111}$$

Zur Vektorgleichung (2.111) gehört ein lineares Gleichungssystem mit nur $n-1$ Variablen $s_1, \ldots, s_{n-1}$. Gegenüber dem zu (2.107) zugehörigen Gleichungssystem hat das Gleichungssystem eine Variable weniger.

Beispiel 2.112. Es ist zu untersuchen, ob die Vektoren

$$\vec{u_1} = \begin{pmatrix} 1 \\ 2 \\ 3 \end{pmatrix} \quad , \quad \vec{u_2} = \begin{pmatrix} -1 \\ 1 \\ 2 \end{pmatrix} \quad \text{und} \quad \vec{u_3} = \begin{pmatrix} -7 \\ -2 \\ -1 \end{pmatrix}$$

linear abhängig sind. Wir untersuchen die Lösbarkeit der Gleichung $s_1\vec{u_1} + s_2\vec{u_2} = \vec{u_3}$ bzw. des zugehörigen linearen Gleichungssystems:

$$
\begin{array}{rl}
\text{I}: & s_1 - s_2 = -7 \\
\text{II}: & 2s_1 + s_2 = -2 \\
\text{III}: & 3s_1 + 2s_2 = -1 \\
\hline
\text{II}-2\cdot\text{I}=\text{IV}: & 3s_2 = 12 \\
\text{III}-3\cdot\text{I}=\text{V}: & 5s_2 = 20
\end{array}
$$

Aus beiden Gleichungen IV und V folgt $s_2 = 4$, d. h., das Gleichungssystem ist eindeutig lösbar. Einsetzen von $s_2 = 4$ in Gleichung I liefert $s_1 - 4 = -7$, also $s_1 = -3$. Damit gilt $-3\vec{u_1} + 4\vec{u_2} = \vec{u_3}$, d. h., $\vec{u_3}$ kann als Linearkombination von $\vec{u_1}$ und $\vec{u_2}$ dargestellt werden. Daraus folgt die lineare Abhängigkeit von $\vec{u_1}$, $\vec{u_2}$ und $\vec{u_3}$.

Als Ergänzung wollen wir die Rechnungen in den Gleichungen (2.107) bis (2.110) in umgekehrter Reihenfolge durchführen: Einsetzen von $s_1 = -3$ und $s_2 = 4$ in (2.110) liefert

$$-3 = -\frac{r_1}{r_3} \quad \text{und} \quad 4 = -\frac{r_2}{r_3}.$$

Die Lösung dieser Gleichungen ist nicht eindeutig, denn r_1 und r_2 hängen von der Wahl von $r_3 \neq 0$ ab. Wir wählen zum Beispiel $r_3 = 2$, woraus $r_1 = 6$ und $r_2 = -8$ folgen. Setzen wir dies in (2.107) ein, dann erhalten wir mit

$$6\vec{u_1} - 8\vec{u_2} + 2\vec{u_3} = \vec{0}$$

eine nichttriviale Linearkombination des Nullvektors. Auch daraus folgt, dass die Vektoren $\vec{u_1}, \vec{u_2}, \vec{u_3}$ linear abhängig sind. ◄

Aus den vorhergehenden Beispielen erhalten wir wichtige Erkenntnisse: Die Vektoren $\vec{u_1}, \ldots, \vec{u_n}$ mit $\vec{u_n} \neq \vec{0}$ sind genau dann linear abhängig, wenn Gleichung (2.111) eine Lösung hat. Wegen $\vec{u_n} \neq \vec{0}$ muss in diesem Fall zwangsläufig mindestens einer der Skalare $s_1, \ldots, s_{n-1}$ von null verschieden sein.

Bisher wurde unterstellt, dass $\vec{u_n}$ der Vektor ist, der sich linear aus $\vec{u_1}, \ldots, \vec{u_{n-1}}$ kombinieren lässt. In der Praxis wird das natürlich nicht immer gegeben sein, sodass wir verallgemeinernd lediglich davon ausgehen können, dass aus einer Menge linear abhängiger Vektoren *mindestens* ein Vektor als Linearkombination der anderen Vektoren darstellbar ist. Damit können wir abschließend die folgende Zusammenfassung notieren:

Satz 2.113. Gegeben seien $n \geq 2$ Vektoren $\vec{u_1}, \ldots, \vec{u_n}$. Die Vektoren $\vec{u_1}, \ldots, \vec{u_n}$ sind genau dann linear abhängig, wenn einer davon als Linearkombination der anderen darstellbar ist, d. h., es gibt ein $k \in \{1, 2, \ldots, n\}$ und Skalare $s_1, \ldots, s_{k-1}, s_{k+1}, \ldots, s_n \in \mathbb{R}$ mit

$$s_1 \vec{u_1} + \ldots s_{k-1} \vec{u_{k-1}} + s_{k+1} \vec{u_{k+1}} + \ldots + s_{n-1} \vec{u_{n-1}} = \vec{u_k}.$$

ACHTUNG! Wird für einen Vektor $\vec{u_k}$ festgestellt, dass er nicht als Linearkombination von $\vec{u_1}, \ldots, \vec{u_{k-1}}, \vec{u_{k+1}}, \ldots, \vec{u_n}$ darstellbar ist, dann darf daraus **nicht** der Schluss gezogen werden, dass die Vektoren $\vec{u_1}, \ldots, \vec{u_{k-1}}, \vec{u_k}, \vec{u_{k+1}}, \ldots, \vec{u_n}$ linear unabhängig sind!

Satz 2.113 besagt nämlich nur, dass (mindestens) ein Vektor als Linearkombination der anderen darstellbar ist, d. h., ist $\vec{u_k}$ nicht als Linearkombination der anderen $k - 1$ Vektoren darstellbar, dann kann es aber einen anderen Vektor $\vec{u_i}$ mit $i \neq k$ geben, der aus den restlichen Vektoren linear kombiniert werden kann (siehe dazu die nachfolgenden Beispiele).

Das bedeutet: Satz 2.113 kann **nur** angewendet werden, um die lineare Abhängigkeit von Vektoren zu begründen. Soll lineare Unabhängigkeit nachgewiesen werden, dann sind dazu andere Kriterien heranzuziehen, wie zum Beispiel direkt die Definition 2.93 der linearen Unabhängigkeit, wonach zu zeigen ist, dass die Gleichung

$$r_1 \vec{u_1} + r_2 \vec{u_2} + \ldots + r_n \vec{u_n} = \vec{0}$$

nur die triviale Lösung $r_1 = \ldots = r_n = 0$ hat.

Beispiel 2.114. Wir betrachten die Vektoren

$$\vec{u_1} = \begin{pmatrix} 4 \\ 0 \\ 0 \end{pmatrix}, \quad \vec{u_2} = \begin{pmatrix} -2 \\ 0 \\ 0 \end{pmatrix} \text{ und } \vec{u_3} = \begin{pmatrix} 1 \\ 1 \\ 0 \end{pmatrix}.$$

Offenbar lässt sich der Vektor $\vec{u_3}$ nicht als Linearkombination von $\vec{u_1}$ und $\vec{u_2}$ darstellen. Aus diesem Ergebnis darf nicht der Schluss gezogen werden, dass $\vec{u_1}, \vec{u_2}, \vec{u_3}$ linear unabhängig sind. Zum Beispiel kann $\vec{u_1}$ als Linearkombination von $\vec{u_2}$ und $\vec{u_3}$ dargestellt werden, d. h. $-2 \cdot \vec{u_2} + 0 \cdot \vec{u_3} = \vec{u_1}$. Nach Satz 2.113 sind $\vec{u_1}, \vec{u_2}$ und $\vec{u_3}$ linear abhängig. ◄

Beispiel 2.115. Wir betrachten die Vektoren

$$\vec{u_1} = \begin{pmatrix} 1 \\ 2 \\ 1 \end{pmatrix}, \quad \vec{u_2} = \begin{pmatrix} 0 \\ -1 \\ 0 \end{pmatrix}, \quad \vec{u_3} = \begin{pmatrix} 2 \\ 1 \\ 2 \end{pmatrix} \text{ und } \vec{u_4} = \begin{pmatrix} 4 \\ 5 \\ 6 \end{pmatrix}.$$

Wir untersuchen, ob $\vec{u_4}$ als Linearkombination der anderen Vektoren darstellbar ist. Dazu betrachten wir die Lösbarkeit des zur Gleichung $s_1 \vec{u_1} + s_2 \vec{u_2} + s_3 \vec{u_3} = \vec{u_4}$ zugehörigen linearen Gleichungssystems (I-III):

$$I:\; s_1 \qquad\quad + 2s_3 = 4$$
$$II:\; 2s_1 - s_2 + \;\; s_3 = 5$$
$$III:\; s_1 \qquad\quad + 2s_3 = 6$$
$$\overline{III - I = IV:\qquad\qquad\qquad\quad 0 = 2}$$

Die erhaltene Gleichung IV ist ein Widerspruch, d. h., das System hat keine Lösung und folglich kann $\vec{u_4}$ nicht als Linearkombination von $\vec{u_1}$, $\vec{u_2}$, $\vec{u_3}$ dargestellt werden. Aus diesem Ergebnis darf nicht der Schluss gezogen werden, dass $\vec{u_1}$, $\vec{u_2}$, $\vec{u_3}$ und $\vec{u_4}$ linear unabhängig sind. Wir überprüfen, ob zum Beispiel $\vec{u_2}$ als Linearkombination der restlichen Vektoren dargestellt werden kann und betrachten dazu das zur Gleichung $s_1\vec{u_1} + s_3\vec{u_3} + s_4\vec{u_4} = \vec{u_2}$ zugehörige lineare Gleichungssystem (I'-III'):

$$I':\; s_1 + \;\; 2s_3 + \;\; 4s_4 = \;\; 0$$
$$II':\; 2s_1 + \qquad s_3 + \;\; 5s_4 = -1$$
$$III':\; s_1 + \;\; 2s_3 + \;\; 6s_4 = \;\; 0$$
$$\overline{II' - 2\cdot I' = IV':\qquad -3s_3 \quad -3s_4 = -1}$$
$$III' - I' = V':\qquad\qquad\qquad 2s_4 = \;\; 0$$

Aus Gleichung V' folgt $s_4 = 0$. Dies in Gleichung IV' eingesetzt liefert $s_3 = \frac{1}{3}$. Setzen wir dies und $s_4 = 0$ in Gleichung I' ein, dann folgt daraus $s_1 = -\frac{2}{3}$. Das Gleichungssystem ist eindeutig lösbar und wir erhalten die Linearkombination $-\frac{2}{3}\cdot\vec{u_1} + \frac{1}{3}\cdot\vec{u_3} + 0\cdot\vec{u_4} = \vec{u_2}$. Nach Satz 2.113 sind $\vec{u_1}$, $\vec{u_2}$, $\vec{u_3}$ und $\vec{u_4}$ linear abhängig. ◀

Aufgaben zum Abschnitt 2.4

Aufgabe 2.4.1: Überprüfen Sie, ob die folgenden Vektoren $\vec{u}$ und $\vec{w}$ kollinear sind:

a) $\vec{u} = \begin{pmatrix} 3 \\ 2 \end{pmatrix}$, $\vec{w} = \begin{pmatrix} 6 \\ 4 \end{pmatrix}$

b) $\vec{u} = \begin{pmatrix} 3 \\ 2 \end{pmatrix}$, $\vec{w} = \begin{pmatrix} -6 \\ 4 \end{pmatrix}$

c) $\vec{u} = \begin{pmatrix} -4 \\ 8 \end{pmatrix}$, $\vec{w} = \begin{pmatrix} 6 \\ 12 \end{pmatrix}$

d) $\vec{u} = \frac{1}{2}\begin{pmatrix} -4 \\ 8 \end{pmatrix}$, $\vec{w} = 4\begin{pmatrix} 6 \\ -12 \end{pmatrix}$

e) $\vec{u} = \begin{pmatrix} 2 \\ 5 \end{pmatrix} + \begin{pmatrix} 3 \\ -3 \end{pmatrix}$, $\vec{w} = \frac{5}{3}\begin{pmatrix} 6 \\ 9 \end{pmatrix}$

f) $\vec{u} = \begin{pmatrix} 1 \\ 0 \end{pmatrix}$, $\vec{w} = 3\begin{pmatrix} 4 \\ -2 \end{pmatrix} - \frac{2}{3}\begin{pmatrix} 12 \\ -9 \end{pmatrix}$

g) $\vec{u} = \begin{pmatrix} 15 \\ 10 \\ 25 \end{pmatrix}$, $\vec{w} = \begin{pmatrix} -6 \\ -4 \\ -10 \end{pmatrix}$

h) $\vec{u} = \begin{pmatrix} 3 \\ 2 \\ -5 \end{pmatrix}$, $\vec{w} = \begin{pmatrix} -12 \\ 8 \\ 20 \end{pmatrix}$

i) $\vec{u} = \begin{pmatrix} 3 \\ 7 \\ -8 \end{pmatrix}$, $\vec{w} = \begin{pmatrix} -12 \\ -28 \\ 32 \end{pmatrix}$

j) $\vec{u} = \begin{pmatrix} 2 \\ 3 \\ 4 \end{pmatrix}$, $\vec{w} = \begin{pmatrix} 8 \\ 12 \\ 0 \end{pmatrix}$

k) $\vec{u} = 2\begin{pmatrix} 1 \\ 2 \\ 3 \end{pmatrix}$, $\vec{w} = \frac{3}{2}\begin{pmatrix} 4 \\ 6 \\ 8 \end{pmatrix}$

l) $\vec{u} = \frac{3}{2}\begin{pmatrix} 4 \\ -6 \\ 8 \end{pmatrix}$, $\vec{w} = \begin{pmatrix} 2 \\ 10 \\ -5 \end{pmatrix} - \begin{pmatrix} 8 \\ 1 \\ 7 \end{pmatrix}$

Aufgabe 2.4.2: Untersuchen Sie nach dem Muster der Beispiele 2.85 bzw. 2.86, ob die Vektoren $\vec{u}$, $\vec{v}$ und $\vec{w}$ komplanar sind.

a) $\vec{u} = \begin{pmatrix} 1 \\ 0 \\ 0 \end{pmatrix}$, $\vec{v} = \begin{pmatrix} 0 \\ 1 \\ -1 \end{pmatrix}$, $\vec{w} = \begin{pmatrix} 1 \\ -1 \\ 1 \end{pmatrix}$

b) $\vec{u} = \begin{pmatrix} 2 \\ -2 \\ 2 \end{pmatrix}$, $\vec{v} = \begin{pmatrix} -1 \\ 6 \\ 8 \end{pmatrix}$, $\vec{w} = \begin{pmatrix} -5 \\ -5 \\ 3 \end{pmatrix}$

c) $\vec{u} = \begin{pmatrix} 1 \\ 1 \\ 1 \end{pmatrix}$, $\vec{v} = \begin{pmatrix} 5 \\ 1 \\ -1 \end{pmatrix}$, $\vec{w} = \begin{pmatrix} 2 \\ -4 \\ 3 \end{pmatrix}$

d) $\vec{u} = \begin{pmatrix} 4 \\ 11 \\ 5 \end{pmatrix}$, $\vec{v} = \begin{pmatrix} -1 \\ 6 \\ 8 \end{pmatrix}$, $\vec{w} = \begin{pmatrix} -5 \\ -5 \\ 3 \end{pmatrix}$

e) $\vec{u} = \begin{pmatrix} 7 \\ 8 \\ 1 \end{pmatrix} - \begin{pmatrix} 6 \\ 6 \\ 1 \end{pmatrix}$, $\vec{v} = \begin{pmatrix} 5 \\ 5 \\ 5 \end{pmatrix} - \begin{pmatrix} 2 \\ 3 \\ 4 \end{pmatrix}$, $\vec{w} = \begin{pmatrix} -2 \\ -3 \\ -4 \end{pmatrix} + \begin{pmatrix} 4 \\ 11 \\ 3 \end{pmatrix}$

f) $\vec{u} = \begin{pmatrix} 1 \\ -1 \\ 1 \end{pmatrix}$, $\vec{v} = \begin{pmatrix} -1 \\ 1 \\ 1 \end{pmatrix}$, $\vec{w} = 2\vec{u} - 3\vec{v} + \begin{pmatrix} 1 \\ 1 \\ 2 \end{pmatrix}$

Aufgabe 2.4.3: Ein Viereck mit zwei parallelen Seiten ist ein Trapez. Untersuchen Sie mithilfe der Definition kollinearer Vektoren, ob die folgenden Punkte A, B, C und D Trapezeckpunkte sind.

a) $A(1|2), B(7|6), C(4|7), D(1|5)$

b) $A(1|1), B(5|3), C(5|4), D(1|6)$

c) $A(4|4), B(7|5), C(6|10), D(2|8)$

d) $A(2|7), B(5|13), C(5|17), D(1|9)$

e) $A(8|3|1), B(0|11|1), C(2|9|6), D(6|5|6)$

f) $A(3|0|9), B(3|12|0), C(0|8|6), D(0|4|9)$

g) $A(8|3|1), B(0|10|1), C(2|9|6), D(6|5|6)$

h) $A(3|0|1), B(3|12|7), C(0|8|1), D(6|4|7)$

Aufgabe 2.4.4: Stellen Sie $\vec{u}$ als Linearkombination von $\vec{a}$ und $\vec{b}$ dar:

a) $\vec{u} = \begin{pmatrix} -7 \\ 5 \end{pmatrix}$, $\vec{a} = \begin{pmatrix} 1 \\ 0 \end{pmatrix}$, $\vec{b} = \begin{pmatrix} 0 \\ 1 \end{pmatrix}$

b) $\vec{u} = \begin{pmatrix} 2 \\ 4 \end{pmatrix}$, $\vec{a} = \begin{pmatrix} -1 \\ 1 \end{pmatrix}$, $\vec{b} = \begin{pmatrix} 1 \\ 1 \end{pmatrix}$

c) $\vec{u} = \begin{pmatrix} 2 \\ 4 \end{pmatrix}$, $\vec{a} = \begin{pmatrix} 1 \\ 1 \end{pmatrix}$, $\vec{b} = \begin{pmatrix} 1 \\ 0 \end{pmatrix}$

d) $\vec{u} = \begin{pmatrix} 8 \\ 2 \\ \frac{2}{3} \end{pmatrix}$, $\vec{a} = \begin{pmatrix} 4 \\ 2 \end{pmatrix}$, $\vec{b} = \begin{pmatrix} \frac{3}{4} \\ 1 \end{pmatrix}$

e) $\vec{u} = \begin{pmatrix} 1 \\ 2 \\ 3 \end{pmatrix}$, $\vec{a} = \begin{pmatrix} 1 \\ 0 \\ 1 \end{pmatrix}$, $\vec{b} = \begin{pmatrix} -1 \\ 1 \\ 0 \end{pmatrix}$

f) $\vec{u} = \begin{pmatrix} 3 \\ 0 \\ 1 \end{pmatrix}$, $\vec{a} = \begin{pmatrix} 1 \\ 2 \\ 2 \end{pmatrix}$, $\vec{b} = \begin{pmatrix} 1 \\ 5 \\ \frac{9}{2} \end{pmatrix}$

g) $\vec{u} = \begin{pmatrix} 6 \\ 2 \\ 5 \end{pmatrix}$, $\vec{a} = \begin{pmatrix} 2 \\ 0 \\ 1 \end{pmatrix}$, $\vec{b} = \begin{pmatrix} 2 \\ 2 \\ 3 \end{pmatrix}$

h) $\vec{u} = \begin{pmatrix} 1 \\ 1 \\ 1 \end{pmatrix}$, $\vec{a} = \begin{pmatrix} 3 \\ 3 \\ 3 \end{pmatrix}$, $\vec{b} = \begin{pmatrix} 1 \\ 0 \\ 1 \end{pmatrix}$

Aufgabe 2.4.5: Gegeben seien in der Ebene die Punkte A, B, C, D, E, F, G, H, I, J, K, L, M, N und O sowie die Vektoren $\vec{u}$ und $\vec{w}$ gemäß Abb. 43. Stellen Sie die folgenden Vektoren als Linearkombination von $\vec{u}$ und $\vec{w}$ dar:

$$\overrightarrow{AE},\ \overrightarrow{EA},\ \overrightarrow{BF},\ \overrightarrow{KG},\ \overrightarrow{BO},\ \overrightarrow{CO},\ \overrightarrow{AG},\ \overrightarrow{AO},\ \overrightarrow{AH},\ \overrightarrow{AM},\ \overrightarrow{AN},$$

$$\overrightarrow{LA},\ \overrightarrow{CK},\ \overrightarrow{CJ},\ \overrightarrow{LC},\ \overrightarrow{LD},\ \overrightarrow{LO},\ \overrightarrow{LM},\ \overrightarrow{LN},\ \overrightarrow{JF},\ \overrightarrow{NO}$$

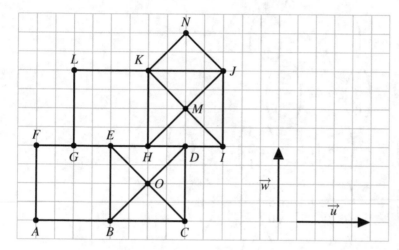

Abb. 43: Punkte und Vektoren zu Aufgabe 2.4.5

Aufgabe 2.4.6: Gegeben sei die in Abb. 44 abgebildete Figur, die aus einem Würfel mit aufgesetzter gerader Pyramide besteht. Die Pyramide $EFGHJ$ ist genauso hoch wie die Kanten des Würfels $ABCDEFGH$ lang sind. Stellen Sie die Vektoren

$$\overrightarrow{AC},\ \overrightarrow{BD},\ \overrightarrow{AF},\ \overrightarrow{AG},\ \overrightarrow{HB},\ \overrightarrow{EC},$$

$$\overrightarrow{AI},\ \overrightarrow{CI},\ \overrightarrow{AJ},\ \overrightarrow{EJ},\ \overrightarrow{DJ} \text{ und } \overrightarrow{JC}$$

als Linearkombination der Vektoren $\overrightarrow{AB}$, $\overrightarrow{BC}$ und $\overrightarrow{AE}$ dar.

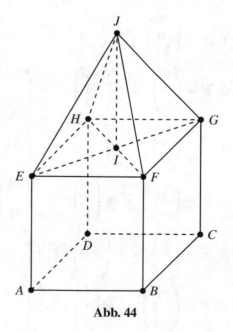

Abb. 44

Aufgabe 2.4.7: Untersuchen Sie, ob $\vec{x}$ als Linearkombination der übrigen gegebenen Vektoren darstellbar ist und ermitteln Sie ggf. *alle(!)* möglichen Linearkombinationen:

a) $\vec{x} = \begin{pmatrix} -8 \\ 23 \\ 6 \end{pmatrix}$, $\vec{a} = \begin{pmatrix} 1 \\ 2 \\ -3 \end{pmatrix}$, $\vec{b} = \begin{pmatrix} -4 \\ 5 \\ 6 \end{pmatrix}$

b) $\vec{x} = \begin{pmatrix} 4 \\ 122 \\ 8 \end{pmatrix}$, $\vec{a} = \begin{pmatrix} 1 \\ 5 \\ 2 \end{pmatrix}$, $\vec{b} = \begin{pmatrix} 1 \\ -1 \\ 2 \end{pmatrix}$

c) $\vec{x} = \begin{pmatrix} -7 \\ 9 \\ 4 \end{pmatrix}$, $\vec{a} = \begin{pmatrix} 1 \\ -2 \\ -2 \end{pmatrix}$, $\vec{b} = \begin{pmatrix} 5 \\ 1 \\ 12 \end{pmatrix}$

d) $\vec{x} = \begin{pmatrix} 2 \\ 7 \\ 1 \end{pmatrix}$, $\vec{a} = \begin{pmatrix} 1 \\ 2 \\ 0 \end{pmatrix}$, $\vec{b} = \begin{pmatrix} -1 \\ 2 \\ 0 \end{pmatrix}$

e) $\vec{x} = \begin{pmatrix} 14 \\ -68 \\ 28 \end{pmatrix}$, $\vec{a} = \begin{pmatrix} -2 \\ 8 \\ -5 \end{pmatrix}$, $\vec{b} = \begin{pmatrix} 3 \\ -2 \\ 1 \end{pmatrix}$, $\vec{c} = \begin{pmatrix} 1 \\ 4 \\ 1 \end{pmatrix}$

f) $\vec{x} = \begin{pmatrix} 0 \\ -20 \\ 43 \end{pmatrix}$, $\vec{a} = \begin{pmatrix} 0 \\ 2 \\ 3 \end{pmatrix}$, $\vec{b} = \begin{pmatrix} 4 \\ 5 \\ 0 \end{pmatrix}$, $\vec{c} = \begin{pmatrix} 6 \\ 0 \\ 7 \end{pmatrix}$

g) $\vec{x} = \begin{pmatrix} 30 \\ 23 \\ -14 \end{pmatrix}$, $\vec{a} = \begin{pmatrix} 1 \\ -2 \\ -2 \end{pmatrix}$, $\vec{b} = \begin{pmatrix} 5 \\ 1 \\ 12 \end{pmatrix}$, $\vec{c} = \begin{pmatrix} -7 \\ 9 \\ 4 \end{pmatrix}$

h) $\vec{x} = \begin{pmatrix} 5 \\ 34 \\ 20 \end{pmatrix}$, $\vec{a} = \begin{pmatrix} -1 \\ 1 \\ 3 \end{pmatrix}$, $\vec{b} = \begin{pmatrix} 2 \\ -1 \\ 1 \end{pmatrix}$, $\vec{c} = \begin{pmatrix} 2 \\ 9 \\ 3 \end{pmatrix}$

i) $\vec{x} = \begin{pmatrix} 0 \\ 0 \\ 0 \end{pmatrix}$, $\vec{a} = \begin{pmatrix} -1 \\ 1 \\ 3 \end{pmatrix}$, $\vec{b} = \begin{pmatrix} 2 \\ -1 \\ 1 \end{pmatrix}$, $\vec{c} = \begin{pmatrix} 2 \\ 9 \\ 3 \end{pmatrix}$

j) $\vec{x} = \begin{pmatrix} 0 \\ 0 \\ 0 \end{pmatrix}$, $\vec{a} = \begin{pmatrix} -1 \\ 1 \\ 3 \end{pmatrix}$, $\vec{b} = \begin{pmatrix} 2 \\ -1 \\ 1 \end{pmatrix}$, $\vec{c} = \begin{pmatrix} 2 \\ 5 \\ 43 \end{pmatrix}$

k) $\vec{x} = \begin{pmatrix} -9 \\ 19 \\ 2 \end{pmatrix}$, $\vec{a} = \begin{pmatrix} 1 \\ 2 \\ 3 \end{pmatrix}$, $\vec{b} = \begin{pmatrix} 4 \\ 1 \\ 13 \end{pmatrix}$, $\vec{c} = \begin{pmatrix} 1 \\ 0 \\ 5 \end{pmatrix}$, $\vec{d} = \begin{pmatrix} 1 \\ 4 \\ 1 \end{pmatrix}$

l) $\vec{x} = \begin{pmatrix} 1 \\ 0 \\ 4 \end{pmatrix}$, $\vec{a} = \begin{pmatrix} 1 \\ -2 \\ -3 \end{pmatrix}$, $\vec{b} = \begin{pmatrix} 4 \\ 1 \\ -21 \end{pmatrix}$, $\vec{c} = \begin{pmatrix} 1 \\ 4 \\ -6 \end{pmatrix}$, $\vec{d} = \begin{pmatrix} 2 \\ 3 \\ -7 \end{pmatrix}$

m) $\vec{x} = \begin{pmatrix} -1 \\ 1 \\ 5 \end{pmatrix}$, $\vec{a} = \begin{pmatrix} 1 \\ 1 \\ 1 \end{pmatrix}$, $\vec{b} = \begin{pmatrix} -1 \\ 1 \\ 1 \end{pmatrix}$, $\vec{c} = \begin{pmatrix} -1 \\ -1 \\ 1 \end{pmatrix}$, $\vec{d} = \begin{pmatrix} 2 \\ 3 \\ 1 \end{pmatrix}$, $\vec{e} = \begin{pmatrix} 0 \\ 1 \\ 1 \end{pmatrix}$

Aufgabe 2.4.8:

a) Ermitteln Sie die Koordinaten der Punkte A, B und C in Abb. 45, wobei A in der xy-Ebene, B in der yz-Ebene und C in der xz-Ebene liegt.

b) Bestimmen Sie die Vektoren $\vec{0A}$, $\vec{0B}$, $\vec{0C}$, $\vec{AB}$, $\vec{AC}$ und $\vec{BC}$.

c) Zerlegen Sie den Vektor $\vec{BC}$ in eine Summe aus Vektoren $\vec{u}$, $\vec{v}$ und $\vec{w}$, wobei $\vec{u}$ parallel zur x-Achse, $\vec{v}$ parallel zur y-Achse und $\vec{w}$ parallel zur z-Achse ist.

d) Bestimmen Sie zuerst grafisch die Koordinaten des Punkts P, den man ausgehend von A durch Anlegen des Vektors $\vec{BC}$ erhält. Kontrollieren Sie ihr Ergebnis selbst, indem Sie den Ortsvektor $\vec{0P}$ von P rechnerisch ermitteln.

Hinweis: Kopieren Sie zur grafischen Lösung Abb. 45 auf ein Blatt Papier.

e) Mit welchem der Vektoren aus b) erreicht man ausgehend vom Punkt P den Punkt C? Begründen Sie Ihre Antwort!

f) Stellen Sie den Vektor $-\vec{AC}$ als Linearkombination der Vektoren $\vec{AB}$ und $\vec{BC}$ dar.

g) Sei M der Mittelpunkt der Strecke $\overline{BC}$. Stellen Sie den Vektor $\vec{AM}$ als Linearkombination der Vektoren $\vec{AC}$ und $\vec{BC}$ dar.

h) Stellen Sie den Ortsvektor $\vec{0M}$ des Punkts M aus g) als Linearkombination von Ortsvektoren der Punkte A, B und C dar.

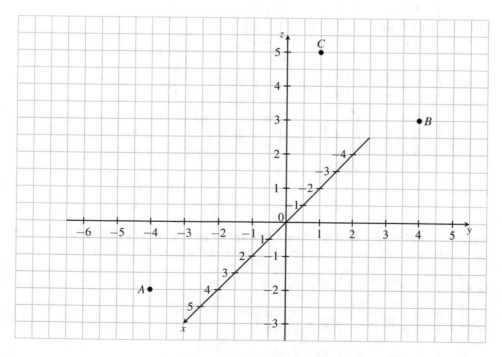

Abb. 45: Zu Aufgabe 2.4.8

Aufgabe 2.4.9: Untersuchen Sie mithilfe von Definition 2.93, ob die folgenden Vektoren linear abhängig oder linear unabhängig sind:

a) $\vec{a} = \begin{pmatrix} 3 \\ 2 \end{pmatrix}$, $\vec{b} = \begin{pmatrix} 6 \\ 4 \end{pmatrix}$

b) $\vec{a} = \begin{pmatrix} 1 \\ 0 \end{pmatrix}$, $\vec{b} = \begin{pmatrix} 1 \\ 1 \end{pmatrix}$, $\vec{c} = \begin{pmatrix} 1 \\ -3 \end{pmatrix}$

c) $\vec{a} = \begin{pmatrix} 1 \\ 0 \end{pmatrix}$, $\vec{b} = \begin{pmatrix} 1 \\ 1 \end{pmatrix}$

d) $\vec{a} = \begin{pmatrix} 1 \\ 0 \\ 1 \end{pmatrix}$, $\vec{b} = \begin{pmatrix} 1 \\ -1 \\ 0 \end{pmatrix}$, $\vec{c} = \begin{pmatrix} 0 \\ -2 \\ 2 \end{pmatrix}$

e) $\vec{a} = \begin{pmatrix} 1 \\ 0 \\ -1 \end{pmatrix}$, $\vec{b} = \begin{pmatrix} 1 \\ -1 \\ 0 \end{pmatrix}$

f) $\vec{a} = \begin{pmatrix} 1 \\ 0 \\ 1 \end{pmatrix}$, $\vec{b} = \begin{pmatrix} 1 \\ -1 \\ 0 \end{pmatrix}$, $\vec{c} = \begin{pmatrix} 4 \\ -2 \\ 2 \end{pmatrix}$

Aufgabe 2.4.10: Verwenden Sie die Definition der linearen Abhängigkeit von Vektoren um zu zeigen, dass die folgenden Vektoren linear abhängig sind:

a) $\vec{u_1} = \begin{pmatrix} 1 \\ 2 \\ 3 \end{pmatrix}$, $\vec{u_2} = \begin{pmatrix} -7 \\ -14 \\ -21 \end{pmatrix}$

b) $\vec{u_1} = \begin{pmatrix} 1 \\ -2 \\ 3 \end{pmatrix}$, $\vec{u_2} = \begin{pmatrix} -4 \\ -5 \\ 6 \end{pmatrix}$, $\vec{u_3} = \begin{pmatrix} 9 \\ 8 \\ -9 \end{pmatrix}$

c) $\vec{u_1} = \begin{pmatrix} 5 \\ -7 \\ 8 \end{pmatrix}$, $\vec{u_2} = \begin{pmatrix} 1 \\ 11 \\ -2 \end{pmatrix}$, $\vec{u_3} = \begin{pmatrix} -1 \\ 20 \\ -7 \end{pmatrix}$

d) $\vec{u_1} = \begin{pmatrix} 2 \\ 1 \\ -3 \end{pmatrix}$, $\vec{u_2} = \begin{pmatrix} 7 \\ 3 \\ 1 \end{pmatrix}$, $\vec{u_3} = \begin{pmatrix} 0 \\ -1 \\ 1 \end{pmatrix}$, $\vec{u_4} = \begin{pmatrix} -2 \\ -1 \\ 47 \end{pmatrix}$

e) $\vec{u_1} = \begin{pmatrix} 2 \\ -4 \\ 6 \end{pmatrix}$, $\vec{u_2} = \begin{pmatrix} -1 \\ 1 \\ 0 \end{pmatrix}$, $\vec{u_3} = \begin{pmatrix} 0 \\ 1 \\ 1 \end{pmatrix}$, $\vec{u_4} = \begin{pmatrix} 3 \\ 2 \\ 5 \end{pmatrix}$

f) $\vec{u_1} = \begin{pmatrix} 1 \\ -1 \\ 0 \end{pmatrix}$, $\vec{u_2} = \begin{pmatrix} 0 \\ 1 \\ 1 \end{pmatrix}$, $\vec{u_3} = \begin{pmatrix} 1 \\ 0 \\ 2 \end{pmatrix}$, $\vec{u_4} = \begin{pmatrix} 2 \\ -1 \\ 3 \end{pmatrix}$, $\vec{u_5} = \begin{pmatrix} 3 \\ 4 \\ -1 \end{pmatrix}$

Aufgabe 2.4.11: Verwenden Sie Satz 2.113 um zu zeigen, dass die Vektoren $\vec{u_1}, \ldots, \vec{u_n}$ linear abhängig sind, wobei $n \in \mathbb{R}$ die Vektorenanzahl in einer Teilaufgabe angibt.

a) $\vec{u_1} = \begin{pmatrix} 2 \\ 1 \end{pmatrix}$, $\vec{u_2} = \begin{pmatrix} -1 \\ 1 \end{pmatrix}$, $\vec{u_3} = \begin{pmatrix} 7 \\ -1 \end{pmatrix}$

b) $\vec{u_1} = \begin{pmatrix} 5 \\ -7 \end{pmatrix}$, $\vec{u_2} = \begin{pmatrix} 5 \\ 7 \end{pmatrix}$, $\vec{u_3} = \begin{pmatrix} -10 \\ 14 \end{pmatrix}$

c) $\vec{u_1} = \begin{pmatrix} 3 \\ 2 \end{pmatrix}$, $\vec{u_2} = \begin{pmatrix} -2 \\ 3 \end{pmatrix}$, $\vec{u_3} = \begin{pmatrix} -3 \\ 2 \end{pmatrix}$, $\vec{u_4} = \begin{pmatrix} 7 \\ 4 \end{pmatrix}$

d) $\vec{u_1} = \begin{pmatrix} 1 \\ 1 \end{pmatrix}, \vec{u_2} = \begin{pmatrix} -1 \\ 1 \end{pmatrix}, \vec{u_3} = \begin{pmatrix} 1 \\ -1 \end{pmatrix}, \vec{u_4} = \begin{pmatrix} 4 \\ 2 \end{pmatrix}$

e) $\vec{u_1} = \begin{pmatrix} 1 \\ 2 \\ 3 \end{pmatrix}, \vec{u_2} = \begin{pmatrix} -1 \\ 0 \\ 2 \end{pmatrix}, \vec{u_3} = \begin{pmatrix} 9 \\ 6 \\ -3 \end{pmatrix}$

f) $\vec{u_1} = \begin{pmatrix} 5 \\ 14 \\ -1 \end{pmatrix}, \vec{u_2} = \begin{pmatrix} 13 \\ -16 \\ 21 \end{pmatrix}, \vec{u_3} = \begin{pmatrix} 4 \\ -15 \\ 11 \end{pmatrix}$

g) $\vec{u_1} = \begin{pmatrix} 2 \\ \frac{15}{4} \\ 4 \end{pmatrix}, \vec{u_2} = \begin{pmatrix} 8 \\ -7 \\ 4 \end{pmatrix}, \vec{u_3} = \begin{pmatrix} 12 \\ 17 \\ 21 \end{pmatrix}$

h) $\vec{u_1} = \begin{pmatrix} 3 \\ 1 \\ 2 \end{pmatrix}, \vec{u_2} = \begin{pmatrix} 1 \\ -2 \\ 0 \end{pmatrix}, \vec{u_3} = \begin{pmatrix} 9 \\ 3 \\ 6 \end{pmatrix}$

i) $\vec{u_1} = \begin{pmatrix} 1 \\ 0 \\ 0 \end{pmatrix}, \vec{u_2} = \begin{pmatrix} 1 \\ 1 \\ 0 \end{pmatrix}, \vec{u_3} = \begin{pmatrix} 1 \\ -1 \\ 3 \end{pmatrix}, \vec{u_4} = \begin{pmatrix} 1 \\ 1 \\ 1 \end{pmatrix}$

j) $\vec{u_1} = \begin{pmatrix} 1 \\ 0 \\ -1 \end{pmatrix}, \vec{u_2} = \begin{pmatrix} 0 \\ 1 \\ 2 \end{pmatrix}, \vec{u_3} = \begin{pmatrix} -1 \\ 2 \\ -1 \end{pmatrix}, \vec{u_4} = \begin{pmatrix} 17 \\ -3 \\ 7 \end{pmatrix}$

k) $\vec{u_1} = \begin{pmatrix} 1 \\ 3 \\ -1 \end{pmatrix}, \vec{u_2} = \begin{pmatrix} 1 \\ 2 \\ 2 \end{pmatrix}, \vec{u_3} = \begin{pmatrix} 1 \\ 5 \\ -7 \end{pmatrix}, \vec{u_4} = \begin{pmatrix} 1 \\ 2 \\ 3 \end{pmatrix}$

l) $\vec{u_1} = \begin{pmatrix} -1 \\ 2 \\ -1 \end{pmatrix}, \vec{u_2} = \begin{pmatrix} 9 \\ -2 \\ 5 \end{pmatrix}, \vec{u_3} = \begin{pmatrix} 16 \\ 16 \\ 4 \end{pmatrix}, \vec{u_4} = \begin{pmatrix} 10 \\ -8 \\ 7 \end{pmatrix}$

m) $\vec{u_1} = \begin{pmatrix} 1 \\ 0 \\ -1 \end{pmatrix}, \vec{u_2} = \begin{pmatrix} 2 \\ 1 \\ 0 \end{pmatrix}, \vec{u_3} = \begin{pmatrix} 3 \\ 1 \\ -1 \end{pmatrix}, \vec{u_4} = \begin{pmatrix} 4 \\ 2 \\ 1 \end{pmatrix}, \vec{u_5} = \begin{pmatrix} 5 \\ 1 \\ -1 \end{pmatrix}$

n) $\vec{u_1} = \begin{pmatrix} 0 \\ 0 \\ 1 \end{pmatrix}, \vec{u_2} = \begin{pmatrix} 1 \\ 1 \\ 1 \end{pmatrix}, \vec{u_3} = \begin{pmatrix} 0 \\ 1 \\ 0 \end{pmatrix}, \vec{u_4} = \begin{pmatrix} 1 \\ 1 \\ -1 \end{pmatrix}, \vec{u_5} = \begin{pmatrix} 1 \\ 0 \\ 0 \end{pmatrix}$

Aufgabe 2.4.12: Verwenden Sie die Definition der linearen Unabhängigkeit von Vektoren um zu zeigen, dass $\vec{u_1}, \vec{u_2}$ und $\vec{u_3}$ linear unabhängig sind.

a) $\vec{u_1} = \begin{pmatrix} 1 \\ -4 \\ 7 \end{pmatrix}, \vec{u_2} = \begin{pmatrix} 2 \\ 5 \\ -8 \end{pmatrix}, \vec{u_3} = \begin{pmatrix} 3 \\ -6 \\ 9 \end{pmatrix}$

b) $\vec{u_1} = \begin{pmatrix} 0 \\ 0 \\ 1 \end{pmatrix}, \vec{u_2} = \begin{pmatrix} 1 \\ 7 \\ -1 \end{pmatrix}, \vec{u_3} = \begin{pmatrix} 2 \\ -1 \\ 1 \end{pmatrix}$

c) $\vec{u_1} = \begin{pmatrix} 9 \\ -1 \\ 7 \end{pmatrix}$, $\vec{u_2} = \begin{pmatrix} 2 \\ 1 \\ 8 \end{pmatrix}$, $\vec{u_3} = \begin{pmatrix} -2 \\ -4 \\ 5 \end{pmatrix}$

d) $\vec{u_1} = \begin{pmatrix} 11 \\ 12 \\ 13 \end{pmatrix}$, $\vec{u_2} = \begin{pmatrix} 8 \\ \frac{1}{2} \\ 4 \end{pmatrix}$, $\vec{u_3} = \begin{pmatrix} -17 \\ 21 \\ -1 \end{pmatrix}$

Aufgabe 2.4.13: Untersuchen Sie, ob die Vektoren $\vec{u_1}, \vec{u_2}$ und $\vec{u_3}$ linear abhängig oder linear unabhängig sind.

a) $\vec{u_1} = \begin{pmatrix} 1 \\ -7 \\ 3 \end{pmatrix}$, $\vec{u_2} = \begin{pmatrix} -3 \\ 5 \\ 1 \end{pmatrix}$, $\vec{u_3} = \begin{pmatrix} 6 \\ 5 \\ -1 \end{pmatrix}$

b) $\vec{u_1} = \begin{pmatrix} 2 \\ -1 \\ 2 \end{pmatrix}$, $\vec{u_2} = \begin{pmatrix} 6 \\ \frac{1}{2} \\ -5 \end{pmatrix}$, $\vec{u_3} = \begin{pmatrix} \frac{3}{2} \\ 1 \\ -4 \end{pmatrix}$

c) $\vec{u_1} = \begin{pmatrix} 2 \\ 12 \\ 8 \end{pmatrix}$, $\vec{u_2} = \begin{pmatrix} -18 \\ 35 \\ 17 \end{pmatrix}$, $\vec{u_3} = \begin{pmatrix} -41 \\ 40 \\ 14 \end{pmatrix}$

d) $\vec{u_1} = \begin{pmatrix} -7 \\ 5 \\ 36 \end{pmatrix}$, $\vec{u_2} = \begin{pmatrix} 15 \\ 4 \\ 11 \end{pmatrix}$, $\vec{u_3} = \begin{pmatrix} 20 \\ -4 \\ 27 \end{pmatrix}$

e) $\vec{u_1} = \begin{pmatrix} 9 \\ -6 \\ 3 \end{pmatrix}$, $\vec{u_2} = \begin{pmatrix} 1 \\ -1 \\ 1 \end{pmatrix}$, $\vec{u_3} = \begin{pmatrix} 12 \\ -9 \\ 6 \end{pmatrix}$

Aufgabe 2.4.14: Wie muss $c \in \mathbb{R}$ gewählt werden, damit die Vektoren

$$\vec{u} = \begin{pmatrix} 1 \\ -1 \\ 1 \end{pmatrix} , \quad \vec{v} = \begin{pmatrix} c \\ 0 \\ 2c \end{pmatrix} \text{ und } \vec{w} = \begin{pmatrix} -3 \\ 4 \\ c \end{pmatrix}$$

linear abhängig bzw. linear unabhängig sind?

Aufgabe 2.4.15: Wie muss $c \in \mathbb{R}$ gewählt werden, damit die Vektoren

$$\vec{u} = \begin{pmatrix} -c \\ 1 \\ 2c \end{pmatrix} , \quad \vec{v} = \begin{pmatrix} 2 \\ c \\ -4 \end{pmatrix} \text{ und } \vec{w} = \begin{pmatrix} 8+5c-2c^2 \\ 2c \\ 2c \end{pmatrix}$$

linear abhängig bzw. linear unabhängig sind?

Aufgabe 2.4.16: Können $a, b \in \mathbb{R}$ so gewählt werden, dass $\vec{u} = \begin{pmatrix} a \\ 5 \\ 2 \end{pmatrix}$ und $\vec{v} = \begin{pmatrix} 15 \\ 25 \\ b \end{pmatrix}$ linear abhängig sind? Falls ja, dann geben Sie die Zahlenwerte für a und b an.

Aufgabe 2.4.17: Wie müssen $a, b \in \mathbb{R}$ gewählt werden, damit die Vektoren

$$\vec{u} = \begin{pmatrix} 1 \\ -1 \\ 1 \end{pmatrix} \;, \quad \vec{v} = \begin{pmatrix} a \\ 1 \\ -2 \end{pmatrix} \text{ und } \vec{w} = \begin{pmatrix} 5 \\ b \\ 5 \end{pmatrix}$$

linear abhängig bzw. linear unabhängig sind?

Aufgabe 2.4.18: Beweisen Sie mithilfe von Folgerung 2.105 bzw. Folgerung 2.106 die folgenden Behauptungen:

a) $\vec{u} = \begin{pmatrix} -1 \\ 2 \\ -1 \end{pmatrix}, \vec{v} = \begin{pmatrix} 1 \\ 7 \\ 2 \end{pmatrix}, \vec{w} = \begin{pmatrix} -3 \\ -3 \\ -4 \end{pmatrix}$ sind komplanar.

b) $\vec{u} = \begin{pmatrix} 0 \\ 1 \\ 0 \end{pmatrix}, \vec{v} = \begin{pmatrix} 2 \\ 0 \\ 2 \end{pmatrix}, \vec{w} = \begin{pmatrix} -2 \\ -1 \\ -2 \end{pmatrix}$ sind komplanar.

c) $\vec{u} = \begin{pmatrix} 1 \\ 0 \\ 0 \end{pmatrix}, \vec{v} = \begin{pmatrix} 1 \\ 1 \\ 0 \end{pmatrix}, \vec{w} = \begin{pmatrix} 1 \\ 1 \\ 1 \end{pmatrix}$ sind nicht komplanar.

d) $\vec{u} = \begin{pmatrix} 1 \\ 0 \\ 1 \end{pmatrix}, \vec{v} = \begin{pmatrix} 0 \\ 1 \\ 1 \end{pmatrix}, \vec{w} = \begin{pmatrix} 1 \\ -1 \\ 1 \end{pmatrix}$ sind nicht komplanar.

Aufgabe 2.4.19: Die Vektoren $\vec{a}$, $\vec{b}$ und $\vec{c}$ seien linear unabhängig. Zeigen Sie, dass auch die Vektoren $\vec{u}$, $\vec{v}$ und $\vec{w}$ linear unabhängig sind.

a) $\vec{u} = \vec{a} - \vec{b} + \vec{c}, \quad \vec{v} = \vec{a} + \vec{b} - \vec{c}, \quad \vec{w} = \vec{a} - \vec{b} - \vec{c}$

b) $\vec{u} = 3\vec{a} + 2\vec{b} - \vec{c}, \quad \vec{v} = 2\vec{a} - 4\vec{b} + 2\vec{c}, \quad \vec{w} = -\vec{a} + \vec{b} - 4\vec{c}$

c) $\vec{u} = 2\vec{a} - 4\vec{c}, \quad \vec{v} = 7\vec{a} + 5\vec{b} + 3\vec{c}, \quad \vec{w} = 4\vec{b} - 2\vec{c}$

Aufgabe 2.4.20: Zeigen Sie, dass die Vektoren

$$\vec{a_t} = \begin{pmatrix} 1-t \\ 2 \\ 1 \end{pmatrix} \text{ und } \vec{b_t} = \begin{pmatrix} 8 \\ -2 \\ t \end{pmatrix}$$

für alle $t \in \mathbb{R}$ linear unabhängig sind.

2.5 Winkel zwischen Vektoren

Sind $\vec{u}$ und $\vec{w}$ linear unabhängige Vektoren, dann lässt sich durch Aneinanderlegen der linear abhängigen Vektoren $\vec{u}$, $\vec{w}$ und $\vec{u} - \vec{w}$ ein Dreieck konstruieren, was eine direkte Folgerung aus der Parallelogrammregel für die Subtraktion von Vektoren ist. Über den Längenbegriff für Vektoren wird es möglich, eine Verbindung zwischen Vektoren und den aus der klassischen ebenen Geometrie bekannten Rechnungen an beliebigen Dreiecken herzustellen. Unter anderem kann auf diese Weise der <u>Winkel</u> zwischen Vektoren definiert werden.

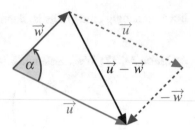

Abb. 46: Winkel α zwischen zwei Vektoren

Dazu betrachten wir zunächst zwei beliebige Vektoren $\vec{u} = \begin{pmatrix} u_1 \\ u_2 \end{pmatrix}$ und $\vec{w} = \begin{pmatrix} w_1 \\ w_2 \end{pmatrix}$ in

der Ebene. Nach dem Kosinussatz der Trigonometrie gilt für den in Abb. 46 dargestellten Winkel α:

$$|\vec{u} - \vec{w}|^2 = |\vec{u}|^2 + |\vec{w}|^2 - 2|\vec{u}| \cdot |\vec{w}| \cdot \cos(\alpha)$$

Daraus folgt:

$$
\begin{aligned}
\cos(\alpha) &= \frac{|\vec{u} - \vec{w}|^2 - |\vec{u}|^2 - |\vec{w}|^2}{-2|\vec{u}| \cdot |\vec{w}|} \\
&= \frac{(u_1 - w_1)^2 + (u_2 - w_2)^2 - (u_1^2 + u_2^2) - (w_1^2 + w_2^2)}{-2|\vec{u}| \cdot |\vec{w}|} \\
&= \frac{u_1^2 - 2u_1 w_1 + w_1^2 + u_2^2 - 2u_2 w_2 + w_2^2 - u_1^2 - u_2^2 - w_1^2 - w_2^2}{-2|\vec{u}| \cdot |\vec{w}|} \\
&= \frac{-2u_1 w_1 - 2u_2 w_2}{-2|\vec{u}| \cdot |\vec{w}|} = \frac{u_1 w_1 + u_2 w_2}{|\vec{u}| \cdot |\vec{w}|}
\end{aligned}
\tag{2.116}
$$

Die Rechnung gilt für Winkel α mit $0° \leq \alpha \leq 180°$. Diese Einschränkung lässt sich aus der Periodizität der Kosinusfunktion und der damit auf Teilintervalle eingeschränkten Umkehrbarkeit erklären. Denn wären Winkel $180° < \alpha < 360°$ zur Definition des Winkels zwischen Vektoren $\vec{u}$ und $\vec{w}$ zugelassen, dann ließe sich auf diese Weise keine umkehrbar eindeutige Zuordnung zwischen den Vektorkoordinaten und dem Winkel α gewährleisten. Mit anderen Worten, es könnten zwei verschiedene Winkel α und α' zwischen Vektoren $\vec{u}$ und $\vec{w}$ als *der* Winkel zwischen $\vec{u}$ und $\vec{w}$ identifiziert werden (siehe Abb. 47).

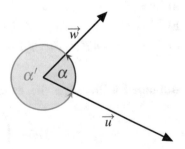

Abb. 47: Winkelpaar an zwei Vektoren

Derartige Zweideutigkeiten muss man für praktische Anwendungen vermeiden. Eine eindeutige Zuordnung wird durch die Umkehrfunktion Arcuskosinus sichergestellt, die den Definitionsbereich $[-1;1]$ und den Wertebereich $[0°;180°]$ hat. Es gilt

$$-1 \leq \frac{u_1 w_1 + u_2 w_2}{|\vec{u}| \cdot |\vec{w}|} \leq 1$$

und daraus folgt:

$$\alpha = \arccos\left(\frac{u_1 w_1 + u_2 w_2}{|\vec{u}| \cdot |\vec{w}|}\right)$$

Für Vektoren $\vec{u}$ und $\vec{w}$ aus $\mathbb{R}^3$ ergibt sich durch eine zu (2.116) analoge Rechnung:

$$\cos(\alpha) = \frac{u_1 w_1 + u_2 w_2 + u_3 w_3}{|\vec{u}| \cdot |\vec{w}|} \quad \text{bzw.} \quad \alpha = \arccos\left(\frac{u_1 w_1 + u_2 w_2 + u_3 w_3}{|\vec{u}| \cdot |\vec{w}|}\right)$$

Die Rechnungen gelten auch für den Fall, dass $\vec{u}$ und $\vec{w}$ linear abhängig sind. Lineare Abhängigkeit bedeutet, dass es ein $r \in \mathbb{R}$ gibt mit $\vec{u} = r\vec{w}$. Das bedeutet in der Ebene:

$$\cos(\alpha) = \frac{r w_1^2 + r w_2^2}{r |\vec{w}|^2} = = \frac{r\left(w_1^2 + w_2^2\right)}{r |\vec{w}|^2} = = \frac{r |\vec{w}|^2}{r |\vec{w}|^2} = 1$$

Daraus folgt $\alpha = 0°$. Analoges ergibt sich für linear abhängige Vektoren im Raum.

Später wird eine vereinfachte Berechnungsformel zur Berechnung des Winkels zwischen zwei Vektoren hergeleitet, bei der nicht mehr zwischen Ebene und Raum unterschieden werden muss. Wir verzichten deshalb auf einen zusammenfassenden Satz, reichen aber eine Definition dazu nach, was wir unter dem Winkel zwischen zwei Vektoren verstehen:

> **Definition 2.117.** Gegeben seien zwei beliebige linear unabhängige Vektoren $\vec{u}$ und $\vec{w}$. Unter dem Winkel $\alpha \in [0°;180°]$ zwischen $\vec{u}$ und $\vec{w}$ verstehen wir denjenigen Innenwinkel des aus den Vektoren $\vec{u}$, $\vec{w}$ und $\vec{u} - \vec{w}$ gebildeten Dreiecks, welcher der Seite mit der Länge $|\vec{u} - \vec{w}|$ gegenüber liegt (siehe Abb. 46).

Beispiel 2.118. Gegeben seien die Vektoren

$$\vec{u} = \begin{pmatrix} 5 \\ 0 \end{pmatrix} \quad, \quad \vec{w} = \begin{pmatrix} 3 \\ 3 \end{pmatrix} \quad, \quad \vec{v} = \begin{pmatrix} -3 \\ 3 \end{pmatrix} \quad \text{und} \quad \vec{z} = \begin{pmatrix} 3 \\ -3 \end{pmatrix}.$$

Für den Winkel α_1 zwischen $\vec{u}$ und $\vec{w}$ gilt:

$$\cos(\alpha_1) = \frac{u_1 w_1 + u_2 w_2}{\sqrt{u_1^2 + u_2^2} \cdot \sqrt{w_1^2 + w_2^2}} = \frac{5 \cdot 3 + 0 \cdot 3}{\sqrt{5^2 + 0^2} \cdot \sqrt{3^2 + 3^2}} = \frac{15}{5 \cdot 3\sqrt{2}} = \frac{1}{\sqrt{2}}$$

Hieraus folgt $\alpha_1 = \arccos\left(\cos(\alpha_1)\right) = \arccos\left(\frac{1}{\sqrt{2}}\right) = \frac{\pi}{4} = 45°$. Für den Winkel α_2 zwischen $\vec{u}$ und $\vec{v}$ gilt:

$$\cos(\alpha_2) = \frac{5\cdot(-3)+0\cdot 3}{\sqrt{5^2+0^2}\cdot\sqrt{(-3)^2+3^2}} = \frac{-15}{5\cdot 3\sqrt{2}} = -\frac{1}{\sqrt{2}}$$

Hieraus folgt $\alpha_2 = \arccos\left(\cos(\alpha_2)\right) = \arccos\left(-\frac{1}{\sqrt{2}}\right) = 135°$. Für den Winkel α_3 zwischen $\vec{u}$ und $\vec{z}$ gilt:

$$\cos(\alpha_3) = \frac{5\cdot 3+0\cdot(-3)}{\sqrt{5^2+0^2}\cdot\sqrt{3^2+(-3)^2}} = \frac{15}{5\cdot 3\sqrt{2}} = \frac{1}{\sqrt{2}}$$

Hieraus folgt $\alpha_3 = \arccos\left(\cos(\alpha_3)\right) = \arccos\left(\frac{1}{\sqrt{2}}\right) = 45°$. ◀

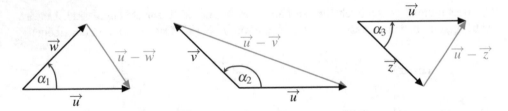

Abb. 48: Winkel zwischen den Vektoren aus Beispiel 2.118

Bemerkung 2.119. Winkel im Zusammenhang mit dem Nullvektor lassen sich nicht sinnvoll definieren. Soll der Winkel zwischen den Vektoren $\vec{u}$ und $\vec{w}$ berechnet werden, dann wird stets $\vec{u} \neq 0$ und $\vec{w} \neq \vec{0}$ vorausgesetzt. ○

Bemerkung 2.120. Bei der Berechnung von Winkeln ist darauf zu achten, dass die Richtung der Vektoren stimmt! Der Winkel α zwischen den Vektoren $\vec{u}$ und $\vec{w}$ wird anschaulich so gemessen, dass die Anfangspunkte der Vektoren im Scheitelpunkt des Winkels zusammenliegen. Der Winkel α zwischen den Vektoren $\vec{u}$ und $\vec{w}$ ist allgemein verschieden vom Winkel β zwischen den Vektoren $\vec{u}$ und $-\vec{w}$. Falls $\vec{u}$ und $\vec{w}$ linear unabhängig sind, so gilt dabei der Zusammenhang $\alpha + \beta = 180°$ (siehe Abb. 49). ○

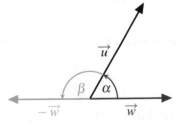

Abb. 49

Beispiel 2.121. Der Winkel α zwischen $\vec{u} = \begin{pmatrix} 2 \\ \sqrt{12} \end{pmatrix}$ und $\vec{w} = \begin{pmatrix} 3 \\ 0 \end{pmatrix}$ ist

$$\alpha = \arccos\left(\frac{2 \cdot 3 + \sqrt{12} \cdot 0}{\sqrt{16}\sqrt{9}}\right) = \arccos\left(\frac{1}{2}\right) = 60°.$$

Der Winkel β zwischen $\vec{u}$ und $-\vec{w}$ ist

$$\beta = \arccos\left(\frac{2 \cdot (-3) + \sqrt{12} \cdot 0}{\sqrt{16}\sqrt{9}}\right) = \arccos\left(-\frac{1}{2}\right) = 120°.$$

Es gilt $\alpha + \beta = 180°$. ◀

Die skalare Multiplikation ist als Verknüpfung zwischen einer reellen Zahl r und einem Vektor $\vec{u}$ definiert, die wir ihrem Namen nach als Produkt auffassen und deshalb $r \cdot \vec{u}$ schreiben. Ein weiteres Produkt entsteht durch die Verknüpfung zweier Vektoren.

Definition 2.122. Gegeben seien beliebige Vektoren $\vec{u} = \begin{pmatrix} u_1 \\ u_2 \end{pmatrix}$ und $\vec{w} = \begin{pmatrix} w_1 \\ w_2 \end{pmatrix}$ aus $\mathbb{R}^2$ bzw. $\vec{u} = \begin{pmatrix} u_1' \\ u_2' \\ u_3' \end{pmatrix}$ und $\vec{w} = \begin{pmatrix} w_1' \\ w_2' \\ w_3' \end{pmatrix}$ aus $\mathbb{R}^3$. Die Produkte

$$\vec{u} \bullet \vec{w} := u_1 \cdot w_1 + u_2 \cdot w_2 \quad \text{bzw.} \quad \vec{u} \bullet \vec{w} := u_1' \cdot w_1' + u_2' \cdot w_2' + u_3' \cdot w_3'$$

heißen <u>Skalarprodukt</u> von $\vec{u}$ und $\vec{w}$.

Beispiel 2.123. Hier folgen einige Zahlenbeispiele zur Berechnung des Skalarprodukts:

a) $\begin{pmatrix} 3 \\ 4 \end{pmatrix} \bullet \begin{pmatrix} 5 \\ 6 \end{pmatrix} = 3 \cdot 5 + 4 \cdot (-6) = -9$

b) $\begin{pmatrix} 6 \\ 5 \end{pmatrix} \bullet \begin{pmatrix} 2 \\ 3 \end{pmatrix} = 6 \cdot 2 + 5 \cdot 3 = 27$

c) $\begin{pmatrix} 3 \\ 4 \\ 2 \end{pmatrix} \bullet \begin{pmatrix} 5 \\ -6 \\ 7 \end{pmatrix} = 3 \cdot 5 + 4 \cdot (-6) + 2 \cdot 7 = 5$

d) $\begin{pmatrix} -4 \\ 3 \\ 1 \end{pmatrix} \bullet \begin{pmatrix} 2 \\ 4 \\ 1 \end{pmatrix} = -4 \cdot 2 + 3 \cdot 4 + 1 \cdot 1 = 5$

e) $\begin{pmatrix} 2 \\ -1 \\ 1 \end{pmatrix} \bullet \begin{pmatrix} 1 \\ 1 \\ -1 \end{pmatrix} = 2 \cdot 1 + (-1) \cdot 1 + 1 \cdot (-1) = 0$ ◀

Oft wird in Lehrbüchern für das Skalarprodukt statt des hier hervorgehobenen fetten Multiplikationspunkts der normale Multiplikationspunkt verwendet, d. h., man schreibt $\vec{a} \cdot \vec{b}$. Unabhängig vom gewählten Verknüpfungszeichen wird in der Regel klar, welche Verknüpfung gemeint ist. Deshalb könnte der Multiplikationspunkt auch weggelassen und einfach $\vec{a}\,\vec{b}$ geschrieben werden. Aus der Sicht von Lernenden hat es sich aber bewährt, dem Skalarprodukt eine eigene Zeichensetzung zu geben wie die in diesem Buch verwendete Schreibweise $\vec{a} \bullet \vec{b}$, die Lernenden hilft, die zu verknüpfenden Elemente voneinander abzugrenzen. Auch die Definition der Verknüpfungsoperation prägt sich vielen Lernenden so leichter ein. Andere Schreibweisen für das Skalarprodukt sind $\vec{a} \circ \vec{b}$ oder $\langle \vec{a}, \vec{b} \rangle$.

Durch konsequente Anwendung von Definition 2.122 und dem damit möglichen Übergang von Vektoren zu den Rechengesetzen der reellen Zahlen sind die folgenden Eigenschaften des Skalarprodukts leicht nachzurechnen:

> **Satz 2.124.** Seien $\vec{u}$, $\vec{v}$ und $\vec{w}$ beliebige Vektoren und $r \in \mathbb{R}$. Das Skalarprodukt hat die folgenden Eigenschaften:
>
> a) Kommutativgesetz: $\vec{u} \bullet \vec{v} = \vec{v} \bullet \vec{u}$
>
> b) Distributivgesetz: $\vec{u} \bullet (\vec{v} + \vec{w}) = \vec{u} \bullet \vec{v} + \vec{u} \bullet \vec{w}$
>
> c) Assoziativgesetz: $(r \cdot \vec{u}) \bullet \vec{v} = r \cdot (\vec{u} \bullet \vec{v})$

In Aufgabenstellungen wird es notwendig sein, Gleichungen zu lösen, die Skalarprodukte enthalten.

Beispiel 2.125. Gegeben seien die Vektoren $\vec{u} = \begin{pmatrix} 1 \\ 2 \\ 4 \end{pmatrix}$, $\vec{v} = \begin{pmatrix} -1 \\ 4 \\ -2 \end{pmatrix}$ und $\vec{w} = \begin{pmatrix} 1 \\ c \\ 1 \end{pmatrix}$.

Es soll $c \in \mathbb{R}$ so bestimmt werden, dass $\vec{u} \bullet \vec{w} = \vec{v} \bullet \vec{w}$ gilt. Zur Lösung dieser Aufgabe rechnen wir auf beiden Seiten der Gleichung die Skalarprodukte aus und stellen die entstehende Gleichung nach c um:

$$1 \cdot 1 + 2 \cdot c + 4 \cdot 1 = -1 \cdot 1 + 4 \cdot c - 2 \cdot 1 \quad \Leftrightarrow \quad 2c + 5 = 4c - 3 \quad \Leftrightarrow \quad c = 4 \quad \blacktriangleleft$$

Beispiel 2.126. Gegeben seien die Vektoren $\vec{u} = \begin{pmatrix} -2 \\ 1 \\ 2 \end{pmatrix}$, $\vec{v} = \begin{pmatrix} 2 \\ 6 \\ 3 \end{pmatrix}$ und $\vec{w} = \begin{pmatrix} 1 \\ c \\ 2 \end{pmatrix}$.

Es soll $c \in \mathbb{R}$ so bestimmt werden, dass $c \cdot \vec{u} \bullet \vec{v} = \vec{w} \bullet \vec{w}$ gilt. Zur Lösung rechnen wir auf beiden Seiten der Gleichung die Skalarprodukte aus und fassen zusammen:

$$c \cdot (-2 \cdot 2 + 1 \cdot 6 + 2 \cdot 3) = 1 \cdot 1 + c \cdot c + 2 \cdot 2 \quad \Leftrightarrow \quad 8c = c^2 + 5 \quad \Leftrightarrow \quad c^2 - 8c + 5 = 0$$

Die pq-Formel liefert die beiden Lösungen $c_1 = 4 + \sqrt{11}$ und $c_2 = 4 - \sqrt{11}$. $\blacktriangleleft$

> **ACHTUNG!** Gleichungen der Gestalt $\vec{u} \bullet \vec{w} = \vec{v} \bullet \vec{w}$ mögen dazu verleiten, den Vektor $\vec{w}$ zu „kürzen". Das ist im Allgemeinen aber falsch, denn aus $\vec{u} \bullet \vec{w} = \vec{v} \bullet \vec{w}$ folgt nicht zwangsläufig $\vec{u} = \vec{v}$! Man mache sich dies anhand der Vektoren in den beiden vorhergehenden Beispielen klar!

Mithilfe des Skalarprodukts wird es möglich, die Formeln für die Längen- und Winkelberechnung in vereinfachter Weise zu notieren, wobei gleichzeitig auf die Unterscheidung zwischen $\mathbb{R}^2$ und $\mathbb{R}^3$ verzichtet werden kann. Für die Länge eines Vektors gilt

$$|\vec{u}| = \sqrt{\vec{u} \bullet \vec{u}}. \tag{2.127}$$

Statt in dieser Form schreibt man auch $|\vec{u}| = \sqrt{\vec{u}^2}$, wobei das Quadrat

$$\vec{u}^2 := \vec{u} \bullet \vec{u} \tag{2.128}$$

nur als abkürzende Schreibweise zu verstehen ist, die uns noch in anderen Zusammenhängen begegnen wird. Aus $|\vec{u}| = \sqrt{\vec{u}^2}$ folgt durch Quadrieren:

$$|\vec{u}|^2 = \vec{u}^2 \tag{2.129}$$

> **ACHTUNG!** Wurzelziehen und Quadrieren heben einander nicht auf, d. h. es gilt
>
> $$\sqrt{\vec{u}^2} \neq \vec{u}.$$

Auch die Formel zur Winkelberechnung lässt sich mithilfe des Skalarprodukts kürzer notieren, womit jetzt eine knappe Zusammenfassung zur Winkelberechnung zwischen Vektoren nachgereicht werden kann:

> **Satz 2.130.** Seien $\vec{u}$ und $\vec{w}$ beliebige Vektoren in der Ebene oder im Raum. Für den Winkel $0° \leq \alpha \leq 180°$ zwischen $\vec{u}$ und $\vec{w}$ gilt:
>
> $$\cos(\alpha) = \frac{\vec{u} \bullet \vec{w}}{|\vec{u}| \cdot |\vec{w}|} \quad \text{bzw.} \quad \alpha = \arccos\left(\frac{\vec{u} \bullet \vec{w}}{|\vec{u}| \cdot |\vec{w}|}\right)$$

Aus Satz 2.130 folgt nach Multiplikation mit $|\vec{u}| \cdot |\vec{w}|$ die Gleichung

$$\vec{u} \bullet \vec{w} = |\vec{u}| \cdot |\vec{w}| \cdot \cos(\alpha). \tag{2.131}$$

Sind $\vec{u}$ und $\vec{w}$ Vektoren, die einen Winkel von $90°$ zueinander haben, dann folgt durch Einsetzen von $\alpha = 90°$ bzw. $\cos(\alpha) = 0$ in (2.131) die Gleichung $\vec{u} \bullet \vec{w} = 0$. Solche Vektoren haben eine besondere Bedeutung, was auch sprachlich hervorgehoben wird:

> **Definition 2.132.** Zwei Vektoren $\vec{u} \neq \vec{0}$ und $\vec{w} \neq \vec{0}$ heißen <u>orthogonal</u> zueinander, wenn $\vec{u} \bullet \vec{w} = 0$. Alternativ sagt man, dass $\vec{u}$ und $\vec{w}$ <u>rechtwinklig</u> zueinander sind.

Beispiel 2.133. Die Vektoren $\vec{u_1} = \begin{pmatrix} 2 \\ 1 \end{pmatrix}$ und $\vec{w_1} = \begin{pmatrix} -1 \\ 2 \end{pmatrix}$ sind orthogonal zueinander,

denn es gilt $\vec{u_1} \bullet \vec{w_1} = 2 \cdot (-1) + 1 \cdot 2 = 0$. Die Vektoren $\vec{u_2} = \begin{pmatrix} 3 \\ 1 \end{pmatrix}$ und $\vec{w_2} = \begin{pmatrix} 1 \\ 3 \end{pmatrix}$ sind

nicht orthogonal zueinander, denn es gilt $\vec{u_2} \bullet \vec{w_2} = 3 \cdot 1 + 1 \cdot 3 = 6 \neq 0$.   ◄

ACHTUNG! Für den Nullvektor $\vec{0}$ gilt $\vec{u} \bullet \vec{0} = 0$ für jeden Vektor $\vec{u}$, aber der Nullvektor ist zu *keinem* Vektor $\vec{u}$ orthogonal!

In der Ebene ist es relativ leicht, zu einem gegebenen Vektor $\vec{u} = \begin{pmatrix} u_1 \\ u_2 \end{pmatrix}$ einen orthogonalen Vektor $\vec{w} = \begin{pmatrix} w_1 \\ w_2 \end{pmatrix}$ zu bestimmen. Dazu betrachten wir die Gleichung

$$\vec{u} \bullet \vec{w} = u_1 w_1 + u_2 w_2 = 0. \tag{2.134}$$

Zur ihrer Lösung sind drei Fälle zu unterscheiden:

- Fall 1: Es gilt $u_1 \neq 0$ und $u_2 \neq 0$. Dann haben wir zwei Unbekannte in einer Gleichung und können für eine Unbekannte beliebige Werte wählen, zum Beispiel $w_2 = u_1$. Setzen wir dies in (2.134) ein, dann erhalten wir $u_1 w_1 + u_1 u_2 = 0$, woraus $w_1 = -u_2$ folgt. Damit sind die Vektoren $\vec{u} = \begin{pmatrix} u_1 \\ u_2 \end{pmatrix}$ und $\vec{w} = \begin{pmatrix} -u_2 \\ u_1 \end{pmatrix}$ orthogonal.

- Fall 2: Es gilt $u_1 = 0$ und $u_2 \neq 0$. Dann können wir w_1 beliebig wählen, zum Beispiel $w_1 = 1$. Damit Gleichung (2.134) gilt, müssen wir notwendig $w_2 = 0$ wählen. Damit sind die Vektoren $\vec{u} = \begin{pmatrix} 0 \\ u_2 \end{pmatrix}$ und $\vec{w} = \begin{pmatrix} 1 \\ 0 \end{pmatrix}$ orthogonal.

- Fall 3: Es gilt $u_1 \neq 0$ und $u_2 = 0$. Dann können wir w_2 beliebig wählen, zum Beispiel $w_2 = 1$. Damit Gleichung (2.134) gilt, müssen wir notwendig $w_1 = 0$ wählen. Damit sind die Vektoren $\vec{u} = \begin{pmatrix} u_1 \\ 0 \end{pmatrix}$ und $\vec{w} = \begin{pmatrix} 0 \\ 1 \end{pmatrix}$ orthogonal.

Aus Satz 2.124 c) folgt, dass Vektoren, die durch beliebige Streckung, Stauchung oder Invertierung (d. h. Übergang zum Gegenvektor) aus orthogonalen Vektoren hervorgehen, ebenfalls orthogonal zueinander sind. Das bedeutet genauer, dass in den Lösungen von (2.134) jeweils $r\vec{w}$ orthognal ist zu $s\vec{u}$ für beliebige Skalare $r, s \in \mathbb{R} \setminus \{0\}$.

Im Raum ist es sogar möglich, zu vorgegebenen Vektoren $\vec{u} \neq \vec{0}$ und $\vec{w} \neq \vec{0}$ mit $\vec{u} \neq \vec{w}$ einen Vektor $\vec{n} \neq \vec{0}$ zu bestimmen, der zu $\vec{u}$ und gleichzeitig auch zu $\vec{w}$ orthogonal ist. Derartige Vektoren $\vec{n}$ werden uns in den folgenden Kapiteln sehr häufig begegnen.

Definition 2.135. Seien $\vec{u}$ und $\vec{w}$ linear unabhängige Vektoren aus $\mathbb{R}^3$. Ein Vektor $\vec{n} \neq \vec{0}$ heißt <u>Normalenvektor</u> zu $\vec{u}$ und $\vec{w}$, falls $\vec{u} \bullet \vec{n} = 0$ und $\vec{w} \bullet \vec{n} = 0$ gilt.

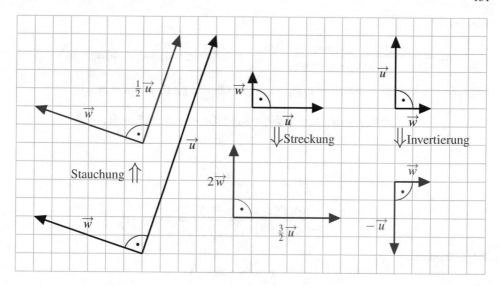

Abb. 50: Beispiele orthogonaler Vektoren in der Ebene

Die Definition des Normalenvektors liefert einen direkten Ansatz zur Berechnung von $\vec{n}$, denn ausgehend von

$$\vec{u} = \begin{pmatrix} u_1 \\ u_2 \\ u_3 \end{pmatrix} \quad , \quad \vec{w} = \begin{pmatrix} w_1 \\ w_2 \\ w_3 \end{pmatrix} \quad \text{und} \quad \vec{n} = \begin{pmatrix} n_1 \\ n_2 \\ n_3 \end{pmatrix}$$

können wir $\vec{n}$ durch Lösung des folgenden linearen Gleichungssystems gewinnen:

$$\begin{aligned} \text{I} : \vec{u} \bullet \vec{n} &= 0 \\ \text{II} : \vec{w} \bullet \vec{n} &= 0 \end{aligned} \qquad (2.136)$$

Ausrechnen der Skalarprodukte ergibt:

$$\begin{aligned} \text{I} : u_1 n_1 + u_2 n_2 + u_3 n_3 &= 0 \\ \text{II} : w_1 n_1 + w_2 n_2 + w_3 n_3 &= 0 \end{aligned}$$

Zur Lösung des Systems berechnen wir:

$w_1 \cdot \text{I} - u_1 \cdot \text{II} = \text{III} :$ $\qquad\qquad (u_2 w_1 - u_1 w_2)n_2 + (u_3 w_1 - u_1 w_3)n_3 = 0$

$w_2 \cdot \text{I} - u_2 \cdot \text{II} = \text{IV} : (u_1 w_2 - u_2 w_1)n_1 \qquad\qquad + (u_3 w_2 - u_2 w_3)n_3 = 0$

Da es drei Unbekannte, aber nur zwei Gleichungen gibt, kann n_3 frei gewählt werden. Es ist sinnvoll, für n_3 den gemeinsamen Faktor $u_1 w_2 - u_2 w_1 \neq 0$ zu n_1 und n_2 zu wählen. Durch Einsetzen von $n_3 = u_1 w_2 - u_2 w_1$ in Gleichung IV ergibt sich

$$(u_1 w_2 - u_2 w_1)n_1 + (u_3 w_2 - u_2 w_3)(u_1 w_2 - u_2 w_1) = 0,$$

woraus

$$n_1 = -\frac{(u_3w_2 - u_2w_3)(u_1w_2 - u_2w_1)}{u_1w_2 - u_2w_1} = -(u_3w_2 - u_2w_3) = u_2w_3 - u_3w_2$$

folgt. Durch Einsetzen von $n_3 = u_1w_2 - u_2w_1$ in Gleichung III ergibt sich

$$(u_2w_1 - u_1w_2)n_2 + (u_3w_1 - u_1w_3)(u_1w_2 - u_2w_1) = 0 \,,$$

woraus

$$\begin{aligned}
n_2 &= -\frac{(u_3w_1 - u_1w_3)(u_1w_2 - u_2w_1)}{u_2w_1 - u_1w_2} \\
&= -\frac{(u_3w_1 - u_1w_3)(u_1w_2 - u_2w_1)}{-(u_1w_2 - u_2w_1)} = u_3w_1 - u_1w_3
\end{aligned}$$

folgt. Damit ist

$$\overrightarrow{n} = \begin{pmatrix} u_2w_3 - u_3w_2 \\ u_3w_1 - u_1w_3 \\ u_1w_2 - u_2w_1 \end{pmatrix} \tag{2.137}$$

ein Normalenvektor zu $\overrightarrow{u}$ und $\overrightarrow{w}$, wie man durch Ausrechnen der Skalarprodukte in den Gleichungen $\overrightarrow{u} \bullet \overrightarrow{n} = 0$ und $\overrightarrow{w} \bullet \overrightarrow{n} = 0$ leicht überprüft. Auch für $u_1w_2 - u_2w_1 = 0$ erfüllt der Vektor $\overrightarrow{n}$ die gewünschten Eigenschaften.

Beispiel 2.138. Gesucht ist ein Normalenvektor zu

$$\overrightarrow{u} = \begin{pmatrix} 1 \\ 2 \\ 3 \end{pmatrix} \quad \text{und} \quad \overrightarrow{w} = \begin{pmatrix} 2 \\ -2 \\ -1 \end{pmatrix} .$$

Einsetzen in (2.137) ergibt

$$\overrightarrow{n} = \begin{pmatrix} 2 \cdot (-1) - 3 \cdot (-2) \\ 3 \cdot 2 - 1 \cdot (-1) \\ 1 \cdot (-2) - 2 \cdot 2 \end{pmatrix} = \begin{pmatrix} 4 \\ 7 \\ -6 \end{pmatrix} .$$

Analog zu den Überlegungen für orthogonale Vektoren in der Ebene folgt, dass auch $r\overrightarrow{n}$ für beliebiges $r \in \mathbb{R} \setminus \{0\}$ ein Normalenvektor zu $\overrightarrow{u}$ und $\overrightarrow{w}$ ist. ◀

Bei der Lösung des linearen Gleichungssystems (2.136) ist es natürlich auch möglich, für die frei wählbare Koordinate irgendeine Konstante $c \in \mathbb{R} \setminus \{0\}$ zu wählen. Der so berechnete Normalenvektor $\overrightarrow{n_*}$ unterscheidet sich dann vom Normalenvektor in (2.137) nur um ein skalares Vielfaches, d.h., es gibt ein $r \in \mathbb{R}$ mit $\overrightarrow{n_*} = r\overrightarrow{n}$. Geht man aber bei der Berechnung des Normalenvektors genau wie oben vor, so ist die Lösung (2.137) gleichzeitig das Ergebnis eines weiteren, wichtigen Produkts im Vektorraum $\mathbb{R}^3$.

Definition 2.139. Gegeben seien beliebige Vektoren $\vec{u} = \begin{pmatrix} u_1 \\ u_2 \\ u_3 \end{pmatrix}$ und $\vec{w} = \begin{pmatrix} w_1 \\ w_2 \\ w_3 \end{pmatrix}$.

Das Produkt

$$\vec{u} \times \vec{w} := \begin{pmatrix} u_2 w_3 - u_3 w_2 \\ u_3 w_1 - u_1 w_3 \\ u_1 w_2 - u_2 w_1 \end{pmatrix}$$

heißt <u>Kreuzprodukt</u> (oder alternativ <u>Vektorprodukt</u>) der Vektoren $\vec{u}$ und $\vec{w}$.

Die Berechnung des Kreuzprodukts nach Definition 2.139 ist recht mühsam, da sich die Formel nicht sonderlich gut einprägt. Die Berechnung wird durch einen kleinen Trick leichter, der gleichzeitig auch die Bezeichung *Kreuz*produkt anschaulich erklärt:

Anleitung 2.140. Zur Berechnung des Kreuzprodukts $\vec{u} \times \vec{w}$ schreiben wir die beiden Vektoren nebeneinander. Zusätzlich schreiben wir (gedanklich) die ersten beiden Koordinaten jedes Vektors (u_1, u_2 bzw. w_1, w_2) noch einmal darunter:

$$\begin{pmatrix} u_1 \\ u_2 \\ u_3 \end{pmatrix} \times \begin{pmatrix} w_1 \\ w_2 \\ w_3 \end{pmatrix}$$
$$\begin{matrix} u_1 & \quad & w_1 \\ u_2 & \quad & w_2 \end{matrix}$$

Jetzt berechnen wir die folgenden Produkte:

und

Der letzte Schritt besteht in der zeilenweisen Berechnung folgender Differenzen:

Anfängern wird empfohlen, sich zur Berechnung eines Kreuzprodukts zunächst genau an diese Anleitung zu halten. Mit etwas Übung kann man die einzelnen Schritte auch ganz im Kopf durchführen (also insbesondere ohne nochmaliges Notieren der ersten beiden Vektorkoordinaten unter die Vektoren).

Beispiel 2.141. Zur Illustration der Anleitung 2.140 betrachten wir nochmals die Vektoren $\vec{u}$ und $\vec{w}$ aus Beispiel 2.138 und berechnen:

$$
\begin{array}{l}
-2 = \\
6 = \\
-2 =
\end{array}
\quad
\begin{pmatrix} 1 \\ 2 \\ 3 \\ 1 \\ 2 \end{pmatrix}
\quad
\begin{pmatrix} 2 \\ -2 \\ -1 \\ 2 \\ -2 \end{pmatrix}
\quad
\begin{array}{l}
= -6 \\
= -1 \\
= 4
\end{array}
\;\longrightarrow\;
\begin{pmatrix} -2-(-6) \\ 6-(-1) \\ -2-4 \end{pmatrix}
=
\begin{pmatrix} 4 \\ 7 \\ -6 \end{pmatrix}
= \vec{u} \times \vec{w}
$$

◀

Bemerkung 2.142. In der täglichen Praxis des Mathematikunterrichts gibt es verschiedene schematische Hilfsdarstellungen zur Berechnung des Kreuzprodukts. Neben der in Anleitung 2.140 vorgestellten Methode ist auch das folgende Schema weit verbreitet:

$$
\begin{array}{l}
u_1 w_2 = \\
u_2 w_3 = \\
u_3 w_1 =
\end{array}
\quad
\begin{pmatrix} u_1 \\ u_2 \\ u_3 \\ u_1 \end{pmatrix}
\quad
\begin{pmatrix} w_1 \\ w_2 \\ w_3 \\ w_1 \end{pmatrix}
\quad
\begin{array}{l}
= u_2 w_1 \\
= u_3 w_2 \\
= u_1 w_3
\end{array}
\;\longrightarrow\;
\begin{pmatrix} u_2 w_3 - u_3 w_2 \\ u_3 w_1 - u_1 w_3 \\ u_1 w_2 - u_2 w_1 \end{pmatrix}
= \vec{u} \times \vec{w}
$$

Die einzelnen Produkte bzw. die daraus entstehenden Differenzen werden bei diesem Schema also nicht in der natürlichen Reihenfolge berechnet, wie sie im Ergebnisvektor $\vec{u} \times \vec{w}$ stehen müssen. Die z-Koordinate $u_1 w_2 - u_2 w_1$ von $\vec{u} \times \vec{w}$ steht im Zwischenschritt zunächst ganz oben, darunter die x- und darunter die y-Koordinate. Es wird von Lernenden bei dieser Methode gern vergessen, dass sie hier noch die richtige Reihenfolge herstellen müssen, und folglich wird oft

$$
\begin{pmatrix} u_1 w_2 - u_2 w_1 \\ u_2 w_3 - u_3 w_2 \\ u_3 w_1 - u_1 w_3 \end{pmatrix}
\neq \vec{u} \times \vec{w}
$$

als Ergebnis notiert und mit diesem falschen Zwischenergebnis weitergerechnet. Bei der in Anleitung 2.140 vorgestellten Methode stehen die Koordinaten von $\vec{u} \times \vec{w}$ stets untereinander in der richtigen Reihenfolge, was ein nicht zu unterschätzender Vorteil ist. ◯

Durch Nachrechnen lassen sich die folgenden Eigenschaften des Kreuzprodukts beweisen.

Satz 2.143. Seien $\vec{u}$, $\vec{v}$ und $\vec{w}$ Vektoren aus $\mathbb{R}^3$ und $r \in \mathbb{R}$. Das Kreuzprodukt hat die folgenden Eigenschaften:

a) Antikommutatives Gesetz: $\vec{u} \times \vec{w} = -\vec{w} \times \vec{u}$

b) Distributivgesetz: $\vec{u} \times (\vec{v} + \vec{w}) = \vec{u} \times \vec{v} + \vec{u} \times \vec{w}$

c) $(r\vec{u}) \times \vec{w} = r(\vec{u} \times \vec{w})$

d) Es gilt $\vec{u} \times \vec{w} = \vec{0}$ genau dann, wenn $\vec{u}$ und $\vec{w}$ linear abhängig sind.

e) Sind $\vec{u}$ und $\vec{w}$ linear unabhängig, dann ist $\vec{u} \times \vec{w}$ ein Normalenvektor zu $\vec{u}$ und $\vec{w}$, d. h., es gilt $\vec{u} \bullet (\vec{u} \times \vec{w}) = 0$ und $\vec{w} \bullet (\vec{u} \times \vec{w}) = 0$.

Eine geometrische Interpretation des Kreuzprodukts $\vec{u} \times \vec{w}$ ist nicht so leicht zu erkennen. Es stellt sich heraus, dass es einen Zusammenhang zum von $\vec{u}$ und $\vec{w}$ aufgespannten Parallelogramm gibt.

Satz 2.144. Seien $\vec{u}$ und $\vec{w}$ Vektoren aus $\mathbb{R}^3$.

a) $\left|\vec{u} \times \vec{w}\right|$ ist der Flächeninhalt des von $\vec{u}$ und $\vec{w}$ aufgespannten Parallelogramms und es gilt

$$\left|\vec{u} \times \vec{w}\right| = \left|\vec{u}\right| \cdot \left|\vec{w}\right| \cdot \sin(\alpha) ,$$

wobei α der Winkel zwischen den Vektoren $\vec{u}$ und $\vec{w}$ ist.

b) $\left|\vec{u} \times \vec{w}\right| = \sqrt{\left|\vec{u}\right|^2 \cdot \left|\vec{w}\right|^2 - (\vec{u} \bullet \vec{w})^2}$

Der Beweis von Satz 2.144 ist mit etwas Aufwand verbunden: Der Flächeninhalt A eines Parallelogramms berechnet sich nach der Formel $A = gh$, wobei g die Länge der Grundseite und h die Länge der Höhe ist. Identifizieren wir mit $\vec{u}$ die Grundseite, dann bedeutet dies $g = \left|\vec{u}\right|$. Für die Höhe gilt $h = \left|\vec{w}\right| \cdot \sin(\alpha)$, wobei $\alpha \in (0°; 180°)$ der Winkel zwischen den Vektoren $\vec{u}$ und $\vec{w}$ ist (siehe Abb. 51). Damit gilt $A = \left|\vec{u}\right| \cdot \left|\vec{w}\right| \cdot \sin(\alpha)$.

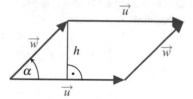

Abb. 51: Ein Parallelogramm aus Vektoren

Es bleibt zu zeigen, dass $\left|\vec{u}\right| \cdot \left|\vec{w}\right| \cdot \sin(\alpha) = \left|\vec{u} \times \vec{w}\right|$. Dazu betrachten wir zwei beliebige linear unabhängige Vektoren $\vec{u} = \begin{pmatrix} u_1 \\ u_2 \\ u_3 \end{pmatrix}$ und $\vec{w} = \begin{pmatrix} w_1 \\ w_2 \\ w_3 \end{pmatrix}$. Unter Verwendung der Definition des Vektorbetrags, der Gleichung $\sin^2(\alpha) + \cos^2(\alpha) = 1$, der Gleichung $\vec{u} \bullet \vec{w} = \left|\vec{u}\right| \cdot \left|\vec{w}\right| \cdot \cos(\alpha)$ und der Gleichung (2.129) ergibt sich:

$$\left|\vec{u}\right|^2 \cdot \left|\vec{w}\right|^2 \cdot \sin^2(\alpha) = \left|\vec{u}\right|^2 \cdot \left|\vec{w}\right|^2 \cdot (1 - \cos^2(\alpha))$$

$$= \left|\vec{u}\right|^2 \cdot \left|\vec{w}\right|^2 - \left|\vec{u}\right|^2 \cdot \left|\vec{w}\right|^2 \cdot \cos^2(\alpha) = \left|\vec{u}\right|^2 \cdot \left|\vec{w}\right|^2 - (\vec{u} \bullet \vec{w})^2$$

$$= (u_1^2 + u_2^2 + u_3^2) \cdot (w_1^2 + w_2^2 + w_3^2) - (u_1 w_1 + u_2 w_2 + u_3 w_3)^2$$

$$= u_1^2 w_1^2 + u_1^2 w_2^2 + u_1^2 w_3^2 + u_2^2 w_1^2 + u_2^2 w_2^2 + u_2^2 w_3^2 + u_3^2 w_1^2 + u_3^2 w_2^2 + u_3^2 w_3^2$$
$$- u_1^2 w_1^2 - u_1 u_2 w_1 w_2 - u_1 u_3 w_1 w_3 - u_1 u_2 w_1 w_2 - u_2^2 w_2^2 - u_2 u_3 w_2 w_3$$
$$- u_1 u_3 w_1 w_3 - u_2 u_3 w_2 w_3 - u_3^2 w_3^2$$

$$= u_2^2 w_3^2 - 2 u_2 u_3 w_2 w_3 + u_3^2 w_2^2 + u_3^2 w_1^2 - 2 u_1 u_3 w_1 w_3 + u_1^2 w_3^2 + u_1^2 w_2^2 - 2 u_1 u_2 w_1 w_2 + u_2^2 w_1^2$$

$$= (u_2 w_3 - u_3 w_2)^2 + (u_3 w_1 - u_1 w_3)^2 + (u_1 w_2 - u_2 w_1)^2$$

$$= \begin{pmatrix} u_2 w_3 - u_3 w_2 \\ u_3 w_1 - u_1 w_3 \\ u_1 w_2 - u_2 w_1 \end{pmatrix} \bullet \begin{pmatrix} u_2 w_3 - u_3 w_2 \\ u_3 w_1 - u_1 w_3 \\ u_1 w_2 - u_2 w_1 \end{pmatrix} = (\vec{u} \times \vec{w})^2 = \left|\vec{u} \times \vec{w}\right|^2$$

Wegen $0° < \alpha < 180°$ gilt $\sin^2(\alpha) > 0$, sodass beide Seiten der eben hergeleiteten Gleichung $|\vec{u}|^2 \cdot |\vec{w}|^2 \cdot \sin^2(\alpha) = |\vec{u} \times \vec{w}|^2$ positiv sind. Deshalb ist Wurzelziehen zulässig und liefert wie behauptet $|\vec{u} \times \vec{w}| = |\vec{u}| \cdot |\vec{w}| \cdot \sin(\alpha)$. Aussage b) in Satz 2.144 folgt aus der Rechnung zum Beweis von a).

Beispiel 2.145. Das von den Vektoren aus Beispiel 2.138 aufgespannte Parallelogramm hat nach Satz 2.144 a) den Flächeninhalt

$$A = |\vec{u} \times \vec{w}| = \left| \begin{pmatrix} 4 \\ 7 \\ -6 \end{pmatrix} \right| = \sqrt{4^2 + 7^2 + (-6)^2} = \sqrt{101}\,.$$

Die alternative Formel aus Satz 2.144 b) erlaubt eine Berechnung von A, ohne $\vec{u} \times \vec{w}$ berechnen zu müssen:

$$A = \sqrt{|\vec{u}|^2 \cdot |\vec{w}|^2 - (\vec{u} \bullet \vec{w})^2} = \sqrt{14 \cdot 9 - (-5)^2} = \sqrt{101} \qquad \blacktriangleleft$$

Beispiel 2.146. Gesucht ist der Flächeninhalt des Dreiecks mit den Eckpunkten $P(1|2|3)$, $Q(4|5|0)$ und $R(-1|2|2)$. Das Dreieck wird von $\overrightarrow{PQ} = \begin{pmatrix} 3 \\ 3 \\ -3 \end{pmatrix}$ und $\overrightarrow{PR} = \begin{pmatrix} -2 \\ 0 \\ -1 \end{pmatrix}$ aufgespannt. Der Flächeninhalt A des Dreiecks ist halb so groß wie der des von $\overrightarrow{PQ}$ und $\overrightarrow{PR}$ aufgespannten Parallelogramms. Deshalb berechnet man zum Beispiel gemäß Satz 2.144 b):

$$A = \frac{1}{2}\sqrt{|\overrightarrow{PQ}|^2 \cdot |\overrightarrow{PR}|^2 - \left(\overrightarrow{PQ} \bullet \overrightarrow{PR}\right)^2} = \frac{1}{2}\sqrt{27 \cdot 5 - (-3)^2} = \frac{1}{2}\sqrt{126}$$

Alternativ kann das Kreuzprodukt $\overrightarrow{PQ} \times \overrightarrow{PR}$ berechnet und damit Satz 2.144 a) zur Flächeninhaltsberechnung genutzt werden:

$$A = \frac{1}{2}|\overrightarrow{PQ} \times \overrightarrow{PR}| = \frac{1}{2}\left| \begin{pmatrix} -3 \\ 9 \\ 6 \end{pmatrix} \right| = \frac{1}{2}\sqrt{126} \qquad \blacktriangleleft$$

Obwohl das Kreuzprodukt nur im Raum definiert ist, lässt sich damit auch der Flächeninhalt eines in der Ebene liegenden Parallelogramms berechnen. Das wird möglich, wenn wir im Raum ausschließlich Punkte und Vektoren in der xy-Ebene betrachten. Die xy-Ebene kann als Prototyp der reellen Zahlenebene aufgefasst werden, wenn dazu die für alle Punkte gleiche Koordinate $z = 0$ „ignoriert" wird, womit sich einige Problemstellungen aus dem Raum in die Ebene verlagern lassen. Umgekehrt lassen sich einige Probleme aus der Ebene in den Raum verlagern, wenn die in der Ebene liegenden Punkte $P(a_1|a_2)$ bzw. Vektoren $\vec{u} = \begin{pmatrix} u_1 \\ u_2 \end{pmatrix}$ um eine dritte Koordinate ergänzt werden, d. h., wir gehen über zu $P'(a_1|a_2|0)$

bzw. $\vec{u} = \begin{pmatrix} u_1 \\ u_2 \\ 0 \end{pmatrix}$. Dieser Trick ermöglicht es, den Flächeninhalt A des von ebenen, linear

unabhängigen Vektoren $\vec{u} = \begin{pmatrix} u_1 \\ u_2 \end{pmatrix}$ und $\vec{w} = \begin{pmatrix} w_1 \\ w_2 \end{pmatrix}$ aufgespannten Parallelogramms zu ermitteln. Dazu berechnen wir:

$$\begin{pmatrix} u_1 \\ u_2 \\ 0 \end{pmatrix} \times \begin{pmatrix} w_1 \\ w_2 \\ 0 \end{pmatrix} = \begin{pmatrix} 0 \\ 0 \\ u_1 w_2 - u_2 w_1 \end{pmatrix}$$

Daraus ergibt sich durch Anwendung von Satz 2.144 a):

> **Folgerung 2.147.** Das von linear unabhängigen Vektoren $\vec{u} = \begin{pmatrix} u_1 \\ u_2 \end{pmatrix}$ und $\vec{w} = \begin{pmatrix} w_1 \\ w_2 \end{pmatrix}$ aufgespannte Parallelogramm hat den Flächeninhalt
>
> $$A = |u_1 w_2 - u_2 w_1|.$$

Beispiel 2.148. Den Flächeninhalt A des durch die Punkte $P(-2|1)$, $Q(1|3)$ und $R(5|2)$ definierten Parallelogramms berechnen wir mit $\vec{u} = \vec{PQ} = \begin{pmatrix} 3 \\ 2 \end{pmatrix}$ und $\vec{w} = \vec{PR} = \begin{pmatrix} 7 \\ 1 \end{pmatrix}$. Gemäß Folgerung 2.147 gilt $A = |3 \cdot 1 - 2 \cdot 7| = |-11| = 11$. ◄

Aufgaben zum Abschnitt 2.5

Aufgabe 2.5.1: Gegeben seien die Vektoren

$$\vec{a} = \begin{pmatrix} 2 \\ 7 \end{pmatrix} \ , \quad \vec{b} = \begin{pmatrix} -1 \\ 1 \end{pmatrix} \ , \quad \vec{c} = \begin{pmatrix} 2 \\ -4 \end{pmatrix} \quad \text{und} \quad \vec{d} = \begin{pmatrix} -5 \\ 14 \end{pmatrix}.$$

Berechnen Sie:

a) $\vec{a} \bullet \vec{b}$ b) $\vec{a} \bullet \vec{c}$ c) $\vec{c} \bullet \vec{d}$ d) $\vec{a} \bullet \vec{a} + \vec{b} \bullet \vec{b}$

e) $\vec{b} \bullet \vec{c}$ f) $\vec{b} \bullet \vec{c} + \vec{a} \bullet \vec{d}$ g) $(\vec{a} + \vec{b}) \bullet \vec{d}$ h) $(\vec{a} + \vec{c}) \bullet (\vec{b} - \vec{d})$

Aufgabe 2.5.2: Gegeben seien die Vektoren

$$\vec{a} = \begin{pmatrix} 2 \\ 1 \\ 3 \end{pmatrix} \ , \quad \vec{b} = \begin{pmatrix} -2 \\ 1 \\ -3 \end{pmatrix} \ , \quad \vec{c} = \begin{pmatrix} 4 \\ 2 \\ -4 \end{pmatrix} \quad \text{und} \quad \vec{d} = \begin{pmatrix} 4 \\ 3 \\ -2 \end{pmatrix}.$$

Berechnen Sie:

a) $\vec{a} \bullet \vec{b}$ b) $\vec{a} \bullet \vec{d}$ c) $\vec{a} \bullet \vec{c} + \vec{b} \bullet \vec{d}$ d) $\vec{c} \bullet \vec{c} - \vec{d} \bullet \vec{d}$

e) $\vec{b} \bullet \vec{b}$ f) $\vec{b} \bullet \vec{c} + \vec{a} \bullet \vec{d}$ g) $(\vec{a} + \vec{c}) \bullet \vec{d}$ h) $(\vec{a} - \vec{c}) \bullet (\vec{b} + \vec{d})$

Aufgabe 2.5.3: Bestimmen Sie $t \in \mathbb{R}$ so, dass die angegebene Gleichung gilt:

a) $\begin{pmatrix} 2t \\ -7 \\ 3 \end{pmatrix} \bullet \begin{pmatrix} 5 \\ 5 \\ -2t \end{pmatrix} = 5$

b) $\begin{pmatrix} t \\ 3 \\ 3t \end{pmatrix} \bullet \begin{pmatrix} -t \\ -3 \\ -3t \end{pmatrix} = -99$

c) $\begin{pmatrix} t \\ 2 \\ 4 \end{pmatrix} \bullet \begin{pmatrix} 2t \\ t \\ -4 \end{pmatrix} = 32$

d) $\left[\begin{pmatrix} 2t \\ t \\ 2 \end{pmatrix} + \begin{pmatrix} 1 \\ 1 \\ 6 \end{pmatrix} \right] \bullet \begin{pmatrix} -1 \\ t-1 \\ t+1 \end{pmatrix} = 46$

Aufgabe 2.5.4: Beweisen Sie Satz 2.124.

Aufgabe 2.5.5: Beweisen Sie unter Verwendung von Gleichung (2.128), dass für beliebige Vektoren $\vec{a}$ und $\vec{b}$ die folgenden *binomischen Formeln* gelten:

a) $(\vec{a} + \vec{b})^2 = \vec{a}^2 + 2\vec{a} \bullet \vec{b} + \vec{b}^2$

b) $(\vec{a} - \vec{b})^2 = \vec{a}^2 - 2\vec{a} \bullet \vec{b} + \vec{b}^2$

c) $(\vec{a} - \vec{b}) \bullet (\vec{a} + \vec{b}) = \vec{a}^2 - \vec{b}^2$

Aufgabe 2.5.6: Zeigen Sie durch ein geeignetes Beispiel für Vektoren $\vec{u}$, $\vec{v}$ und $\vec{w}$, dass die folgenden aus der Zahlenalgebra adaptierten „Regeln" *nicht allgemeingültig* sind:

a) $(\vec{u} \bullet \vec{v}) \cdot \vec{w} = \vec{u} \cdot (\vec{v} \bullet \vec{w})$

b) $(\vec{u} \bullet \vec{v})^2 = \vec{u}^2 \cdot \vec{v}^2$

c) $\vec{u} \bullet \vec{v} = 0 \Rightarrow \vec{u} = \vec{0}$ oder $\vec{v} = \vec{0}$

Aufgabe 2.5.7: Berechnen Sie den Winkel zwischen den Vektoren $\vec{u}$ und $\vec{w}$:

a) $\vec{u} = \begin{pmatrix} 1 \\ 3 \end{pmatrix}$, $\vec{w} = \begin{pmatrix} 2 \\ 4 \end{pmatrix}$

b) $\vec{u} = \begin{pmatrix} -1 \\ 3 \end{pmatrix}$, $\vec{w} = \begin{pmatrix} 2 \\ -4 \end{pmatrix}$

c) $\vec{u} = \begin{pmatrix} 3 \\ -4 \end{pmatrix}$, $\vec{w} = \begin{pmatrix} 4 \\ -3 \end{pmatrix}$

d) $\vec{u} = \begin{pmatrix} 5 \\ -2 \end{pmatrix}$, $\vec{w} = \begin{pmatrix} 3 \\ 7 \end{pmatrix}$

e) $\vec{u} = \begin{pmatrix} 4 \\ 5 \\ -3 \end{pmatrix}$, $\vec{w} = \begin{pmatrix} 5 \\ 1 \\ -2 \end{pmatrix}$

f) $\vec{u} = \begin{pmatrix} -1 \\ 1 \\ 0 \end{pmatrix}$, $\vec{w} = \begin{pmatrix} 3 \\ -2 \\ 1 \end{pmatrix}$

g) $\vec{u} = \begin{pmatrix} 1 \\ 1 \\ 1 \end{pmatrix}$, $\vec{w} = \begin{pmatrix} -1 \\ -1 \\ -1 \end{pmatrix}$

h) $\vec{u} = \begin{pmatrix} 3 \\ -1 \\ 4 \end{pmatrix}$, $\vec{w} = \begin{pmatrix} 3 \\ 0 \\ 1 \end{pmatrix}$

Aufgabe 2.5.8: Welche Winkel bildet $\vec{u} = \begin{pmatrix} 1 \\ -2 \\ 4 \end{pmatrix}$ mit den Koordinatenachsen?

Aufgabe 2.5.9: Bestimmen Sie $t \in \mathbb{R}$ so, dass der Winkel zwischen $\vec{a}$ und $\vec{b}$ gleich α ist:

a) $\vec{a} = \begin{pmatrix} 2t \\ 2 \end{pmatrix}$, $\vec{b} = \begin{pmatrix} 2t \\ -2 \end{pmatrix}$, $\alpha = 60°$
b) $\vec{a} = \begin{pmatrix} 1 \\ t \end{pmatrix}$, $\vec{b} = \begin{pmatrix} 2 \\ 4 \end{pmatrix}$, $\alpha = 45°$

c) $\vec{a} = \begin{pmatrix} 1 \\ t \end{pmatrix}$, $\vec{b} = \begin{pmatrix} 2 \\ 4 \end{pmatrix}$, $\alpha = 135°$
d) $\vec{a} = \begin{pmatrix} t \\ -1 \end{pmatrix}$, $\vec{b} = \begin{pmatrix} 1 \\ 1 \end{pmatrix}$, $\alpha = 120°$

e) $\vec{a} = \begin{pmatrix} t \\ -1 \\ 1 \end{pmatrix}$, $\vec{b} = \begin{pmatrix} 1 \\ t \\ 1 \end{pmatrix}$, $\alpha = 60°$
f) $\vec{a} = \begin{pmatrix} 1 \\ 1 \\ 0 \end{pmatrix}$, $\vec{b} = \begin{pmatrix} 3 \\ t \\ 1 \end{pmatrix}$, $\alpha = 60°$

g) $\vec{a} = \begin{pmatrix} 2 \\ 2 \\ 1 \end{pmatrix}$, $\vec{b} = \begin{pmatrix} 3 \\ 0 \\ t \end{pmatrix}$, $\alpha = 45°$
h) $\vec{a} = \begin{pmatrix} 4t \\ -1 \\ 5 \end{pmatrix}$, $\vec{b} = \begin{pmatrix} 2 \\ t^2 \\ -3 \end{pmatrix}$, $\alpha = 90°$

Hinweis: Beachten Sie gegebenenfalls die Besonderheiten bei der Lösung von Gleichungen mit Wurzelausdrücken!

Aufgabe 2.5.10: Bestimmen Sie alle Innenwinkel im Dreieck ABC:

a) $A(1|4)$, $B(5|0)$, $C(3|3)$
b) $A(3|4|1)$, $B(6|3|2)$, $C(3|0|3)$

c) $A(6|3|8)$, $B(7|4|3)$, $C(-4|4|-2)$
d) $A(1|2|2)$, $B(3|4|2)$, $C(2|3|-3)$

Aufgabe 2.5.11: Gesucht ist der Winkel α zwischen den Vektoren $\vec{a}$ und $\vec{b}$, von denen jeweils die folgenden Eigenschaften bekannt sind:

a) $|\vec{a}| = \frac{1}{2}|\vec{b}| \neq 0$, $\vec{a} \bullet (\vec{a} - \vec{b}) = 0$

b) $(2\vec{a} + 3\vec{b}) \bullet (\vec{a} - 4\vec{b}) = -60$, $|\vec{a}| = 6$, $|\vec{a}| = 4$

c) $(\vec{a} + \vec{b}) \bullet (\vec{a} - \vec{b}) = 0$, $\vec{a} \bullet (\vec{a} + 2\vec{b}) = 0$, $\vec{a} \neq \vec{0}$

Aufgabe 2.5.12: Gegeben ist das Dreieck mit den Eckpunkten A, B und C. Auf der Strecke $\overline{AB}$ liegt ein Punkt F und auf der Strecke $\overline{AC}$ ein Punkt M. Es sind die folgenden Abstände zwischen den Punkten bekannt:

$$d(A,B) = 6 \quad , \quad d(A,C) = d(B,C) = \sqrt{58} \quad , \quad d(A,F) = 4 \quad , \quad d(A,M) = d(M,C)$$

a) Skizzieren Sie das Dreieck in einem kartesischen Koordinatensystem und ordnen Sie den Punkten A, B, C, F und M geeignete Koordinaten zu.
b) Berechnen Sie den Winkel α zwischen den Vektoren $\overrightarrow{MF}$ und $\overrightarrow{MB}$.

Aufgabe 2.5.13: Überprüfen Sie, ob die Vektoren $\vec{u}$ und $\vec{v}$ orthogonal zueinander sind:

a) $\vec{u} = \begin{pmatrix} 1 \\ 2 \end{pmatrix}$, $\vec{v} = \begin{pmatrix} -2 \\ 1 \end{pmatrix}$
b) $\vec{u} = \begin{pmatrix} 4 \\ 3 \end{pmatrix}$, $\vec{v} = \begin{pmatrix} -3 \\ -4 \end{pmatrix}$

c) $\vec{u} = \begin{pmatrix} 4 \\ 0 \\ -5 \end{pmatrix}$, $\vec{v} = \begin{pmatrix} 15 \\ 101 \\ 12 \end{pmatrix}$
d) $\vec{u} = \begin{pmatrix} 11 \\ 0 \\ -5 \end{pmatrix}$, $\vec{v} = \begin{pmatrix} 0 \\ 5 \\ 11 \end{pmatrix}$

e) $\vec{u} = \begin{pmatrix} -4 \\ 18 \\ 2 \end{pmatrix}$, $\vec{v} = \begin{pmatrix} 7 \\ 2 \\ -4 \end{pmatrix}$ f) $\vec{u} = \begin{pmatrix} 1 \\ 3 \\ 3 \end{pmatrix}$, $\vec{v} = \begin{pmatrix} 3 \\ -3 \\ 2 \end{pmatrix}$

g) $\vec{u} = \begin{pmatrix} -3 \\ 5 \\ 2 \end{pmatrix}$, $\vec{v} = \begin{pmatrix} 7 \\ -4 \\ 20 \end{pmatrix}$ h) $\vec{u} = \begin{pmatrix} -3 \\ 3 \\ -4 \end{pmatrix}$, $\vec{v} = \begin{pmatrix} 2 \\ 6 \\ 3 \end{pmatrix}$

Aufgabe 2.5.14: Bestimmen Sie (falls möglich) $c \in \mathbb{R}$ so, dass $\vec{u}$ und $\vec{v}$ orthogonal zueinander sind:

a) $\vec{u} = \begin{pmatrix} c \\ 5 \end{pmatrix}$, $\vec{v} = \begin{pmatrix} 4 \\ 8 \end{pmatrix}$ b) $\vec{u} = \begin{pmatrix} c+1 \\ -3 \end{pmatrix}$, $\vec{v} = \begin{pmatrix} 2 \\ 1-c \end{pmatrix}$

c) $\vec{u} = \begin{pmatrix} c \\ -2 \end{pmatrix}$, $\vec{v} = \begin{pmatrix} c \\ 8 \end{pmatrix}$ d) $\vec{u} = \begin{pmatrix} c \\ 5 \end{pmatrix}$, $\vec{v} = \begin{pmatrix} 2+c \\ -c \end{pmatrix}$

e) $\vec{u} = \begin{pmatrix} c \\ 2 \\ 3 \end{pmatrix}$, $\vec{v} = \begin{pmatrix} 4 \\ 5 \\ 6 \end{pmatrix}$ f) $\vec{u} = \begin{pmatrix} c \\ -3 \\ 2 \end{pmatrix}$, $\vec{v} = \begin{pmatrix} 1 \\ 2 \\ c-4 \end{pmatrix}$

g) $\vec{u} = \begin{pmatrix} c-1 \\ c-3 \\ 1 \end{pmatrix}$, $\vec{v} = \begin{pmatrix} c+1 \\ 2 \\ -3 \end{pmatrix}$ h) $\vec{u} = \begin{pmatrix} 3c \\ c-6 \\ 5 \end{pmatrix}$, $\vec{v} = \begin{pmatrix} c \\ -c \\ -4 \end{pmatrix}$

i) $\vec{u} = \begin{pmatrix} c \\ 3 \\ -2c \end{pmatrix}$, $\vec{v} = \begin{pmatrix} -2c \\ -6 \\ 4c \end{pmatrix}$ j) $\vec{u} = \begin{pmatrix} 2c \\ c \\ -c \end{pmatrix}$, $\vec{v} = \begin{pmatrix} c \\ -c \\ c+1 \end{pmatrix}$

Aufgabe 2.5.15: Bestimmen Sie die Koordinaten eines Punkts C so, dass $\overrightarrow{AB}$ und $\overrightarrow{AC}$ orthogonal zueinander sind:

a) $A(1|2)$, $B(-1|6)$ b) $A(-5|17)$, $B(12|8)$
c) $A(2|-2|4)$, $B(3|2|5)$ d) $A(-5|3|4)$, $B(-7|-3|6)$
e) $A(2|-2|5)$, $B(3|2|5)$ f) $A(3|-2|5)$, $B(3|2|5)$

Aufgabe 2.5.16: Bestimmen Sie mindestens drei verschiedene Möglichkeiten zur Wahl eines Punkts C, sodass das Dreieck ABC rechtwinklig ist:

a) $A(1|2)$, $B(5|8)$ b) $A(3|-2|1)$, $B(-2|2|2)$

Aufgabe 2.5.17: Berechnen Sie das Kreuzprodukt $\vec{u} \times \vec{v}$:

a) $\vec{u} = \begin{pmatrix} 2 \\ 2 \\ 1 \end{pmatrix}$, $\vec{v} = \begin{pmatrix} 3 \\ 3 \\ 2 \end{pmatrix}$ b) $\vec{u} = \begin{pmatrix} -3 \\ 2 \\ 5 \end{pmatrix}$, $\vec{v} = \begin{pmatrix} 8 \\ 2 \\ -5 \end{pmatrix}$

c) $\vec{u} = \begin{pmatrix} 7 \\ -4 \\ 1 \end{pmatrix}$, $\vec{v} = \begin{pmatrix} 9 \\ -1 \\ 3 \end{pmatrix}$ d) $\vec{u} = \begin{pmatrix} 6 \\ 3 \\ 1 \end{pmatrix}$, $\vec{v} = \begin{pmatrix} 3 \\ 3 \\ -7 \end{pmatrix}$

e) $\vec{u} = \begin{pmatrix} 5 \\ -2 \\ 2 \end{pmatrix}$, $\vec{v} = \begin{pmatrix} 2 \\ 4 \\ 0 \end{pmatrix}$

f) $\vec{u} = \begin{pmatrix} 3 \\ 0 \\ -11 \end{pmatrix}$, $\vec{v} = \begin{pmatrix} 9 \\ 1 \\ 15 \end{pmatrix}$

g) $\vec{u} = \begin{pmatrix} -2 \\ 3 \\ 1 \end{pmatrix}$, $\vec{v} = \begin{pmatrix} 2 \\ -1 \\ 0 \end{pmatrix}$

h) $\vec{u} = \begin{pmatrix} 0 \\ 0 \\ 1 \end{pmatrix}$, $\vec{v} = \begin{pmatrix} -1 \\ 3 \\ 3 \end{pmatrix}$

i) $\vec{u} = \begin{pmatrix} 2 \\ 2 \\ 0 \end{pmatrix}$, $\vec{v} = \begin{pmatrix} -1 \\ -3 \\ 2 \end{pmatrix}$

j) $\vec{u} = \begin{pmatrix} \sqrt{2} \\ \sqrt{3} \\ \sqrt{5} \end{pmatrix}$, $\vec{v} = \begin{pmatrix} \sqrt{7} \\ -\sqrt{2} \\ \sqrt{3} \end{pmatrix}$

k) $\vec{u} = \begin{pmatrix} 14 \\ 15 \\ 14 \end{pmatrix}$, $\vec{v} = \begin{pmatrix} 16 \\ 13 \\ 18 \end{pmatrix}$

l) $\vec{u} = \begin{pmatrix} 2 \\ 1 \\ r \end{pmatrix}$, $\vec{v} = \begin{pmatrix} s \\ -4 \\ 3 \end{pmatrix}$, $r, s \in \mathbb{R}$

Aufgabe 2.5.18: Gegeben sind die Vektoren

$$\vec{a} = \begin{pmatrix} 1 \\ 2 \\ 3 \end{pmatrix}, \quad \vec{b} = \begin{pmatrix} -2 \\ 0 \\ 1 \end{pmatrix}, \quad \vec{c} = \frac{1}{4} \begin{pmatrix} \frac{13}{2} \\ 13 \\ \frac{39}{2} \end{pmatrix} \text{ und } \vec{d} = \begin{pmatrix} 10 \\ 0 \\ -5 \end{pmatrix}.$$

Berechnen Sie $(2\vec{a}) \times \vec{a}$, $\vec{b} \times (3\vec{b})$, $\vec{a} \times \vec{c}$, $\vec{b} \times \vec{d}$ und begründen Sie die Ergebnisse.

Aufgabe 2.5.19: Gegeben seien $\vec{a} = \begin{pmatrix} 1 \\ 2 \\ -3 \end{pmatrix}$ und $\vec{b} = \begin{pmatrix} 4 \\ 5 \\ 6 \end{pmatrix}$.

a) Berechnen Sie $\vec{a} \times \vec{b}$.

b) Bestimmen Sie *alle* Normalenvektoren zu $\vec{a}$ und $\vec{b}$.

c) Bestimmen Sie einen Normalenvektor $\vec{n} = \begin{pmatrix} x \\ y \\ z \end{pmatrix}$ zu $\vec{a}$ und $\vec{b}$ mit $x, y, z \in \mathbb{Z}$, wobei

$|x|, |y|$ und $|z|$ so klein wie möglich sind.

d) Bestimmen Sie einen Normalenvektor $\vec{n}$ zu $\vec{a}$ und $\vec{b}$ mit $|\vec{n}| = 1$.

e) Bestimmen Sie einen Normalenvektor $\vec{n}$ zu $\vec{a}$ und $\vec{b}$ mit $|\vec{n}| = 5$.

f) Bestimmen Sie einen Normalenvektor $\vec{n}$ zu $\vec{a}$ und $\vec{b}$ mit $|\vec{n}| = \sqrt{2}$.

g) Bestimmen Sie einen Normalenvektor $\vec{n}$ zu $\vec{a}$ und $\vec{b}$ mit $|\vec{n}| = \frac{1}{2}$.

Aufgabe 2.5.20: Sei $\vec{n}$ ein Einheitsvektor, d. h. $|\vec{n}| = 1$. Berechnen Sie:

a) $\vec{n}^2$

b) $\vec{n} \bullet (r \cdot \vec{n})$, $r \in \mathbb{R}$

c) $\vec{n} \bullet (\vec{n} + \vec{n})$

d) $4 \cdot \vec{n} \bullet (\vec{n} + 3 \cdot \vec{n})$

e) $\vec{n} \bullet (r \cdot \vec{n} + s \cdot \vec{n})$, $r, s \in \mathbb{R}$

f) $(\vec{n} + \vec{n})^2$

Aufgabe 2.5.21: Seien $\vec{u}$ und $\vec{w}$ zwei Vektoren im Raum.

a) Beweisen Sie, dass stets $|\vec{u} \bullet \vec{w}| \leq |\vec{u}| \cdot |\vec{w}|$ gilt. In welchen Fällen gilt Gleichheit?

b) Zeigen Sie: Aus $|\vec{u}| = |\vec{w}|$ folgt, dass $\vec{u} - \vec{w}$ orthogonal ist zu $\vec{u} + \vec{w}$.

c) Weisen Sie nach, dass auch die Umkehrung von b) gilt, d. h.: Ist $\vec{u} - \vec{w}$ orthogonal zu $\vec{u} + \vec{w}$, dann folgt daraus $|\vec{u}| = |\vec{w}|$.

d) Beweisen Sie: Sind $\vec{u}$ und $\vec{w}$ orthogonal, so gilt stets $\left(\vec{u} + \vec{w}\right)^2 = \left(\vec{u} - \vec{w}\right)^2$.

e) Beweisen Sie die Dreiecksungleichung: $|\vec{u} + \vec{w}| \leq |\vec{u}| + |\vec{w}|$

Aufgabe 2.5.22: Bestimmen Sie den Flächeninhalt A des Vierecks $PQRS$:

a) $P(4|5|7)$, $Q(5|7|4)$, $R(7|8|2)$, $S(6|6|5)$

b) $P(-1|0|17)$, $Q(-6|3|25)$, $R(-2|15|23)$, $S(3|12|15)$

c) $P(-11|13|5)$, $Q(-6|13|7)$, $R(-6|8|5)$, $S(-11|8|3)$

Aufgabe 2.5.23: Berechnen Sie den Flächeninhalt A des Dreiecks ΔPQR:

a) $P(1|2|0)$, $Q(0|2|1)$, $R(2|0|-1)$ b) $P(5|4|0)$, $Q(-4|6|0)$, $R(1|2|0)$

c) $P(5|0|1)$, $Q(3|6|1)$, $R(0|8|1)$ d) $P(5|0|1)$, $Q(3|6|1)$, $R(0|8|2)$

Aufgabe 2.5.24: Wie muss $c \in \mathbb{R}$ gewählt werden, damit das Dreieck ΔPQR den Flächeninhalt A besitzt?

a) $P(1|1|2)$, $Q(1|2|c)$, $R(3|1|3)$, $A = \frac{1}{2}\sqrt{149}$

b) $P(1|1|1)$, $Q(2|3|3)$, $R(1|c|-1)$, $A = 4$

Aufgabe 2.5.25: Verwenden Sie Satz 2.144 a), um den Winkel zwischen $\vec{u}$ und $\vec{w}$ zu berechnen:

a) $\vec{u} = \begin{pmatrix} 1 \\ 2 \\ 3 \end{pmatrix}$, $\vec{w} = \begin{pmatrix} 3 \\ 2 \\ 1 \end{pmatrix}$ b) $\vec{u} = \begin{pmatrix} 5 \\ 8 \\ -3 \end{pmatrix}$, $\vec{w} = \begin{pmatrix} 11 \\ -4 \\ 2 \end{pmatrix}$

Aufgabe 2.5.26: Beweisen Sie Satz 2.143 a) bis d).

Aufgabe 2.5.27: Zeigen Sie vektoriell, dass sich die Höhen in einem beliebigen Dreieck in einem Punkt schneiden. *Hinweis: Eine Formel zur Berechnung der Koordinaten des Höhenschnittpunkts muss nicht hergeleitet werden.*

2.6 Basis und Dimension

Zur Lagebeschreibung eines Punkts in der Ebene oder im Raum wird ein Bezugssystem benötigt, wie zum Beispiel die bisher genutzten kartesischen Koordinatensysteme, in denen
jedem Punkt P der Ebene eindeutig ein geordnetes Paar seiner Koordinaten $(x|y)$ und im
Raum eindeutig ein geordnetes Tripel seiner Koordinaten $(x|y|z)$ zugeordnet wird. Die Ko-
ordinatenangaben ermöglichen es, viele Probleme rechnerisch zu lösen. Wir werden in den
folgenden Kapiteln sehen, dass sich für viele Berechnungen (Verschiebungs-) Vektoren als
nützlich erweisen. In diesem Abschnitt soll folgenden Fragen nachgegangen werden:

- Lassen sich kartesische und andere Koordinatensysteme der Ebene bzw. des Raums
  durch Vektoren mit bestimmten Eigenschaften konstruieren?

- Können Linearkombinationen dieser Vektoren dazu verwendet werden, um den Ortsvektor jedes beliebigen in der Ebene bzw. im Raum liegenden Punkts auf eindeutige
  Art und Weise zu berechnen?

Es wird sich zeigen, dass sich diese Fragen auf Grundlage der Kenntnisse über linear
abhängige bzw. linear unabhängige Vektoren beantworten lassen. Zur Motivation wiederholen wir wichtige Eigenschaften von Vektoren, die im Zusammenhang mit den bisher
verwendeten kartesischen Koordinatensystemen stehen.

Zuerst betrachten wir in der Ebene die linear unabhängigen Einheitsvektoren

$$\vec{e_1} = \begin{pmatrix} 1 \\ 0 \end{pmatrix} \quad \text{und} \quad \vec{e_2} = \begin{pmatrix} 0 \\ 1 \end{pmatrix}.$$

Als Einheitsvektor wird jeder Vektor $\vec{u}$ mit der Länge $|\vec{u}| = 1$ bezeichnet, und offen-
sichtlich erfüllen die Vektoren $\vec{e_1}$ und $\vec{e_2}$ diese Eigenschaft.

Der Begriff *Einheitsvektor* ist für $\vec{e_1}$ und $\vec{e_2}$ aber zweideutig interpretierbar. Dies wird
deutlich, wenn wir $\vec{e_1}$ und $\vec{e_2}$ als Ortsvektoren der Punkte $E_1(1|0)$ und $E_2(0|1)$ betrachten,
d. h. $\overrightarrow{0E_1} = \vec{e_1}$ und $\overrightarrow{0E_2} = \vec{e_2}$. Der Punkt E_1 liegt auf der x-Achse und der Punkt E_2 liegt auf
der y-Achse. Bei dieser Sichtweise wurden bereits Eigenschaften des ebenen kartesischen
Koordinatensystems verwendet.

Streng genommen liefert aber erst die umgekehrte Herangehensweise eine Definition
des ebenen kartesischen Koordinatensystems, denn durch die Punktepaare $(0, E_1)$ und
$(0, E_2)$ werden die Koordinatenachsen festgelegt, wobei mit 0 der Koordinatenursprung
bezeichnet ist. Auf den Koordinatenachsen stellen die Punkte E_1 und E_2 die sogenannten <u>Einheiten</u> dar, die eine Längeneinheit in x- bzw. y-Richtung festlegen. Jeder Vektor
$\vec{u} = \begin{pmatrix} u_1 \\ u_2 \end{pmatrix}$ kann als Linearkombination der Einheitsvektoren $\vec{e_1}$ und $\vec{e_2}$ dargestellt werden, d. h.

$$\vec{u} = u_1 \vec{e_1} + u_2 \vec{e_2}. \tag{2.149}$$

Anschaulich lässt sich diese Darstellung wie folgt erklären: Durch Aneinanderlegen der linear unabhängigen Vektoren $\vec{e_1}$ und $\vec{e_2}$ lässt sich ein Muster aus Quadraten erzeugen, das die Ebene überdeckt. Ein beliebiger Vektor $\vec{u}$ ist die Diagonale in einem in diesem Muster liegenden Rechteck, das durch geeignetes „Aufblähen" oder „Schrumpfen" eines Quadrats entsteht. Dies wird durch Aneinanderlegen und Streckung oder Stauchung einzelner Quadrate erreicht und entspricht der Parallelogrammregel zur grafischen Addition von $u_1\vec{e_1}$ und $u_2\vec{e_2}$ (siehe Abb. 52).

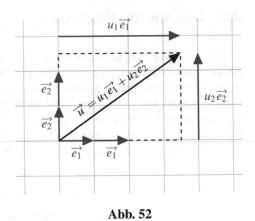

Abb. 52

Im Raum lässt sich eine analoge Konstruktion durchführen. Dazu werden die linear unabhängigen Einheitsvektoren

$$\vec{e_1} = \begin{pmatrix} 1 \\ 0 \\ 0 \end{pmatrix} \quad , \quad \vec{e_2} = \begin{pmatrix} 0 \\ 1 \\ 0 \end{pmatrix} \quad \text{und} \quad \vec{e_3} = \begin{pmatrix} 0 \\ 0 \\ 1 \end{pmatrix}$$

verwendet, die sich als Ortsvektoren der Punkte $E_1(1|0|0)$, $E_2(0|1|0)$ und $E_3(0|0|1)$ interpretieren lassen. E_1, E_2 und E_3 legen auf den Koordinatenachsen die Einheiten fest. Umgekehrt legen die Punktepaare $(0, E_1)$, $(0, E_2)$ und $(0, E_3)$ die Koordinatenachsen des räumlichen kartesischen Koordinatensystems fest. Jeder Vektor $\vec{u} = \begin{pmatrix} u_1 \\ u_2 \\ u_3 \end{pmatrix}$ kann als Linearkombination der Einheitsvektoren $\vec{e_1}, \vec{e_2}$ und $\vec{e_3}$ dargestellt werden, d. h.

$$\vec{u} = u_1\vec{e_1} + u_2\vec{e_2} + u_3\vec{e_3} \,. \tag{2.150}$$

Auch diese Konstruktion ist anschaulich erklärbar: Durch Aneinanderlegen der linear unabhängigen Vektoren $\vec{e_1}$, $\vec{e_2}$ und $\vec{e_3}$ lässt sich ein Würfel, der sogenannte Einheitswürfel, erzeugen. Ein beliebiger Vektor $\vec{u}$ stellt die Raumdiagonale in einem Quader dar, der durch geeignetes „Aufblähen" oder „Schrumpfen" des Einheitswürfels entsteht (siehe die schematische Darstellung in Abb. 53). Dieser Prozess wird durch Aneinanderlegen und Streckung oder Stauchung mehrerer Einheitswürfel erreicht, was der Addition der Vektoren $u_1\vec{e_1}$, $u_2\vec{e_2}$ und $u_3\vec{e_3}$ entspricht, die durch Streckung oder Stauchung der Einheitsvektoren $\vec{e_1}$, $\vec{e_2}$ und $\vec{e_3}$ entstehen.

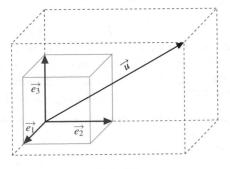

Abb. 53

Die Darstellungen (2.149) bzw. (2.150) sind nicht die einzige Möglichkeit, den Vektor $\vec{u}$ als Linearkombination von Vektoren aus $\mathbb{R}^2$ bzw. $\mathbb{R}^3$ darzustellen. Das wurde in Abschnitt 2.4 mit Beispielen demonstriert und bedeutet, dass $\vec{u}$ als Linearkombination einer beliebigen Anzahl $n \in \mathbb{N}$ von Vektoren dargestellt werden kann, d. h.

$$\vec{u} = r_1\vec{v_1} + r_2\vec{v_2} + \ldots + r_n\vec{v_n}$$

mit $\vec{v_1},\ldots,\vec{v_n} \in \mathbb{R}^2$ bzw. $\vec{v_1},\ldots,\vec{v_n} \in \mathbb{R}^3$ und $r_1,\ldots,r_n \in \mathbb{R}$. Von besonderem Interesse ist dabei eine Menge $\{\vec{v_1},\ldots,\vec{v_n}\}$ von Vektoren, mit denen *jeder* Vektor des Vektorraums $\mathbb{R}^2$ bzw. $\mathbb{R}^3$ als Linearkombination von $\vec{v_1},\ldots,\vec{v_n}$ darstellbar ist.

Definition 2.151. Sei $\mathbb{V}$ ein Vektorraum. Eine Menge $\mathscr{E} := \{\vec{v_1},\ldots,\vec{v_n}\} \subset \mathbb{V}$ heißt <u>Erzeugendensystem</u> von $\mathbb{V}$, wenn es zu *jedem* Vektor $\vec{u} \in \mathbb{V}$ Skalare $r_1,\ldots,r_n \in \mathbb{R}$ mit

$$\vec{u} = r_1\vec{v_1} + r_2\vec{v_2} + \ldots + r_n\vec{v_n}$$

gibt. Man sagt auch: <u>$\mathbb{V}$ wird von $\mathscr{E}$ erzeugt.</u>

Beispiel 2.152. Die Vektormengen

$$\mathscr{E}_1 = \left\{ \begin{pmatrix} 1 \\ 0 \end{pmatrix}, \begin{pmatrix} 0 \\ 1 \end{pmatrix} \right\} \quad \text{und} \quad \mathscr{E}_2 = \left\{ \begin{pmatrix} 1 \\ 0 \end{pmatrix}, \begin{pmatrix} 0 \\ 1 \end{pmatrix}, \begin{pmatrix} 1 \\ 1 \end{pmatrix} \right\}$$

sind Erzeugendensysteme des Vektorraums $\mathbb{V} = \mathbb{R}^2$. Das lässt sich leicht verifizieren, indem zu jedem Vektor $\vec{u} = \begin{pmatrix} u_x \\ u_y \end{pmatrix} \in \mathbb{R}^2$ das zu den Gleichungen

$$r_1 \begin{pmatrix} 1 \\ 0 \end{pmatrix} + r_2 \begin{pmatrix} 0 \\ 1 \end{pmatrix} = \begin{pmatrix} u_x \\ u_y \end{pmatrix} \quad \text{bzw.} \quad r_1' \begin{pmatrix} 1 \\ 0 \end{pmatrix} + r_2' \begin{pmatrix} 0 \\ 1 \end{pmatrix} + r_3' \begin{pmatrix} 1 \\ 1 \end{pmatrix} = \begin{pmatrix} u_x \\ u_y \end{pmatrix}$$

zugehörige lineare Gleichungssystem gelöst wird. Für das Erzeugendensystem $\mathscr{E}_1$ erhalten wir die eindeutige Lösung $(r_1; r_2) = (u_x; u_y)$, für das Erzeugendensystem $\mathscr{E}_2$ ergibt sich das mehrdeutige Lösungstripel $(r_1'; r_2'; r_3') = (u_x - t; u_y - t; t)$ für beliebiges $t \in \mathbb{R}$. ◄

Beispiel 2.153. Die Vektormengen

$$\mathscr{E}_1 = \left\{ \begin{pmatrix} 1 \\ 0 \\ 0 \end{pmatrix}, \begin{pmatrix} 0 \\ 1 \\ 0 \end{pmatrix}, \begin{pmatrix} 0 \\ 0 \\ 1 \end{pmatrix} \right\} \quad \text{und} \quad \mathscr{E}_2 = \left\{ \begin{pmatrix} 1 \\ 0 \\ 0 \end{pmatrix}, \begin{pmatrix} 0 \\ 1 \\ 0 \end{pmatrix}, \begin{pmatrix} 0 \\ 0 \\ 1 \end{pmatrix}, \begin{pmatrix} 2 \\ 3 \\ 1 \end{pmatrix} \right\}$$

sind Erzeugendensysteme des Vektorraums $\mathbb{V} = \mathbb{R}^3$. Das lässt sich leicht verifizieren, indem zu jedem Vektor $\vec{u} = \begin{pmatrix} u_x \\ u_y \\ u_z \end{pmatrix} \in \mathbb{R}^3$ das zu den Gleichungen

$$r_1 \begin{pmatrix} 1 \\ 0 \\ 0 \end{pmatrix} + r_2 \begin{pmatrix} 0 \\ 1 \\ 0 \end{pmatrix} + r_3 \begin{pmatrix} 0 \\ 0 \\ 1 \end{pmatrix} = \begin{pmatrix} u_x \\ u_y \\ u_z \end{pmatrix}$$

bzw.

$$r_1' \begin{pmatrix} 1 \\ 0 \\ 0 \end{pmatrix} + r_2' \begin{pmatrix} 0 \\ 1 \\ 0 \end{pmatrix} + r_3' \begin{pmatrix} 0 \\ 0 \\ 1 \end{pmatrix} + r_4' \begin{pmatrix} 2 \\ 3 \\ 1 \end{pmatrix} = \begin{pmatrix} u_x \\ u_y \\ u_z \end{pmatrix}$$

zugehörige lineare Gleichungssystem gelöst wird. Für das Erzeugendensystem $\mathscr{E}_1$ ergibt sich die eindeutige Lösung $(r_1; r_2; r_3) = (u_x; u_y; u_z)$, für das Erzeugendensystem $\mathscr{E}_2$ die mehrdeutige Lösung $(r_1'; r_2'; r_3'; r_4') = (u_x - 2t; u_y - 3t; u_z - t; t)$ für beliebiges $t \in \mathbb{R}$. ◄

Beim Vergleich der Erzeugendensysteme $\mathscr{E}_1$ und $\mathscr{E}_2$ in den Beispielen 2.152 und 2.153 fällt auf, dass die Vektoren in $\mathscr{E}_1$ jeweils linear unabhängig sind, während die Vektoren in $\mathscr{E}_2$ jeweils linear abhängig sind. Die Erzeugendensysteme $\mathscr{E}_1$ in den Beispielen haben besondere Eigenschaften, die in der folgenden Begriffsbildung Ausdruck findet.

Definition 2.154. Sei $\mathbb{V}$ ein Vektorraum. Ein Erzeugendensystem $\mathscr{B} = \{\vec{v_1}, \ldots, \vec{v_n}\}$ aus linear unabhängigen Vektoren $\vec{v_1}, \ldots, \vec{v_n} \in \mathbb{V}$ heißt <u>Basis</u> von $\mathbb{V}$.

Ein Vektorraum hat allgemein beliebig viele Basen:

Beispiel 2.155. Das Erzeugendensystem

$$\mathscr{B}_1 = \left\{ \begin{pmatrix} 1 \\ 0 \end{pmatrix}, \begin{pmatrix} 0 \\ 1 \end{pmatrix} \right\}$$

ist eine Basis des Vektorraums $\mathbb{R}^2$, die auch <u>kanonische Basis</u> oder <u>Standardbasis</u> des $\mathbb{R}^2$ genannt wird. Auch die Erzeugendensysteme

$$\mathscr{B}_2 = \left\{ \begin{pmatrix} 2 \\ 1 \end{pmatrix}, \begin{pmatrix} 1 \\ 2 \end{pmatrix} \right\} \quad \text{und} \quad \mathscr{B}_3 = \left\{ \begin{pmatrix} -1 \\ 5 \end{pmatrix}, \begin{pmatrix} 0 \\ 7 \end{pmatrix} \right\}$$

sind Basen des $\mathbb{R}^2$. ◄

Beispiel 2.156. Das Erzeugendensystem

$$\mathscr{B}_1 = \left\{ \begin{pmatrix} 1 \\ 0 \\ 0 \end{pmatrix}, \begin{pmatrix} 0 \\ 1 \\ 0 \end{pmatrix}, \begin{pmatrix} 0 \\ 0 \\ 1 \end{pmatrix} \right\}$$

ist eine Basis des Vektorraums $\mathbb{R}^3$, die auch <u>kanonische Basis</u> oder <u>Standardbasis</u> des $\mathbb{R}^3$ genannt wird. Auch die Erzeugendensysteme

$$\mathscr{B}_2 = \left\{ \begin{pmatrix} 1 \\ 0 \\ 0 \end{pmatrix}, \begin{pmatrix} 1 \\ 1 \\ 0 \end{pmatrix}, \begin{pmatrix} 1 \\ 1 \\ 1 \end{pmatrix} \right\} \quad \text{und} \quad \mathscr{B}_3 = \left\{ \begin{pmatrix} 1 \\ 2 \\ 3 \end{pmatrix}, \begin{pmatrix} 4 \\ 5 \\ 6 \end{pmatrix}, \begin{pmatrix} -1 \\ 1 \\ -1 \end{pmatrix} \right\}$$

sind Basen des $\mathbb{R}^3$. ◄

Ist ein Erzeugendensystem $\mathscr{E} = \left\{ \vec{v_1}, \ldots, \vec{v_n} \right\}$ keine Basis des Vektorraums $\mathbb{V}$, d. h., die Vektoren in $\mathscr{E}$ sind linear abhängig, dann gibt es unendlich viele Darstellungen eines Vektors $\vec{u} \in \mathbb{V}$ als Linearkombination der Vektoren $\vec{v_1}, \ldots, \vec{v_n}$.

Ist dagegen ein Erzeugendensystem $\mathscr{B} = \left\{ \vec{v_1}, \ldots, \vec{v_n} \right\}$ eine Basis des Vektorraums $\mathbb{V}$, d. h., die Vektoren in $\mathscr{B}$ sind linear unabhängig, dann gilt Folgendes:

> **Satz 2.157.** Ist $\mathbb{V}$ ein Vektorraum und $\mathscr{B} = \left\{ \vec{v_1}, \ldots, \vec{v_n} \right\}$ eine Basis von $\mathbb{V}$, dann sind in der Darstellung
>
> $$\vec{u} = r_1 \vec{v_1} + r_2 \vec{v_2} + \ldots + r_n \vec{v_n}$$
>
> eines beliebigen Vektors $\vec{u} \in \mathbb{V}$ die Skalare $r_1, r_2, \ldots, r_n \in \mathbb{R}$ eindeutig bestimmt.

Dieser Satz lässt sich mit wenig Aufwand beweisen. Dazu sei angenommen, dass es doch zwei verschiedene Darstellungen

$$\vec{u} = r_1 \vec{v_1} + r_2 \vec{v_2} + \ldots + r_n \vec{v_n} \quad \text{mit} \quad r_1, r_2, \ldots, r_n \in \mathbb{R} \tag{2.158}$$

und

$$\vec{u} = s_1 \vec{v_1} + s_2 \vec{v_2} + \ldots + s_n \vec{v_n} \quad \text{mit} \quad s_1, s_2, \ldots, s_n \in \mathbb{R} \tag{2.159}$$

gäbe. Beide Linearkombinationen repräsentieren den gleichen Vektor $\vec{u}$ und folglich gilt

$$r_1 \vec{v_1} + r_2 \vec{v_2} + \ldots + r_n \vec{v_n} = s_1 \vec{v_1} + s_2 \vec{v_2} + \ldots + s_n \vec{v_n} \,.$$

Subtraktion der Vektoren auf der rechten Seite der Gleichung ergibt:

$$(r_1 - s_1) \vec{v_1} + (r_2 - s_2) \vec{v_2} + \ldots + (r_n - s_n) \vec{v_n} = \vec{0} \tag{2.160}$$

Dies ist eine Linearkombination des Nullvektors. Da angenommen wurde, dass die Darstellungen (2.158) und (2.159) verschieden sind, muss mindestens einer der Skalare $r_1 - s_1, \ldots, r_n - s_n$ ungleich null sein. Das aber würde bedeuten, dass (2.160) eine nichttriviale Linearkombination des Nullvektors ist. Demnach wären die Vektoren $\vec{v_1}, \ldots, \vec{v_n}$ linear abhängig. Dies widerspricht der Voraussetzung, dass $\mathscr{B}$ eine Basis von $\mathbb{V}$ ist. Folglich muss die Annahme falsch sein und es gilt $r_1 = s_1$, $r_2 = s_2$, $\ldots$, $r_n = s_n$, d. h., die Darstellungen (2.158) und (2.159) sind gleich und damit ist Satz 2.157 bewiesen.

> **Definition 2.161.** Seien $\mathbb{V}$ ein Vektorraum, $\mathscr{B} = \left\{ \vec{v_1}, \ldots, \vec{v_n} \right\}$ eine Basis von $\mathbb{V}$ und
>
> $$\vec{u} = r_1 \vec{v_1} + r_2 \vec{v_2} + \ldots + r_n \vec{v_n}$$
>
> die eindeutig bestimmte Linearkombination des Vektors $\vec{u} \in \mathbb{V}$ mit $r_1, r_2, \ldots, r_n \in \mathbb{R}$.
>
> a) Die Skalare $r_1, r_2, \ldots, r_n$ heißen <u>Koordinaten des Vektors $\vec{u}$ bezüglich der Basis $\mathscr{B}$</u>. Wir schreiben dafür $\vec{u} = (r_1; r_2; \ldots; r_n)_{\mathscr{B}}$.
>
> b) Die Vektoren $r_1 \vec{v_1}, r_2 \vec{v_2}, \ldots, r_n \vec{v_n}$ sind eine Zerlegung des Vektors $\vec{u}$ bezüglich der Basis $\mathscr{B}$ und heißen <u>Komponenten des Vektors $\vec{u}$ bezüglich der Basis $\mathscr{B}$</u>. Wir schreiben dafür $\left\{ r_1 \vec{v_1}, r_2 \vec{v_2}, \ldots, r_n \vec{v_n} \right\}_{\vec{u}, \mathscr{B}}$.

Beispiel 2.162. Für den Vektorraum $\mathbb{R}^2$ seien die Basen $\mathscr{B}_1$, $\mathscr{B}_2$ und $\mathscr{B}_3$ aus Beispiel 2.155 sowie der Vektor $\vec{u} = \begin{pmatrix} 1 \\ 2 \end{pmatrix} \in \mathbb{R}^2$ betrachtet. Die Koordinaten von $\vec{u}$ bezüglich der drei verschiedenen Basen sind

$$\vec{u} = (1;2)_{\mathscr{B}_1} \quad , \quad \vec{u} = (0;1)_{\mathscr{B}_2} \quad \text{bzw.} \quad \vec{u} = (-1;1)_{\mathscr{B}_3} .$$

Die Komponenten von $\vec{u}$ bezüglich der drei verschiedenen Basen sind

$$\left\{ \begin{pmatrix} 1 \\ 0 \end{pmatrix}, \begin{pmatrix} 0 \\ 2 \end{pmatrix} \right\}_{\vec{u},\mathscr{B}_1} \quad \left\{ \begin{pmatrix} 0 \\ 0 \end{pmatrix}, \begin{pmatrix} 1 \\ 2 \end{pmatrix} \right\}_{\vec{u},\mathscr{B}_2} \quad \text{bzw.} \quad \left\{ \begin{pmatrix} 1 \\ -5 \end{pmatrix}, \begin{pmatrix} 0 \\ 7 \end{pmatrix} \right\}_{\vec{u},\mathscr{B}_3} . \quad ◀$$

Die drei Basen des Vektorraums $\mathbb{R}^2$ in Beispiel 2.155 bestehen aus der gleichen Vektorenanzahl. Ebenso enthalten alle drei Basen des Vektorraums $\mathbb{R}^3$ in Beispiel 2.155 die gleiche Vektorenanzahl. Das ist kein Zufall und es lässt sich beweisen, dass verschiedene Basen eines Vektorraums stets gleich viele Vektoren haben. Diese Anzahl ist charakteristisch für einen Vektorraum.

Definition 2.163. Sei $\mathbb{V}$ ein Vektoraum und $\mathscr{B} = \{\vec{v_1}, \ldots, \vec{v_n}\}$ eine Basis von $\mathbb{V}$. Die Anzahl $n \in \mathbb{N}$ der Vektoren in $\mathscr{B}$ heißt <u>Dimension</u> des Vektorraums $\mathbb{V}$. Wir schreiben dafür abkürzend $\dim(\mathbb{V}) = n$.

Beispiel 2.164. Der Vektorraum $\mathbb{R}$ ist eindimensional, d. h. $\dim(\mathbb{R}) = 1$.   ◀

Beispiel 2.165. Der Vektorraum $\mathbb{R}^2$ ist zweidimensional, d. h. $\dim(\mathbb{R}^2) = 2$.   ◀

Beispiel 2.166. Der Vektorraum $\mathbb{R}^3$ ist dreidimensional, d. h. $\dim(\mathbb{R}^3) = 3$.   ◀

Aus den Begriffen der Basis und der Dimension eines Vektorraums ergibt sich:

Folgerung 2.167.

a) Im $\mathbb{R}^2$ bilden zwei beliebige linear unabhängige Vektoren eine Basis.
b) Im $\mathbb{R}^3$ bilden drei beliebige linear unabhängige Vektoren eine Basis.

Umgekehrt bedeutet dies:

Folgerung 2.168.

a) Im $\mathbb{R}^2$ sind drei oder mehr Vektoren linear abhängig.
b) Im $\mathbb{R}^3$ sind vier oder mehr Vektoren linear abhängig.

Die Aussagen von Folgerung 2.167 lassen sich anschaulich begründen. Mit Bezug zu Abb. 52 bzw. Abb. 53 wurde dies zu Beginn des Abschnitts bereits für die Standardbasen des $\mathbb{R}^2$ bzw. $\mathbb{R}^3$ durchgeführt. Die Vektoren in den Standardbasen bilden einen Sonderfall, denn sie sind orthogonal zueinander.

Eine zu Abb. 52 analoge Beschreibung ergibt sich für beliebige Basen $\mathscr{B} = \left\{\vec{v_1}, \vec{v_2}\right\}$ des $\mathbb{R}^2$, deren Vektoren nicht notwendig orthogonal zueinander sind. Durch Aneinanderlegen der linear unabhängigen Vektoren $\vec{v_1}$ und $\vec{v_2}$ lässt sich ein Muster aus Parallelogrammen P' erzeugen, dass die Ebene überdeckt. Ein beliebiger Vektor $\vec{u}$ ist die Diagonale in einem in diesem Muster liegenden Parallelogramm P, das durch geeignetes „Aufblähen" oder „Schrumpfen" des Parallelogramms P' entsteht. Dies wird durch Aneinanderlegen und Streckung oder Stauchung von P' erreicht und entspricht der Parallelogrammregel zur grafischen Addition der Komponenten $r_1\vec{v_1}$ und $r_2\vec{v_2}$ (siehe Abb. 54).

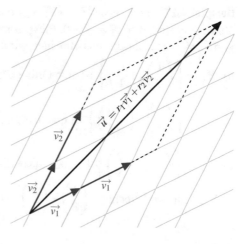

Abb. 54

Im $\mathbb{R}^3$ lässt sich eine analoge Konstruktion für Basen $\mathscr{B} = \left\{\vec{v_1}, \vec{v_2}, \vec{v_2}\right\}$ mit nicht notwendig orthogonalen Vektoren durchführen. Durch Aneinanderlegen der linear unabhängigen Vektoren $\vec{v_1}$, $\vec{v_2}$ und $\vec{v_3}$ lässt sich ein sogenannter Spat[3] S' erzeugen. Ein beliebiger Vektor $\vec{u}$ bildet die Raumdiagonale in einem Spat S, der durch geeignetes „Aufblähen" oder „Schrumpfen" des Spates S' entsteht (siehe die schematische Darstellung in Abb. 55). Der Prozess des Aufblähens oder Schrumpfens entspricht der Addition der Komponenten $r_1\vec{v_1}$, $r_2\vec{v_2}$ und $r_3\vec{v_3}$, die durch Streckung oder Stauchung der Basisvektoren $\vec{v_1}$, $\vec{v_2}$ und $\vec{v_3}$ entstehen.

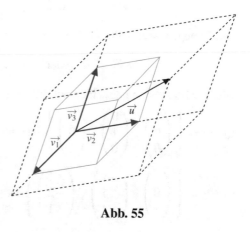

Abb. 55

Die Standardbasen des $\mathbb{R}^2$ und $\mathbb{R}^3$ mit zueinander orthogonalen Basisvektoren sind für Anwendungen von besonderer Bedeutung, denn sie erlauben relativ einfache, anschaulich leicht nachvollziehbare Rechnungen. Die Standardbasen sind aber nicht die einzigen Basen der Vektorräume $\mathbb{R}^2$ und $\mathbb{R}^3$, deren Vektoren orthogonal zueinander sind. Basen mit solchen Eigenschaften gibt es beliebig viele.

Definition 2.169. Sei $\mathbb{V}$ ein Vektorraum und $\mathscr{B} = \left\{\vec{v_1}, \ldots, \vec{v_n}\right\}$ eine Basis von $\mathbb{V}$. Die Basis $\mathscr{B}$ heißt <u>Orthogonalbasis</u> von $\mathbb{V}$, wenn die Basisvektoren $\vec{v_1}, \ldots, \vec{v_n}$ paarweise orthogonal zueinander sind. Das bedeutet, dass für jedes beliebige Indexpaar $(i; j)$ mit $i, j \in \{1, \ldots, n\}$ der Vektor $\vec{v_i}$ orthogonal zum Vektor $\vec{v_j}$ ist.

---

[3] Ein Spat ist ein (gerades oder schiefes) Prisma, dessen Grundfläche ein Parallelogramm ist.

Beispiel 2.170. Eine Basis $\mathcal{B} = \{\vec{v_1}, \vec{v_2}\}$ des $\mathbb{R}^2$ ist eine Orthogonalbasis, falls $\vec{v_1}$ und $\vec{v_2}$ orthogonal sind, d. h. $\vec{v_1} \bullet \vec{v_2} = 0$. Entsprechend ist $\mathcal{B}$ keine Orthogonalbasis von $\mathbb{R}^2$, falls $\vec{v_1} \bullet \vec{v_2} \neq 0$. Zur Illustration betrachten wir drei verschiedene Basen des $\mathbb{R}^2$:

a) $\mathcal{B}_1 = \left\{ \begin{pmatrix} 1 \\ 0 \end{pmatrix}, \begin{pmatrix} 0 \\ 1 \end{pmatrix} \right\}$ ist eine Orthogonalbasis des $\mathbb{R}^2$.

b) $\mathcal{B}_2 = \left\{ \begin{pmatrix} 1 \\ 2 \end{pmatrix}, \begin{pmatrix} 2 \\ -1 \end{pmatrix} \right\}$ ist eine Orthogonalbasis des $\mathbb{R}^2$, denn $\begin{pmatrix} 1 \\ 2 \end{pmatrix} \bullet \begin{pmatrix} 2 \\ -1 \end{pmatrix} = 0$.

c) $\mathcal{B}_3 = \left\{ \begin{pmatrix} 1 \\ 2 \end{pmatrix}, \begin{pmatrix} 2 \\ 1 \end{pmatrix} \right\}$ ist eine Basis des $\mathbb{R}^2$. Sie ist aber keine Orthogonalbasis des

$\mathbb{R}^2$, denn wir berechnen $\begin{pmatrix} 1 \\ 2 \end{pmatrix} \bullet \begin{pmatrix} 2 \\ 1 \end{pmatrix} = 4$. ◀

Beispiel 2.171. Eine Basis $\mathcal{B} = \{\vec{v_1}, \vec{v_2}, \vec{v_3}\}$ des $\mathbb{R}^3$ ist eine Orthogonalbasis, falls

$$\vec{v_1} \bullet \vec{v_2} = 0 \quad \text{und} \quad \vec{v_1} \bullet \vec{v_3} = 0 \quad \text{und} \quad \vec{v_2} \bullet \vec{v_3} = 0$$

gilt. Dagegen ist $\mathcal{B}$ keine Orthogonalbasis des $\mathbb{R}^2$, falls

$$\vec{v_1} \bullet \vec{v_2} \neq 0 \quad \text{oder} \quad \vec{v_1} \bullet \vec{v_3} \neq 0 \quad \text{oder} \quad \vec{v_2} \bullet \vec{v_3} \neq 0$$

gilt. Zur Illustration betrachten wir drei verschiedene Basen des $\mathbb{R}^3$:

a) $\mathcal{B}_1 = \left\{ \begin{pmatrix} 1 \\ 0 \\ 0 \end{pmatrix}, \begin{pmatrix} 0 \\ 1 \\ 0 \end{pmatrix}, \begin{pmatrix} 0 \\ 0 \\ 1 \end{pmatrix} \right\}$ ist eine Orthogonalbasis des $\mathbb{R}^3$.

b) $\mathcal{B}_2 = \left\{ \begin{pmatrix} 1 \\ 0 \\ 1 \end{pmatrix}, \begin{pmatrix} -1 \\ 1 \\ 1 \end{pmatrix}, \begin{pmatrix} -1 \\ -2 \\ 1 \end{pmatrix} \right\}$ ist eine Orthogonalbasis des $\mathbb{R}^3$, denn es gilt

$$\begin{pmatrix} 1 \\ 0 \\ 1 \end{pmatrix} \bullet \begin{pmatrix} -1 \\ 1 \\ 1 \end{pmatrix} = 0 \; , \quad \begin{pmatrix} 1 \\ 0 \\ 1 \end{pmatrix} \bullet \begin{pmatrix} -1 \\ -2 \\ 1 \end{pmatrix} = 0 \quad \text{und} \quad \begin{pmatrix} -1 \\ 1 \\ 1 \end{pmatrix} \bullet \begin{pmatrix} -1 \\ -2 \\ 1 \end{pmatrix} = 0 \, .$$

c) $\mathcal{B}_3 = \left\{ \begin{pmatrix} 1 \\ 0 \\ 1 \end{pmatrix}, \begin{pmatrix} -1 \\ 1 \\ 1 \end{pmatrix}, \begin{pmatrix} -1 \\ 2 \\ 1 \end{pmatrix} \right\}$ ist wegen $\begin{pmatrix} -1 \\ 1 \\ 1 \end{pmatrix} \bullet \begin{pmatrix} -1 \\ 2 \\ 1 \end{pmatrix} = 4$ keine Orthogo-

nalbasis des $\mathbb{R}^3$. ◀

Wird im $\mathbb{R}^2$ oder $\mathbb{R}^3$ genau ein beliebiger Vektor vorgegeben, dann lässt sich daraus eine Orthogonalbasis des $\mathbb{R}^2$ bzw. $\mathbb{R}^3$ konstruieren. Die folgenden Beispiele demonstrieren die grundsätzliche Vorgehensweise:

Beispiel 2.172. Im $\mathbb{R}^2$ soll eine Orthogonalbasis $\mathscr{B} = \{\vec{u}, \vec{w}\}$ konstruiert werden, die den Vektor $\vec{u} = \begin{pmatrix} 3 \\ 4 \end{pmatrix}$ enthält. Folglich ist ein beliebiger Vektor $\vec{w} = \begin{pmatrix} w_x \\ w_y \end{pmatrix}$ zu bestimmen, der zu $\vec{u}$ orthogonal ist. Die grundsätzliche Vorgehensweise zur Lösung der Gleichung $\vec{u} \bullet \vec{w} = 0$ ist im Anschluss von (2.134) beschrieben worden. Folgen wir der dort angegeben Lösung, dann erhalten wir $\vec{w} = \begin{pmatrix} -4 \\ 3 \end{pmatrix}$. Eine Alternative ist $\vec{w} = \begin{pmatrix} -\frac{4}{3} \\ 1 \end{pmatrix}$ oder jeder dazu kollineare Vektor. ◀

Beispiel 2.173. Im $\mathbb{R}^3$ soll eine Orthogonalbasis $\mathscr{B} = \{\vec{v_1}, \vec{v_2}, \vec{v_3}\}$ konstruiert werden, die den Vektor $\vec{v_1} = \begin{pmatrix} 1 \\ 2 \\ 3 \end{pmatrix}$ enthält. Dazu bestimmen wir zuerst einen Vektor $\vec{v_2} = \begin{pmatrix} a \\ b \\ c \end{pmatrix}$, der zu $\vec{v_1}$ orthogonal ist, d. h., es ist die Gleichung

$$\vec{v_1} \bullet \vec{v_2} = a + 2b + 3c = 0$$

zu lösen. Für zwei der Variablen a, b, c können beliebige Werte gewählt werden, wie zum Beispiel $b = -1$ und $c = 1$, womit $a = -1$ folgt. Damit ist $\vec{v_2} = \begin{pmatrix} -1 \\ -1 \\ 1 \end{pmatrix}$ orthogonal zu $\vec{v_1}$. Weiter wird ein Vektor $\vec{v_3}$ benötigt, der zu $\vec{v_1}$ und $\vec{v_2}$ orthogonal ist. Dies erfüllt

$$\vec{v_3} = \vec{v_1} \times \vec{v_2} = \begin{pmatrix} 1 \\ 2 \\ 3 \end{pmatrix} \times \begin{pmatrix} -1 \\ -1 \\ 1 \end{pmatrix} = \begin{pmatrix} 5 \\ -4 \\ 1 \end{pmatrix}$$ ◀

Für theoretische und praktische Rechnungen besonders angenehm sind Orthogonalbasen, deren Vektoren die Länge Eins haben.

Definition 2.174. Sei $\mathbb{V}$ ein Vektorraum und $\mathscr{B} = \{\vec{v_1}, \ldots, \vec{v_n}\}$ eine Basis von $\mathbb{V}$. Die Basis $\mathscr{B}$ heißt <u>Orthonormalbasis</u> von $\mathbb{V}$, wenn $\mathscr{B}$ eine Orthogonalbasis ist und $|\vec{v_i}| = 1$ für $i = 1, \ldots, n$ gilt.

Beispiel 2.175. Die Orthogonalbasis

$$\mathscr{B} = \left\{ \begin{pmatrix} 3 \\ 4 \end{pmatrix}, \begin{pmatrix} -4 \\ 3 \end{pmatrix} \right\}$$

des $\mathbb{R}^2$ ist keine Orthonormalbasis. Sie lässt sich aber in eine Orthonormalbasis des $\mathbb{R}^2$ überführen. Dazu müssen die Basisvektoren skalar mit dem Kehrwert ihrer Beträge multiplizert werden. Das ergibt die Orthonormalbasis

$$\mathscr{B}' = \left\{ \frac{1}{5} \cdot \begin{pmatrix} 3 \\ 4 \end{pmatrix}, \frac{1}{5} \cdot \begin{pmatrix} -4 \\ 3 \end{pmatrix} \right\}.$$ ◀

Beispiel 2.176. Die Standardbasen des $\mathbb{R}^2$ und $\mathbb{R}^3$ sind Orthonormalbasen. ◀

Beispiel 2.177. Die in Beispiel 2.173 konstruierte Orthogonalbasis $\mathscr{B}$ des $\mathbb{R}^3$ ist keine Orthonormalbasis. Durch Normierung der Basisvektoren auf die Länge Eins ergibt sich aus $\mathscr{B}$ die Orthonormalbasis

$$\mathscr{B}' = \left\{ \frac{1}{\sqrt{14}} \cdot \begin{pmatrix} 1 \\ 2 \\ 3 \end{pmatrix}, \frac{1}{\sqrt{3}} \cdot \begin{pmatrix} -1 \\ -1 \\ 1 \end{pmatrix}, \frac{1}{\sqrt{42}} \cdot \begin{pmatrix} 5 \\ -4 \\ 1 \end{pmatrix} \right\}. $$ ◀

Die Schreibweise $\vec{u} = (r_1; r_2; \ldots; r_n)_{\mathscr{B}}$ für die Koordinaten des Vektors $\vec{u}$ bezüglich der Basis $\mathscr{B}$ wurde in Definition 2.161 eingeführt, um zwischen verschiedenen Basen unterscheiden zu können. Das wird in praktischen Anwendungen ebenfalls erforderlich sein, wenn (aus welchen Gründen auch immer) für Berechnungen zwischen verschiedenen Basen eines Vektorraums gewechselt werden muss. Dass $r_1, \ldots, r_n$ als Koordinaten bezeichnet werden, legt die alternative Schreibweise als Spaltenvektor nahe, wie zum Beispiel:

$$\vec{u} = \begin{pmatrix} r_1 \\ \vdots \\ r_n \end{pmatrix}_{\mathscr{B}}$$

In Beispiel 2.162 würde man die Koordinaten bezüglich der drei Basen dann in der Form

$$\vec{u} = \begin{pmatrix} 1 \\ 2 \end{pmatrix}_{\mathscr{B}_1} \quad , \quad \vec{u} = \begin{pmatrix} 0 \\ 1 \end{pmatrix}_{\mathscr{B}_2} \quad \text{bzw.} \quad \vec{u} = \begin{pmatrix} -1 \\ 1 \end{pmatrix}_{\mathscr{B}_3}$$

notieren. Diese Schreibweise führt schnell zu Verwechslungen mit der Schreibweise

$$\vec{u} = \begin{pmatrix} 1 \\ 2 \end{pmatrix},$$

die bisher ausschließlich im Zusammenhang mit der Standardbasis des $\mathbb{R}^2$ verwendet wurde. Daran soll sich auch zukünftig nichts ändern.

Bemerkung 2.178. Werden in diesem Lehrbuch die Koordinaten eines Vektors $\vec{u}$ in Form eines Spaltenvektors

$$\vec{u} = \begin{pmatrix} r_1 \\ \vdots \\ r_n \end{pmatrix}$$

notiert, dann steht dies, sofern nicht ausdrücklich etwas anderes gesagt wird, ausschließlich im Zusammenhang mit den Standardbasen eines Vektorraums. Das bedeutet für den Vektorraum $\mathbb{R}^2$ stets:

$$\vec{u} = \begin{pmatrix} r_1 \\ r_2 \end{pmatrix} \quad \Rightarrow \quad \vec{u} = r_1 \begin{pmatrix} 1 \\ 0 \end{pmatrix} + r_2 \begin{pmatrix} 0 \\ 1 \end{pmatrix}$$

Analoges gilt für den $\mathbb{R}^3$:

$$\vec{u} = \begin{pmatrix} r_1 \\ r_2 \\ r_3 \end{pmatrix} \quad \Rightarrow \quad \vec{u} = r_1 \begin{pmatrix} 1 \\ 0 \\ 0 \end{pmatrix} + r_2 \begin{pmatrix} 0 \\ 1 \\ 0 \end{pmatrix} + r_3 \begin{pmatrix} 0 \\ 0 \\ 1 \end{pmatrix}$$

Es ist zu beachten, dass in anderen Lehrbüchern andere Festlegungen gelten. ◯

Die Diskussion um geeignete Schreibweisen für Vektorkoordinaten und die damit verbundene Unterscheidung zwischen verschiedenen Basen zeigt, dass in $\vec{u} = (r_1; r_2; \dots; r_n)_{\mathscr{B}}$ der Ausdruck $(r_1; r_2; \dots; r_n)$ ebenfalls als Vektor bezeichnet werden kann. Entsprechend der Form des Vektors $(r_1; r_2; \dots; r_n)$ sprechen wir von einem <u>Zeilenvektor</u>.

Ist $\mathscr{B}_1$ die Standardbasis und $\mathscr{B}_2$ eine weitere beliebige Basis des $\mathbb{R}^2$, dann lassen sich die Koordinaten jedes beliebigen Vektors $\vec{u}$ bezüglich $\mathscr{B}_1$ in die zu $\vec{u}$ zugehörigen Koordinaten bezüglich der Basis $\mathscr{B}_2$ umrechnen (siehe Beispiel 2.162). Man spricht dabei auch von einer <u>Koordinatentransformation</u>, die sich auch umkehren lässt, d. h. von $\mathscr{B}_2$ nach $\mathscr{B}_1$. Die Koordinatentransformation lässt sich allgemeiner zwischen beliebigen Basen $\mathscr{B}$ und $\mathscr{B}'$ des $\mathbb{R}^2$ durchführen. Gleiches gilt im $\mathbb{R}^3$.

Aufgaben zum Abschnitt 2.6

Aufgabe 2.6.1: Untersuchen Sie, ob die Vektormengen $\mathscr{E}_1$ bis $\mathscr{E}_4$ Erzeugendensysteme des Vektorraums $\mathbb{R}^2$ sind.

a) $\mathscr{E}_1 = \left\{ \begin{pmatrix} 1 \\ 1 \end{pmatrix}, \begin{pmatrix} -1 \\ 1 \end{pmatrix}, \begin{pmatrix} 1 \\ -1 \end{pmatrix} \right\}$ b) $\mathscr{E}_2 = \left\{ \begin{pmatrix} 4 \\ 8 \end{pmatrix}, \begin{pmatrix} 1 \\ 2 \end{pmatrix}, \begin{pmatrix} -8 \\ -16 \end{pmatrix} \right\}$

c) $\mathscr{E}_3 = \left\{ \begin{pmatrix} 5 \\ 6 \end{pmatrix}, \begin{pmatrix} 9 \\ 1 \end{pmatrix} \right\}$ d) $\mathscr{E}_4 = \left\{ \begin{pmatrix} 1 \\ 0 \end{pmatrix} \right\}$

Aufgabe 2.6.2: Untersuchen Sie, ob die Vektormengen $\mathscr{E}_1$ bis $\mathscr{E}_4$ Erzeugendensysteme des Vektorraums $\mathbb{R}^3$ sind.

a) $\mathscr{E}_1 = \left\{ \begin{pmatrix} 0 \\ 0 \\ 1 \end{pmatrix}, \begin{pmatrix} 1 \\ 0 \\ 1 \end{pmatrix}, \begin{pmatrix} 1 \\ 2 \\ 3 \end{pmatrix}, \begin{pmatrix} 1 \\ 2 \\ 1 \end{pmatrix} \right\}$ b) $\mathscr{E}_2 = \left\{ \begin{pmatrix} 1 \\ 0 \\ 1 \end{pmatrix}, \begin{pmatrix} 2 \\ -1 \\ 1 \end{pmatrix}, \begin{pmatrix} 1 \\ 1 \\ 2 \end{pmatrix}, \begin{pmatrix} 1 \\ 2 \\ 3 \end{pmatrix} \right\}$

c) $\mathscr{E}_3 = \left\{ \begin{pmatrix} 1 \\ 4 \\ 4 \end{pmatrix}, \begin{pmatrix} 4 \\ 4 \\ 1 \end{pmatrix}, \begin{pmatrix} 4 \\ 1 \\ 4 \end{pmatrix} \right\}$ d) $\mathscr{E}_4 = \left\{ \begin{pmatrix} 2 \\ 3 \\ 1 \end{pmatrix}, \begin{pmatrix} -6 \\ -2 \\ 5 \end{pmatrix} \right\}$

Aufgabe 2.6.3: Untersuchen Sie, ob die Vektormengen $\mathscr{B}_1$ bis $\mathscr{B}_4$ Basen des $\mathbb{R}^2$ sind.

a) $\mathscr{B}_1 = \left\{ \begin{pmatrix} 8 \\ 5 \end{pmatrix}, \begin{pmatrix} 7 \\ 3 \end{pmatrix} \right\}$ b) $\mathscr{B}_2 = \left\{ \begin{pmatrix} -3 \\ 6 \end{pmatrix}, \begin{pmatrix} 2 \\ 1 \end{pmatrix} \right\}$

c) $\mathscr{B}_3 = \left\{ \begin{pmatrix} 12 \\ 2 \\ \frac{2}{5} \end{pmatrix}, \begin{pmatrix} 80 \\ \frac{8}{3} \end{pmatrix} \right\}$
d) $\mathscr{B}_4 = \left\{ \begin{pmatrix} 8 \\ 2 \\ \frac{2}{5} \end{pmatrix}, \begin{pmatrix} -80 \\ -\frac{8}{3} \end{pmatrix} \right\}$

Aufgabe 2.6.4: Untersuchen Sie, ob die Vektormengen $\mathscr{B}_1$ bis $\mathscr{B}_4$ Basen des $\mathbb{R}^3$ sind.

a) $\mathscr{B}_1 = \left\{ \begin{pmatrix} 1 \\ -1 \\ -1 \end{pmatrix}, \begin{pmatrix} 2 \\ -3 \\ 1 \end{pmatrix}, \begin{pmatrix} -4 \\ 5 \\ 1 \end{pmatrix} \right\}$
b) $\mathscr{B}_2 = \left\{ \begin{pmatrix} 3 \\ 0 \\ 4 \end{pmatrix}, \begin{pmatrix} 1 \\ 8 \\ -7 \end{pmatrix}, \begin{pmatrix} 2 \\ 2 \\ 1 \end{pmatrix} \right\}$

c) $\mathscr{B}_3 = \left\{ \begin{pmatrix} 6 \\ 7 \\ 8 \end{pmatrix}, \begin{pmatrix} 4 \\ 5 \\ 3 \end{pmatrix}, \begin{pmatrix} 1 \\ 2 \\ 9 \end{pmatrix} \right\}$
d) $\mathscr{B}_4 = \left\{ \begin{pmatrix} 1 \\ 2 \\ 3 \end{pmatrix}, \begin{pmatrix} 4 \\ 5 \\ 6 \end{pmatrix}, \begin{pmatrix} 7 \\ 8 \\ 9 \end{pmatrix} \right\}$

Aufgabe 2.6.5: Begründen Sie, dass die Vektormenge

$$\mathscr{E} = \left\{ \begin{pmatrix} 1 \\ 1 \\ 2 \end{pmatrix}, \begin{pmatrix} 1 \\ 0 \\ 1 \end{pmatrix}, \begin{pmatrix} -1 \\ 2 \\ 1 \end{pmatrix} \right\}$$

kein Erzeugendensystem des $\mathbb{R}^3$ ist. Bestimmen Sie einen Vektor $\vec{u} \in \mathbb{R}^3$ so, dass $\mathscr{E}' = \mathscr{E} \cup \{\vec{u}\}$ ein Erzeugendensystem des $\mathbb{R}^3$ ist. Geben Sie eine Basis $\mathscr{B}$ des $\mathbb{R}^3$ an, die durch Vektoren aus $\mathscr{E}'$ gebildet wird.

Aufgabe 2.6.6: Untersuchen Sie, ob durch die Vektoren $\vec{u}$, $\vec{v}$ und $\vec{w}$ eine Orthogonalbasis $\mathscr{B} = \{\vec{u}, \vec{v}, \vec{w}\}$ des Vektorraums $\mathbb{R}^3$ definiert werden kann.

a) $\vec{u} = \begin{pmatrix} 2 \\ 0 \\ 1 \end{pmatrix}, \vec{v} = \begin{pmatrix} -1 \\ 5 \\ 2 \end{pmatrix}, \vec{w} = \begin{pmatrix} 3 \\ 3 \\ -6 \end{pmatrix}$

b) $\vec{u} = \begin{pmatrix} 2 \\ -2 \\ 3 \end{pmatrix}, \vec{v} = \begin{pmatrix} 5 \\ -1 \\ -4 \end{pmatrix}, \vec{w} = \begin{pmatrix} 11 \\ 23 \\ 8 \end{pmatrix}$

c) $\vec{u} = \begin{pmatrix} 8 \\ 15 \\ 13 \end{pmatrix}, \vec{v} = \begin{pmatrix} 2 \\ 5 \\ -7 \end{pmatrix}, \vec{w} = \begin{pmatrix} 5 \\ -7 \\ 5 \end{pmatrix}$

d) $\vec{u} = \begin{pmatrix} 1 \\ 2 \\ 1 \end{pmatrix}, \vec{v} = \begin{pmatrix} 2 \\ -2 \\ 2 \end{pmatrix}, \vec{w} = \begin{pmatrix} -3 \\ 0 \\ 3 \end{pmatrix}$

e) $\vec{u} = \begin{pmatrix} 4 \\ 11 \\ -3 \end{pmatrix}, \vec{v} = \begin{pmatrix} -27 \\ 15 \\ 19 \end{pmatrix}, \vec{w} = \begin{pmatrix} -12 \\ 24 \\ -36 \end{pmatrix}$

f) $\vec{u} = \begin{pmatrix} -2 \\ 3 \\ 1 \end{pmatrix}, \vec{v} = \begin{pmatrix} 0 \\ 1 \\ 2 \end{pmatrix}, \vec{w} = \begin{pmatrix} 3 \\ -1 \\ 0 \end{pmatrix}$

Aufgabe 2.6.7: Zeigen Sie, dass $\vec{u} = \begin{pmatrix} -11 \\ 2 \\ 10 \end{pmatrix}$, $\vec{v} = \begin{pmatrix} 10 \\ 5 \\ 10 \end{pmatrix}$ und $\vec{w} = \begin{pmatrix} -2 \\ 14 \\ -5 \end{pmatrix}$ einen Würfel aufspannen.

Aufgabe 2.6.8: Bestimmen Sie Vektoren $\vec{u}$ und $\vec{w}$ so, dass die Vektormenge $\mathscr{B}$ eine Orthogonalbasis des Vektorraums $\mathbb{R}^2$ bzw. $\mathbb{R}^3$ ist.

a) $\mathscr{B} = \left\{ \begin{pmatrix} 5 \\ 3 \end{pmatrix}, \vec{u} \right\}$

b) $\mathscr{B} = \left\{ \vec{u}, \begin{pmatrix} -9 \\ 7 \end{pmatrix} \right\}$

c) $\mathscr{B} = \left\{ \begin{pmatrix} 1 \\ 2 \\ 3 \end{pmatrix}, \begin{pmatrix} 1 \\ -2 \\ 1 \end{pmatrix}, \vec{u} \right\}$

d) $\mathscr{B} = \left\{ \begin{pmatrix} 3 \\ 0 \\ 4 \end{pmatrix}, \begin{pmatrix} 0 \\ 2 \\ 0 \end{pmatrix}, \vec{u} \right\}$

e) $\mathscr{B} = \left\{ \begin{pmatrix} 1 \\ -1 \\ 5 \end{pmatrix}, \vec{u}, \vec{w} \right\}$

f) $\mathscr{B} = \left\{ \begin{pmatrix} -4 \\ 5 \\ -3 \end{pmatrix}, \vec{u}, \vec{w} \right\}$

Aufgabe 2.6.9: Konstruieren Sie aus den Orthogonalbasen aus Aufgabe 2.6.8 jeweils Orthonormalbasen des $\mathbb{R}^2$ bzw. $\mathbb{R}^3$.

Aufgabe 2.6.10: Gegeben seien die Vektoren

$$\vec{a} = \begin{pmatrix} 7 \\ -5 \\ 3 \end{pmatrix} \quad , \quad \vec{b} = \begin{pmatrix} -1 \\ 2 \\ -1 \end{pmatrix} \quad \text{und} \quad \vec{c} = \begin{pmatrix} 4 \\ 1 \\ 0 \end{pmatrix}.$$

a) Bestimmen Sie einen Vektor $\vec{u}$, der orthogonal zu $\vec{a}$, $\vec{b}$ und $\vec{c}$ ist.

b) Begründen Sie die lineare Abhängigkeit der Vektormenge $\{\vec{u}, \vec{a}, \vec{b}, \vec{c}\}$ sowie mit Bezug zum Ergebnis aus a) und ohne weitere Rechnungen die lineare Abhängigkeit der Vektormenge $\{\vec{a}, \vec{b}, \vec{c}\}$.

c) Wählen Sie aus den Vektoren $\vec{u}$, $\vec{a}$, $\vec{b}$ und $\vec{c}$ drei Vektoren derart aus, sodass diese drei Vektoren eine Basis des $\mathbb{R}^3$ bilden.

d) Kann aus den Vektoren $\vec{u}$, $\vec{a}$, $\vec{b}$ und $\vec{c}$ eine Orthogonalbasis des $\mathbb{R}^3$ ausgewählt werden?

Aufgabe 2.6.11: Bestimmen Sie die Koordinaten der Vektoren $\vec{u}$ und $\vec{w}$ bezüglich der angegebenen Basen $\mathscr{B}_1$ und $\mathscr{B}_2$:

a) $\vec{u} = \begin{pmatrix} 5 \\ -1 \end{pmatrix}$, $\vec{w} = \begin{pmatrix} 0 \\ 2 \end{pmatrix}$, $\mathscr{B}_1 = \left\{ \begin{pmatrix} 1 \\ 1 \end{pmatrix}, \begin{pmatrix} 1 \\ -2 \end{pmatrix} \right\}$, $\mathscr{B}_2 = \left\{ \begin{pmatrix} 3 \\ 5 \end{pmatrix}, \begin{pmatrix} 2 \\ 4 \end{pmatrix} \right\}$

b) $\vec{u} = \begin{pmatrix} -1 \\ -9 \end{pmatrix}$, $\vec{w} = \begin{pmatrix} 5 \\ -3 \end{pmatrix}$, $\mathscr{B}_1 = \left\{ \begin{pmatrix} 2 \\ 0 \end{pmatrix}, \begin{pmatrix} 5 \\ 3 \end{pmatrix} \right\}$, $\mathscr{B}_2 = \left\{ \begin{pmatrix} 3 \\ 5 \end{pmatrix}, \begin{pmatrix} 2 \\ 4 \end{pmatrix} \right\}$

c) $\vec{u} = \begin{pmatrix} 6 \\ 2 \\ -6 \end{pmatrix}$, $\vec{w} = \begin{pmatrix} 10 \\ 10 \\ -10 \end{pmatrix}$,

$\mathcal{B}_1 = \left\{ \begin{pmatrix} 1 \\ 2 \\ -1 \end{pmatrix}, \begin{pmatrix} 3 \\ 4 \\ -1 \end{pmatrix}, \begin{pmatrix} 2 \\ 6 \\ 1 \end{pmatrix} \right\}$, $\mathcal{B}_2 = \left\{ \begin{pmatrix} -1 \\ 1 \\ -1 \end{pmatrix}, \begin{pmatrix} 1 \\ -1 \\ -1 \end{pmatrix}, \begin{pmatrix} 1 \\ 2 \\ -1 \end{pmatrix} \right\}$

d) $\vec{u} = \begin{pmatrix} 21 \\ 15 \\ -13 \end{pmatrix}$, $\vec{w} = \begin{pmatrix} 8 \\ -6 \\ -23 \end{pmatrix}$,

$\mathcal{B}_1 = \left\{ \begin{pmatrix} 1 \\ 1 \\ 0 \end{pmatrix}, \begin{pmatrix} -1 \\ 1 \\ -3 \end{pmatrix}, \begin{pmatrix} -3 \\ 3 \\ 2 \end{pmatrix} \right\}$, $\mathcal{B}_2 = \left\{ \begin{pmatrix} 1 \\ 0 \\ 1 \end{pmatrix}, \begin{pmatrix} 1 \\ 3 \\ 1 \end{pmatrix}, \begin{pmatrix} -3 \\ 2 \\ 3 \end{pmatrix} \right\}$

Geraden und Ebenen

3

3.1 Geradengleichungen

Werden auf einem Blatt Papier zwei Punkte A und B durch eine mit Lineal und Stift gezogene Linie miteinander verbunden, so stellt dies die kürzeste Verbindung zwischen A und B dar und flüchtig spricht man auch von der Gerade g durch A und B. Streng genommen ergibt sich eine Gerade g erst durch unendliche Fortsetzung der Verbindungslinie über A und B hinaus, ohne dabei eine Richtungsänderung bzw. ohne eine Änderung gewisser Anstiegsverhältnisse pro zurückgelegter Längeneinheit vorzunehmen. Die Verbindungslinie von A nach B wird auch als Strecke oder Geradensegment bezeichnet.

Die Gerade als Funktion $g : \mathbb{R} \to \mathbb{R}$ hat bekanntlich die Gleichung $g(x) = mx + n$, wobei $m \in \mathbb{R}$ der Geradenanstieg und $n \in \mathbb{R}$ die Verschiebung der Gerade $g_0(x) = mx$ entlang der y-Achse ist. Durch $y = g(x)$ wird eine eindeutige Zuordnungsvorschrift zwischen den Koordinaten eines Punkts $P(x|y)$ auf der Gerade festgelegt. Diese Zuordnungsvorschrift stellt auch in der analytischen Geometrie eine kompakte Möglichkeit zur Beschreibung einer in der Ebene liegenden Gerade dar.

Definition 3.1. Sei g eine Gerade in der Ebene. Eine Gleichung der Gestalt

$$g : y \;=\; mx + n \,, \;\; m,n \in \mathbb{R}$$

heißt <u>Koordinatengleichung der Gerade g</u>. Wir sprechen in diesem Zusammenhang auch von der <u>Koordinatenform</u> der Geradengleichung. Ist $n = 0$, d. h. $g : y = mx$, dann enthält g den Koordinatenursprung und wird deshalb als <u>Ursprungsgerade</u> bezeichnet.

Die Darstellung einer Koordinatengleichung ist nicht eindeutig, denn sie kann mit beliebigen reellen Zahlen $k \neq 0$ multipliziert werden, d. h. $ky = kmx + kn$. Außerdem können die in der Gleichung vorhandenen Terme addiert oder subtrahiert werden, was zum Beispiel auf die Gestalt $-kmx + ky = kn$ führt. Wir notieren die folgende Verallgemeinerung:

Definition 3.2. Sei g eine Gerade in der Ebene. Eine Gleichung der Gestalt

$$g : ax + by \;=\; c \,, \;\; a,b,c \in \mathbb{R}$$

heißt <u>Koordinatengleichung der Gerade g</u>, wobei der Fall $a = b = 0$ ausgeschlossen ist.

Ergänzende Information Die elektronische Version dieses Kapitels enthält Zusatzmaterial, auf das über folgenden Link zugegriffen werden kann https://doi.org/10.1007/978-3-662-67812-1_3.

© Springer-Verlag GmbH Deutschland, ein Teil von Springer Nature 2023
J. Kunath, *Analytische Geometrie und Lineare Algebra zwischen
Abitur und Studium I*, https://doi.org/10.1007/978-3-662-67812-1_3

Nachfolgend soll eine Vektorgleichung für die Punkte $P(x|y)$ einer in der Ebene liegenden Gerade g hergeleitet werden, die den Bezug zur Darstellung der Koordinatengleichung $y = mx + n$ in Definition 3.1 aufzeigt. Wir erinnern zunächst daran, was der Begriff des Geradenanstiegs m geometrisch bedeutet: Eine Veränderung der x-Koordinate um ± 1 LE verändert die y-Koordinate um $|m|$ LE (siehe Abb. 56). Dabei wird durch das Vorzeichen von m festgelegt, ob die y-Koordinate verkleinert oder vergrößert wird.

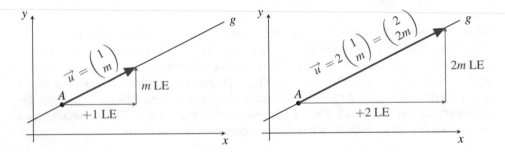

Abb. 56: Wird die x-Koordinate eines Geradenpunkts A um 1 LE verändert, dann steigt bzw. fällt die y-Koordinate um $|m|$ LE. Wird die x-Koordinate eines Geradenpunkts A um 2 LE verändert, dann steigt bzw. fällt die y-Koordinate um $|2m|$ LE. Dieses Anstiegsverhalten lässt sich vektoriell darstellen.

Einsetzen von $x = 0$ in die Koordinatengleichung ergibt $y = n$, d. h., $A(0|n)$ ist ein Punkt auf g. Wird die x-Koordinate von A um $+1$ Längeneinheit verändert, dann führt das auf den Geradenpunkt $P_1(1|m+n)$. Der Ortsvektor von P_1 kann durch die Vektorgleichung

$$\overrightarrow{OP_1} = \overrightarrow{OA} + \overrightarrow{u} \quad \text{mit} \quad \overrightarrow{u} := \begin{pmatrix} 1 \\ m \end{pmatrix}$$

dargestellt werden. Wird mit Bezug zum Punkt A die x-Koordinate um -1 Längeneinheit verändert, dann ergibt dies den auf g liegenden Punkt $P_{-1}(-1|-m+n)$. Unter Nutzung des Vektors $\overrightarrow{u}$ gilt für den Ortsvektor von P_{-1}:

$$\overrightarrow{OP_{-1}} = \overrightarrow{OA} - \overrightarrow{u}$$

Wird mit Bezug zum Punkt A die x-Koordinate um $+2$ Längeneinheiten verändert, dann ergibt dies den auf g liegenden Punkt $P_2(2|2m+n)$ und für den Ortsvektor von P_2 gilt:

$$\overrightarrow{OP_2} = \overrightarrow{OP_1} + \overrightarrow{u} = \overrightarrow{OA} + 2\overrightarrow{u}$$

Wird mit Bezug zum Punkt A dessen x-Koordinate allgemeiner um $r \in \mathbb{R}$ Längeneinheiten verändert, dann führt dies zum auf g liegenden Punkt $P_r(r|rm+n)$ und es gilt:

$$\overrightarrow{OP_r} = \overrightarrow{OA} + r\overrightarrow{u}$$

Würden wir jeden Punkt der Gerade g mit P bezeichnen oder die Abhängigkeit des Punkts P von $r \in \mathbb{R}$ mit der Schreibweise P_r deutlich machen, dann würden bei Rechnungen schnell Missverständnisse entstehen. Deshalb machen wir den Ortsvektor des Punkts $P_r(x|y)$ durch einen Vektor mit der „neutralen" Bezeichnung $\overrightarrow{x} = \begin{pmatrix} x \\ y \end{pmatrix}$ deutlich, d. h.:

$$\overrightarrow{x} = \overrightarrow{0A} + r\,\overrightarrow{u} \tag{3.3}$$

Bei Bedarf identifizieren wir $\overrightarrow{x}$ mit konkreten Punkten auf g, d. h. $\overrightarrow{x} = \overrightarrow{0P}$, $\overrightarrow{x} = \overrightarrow{0Q}$, $\overrightarrow{x} = \overrightarrow{0B}$ oder wie auch immer ein Punkt bezeichnet werden soll.

Der Vektor $\overrightarrow{u}$ in (3.3) gibt den Anstieg pro Längeneinheit an und legt damit anschaulich die Richtung des ausgehend vom Punkt A auf der Gerade zurückgelegten Wegs fest. Der Vektor $\overrightarrow{u}$ wird deshalb als <u>Richtungsvektor</u> der Gerade g bezeichnet. Der auf g liegende Punkt A verankert bzw. „stützt" die Lage jedes weiteren auf g liegenden Punkts in der Ebene. Deshalb wird A als <u>Stützpunkt</u> und der Ortsvektor $\overrightarrow{0A}$ als <u>Stützvektor</u> der Gerade g bezeichnet.

Die Wahl des Stützpunkts A ist willkürlich erfolgt, d. h., auch jeder andere auf g liegende Punkt A' kann als Stützpunkt verwendet werden, wie zum Beispiel $A' = P_1(1|m+n)$, was zu der Vektorgleichung

$$\overrightarrow{x} = \overrightarrow{0A'} + s\,\overrightarrow{u} \tag{3.4}$$

für die Ortsvektoren der auf g liegenden Punkte führt. Auch die Wahl des Richtungsvektors ist offenbar nicht eindeutig, denn jeder zu $\overrightarrow{u}$ kollineare Vektor kann ebenfalls als Richtungsvektor der Gerade verwendet werden. Das ergibt zum Beispiel die Gleichung

$$\overrightarrow{x} = \overrightarrow{0A} + t\left(4\,\overrightarrow{u}\right). \tag{3.5}$$

Durch die unterschiedliche Bezeichnung der <u>Parameter</u> r, s und t in den Darstellungen (3.3), (3.4) und (3.5) für ein und dieselbe Gerade g soll verdeutlicht werden, dass je nach Darstellung gegebenenfalls verschiedene Parameterwerte in die Gleichungen eingesetzt werden müssen, um in allen drei Gleichungen den Ortsvektor eines Punkts P zu berechnen. Das bedeutet genauer, dass aus $\overrightarrow{0P} = \overrightarrow{0A} + r\,\overrightarrow{u}$, $\overrightarrow{0P} = \overrightarrow{0A'} + s\,\overrightarrow{u}$ und $\overrightarrow{0P} = \overrightarrow{0A} + t\left(4\,\overrightarrow{u}\right)$ nicht zwangsläufig folgt, dass $r = s$, $r = t$ und $s = t$ gilt, sondern es kann auch $r \neq s$, $r \neq t$ oder $s \neq t$ gelten.

Beispiel 3.6. Gegeben sei die Gerade $g : y = 2x + 1$. Auf g liegen die Punkte $A(0|1)$ und $A'(1|3)$. Mit dem Richtungsvektor $\overrightarrow{u} = \begin{pmatrix} 1 \\ 2 \end{pmatrix}$ erhalten wir nach dem Muster von (3.3), (3.4) und (3.5) die folgenden Vektorgleichungen zur Berechnung der Ortsvektoren von auf g liegenden Punkten:

$$\overrightarrow{x} = \begin{pmatrix} 0 \\ 1 \end{pmatrix} + r\begin{pmatrix} 1 \\ 2 \end{pmatrix} \quad \text{bzw.} \quad \overrightarrow{x} = \begin{pmatrix} 1 \\ 3 \end{pmatrix} + s\begin{pmatrix} 1 \\ 2 \end{pmatrix} \quad \text{bzw.} \quad \overrightarrow{x} = \begin{pmatrix} 0 \\ 1 \end{pmatrix} + t\begin{pmatrix} 4 \\ 8 \end{pmatrix} \tag{$*$}$$

Der Punkt $P(2|5)$ liegt ebenfalls auf g. Durch Einsetzen von $\vec{x} = \vec{OP}$ in $(*)$ erhalten wir die Gleichungen

$$\begin{pmatrix} 2 \\ 5 \end{pmatrix} = \begin{pmatrix} 0 \\ 1 \end{pmatrix} + r \begin{pmatrix} 1 \\ 2 \end{pmatrix} \quad \text{bzw.} \quad \begin{pmatrix} 2 \\ 5 \end{pmatrix} = \begin{pmatrix} 1 \\ 3 \end{pmatrix} + s \begin{pmatrix} 1 \\ 2 \end{pmatrix} \quad \text{bzw.} \quad \begin{pmatrix} 2 \\ 5 \end{pmatrix} = \begin{pmatrix} 0 \\ 1 \end{pmatrix} + t \begin{pmatrix} 4 \\ 8 \end{pmatrix}$$

mit den Variablen r, s bzw. t. Durch Lösung der Gleichungen erhalten wir die Parameterwerte, die der jeweiligen Gleichung und dem Punkt P eindeutig zugeordnet sind. Die Lösungen sind $r = 2$, $s = 1$ und $t = \frac{1}{2}$. Hier gilt $r \neq s$, $r \neq t$ und $s \neq t$.   ◄

Beispiel 3.7. Wir betrachten weiter die Gerade $g : y = 2x + 1$ und den darauf liegenden Punkt $P(2|5)$, jetzt aber die Vektorgleichungen

$$\vec{x} = \begin{pmatrix} 1 \\ 3 \end{pmatrix} + s \begin{pmatrix} 1 \\ 2 \end{pmatrix} \quad \text{bzw.} \quad \vec{x} = \begin{pmatrix} 0 \\ 1 \end{pmatrix} + t \begin{pmatrix} 2 \\ 4 \end{pmatrix} . \tag{#}$$

Durch Einsetzen von $\vec{x} = \vec{OP}$ in $(\#)$ erhalten wir die Gleichungen

$$\begin{pmatrix} 2 \\ 5 \end{pmatrix} = \begin{pmatrix} 1 \\ 3 \end{pmatrix} + s \begin{pmatrix} 1 \\ 2 \end{pmatrix} \quad \text{bzw.} \quad \begin{pmatrix} 2 \\ 5 \end{pmatrix} = \begin{pmatrix} 0 \\ 1 \end{pmatrix} + t \begin{pmatrix} 2 \\ 4 \end{pmatrix}$$

mit den Lösungen $s = 1$ und $t = 1$. Dieses Beispiel zeigt, dass trotz verschiedener Stützpunkte und verschiedener Richtungsvektoren $s = t$ gilt. Das ist bei verschiedenen Vektorgleichungen aber keine Selbstverständlichkeit, sondern eher die Ausnahme.   ◄

Nicht immer stehen der Anstieg m und die y-Koordinate des Schnittpunkts $(0|n)$ einer Gerade g mit der y-Achse zur Verfügung, sodass daraus zur Beschreibung von g eine Vektorgleichung nach dem Muster von (3.3), (3.4) oder (3.5) konstruiert werden kann. Oft wird der eingangs dieses Abschnitts beschriebene Fall eintreten, dass durch zwei gegebene, verschiedene Punkte A und B eine Gerade g gelegt werden soll. Wir untersuchen deshalb, wie sich aus A und B ein Bezug zu (3.3), (3.4) und (3.5) herstellen lässt.

Als Stützpunkt von g sei $A(a_x|a_y)$ gewählt. Weiter kann jeder zu $\vec{u} = \begin{pmatrix} 1 \\ m \end{pmatrix}$ kollineare

Vektor $\lambda \vec{u} = \begin{pmatrix} \lambda \\ \lambda m \end{pmatrix}$ mit $\lambda \in \mathbb{R} \setminus \{0\}$ als Richtungsvektor gewählt werden. Das ergibt:

$$\vec{x} = \vec{OA} + r\lambda \vec{u} \tag{3.8}$$

Der Vektor $\lambda \vec{u}$ verschiebt den Punkt A in einen Punkt $B(b_x|b_y)$. Der Pfeil $\vec{AB} = \begin{pmatrix} b_x - a_x \\ b_y - a_y \end{pmatrix}$ ist deshalb ein Repräsentant von $\lambda \vec{u}$. Damit erhält Gleichung (3.8) die Gestalt

$$\vec{x} = \vec{OA} + r\vec{AB} . \tag{3.9}$$

Durch Einsetzen eines Parameterwerts $r \in \mathbb{R}$ können wir damit den Ortsvektor eines auf g liegenden Punkts P berechnen. Aus der Koordinatengleichung $y = mx + n$ von g und der daraus erhaltenen Vektorgleichung (3.3) haben wir mit (3.9) eine Gleichung hergeleitet, die eine vektorielle Darstellung einer durch zwei verschiedene Punkte A und B gelegten Gerade ermöglicht.[1]

Zusammenfassend werden zur Konstruktion einer Vektorgleichung für die Ortsvektoren der auf einer Gerade liegenden Punkte im Wesentlichen zwei Zutaten benötigt, nämlich ein Stützpunkt und ein Richtungsvektor. Zur Definition des Richtungsvektors haben wir zwei verschiedene Möglichkeiten kennengelernt. Entweder wird eine Richtung vorgegeben und auf diese Weise eine Gerade definiert. Alternativ sind zwei Punkte einer Gerade bekannt, aus denen der Richtungsvektor ermittelt wird. Diese grundlegenden Konstruktionsprinzipien lassen sich auf Geraden im Raum übertragen.

Definition 3.10. Sei g eine Gerade in der Ebene oder im Raum. Eine Gleichung der Gestalt

$$g : \overrightarrow{x} = \overrightarrow{0A} + r \cdot \overrightarrow{u}, \; r \in \mathbb{R},$$

heißt <u>Parametergleichung der Gerade g</u>. Man spricht auch von der <u>Parameterform</u> der Geradengleichung. Weitere Bezeichnungen:

- $\overrightarrow{x}$ ist der Ortsvektor eines Punkts P auf der Gerade g.

- Der Punkt A heißt <u>Stützpunkt</u>, der zugehörige Ortsvektor $\overrightarrow{0A}$ heißt <u>Stützvektor</u> der Gerade g. Statt Stützpunkt ist für A auch die Bezeichnung <u>Aufpunkt</u> gebräuchlich.

- $\overrightarrow{u} \neq \overrightarrow{0}$ heißt <u>Richtungsvektor</u> der Gerade g.

- Der Skalar $r \in \mathbb{R}$ heißt <u>Parameter</u> der Gerade g.

---

[1] Gleichung (3.9) lässt sich alternativ wie folgt herleiten: Aus der Differenz $\Delta_x := b_x - a_x \neq 0$ der x-Koordinaten und der Differenz der y-Koordinaten $\Delta_y := b_y - a_y$ wird der Anstieg m der Koordinatengleichung $y = mx + n$ der durch die Punkte A und B gelegten Gerade g berechnet:

$$m = \frac{\Delta_y}{\Delta_x} = \frac{b_y - a_y}{b_x - a_x} \qquad (*)$$

Die y-Koordinate des Schnittpunkts $(0|n)$ von g mit der y-Achse wird wie folgt ermittelt:

$$\frac{b_y - a_y}{b_x - a_x} \cdot a_x + n = a_y \quad \Leftrightarrow \quad n = a_y - \frac{b_y - a_y}{b_x - a_x} \cdot a_x \qquad (**)$$

Einsetzen von $(*)$, $(**)$ und $t = a_x + r(b_x - a_x)$ in die Vektorgleichung $\overrightarrow{x} = \begin{pmatrix} 0 \\ n \end{pmatrix} + t \begin{pmatrix} 1 \\ m \end{pmatrix}$ ergibt:

$$\overrightarrow{x} = \begin{pmatrix} 0 \\ a_y - \dfrac{b_y - a_y}{b_x - a_x} \cdot a_x \end{pmatrix} + \left(a_x + r(b_x - a_x) \right) \begin{pmatrix} 1 \\ \dfrac{b_y - a_y}{b_x - a_x} \end{pmatrix} \overset{(\#)}{=} \begin{pmatrix} a_x \\ a_y \end{pmatrix} + r \begin{pmatrix} b_x - a_x \\ b_y - a_y \end{pmatrix} = \overrightarrow{0A} + r\overrightarrow{AB}$$

Das Gleichheitszeichen $(\#)$ wird durch Anwendung der Rechenregeln für die Vektoraddition und die skalare Multiplikation begründet. In Abb. 57 sind die Zusammenhänge zwischen der Koordinatengleichung $y = mx + n$ und der Vektorgleichung $\overrightarrow{x} = \overrightarrow{0A} + r\overrightarrow{AB}$ grafisch dargestellt.

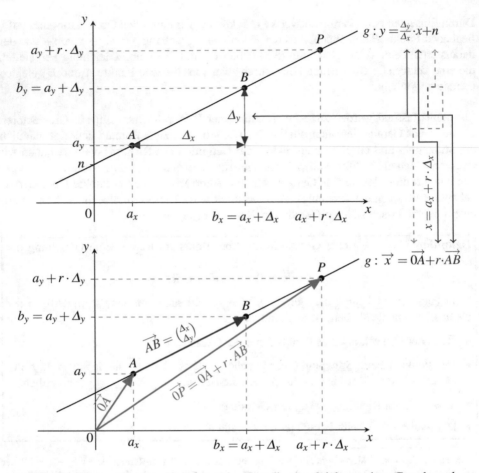

Abb. 57: Zusammenhänge zwischen der Koordinatengleichung einer Gerade und der vektoriellen Geradengleichung in der Ebene

---

Definition 3.11. Für die Parametergleichung

$$g: \ \vec{x} = \vec{0A} + r \cdot \vec{u}, \ r \in \mathbb{R},$$

einer Gerade sind weitere Bezeichnungen üblich:

- Wird der Richtungsvektor $\vec{u}$ vorgegeben, so sprechen wir von der <u>Punkt-Richtungs-Gleichung</u> von g.

- Ist B ein von A verschiedener Punkt auf g und wird $\vec{u} := \vec{AB}$ gesetzt, d. h.

$$g: \ \vec{x} = \vec{0A} + r \cdot \vec{AB},$$

dann sprechen wir von der <u>Zweipunktegleichung</u> der Gerade g.

Bemerkung 3.12. In der Regel versteht es sich von selbst, dass in einer Geradengleichung $g: \vec{x} = \vec{OA} + r\vec{u}$ der Parameter r Element der reellen Zahlen ist. Wir werden den Hinweis $r \in \mathbb{R}$ deshalb im Folgenden aus Gründen einer gewissen formalen mathematischen Ästhetik und Vollständigkeit lediglich in Definitionen, Sätzen und Folgerungen notieren, verzichten aber (bis auf wenige Ausnahmen) auf die Angabe $r \in \mathbb{R}$ in Beispielen und Aufgaben. Es versteht sich ebenfalls von selbst, dass für den Parameter einer Gerade nicht immer der Buchstabe r verwendet werden muss, sondern z. B. auch jeder andere Buchstabe des Alphabets als Parametername verwendet werden kann. ○

Beispiel 3.13. Gesucht ist eine Gleichung der Gerade g, die in der Ebene durch die Punkte $A(2|2)$ und $B(4|3)$ verläuft. Nach Definition 3.11 erhält man

$$g: \vec{x} = \vec{OA} + r \cdot \vec{AB} = \begin{pmatrix} 2 \\ 2 \end{pmatrix} + r \begin{pmatrix} 2 \\ 1 \end{pmatrix}.$$

Durch Einsetzen von $r = 2$ in die Parametergleichung berechnen wir mit

$$\vec{x} = \begin{pmatrix} 2 \\ 2 \end{pmatrix} + 2 \cdot \begin{pmatrix} 2 \\ 1 \end{pmatrix} = \begin{pmatrix} 6 \\ 4 \end{pmatrix}$$

den Ortsvektor des auf g liegenden Punkts $P(6|4)$. Für $r = -3$ berechnen wir mit

$$\vec{x} = \begin{pmatrix} 2 \\ 2 \end{pmatrix} - 3 \cdot \begin{pmatrix} 2 \\ 1 \end{pmatrix} = \begin{pmatrix} -4 \\ -1 \end{pmatrix}$$

den Ortsvektor des auf g liegenden Punkts $Q(-4|-1)$, siehe Abb. 58. ◀

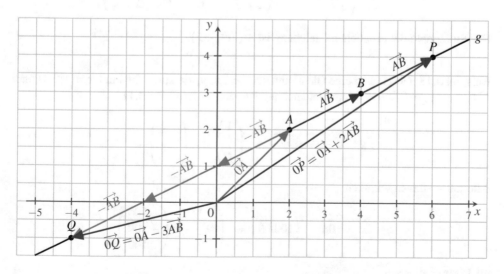

Abb. 58: Punkte auf der Gerade g aus Beispiel 3.13

Beispiel 3.14. Gesucht ist eine Gleichung der Gerade g, die im Raum parallel zu den Pfeilen des Vektors

$$\vec{u} = \begin{pmatrix} 3 \\ 6 \\ -6 \end{pmatrix}$$

und durch den Punkt $A(1|3|4)$ geht. Die einfachste Möglichkeit ist

$$g: \ \vec{x} \ = \overrightarrow{0A} + r\vec{u} \ = \ \begin{pmatrix} 1 \\ 3 \\ 4 \end{pmatrix} + r \begin{pmatrix} 3 \\ 6 \\ -6 \end{pmatrix}.$$

In Abb. 59 ist ein Segment der Gerade g grafisch dargestellt, wobei zur besseren räumlichen Wirkung der Richtungsvektor $\vec{u}$ zusätzlich in eine Summe aus zu den Koordinatenachsen parallelen Vektoren $\vec{w_1}$, $\vec{w_2}$ und $\vec{w_3}$ zerlegt ist. Alternativ können wir jeden zu $\vec{u}$ kollinearen Vektor, d. h. skalare Vielfache $s\vec{u}$ mit $s \neq 0$, als Richtungsvektor wählen, zum Beispiel

$$g: \ \vec{x} \ = \overrightarrow{0A} + r(-2\vec{u}) \ = \ \begin{pmatrix} 1 \\ 3 \\ 4 \end{pmatrix} + r \begin{pmatrix} -6 \\ -12 \\ 12 \end{pmatrix}$$

oder

$$g: \ \vec{x} \ = \overrightarrow{0A} + r\left(\tfrac{1}{3}\vec{u}\right) \ = \ \begin{pmatrix} 1 \\ 3 \\ 4 \end{pmatrix} + r \begin{pmatrix} 1 \\ 2 \\ -2 \end{pmatrix}.$$

Auch kann ein anderer Stützpunkt A' gewählt werden, wie diese Rechnung zeigt:

$$g: \ \vec{x} \ = \ \begin{pmatrix} 1 \\ 3 \\ 4 \end{pmatrix} + (r+1) \begin{pmatrix} 3 \\ 6 \\ -6 \end{pmatrix} \ = \ \begin{pmatrix} 4 \\ 9 \\ -2 \end{pmatrix} + r \begin{pmatrix} 3 \\ 6 \\ -6 \end{pmatrix}.$$

Der Stützpunkt der erhaltenen Gleichung ist $A'(4|9|-2)$. ◀

Beispiel 3.15. Gesucht ist eine Gleichung der Gerade g, die durch die Punkte $A(1|0|3)$ und $B(2|-1|4)$ geht. Die Zweipunktegleichung ist gemäß Definition 3.11

$$g: \ \vec{x} = \overrightarrow{0A} + r\overrightarrow{AB} \ = \ \begin{pmatrix} 1 \\ 0 \\ 3 \end{pmatrix} + r \begin{pmatrix} 1 \\ -1 \\ 1 \end{pmatrix}.$$

Alternativ können wir auch

$$g: \ \vec{x} \ = \overrightarrow{0A} + r\left(100\overrightarrow{AB}\right) \ = \ \begin{pmatrix} 1 \\ 0 \\ 3 \end{pmatrix} + r \begin{pmatrix} 100 \\ -100 \\ 100 \end{pmatrix}$$

als Lösung angeben. ◀

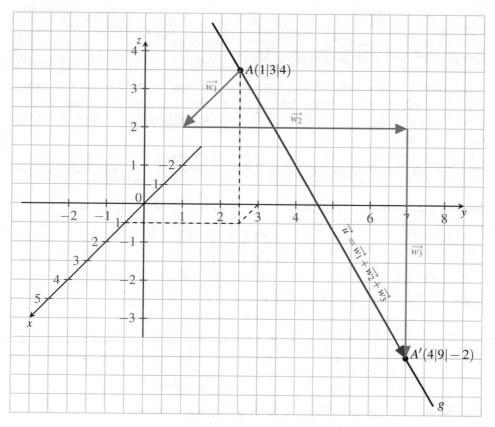

Abb. 59: Die Gerade g aus Beispiel 3.14

Die Beispiele 3.14 und 3.15 zeigen noch einmal deutlich, dass die Darstellung einer Gerade nicht eindeutig ist. Wird ein anderer Geradenpunkt als Stützpunkt oder ein kollinearer Richtungsvektor gewählt, so ändert sich zwar die Parametergleichung der Gerade, ihre Punkte und Eigenschaften bleiben aber unverändert.

Definition 3.16. Sei $g: \vec{x} = \vec{0A} + r\vec{u}$ eine Gerade. Ein Punkt P liegt auf der Gerade, wenn es ein $r \in \mathbb{R}$ gibt mit $\vec{0P} = \vec{0A} + r\vec{u}$. In diesem Fall schreiben wir $P \in g$, andernfalls (d. h., P liegt nicht auf g) schreiben wir $P \notin g$.

Bemerkung 3.17. Die Verwendung von Schreibweisen aus der Mengenlehre sind gerechtfertigt, denn eine Gerade g lässt sich als Menge von Punkten P interpretieren, was zum Beispiel mithilfe der vektoriellen Geradengleichung zu der folgenden Schreibweise führt:

$$g = \left\{ P \,\middle|\, \exists r \in \mathbb{R} : \vec{0P} = \vec{0A} + r\vec{u} \right\}$$

Leseanleitung: Zur Gerade g gehören alle Punkte P, für die ein $r \in \mathbb{R}$ exisitiert mit der Eigenschaft $\vec{0P} = \vec{0A} + r\vec{u}$. ○

> **Satz 3.18.** Sei $g : \vec{x} = \overrightarrow{0A} + r\vec{u}$ eine Gerade. Zu jedem Punkt auf der Gerade gibt es genau einen Parameterwert $r \in \mathbb{R}$. Umgekehrt gibt es zu jedem Parameterwert $r \in \mathbb{R}$ genau einen Punkt P auf der Gerade.

Aus Definition 3.16 und Satz 3.18 folgt unmittelbar eine Möglichkeit zur Punktprobe, d. h., zum Test, ob ein gegebener Punkt P auf der Gerade g liegt. Die Vektorgleichung $\overrightarrow{0P} = \overrightarrow{0A} + r\vec{u}$ können wir umstellen zu $\overrightarrow{0P} - \overrightarrow{0A} = r\vec{u}$. Daraus folgt mithilfe der Definition kollinearer Vektoren:

> **Satz 3.19.** Es gilt $P \in g$ genau dann, wenn die Vektoren $\overrightarrow{0P} - \overrightarrow{0A}$ und $\vec{u}$ kollinear sind.

Beispiel 3.20. Es ist zu untersuchen, ob $P(7|-2|1)$ und $Q(-7|2|-1)$ auf der Gerade

$$g : \vec{x} = \begin{pmatrix} 1 \\ 2 \\ 3 \end{pmatrix} + r \begin{pmatrix} 3 \\ -2 \\ -1 \end{pmatrix}$$

liegen. Für P machen wir den folgenden Ansatz:

$$\underbrace{\begin{pmatrix} 7 \\ -2 \\ 1 \end{pmatrix}}_{=\overrightarrow{0P}} = \underbrace{\begin{pmatrix} 1 \\ 2 \\ 3 \end{pmatrix}}_{=\overrightarrow{0A}} + r \cdot \underbrace{\begin{pmatrix} 3 \\ -2 \\ -1 \end{pmatrix}}_{=\vec{u}} \quad \Leftrightarrow \quad \underbrace{\begin{pmatrix} 6 \\ -4 \\ -2 \end{pmatrix}}_{=\overrightarrow{0P}-\overrightarrow{0A}} = r \cdot \underbrace{\begin{pmatrix} 3 \\ -2 \\ -1 \end{pmatrix}}_{=\vec{u}}$$

Dies entspricht formal dem folgenden linearen Gleichungssystem:

$$\begin{aligned} \text{I}: \quad 6 &= 3r \\ \text{II}: -4 &= -2r \\ \text{III}: -2 &= -r \end{aligned}$$

Alle drei Gleichungen haben die gleiche Lösung, nämlich $r = 2$. Daher liegt der Punkt P auf g, in Zeichen $P \in g$. Analog machen wir für Q den folgenden Ansatz

$$\underbrace{\begin{pmatrix} -7 \\ 2 \\ -1 \end{pmatrix}}_{=\overrightarrow{0Q}} = \underbrace{\begin{pmatrix} 1 \\ 2 \\ 3 \end{pmatrix}}_{=\overrightarrow{0A}} + r \cdot \underbrace{\begin{pmatrix} 3 \\ -2 \\ -1 \end{pmatrix}}_{=\vec{u}} \quad \Leftrightarrow \quad \underbrace{\begin{pmatrix} -8 \\ 0 \\ -4 \end{pmatrix}}_{=\overrightarrow{0Q}-\overrightarrow{0A}} = r \cdot \underbrace{\begin{pmatrix} 3 \\ -2 \\ -1 \end{pmatrix}}_{=\vec{u}}$$

Dies entspricht formal dem folgenden linearen Gleichungssystem:

$$\begin{aligned} \text{I}: -8 &= 3r \\ \text{II}: \quad 0 &= -2r \\ \text{III}: -4 &= -r \end{aligned}$$

Gleichung II gilt für $r = 0$. Dieser Wert löst aber nicht die Gleichungen I und III, d. h., das Gleichungssystem ist nicht lösbar. Damit liegt Q nicht auf g, in Zeichen $Q \notin g$. ◄

In Anwendungen hat man oft nur für einen Abschnitt einer Gerade g Interesse, genauer für die Punkte auf der Strecke $\overline{AB}$, die zwei Punkte $A \in g$ und $B \in g$ verbinden. Nutzen wir zur Beschreibung von $\overline{AB}$ eine geeignete Zweipunktegleichung von g, dann können wir bei der Punktprobe bereits am berechneten Parameterwert erkennen, ob ein Punkt zur Strecke $\overline{AB}$ gehört.

Satz 3.21. Gegeben seien Punkte A, B, P und die Gerade $g : \vec{x} = \overrightarrow{OA} + r\overrightarrow{AB}$. Dann gilt:

a) P liegt auf der Strecke $\overline{AB}$, wenn es ein $r \in [0; 1]$ gibt mit $\overrightarrow{OP} = \overrightarrow{OA} + r\overrightarrow{AB}$.

b) P liegt auf der Gerade g, aber *nicht* auf der Strecke $\overline{AB}$, wenn es ein $r < 0$ oder $r > 1$ gibt mit $\overrightarrow{OP} = \overrightarrow{OA} + r\overrightarrow{AB}$.

c) P liegt nicht auf der Gerade g, wenn $\overrightarrow{OP} \neq \overrightarrow{OA} + r\overrightarrow{AB}$ für alle $r \in \mathbb{R}$ gilt.

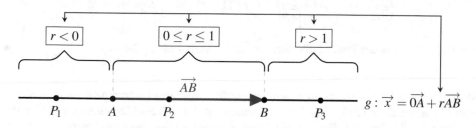

Abb. 60: Die Strecke $\overline{AB}$ als Teilmenge von g und Punktprobe für die Strecke $\overline{AB}$

Beispiel 3.22. Gegeben seien die Punkte $A(-1|-2|-3)$, $B(1|2|3)$, $P_1(0|0|0)$, $P_2(3|6|9)$, $P_3\left(-\frac{1}{2}|-1|-\frac{3}{2}\right)$ und $P_4(3|-6|9)$. Die Strecke $\overline{AB}$ ist eine Teilmenge der Gerade

$$g : \vec{x} = \overrightarrow{OA} + r\overrightarrow{AB} = \begin{pmatrix} -1 \\ -2 \\ -3 \end{pmatrix} + r \begin{pmatrix} 2 \\ 4 \\ 6 \end{pmatrix} .$$

a) Der Punkt P_1 liegt auf der Strecke $\overline{AB}$, denn es gilt $\overrightarrow{OP_1} = \overrightarrow{OA} + \frac{1}{2}\overrightarrow{AB}$.

b) Der Punkt P_2 liegt auf g, aber nicht auf der Strecke $\overline{AB}$, denn es gilt $\overrightarrow{OP_2} = \overrightarrow{OA} + 2\overrightarrow{AB}$.

c) Der Punkt P_3 liegt auf der Strecke $\overline{AB}$, denn es gilt $\overrightarrow{OP_3} = \overrightarrow{OA} + \frac{1}{4}\overrightarrow{AB}$.

d) Der Punkt P_4 liegt nicht auf g, denn für alle $r \in \mathbb{R}$ gilt $\overrightarrow{OP_4} \neq \overrightarrow{OA} + r\overrightarrow{AB}$. ◀

Der Parameterwert $r \in [0; 1]$ in Satz 3.21 a) kann genutzt werden, um <u>Teilverhältnisse</u> auf der Strecke $\overline{AB}$ zu bestimmen. Das folgende Beispiel demonstriert die grundsätzliche Vorgehensweise.

Beispiel 3.23. Die Strecke $\overline{AB}$ geht durch $A(0|0|1)$ und $B(5|15|11)$ und ist Teilmenge von

$$g: \vec{x} = \vec{OA} + r\vec{AB} = \begin{pmatrix} 0 \\ 0 \\ 1 \end{pmatrix} + r \begin{pmatrix} 5 \\ 15 \\ 10 \end{pmatrix}.$$

Wählen wir $r = \frac{3}{5}$ und setzen dies in die Geradengleichung ein, dann erhalten wir mit

$$\vec{OP} = \begin{pmatrix} 0 \\ 0 \\ 1 \end{pmatrix} + \frac{3}{5} \begin{pmatrix} 5 \\ 15 \\ 10 \end{pmatrix} = \begin{pmatrix} 3 \\ 9 \\ 7 \end{pmatrix}$$

den Ortsvektor des Punkts $P(3|9|7)$. Wegen $0 < r = \frac{3}{5} < 1$ liegt P nach Satz 3.21 auf der Strecke $\overline{AB}$. Weiter gilt für den Quotienten der Längen der Strecken $\overline{AP}$ und $\overline{PB}$:

$$\frac{|\vec{AP}|}{|\vec{PB}|} = \frac{r|\vec{AB}|}{(1-r)|\vec{AB}|} = r : (1-r) = \frac{3}{5} : \frac{2}{5} = 3 : 2$$

Das bedeutet, dass der Punkt P die Strecke $\overline{AB}$ im Verhältnis $3 : 2$ teilt.   ◄

Sind in einer vektoriellen Geradengleichung außer dem Geradenparameter weitere Variablen enthalten, dann ergibt sich für jede Wertewahl dieser Variablen eine eigene Gerade. Wir sprechen in diesem Fall von einer Geradenschar und die vom Geradenparameter verschiedenen Variablen heißen Scharparameter. Die Geraden einer Schar haben oft gewisse Eigenschaften gemeinsam. So können Geraden einer Schar zum Beispiel parallel sein oder einen Punkt gemeinsam haben.

Beispiel 3.24. Für jedes $c \in \mathbb{R}$ wird durch

$$g_c: \vec{x} = \begin{pmatrix} 0 \\ c \end{pmatrix} + t \begin{pmatrix} 1 \\ 1 \end{pmatrix}$$

eine Geradenschar definiert. Dabei ist c der Scharparameter und t der Parameter der Gerade g_c. Für $c = 1$ erhalten wir mit $g_1: \vec{x} = \begin{pmatrix} 0 \\ 1 \end{pmatrix} + t \begin{pmatrix} 1 \\ 1 \end{pmatrix}$ eine Gerade der Schar g_c. Eine weitere Gerade der Schar ist $g_5: \vec{x} = \begin{pmatrix} 0 \\ 5 \end{pmatrix} + t \begin{pmatrix} 1 \\ 1 \end{pmatrix}$. Abb. 61 zeigt Geraden der Schar g_c im kartesischen Koordinatensystem.   ◄

Beispiel 3.25. Für jedes $\alpha \in \mathbb{R}$ wird durch $g_\alpha: \vec{x} = t \begin{pmatrix} 1 \\ \alpha \end{pmatrix}$ eine Schar von Ursprungsgeraden definiert. Dabei ist α der Scharparameter und t der Parameter der Gerade g_α. Beispiele für Geraden der Schar sind $g_{-2}: \vec{x} = t \begin{pmatrix} 1 \\ -2 \end{pmatrix}$ und $g_7: \vec{x} = t \begin{pmatrix} 1 \\ 7 \end{pmatrix}$. Abb. 61 zeigt Geraden der Schar g_α im kartesischen Koordinatensystem.   ◄

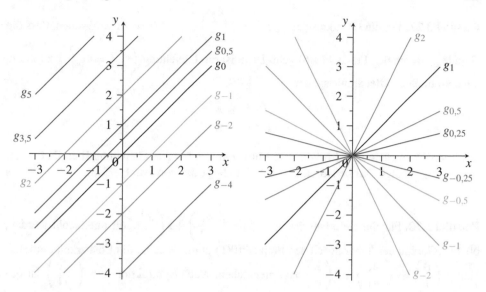

Abb. 61: Geraden der Geradenschar g_c aus Beispiel 3.24 (links) und der Geradenschar g_α aus Beispiel 3.25 (rechts)

Beispiel 3.26. Für beliebige $a, b \in \mathbb{R}$ wird durch

$$g_{a;b} : \overrightarrow{x} = \begin{pmatrix} a \\ 1 \end{pmatrix} + t \begin{pmatrix} 2 \\ b \end{pmatrix}$$

eine Geradenschar definiert. Die Schar g_c hat mit a und b zwei Scharparameter. Weiter ist t der Parameter der Gerade $g_{a;b}$. Beispiele für Geraden der Schar sind

$$g_{-5;0} : \overrightarrow{x} = \begin{pmatrix} -5 \\ 1 \end{pmatrix} + t \begin{pmatrix} 2 \\ 0 \end{pmatrix} \quad \text{und} \quad g_{3;-1} : \overrightarrow{x} = \begin{pmatrix} 3 \\ 1 \end{pmatrix} + t \begin{pmatrix} 2 \\ -1 \end{pmatrix} . \qquad \blacktriangleleft$$

Die Beispiele zeigen, dass unter einer Geradenschar eine Menge von Geraden zu verstehen ist. Das Symbol g_c hat folglich eine doppelte Bedeutung und steht einerseits für die Geradenschar als Menge und andererseits für eine konkrete Gerade g_c, der ein gewisser Wert $c \in \mathbb{R}$ zugeordnet ist. In diesem Zusammenhang wird t als Parameter der Gerade g_c (mit einem konkreten Wert für c) und nicht als Parameter der Geradenschar bezeichnet. Mit anderen Worten ist der Geradenparameter t an eine konkrete Gerade g_c der Schar g_c gebunden und nicht an die gesamte Schar als Menge.

Typische Aufgabenstellungen bestehen darin, den bzw. die Scharparameter einer Geradenschar so zu bestimmen, dass die zugehörige(n) Gerade(n) gewisse Eigenschaften erfüllen. Das führt in der Regel auf die Lösung von Vektorgleichungen, die nicht zwangsläufig eine Lösung haben müssen.

Beispiel 3.27. Für die Geradenschar $g_c : \vec{x} = t \begin{pmatrix} 2 \\ c \end{pmatrix}$ ist $c \in \mathbb{R}$ so zu bestimmen, dass die

Gerade g_c durch den Punkt $P(4|6)$ geht. Dazu ist die Gleichung $\begin{pmatrix} 4 \\ 6 \end{pmatrix} = t \begin{pmatrix} 2 \\ c \end{pmatrix}$ zu lösen,

die dem linearen Gleichungssystem

$$\text{I} : 2t = 4$$
$$\text{II} : ct = 6$$

entspricht. Aus Gleichung I folgt $t = 2$. Einsetzen von $t = 2$ in Gleichung II ergibt $6 = 2c$,
woraus $c = 3$ folgt. Das bedeutet, dass die Gerade g_3 die Forderung erfüllt.   ◄

Beispiel 3.28. Für die Geradenschar $g_c : \vec{x} = \begin{pmatrix} 4c \\ -1 \end{pmatrix} + t \begin{pmatrix} 2 \\ c \end{pmatrix}$ soll untersucht werden,

ob eine Gerade der Schar durch den Punkt $P(0|1)$ geht. Dazu ist die Lösbarkeit der Glei-

chung $\begin{pmatrix} 0 \\ 1 \end{pmatrix} = \begin{pmatrix} 4c \\ -1 \end{pmatrix} + t \begin{pmatrix} 2 \\ c \end{pmatrix}$ zu untersuchen. Nach Subtraktion von $\begin{pmatrix} 4c \\ -1 \end{pmatrix}$ ist das

äquivalent zur Untersuchung der Gleichung $\begin{pmatrix} -4c \\ 2 \end{pmatrix} = t \begin{pmatrix} 2 \\ c \end{pmatrix}$, zu der das folgende linea-

re Gleichungssystem gehört:

$$\text{I} : 2t = -4c$$
$$\text{II} : ct = 2$$

Aus Gleichung I folgt $t = -2c$. Einsetzen von $t = -2c$ in Gleichung II ergibt $-2c^2 = 2$,
woraus $c^2 = -1$ folgt. Diese Gleichung hat keine Lösung, was bedeutet, dass keine Gerade
der Schar g_c durch den Punkt $P(0|1)$ geht.   ◄

Zum Abschluss dieses einführenden Abschnitts zu Geradengleichungen soll ein zweiter
Blick auf eine Gerade $g : \vec{x} = \vec{0A} + r\vec{u}$ in der Ebene mit Stützpunkt $A(a_x|a_y)$ und Rich-
tungsvektor $\vec{u}$ geworfen werden. Weiter sei $\vec{n}$ ein zu $\vec{u}$ orthogonaler Vektor, d. h., es gilt
$\vec{u} \bullet \vec{n} = 0$. Ist $P \in g$, dann sind nach Satz 3.19 $\vec{0P} - \vec{0A}$ und $\vec{u}$ linear abhängig. Folglich
gilt $[\vec{0P} - \vec{0A}] \bullet \vec{n} = 0$. Dies gilt für jeden beliebigen Punkt $P \in g$ und motiviert damit die
folgende Darstellung:

Definition 3.29. Sei $g : \vec{x} = \vec{0A} + r\vec{u}$ mit $r \in \mathbb{R}$ eine Gerade in der Ebene und $\vec{n}$
orthogonal zum Richtungsvektor $\vec{u}$. Die Gleichung

$$g : [\vec{x} - \vec{0A}] \bullet \vec{n} = 0 \qquad\qquad (*)$$

heißt <u>Normalengleichung</u> der Gerade g. Der Vektor $\vec{n}$ heißt <u>Normalenvektor</u> der
Gerade g. Gilt $|\vec{n}| = 1$, dann heißt $(*)$ <u>Hessesche Normalengleichung</u> von g und
$\vec{n}$ <u>Normaleneinheitsvektor</u> von g. Man spricht auch von der <u>Normalform</u> bzw.
<u>Hesseschen Normalform</u> der Geradengleichung.

Die Normalenform von Geradengleichungen in der Ebene spielt in der
Schulmathematik kaum eine Rolle, obwohl das dahinter stehende Konstruktionsprinzip auf die später diskutierte
(Hessesche) Normalenform einer Ebenengleichung im Raum vorbereitet (siehe Abschnitt 3.3.2). Die Behandlung der
Hesseschen Normalenform für Geraden
in der Ebene ist auch deshalb interessant,
da sie zu einer einfachen Formel für die
Berechnung des Abstands zwischen einem Punkt und einer Gerade führt (siehe
Abschnitt 3.6.1).

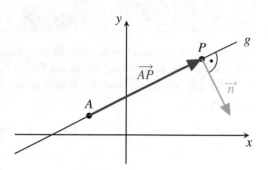

Abb. 62: Normalenvektor einer Gerade g

Beispiel 3.30. Gegeben sei die Gerade $g : \vec{x} = \begin{pmatrix} 2 \\ -1 \end{pmatrix} + r \begin{pmatrix} 1 \\ 1 \end{pmatrix}$. Ein Normalenvektor von

g ist $\vec{n} = \begin{pmatrix} -1 \\ 1 \end{pmatrix}$ und damit ist

$$g : \left[\vec{x} - \begin{pmatrix} 2 \\ -1 \end{pmatrix} \right] \bullet \begin{pmatrix} -1 \\ 1 \end{pmatrix} = 0$$

eine Normalengleichung der Gerade. Mit $\vec{x} = \begin{pmatrix} x \\ y \end{pmatrix}$ und nach Ausrechnen des Skalarprodukts erhalten wir:

$$\left[\begin{pmatrix} x \\ y \end{pmatrix} - \begin{pmatrix} 2 \\ -1 \end{pmatrix} \right] \bullet \begin{pmatrix} -1 \\ 1 \end{pmatrix} = \begin{pmatrix} x-2 \\ y+1 \end{pmatrix} \bullet \begin{pmatrix} -1 \\ 1 \end{pmatrix} = -x+y+3 = 0$$

Das Ausrechnen des Skalarprodukts in einer Normalengleichung liefert demnach eine
Koordinatengleichung der Gerade g. Das wird durch Subtraktion von 3 noch deutlicher,
denn dies liefert mit $g : -x+y = -3$ die in Definition 3.2 gegebene Darstellung der Koordinatengleichung. Durch Normierung auf die Länge Eins geht aus dem Normalenvektor

$\vec{u}$ der Normaleneinheitsvektor $\frac{1}{|\vec{n}|} \vec{n} = \frac{1}{\sqrt{2}} \begin{pmatrix} -1 \\ 1 \end{pmatrix}$ hervor und damit ist

$$g : \frac{1}{\sqrt{2}} \cdot \left[\vec{x} - \begin{pmatrix} 2 \\ -1 \end{pmatrix} \right] \bullet \begin{pmatrix} -1 \\ 1 \end{pmatrix} = 0$$

eine Hessesche Normalengleichung der Gerade g.   ◄

Nicht unerwähnt bleiben soll, dass sich Geraden im Raum nicht durch eine Koordinatengleichung beschreiben lassen. Außerdem kann für Geraden im Raum auch das Prinzip
der Normalengleichung nicht genutzt werden. Warum dies nicht möglich ist, wird in den
folgenden Abschnitten dieses Kapitels klar werden.

Aufgaben zum Abschnitt 3.1

Aufgabe 3.1.1: Bestimmen Sie jeweils eine Koordinatengleichung der Gestalt $y = mx + n$ und eine Parametergleichung der in der Ebene liegenden Gerade g, die durch den Punkt A geht und den Anstieg m bzw. den Richtungsvektor $\vec{u}$ besitzt.

a) $A(0|5)$, $m = 2$

b) $A(3|2)$, $m = -2$

c) $A(4|-7)$, $\vec{u} = \begin{pmatrix} 1 \\ 6 \end{pmatrix}$

d) $A(-12|53)$, $\vec{u} = \begin{pmatrix} -2 \\ 8 \end{pmatrix}$

Aufgabe 3.1.2: Bestimmen Sie eine Gleichung der Gerade g durch die Punkte A und B:

a) $A(1|3)$, $B(2|4)$

b) $A(-5|23)$, $B(12|3)$

c) $A(-5|-3)$, $B(3|-5)$

d) $A(8|-2)$, $B(-22|0)$

Aufgabe 3.1.3: Untersuchen Sie, ob die Punkte P, Q und R auf der Gerade g liegen.

a) $g : \vec{x} = \begin{pmatrix} 1 \\ 2 \end{pmatrix} + r \begin{pmatrix} 1 \\ 1 \end{pmatrix}$, $\quad P(6|7)$, $\quad Q(-2|-1)$, $\quad R(3|-4)$

b) $g : \vec{x} = \begin{pmatrix} -2 \\ 3 \end{pmatrix} + r \begin{pmatrix} 4 \\ -5 \end{pmatrix}$, $\quad P(-14|-12)$, $\quad Q(6|13)$, $\quad R(-10|13)$

c) $g : \vec{x} = r \begin{pmatrix} 6 \\ 8 \end{pmatrix}$, $\quad P(3|4)$, $\quad Q(-9|-10)$, $\quad R(9|12)$

d) g geht durch die Punkte $A(-2|4)$ und $B(4|-8)$; $\quad P(2|-4)$, $\quad Q(-12|24)$, $\quad R(40|-80)$

e) g verläuft in Richtung $\begin{pmatrix} -3 \\ 2 \end{pmatrix}$ und durch $A(5|7)$; $\quad P(9|2)$, $\quad Q(-1|11)$, $\quad R(20|3)$

f) g verläuft parallel zur y-Achse und durch $A(8|0)$; $\quad P(8|88)$, $\quad Q(-8|88)$, $\quad R(2|88)$

Aufgabe 3.1.4:

a) Gegeben sei die Gerade $g : y = 2x + 4$. Überführen Sie die Koordinatengleichung von g in die Gestalt $ax + by = c$ mit den Koeffizienten $a, b, c \in \mathbb{R}$.

b) Gegeben sei die Gerade $g : 3x + 5y = 1$. Überführen Sie die Koordinatengleichung von g in die Gestalt $y = mx + n$.

c) Überführen Sie die Geradengleichung $g : -\frac{2}{5}x + \frac{3}{4}y = \frac{1}{7}$ in die Gestalt $ax + by = c$, sodass die Koeffizienten a, b, c ganzzahlig sind.

d) Vereinfachen Sie die Koordinatengleichung $g : 100x - 250y = 50$, wobei die Gestalt $ax + by = c$ erhalten bleiben soll und die Koeffizienten a, b, c ganzzahlig sind.

e) Liegen die Punkte $P(2|13)$, $Q(-1|4)$ und $R(1|-1)$ auf der Gerade $g : y = 3x + 7$?

f) Liegen die Punkte $P(2|1)$, $Q(3|0)$ und $R(-2|3)$ auf der Gerade $g : 4x + 3y = 11$?

g) Formulieren Sie Kriterien für die Punktprobe unter Verwendung der Koordinatengleichung $ax + by = c$ einer Gerade g, wobei der Fall $a = b = 0$ ausgeschlossen wird.

h) Bestimmen Sie eine Parametergleichung der Gerade $g : -4x + 2y = 8$.

Aufgabe 3.1.5: Bestimmen Sie eine Gleichung der Gerade g durch die Punkte A und B:

a) $A(1|2|3)$, $B(4|5|6)$

b) $A(-1|2|-3)$, $B(1|-2|3)$

c) $A(55|17|-12)$, $B(33|-44|5)$

d) $A(\sqrt{2}|3\sqrt{2}|-2\sqrt{2})$, $B(2\sqrt{2}|5\sqrt{2}|3\sqrt{2})$

Aufgabe 3.1.6:
Die Grundfläche des in Abb. 63 durch gestrichelte Linien angedeuteten Quaders liegt in der xy-Ebene. A, B, C, D, E und F sind Eckpunkte des Quaders. Die Gerade g_1 geht durch A und B, g_2 geht durch A und F, g_3 geht durch B und D und die Gerade g_4 geht durch C und E. Bestimmen Sie jeweils eine Parametergleichung der Geraden g_1, g_2, g_3 und g_4.

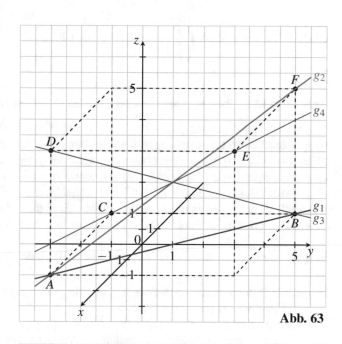

Abb. 63

Aufgabe 3.1.7: Die Spitze S der in Abb. 64 dargestellten Pyramide $ABCDS$ liegt in der yz-Ebene. Die quadratische Grundfläche $ABCD$ liegt in der xy-Ebene. Mit F ist der Höhenfußpunkt der Pyramide, mit M_1 der Mittelpunkt der Strecke $\overline{AS}$ und mit M_2 der Mittelpunkt der Strecke $\overline{AB}$ bezeichnet. Bestimmen Sie jeweils eine Gleichung der Geraden durch folgende Punkte:

a) A, B b) A, D

c) B, C d) D, C

e) A, S f) B, S

g) C, S h) D, S

i) F, S j) B, D

k) A, C l) M_1, M_2

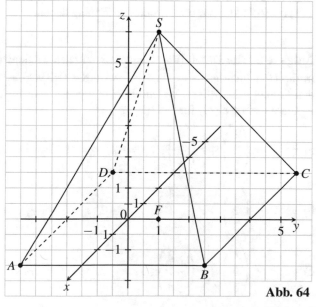

Abb. 64

Aufgabe 3.1.8: Bestimmen Sie eine Parametergleichung der Gerade g, die durch den Punkt P geht und den Richtungsvektor $\vec{u}$ besitzt.

a) $P(1|8|5)$, $\vec{u} = \begin{pmatrix} 3 \\ 8 \\ 7 \end{pmatrix}$

b) $P(30|-73|55)$, $\vec{u} = \begin{pmatrix} -13 \\ 3 \\ 22 \end{pmatrix}$

c) $P\left(-4\left|\frac{3}{2}\right|-\frac{5}{7}\right)$, $\vec{u} = \begin{pmatrix} 1 \\ \frac{3}{8} \\ 5 \end{pmatrix}$

d) $P(a|2a|3a)$, $\vec{u} = \begin{pmatrix} 0 \\ 0 \\ -a \end{pmatrix}$, $a \in \mathbb{R}$

Aufgabe 3.1.9: Geben Sie eine Gleichung der im Raum liegenden Geraden g an:

a) g verläuft parallel zur x-Achse durch den Punkt $P(3|-7|6)$.

b) g verläuft durch den Koordinatenursprung und den Punkt $P(-3|6|3)$.

c) g ist mit der y-Achse des räumlichen Koordinatensystems identisch.

d) g verläuft durch den Punkt $P(1|2|3)$ und schneidet die xy-Ebene orthogonal.

e) g verläuft durch den Punkt $P(1|2|3)$ und schneidet die yz-Ebene orthogonal.

f) g verläuft durch den Punkt $P(1|2|3)$ und schneidet die y-Achse orthogonal.

g) g verläuft durch den Punkt $P(1|2|3)$ und schneidet die z-Achse orthogonal.

h) g geht durch den Punkt $P(1|2|3)$ und verläuft in Richtung des Vektors $\begin{pmatrix} 1 \\ 2 \\ 3 \end{pmatrix} \times \begin{pmatrix} -1 \\ 2 \\ -3 \end{pmatrix}$.

i) g verläuft durch den Koordinatenursprung, liegt in der xy-Ebene und schließt mit der x-Achse einen Winkel von $45°$ ein.

j) Gegeben seien die Punkte $A(3|-2|6)$, $B(5|3|-6)$, $C(-3|-3|-3)$ und $D(-3|-2|2)$. g verläuft durch die beiden Eckpunkte des Vierecks $ABCD$, die vom Koordinatenursprung die kleinste bzw. größte Entfernung haben.

Aufgabe 3.1.10: Durch Einsetzen von konkreten Zahlenwerten für den Parameter $r \in \mathbb{R}$ in die Gleichung $g : \vec{x} = \vec{0A} + r\vec{u}$ wird der Ortsvektor eines auf der Gerade g liegenden Punkts P berechnet. Welche Punkte ergeben sich für die angegebenen Geraden und Parameterwerte $r = r_i$ für $i = 1,2,3$?

a) $g : \vec{x} = \begin{pmatrix} 1 \\ 2 \\ 3 \end{pmatrix} + r \begin{pmatrix} 4 \\ 1 \\ 2 \end{pmatrix}$, $r_1 = -2$, $r_2 = 0$, $r_3 = 3$

b) $g : \vec{x} = \begin{pmatrix} 1 \\ 2 \\ 3 \end{pmatrix} + r \begin{pmatrix} -4 \\ 1 \\ -2 \end{pmatrix}$, $r_1 = -2$, $r_2 = -1$, $r_3 = 4$

c) $g : \vec{x} = \begin{pmatrix} 4 \\ 0 \\ 5 \end{pmatrix} + r \begin{pmatrix} 2 \\ -1 \\ 8 \end{pmatrix}$, $r_1 = -5$, $r_2 = -\frac{3}{2}$, $r_3 = \frac{5}{2}$

Aufgabe 3.1.11: Die Gerade g verläuft durch die Punkte $P(4|1|8)$ und $Q(6|-1|2)$. Verwenden Sie eine geeignete Geradengleichung von g, um die Koordinaten der auf g liegenden Punkte A, B, C, D, T_1 und T_2 zu berechnen.

a) A ist der Mittelpunkt der Strecke $\overline{PQ}$.

b) B ist der eindeutig bestimmte Punkt auf g, für den $d(P,Q) = d(P,B)$ und $B \neq Q$ gilt.

c) Der Abstand zwischen den Punkten C und P ist doppelt so groß, wie der Abstand zwischen den Punkten P und Q.

d) Der Abstand zwischen den Punkten D und Q ist doppelt so groß, wie der Abstand zwischen den Punkten P und Q.

e) Die Strecke $\overline{PQ}$ wird durch die Teilungspunkte T_1 und T_2 in drei gleichlange Teilstrecken geteilt.

Aufgabe 3.1.12: Untersuchen Sie, ob die Punkte P und Q auf der Gerade g liegen:

a) $g : \vec{x} = \begin{pmatrix} 1 \\ 2 \\ -1 \end{pmatrix} + r \begin{pmatrix} 1 \\ -1 \\ 2 \end{pmatrix}$, $P(-1|4|-5)$, $Q(-1|-4|5)$

b) $g : \vec{x} = \begin{pmatrix} 3 \\ 5 \\ 0 \end{pmatrix} + r \begin{pmatrix} -7 \\ 0 \\ 3 \end{pmatrix}$, $P(-18|5|9)$, $Q(18|-5|9)$

c) $g : \vec{x} = \begin{pmatrix} -11 \\ -3 \\ 22 \end{pmatrix} + r \begin{pmatrix} -1 \\ 3 \\ -2 \end{pmatrix}$, $P(-22|28|44)$, $Q(-22|30|0)$

d) $g : \vec{x} = \begin{pmatrix} 5 \\ 3 \\ 2 \end{pmatrix} + r \begin{pmatrix} 1 \\ 2 \\ -1 \end{pmatrix}$, $P\left(\frac{31}{6}\middle|\frac{10}{3}\middle|\frac{11}{6}\right)$, $Q\left(\frac{32}{7}\middle|\frac{18}{7}\middle|\frac{17}{7}\right)$

e) $g : \vec{x} = \begin{pmatrix} -\frac{1}{2} \\ \frac{3}{2} \\ \frac{1}{4} \end{pmatrix} + r \begin{pmatrix} 1 \\ -1 \\ 1 \end{pmatrix}$, $P\left(-\frac{9}{4}\middle|\frac{15}{4}\middle|\frac{7}{2}\right)$, $Q\left(\frac{18}{7}\middle|\frac{4}{7}\middle|\frac{1}{7}\right)$

Aufgabe 3.1.13: Untersuchen Sie, ob die Punkte A, B und C auf einer Gerade liegen:

a) $A(1|2|3)$, $B(3|5|7)$, $C(7|11|15)$

b) $A(1|0|2)$, $B(-1|-2|1)$, $C(-1|3|3)$

c) $A(-11|5|17)$, $B(23|55|-8)$, $C(-45|-45|42)$

d) $A(12|6|3)$, $B(0|-13|78)$, $C(-60|-108|453)$

e) $A(5|-3|-1)$, $B(-6|-1|1)$, $C\left(-\frac{29}{3}\middle|-\frac{1}{3}\middle|-\frac{11}{3}\right)$

f) $A(4|-2|3)$, $B\left(\frac{32}{3}\middle|\frac{14}{3}\middle|-\frac{11}{3}\right)$, $C\left(\frac{68}{7}\middle|\frac{26}{7}\middle|-\frac{19}{7}\right)$

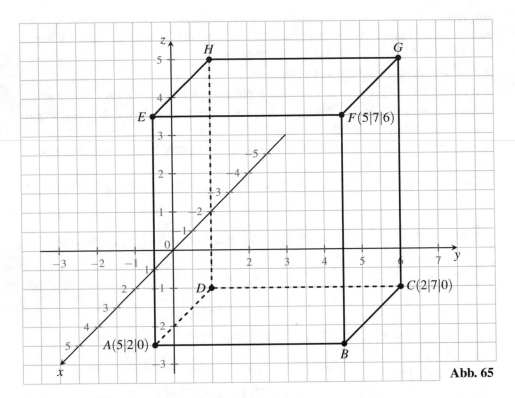

Abb. 65

Aufgabe 3.1.14: In Abb. 65 ist ein Quader mit den Eckpunkten A, B, C, D, E, F, G und H dargestellt. Durch die angegebenen Koordinaten für die Punkte A, C und F wird seine Lage im räumlichen Koordinatensystem eindeutig festgelegt.

a) Bestimmen Sie die Koordinaten der Punkte B, D, E, G und H.

b) Geben Sie die Koordinatendarstellung der Vektoren $\overrightarrow{0B}$, $\overrightarrow{GB}$, $\overrightarrow{GH}$ und $\overrightarrow{BH}$ an.

c) Begründen Sie anschaulich, dass die Vektoren $\overrightarrow{GH}$ und $\overrightarrow{BH}$ linear unabhängig sind.

d) Berechnen Sie die Länge der Raumdiagonale $\overline{BH}$.

e) Berechnen Sie die Koordinaten der Mittelpunkte M_{AG} bzw. M_{BH} der Raumdiagonalen $\overline{AG}$ bzw. $\overline{BH}$. Welches aus der Geometrie bekannte Ergebnis beobachten Sie?

f) Geben Sie mithilfe der Vektoren aus b) zwei *verschiedene* Linearkombinationen an, deren Ergebnis der Ortsvektor $\overrightarrow{0M_{AG}}$ ist.

g) Die Raumdiagonale $\overline{AG}$ ist Teil einer Gerade g, die Raumdiagonale $\overline{BH}$ liegt auf einer Gerade h. Bestimmen Sie jeweils eine Parametergleichung für g bzw. h.

h) Bestimmen Sie den Parameterwert $r \in \mathbb{R}$ in der Parametergleichung von g so, dass Einsetzen von r in die Parametergleichung den Ortsvektor $\overrightarrow{0M_{AG}}$ ergibt.

i) Untersuchen Sie, ob der Punkt $P\left(4 \left| \frac{16}{3} \right| 2\right)$ auf einer der Geraden g oder h liegt.

j) Die Gerade k hat den Richtungsvektor $\overrightarrow{BH}$ und geht durch den Punkt D. Auf der Gerade k liegen zwei Punkte Q_1 und Q_2, die vom Punkt E beide den Abstand $d(Q_1, E) = d(Q_2, E) = \sqrt{\frac{71}{2}}$ haben. Bestimmen Sie die Koordinaten von Q_1 und Q_2.

Aufgabe 3.1.15: Wie müssen $x, y \in \mathbb{R}$ gewählt werden, damit der Punkt $P(x|y|0)$ auf der Gerade liegt, die durch die Punkte A und B geht?

a) $A(1|2|3)$, $B(4|-2|2)$

b) $A(-1|-6|4)$, $B(-4|-3|2)$

c) $A(-2|1|5)$, $B(3|2|7)$

d) $A(2x|3y|-2)$, $B(7|5-y|-4)$

Aufgabe 3.1.16: Wie müssen $x, z \in \mathbb{R}$ gewählt werden, damit der Punkt $P(x|0|z)$ auf der Gerade liegt, die durch die Punkte A und B geht?

a) $A(1|-2|3)$, $B(4|-4|2)$

b) $A(-1|-6|4)$, $B(-4|-3|2)$

c) $A(-2|1|5)$, $B(3|-2|7)$

d) $A(2x|6|3z-2)$, $B(7|9|z-4)$

Aufgabe 3.1.17: Kann $x \in \mathbb{R}$ so gewählt werden, dass der Punkt P auf der Gerade durch die Punkte A und B liegt?

a) $A(1|0|-5)$, $B(-3|4x|-30)$, $P\left(2-4x\,\middle|\,12x^2\,\middle|\,\frac{33}{8}-2x\right)$

b) $A(1|1|0)$, $B(2|-1|2x)$, $P\left(4x-3\,\middle|\,\frac{7}{2}+2x\,\middle|\,-x^2\right)$

Aufgabe 3.1.18: Gegeben sind die Punkte A, B und C. Wie müssen $a \in \mathbb{R}$ und $b \in \mathbb{R}$ gewählt werden, damit A, B und C auf einer Gerade liegen?

a) $A\left(1|-1|-27\right)$, $B\left(a\,\middle|\,\frac{3}{2}\,\middle|\,-2\right)$, $C\left(-5|2|b\right)$

b) $A(13|4a|-6)$, $B(-1|-2a|3-b)$, $C(-8|11|5+b)$

c) $A(a+16|2+a^2|2a)$, $B(-2a|2|4a)$, $C(-1|2+a|3+b)$

Aufgabe 3.1.19: Gegeben sei die Gerade $g : \vec{x} = \begin{pmatrix} 1 \\ 3 \\ -2 \end{pmatrix} + r \begin{pmatrix} 2 \\ -2 \\ 1 \end{pmatrix}$.

a) Bestimmen Sie $a, b \in \mathbb{R}$ so, dass der Punkt $A(7|a|b)$ auf g liegt.

b) Der Punkt P liegt ebenfalls auf g und hat von A den Abstand $d(A,P) = |\overrightarrow{AP}| = 6$. Berechnen Sie die Koordinaten von P.

Aufgabe 3.1.20: Gegeben ist die Punktmenge $P_s(5+3s|-2s|1-3s)$, $s \in \mathbb{R}$ und die Gerade

$$h : \vec{x} = \begin{pmatrix} 1 \\ -1 \\ 0 \end{pmatrix} + t \begin{pmatrix} 2 \\ 3 \\ 4 \end{pmatrix}.$$

a) Gehören die Punkte $A(20|-10|-14)$ und $B(7|8|13)$ zur Punktmenge P_s?

b) Geben Sie den Ortsvektor eines Punkts der Punktmenge P_s an.

c) Drücken Sie die Punktmenge P_s durch eine Geradengleichung aus.

d) Liegen die Punkte $C(-3|5|-8)$ und $D(7|8|12)$ auf h?

e) Drücken Sie die Gerade h als Punktmenge Q_t (analog zu P_s) aus.

Aufgabe 3.1.21: Geben Sie jeweils eine Gleichung der Gerade an, auf der die Lösungspunkte C aus Aufgabe 2.5.15 a) bzw. 2.5.15 b) liegen.

Aufgabe 3.1.22: Gegeben sei die Geradenschar $g_a : \vec{x} = \begin{pmatrix} -2 \\ a \\ 3 \end{pmatrix} + r \begin{pmatrix} 6 \\ 2 \\ -9 \end{pmatrix}, a \in \mathbb{R}$.

a) Gibt es eine Gerade der Schar, die durch den Koordinatenursprung geht? Falls ja, dann geben Sie den zugehörigen Scharparameterwert $a \in \mathbb{R}$ an.

b) Bestimmen Sie $a \in \mathbb{R}$ so, dass die Gerade g_a durch den Punkt $P(16|17|-24)$ geht.

Aufgabe 3.1.23: Stellen Sie eine Gleichung der Gerade g durch die Punkte A und B auf und bestimmen Sie, in welchem Verhältnis der Punkt P die Strecke $\overline{AB}$ teilt.

a) $A(2|1), B(11|7), P(5|3)$

b) $A(17|-31), B(25|-39), P(20|-34)$

c) $A(1|2|3), B(-35|8|12), P\left(-19\left|\frac{16}{3}\right|8\right)$

d) $A(-37|22|11), B(12|85|4), P(-16|49|8)$

Aufgabe 3.1.24: Verwenden Sie zur Lösung der folgenden Teilaufgaben geeignete Geradengleichungen:

a) Der Punkt P teilt die Strecke $\overline{AB}$ mit den Endpunkten $A(8|-2|0)$ und $B(17|-8|3)$ im Verhältnis $4 : 5$. Ermitteln Sie die Koordinaten von P.

b) Der Punkt Q teilt die Strecke $\overline{CD}$ mit den Endpunkten $C(3|-1|5)$ und $D(3|9|125)$ im Verhältnis $7 : 3$. Ermitteln Sie die Koordinaten von Q.

c) Der Punkt $R(9|4|7)$ teilt die Strecke $\overline{EF}$ mit dem Anfangspunkt $E(1|2|3)$ im Verhältnis $2 : 3$. Ermitteln Sie die Koordinaten des Streckenendpunkts F.

d) Der Punkt $S(-7|0|13)$ teilt die Strecke $\overline{GH}$ mit dem Anfangspunkt $G(7|-1|-8)$ im Verhältnis $7 : 5$. Ermitteln Sie die Koordinaten des Streckenendpunkts H.

e) Der Punkt $T(-11|9|87)$ teilt die Strecke $\overline{IJ}$ mit dem Endpunkt $J(-75|5|55)$ im Verhältnis $3 : 2$. Ermitteln Sie die Koordinaten des Streckenanfangspunkts I.

Aufgabe 3.1.25:

a) Bestimmen Sie eine Hessesche Normalengleichung von $g : \vec{x} = \begin{pmatrix} 1 \\ -1 \end{pmatrix} + r \begin{pmatrix} -3 \\ 4 \end{pmatrix}$.

b) Bestimmen Sie eine Hessesche Normalengleichung der Gerade g durch die Punkte $A(-3|3)$ und $B(9|18)$.

Aufgabe 3.1.26: Gegeben sei die Gerade $g : \left[\vec{x} - \begin{pmatrix} 25 \\ 12 \end{pmatrix} \right] \bullet \begin{pmatrix} 11 \\ 5 \end{pmatrix} = 0$.

a) Überprüfen Sie mithilfe der gegebenen Normalengleichung von g, ob die Punkte $A(40|-21)$ und $B(-40|21)$ auf g liegen.

b) Bestimmen Sie eine Koordinatengleichung von g.

c) Bestimmen Sie eine Parametergleichung von g.

Aufgabe 3.1.27: Seien A, B und C die Punkte eines beliebigen Dreiecks $\triangle ABC$.

a) Bestimmen Sie Gleichungen der Seitenhalbierenden des Dreiecks $\triangle ABC$ und Gleichungen der Geraden, auf denen die Fußpunkte der Seitenhalbierenden liegen.

b) Die drei Seitenhalbierenden schneiden sich in einem Punkt S, der als Schwerpunkt des Dreiecks $\triangle ABC$ bezeichnet wird. Verifizieren Sie, dass der Punkt S den Ortsvektor

$$\overrightarrow{0S} = \frac{1}{3}\left(\overrightarrow{0A} + \overrightarrow{0B} + \overrightarrow{0C}\right)$$

hat. Zeigen Sie dazu, dass S auf allen drei Seitenhalbierenden liegt.

c) In welchem Verhältnis teilt der Schwerpunkt S die Seitenhalbierenden?

Hinweise: Fertigen Sie zuerst eine grobe Skizze an, die das Dreieck, seine Eckpunkte, die Seitenhalbierenden und deren Fußpunkte, den Schwerpunkt S und ggf. einige für die Lösung relevante Vektorpfeile zwischen Punkten enthält.

3.2 Lagebeziehungen zwischen zwei Geraden

In der Ebene und im Raum können zwei Geraden

$$g: \ \overrightarrow{x} = \overrightarrow{0A} + r\,\overrightarrow{u} \quad \text{und} \quad h: \ \overrightarrow{x} = \overrightarrow{0B} + s\,\overrightarrow{w} \tag{3.31}$$

grundsätzlich die folgenden drei Lagebeziehungen haben:

- Fall 1: g und h sind identisch, d. h., die gegebenen Parametergleichungen in (3.31) beschreiben ein und dieselbe Gerade.

- Fall 2: g und h sind parallel, aber nicht identisch. In diesem Fall sagen wir, dass g und h echt parallel sind.

- Fall 3: g und h schneiden sich in genau einem Punkt P. Der Punkt P heißt Schnittpunkt von g und h.

Bezüglich der Fälle 1 und 2 sei bemerkt, dass wir diese Fälle bei Bedarf derart zusammenfassen, dass wir zwei Geraden g und h parallel nennen. Parallele Geraden sind folglich entweder identisch[2] *oder* echt parallel.

Während die Fälle 1 bis 3 in der Ebene bereits alle möglichen Lagebeziehungen erfassen, gibt es im Raum noch eine vierte Möglichkeit. Denn im Raum kann es sein, dass zwei Geraden nicht parallel sind und sich auch nicht schneiden. Dann liegt die folgende Lagebeziehung vor:

- Fall 4: g und h sind windschief.

---

[2] Statt von identischen Geraden g und h kann auch davon gesprochen werden, dass g und h „unecht" parallel oder „falsch" parallel sind. Die Identität ist als Sonderfall der Parallelität zu interpretieren. Um zwischen diesen Begrifflichkeiten klar unterscheiden zu können, verwenden wir hier den Begriff echt paralleler Geraden, wenn diese parallel, aber nicht identisch sind.

Ganz elementar lässt sich die Lagebeziehung der Geraden g und h auf die Fragestellung zurückführen, ob die Vektorgleichung $\overrightarrow{0A} + r\overrightarrow{u} = \overrightarrow{0B} + s\overrightarrow{w}$ bzw.

$$r\overrightarrow{u} - s\overrightarrow{w} = \overrightarrow{0B} - \overrightarrow{0A} \qquad (3.32)$$

lösbar ist und wenn ja, wie viele Lösungen sie hat. Dazu wird die bereits bei anderen Vektorgleichungen verwendete Methode benutzt, Gleichung (3.32) in ein lineares Gleichungssystem umzuschreiben.

Beispiel 3.33. Es ist die Lagebeziehung der Geraden

$$g: \overrightarrow{x} = \begin{pmatrix} 1 \\ 2 \end{pmatrix} + r\begin{pmatrix} 1 \\ 4 \end{pmatrix} \quad \text{und} \quad h: \overrightarrow{x} = \begin{pmatrix} 0 \\ 6 \end{pmatrix} + s\begin{pmatrix} -3 \\ -4 \end{pmatrix}$$

zu untersuchen. Gleichung (3.32) hat dann die Gestalt

$$r\begin{pmatrix} 1 \\ 4 \end{pmatrix} - s\begin{pmatrix} -3 \\ -4 \end{pmatrix} = \begin{pmatrix} -1 \\ 4 \end{pmatrix}$$

und ist äquivalent zu dem folgenden linearen Gleichungssystem:

$$\begin{aligned} \text{I}: \quad & r + 3s = -1 \\ \text{II}: \quad & 4r + 4s = 4 \end{aligned}$$

Zu dessen Lösung verwenden wir das Additionsverfahren, wobei die Rechnung $\text{II} - 4 \cdot \text{I}$ auf die Gleichung $-8s = 8$ führt. Daraus folgt $s = -1$. Einsetzen in Gleichung I ergibt $r - 3 = -1$, d. h. $r = 2$. Das Gleichungssystem hat die eindeutige Lösung $(r; s) = (2; -1)$. Das bedeutet, dass g und h genau einen gemeinsamen Punkt haben, nämlich ihren Schnittpunkt P. Dessen Ortsvektor $\overrightarrow{0P}$ berechnen wir durch Einsetzen von $r = 2$ in die Gleichung von g (bzw. alternativ durch Einsetzen von $s = -1$ in die Gleichung von h). Dies liefert $P(3|10)$. ◀

Beispiel 3.34. Es ist die Lagebeziehung der Geraden

$$g: \overrightarrow{x} = \begin{pmatrix} 1 \\ 2 \end{pmatrix} + r\begin{pmatrix} 3 \\ 4 \end{pmatrix} \quad \text{und} \quad h: \overrightarrow{x} = \begin{pmatrix} -5 \\ -6 \end{pmatrix} + s\begin{pmatrix} 9 \\ 12 \end{pmatrix}$$

zu untersuchen. Dies führt analog zu Beispiel 3.33 auf das folgende Gleichungssystem:

$$\begin{aligned} \text{I}: 3r - 9s = -6 \\ \text{II}: 4r - 12s = -8 \end{aligned}$$

Bei der Lösung mit dem Additionsverfahren führt die Rechnung $3 \cdot \text{II} - 4 \cdot \text{I}$ auf die allgemeingültige Gleichung $0 = 0$. Das bedeutet, dass wir z. B. für s beliebige Werte einsetzen können. Folglich hat das System unendlich viele Lösungen $(r; s)$, wobei r von der Wahl von s abhängt. Die Geraden g und h sind also identisch. ◀

Beispiel 3.35. Es ist die Lagebeziehung der Geraden

$$g: \vec{x} = \begin{pmatrix} 1 \\ 2 \end{pmatrix} + r \begin{pmatrix} 3 \\ 4 \end{pmatrix} \quad \text{und} \quad h: \vec{x} = \begin{pmatrix} 0 \\ 7 \end{pmatrix} + s \begin{pmatrix} -3 \\ -4 \end{pmatrix}$$

zu untersuchen. Dies führt analog zu Beispiel 3.33 auf das folgende Gleichungssystem:

$$\text{I} : 3r + 3s = -1$$
$$\text{II} : 4r + 4s = 5$$

Die Verwendung des Additionsverfahrens führt mit der Rechnung $3 \cdot \text{II} - 4 \cdot \text{I}$ auf die Gleichung $0 = 19$. Das ist ein Widerspruch und folglich ist das Gleichungssystem nicht lösbar. Dies bedeutet, dass g und h keine gemeinsamen Punkte haben. Demzufolge sind die Geraden g und h echt parallel. ◀

Für Geraden in der Ebene sind damit alle möglichen Lagebeziehungen an einem Beispiel demonstriert. Die Rechnungen lassen sich verallgemeinern:

Satz 3.36. Gegeben seien **in der Ebene** die Geraden

$$g: \vec{x} = \overrightarrow{0A} + r\vec{u} \quad \text{und} \quad h: \vec{x} = \overrightarrow{0B} + s\vec{w} .$$

Es sei die zu einem linearen Gleichungssystem mit den Variablen r und s äquivalente Vektorgleichung

$$r\vec{u} - s\vec{w} = \overrightarrow{0B} - \overrightarrow{0A} \tag{$*$}$$

betrachtet. Für die Lagebeziehung von g und h gilt:

a) g und h schneiden sich in genau einem Punkt P, wenn Gleichung $(*)$ genau eine Lösung $(r;s)$ hat.

b) g und h sind identisch, wenn Gleichung $(*)$ unendlich viele Lösungen $(r;s)$ hat, wobei einer der Parameterwerte vom anderen abhängt.

c) g und h sind echt parallel, wenn Gleichung $(*)$ keine Lösung hat.

Die Interpretation der in den Beispielen 3.33 und 3.34 erhaltenen Ergebnisse lassen sich in den Raum übertragen. Etwas mehr Sorgfalt ist im Raum für den Fall notwendig, dass das Gleichungssystem keine Lösung hat.

Beispiel 3.37. Es ist die Lagebeziehung der Geraden

$$g: \vec{x} = \begin{pmatrix} 1 \\ 2 \\ 2 \end{pmatrix} + r \begin{pmatrix} -1 \\ 3 \\ 4 \end{pmatrix} \quad \text{und} \quad h: \vec{x} = \begin{pmatrix} 0 \\ 1 \\ 7 \end{pmatrix} + s \begin{pmatrix} -1 \\ -3 \\ -4 \end{pmatrix}$$

zu untersuchen. Gleichung (3.32) hat für diese Geraden die Gestalt

$$r \begin{pmatrix} -1 \\ 3 \\ 4 \end{pmatrix} - s \begin{pmatrix} -1 \\ -3 \\ -4 \end{pmatrix} = \begin{pmatrix} -1 \\ -1 \\ 5 \end{pmatrix}$$

und ist äquivalent zu dem folgenden linearen Gleichungssystem:

$$\begin{aligned} \text{I} &: -r + s = -1 \\ \text{II} &: 3r + 3s = -1 \\ \text{III} &: 4r + 4s = 5 \end{aligned}$$

Ein Lösungsversuch:

$$\begin{aligned} 3 \cdot \text{I} + \text{II} = \text{IV} &: \quad 6s = -4 \\ 4 \cdot \text{I} + \text{II} = \text{V} &: \quad 8s = 1 \\ \hline 3 \cdot \text{V} - 4 \cdot \text{IV} = \text{VI} &: \quad 0 = 19 \end{aligned}$$

Gleichung VI ist ein Widerspruch, d. h., das Gleichungssystem ist nicht lösbar. Folglich haben g und h keine gemeinsamen Punkte. Anders als bei Geraden in der Ebene können wir hieraus nicht einfach schließen, dass g und h echt parallel sind. Entsteht eine nicht lösbare Gleichung, dann können g und h sowohl echt parallel als auch windschief zueinander liegen. Welche Situation vorliegt, können wir erst durch Betrachtung der Richtungsvektoren $\vec{u} = \begin{pmatrix} -1 \\ 3 \\ 4 \end{pmatrix}$ von g und $\vec{w} = \begin{pmatrix} -1 \\ -3 \\ -4 \end{pmatrix}$ von h entscheiden. Offenbar sind $\vec{u}$ und $\vec{w}$ *linear unabhängig* und erst daraus folgt, dass g und h windschief sind. ◄

Beispiel 3.38. Es ist die Lagebeziehung der Geraden

$$g: \vec{x} = \begin{pmatrix} 1 \\ 2 \\ 2 \end{pmatrix} + r \begin{pmatrix} -1 \\ 3 \\ 4 \end{pmatrix} \quad \text{und} \quad h: \vec{x} = \begin{pmatrix} 0 \\ 1 \\ 7 \end{pmatrix} + s \begin{pmatrix} 1 \\ -3 \\ -4 \end{pmatrix}$$

zu untersuchen. Dies führt analog zu Beispiel 3.37 auf das folgende Gleichungssystem:

$$\begin{aligned} \text{I} &: -r - s = -1 \\ \text{II} &: 3r + 3s = -1 \\ \text{III} &: 4r + 4s = 5 \end{aligned}$$

Die Rechnung $3 \cdot \text{I} + \text{II}$ ergibt die Gleichung $0 = -4$, und das ist ein Widerspruch. Im Unterschied zu Beispiel 3.37 sind die Richtungsvektoren $\vec{u} = \begin{pmatrix} -1 \\ 3 \\ 4 \end{pmatrix}$ bzw. $\vec{w} = \begin{pmatrix} 1 \\ -3 \\ -4 \end{pmatrix}$ linear abhängig, denn es gilt $\vec{u} = -\vec{w}$. Das bedeutet: g und h sind echt parallel. ◄

Für sich schneidende und identische Geraden lässt sich Satz 3.36 a) und b) in den Raum übertragen. Für echt parallele und windschiefe Geraden lassen sich die Rechnungen und Überlegungen aus den Beispielen 3.37 und 3.38 verallgemeinern. Zusammenfassend erhalten wir für die Lagebeziehungen zwischen zwei Geraden im Raum den folgenden Satz:

Satz 3.39. Gegeben seien **im Raum** die Geraden

$$g: \vec{x} = \vec{0A} + r\vec{u} \quad \text{und} \quad h: \vec{x} = \vec{0B} + s\vec{w}.$$

Es sei die zu einem linearen Gleichungssystem mit den Variablen r und s äquivalente Vektorgleichung

$$r\vec{u} - s\vec{w} = \vec{0B} - \vec{0A} \qquad (\#)$$

betrachtet. Für die Lagebeziehung von g und h gilt:

a) g und h schneiden sich in genau einem Punkt P, wenn Gleichung (#) genau eine Lösung $(r; s)$ hat.

b) g und h sind identisch, wenn Gleichung (#) unendlich viele Lösungen $(r; s)$ hat, wobei einer der Parameterwerte vom anderen abhängt.

c) g und h sind echt parallel, wenn Gleichung (#) keine Lösung hat und die Vektoren $\vec{u}$ und $\vec{w}$ linear abhängig sind.

d) g und h sind windschief, wenn Gleichung (#) keine Lösung hat und die Vektoren $\vec{u}$ und $\vec{w}$ linear unabhängig sind.

Im Raum müssen nach Feststellung der Nichtlösbarkeit von Gleichung (3.32) die Richtungsvektoren der Geraden betrachtet werden, um zu entscheiden, ob die Geraden echt parallel oder windschief sind. Alternativ kann man auch mit der Betrachtung der Richtungsvektoren beginnen, die mit den Stützvektoren in Beziehung zu setzen sind. Bei dieser Vorgehensweise wird (außer im Fall sich schneidender Geraden) auf lineare Gleichungssysteme verzichtet und außerdem muss nicht zwischen Geraden in der Ebene und im Raum unterschieden werden. Nachfolgend wird diese Vorgehensweise präzisiert.

Der Fall identischer Geraden liegt genau dann vor, wenn $\vec{u}$ und $\vec{w}$ linear abhängig sind. Weiter muss der Stützpunkt A von g auf h und der Stützpunkt B von h auf g liegen. Das ist genau dann der Fall, wenn $\vec{AB}$ und $\vec{u}$ linear abhängig sind (siehe Abb. 66).

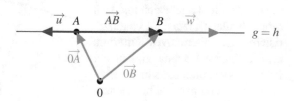

Abb. 66: Identische Geraden

Satz 3.40. Die in der Ebene (bzw. im Raum) definierten Geraden

$$g: \vec{x} = \vec{0A} + r\vec{u} \quad \text{und} \quad h: \vec{x} = \vec{0B} + s\vec{w}$$

sind genau dann identisch, wenn die folgenden Bedingungen a) und b) gleichzeitig erfüllt sind:

a) $\vec{u}$ und $\vec{w}$ sind linear abhängig.

b) $\vec{AB} = \vec{0B} - \vec{0A}$ und $\vec{u}$ sind linear abhängig.

Aus den Bedingungen für identische Geraden lassen sich leicht Bedingungen für echt parallele Geraden herleiten. In diesem Fall ist der Stützpunkt A von g kein Punkt von h. Das lässt sich mithilfe von Vektoren ausdrücken: Ist B der Stützpunkt von h, dann sind bei echt parallelen Geraden die Vektoren $\overrightarrow{AB}$ und $\overrightarrow{u}$ nicht parallel, also linear unabhängig (siehe Abb. 67). Dies ergibt zusammenfassend:

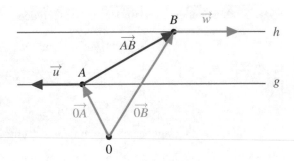

Abb. 67: Echt parallele Geraden

Satz 3.41. Die in der Ebene (bzw. im Raum) definierten Geraden

$$g : \overrightarrow{x} = \overrightarrow{0A} + r\,\overrightarrow{u} \quad \text{und} \quad h : \overrightarrow{x} = \overrightarrow{0B} + s\,\overrightarrow{w}$$

sind genau dann echt parallel, wenn die folgenden Bedingungen a) und b) gleichzeitig erfüllt sind:

a) $\overrightarrow{u}$ und $\overrightarrow{w}$ sind linear abhängig.

b) $\overrightarrow{AB} = \overrightarrow{0B} - \overrightarrow{0A}$ und $\overrightarrow{u}$ sind linear unabhängig.

Schneiden sich in der Ebene die Geraden g und h im Punkt P, dann hat die Gleichung $\overrightarrow{0A} + r\,\overrightarrow{u} = \overrightarrow{0B} + s\,\overrightarrow{w}$ genau eine Lösung. Das genügt bereits, um die Lagebeziehung sich schneidender Geraden zu charakterisieren. Ein alternatives Kriterium ist die lineare Unabhängigkeit der Richtungsvektoren, was in der Ebene ein notwendiges und hinreichendes Kriterium zur Charakterisierung sich schneidender Geraden ist.

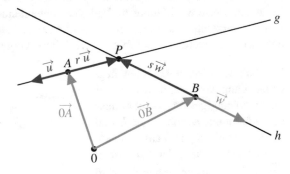

Abb. 68: Zwei sich schneidende Geraden

Satz 3.42. Die **in der Ebene** definierten Geraden

$$g : \overrightarrow{x} = \overrightarrow{0A} + r\,\overrightarrow{u} \quad \text{und} \quad h : \overrightarrow{x} = \overrightarrow{0B} + s\,\overrightarrow{w}$$

schneiden sich genau dann in einem Schnittpunkt P, wenn *eine* der folgenden Bedingungen a) *oder* b) erfüllt ist:

a) $\overrightarrow{u}$ und $\overrightarrow{w}$ sind linear unabhängig.

b) Es gibt genau ein $r \in \mathbb{R}$ und genau ein $s \in \mathbb{R}$ mit $\overrightarrow{0A} + r\,\overrightarrow{u} = \overrightarrow{0B} + s\,\overrightarrow{w}$.

Im Raum genügt die lineare Unabhängigkeit der Richtungsvektoren nicht als hinreichendes Kriterium, um die Lagebeziehung sich schneidender Geraden zu charakterisieren. Die lineare Unabhängigkeit der Richtungsvektoren ist im Raum nur ein notwendiges Kriterium, denn die Geraden können auch windschief sein. Im Raum lässt sich deshalb nur Folgendes formulieren:

Satz 3.43. Die **im Raum** definierten Geraden

$$g : \vec{x} = \vec{0A} + r\,\vec{u} \quad \text{und} \quad h : \vec{x} = \vec{0B} + s\,\vec{w}$$

schneiden sich genau dann in einem Schnittpunkt P, wenn es genau ein $r \in \mathbb{R}$ und genau ein $s \in \mathbb{R}$ mit $\vec{0A} + r\,\vec{u} = \vec{0B} + s\,\vec{w}$ gibt.

Für den nur im Raum möglichen Fall windschiefer Geraden ist keine der Bedingungen aus den Sätzen 3.40, 3.41 und 3.43 erfüllt. Dies lässt sich wie folgt zusammenfassen:

Satz 3.44. Die im Raum definierten Geraden

$$g : \vec{x} = \vec{0A} + r\,\vec{u} \quad \text{und} \quad h : \vec{x} = \vec{0B} + s\,\vec{w}$$

sind genau dann windschief, wenn die folgenden Bedingungen a) und b) gleichzeitig erfüllt sind:

a) $\vec{u}$ und $\vec{w}$ sind linear unabhängig.

b) Es gibt **kein** $r \in \mathbb{R}$ und **kein** $s \in \mathbb{R}$ mit $\vec{0A} + r\,\vec{u} = \vec{0B} + s\,\vec{w}$.

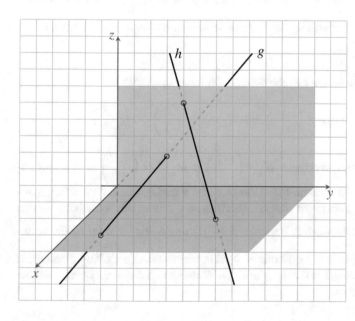

Abb. 69: Zwei windschiefe Geraden. Zur besseren räumlichen Sichtbarkeit wurden Teile der xy- und yz-Ebene farblich hervorgehoben und außerdem die Durchstoßpunkte der Geraden mit den genannten Koordinatenebenen eingezeichnet.

Sind zwei gegebene Geraden g und h auf ihre Lagebeziehung zu untersuchen, so ist es wenig sinnvoll, „auf gut Glück" mit der Überprüfung der in den Sätzen 3.40, 3.41, 3.42 bzw. 3.43 oder im Raum zusätzlich in Satz 3.44 genannten Bedingungen zu beginnen. Vielmehr ist es sinnvoll, ein geeignetes Schema von Fragestellungen abzuarbeiten, wie es zum Beispiel in Abb. 70 für die Ebene bzw. in Abb. 71 für den Raum dargestellt ist.

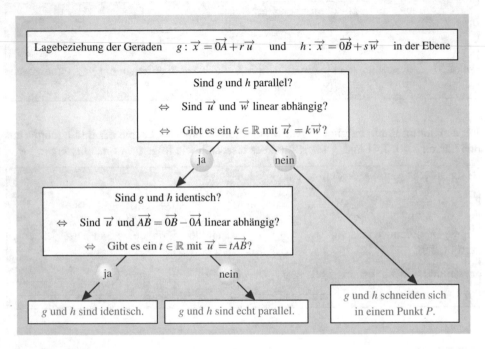

Abb. 70: Schema zur Ermittlung der Lagebeziehung von Geraden in der Ebene

Beispiel 3.45. In der Ebene ist die Lagebeziehung der Geraden

$$g: \vec{x} = \begin{pmatrix} 3 \\ 1 \end{pmatrix} + r \begin{pmatrix} -1 \\ 1 \end{pmatrix} \quad \text{und} \quad h: \vec{x} = \begin{pmatrix} 2 \\ 1 \end{pmatrix} + s \begin{pmatrix} 5 \\ -5 \end{pmatrix}$$

zu untersuchen. Die Richtungsvektoren $\vec{u} = \begin{pmatrix} -1 \\ 1 \end{pmatrix}$ bzw. $\vec{w} = \begin{pmatrix} 5 \\ -5 \end{pmatrix}$ sind linear abhängig, denn es gilt $\vec{w} = -5\,\vec{u}$. Damit sind die Geraden g und h gemäß dem Schema aus Abb. 70 entweder identisch oder echt parallel. Um dies zu entscheiden, betrachten wir den Vektor $\overrightarrow{AB} = \begin{pmatrix} -1 \\ 0 \end{pmatrix}$ zwischen den Stützpunkten $A(3|1)$ und $B(2|1)$. Dieser ist linear unabhängig zu $\vec{u}$, denn es gibt kein $t \in \mathbb{R}$ mit $\vec{u} = t\overrightarrow{AB}$, wie die aus den y-Koordinaten der Vektoren erhaltene Gleichung $1 = 0$ zeigt, die einen Widerspruch darstellt. Damit sind die Geraden g und h echt parallel. ◀

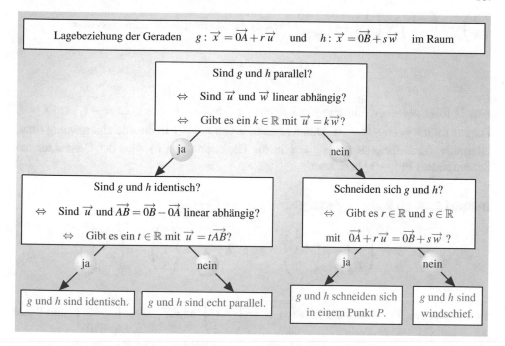

Abb. 71: Schema zur Ermittlung der Lagebeziehung von Geraden im Raum

Beispiel 3.46. In der Ebene ist die Lagebeziehung der Geraden

$$g: \vec{x} = \begin{pmatrix} 3 \\ 1 \end{pmatrix} + r \begin{pmatrix} -1 \\ 1 \end{pmatrix} \quad \text{und} \quad h: \vec{x} = \begin{pmatrix} -5 \\ 9 \end{pmatrix} + s \begin{pmatrix} 5 \\ -5 \end{pmatrix}$$

zu untersuchen. Die lineare Abhängigkeit ihrer Richtungsvektoren ist bereits aus Beispiel 3.45 bekannt. Weiter ist der Vektor $\overrightarrow{AB} = \begin{pmatrix} -8 \\ 8 \end{pmatrix}$ zwischen den Stützpunkten $A(3|1)$ und $B(-5|9)$ zu betrachten. Dieser ist linear abhängig zu $\vec{u}$, denn es gilt $\overrightarrow{AB} = 8\,\vec{u}$. Nach dem Schema in Abb. 70 sind g und h identisch. ◀

Beispiel 3.47. In der Ebene ist die Lagebeziehung der Geraden

$$g: \vec{x} = \begin{pmatrix} 3 \\ 1 \end{pmatrix} + r \begin{pmatrix} -1 \\ 2 \end{pmatrix} \quad \text{und} \quad h: \vec{x} = \begin{pmatrix} 2 \\ 1 \end{pmatrix} + s \begin{pmatrix} 5 \\ -5 \end{pmatrix}$$

zu untersuchen. Die Richtungsvektoren $\vec{u} = \begin{pmatrix} -1 \\ 2 \end{pmatrix}$ bzw. $\vec{w} = \begin{pmatrix} 5 \\ -5 \end{pmatrix}$ sind linear unabhängig, denn es gibt kein $k \in \mathbb{R}$ mit $-k = 5$, das gleichzeitig auch die Gleichung $2k = -5$ erfüllt. Nach dem Schema aus Abb. 70 schneiden sich g und h in einem Schnittpunkt P. Zur Berechnung der Schnittpunktkoordinaten lösen wir das aus der Gleichung

$\begin{pmatrix} 3 \\ 1 \end{pmatrix} + r \begin{pmatrix} -1 \\ 2 \end{pmatrix} = \begin{pmatrix} 2 \\ 1 \end{pmatrix} + s \begin{pmatrix} 5 \\ -5 \end{pmatrix}$ hervorgehende lineare Gleichungssystem:

$$\text{I}: -r - 5s = -1$$
$$\text{II}: 2r + 5s = 0$$

Aus II folgt $r = -\frac{5}{2}s$. Einsetzen in I liefert $\frac{5}{2}s - 5s = -1$, d.h. $-\frac{5}{2}s = -1$, also $s = \frac{2}{5}$. Daraus folgt $r = -\frac{5}{2} \cdot \frac{2}{5} = -1$. Durch Einsetzen von $r = -1$ in die Gleichung von g (bzw. alternativ durch Einsetzen von $s = \frac{2}{5}$ in die Gleichung von h) wird der Ortsvektor des Schnittpunkts $P(4|-1)$ berechnet.   ◀

Beispiel 3.48. Im Raum ist die Lagebeziehung der Geraden

$$g: \vec{x} = \begin{pmatrix} 3 \\ 1 \\ 1 \end{pmatrix} + r \begin{pmatrix} -1 \\ 1 \\ 2 \end{pmatrix} \quad \text{und} \quad h: \vec{x} = \begin{pmatrix} 2 \\ 1 \\ 3 \end{pmatrix} + s \begin{pmatrix} 5 \\ -5 \\ -10 \end{pmatrix}$$

zu untersuchen. Die Richtungsvektoren $\vec{u} = \begin{pmatrix} -1 \\ 1 \\ 2 \end{pmatrix}$ bzw. $\vec{w} = \begin{pmatrix} 5 \\ -5 \\ -10 \end{pmatrix}$ sind linear

abhängig, denn es gilt $\vec{w} = -5\vec{u}$. Damit sind die Geraden g und h gemäß dem Schema aus Abb. 71 entweder identisch oder echt parallel. Um dies festzustellen, betrachten wir

den Vektor $\vec{AB} = \begin{pmatrix} -1 \\ 0 \\ 2 \end{pmatrix}$ zwischen den Stützpunkten $A(3|1|1)$ und $B(2|1|3)$. Dieser ist

linear unabhängig zu $\vec{u}$, denn es gibt kein $t \in \mathbb{R}$ mit $\vec{u} = t\vec{AB}$, wie zum Beispiel die den y-Koordinaten der Vektorgleichung zugeordnete und nicht lösbare Gleichung $1 = 0 \cdot t$ deutlich zeigt. Folglich sind die Geraden g und h echt parallel.   ◀

Schneiden sich $g: \vec{x} = \vec{0A} + r\vec{u}$ und $h: \vec{x} = \vec{0B} + s\vec{w}$ in einem Punkt P, dann liegt es nahe, den Schnittwinkel α zwischen g und h durch den Winkel zwischen den Richtungsvektoren $\vec{u}$ und $\vec{w}$ zu definieren und zu dessen Berechnung Satz 2.130 zu verwenden. Da bei der Berechnung von Winkeln die Richtung der Vektoren entscheidend ist (vgl. Bemerkung 2.120), muss jedoch zunächst entschieden werden, welcher der mit den Richtungsvektoren der Geraden zusammenhängenden Winkel als Schnittwinkel zwischen den Geraden definiert wird (siehe Abb. 72). Zwischen den Richtungs-

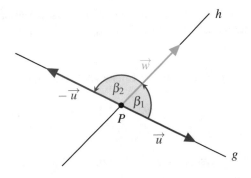

Abb. 72: Winkelpaar zwischen sich schneidenden Geraden

vektoren $\overrightarrow{u}$ und $\overrightarrow{w}$ wird der Winkel β_1 berechnet. Der Richtungsvektor von Geraden ist nicht eindeutig bestimmt und so kann die Gerade g auch die Parametergleichung $\overrightarrow{x} = \overrightarrow{0A} + t(-\overrightarrow{u})$ haben. Zwischen den Richtungsvektoren $-\overrightarrow{u}$ und $\overrightarrow{w}$ wird der Winkel $\beta_2 = 180° - \beta_1$ berechnet. Damit kann sowohl β_1 und β_2 als Schnittwinkel zwischen den Geraden g und h definiert werden.

Beispiel 3.49. Die Geraden $g : \overrightarrow{x} = r \begin{pmatrix} 1 \\ 0 \end{pmatrix}$ und $h : \overrightarrow{x} = s \begin{pmatrix} 1 \\ 1 \end{pmatrix}$ schneiden sich im Koordinatenursprung. Nach Satz 2.130 berechnen wir den Winkel $\beta_1 = \arccos\left(\frac{1}{\sqrt{2}}\right) = 45°$ zwischen den Richtungsvektoren. Eine andere Darstellung der Gerade g wird durch die Gleichung $g : \overrightarrow{x} = r \begin{pmatrix} -1 \\ 0 \end{pmatrix}$ gegeben. Weiter berechnen wir mit $\beta_2 = \arccos\left(-\frac{1}{\sqrt{2}}\right) = 135°$ den Winkel zwischen den Richtungsvektoren $\begin{pmatrix} -1 \\ 0 \end{pmatrix}$ und $\begin{pmatrix} 1 \\ 1 \end{pmatrix}$. ◀

Beispiel 3.50. Die Geraden $g : \overrightarrow{x} = r \begin{pmatrix} 1 \\ 1 \\ 0 \end{pmatrix}$ und $h : \overrightarrow{x} = s \begin{pmatrix} 1 \\ 0 \\ 1 \end{pmatrix}$ schneiden sich im Koordinatenursprung. Nach Satz 2.130 berechnen wir den Winkel $\beta_1 = \arccos\left(\frac{1}{2}\right) = 60°$ zwischen den Richtungsvektoren. Eine andere Darstellung der Gerade g wird durch die Gleichung $g : \overrightarrow{x} = r \begin{pmatrix} -1 \\ 0 \\ -1 \end{pmatrix}$ gegeben. Der Winkel zwischen dem Richtungsvektor von h und dem Richtungsvektor der alternativen Gleichung von g ist $\beta_2 = \arccos\left(-\frac{1}{2}\right) = 120°$. ◀

Allgemein üblich ist in der Ebene und im Raum die folgende Festlegung, die sich im Zusammenhang mit Winkelberechnungen als sinnvoll und verträglich erweist:

Definition 3.51. Gegeben seien die Geraden g und h. Schneiden sich g und h in einem Punkt P, dann schließen sie dort zwei Scheitelwinkel β und $180° - \beta$ miteinander ein. Denjenigen dieser beiden Winkel, der $90°$ nicht überschreitet bezeichnet man als <u>Schnittwinkel der Geraden</u> g und h.

Aus der Definition des Schnittwinkels folgt eine erste Berechnungsmöglichkeit:

Satz 3.52. Seien $g : \overrightarrow{x} = \overrightarrow{0A} + r\overrightarrow{u}$ und $h : \overrightarrow{x} = \overrightarrow{0B} + s\overrightarrow{w}$ zwei sich schneidende Geraden. Außerdem sei

$$\beta := \arccos\left(\frac{\overrightarrow{u} \bullet \overrightarrow{w}}{|\overrightarrow{u}| \cdot |\overrightarrow{w}|}\right).$$

Für den Schnittwinkel α von g und h gilt:

$$\alpha = \begin{cases} \beta & \text{, falls } 0° \leq \beta \leq 90° \\ 180° - \beta & \text{, falls } 90° < \beta \leq 180° \end{cases}$$

Beispiel 3.53. Der Schnittwinkel zwischen den Geraden g und h aus Beispiel 3.49 ist $\alpha = 45°$. Der Schnittwinkel zwischen den Geraden g und h aus Beispiel 3.50 ist $\alpha = 60°$.

◄

Beispiel 3.54. Die Geraden $g : \overrightarrow{x} = r\overrightarrow{u} = r \begin{pmatrix} 2 \\ 2 \\ 1 \end{pmatrix}$ und $h : \overrightarrow{x} = s\overrightarrow{w} = s \begin{pmatrix} 1 \\ -1 \\ 1 \end{pmatrix}$ schneiden sich im Koordinatenursprung. Nach Satz 3.52 berechnen wir den Schnittwinkel $\alpha = \arccos\left(\frac{\overrightarrow{u} \bullet \overrightarrow{w}}{|\overrightarrow{u}| \cdot |\overrightarrow{w}|}\right) = \arccos\left(\frac{1}{3\sqrt{3}}\right) \approx 78,9°$ zwischen den Geraden g und h. ◄

Beispiel 3.55. Die Geraden $g : \overrightarrow{x} = r\overrightarrow{u} = r \begin{pmatrix} 3 \\ -4 \\ 4 \end{pmatrix}$ und $h : \overrightarrow{x} = s\overrightarrow{w} = s \begin{pmatrix} 0 \\ 7 \\ 3 \end{pmatrix}$ schneiden sich im Koordinatenursprung. Mit $\beta = \arccos\left(\frac{\overrightarrow{u} \bullet \overrightarrow{w}}{|\overrightarrow{u}| \cdot |\overrightarrow{w}|}\right) = \arccos\left(\frac{-16}{\sqrt{41}\sqrt{58}}\right) \approx 109,15°$ berechnen wir zunächst den Winkel zwischen den Richtungsvektoren der Geraden. Wegen $\beta > 90°$ ist das aber nicht der Schnittwinkel zwischen den Geraden. Dies ist der Winkel $\alpha = 180° - \beta \approx 70,85°$. ◄

Eine kompaktere und kürzere Berechnungsformel erhalten wir, wenn wir die Gleichung

$$\cos(180° - \beta) = -\cos(\beta) \tag{3.56}$$

verwenden, die für alle $0 \leq \beta \leq 180°$ gilt. Für $90° < \beta \leq 180°$ gilt

$$\cos(\beta) = \frac{\overrightarrow{u} \bullet \overrightarrow{w}}{|\overrightarrow{u}| \cdot |\overrightarrow{w}|} \leq 0,$$

womit nach Einsetzen in (3.56)

$$\cos(180° - \beta) = -\cos(\beta) = -\frac{\overrightarrow{u} \bullet \overrightarrow{w}}{|\overrightarrow{u}| \cdot |\overrightarrow{w}|} \geq 0 \tag{3.57}$$

folgt. Für $90° < \beta \leq 180°$ gilt $0° \leq 180° - \beta < 90°$, und $\alpha := 180° - \beta$ ist gemäß Definition 3.51 der Schnittwinkel zwischen zwei Geraden g und h. Folglich ist (3.57) nach Anwendung der Definition der Betragsfunktion für $90° < \beta < 180°$ äquivalent zu

$$\cos(\alpha) = \cos(180° - \beta) = \left|\frac{\overrightarrow{u} \bullet \overrightarrow{w}}{|\overrightarrow{u}| \cdot |\overrightarrow{w}|}\right| = \frac{|\overrightarrow{u} \bullet \overrightarrow{w}|}{|\overrightarrow{u}| \cdot |\overrightarrow{w}|} . \tag{3.58}$$

Für $0 \leq \alpha \leq 90°$ halten wir fest:

$$\cos(\alpha) = \frac{\overrightarrow{u} \bullet \overrightarrow{w}}{|\overrightarrow{u}| \cdot |\overrightarrow{w}|} \geq 0 \tag{3.59}$$

Fassen wir (3.58) und (3.59) zusammen, dann erhalten wir eine komfortable Möglichkeit zur Berechnung des Schnittwinkels α zweier Geraden.

Satz 3.60. Seien $g: \overrightarrow{x} = \overrightarrow{0A} + r\overrightarrow{u}$ und $h: \overrightarrow{x} = \overrightarrow{0B} + s\overrightarrow{w}$ zwei sich schneidende Geraden. Für den Schnittwinkel α von g und h gilt:

$$\cos(\alpha) = \frac{|\overrightarrow{u} \bullet \overrightarrow{w}|}{|\overrightarrow{u}| \cdot |\overrightarrow{w}|} \quad \text{bzw.} \quad \alpha = \arccos\left(\frac{|\overrightarrow{u} \bullet \overrightarrow{w}|}{|\overrightarrow{u}| \cdot |\overrightarrow{w}|}\right)$$

Beispiel 3.61. Die Geraden $g: \overrightarrow{x} = r\overrightarrow{u} = r\begin{pmatrix} 5 \\ 2 \\ 8 \end{pmatrix}$ und $h: \overrightarrow{x} = s\overrightarrow{w} = s\begin{pmatrix} -4 \\ 1 \\ -3 \end{pmatrix}$ schneiden sich im Koordinatenursprung. Gemäß Satz 3.60 berechnen wir den Schnittwinkel $\alpha = \arccos\left(\frac{|-42|}{\sqrt{93}\sqrt{26}}\right) = \arccos\left(\frac{42}{\sqrt{93}\sqrt{26}}\right) \approx 31,34°$. Die Alternative gemäß Satz 3.52 verlangt wieder einen zusätzlichen Schritt, denn damit wird zunächst der Nebenwinkel $\beta \approx 148,66°$ zum Schnittwinkel $\alpha = 180° - \beta \approx 31,34°$ berechnet. ◄

Aufgaben zum Abschnitt 3.2

Aufgabe 3.2.1:

a) Begründen Sie, dass die Geraden

$$g: \overrightarrow{x} = \begin{pmatrix} 1 \\ -1 \end{pmatrix} + r\begin{pmatrix} 5 \\ -\frac{7}{5} \end{pmatrix} \quad \text{und} \quad h: \overrightarrow{x} = \begin{pmatrix} 0 \\ 1 \end{pmatrix} + s\begin{pmatrix} -\frac{10}{7} \\ \frac{2}{5} \end{pmatrix}$$

echt parallel sind.

b) Die Geraden $g: \overrightarrow{x} = \begin{pmatrix} 7 \\ 14 \end{pmatrix} + r\begin{pmatrix} 2 \\ -3 \end{pmatrix}$ und $h: \overrightarrow{x} = \begin{pmatrix} 9 \\ 18 \end{pmatrix} + s\begin{pmatrix} -1 \\ 5 \end{pmatrix}$ schneiden sich

in einem Punkt P. Berechnen Sie die Koordinaten des Schnittpunkts P.

c) Kann $c \in \mathbb{R}$ so gewählt werden, dass durch die Gleichungen $\overrightarrow{x} = \begin{pmatrix} 5 \\ 5 \end{pmatrix} + r\begin{pmatrix} c \\ 1 \end{pmatrix}$ und

$\overrightarrow{x} = \begin{pmatrix} -1 \\ c \end{pmatrix} + s\begin{pmatrix} 9 \\ c \end{pmatrix}$ die gleiche Gerade g beschrieben wird?

Aufgabe 3.2.2: Geben Sie eine Parametergleichung der in der Ebene liegenden Geraden g und h an und untersuchen Sie die Lagebeziehung zwischen beiden Geraden. Falls sich g und h schneiden, dann geben Sie die Koordinaten des Schnittpunkts S an und berechnen Sie den Schnittwinkel.

a) g geht durch die Punkte $A(1|2)$ und $B(8|7)$, h durch $P(-20|-13)$ und $Q(36|27)$.

b) g geht durch die Punkte $A(-1|3)$ und $B(3|-1)$, h durch $P(7|-3)$ und $Q(-5|9)$.

c) g geht durch die Punkte $A(1|-3)$ und $B(-3|1)$, h durch $P(0|2)$ und $Q(2|4)$.

d) g geht durch den Punkt $A(-4|2)$ und verläuft parallel zum Vektor $\vec{u} = \begin{pmatrix} 1 \\ 1 \end{pmatrix}$.

h geht durch den Punkt $P(5|-3)$ und verläuft parallel zum Vektor $\vec{w} = \begin{pmatrix} -2 \\ 4 \end{pmatrix}$.

Aufgabe 3.2.3: Beweisen Sie die folgenden Behauptungen für die Geraden g und h:

a) $g : \vec{x} = \begin{pmatrix} -1 \\ 3 \\ 7 \end{pmatrix} + r \begin{pmatrix} -1 \\ 2 \\ 3 \end{pmatrix}$ und $h : \vec{x} = \begin{pmatrix} 16 \\ -11 \\ 6 \end{pmatrix} + s \begin{pmatrix} 3 \\ -2 \\ 1 \end{pmatrix}$ schneiden sich im Punkt $P(1|-1|1)$.

c) $g : \vec{x} = \begin{pmatrix} 1 \\ 2 \\ 3 \end{pmatrix} + r \begin{pmatrix} 5 \\ 15 \\ 9 \end{pmatrix}$ und $h : \vec{x} = \begin{pmatrix} \frac{1}{2} \\ 0 \\ -\frac{7}{3} \end{pmatrix} + s \begin{pmatrix} \frac{25}{3} \\ 25 \\ 15 \end{pmatrix}$ sind echt parallel.

c) $g : \vec{x} = \begin{pmatrix} 5 \\ 8 \\ 11 \end{pmatrix} + r \begin{pmatrix} 1 \\ 2 \\ 3 \end{pmatrix}$ und $h : \vec{x} = \begin{pmatrix} -5 \\ -12 \\ -19 \end{pmatrix} + s \begin{pmatrix} 4 \\ 8 \\ 12 \end{pmatrix}$ sind identisch.

d) $g : \vec{x} = \begin{pmatrix} 11 \\ 0 \\ 3 \end{pmatrix} + r \begin{pmatrix} 4 \\ 5 \\ 6 \end{pmatrix}$ und $h : \vec{x} = \begin{pmatrix} -1 \\ 1 \\ 3 \end{pmatrix} + s \begin{pmatrix} 7 \\ 8 \\ 9 \end{pmatrix}$ sind windschief.

e) $g : \vec{x} = \begin{pmatrix} 13 \\ 8 \\ 3 \end{pmatrix} + r \begin{pmatrix} -1 \\ 2 \\ 0 \end{pmatrix}$ und $h : \vec{x} = \begin{pmatrix} 2 \\ 4 \\ -17 \end{pmatrix} + s \begin{pmatrix} 1 \\ -1 \\ 2 \end{pmatrix}$ sind windschief.

f) $g : \vec{x} = \begin{pmatrix} 2 \\ 2 \\ 0 \end{pmatrix} + r \begin{pmatrix} 1 \\ -2 \\ 5 \end{pmatrix}$ und $h : \vec{x} = \begin{pmatrix} 3 \\ 0 \\ 5 \end{pmatrix} + s \begin{pmatrix} -2 \\ 4 \\ -10 \end{pmatrix}$ sind identisch.

g) $g : \vec{x} = \begin{pmatrix} 2 \\ 2 \\ 1 \end{pmatrix} + r \begin{pmatrix} 36 \\ -12 \\ 96 \end{pmatrix}$ und $h : \vec{x} = \begin{pmatrix} 38 \\ 32 \\ 33 \end{pmatrix} + s \begin{pmatrix} -9 \\ 3 \\ -24 \end{pmatrix}$ sind echt parallel.

h) $g : \vec{x} = \begin{pmatrix} -27 \\ -10 \\ 77 \end{pmatrix} + r \begin{pmatrix} 2 \\ 1 \\ -5 \end{pmatrix}$ und $h : \vec{x} = \begin{pmatrix} -30 \\ 65 \\ 26 \end{pmatrix} + s \begin{pmatrix} -3 \\ 7 \\ 1 \end{pmatrix}$ schneiden sich im Punkt $P(-3|2|17)$.

Aufgabe 3.2.4: Gegeben seien die Punkte $A(1|2|3)$ und $B(-9|7|12)$ sowie die Vektoren

$$\vec{u} = \begin{pmatrix} 2 \\ 1 \\ 0 \end{pmatrix} \quad , \quad \vec{v} = \begin{pmatrix} 7 \\ -3 \\ 2 \end{pmatrix} \quad \text{und} \quad \vec{w} = \begin{pmatrix} -11 \\ 10 \\ 12 \end{pmatrix}.$$

a) Berechnen Sie den Winkel α zwischen den Vektoren $\vec{u}$ und $\vec{v}$.

b) In welchem Punkt schneiden sich $g_1 : \vec{x} = \vec{OA} + r\,\vec{u}$ und $g_2 : \vec{x} = \vec{OA} + s\,\vec{v}$?

c) Berechnen Sie den Schnittwinkel β der Geraden g_1 und g_2?

d) Berechnen Sie den Winkel γ zwischen den Vektoren $\vec{v}$ und $\vec{w}$.

e) Berechnen Sie den Schnittwinkel δ von $h_1 : \vec{x} = \vec{OB} + k\vec{v}$ und $h_2 : \vec{x} = \vec{OB} + t\vec{w}$.

f) Berechnen Sie den Winkel ε zwischen den Vektoren $\vec{u}$ und $\vec{w}$.

g) Geben Sie eine Gleichung der Gerade g_3 an, welche die Gerade h_2 in B schneidet und zur Gerade g_1 echt parallel ist. Berechnen Sie den Schnittwinkel φ von g_3 und h_2.

h) Schneiden sich die Geraden g_1 und h_1? Falls ja, dann berechnen Sie den Schnittwinkel.

Aufgabe 3.2.5: Geben Sie eine Gleichung der Geraden g und h an und untersuchen Sie die Lagebeziehung zwischen beiden Geraden. Falls sich g und h schneiden, dann geben Sie die Koordinaten des Schnittpunkts S an und berechnen Sie den Schnittwinkel.

a) g geht durch die Punkte $A(1|2|0)$ und $B(8|7|8)$,
   h durch die Punkte $P(-5|-1|-5)$ und $Q(16|14|19)$.

b) g geht durch die Punkte $A(-1|1|-1)$ und $B(2|-2|2)$,
   h durch die Punkte $P(8|-8|8)$ und $Q(-10|10|-10)$.

c) g geht durch die Punkte $A(1|1|-3)$ und $B(3|-3|1)$,
   h durch die Punkte $P(1|0|2)$ und $Q(-1|2|4)$.

d) g geht durch den Punkt $A(1|2|3)$ und verläuft parallel zum Vektor $\vec{u} = \begin{pmatrix} 3 \\ 4 \\ -2 \end{pmatrix}$.

h geht durch den Punkt $P(-14|2|-1)$ und verläuft parallel zum Vektor $\vec{w} = \begin{pmatrix} -6 \\ 2 \\ -3 \end{pmatrix}$.

Aufgabe 3.2.6:

a) Unter welchen Winkeln schneidet $g : \vec{x} = r \begin{pmatrix} -1 \\ 2 \\ 3 \end{pmatrix}$ die Koordinatenachsen?

b) Die Geraden g und h schneiden sich im Punkt $P(2|-1|4)$, g geht durch $A(-2|3|1)$, h verläuft durch $B(-1|-4|6)$. Bestimmen Sie den Schnittwinkel von g und h.

Aufgabe 3.2.7:

a) Für welche $c \in \mathbb{R}$ schließt die Ursprungsgerade durch den Punkt $A(2|4|c)$ mit der y-Achse einen Winkel von $45°$ ein?

b) Bestimmen Sie $c \in \mathbb{R}$ so, dass die Gerade durch $A(3|\sqrt{2}|c)$ die x-Achse bei $x = 6$ unter einem Winkel von $60°$ schneidet.

c) Bestimmen Sie $c \in \mathbb{R}$ so, dass die Gerade durch $A(c|1|3)$ die x-Achse bei $x = 2$ unter einem Winkel von $60°$ schneidet.

d) Kann $c \in \mathbb{R}$ so gewählt werden, dass die Gerade durch $A(c|1|c-1)$ die z-Achse bei $z = -3$ unter einem Winkel von $45°$ schneidet?

e) Wie muss $c \in \mathbb{R}$ gewählt werden, damit die Gerade durch $A(c+1|c|2)$ die y-Achse bei $y = 3$ unter einem Winkel von $30°$ schneidet?

Aufgabe 3.2.8: Die Gerade g geht durch die Punkte A und B, die Gerade h durch die Punkte C und D. Weisen Sie nach, dass sich g und h schneiden. In welchem Verhältnis teilt der Schnittpunkt S die Strecken $\overline{AB}$ und $\overline{CD}$?

a) $A(0|0|4)$, $B(10|5|-1)$, $C(3|9|10)$, $D(9|-3|-8)$

b) $A(0|-1|3)$, $B(6|11|-1)$, $C(0|-1|-1)$, $D(6|11|5)$

Aufgabe 3.2.9: Gegeben seien die Geraden

$$g : \vec{x} = \begin{pmatrix} 5 \\ 3q \\ 16 \end{pmatrix} + r \begin{pmatrix} 2 \\ 2 \\ 4 \end{pmatrix} \quad \text{und} \quad h : \vec{x} = \begin{pmatrix} 1 \\ 0 \\ 6q \end{pmatrix} + s \begin{pmatrix} 4 \\ c \\ 4+c \end{pmatrix}.$$

Wie müssen $c, q \in \mathbb{R}$ gewählt werden, damit g und h

a) identisch,

b) echt parallel,

c) windschief sind bzw.

d) genau einen Punkt gemeinsam haben?

Aufgabe 3.2.10: Die Skizze in Abb. 73 zeigt ein gerades Prisma mit der quadratischen Grundfläche $0BCD$. Die Kante $\overline{BC}$ hat die Länge 3 LE, die Kante $\overline{CG}$ misst 13 LE. Mit M sei der Mittelpunkt der Kante $\overline{CG}$ bezeichnet.

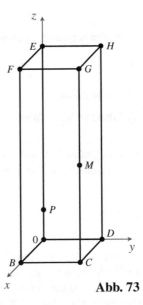

a) Auf der Kante $\overline{0E}$ liegt der Punkt $P(0|0|2)$. Geben Sie die Koordinaten der Punkte B und M an und weisen Sie nach, dass die Vektoren $\overrightarrow{PB}$ und $\overrightarrow{PM}$ orthogonal sind.

b) Durch die Punkte P und M geht die Gerade g_1, durch die Punkte B und H geht die Gerade g_2. Untersuchen Sie die gegenseitige Lage der Geraden g_1 und g_2.

c) Auf der Kante $\overline{DH}$ existiert ein Punkt Q derart, dass die Gerade g_3, die durch B und Q geht, von der Gerade g_1 geschnitten wird. Berechnen Sie die z-Koordinate des Punkts Q, und geben Sie die Koordinaten des Schnittpunkts S von g_1 und g_3 an.

d) Berechnen Sie den Schnittwinkel der Raumdiagonalen $\overline{BH}$ und $\overline{FD}$.

Abb. 73

Aufgabe 3.2.11: Gegeben seien die Punkte $A(3|-5|-15)$, $B(2|4|-1)$, $C(8|10|-7)$ und die Gerade

$$g : \vec{x} = \begin{pmatrix} -2 \\ -20 \\ -23 \end{pmatrix} + t \begin{pmatrix} 3 \\ -1 \\ 2 \end{pmatrix}.$$

a) Geben Sie eine Gleichung der Gerade h an, die durch die Punkte B und C verläuft. Weisen Sie nach, dass h windschief zu g liegt.

b) Die Höhe h_a auf der Seite $\overline{BC}$ des Dreiecks $\triangle ABC$ zerlegt das Dreieck in zwei Teildreiecke. Das flächenmäßig größere der Teildreiecke rotiert um h_a. Zeigen Sie, dass $F(4|6|-3)$ der Höhenfußpunkt von h_a ist. Berechnen Sie außerdem das Volumen des entstehenden Rotationskörpers.

Aufgabe 3.2.12: Gegeben sei ein Dreieck $\triangle ABC$ mit den Eckpunkten $A(1|2|4)$, $B(5|0|1)$ und $C(5|7|1)$.

a) Berechnen Sie die Innenwinkel und die Seitenlängen des Dreiecks.

b) Die Höhe h_a beginnt im Punkt A und ihr Fußpunkt F_a liegt auf der Seite $\overline{BC}$. Die Höhe h_b beginnt im Punkt B und ihr Fußpunkt F_b liegt auf der Seite $\overline{AC}$. Geben Sie die Parametergleichungen der Geraden an, auf denen die Höhen h_a und h_b liegen. Bestimmen Sie die Koordinaten der zu h_a und h_b zugehörigen Höhenfußpunkte und bestimmen Sie den Schnittpunkt S der Geraden.
Hinweis: Die Höhen in ein einem Dreieck stehen senkrecht auf den jeweiligen Seiten.

c) Zeigen Sie, dass die Gerade durch die Punkte C und S die Dreiecksseite $\overline{AB}$ orthogonal schneidet.

d) Nennen Sie zwei verschiedene Methoden zur Bestimmung des Flächeninhalts des Dreiecks und berechnen Sie ihn für das Dreieck $\triangle ABC$ nach einer der beiden Methoden.

Aufgabe 3.2.13: Gegeben sind die Punkte $P(2|-1|3)$, $Q(6|-3|9)$ und für $t \in \mathbb{R}$ der Vektor $\vec{b_t} = \begin{pmatrix} 8 \\ -2 \\ t \end{pmatrix}$. Weisen Sie nach, dass die Gerade durch die Punkte P und Q mit jeder Gerade der Ursprungsgeradenschar $g_t : \vec{x} = r\,\vec{b_t}$ stets denselben Schnittpunkt hat.

Aufgabe 3.2.14: Seien A, B und C die Punkte eines beliebigen Dreiecks $\triangle ABC$.

a) Weisen Sie nach, dass sich die Seitenhalbierenden in einem Schnittpunkt S (dem Schwerpunkt des Dreiecks) schneiden.

b) Geben Sie eine Berechnungsformel zur Berechnung der Koordinaten von S an.

Hinweis: Dies ist eine anspruchsvollere Variante von Aufgabe 3.1.27. Im Unterschied zu Aufgabe 3.1.27 soll hier die Formel zur Berechnung des Schwerpunkts S hergeleitet werden, was über die Untersuchung der Lagebeziehung der Seitenhalbierenden erfolgt.

3.3 Ebenengleichungen

Obwohl wir uns im Alltag über mathematische Zusammenhänge in der Regel keine Gedanken machen, begegnen uns Ebenen oder zumindest Teilstücke davon in vielfältiger Weise. Es folgen hier einige Beispiele:

- Die Flächen eines Dachs können als Teil einer Ebene aufgefasst werden.
- Der Klassiker im Physikunterricht ist die schiefe Ebene.
- Im Braunkohlentagebau erzeugen Eimerkettenbagger bei der Freilegung des Kohleflözes eine schräg in den Boden getriebene ebene Fläche.
- Im Landschaftsbau werden im hügeligen Gelände Flächenstücke durch Dreiecke oder Vierecke angenähert, die näherungsweise als Teil einer Ebene aufgefasst werden.
- Im Industriedesign werden Ebenen verwendet, um spezielle Formen wie zum Beispiel Pyramiden zu gestalten.

Was unter einer ebenen Fläche bzw. einer Ebene zu verstehen ist, sollte anschaulich und intuitiv klar sein. Mathematisch kann eine Ebene grob wie folgt definiert werden:

Definition 3.62. Eine Ebene E ist die Menge aller Punkte des Raums derart, dass die Punkte jeder Gerade durch zwei beliebige Punkte aus E ebenfalls in E liegen.

Doch wie lassen sich Ebenen mithilfe einer mathematischen Gleichung beschreiben? Wir werden in diesem Abschnitt sehen, dass es verschiedene Darstellungsformen für solche Gleichungen gibt.

3.3.1 Parameterform der Ebenengleichung

Als Ausgangspunkt betrachten wir mit der xy-Ebene eine der bisher nur nebenbei verwendeten Koordinatenebenen. Alle Punkte P, die in der xy-Ebene liegen, hatten wir im Abschnitt 2.1 in der Menge

$$E = \left\{ P(x|y|0) \mid x, y \in \mathbb{R} \right\} \tag{3.63}$$

zusammengefasst. Mithilfe des Vektorbegriffs können wir E alternativ auch als Menge der zu jedem Ebenenpunkt P zugehörigen Ortsvektoren ausdrücken, d. h.

$$E = \left\{ P \in \mathbb{R}^3 \ \middle| \ \overrightarrow{OP} = \begin{pmatrix} x \\ y \\ 0 \end{pmatrix}, x, y \in \mathbb{R} \right\}. \tag{3.64}$$

Solche Darstellungen sind theoretisch für jede beliebige Ebene möglich. Jedoch sind die Darstellungen (3.63) und (3.64) für praktische Rechnungen nicht hilfreich, denn sie gestatten es zum Beispiel nicht, rechnerisch zwischen zwei Punkten der Ebene zu „navigieren". Außerdem erlauben es die Darstellungen auch nicht, zwei oder mehr Ebenen zueinander in Beziehung zu setzen, um zum Beispiel ihre gegenseitige Lage oder ihre Schnittmengen zu ermitteln. Dazu ist die Beschreibung einer Ebene durch eine Gleichung zweckmäßig.

Zur Herleitung einer Gleichung für die xy-Ebene betrachten wir zum Beispiel die Punkte $P_1(0|0|0)$, $P_2(1|0|0)$ und $P_3(0|1|0)$. Jeden anderen Punkt $Q(x|y|0)$ der xy-Ebene können wir mithilfe seines Ortsvektors $\overrightarrow{0Q}$ beschreiben, den wir als Linearkombination der Vektoren $\overrightarrow{P_1P_2}$ und $\overrightarrow{P_1P_3}$ erhalten können, denn mit $r = x$ und $s = y$ gilt:

$$\overrightarrow{0Q} = r\overrightarrow{P_1P_2} + s\overrightarrow{P_1P_3} = r\begin{pmatrix} 1 \\ 0 \\ 0 \end{pmatrix} + s\begin{pmatrix} 0 \\ 1 \\ 0 \end{pmatrix} \tag{3.65}$$

Die Wahl der Punkte P_1, P_2 und P_3 ist willkürlich. Alternativ lässt sich auch mit $P_1(1|1|0)$, $P_2(2|2|0)$ und $P_3(0|2|0)$ der Ortsvektor von $Q(x|y|0)$ berechnen, wozu in der folgenden Vektorgleichung $r = \frac{1}{2}(x+y) - 1$ und $s = \frac{1}{2}(y-x)$ eingesetzt werden muss:

$$\overrightarrow{0Q} = \overrightarrow{0P_1} + r\overrightarrow{P_1P_2} + s\overrightarrow{P_1P_3} = \begin{pmatrix} 1 \\ 1 \\ 0 \end{pmatrix} + r\begin{pmatrix} 1 \\ 1 \\ 0 \end{pmatrix} + s\begin{pmatrix} -1 \\ 1 \\ 0 \end{pmatrix} \tag{3.66}$$

Die Gleichungen (3.65) und (3.66) zeigen, dass die Darstellung des Ortsvektors eines Ebenenpunkts Q nicht eindeutig ist. Bei der Auswahl der Ebenenpunkte ist aber Sorgfalt geboten, denn zum Beispiel mit $P_1(1|1|0)$, $P_2(2|2|0)$ und $P_3(3|3|0)$ gelingt es nicht, jeden beliebigen Punkt der xy-Ebene ausgehend von P_1 zu ermitteln, wie die folgende Rechnung zeigt:

$$\overrightarrow{0Q} = \overrightarrow{0P_1} + r\overrightarrow{P_1P_2} + s\overrightarrow{P_1P_3} = \begin{pmatrix} 1 \\ 1 \\ 0 \end{pmatrix} + r\begin{pmatrix} 1 \\ 1 \\ 0 \end{pmatrix} + s\begin{pmatrix} 2 \\ 2 \\ 0 \end{pmatrix}$$

$$= \begin{pmatrix} 1 \\ 1 \\ 0 \end{pmatrix} + r\begin{pmatrix} 1 \\ 1 \\ 0 \end{pmatrix} + 2s\begin{pmatrix} 1 \\ 1 \\ 0 \end{pmatrix} = \begin{pmatrix} 1 \\ 1 \\ 0 \end{pmatrix} + (r+2s)\begin{pmatrix} 1 \\ 1 \\ 0 \end{pmatrix}$$

Setzen wir $t := r + 2s$, dann zeigt die Gleichung

$$\overrightarrow{0Q} = \begin{pmatrix} 1 \\ 1 \\ 0 \end{pmatrix} + t\begin{pmatrix} 1 \\ 1 \\ 0 \end{pmatrix}, \tag{3.67}$$

dass wir damit nur eine Teilmenge der xy-Ebene beschreiben können, nämlich alle Punkte $Q(x|x|0)$, die auf einer Gerade liegen. Die Punkte P_1, P_2 und P_3 müssen folglich so gewählt werden, dass sie nicht auf einer Gerade liegen, d. h., die Vektoren $\overrightarrow{P_1P_2}$ und $\overrightarrow{P_1P_3}$ müssen linear unabhängig sein.

Die Gleichungen (3.65) und (3.66) zeigen außerdem, dass man zur Konstruktion einer Gleichung für die xy-Ebene drei Zutaten benötigt, nämlich einen in der xy-Ebene liegenden Punkt P und zwei linear unabhängige Vektoren $\overrightarrow{u}$ und $\overrightarrow{v}$. Der Ortsvektor jedes Punkts Q der xy-Ebene lässt sich als Linearkombination von $\overrightarrow{0P}$, $\overrightarrow{u}$ und $\overrightarrow{v}$ darstellen. Dieses Konstruktionsprinzip lässt sich auf beliebige Ebenen übertragen.

Definition 3.68. Sei E eine Ebene und P ein Punkt der Ebene E. Weiter seien $\vec{u}$ und $\vec{v}$ zwei linear unabhängige Vektoren derart, dass es Punkte A und B in der Ebene E gibt, für die $\vec{u} = \overrightarrow{PA}$ bzw. $\vec{v} = \overrightarrow{PB}$ gilt. Dann heißt die Darstellung

$$E : \vec{x} = \overrightarrow{0P} + r\vec{u} + s\vec{v}, \quad r, s \in \mathbb{R}$$

Parametergleichung der Ebene E. Weitere Bezeichnungen:

- $\vec{x} = \overrightarrow{0Q}$ ist der Ortsvektor zu einem beliebigen Punkt Q der Ebene E.
- P heißt Stützpunkt von E, entsprechend heißt $\overrightarrow{0P}$ Stützvektor.
- $\vec{u}$ und $\vec{v}$ heißen Richtungsvektoren.
- r und s heißen Parameter.

Man sagt auch: $\overrightarrow{0P}$, $\vec{u}$ und $\vec{v}$ spannen die Ebene E auf.

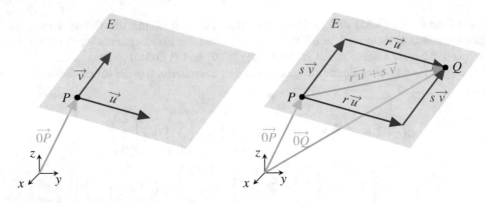

Abb. 74: Grundausstattung zur Konstruktion einer Parametergleichung einer Ebene E (links) und rechnerischer Weg vom Stützpunkt P zu einem Punkt Q in E (rechts)

Bemerkung 3.69. Analog zu vektoriellen Geradengleichungen werden wir im Folgenden in der Regel nicht extra notieren, dass die beiden Parameter in einer Parametergleichung von E Elemente der reellen Zahlen sind, sondern setzen dies stillschweigend voraus. ○

Definition 3.68 lässt verschiedene Möglichkeiten erkennen, auf welche Weise eine Ebene festgelegt werden kann.

Satz 3.70. Sei E eine Ebene im dreidimensionalen Raum.

a) A, B und C seien nicht auf einer Gerade liegende Punkte von E. Die Darstellung

$$E : \vec{x} = \overrightarrow{0A} + r\overrightarrow{AB} + s\overrightarrow{AC}$$

heißt Dreipunktegleichung der Ebene E.

b) $g: \overrightarrow{x} = \overrightarrow{0A} + r\overrightarrow{u}$ und $h: \overrightarrow{x} = \overrightarrow{0B} + s\overrightarrow{v}$ seien Geraden im Raum, die sich in einem Punkt P schneiden. Dann wird durch g und h eine Ebene definiert:

$$E: \overrightarrow{x} = \overrightarrow{0P} + r\overrightarrow{u} + s\overrightarrow{v}$$

c) $g: \overrightarrow{x} = \overrightarrow{0A} + r\overrightarrow{u}$ und $h: \overrightarrow{x} = \overrightarrow{0B} + t\overrightarrow{v}$ seien echt parallele Geraden im Raum. Dann wird durch g und h eine Ebene definiert:

$$E: \overrightarrow{x} = \overrightarrow{0A} + r\overrightarrow{u} + s\overrightarrow{AB}$$

Die Aussagen von Satz 3.70 lassen sich leicht beweisen, indem man die Voraussetzungen überprüft bzw. Ortsvektoren und Richtungsvektoren in Definition 3.68 einsetzt. Wir illustrieren Satz 3.70 durch die folgenden Beispiele:

Beispiel 3.71. Gesucht ist eine Parametergleichung der Ebene E, in der die Punkte $A(1|-3|5)$, $B(8|3|-1)$ und $C(0|-3|1)$ liegen. Die beiden Vektoren $\overrightarrow{AB} = \begin{pmatrix} 7 \\ 6 \\ -6 \end{pmatrix}$ und $\overrightarrow{AC} = \begin{pmatrix} -1 \\ 0 \\ -4 \end{pmatrix}$ sind linear unabhängig und können folglich als Richtungsvektoren der gesuchten Ebene verwendet werden. Wir erhalten damit die folgende Ebenengleichung:

$$E: \overrightarrow{x} = \begin{pmatrix} 1 \\ -3 \\ 5 \end{pmatrix} + r\begin{pmatrix} 7 \\ 6 \\ -6 \end{pmatrix} + s\begin{pmatrix} -1 \\ 0 \\ -4 \end{pmatrix} \qquad \blacktriangleleft$$

Beispiel 3.72. Gesucht ist eine Gleichung der Ebene E, in der die Geraden

$$g: \overrightarrow{x} = \begin{pmatrix} -2 \\ -2 \\ -2 \end{pmatrix} + r\begin{pmatrix} 1 \\ 1 \\ 1 \end{pmatrix} \quad \text{und} \quad h: \overrightarrow{x} = \begin{pmatrix} 3 \\ 3 \\ -3 \end{pmatrix} + s\begin{pmatrix} -1 \\ -1 \\ 1 \end{pmatrix}$$

liegen. Leicht überzeugt man sich, dass sich g und h im Koordinatenursprung schneiden. Nach Satz 3.70 wird die Ebene durch die Gleichung

$$E: \overrightarrow{x} = r\begin{pmatrix} 1 \\ 1 \\ 1 \end{pmatrix} + s\begin{pmatrix} -1 \\ -1 \\ 1 \end{pmatrix}$$

definiert. Als Stützpunkt der Ebene kann auch jeder andere Punkt von E verwendet werden, zum Beispiel der auf g liegende Punkt $P(-2|-2|-2)$. Diese Überlegung liefert die alternative Gleichung

$$E: \overrightarrow{x} = \begin{pmatrix} -2 \\ -2 \\ -2 \end{pmatrix} + r\begin{pmatrix} 1 \\ 1 \\ 1 \end{pmatrix} + s\begin{pmatrix} -1 \\ -1 \\ 1 \end{pmatrix}. \qquad \blacktriangleleft$$

Beispiel 3.73. Gesucht ist eine Gleichung der Ebene E, in der die echt parallelen Geraden

$$g : \vec{x} = \begin{pmatrix} 2 \\ 5 \\ 9 \end{pmatrix} + r \begin{pmatrix} 4 \\ 0 \\ 1 \end{pmatrix} \quad \text{und} \quad h : \vec{x} = \begin{pmatrix} -6 \\ 3 \\ 12 \end{pmatrix} + t \begin{pmatrix} 8 \\ 0 \\ 2 \end{pmatrix}$$

liegen. Der Stützpunkt von g ist $A(2|5|9)$ und der Stützpunkt von h ist $B(-6|3|12)$. Als Richtungsvektoren der Ebene können die Vektoren $\vec{u} = \begin{pmatrix} 4 \\ 0 \\ 1 \end{pmatrix}$ und $\overrightarrow{AB} = \begin{pmatrix} -8 \\ -2 \\ 3 \end{pmatrix}$ verwendet werden, d. h.

$$E : \vec{x} = \begin{pmatrix} 2 \\ 5 \\ 9 \end{pmatrix} + r \begin{pmatrix} 4 \\ 0 \\ 1 \end{pmatrix} + s \begin{pmatrix} -8 \\ -2 \\ 3 \end{pmatrix} .$$

Eine mögliche Alternative ist zum Beispiel

$$E : \vec{x} = \begin{pmatrix} -6 \\ 3 \\ 12 \end{pmatrix} + r \begin{pmatrix} 8 \\ 0 \\ 2 \end{pmatrix} + s \begin{pmatrix} 8 \\ 2 \\ -3 \end{pmatrix} . \qquad \blacktriangleleft$$

Bemerkung 3.74. Wie das einführende Beispiel zur xy-Ebene und die Beispiele 3.71 bis 3.73 zeigen, kann eine Ebene E verschiedene Parametergleichungen haben. Man kann zum Beispiel einen anderen Punkt von E als Stützpunkt oder zwei andere linear unabhängige Richtungsvektoren $\vec{u}_*$ und $\vec{v}_*$ wählen. Die Richtungsvektoren müssen so gewählt werden, dass sie dieselbe Ebene E aufspannen. Das ist der Fall, wenn $\vec{u}, \vec{v}, \vec{u}_*$ und $\vec{u}, \vec{v}, \vec{v}_*$ jeweils komplanar sind. $\qquad\qquad\bigcirc$

Definition 3.75. Eine Ebene E ist eine Menge von Punkten (siehe Definition 3.62). Aus diesem Grund sind die folgenden Schreibweisen gerechtfertigt: $Q \in E$, falls Q in E liegt bzw. $Q \notin E$, falls Q nicht in E liegt.

In Anwendungen wird man mit der Frage konfrontiert, ob ein Punkt P in einer Ebene E liegt oder nicht. Man spricht in diesem Zusammenhang auch von der _Punktprobe_. Die Vorgehensweise der dazu notwendigen Rechnungen wird durch den folgenden Satz motiviert:

Satz 3.76. Gegeben sei eine Ebene $E : \vec{x} = \overrightarrow{0P} + r\vec{u} + s\vec{v}$, $r, s \in \mathbb{R}$.

a) Zu jedem Punkt $Q \in E$ gibt es genau ein Wertepaar $(\hat{r}; \hat{s})$ mit

$$\overrightarrow{0Q} = \overrightarrow{0P} + \hat{r}\vec{u} + \hat{s}\vec{v} .$$

b) Zu jedem Wertepaar $(r; s)$ gibt es genau einen Punkt $Q \in E$.

c) Für jeden Punkt $Q \notin E$ gilt $\overrightarrow{0Q} \neq \overrightarrow{0P} + r\vec{u} + s\vec{v}$ für alle $r, s \in \mathbb{R}$.

Beispiel 3.77. Gegeben sei die Ebene

$$E : \vec{x} = \begin{pmatrix} 1 \\ 2 \\ 3 \end{pmatrix} + r \begin{pmatrix} -1 \\ -1 \\ 1 \end{pmatrix} + s \begin{pmatrix} 1 \\ 2 \\ 0 \end{pmatrix} .$$

Wir wollen untersuchen, ob die Punkte $Q_1(3|7|4)$ und $Q_2(3|-7|4)$ in E liegen. Für Q_1 betrachten wir die folgende Gleichung:

$$\begin{pmatrix} 3 \\ 7 \\ 4 \end{pmatrix} = \begin{pmatrix} 1 \\ 2 \\ 3 \end{pmatrix} + r \begin{pmatrix} -1 \\ -1 \\ 1 \end{pmatrix} + s \begin{pmatrix} 1 \\ 2 \\ 0 \end{pmatrix} \quad \Leftrightarrow \quad r \begin{pmatrix} -1 \\ -1 \\ 1 \end{pmatrix} + s \begin{pmatrix} 1 \\ 2 \\ 0 \end{pmatrix} = \begin{pmatrix} 2 \\ 5 \\ 1 \end{pmatrix} \quad (*)$$

Dies schreiben wir um zu einem linearen Gleichungssystem:

$$\begin{aligned} \text{I} &: -r + s = 2 \\ \text{II} &: -r + 2s = 5 \\ \text{III} &: r = 1 \end{aligned}$$

Aus Gleichung III folgt sofort $r = 1$. Einsetzen in Gleichung I liefert $-1 + s = 2$, also $s = 3$. Da $r = 1$ und $s = 3$ auch die zweite Gleichung lösen, ist $(r;s) = (1;3)$ die Lösung des linearen Gleichungssystems, d. h., die Gleichung $(*)$ ist eindeutig lösbar und folglich ist $Q_1 \in E$. Für Q_2 betrachten wir die folgende Gleichung:

$$\begin{pmatrix} 3 \\ -7 \\ 4 \end{pmatrix} = \begin{pmatrix} 1 \\ 2 \\ 3 \end{pmatrix} + r \begin{pmatrix} -1 \\ -1 \\ 1 \end{pmatrix} + s \begin{pmatrix} 1 \\ 2 \\ 0 \end{pmatrix} \quad \Leftrightarrow \quad r \begin{pmatrix} -1 \\ -1 \\ 1 \end{pmatrix} + s \begin{pmatrix} 1 \\ 2 \\ 0 \end{pmatrix} = \begin{pmatrix} 2 \\ -9 \\ 1 \end{pmatrix} \quad (\#)$$

Dies schreiben wir um zu einem linearen Gleichungssystem:

$$\begin{aligned} \text{I} &: -r + s = 2 \\ \text{II} &: -r + 2s = -9 \\ \text{III} &: r   1 \end{aligned}$$

Wie eben folgen aus der ersten und dritten Gleichung $r = 1$ und $s = 3$. Diese Werte lösen aber nicht Gleichung II, wo sich nach Einsetzen der Widerspruch $5 = -9$ ergibt. Das Gleichungssystem bzw. die Vektorgleichung $(\#)$ ist nicht lösbar und folglich ist $Q_2 \notin E$. ◄

Aufgaben zum Abschnitt 3.3.1

Aufgabe 3.3.1: Bestimmen Sie (falls möglich) eine Parametergleichung der Ebene durch die Punkte A, B und C:

a) $A(1|2|3)$, $B(2|-3|1)$, $C(1|1|1)$ b) $A(2|0|0)$, $B(0|-2|0)$, $C(0|0|2)$

c) $A(1|2|3)$, $B(5|-6|7)$, $C(3|-2|5)$ d) $A(0|0|0)$, $B(3|2|1)$, $C(1|0|2)$

e) $A(2|-1|4)$, $B(6|5|12)$, $C(8|8|16)$ f) $A(1|1|1)$, $B(2|3|4)$, $C(5|9|t), t \in \mathbb{R}$

Aufgabe 3.3.2: Bestimmen Sie (falls möglich) eine Parametergleichung der Ebene, welche die Richtungsvektoren $\vec{u}$ und $\vec{v}$ besitzt und den Punkt A enthält:

a) $A(-1|2|4)$, $\vec{u} = \begin{pmatrix} 5 \\ -7 \\ 12 \end{pmatrix}$, $\vec{v} = \begin{pmatrix} 14 \\ 3 \\ 1 \end{pmatrix}$

b) $A(3|-11|9)$, $\vec{u} = \begin{pmatrix} -1 \\ 2 \\ 8 \end{pmatrix}$, $\vec{v} = \begin{pmatrix} -5 \\ -6 \\ -1 \end{pmatrix}$

c) $A(5|5|-5)$, $\vec{u} = \begin{pmatrix} 72 \\ -36 \\ 12 \end{pmatrix}$, $\vec{v} = \begin{pmatrix} -18 \\ 9 \\ -3 \end{pmatrix}$

Aufgabe 3.3.3: Geben Sie jeweils eine Parametergleichung der Ebene E an:

a) E enthält die Punkte $A(-2|-1|0)$ und $B(2|1|0)$ und steht senkrecht zur xy-Ebene.

b) E enthält den Punkt $P(1|3|5)$ und die Gerade $g : \vec{x} = \begin{pmatrix} 7 \\ 3 \\ 8 \end{pmatrix} + r \begin{pmatrix} 5 \\ -7 \\ 13 \end{pmatrix}$.

c) E enthält die Geraden

$$g : \vec{x} = \begin{pmatrix} -1 \\ 1 \\ -1 \end{pmatrix} + r \begin{pmatrix} -1 \\ -2 \\ -3 \end{pmatrix} \quad \text{und} \quad h : \vec{x} = \begin{pmatrix} -3 \\ -3 \\ -7 \end{pmatrix} + s \begin{pmatrix} 0 \\ -1 \\ 1 \end{pmatrix}.$$

d) E enthält den Punkt $P(36|37|80)$ und steht senkrecht zur z-Achse.

Aufgabe 3.3.4: Geben Sie jeweils (mindestens) zwei verschiedene Parametergleichungen für die folgenden Ebenen an:

a) yz-Ebene
b) xz-Ebene
c) Die Ebene E_1, die parallel zur xy-Ebene ist und den Punkt $P_1(0|0|7)$ enthält.
d) Die Ebene E_2, die parallel zur yz-Ebene ist und den Punkt $P_2(-3|5|9)$ enthält.
e) Die Ebene E_3, die parallel zur xz-Ebene ist und den Punkt $P_3(0|5|-1)$ enthält.

Aufgabe 3.3.5: Gegeben sei die Pyramide mit der dreieckigen Grundfläche ABC und der Spitze S. Die Grundfläche und die drei Seitenflächen liegen jeweils in einer Ebene. Bestimmen Sie die Gleichungen der vier Begrenzungsebenen.

a) $A(2|2|-1)$, $B(8|3|-1)$, $C(5|8|-1)$, $S(6|4|8)$
b) $A(-1|-2|2)$, $B(8|1|-2)$, $C(-5|8|1)$, $S(0|3|7)$

Aufgabe 3.3.6: Geben Sie eine Parametergleichung der Ebene an, in der jeweils die Lösungspunkte C aus den Aufgaben 2.5.15 c) bis f) liegen.

Aufgabe 3.3.7: Gegeben sei die Ebene

$$E : \vec{x} = \begin{pmatrix} 3 \\ -5 \\ 7 \end{pmatrix} + r \begin{pmatrix} 1 \\ 2 \\ 3 \end{pmatrix} + s \begin{pmatrix} -4 \\ 1 \\ -9 \end{pmatrix}.$$

Bestimmen Sie die Koordinaten der in E liegenden Punkte $P_1, \ldots, P_8$, die sich durch Einsetzen der folgenden Parameterwerte in die Ebenengleichung ergeben:

a) P_1 für $r = 1$ und $s = 0$

b) P_2 für $r = 0$ und $s = 1$

c) P_3 für $r = 1$ und $s = -1$

d) P_4 für $r = 1$ und $s = 1$

e) P_5 für $r = 3$ und $s = 2$

f) P_6 für $r = -7$ und $s = 11$

g) P_7 für $r = \frac{1}{5}$ und $s = -3$

h) P_8 für $r = -\frac{1}{3}$ und $s = \frac{1}{36}$

Aufgabe 3.3.8: Gegeben sei die Ebene

$$E : \vec{x} = \begin{pmatrix} 1 \\ 2 \\ 3 \end{pmatrix} + r \begin{pmatrix} -1 \\ 0 \\ 1 \end{pmatrix} + s \begin{pmatrix} 2 \\ 1 \\ 1 \end{pmatrix}.$$

Untersuchen Sie, welche der Punkte $P_1(1|3|6)$, $P_2(1|1|0)$, $P_3(1|1|-1)$, $P_4(-12|-3|1)$, $P_5(4|5|-9)$ und $P_6\left(-\frac{5}{2}|\frac{3}{2}|5\right)$ in der Ebene E liegen. Liegt ein Punkt P_i in E, dann geben Sie die zugehörigen Parameterwerte $r, s \in \mathbb{R}$ an, mit denen durch Einsetzen in die Ebenengleichung die zugehörigen Ortsvektoren $\vec{x} = \overrightarrow{OP_i}$ berechnet werden.

Aufgabe 3.3.9: Gegeben sei die Ebene

$$E : \vec{x} = \begin{pmatrix} 1 \\ 5 \\ -2 \end{pmatrix} + r \begin{pmatrix} -3 \\ 2 \\ 1 \end{pmatrix} + s \begin{pmatrix} 4 \\ -1 \\ 7 \end{pmatrix}.$$

Untersuchen Sie, welche der Punkte $P_1(2|1|-19)$, $P_2(15|4|35)$, $P_3(36|1|78)$, $P_4(-1|13|32)$, $P_5\left(-\frac{9}{4}|\frac{27}{4}|-3\right)$ und $P_6\left(-\frac{3}{4}|-7|\frac{11}{4}\right)$ in der Ebene E liegen. Liegt ein Punkt P_i in E, dann geben Sie die zugehörigen Parameterwerte $r, s \in \mathbb{R}$ an, mit denen durch Einsetzen in die Ebenengleichung die zugehörigen Ortsvektoren $\vec{x} = \overrightarrow{OP_i}$ berechnet werden.

Aufgabe 3.3.10: Geben Sie zur Ebene

$$E : \vec{x} = \begin{pmatrix} 1 \\ -2 \\ 5 \end{pmatrix} + r \begin{pmatrix} 12 \\ 24 \\ -36 \end{pmatrix} + s \begin{pmatrix} \frac{1}{2} \\ 1 \\ -\frac{3}{4} \end{pmatrix} \qquad (*)$$

alternative Parametergleichungen an, die aus $(*)$ wie folgt hervorgehen:

a) Einer der Richtungsvektoren in der gegebenen Gleichung $(*)$ soll mit einem positiven Faktor in seiner Länge gestreckt werden.

b) Einer der Richtungsvektoren in der gegebenen Gleichung $(*)$ soll mit einem positiven Faktor in seiner Länge gestaucht werden.

c) Einer der Richtungsvektoren in der gegebenen Gleichung $(*)$ soll mit seinem inversen Vektor (Gegenvektor) getauscht werden.

d) Beide Richtungsvektoren in der gegebenen Gleichung $(*)$ sollen in ihrer Länge so gestreckt oder gestaucht werden, dass die Richtungsvektoren der daraus hervorgehenden alternativen Parametergleichung nur ganzzahlige Koordinaten enthalten.

e) Zusätzlich zur Umformung aus d) sollen die ganzzahligen Koordinaten der alternativen Richtungsvektoren betragsmäßig minimal klein sein.

f) Die alternative Gleichung entsteht aus $(*)$ durch Wahl eines anderen Stützvektors.

g) Die alternative Gleichung entsteht aus dem Stützvektor aus f) und den Richtungsvektoren aus e).

h) Der Stützvektor der Gleichung $(*)$ liefert die Koordinaten des Stützpunkts A. Einsetzen von geeigneten Parameterwerten in die Gleichung $(*)$ liefert die Ortsvektoren von Punkten B und C der Ebene E, sodass die Vektoren $\overrightarrow{AB}$ und $\overrightarrow{AC}$ linear unabhängig sind. Die Vektoren $\overrightarrow{AB}$ und $\overrightarrow{AC}$ sind Richtungsvektoren einer zu $(*)$ alternativen Ebenengleichung. Dabei sind die Fälle $(r;s) = (0;0)$, $(r;s) = (0;1)$ und $(r;s) = (1;0)$ ausgeschlossen.

3.3.2 Normalenform der Ebenengleichung

Eine besonders handliche Möglichkeit zur Darstellung von Ebenen lässt sich unter der Verwendung eines zur Ebene orthogonal stehenden Vektors $\overrightarrow{n} \neq \overrightarrow{0}$ gewinnen. Die Berechnung von $\overrightarrow{n}$ wird dabei durch das Kreuzprodukt motiviert. Wir betrachten dazu eine Ebene in Parameterform, d. h. $E : \overrightarrow{x} = \overrightarrow{0P} + r\overrightarrow{u} + s\overrightarrow{w}$. Nach Satz 2.143 f) ist

$$\overrightarrow{n} := \overrightarrow{u} \times \overrightarrow{w}$$

ein Normalenvektor von $\overrightarrow{u}$ und $\overrightarrow{w}$, d. h., $\overrightarrow{u} \bullet \overrightarrow{n} = 0$ und $\overrightarrow{w} \bullet \overrightarrow{n} = 0$. Weiter ist $\overrightarrow{n}$ auch zu jeder Linearkombination von $\overrightarrow{u}$ und $\overrightarrow{w}$ orthogonal, denn für beliebige $r, s \in \mathbb{R}$ gilt:

$$(r\overrightarrow{u} + s\overrightarrow{w}) \bullet \overrightarrow{n} = r\overrightarrow{u} \bullet \overrightarrow{n} + s\overrightarrow{w} \bullet \overrightarrow{n} = r \cdot 0 + s \cdot 0 = 0 \qquad (3.78)$$

Betrachten wir den Stützpunkt P und einen weiteren, beliebigen Punkt Q von E, dann gibt es ein eindeutig bestimmtes Zahlenpaar $(r;s)$ mit $\overrightarrow{0Q} = \overrightarrow{0P} + r\overrightarrow{u} + s\overrightarrow{w}$. Subtraktion von $\overrightarrow{0P}$ ergibt:

$$\overrightarrow{0Q} - \overrightarrow{0P} = r\overrightarrow{u} + s\overrightarrow{w}$$

Multiplikation mit $\overrightarrow{n}$ ergibt:

$$[\overrightarrow{0Q} - \overrightarrow{0P}] \bullet \overrightarrow{n} = [r\overrightarrow{u} + s\overrightarrow{w}] \bullet \overrightarrow{n}$$

Wegen (3.78) folgt $\left[\overrightarrow{0Q} - \overrightarrow{0P}\right] \bullet \overrightarrow{n} = 0$.

Das bedeutet: Ein Punkt Q mit dem Ortsvektor $\overrightarrow{x} = \overrightarrow{0Q}$ liegt genau dann in der Ebene E, wenn

$$\overrightarrow{PQ} = \overrightarrow{0Q} - \overrightarrow{0P} = \overrightarrow{x} - \overrightarrow{0P}$$

orthogonal zu $\overrightarrow{n}$ ist (siehe Abb. 75). Dies ist unabhängig von Richtung und Länge des Normalenvektors $\overrightarrow{n}$. Folglich kann $\overrightarrow{n}$ durch $r\,\overrightarrow{n}$ für beliebiges $r \in \mathbb{R} \setminus \{0\}$ ersetzt werden.

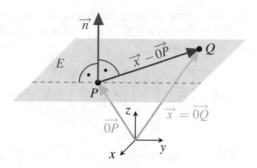

Abb. 75: Konstruktion einer Normalengleichung einer Ebene E

Definition 3.79. Sei E eine Ebene und P ein beliebiger Punkt der Ebene E. Dann heißt die parameterfreie Darstellung

$$E : \left[\overrightarrow{x} - \overrightarrow{0P}\right] \bullet \overrightarrow{n} = 0 \qquad (*)$$

<u>Normalengleichung</u> der Ebene E. Weitere Bezeichnungen:

- $\overrightarrow{x} = \overrightarrow{0Q}$ ist der Ortsvektor zu einem beliebigen Punkt Q der Ebene E.
- P heißt <u>Stützpunkt</u> von E, entsprechend heißt $\overrightarrow{0P}$ <u>Stützvektor</u>.
- $\overrightarrow{n}$ heißt <u>Normalenvektor</u> von E.

Ist $\overrightarrow{n}$ dabei zusätzlich ein <u>Normaleneinheitsvektor</u>, d. h. $\left|\overrightarrow{n}\right| = 1$, dann heißt die Darstellung $(*)$ <u>Hessesche Normalengleichung</u> der Ebene E.

Bemerkung 3.80. Jede Hessesche Normalengleichung einer Ebene E ist zugleich auch eine Normalengleichung, die Umkehrung gilt aber nicht. Die Hessesche Normalengleichung ist ein Sonderfall einer Normalengleichung. ◯

Beispiel 3.81. Gesucht ist eine Normalengleichung und eine Hessesche Normalengleichung der Ebene

$$E : \overrightarrow{x} = \begin{pmatrix} 1 \\ 2 \\ 3 \end{pmatrix} + r \begin{pmatrix} 4 \\ 5 \\ 6 \end{pmatrix} + s \begin{pmatrix} 1 \\ 1 \\ 1 \end{pmatrix} .$$

Ein Normalenvektor von E ist $\overrightarrow{n} = \begin{pmatrix} 4 \\ 5 \\ 6 \end{pmatrix} \times \begin{pmatrix} 1 \\ 1 \\ 1 \end{pmatrix} = \begin{pmatrix} -1 \\ 2 \\ -1 \end{pmatrix}$, ein Punkt von E ist $P(1|2|3)$. Damit ist gemäß Definition 3.79

$$E : \left[\overrightarrow{x} - \begin{pmatrix} 1 \\ 2 \\ 3 \end{pmatrix}\right] \bullet \begin{pmatrix} -1 \\ 2 \\ -1 \end{pmatrix} = 0$$

eine Normalengleichung der Ebene. Da ein Normalenvektor nicht eindeutig ist, ist auch $r\vec{n}$ für beliebiges $r \in \mathbb{R} \setminus \{0\}$ ein Normalenvektor von E. Weitere Normalengleichungen sind zum Beispiel

$$E: \left[\vec{x} - \begin{pmatrix} 1 \\ 2 \\ 3 \end{pmatrix}\right] \bullet \begin{pmatrix} 1 \\ -2 \\ 1 \end{pmatrix} = 0 \quad \text{oder} \quad E: \left[\vec{x} - \begin{pmatrix} 1 \\ 2 \\ 3 \end{pmatrix}\right] \bullet \begin{pmatrix} -5 \\ 10 \\ -5 \end{pmatrix} = 0.$$

Eine Hessesche Normalengleichung von E erhalten wir, wenn wir $\vec{n} = \begin{pmatrix} -1 \\ 2 \\ -1 \end{pmatrix}$ auf die Länge Eins normieren, d. h., wir multiplizieren $\vec{n}$ mit $\frac{1}{|\vec{n}|}$. Nach Berechnung von

$|\vec{n}| = \sqrt{6}$ ergibt sich $\frac{1}{|\vec{n}|}\vec{n} = \frac{1}{\sqrt{6}} \begin{pmatrix} -1 \\ 2 \\ -1 \end{pmatrix}$ als ein Normaleneinheitsvektor von E und

damit ergibt sich die folgende Hessesche Normalengleichung:

$$E: \left[\vec{x} - \begin{pmatrix} 1 \\ 2 \\ 3 \end{pmatrix}\right] \bullet \frac{1}{\sqrt{6}} \begin{pmatrix} -1 \\ 2 \\ -1 \end{pmatrix} = 0$$

Es ist Geschmackssache, wie man dieses Skalarprodukt notiert. Möglich sind auch die folgenden Schreibweisen, die auf den Eigenschaften des Skalarprodukts basieren: Eine günstige Notation dürfte

$$E: \frac{1}{\sqrt{6}} \left[\vec{x} - \begin{pmatrix} 1 \\ 2 \\ 3 \end{pmatrix}\right] \bullet \begin{pmatrix} -1 \\ 2 \\ -1 \end{pmatrix} = 0$$

sein, oder wegen der Kommutativität des Skalarprodukts ist auch

$$E: \frac{1}{\sqrt{6}} \begin{pmatrix} -1 \\ 2 \\ -1 \end{pmatrix} \bullet \left[\vec{x} - \begin{pmatrix} 1 \\ 2 \\ 3 \end{pmatrix}\right] = 0$$

möglich. Oft finden sich in der Literatur Beispielrechnungen, bei denen der Skalar $\frac{1}{\sqrt{6}}$ in den Normalenvektor multipliziert wird:

$$E: \left[\vec{x} - \begin{pmatrix} 1 \\ 2 \\ 3 \end{pmatrix}\right] \bullet \begin{pmatrix} -\frac{1}{\sqrt{6}} \\ \frac{2}{\sqrt{6}} \\ -\frac{1}{\sqrt{6}} \end{pmatrix} = 0$$

Diese Form kann für weitere Rechnungen günstig sein, muss aber nicht zwangsläufig die beste Wahl darstellen, denn so wie in diesem Beispiel handelt man sich unter Umständen unnötig viel Schreib- und Rechenarbeit mit Brüchen und Wurzelausdrücken ein. ◄

Beispiel 3.82. Gesucht sind eine Normalengleichung und eine Hessesche Normalengleichung der Ebene E, in der die Punkte $A(1|-1|5)$, $B(2|-6|7)$ und $C(-1|3|4)$ liegen. Zunächst berechnen wir einen Normalenvektor von E:

$$\vec{n} = \vec{AB} \times \vec{AC} = \begin{pmatrix} 1 \\ -5 \\ 2 \end{pmatrix} \times \begin{pmatrix} -2 \\ 4 \\ -1 \end{pmatrix} = \begin{pmatrix} -3 \\ -3 \\ -6 \end{pmatrix}$$

Verwenden wir A als Stützpunkt, dann erhalten wir die Normalengleichung

$$E: \left[\vec{x} - \begin{pmatrix} 1 \\ -1 \\ 5 \end{pmatrix} \right] \bullet \begin{pmatrix} -3 \\ -3 \\ -6 \end{pmatrix} = 0.$$

Weiter berechnen wir $|\vec{n}| = \sqrt{54} = 3\sqrt{6}$, womit $\dfrac{1}{3\sqrt{6}} \begin{pmatrix} -3 \\ -3 \\ -6 \end{pmatrix}$ ein Normaleneinheitsvektor von E ist. Damit ist

$$E: \frac{1}{3\sqrt{6}} \left[\vec{x} - \begin{pmatrix} 1 \\ -1 \\ 5 \end{pmatrix} \right] \bullet \begin{pmatrix} -3 \\ -3 \\ -6 \end{pmatrix} = 0$$

eine Hessesche Normalengleichung der Ebene. Wir werfen einen zweiten Blick auf die erhaltenen Normalengleichungen und stellen fest: Die Koordinaten von $\vec{n}$ enthalten alle den gemeinsamen Faktor -3, d. h., es gilt $\vec{n} = -3 \begin{pmatrix} 1 \\ 1 \\ 2 \end{pmatrix}$. Aus dieser Darstellung wird deutlich, dass wir auch den Vektor $\vec{n_1} = \begin{pmatrix} 1 \\ 1 \\ 2 \end{pmatrix}$ als Normalenvektor für E verwenden können. Das liefert die Normalengleichung

$$E: \left[\vec{x} - \begin{pmatrix} 1 \\ -1 \\ 5 \end{pmatrix} \right] \bullet \begin{pmatrix} 1 \\ 1 \\ 2 \end{pmatrix} = 0.$$

Die Berechnung von $|\vec{n_1}| = \sqrt{6}$ liefert $\dfrac{1}{\sqrt{6}} \begin{pmatrix} 1 \\ 1 \\ 2 \end{pmatrix}$ als weiteren Normaleneinheitsvektor von E und damit eine alternative Hessesche Normalengleichung:

$$E: \frac{1}{\sqrt{6}} \left[\vec{x} - \begin{pmatrix} 1 \\ -1 \\ 5 \end{pmatrix} \right] \bullet \begin{pmatrix} 1 \\ 1 \\ 2 \end{pmatrix} = 0$$

◀

Bemerkung 3.83. Für das in Beispiel 3.82 durchgeführte Ersetzen des Normalenvektors

$\begin{pmatrix} -3 \\ -3 \\ -6 \end{pmatrix} = -3 \begin{pmatrix} 1 \\ 1 \\ 2 \end{pmatrix}$ durch $\begin{pmatrix} 1 \\ 1 \\ 2 \end{pmatrix}$ wird in der Literatur hin und wieder der etwas irrefüh-

rende Begriff des <u>Kürzens (von Vektoren)</u> verwendet. Bereits bei den Parametergleichungen von Geraden und Ebenen hatten wir zur Vereinfachung der Richtungsvektoren von dieser Maßnahme Gebrauch gemacht. Ein solcher Schritt ist mit Blick auf Folgerechnungen immer empfehlenswert, lassen sich doch auf diese Weise Zahlen (betragsmäßig) klein halten und oft nebenbei (so wie in diesem Beispiel) auch die Anzahl von Minuszeichen reduzieren, die nicht selten zu Flüchtigkeitsfehlern in Rechnungen führen.   ○

Liegt eine Ebene in Normalenform vor, dann ist es besonders einfach zu überprüfen, ob ein Punkt in der Ebene liegt.

Satz 3.84. Gegeben seien ein Punkt Q und eine Ebene $E : \left[\vec{x} - \overrightarrow{OP} \right] \bullet \vec{n} = 0$. Dann gilt:

a) Q liegt in E, falls $\left[\overrightarrow{OQ} - \overrightarrow{OP} \right] \bullet \vec{n} = 0$.

b) Q liegt nicht in E, falls $\left[\overrightarrow{OQ} - \overrightarrow{OP} \right] \bullet \vec{n} \neq 0$.

Beispiel 3.85. Gegeben sei $E : \left[\vec{x} - \begin{pmatrix} 1 \\ 2 \\ 3 \end{pmatrix} \right] \bullet \begin{pmatrix} 4 \\ 5 \\ 6 \end{pmatrix} = 0$. Der Punkt $Q(5|-6|7)$ liegt in

E, denn es gilt

$$\left[\begin{pmatrix} 5 \\ -6 \\ 7 \end{pmatrix} - \begin{pmatrix} 1 \\ 2 \\ 3 \end{pmatrix} \right] \bullet \begin{pmatrix} 4 \\ 5 \\ 6 \end{pmatrix} = \begin{pmatrix} 4 \\ -8 \\ 4 \end{pmatrix} \bullet \begin{pmatrix} 4 \\ 5 \\ 6 \end{pmatrix} = 4 \cdot 4 - 8 \cdot 5 + 4 \cdot 6 = 0.$$

Der Punkt $Q(11|-8|6)$ liegt nicht in E, denn es gilt

$$\left[\begin{pmatrix} 11 \\ -8 \\ 6 \end{pmatrix} - \begin{pmatrix} 1 \\ 2 \\ 3 \end{pmatrix} \right] \bullet \begin{pmatrix} 4 \\ 5 \\ 6 \end{pmatrix} = \begin{pmatrix} 10 \\ -10 \\ 3 \end{pmatrix} \bullet \begin{pmatrix} 4 \\ 5 \\ 6 \end{pmatrix} = 10 \cdot 4 - 10 \cdot 5 + 3 \cdot 6 = 8 \neq 0. \blacktriangleleft$$

Aufgaben zum Abschnitt 3.3.2

Aufgabe 3.3.11: Bestimmen Sie eine Normalengleichung der Ebene E:

a) E enthält den Punkt $P(3|4|6)$ und hat den Normalenvektor $\vec{n} = \begin{pmatrix} -2 \\ 9 \\ 7 \end{pmatrix}$.

b) E enthält die Punkte $A(1|1|4)$, $B(4|4|2)$ und $C(3|3|1)$.

c) E enthält die Punkte $A(5|3|5)$, $B(2|7|4)$ und $C(-2|-1|-4)$.

d) E enthält den Punkt $P(-2|1|-3)$ und die Gerade $g : \vec{x} = \begin{pmatrix} 2 \\ 3 \\ -3 \end{pmatrix} + r \begin{pmatrix} 1 \\ -1 \\ 3 \end{pmatrix}$.

e) E enthält die Punkte $A(1|2|3)$, $B(7|4|9)$ und $C(-8|-1|-6)$.

Aufgabe 3.3.12: Bestimmen Sie eine Normalengleichung der durch die folgenden Parametergleichungen gegebenen Ebenen. Verifizieren Sie mithilfe der Normalengleichung, ob die Punkte P_1, P_2 und P_3 in der Ebene E liegen.

a) $E : \vec{x} = \begin{pmatrix} 1 \\ 0 \\ 0 \end{pmatrix} + r \begin{pmatrix} 1 \\ 1 \\ 1 \end{pmatrix} + s \begin{pmatrix} 1 \\ 2 \\ -1 \end{pmatrix}$, $P_1(1|1|-2)$, $P_2(-1|-1|2)$, $P_3(-6|-6|-9)$

b) $E : \vec{x} = \begin{pmatrix} 2 \\ -1 \\ 5 \end{pmatrix} + r \begin{pmatrix} 0 \\ 1 \\ 2 \end{pmatrix} + s \begin{pmatrix} 3 \\ 5 \\ 8 \end{pmatrix}$, $P_1(6|2|0)$, $P_2(2|-5|-3)$, $P_3(8|0|3)$

c) $E : \vec{x} = \begin{pmatrix} 1 \\ 2 \\ 3 \end{pmatrix} + r \begin{pmatrix} -1 \\ -2 \\ 2 \end{pmatrix} + s \begin{pmatrix} 2 \\ 4 \\ -5 \end{pmatrix}$, $P_1(-1|-2|11)$, $P_2(3|-2|11)$, $P_3(-1|6|9)$

d) $E : \vec{x} = r \begin{pmatrix} 1 \\ 11 \\ 3 \end{pmatrix} + s \begin{pmatrix} -12 \\ 1 \\ 7 \end{pmatrix}$, $P_1(1|1|-1)$, $P_2\left(-\frac{3}{37}\left|\frac{3}{34}\right|-\frac{2}{137}\right)$, $P_3\left(\frac{1}{74}\left|\frac{2}{43}\right|\frac{1}{133}\right)$

Aufgabe 3.3.13: Geben Sie zur Ebene

$$E : \left[\vec{x} - \begin{pmatrix} 1 \\ 2 \\ -1 \end{pmatrix}\right] \bullet \begin{pmatrix} 4 \\ -8 \\ 2 \end{pmatrix} = 0 \qquad (*)$$

alternative Normalengleichungen an, die aus $(*)$ wie folgt hervorgehen:

a) Der Normalenvektor in der gegebenen Gleichung $(*)$ soll mit einem positiven Faktor in seiner Länge gestreckt werden.

b) Der Normalenvektor in der gegebenen Gleichung $(*)$ soll durch seinen inversen Vektor (Gegenvektor) ausgetauscht werden.

c) Der Normalenvektor in der gegebenen Gleichung $(*)$ soll durch einen Normalenvektor ausgetauscht werden, dessen Koordinaten ganzzahlig und betragsmäßig minimal sind.

d) Die Gleichung $(*)$ wird in eine Hessesche Normalengleichung von E überführt.

e) Der Normalenvektor in der gegebenen Gleichung $(*)$ soll durch einen Normalenvektor $\vec{n}$ ausgetauscht werden, der die Länge $|\vec{n}| = 2$ hat.

f) Die alternative Gleichung entsteht aus $(*)$ durch Wahl eines anderen Stützvektors.

g) Die alternative Gleichung entsteht aus dem Stützvektor aus f) und dem Normalenvektor aus c).

3.3.3 Koordinatenform der Ebenengleichung

Wir werfen einen zweiten Blick auf die Normalengleichung einer Ebene und formen diese wie folgt um:

$$[\vec{x} - \overrightarrow{OP}] \bullet \vec{n} = 0 \quad \Leftrightarrow \quad \vec{x} \bullet \vec{n} - \overrightarrow{OP} \bullet \vec{n} = 0 \quad \Leftrightarrow \quad \vec{x} \bullet \vec{n} = \overrightarrow{OP} \bullet \vec{n}$$

Definieren wir $d := \overrightarrow{OP} \bullet \vec{n}$ und setzen $\vec{x} = \begin{pmatrix} x \\ y \\ z \end{pmatrix}$ und $\vec{n} = \begin{pmatrix} a \\ b \\ c \end{pmatrix}$ ein, dann erhält die

Gleichung $\vec{x} \bullet \vec{n} = \overrightarrow{OP} \bullet \vec{n}$ die Gestalt

$$\begin{pmatrix} x \\ y \\ z \end{pmatrix} \bullet \begin{pmatrix} a \\ b \\ c \end{pmatrix} = d \,.$$

Ausrechnen des Skalarprodukts liefert schließlich die folgende Gleichung:

$$ax + by + cz = d$$

Diese Gleichung ist eine kompakte Möglichkeit zur Beschreibung einer Ebene und für viele Anwendungen eine vorteilhafte Ausgangsbasis. Die Tatsache, dass x, y und z die Koordinaten eines Punkts $P(x|y|z)$ der Ebene E sind, erklärt auch die Namensgebung für diese Darstellung einer Ebene.

Definition 3.86. Sei E eine Ebene. Die parameterfreie Darstellung

$$E : ax + by + cz = d$$

heißt <u>Koordinatengleichung</u> der Ebene E. Dabei sind $x, y, z \in \mathbb{R}$ die Koordinaten eines in E liegenden Punkts $P(x|y|z)$ und $a, b, c, d \in \mathbb{R}$ die Koeffizienten der Gleichung, wobei der Fall $(a; b; c) = (0; 0; 0)$ ausgeschlossen ist.

Beispiel 3.87. Die durch die Normalengleichung $E : \left[\vec{x} - \begin{pmatrix} 1 \\ 2 \\ 3 \end{pmatrix} \right] \bullet \begin{pmatrix} 4 \\ 5 \\ 6 \end{pmatrix} = 0$ definierte

Ebene hat die Koordinatengleichung

$$E : 4y + 5y + 6z = 32 \,,$$

deren linke Seite durch die Rechnung $\vec{x} \bullet \begin{pmatrix} 4 \\ 5 \\ 6 \end{pmatrix} = \begin{pmatrix} x \\ y \\ z \end{pmatrix} \bullet \begin{pmatrix} 4 \\ 5 \\ 6 \end{pmatrix} = 4x + 5y + 6z$ entsteht,

die rechte Seite durch $\begin{pmatrix} 1 \\ 2 \\ 3 \end{pmatrix} \bullet \begin{pmatrix} 4 \\ 5 \\ 6 \end{pmatrix} = 32$. ◀

Soll eine Parametergleichung in eine Koordinatengleichung umgerechnet werden, dann muss dazu nicht zwangsläufig eine Normalengleichung als Zwischenschritt notiert werden. Es genügt, die passenden Zutaten zu ermitteln.

Beispiel 3.88. Gegeben sei die Ebene

$$E : \vec{x} = \begin{pmatrix} 1 \\ 1 \\ 1 \end{pmatrix} + r \begin{pmatrix} -1 \\ 3 \\ 2 \end{pmatrix} + s \begin{pmatrix} 4 \\ 3 \\ 5 \end{pmatrix}.$$

Ein Normalenvektor von E ist $\vec{n} = \begin{pmatrix} -1 \\ 3 \\ 2 \end{pmatrix} \times \begin{pmatrix} 4 \\ 3 \\ 5 \end{pmatrix} = \begin{pmatrix} 9 \\ 13 \\ -15 \end{pmatrix}$. Daraus ergibt sich eine

Koordinatengleichung von E wie folgt:

$$\begin{pmatrix} x \\ y \\ z \end{pmatrix} \bullet \begin{pmatrix} 9 \\ 13 \\ -15 \end{pmatrix} = \begin{pmatrix} 1 \\ 1 \\ 1 \end{pmatrix} \bullet \begin{pmatrix} 9 \\ 13 \\ -15 \end{pmatrix} \quad \Rightarrow \quad E : 9x + 13y - 15z = 7 \qquad \blacktriangleleft$$

Aus einer Koordinatengleichung kann ohne Rechnungen ein Normalenvektor von E abgelesen werden.

Folgerung 3.89. Gegeben sei eine Ebene $E : ax + by + cz = d$ mit $a, b, c, d \in \mathbb{R}$. Der Vektor $\vec{n} = \begin{pmatrix} a \\ b \\ c \end{pmatrix}$ ist ein Normalenvektor von E.

Beispiel 3.90. Die Ebene $E : 2x + 9y + 3z = 5$ hat den Normalenvektor $\vec{n} = \begin{pmatrix} 2 \\ 9 \\ 3 \end{pmatrix}$. $\blacktriangleleft$

Beispiel 3.91. Die Ebene $E : 8x - 4y - 5z = -3$ hat den Normalenvektor $\vec{n} = \begin{pmatrix} 8 \\ -4 \\ -5 \end{pmatrix}$. $\blacktriangleleft$

Im folgenden Beispiel soll eine nur noch selten in der Praxis der Schulmathematik behandelte Alternative zur Überführung einer Parameter- in eine Koordinatengleichung vorgestellt werden.

Beispiel 3.92. Die Parametergleichung der Ebene E aus Beispiel 3.88 kann als lineares Gleichungssystem interpretiert werden, wobei jeder Koordinate x, y und z eines Punkts $P(x|y|z)$ der Ebene E eine Gleichung zugeordnet ist:

$$\begin{aligned} \text{I} &: x = 1 - r + 4s \\ \text{II} &: y = 1 + 3r + 3s \\ \text{III} &: z = 1 + 2r + 5s \end{aligned}$$

Eliminieren wir aus diesem Gleichungssystem nacheinander die Parameter r und s, dann erhalten wir auf diese Weise eine Koordinatengleichung von E. Dieser Schritt wird dadurch gerechtfertigt, dass eine Koordinatengleichung eine parameterfreie Gleichung ist. Die Elimination erfolgt nach dem Additionsverfahren zur Lösung linearer Gleichungssysteme. Zuerst eliminieren wir r und erhalten so zwei Gleichungen, in denen nur noch s vorkommt:

$$3 \cdot I + II = IV : 3x + y = 4 + 15s$$
$$2 \cdot I + III = V : 2x + z = 3 + 13s$$

Die Elimination von s liefert die aus Beispiel 3.88 bekannte Koordinatengleichung:

$$13 \cdot IV - 15 \cdot V = E : 9x + 13y - 15z = 7$$

Man beachte, dass eine andere Vorgehensweise bei der Elimination der Parameter r und s ein anderes Ergebnis liefern kann. Dazu folgt hier eine Beispielrechnung:

$$
\begin{aligned}
3 \cdot I - 4 \cdot II = IV' : \qquad & 3x - 4y = \quad -1 - 15r \\
5 \cdot I - 4 \cdot III = V' : \qquad & 5x - 4z = \quad 1 - 13r \\
\hline
13 \cdot IV' - 15V' = E : -36x & - 52y + 60z = -28
\end{aligned}
$$

Die Gleichungen $9x + 13y - 15z = 7$ und $-36x - 52y + 60z = -28$ stellen natürlich die gleiche Ebene E dar.   ◀

Beispiel 3.92 zeigt, dass eine Koordinatengleichung nicht eindeutig ist. Das lässt sich mit den unterschiedlichen Rechenwegen begründen, aber auch mit der Tatsache, dass ein Normalenvektor $\vec{n}$ einer Ebene E nicht eindeutig bestimmt ist.

> **Satz 3.93.** Die Koordinatengleichung einer Ebene E ist bis auf einen Faktor eindeutig bestimmt. Das bedeutet: Ist $ax + by + cz = d$ eine Koordinatengleichung von E, dann ist $r(ax + by + cz) = rd$ bzw. nach Klammerauflösung $rax + rby + rcz = rd$ für beliebiges $r \in \mathbb{R} \setminus \{0\}$ eine weitere Koordinatengleichung von E.

Beispiel 3.94. Weitere Koordinatengleichungen der Ebene $E : x + 2y + 3z = 4$ sind

$$2x + 4y + 6z = 8 \quad , \quad -3x - 6y - 9z = -12 \quad \text{und} \quad \tfrac{3}{2}x + 3y + \tfrac{9}{2}z = 6 \, . \qquad ◀$$

Bemerkung / Definition 3.95. Eine Koordinatengleichung kann auch die Gestalt

$$E : ax + by + cz - d = 0$$

haben. Dividieren wir diese Gleichung durch die Länge des Normalenvektors $\vec{n} = \begin{pmatrix} a \\ b \\ c \end{pmatrix}$,

dann ergibt dies die spezielle Koordinatengleichung

$$E : \frac{ax + by + cz - d}{\sqrt{a^2 + b^2 + c^2}} = 0 \, , \qquad\qquad (*)$$

die ebenfalls als <u>Hessesche Normalengleichung</u> der Ebene E bezeichnet wird und zum Beispiel für die Abstandsberechnung nutzbar ist (siehe Abschnitt 3.6.3). Die Namensgebung ist sinnvoll und zeigt den engen Zusammenhang zwischen Normalen- und Koordinatengleichungen auf, denn Gleichung $(*)$ wird direkt aus der ebenfalls als Hessesche Normalengleichung bezeichneten Darstellung

$$E : \frac{1}{|\vec{n}|}\left[\vec{x} - \overrightarrow{0A}\right] \bullet \vec{n} = 0 \tag{\#}$$

durch Ausrechnen des Skalarprodukts gewonnen. Wenn wir also nachfolgend von einer Hesseschen Normalengleichung bzw. Hesseschen Normalenform einer Ebene sprechen, dann sind damit gleichberechtigt die Darstellungen $(\#)$ und $(*)$ gemeint. $\bigcirc$

Beispiel 3.96. Für die Ebene $E : \left[\vec{x} - \begin{pmatrix} 1 \\ 1 \\ 1 \end{pmatrix}\right] \bullet \begin{pmatrix} 2 \\ 3 \\ 4 \end{pmatrix} = 0$ sind die Gleichungen

$$\frac{1}{\sqrt{29}}\left[\vec{x} - \begin{pmatrix} 1 \\ 1 \\ 1 \end{pmatrix}\right] \bullet \begin{pmatrix} 2 \\ 3 \\ 4 \end{pmatrix} = 0 \quad \text{und} \quad \frac{2x + 3x + 4z - 9}{\sqrt{29}} = 0$$

Hessesche Normalengleichungen. ◄

Koordinatengleichungen einer Ebene haben einige angenehme Eigenschaften. Liegt eine Ebene in Koordinatenform vor, dann lässt sich im Vergleich zur Normalenform noch einfacher überprüfen, ob ein Punkt in der Ebene liegt. Dazu muss nämlich lediglich überprüft werden, ob die x-, y- und z-Koordinaten eines Punkts die Koordinatengleichung erfüllen.

Satz 3.97. Gegeben seien ein Punkt $P(p_1|p_2|p_3)$ und eine Ebene $E : ax + by + cz = d$ mit $a, b, c, d \in \mathbb{R}$. Dann gilt:

a) P liegt in E, falls $ap_1 + bp_2 + cp_3 = d$.

b) P liegt nicht in E, falls $ap_1 + bp_2 + cp_3 \neq d$.

Beispiel 3.98. Gegeben sei die Ebene $E : 2x + 3y + 4z = 40$.

a) Der Punkt $P(7|6|2)$ liegt in E, denn Einsetzen der Koordinaten $x = 7$, $y = 6$ und $z = 2$ in den linken Teil der Koordinatengleichung ergibt $2 \cdot 7 + 3 \cdot 6 + 4 \cdot 2 = 40$.

b) Der Punkt $P(3|5|9)$ liegt nicht in E, denn Einsetzen von $x = 3$, $y = 5$ und $z = 9$ in den linken Teil der Koordinatengleichung ergibt $2 \cdot 3 + 3 \cdot 5 + 4 \cdot 9 = 57 \neq 40$. ◄

Aus den Koeffizienten a, b, c und d einer Koordinatengleichung $E : ax + by + cz = d$ lassen sich wichtige Eigenschaften der Ebene E in einfacher Weise direkt ablesen. Leicht lässt sich zum Beispiel die folgende Tatsache begründen:

Satz 3.99. Eine Ebene $E : ax + by + cz = d$ verläuft genau dann durch den Koordinatenursprung, wenn $d = 0$ gilt.

Beispiel 3.100. Gesucht ist eine Koordinatengleichung der Ebene E, in der die Punkte $A(1|-2|1)$, $B(2|3|4)$ und $C(-1|2|-1)$ liegen. Ein Normalenvektor von E ist

$$\vec{n} = \vec{AB} \times \vec{AC} = \begin{pmatrix} 1 \\ 5 \\ 3 \end{pmatrix} \times \begin{pmatrix} -2 \\ 4 \\ -2 \end{pmatrix} = \begin{pmatrix} -22 \\ -4 \\ 14 \end{pmatrix}.$$

Mit A als Stützpunkt ergibt sich eine Koordinatengleichung von E wie folgt:

$$\begin{pmatrix} x \\ y \\ z \end{pmatrix} \bullet \begin{pmatrix} -22 \\ -4 \\ 14 \end{pmatrix} = \begin{pmatrix} 1 \\ -2 \\ 1 \end{pmatrix} \bullet \begin{pmatrix} -22 \\ -4 \\ 14 \end{pmatrix} \quad \Rightarrow \quad E: -22x - 4y + 14z = 0$$

Dass E den Koordinatenursprung enthält, lässt sich in der Koordinatengleichung an der Konstante Null erkennen. Alternativ kann dies natürlich mittels Punktprobe für den Koordinatenursprung $0(0|0|0)$ leicht nachgerechnet werden. ◀

Ist einer der Koeffizienten a, b oder c gleich null, dann lässt dies einen Rückschluss auf die Lage der Ebene in Bezug auf die Koordinatenachsen zu. Ist zum Beispiel $a = 0$, d. h., wir betrachten $E: by + cz = d$, dann ist $\vec{n} = \begin{pmatrix} 0 \\ b \\ c \end{pmatrix}$ ein Normalenvektor von E. Die x-Achse lässt sich als Gerade mit dem Richtungsvektor $\vec{u} = \begin{pmatrix} 1 \\ 0 \\ 0 \end{pmatrix}$ interpretieren. Aus $\vec{u} \bullet \vec{n} = 0$ folgt, dass $\vec{u}$ und $\vec{n}$ orthogonal sind. Das bedeutet, dass E parallel zur x-Achse verläuft. Nach Satz 3.99 liegt die x-Achse in E, falls $d = 0$ ist. Andernfalls ($d \neq 0$) ist E echt parallel zur x-Achse. Analoge Überlegungen lassen sich für die Parallelität einer Ebene zur y- und z-Achse anstellen.

Satz 3.101. Gegeben sei eine Ebene $E: ax + by + cz = d$. Dann gilt:

a) E verläuft genau dann parallel zur x-Achse, wenn $a = 0$ ist.

b) E verläuft genau dann parallel zur y-Achse, wenn $b = 0$ ist.

c) E verläuft genau dann parallel zur z-Achse, wenn $c = 0$ ist.

Sind zwei der Koeffizienten a, b oder c gleich null, dann lässt dies einen Rückschluss auf die Lage der Ebene in Bezug auf die Koordinatenebenen zu. Ist zum Beispiel $a = b = 0$, d. h., wir betrachten $E: cz = d$, dann ist $\vec{n} = \begin{pmatrix} 0 \\ 0 \\ c \end{pmatrix}$ ein Normalenvektor von E. Bereits an der Gestalt von $\vec{n}$ erkennen wir, dass E parallel zur xy-Ebene ist. Das lässt sich alternativ auch mithilfe von Satz 3.101 begründen, denn demnach bedeutet $a = 0$, dass E parallel zur x-Achse verläuft, und $b = 0$ bedeutet, dass E parallel zur y-Achse verläuft. Parallelität zur x- und y-Achse ist aber nur eine andere Beschreibung dafür, dass E parallel zur xy-Ebene ist. Analoge Begründungen lassen sich für die Parallelität einer Ebene zur xz- und yz-Ebene geben (siehe auch Abschnitt 3.5 für Details zu Lagebeziehungen zwischen Ebenen).

Folgerung 3.102. Gegeben sei eine Ebene $E : ax + by + cz = d$. Dann gilt:

a) E ist genau dann parallel zur xy-Ebene, wenn $a = b = 0$ ist.

b) E ist genau dann parallel zur xz-Ebene, wenn $a = c = 0$ ist.

c) E ist genau dann parallel zur yz-Ebene, wenn $b = c = 0$ ist.

Gelegentlich haben Lernende Schwierigkeiten mit der Interpretation von Koordinatengleichungen in denen (mindestens) einer der Koeffizienten a, b oder c gleich null ist. Ein einfaches Hilfsmittel zum besseren Verständnis ist es dabei, die gegebene Ebenengleichung etwas anders aufzuschreiben, nämlich mit den Nullen.

Beispiel 3.103. Die Ebene $E : x + z = 2$ ist nach Satz 3.101 parallel zur y-Achse. Zum Beispiel ist der Punkt $P(1|0|1)$ ein Punkt der Ebene. Verschieben wir P parallel zur y-Achse, dann liegen die so erhaltenen Punkte $P(1|v|1)$ für beliebig gewähltes $v \in \mathbb{R}$ ebenfalls in E, denn die Koordinaten erfüllen die Koordinatengleichung. Das wird deutlicher, wenn wir die Gleichung umschreiben zu $E : x + 0 \cdot y + z = 2$.   ◀

Beispiel 3.104. Die Ebene $E : y = 5$ ist nach Satz 3.102 parallel zur xz-Ebene. Zum Beispiel ist der Punkt $P(0|5|0)$ ein Punkt der Ebene. Verschieben wir P parallel zur xz-Ebene, dann liegen diese Punkte $P(u|5|w)$ für beliebig gewählte $u, w \in \mathbb{R}$ ebenfalls in E, denn die Koordinaten erfüllen die Koordinatengleichung. Das wird deutlicher, wenn wir die Gleichung umschreiben zu $E : 0 \cdot x + y + 0 \cdot z = 5$.   ◀

Aufgaben zum Abschnitt 3.3.3

Aufgabe 3.3.14: Bestimmen Sie eine Koordinatengleichung der Ebene E:

a) $E : \left[\vec{x} - \begin{pmatrix} 2 \\ -4 \\ 7 \end{pmatrix} \right] \bullet \begin{pmatrix} 1 \\ 2 \\ 3 \end{pmatrix} = 0$

b) $E : \vec{x} = \begin{pmatrix} 2 \\ 3 \\ -1 \end{pmatrix} + r \begin{pmatrix} 1 \\ 2 \\ -2 \end{pmatrix} + s \begin{pmatrix} 1 \\ 1 \\ 2 \end{pmatrix}$

c) E enthält die Punkte $A(1|1|1)$, $B(2|-2|-2)$ und $C(2|3|12)$.

d) E ist die yz-Ebene.

e) E enthält die z-Achse und den Punkt $A(3|-1|5)$.

f) E enthält den Punkt $P(2|2|1)$ und die Gerade g, die in der xy-Ebene liegt und im Punkt $Q(0|2|0)$ die y-Achse in einem Winkel von $45°$ schneidet.

Aufgabe 3.3.15: Untersuchen Sie, ob P_1, P_2 und P_3 Punkte der Ebene E sind.

a) $E : 5x - 12y + 8z = 43$, $P_1(3|1|5)$, $P_2(-3|1|5)$, $P_3(-1|-4|0)$

b) $E : -6x + 7y + 11z = 18$, $P_1(3|3|10)$, $P_2(3|2|2)$, $P_3\left(\frac{3}{2}|-4|5\right)$

c) $E : 3y - 4z = 4$, $P_1(1|2|2)$, $P_2\left(\frac{23}{13}|\frac{4}{3}|-1\right)$, $P_3(-5|12|8)$

Aufgabe 3.3.16: Bestimmen Sie eine Koordinatengleichung der durch die folgenden Parametergleichungen gegebenen Ebenen. Verifizieren Sie mithilfe der Koordinatengleichung, ob die Punkte P_1, P_2 und P_3 in der Ebene E liegen.

a) $E : \vec{x} = \begin{pmatrix} 1 \\ 0 \\ 1 \end{pmatrix} + r \begin{pmatrix} 1 \\ 2 \\ 3 \end{pmatrix} + s \begin{pmatrix} 3 \\ 2 \\ 1 \end{pmatrix}$, $P_1(-1|8|19)$, $P_2(9|4|1)$, $P_3(4|0|-1)$

b) $E : \vec{x} = \begin{pmatrix} 1 \\ 1 \\ 2 \end{pmatrix} + r \begin{pmatrix} 2 \\ -1 \\ 0 \end{pmatrix} + s \begin{pmatrix} 1 \\ 2 \\ -1 \end{pmatrix}$, $P_1(2|-8|3)$, $P_2(2|-2|3)$, $P_3(-1|-8|6)$

c) $E : \vec{x} = \begin{pmatrix} 2 \\ -2 \\ 1 \end{pmatrix} + r \begin{pmatrix} 1 \\ 2 \\ 2 \end{pmatrix} + s \begin{pmatrix} -2 \\ -2 \\ -1 \end{pmatrix}$, $P_1(0|-2|3)$, $P_2\left(7|5|\frac{13}{2}\right)$, $P_3\left(\frac{11}{2}|2|\frac{7}{2}\right)$

d) $E : \vec{x} = \begin{pmatrix} 2 \\ -1 \\ 5 \end{pmatrix} + r \begin{pmatrix} 0 \\ 1 \\ 2 \end{pmatrix} + s \begin{pmatrix} 3 \\ 5 \\ 8 \end{pmatrix}$, $P_1(6|2|0)$, $P_2(2|-5|-3)$, $P_3(8|0|3)$

Aufgabe 3.3.17:

a) Gegeben sei die Ebene $E : -3x + \frac{11}{5}y + 6z = -4$. Geben Sie mindestens zwei alternative Koordinatengleichungen für E an.

b) Vereinfachen Sie die Koordinatengleichung $E : 252x + 1134y - 378z = 2142$.

c) Gegeben sei die Ebene $E : 4x - 6y + 3z = 183$. Bestimmen Sie einen Vektor, der sowohl ein Normalenvektor von E als auch der Ortsvektor eines Punkts von E ist.

Aufgabe 3.3.18: Kann $c \in \mathbb{R}$ so gewählt werden, dass die Ebene E den Punkt P enthält? Falls dies möglich ist, dann bestimmen Sie rechnerisch alle Lösungen.

a) $E : cx + 3y - 2z = 35$, $P(6|-7|2)$ b) $E : cx + 3y - 2z = 11$, $P(c|-7|2c)$

c) $E : 2x - cy - \frac{1}{c}z = 10$, $P(2|3|3)$ d) $E : 2x - cy - \frac{1}{c}z = 10$, $P(2|3|6)$

e) $E : cx + 2y - \frac{1}{5}z = 2$, $P(c|2c+1|25)$ f) $E : (c-1)x - c^2z = 2$, $P\left(2|-2|\frac{5}{c}\right)$

g) $E : (c-1)x - c^2z = 2$, $P(0|2|0)$ h) $E : -3x + 5\sqrt{c^2 - 17}y = 77$, $P(1|2|3)$

3.3.4 Achsenabschnittsform der Ebenengleichung

Besonders interessant sind Koordinatengleichungen $E : ax + by + cz = d$ mit $d = 1$. Die Koeffizienten a, b und c haben dann eine besondere Gestalt, die in Bezug zu den Koordinatenachsen steht.

Definition 3.105. Sei E eine Ebene. Die parameterfreie Darstellung

$$E : \frac{1}{A}x + \frac{1}{B}y + \frac{1}{C}z = 1$$

heißt <u>Achsenabschnittsgleichung</u> der Ebene E. Dabei sind $x, y, z \in \mathbb{R}$ die Koordinaten eines Punkts $P(x|y|z)$ der Ebene und $A, B, C \in \mathbb{R} \setminus \{0\}$.

Die Bezeichnung Achsenabschnittsgleichung rührt von der Tatsache her, dass durch die Punkte $S_x(A|0|0)$, $S_y(0|B|0)$ bzw. $S_z(0|0|C)$ auf der x-, y- bzw. z-Achse ausgehend vom Ursprung ein Abschnitt der Länge $|A|$, $|B|$ bzw. $|C|$ abgeteilt wird. Mit anderen Worten: Aus der Achsenabschnittsgleichung einer Ebene E können die Koordinaten der Schnittpunkte mit den Koordinatenachsen abgelesen werden. Dabei ist die x-Koordinate des Schnittpunkts $S_x(x_1|0|0)$ mit der x-Achse der Kehrwert des Koeffizienten $\frac{1}{A}$, d. h. $x_1 = A$. Analog erhält man die Koordinaten der Schnittpunkte mit der y- bzw. z-Achse.

Beispiel 3.106. Die Ebene $E : \frac{1}{2}x + \frac{1}{4}y - \frac{1}{5}z = 1$ hat mit der x-Achse den Schnittpunkt $S_x(2|0|0)$, mit der y-Achse den Schnittpunkt $S_y(0|4|0)$ und mit der z-Achse den Schnittpunkt $S_z(0|0|-5)$. ◄

Beispiel 3.107. Die Ebene $E : \frac{3}{2}x + \frac{7}{4}y - \frac{9}{5}z = 1$ hat mit der x-Achse den Schnittpunkt $S_x\left(\frac{2}{3}|0|0\right)$, mit der y-Achse den Schnittpunkt $S_y\left(0|\frac{4}{7}|0\right)$ und mit der z-Achse den Schnittpunkt $S_z\left(0|0|-\frac{5}{9}\right)$. ◄

Beispiel 3.108. Die Ebene $E : 15x - 11y + 37z = 1$ hat mit der x-Achse den Schnittpunkt $S_x\left(\frac{1}{15}|0|0\right)$, mit der y-Achse den Schnittpunkt $S_y\left(0|-\frac{1}{11}|0\right)$ und mit der z-Achse den Schnittpunkt $S_z\left(0|0|\frac{1}{37}\right)$. ◄

Jede Koordinatengleichung $E : ax + by + cz = d$ lässt sich mithilfe der Division durch $d \neq 0$ in eine Achsenabschnittsgleichung überführen. Das führt allerdings nur dann auf eine Gleichung gemäß Definition 3.105, wenn $a \neq 0$, $b \neq 0$ und $c \neq 0$ gilt. Auch für $a = 0$, $b = 0$ oder $c = 0$ sind Achsenabschnittsgleichungen erklärt, was eine zweite Definition notwendig macht, die diese Sonderfälle mit einschließt.

Definition 3.109. Gegeben sei die Ebene $E : ax + by + cz = d$ mit $d \neq 0$. Die parameterfreie Darstellung

$$E : \frac{a}{d}x + \frac{b}{d}y + \frac{c}{d}z = 1$$

heißt <u>Achsenabschnittsgleichung</u> der Ebene E.

Aus dieser allgemeineren Definition der Achsenabschnittsgleichung lassen sich die folgenden Aussagen über die Schnittpunkte S_x, S_y und S_z einer Ebene mit den Koordinatenachsen herleiten.

Satz 3.110. Gegeben sei die Ebene $E : ax + by + cz = d$ mit $d \neq 0$.

a) Gilt $a \neq 0$, dann schneidet E die x-Achse im Punkt $S_x \left(\frac{d}{a} | 0 | 0 \right)$.

b) Gilt $a = 0$, dann hat E keinen Schnittpunkt mit der x-Achse.

c) Gilt $b \neq 0$, dann schneidet E die y-Achse im Punkt $S_y \left(0 | \frac{d}{b} | 0 \right)$.

d) Gilt $b = 0$, dann hat E keinen Schnittpunkt mit der y-Achse.

e) Gilt $c \neq 0$, dann schneidet E die z-Achse im Punkt $S_z \left(0 | 0 | \frac{d}{c} \right)$.

f) Gilt $c = 0$, dann hat E keinen Schnittpunkt mit der z-Achse.

Die Aussagen a), c) und e) des Satzes kann man leicht durch Einsetzen der entsprechenden Punktkoordinaten in die Achsenabschnittsgleichung von E verifizieren. Die Aussagen b), d) und f) sind eine Folgerung aus Satz 3.101 und der Tatsache, dass wegen $d \neq 0$ die Ebene echt parallel zu der entsprechenden Achse verläuft.

Beispiel 3.111. Die zur y-Achse parallele Ebene $E : \frac{1}{2}x - z = 3$ hat die Achsenabschnittsgleichung $E : \frac{1}{6}x - \frac{1}{3}z = 1$. Die Ebene E hat keinen Schnittpunkt mit der y-Achse, schneidet die x-Achse in $S_x(6|0|0)$ und die z-Achse in $S_z(0|0|-3)$. ◄

Mithilfe der Achsenschnittpunkte einer Ebene lässt sich die Lage einer Ebene im räumlichen Koordinatensystem grafisch gut darstellen.

Beispiel 3.112. Die Ebene $E : 15x + 12y + 20z = 60$ hat die Achsenabschnittsgleichung

$$E : \frac{1}{4}x + \frac{1}{5}y + \frac{1}{3}z = 1 .$$

Daraus lassen sich die Schnittpunkte der Ebene E mit den Koordinatenachsen ablesen, d. h. $S_x(4|0|0)$, $S_x(0|5|0)$ und $S_z(0|0|3)$. Einzeichnen von S_x, S_y und S_z in ein Koordinatensystem ergibt die in Abb. 76 dargestellte Teilmenge von E. ◄

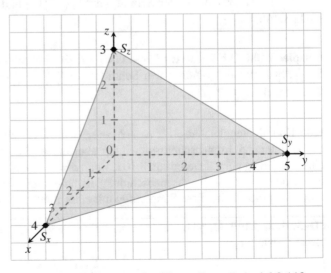

Abb. 76: Teilmenge der Ebene E aus Beispiel 3.112

Die Achsenschnittpunkte müssen übrigens nicht zwingend über die Achsenabschnittsgleichung einer Ebene bestimmt werden. Alternativ lässt sich nämlich gezielt ausnutzen, dass bei den auf den Achsen liegenden Punkten stets zwei der drei Koordinaten gleich null sind. Ist zum Beispiel von einer Ebene E eine Koordinatengleichung in beliebiger Gestalt bekannt, dann können die Achsenschnittpunkte wie im folgenden Beispiel bestimmt werden.

Beispiel 3.113. Gegeben sei die Ebene $E : 2x - 4y + 3z = 24$.

a) Der Schnittpunkt S_x von E mit der x-Achse hat die Koordinaten $y = z = 0$, d. h., von S_x ist die x-Koordinate unbekannt. Einsetzen von $y = z = 0$ in die Koordinatengleichung ergibt $2x = 24$, d. h. $x = 12$. Daraus folgt $S_x(12|0|0)$.

b) Der Schnittpunkt S_y von E mit der y-Achse hat die Koordinaten $x = z = 0$, d. h., von S_y ist die y-Koordinate unbekannt. Einsetzen von $x = z = 0$ in die Koordinatengleichung ergibt $-4y = 24$, d. h. $y = -6$. Daraus folgt $S_y(0| - 6|0)$.

c) Der Schnittpunkt S_z von E mit der z-Achse hat die Koordinaten $x = y = 0$, d. h., von S_z ist die z-Koordinate unbekannt. Einsetzen von $x = y = 0$ in die Koordinatengleichung ergibt $3z = 24$, d. h. $z = 8$. Daraus folgt $S_z(0|0|8)$. ◀

Analoge Methoden lassen sich für Parameter- und Normalengleichungen einer Ebene anwenden. Zur Thematik der Achsenschnittpunkte von Ebenen sei abschließend bemerkt, dass es dafür eine besondere Bezeichnung gibt:

Definition 3.114. Die Schnittpunkte einer Ebene E mit den Koordinatenachsen heißen Spurpunkte der Ebene E.

Aufgaben zum Abschnitt 3.3.4

Aufgabe 3.3.19: Verwenden Sie eine Achsenabschnittsgleichung von E, um die Koordinaten der Schnittpunkte von E mit den Koordinatenachsen zu ermitteln:

a) $E : 2x + 4y - 8z = 32$

b) $E : 12x - 48y + 36z = -4$

c) $E : -2x - 3y + \frac{1}{2}z = -2$

d) $E : 6x + 3y - \frac{4}{5}z = \frac{2}{3}$

e) $E : \frac{1}{2}x + \frac{1}{11}z = 3$

f) $E : -\frac{2}{3}y + \frac{4}{7}z = -4$

g) $E : -\frac{1}{2}x - \frac{3}{4}y = \frac{3}{5}$

h) $E : 3x = \frac{1}{7}$

i) $E : -21z = -84$

j) $E : 123x + 354y - 567z = 0$

k) $E : \left[\vec{x} - \begin{pmatrix} 1 \\ 0 \\ 1 \end{pmatrix} \right] \bullet \begin{pmatrix} 2 \\ 3 \\ 4 \end{pmatrix} = 0$

l) $E : \left[\vec{x} - \begin{pmatrix} 1 \\ 2 \\ 1 \end{pmatrix} \right] \bullet \begin{pmatrix} 1 \\ 5 \\ 0 \end{pmatrix} = 0$

m) $E : \vec{x} = \begin{pmatrix} 3 \\ 4 \\ -1 \end{pmatrix} + r \begin{pmatrix} -5 \\ 7 \\ 3 \end{pmatrix} + s \begin{pmatrix} 1 \\ 0 \\ -1 \end{pmatrix}$

n) E enthält die Punkte $A(2| - 7|3)$, $B(5| - 5|1)$ und $C(2| - 2|12)$.

Aufgabe 3.3.20: Bestimmen Sie die Achsenschnittpunkte der Ebenen E_1, E_2, E_3 und E_4 und skizzieren Sie damit eine Teilmenge der Ebenen im kartesischen Koordinatensystem.

a) $E_1 : \frac{1}{2}x + \frac{2}{11}y + \frac{1}{4}z = 1$ b) $E_2 : \frac{1}{3}x + \frac{2}{5}y + \frac{2}{3}z = -2$

c) $E_3 : -16y - 24z = -48$ d) $E_4 : 2y = 5$

Aufgabe 3.3.21: In Abb. 77 ist jeweils eine Teilmenge der Ebenen E_1 und E_2 grafisch dargestellt. Dabei sind die Punkte S_x, S_y bzw. S_z die Schnittpunkte von E_1 bzw. E_2 mit der x-, y- bzw. z-Achse. Ermitteln Sie jeweils eine Koordinaten-, eine Normalen- und eine Parametergleichung für E_1 und E_2.

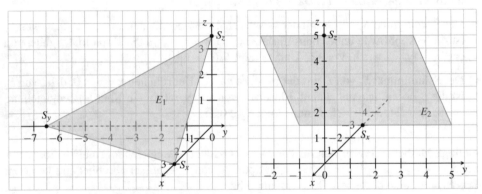

Abb. 77: Die Ebenen E_1 und E_2 aus Aufgabe 3.3.21

3.3.5 Umrechnungen zwischen den Darstellungsformen

Aus diversen Gründen kann es hilfreich sein, verschiedene Darstellungen einer Ebenengleichung zu verwenden. Manchmal ist es zum Beispiel notwendig, eine Parametergleichung in eine Normalen- oder Koordinatengleichung zu überführen. Die dazu erforderlichen Rechenschritte wurden bereits in Beispielen aufgezeigt. Umgekehrt kann es notwendig sein, aus einer Normalen- oder Koordinatengleichung eine Parametergleichung zu gewinnen. Die folgenden Beispiele demonstrieren die grundsätzlichen Rechenschritte.

Beispiel 3.115. Zur durch die Koordinatengleichung

$$E : 5x + 6y + 7z = 210$$

definierten Ebene soll eine Parametergleichung bestimmt werden. Ein Ansatz besteht darin, drei nicht auf einer Gerade liegende Punkte A, B und C der Ebene E zu bestimmen und die Dreipunktedarstellung einer Parametergleichung zu verwenden, d. h. zum Beispiel $E : \vec{x} = \vec{0A} + r\vec{AB} + s\vec{AC}$. Die Koordinaten der drei Punkte lassen sich durch Einsetzen von Koordinaten in die Koordinatengleichung bestimmen. Die folgenden beiden Zahlenbeispiele zeigen dazu mögliche Vorgehensweisen:

a) Es kann hilfreich sein, zwei Koordinaten gleich null zu setzen. Wird zum Beispiel $y = z = 0$ in die Koordinatengleichung eingesetzt, dann ergibt sich $5x = 210$, also $x = 42$. Auf diese Weise ist mit $A(42|0|0)$ ein Punkt von E bestimmt. Einsetzen von $x = z = 0$ in die Koordinatengleichung liefert $6y = 210$, woraus $y = 35$ folgt, d. h., $B(0|35|0)$ ist ein Punkt von E. Schließlich liefert $x = y = 0$ die Gleichung $7z = 210$, d. h. $z = 30$, woraus mit $C(0|0|30)$ ein weiterer Punkt von E folgt. Es ist offensichtlich, dass A, B und C nicht auf einer Gerade liegen. Wir erhalten die Parametergleichung

$$E: \ \vec{x} = \overrightarrow{0A} + r\overrightarrow{AB} + s\overrightarrow{AC} = \begin{pmatrix} 42 \\ 0 \\ 0 \end{pmatrix} + r \begin{pmatrix} -42 \\ 35 \\ 0 \end{pmatrix} + s \begin{pmatrix} -42 \\ 0 \\ 30 \end{pmatrix}.$$

b) Allgemeiner lassen sich stets zwei Koordinaten der gesuchten Punkte willkürlich festlegen, die dritte hängt dann von dieser Wahl ab. Setzen wir beispielsweise $y = 5$ und $z = -5$ in die Koordinatengleichung von E ein, dann folgt $5x + 30 - 35 = 210$ und daraus $x = 43$. Damit ist $A(43|5|-5)$ ein Punkt von E. Einsetzen von $x = 30$ und $z = 6$ in die Koordinatengleichung liefert $150 + 6y + 42 = 210$, woraus $y = 3$ folgt. Das ergibt den in E liegenden Punkt $B(30|3|6)$. Für $x = 28$ und $y = 14$ ergibt sich $140 + 84 + 7z = 210$, woraus $z = -2$ folgt, d. h., $C(28|14|-2)$ ist ein Punkt von E. Die Vektoren $\overrightarrow{AB}$ und $\overrightarrow{AC}$ sind linear unabhängig, d. h., A, B und C liegen wie gefordert nicht auf einer Gerade. Wir erhalten die Parametergleichung

$$E: \ \vec{x} = \overrightarrow{0A} + r\overrightarrow{AB} + s\overrightarrow{AC} = \begin{pmatrix} 43 \\ 5 \\ -5 \end{pmatrix} + r \begin{pmatrix} -13 \\ -2 \\ 11 \end{pmatrix} + s \begin{pmatrix} -15 \\ 9 \\ 3 \end{pmatrix}.$$

Es kann bei dieser Methode passieren, dass versehentlich doch drei Punkte A, B und C bestimmt werden, die auf einer Gerade liegen und folglich nicht zum Aufstellen einer Parametergleichung der Ebene verwendet werden können. Dazu ein Zahlenbeispiel:

c) Einsetzen von $y = 5$ und $z = 0$ in die Koordinatengleichung liefert $5x + 30 = 210$, woraus $x = 36$ folgt. Damit ist $A(36|5|0)$ ein Punkt von E. Einsetzen von $x = 24$ und $z = -6$ in die Koordinatengleichung liefert $120 + 6y - 42 = 210$, woraus $y = 22$ folgt. Damit ist $B(24|22|-6)$ ein Punkt von E. Einsetzen von $x = 48$ und $y = -12$ in die Koordinatengleichung liefert $240 - 72 + 7z = 210$, woraus $z = 6$ folgt. Damit ist $C(48|-12|6)$ ein Punkt von E. Aus den drei bestimmten Punkten A, B und C lässt sich aber keine Parametergleichung von E herleiten, denn für die Vektoren $\overrightarrow{AB} = \begin{pmatrix} -12 \\ 17 \\ -6 \end{pmatrix}$ und $\overrightarrow{AC} = \begin{pmatrix} 12 \\ -17 \\ 6 \end{pmatrix}$

gilt der Zusammenhang $\overrightarrow{AC} = -\overrightarrow{AB}$, d. h., $\overrightarrow{AB}$ und $\overrightarrow{AC}$ sind linear abhängig. Nach dieser Feststellung muss zum Beispiel der Punkt C durch einen Punkt C' von E ersetzt werden, sodass wie in a) und b) die Vektoren $\overrightarrow{AB}$ und $\overrightarrow{AC'}$ linear unabhängig sind. Dann kann aus A, B und C' eine Parametergleichung von E aufgestellt werden. ◄

Beispiel 3.116. Wir betrachten weiter die Ebene $E : 5x + 6y + 7z = 210$ und zeigen einen alternativen Rechenweg zur Herleitung einer Parametergleichung von E auf, der das in Beispiel 3.115 c) aufgezeigte Problem umgeht. Nach dem in Beispiel 3.115 verwendeten Ansatz können zur Ermittlung eines Punkts stets zwei der drei Koordinaten beliebig gewählt werden, die dritte Koordinate hängt von dieser Wahl ab. Diesem Ansatz folgend, können wir zwei der drei Koordinaten statt konkreten Zahlenwerten auch beliebige Werte $r \in \mathbb{R}$ und $s \in \mathbb{R}$ zuweisen, die sich nachfolgend als Parameter einer Parametergleichung indentifizieren lassen.

a) Wählen wir zum Beispiel $x = r \in \mathbb{R}$ und $y = s \in \mathbb{R}$ und setzen dies in die Koordinatengleichung ein, dann erhalten wir:

$$5r + 6s + 7z = 210 \quad \Leftrightarrow \quad z = 30 - \tfrac{5}{7}r - \tfrac{6}{7}s$$

Damit liegen drei Parametergleichungen vor, die wir zu einem Gleichungssystem zusammenstellen:

$$
\begin{aligned}
x &= & r & \\
y &= & & s \\
z &= 30 - \tfrac{5}{7}r &- \tfrac{6}{7}s &
\end{aligned}
$$

Dies schreiben wir etwas anders auf, indem wir unter anderem an einigen Stellen Nullen und Einsen ergänzen:

$$
\begin{aligned}
x &= 0 + r \cdot 1 + s \cdot 0 \\
y &= 0 + r \cdot 0 + s \cdot 1 \\
z &= 30 - r \cdot \tfrac{5}{7} - s \cdot \tfrac{6}{7}
\end{aligned}
$$

Aus dieser Schreibweise wird deutlich die Gestalt einer Parametergleichung für die Ebene E erkennbar. Wir müssen dazu lediglich das Gleichungssystem in die zugehörige Vektorgleichung umschreiben:

$$E : \vec{x} = \begin{pmatrix} 0 \\ 0 \\ 30 \end{pmatrix} + r \begin{pmatrix} 1 \\ 0 \\ -\tfrac{5}{7} \end{pmatrix} + s \begin{pmatrix} 0 \\ 1 \\ -\tfrac{6}{7} \end{pmatrix}$$

b) Um Brüche zu vermeiden lassen sich auch Vielfache von $r \in \mathbb{R}$ und $s \in \mathbb{R}$ nutzen, zum Beispiel $x = 7r$ und $y = 7s$, woraus nach Einsetzen in die Koordinatengleichung $5 \cdot 7r + 6 \cdot 7s + 7z = 210$ folgt. Division durch 7 liefert die Gleichung $5r + 6r + z = 30$, woraus $z = 30 - 5r - 6s$ folgt. Das ergibt das folgende lineare Gleichungssystem:

$$
\begin{aligned}
x &= 0 + r \cdot 7 + s \cdot 0 \\
y &= 0 + r \cdot 0 + s \cdot 7 \\
z &= 30 - r \cdot 5 - s \cdot 6
\end{aligned}
$$

Dazu gehört die folgende Parametergleichung:

$$E : \vec{x} = \begin{pmatrix} 0 \\ 0 \\ 30 \end{pmatrix} + r \begin{pmatrix} 7 \\ 0 \\ -5 \end{pmatrix} + s \begin{pmatrix} 0 \\ 7 \\ -6 \end{pmatrix}$$

c) Wählen wir $y = 5r$ und $z = -5s$ mit beliebigen $r, s \in \mathbb{R}$, dann ergibt dies nach Einsetzen in die Koordinatengleichung $5x + 6 \cdot 5r - 7 \cdot 5s = 210$. Division durch 5 liefert die Gleichung $x + 6r - 7s = 42$, woraus $x = 42 - 6r + 7s$ folgt. Das liefert analog zu a) das folgende lineare Gleichungssystem:

$$\begin{aligned} x &= 42 - r \cdot 6 + s \cdot 7 \\ y &= 0 + r \cdot 5 + s \cdot 0 \\ z &= 0 + r \cdot 0 - s \cdot 5 \end{aligned}$$

Daraus folgt $E : \vec{x} = \begin{pmatrix} 42 \\ 0 \\ 0 \end{pmatrix} + r \begin{pmatrix} -6 \\ 5 \\ 0 \end{pmatrix} + s \begin{pmatrix} 7 \\ 0 \\ -5 \end{pmatrix}.$ ◀

Beispiel 3.117. Zur Ebene $E : 5x + 6y + 7z = 210$ soll eine Normalengleichung bestimmt werden. Ein Normalenvektor $\vec{n}$ kann aus den Koeffizienten der Gleichung abgelesen werden, d. h. $\vec{n} = \begin{pmatrix} 5 \\ 6 \\ 7 \end{pmatrix}$. Von den in Beispiel 3.115 ermittelten Punkten der Ebene E verwenden wir $A(42|0|0)$ als Stützpunkt. Dies ergibt $E : \left[\vec{x} - \begin{pmatrix} 42 \\ 0 \\ 0 \end{pmatrix} \right] \bullet \begin{pmatrix} 5 \\ 6 \\ 7 \end{pmatrix} = 0.$ ◀

Soll aus einer Normalengleichung eine Parametergleichung ermittelt werden, dann orientieren sich die dazu notwendigen Rechenschritte weitgehend an den Beispielen 3.115 und 3.116. Dies erklärt sich wieder aus der Tatsache, dass das Ausrechnen des Skalarprodukts in der Normalengleichung auf eine Koordinatengleichung der Ebene führt.

Beispiel 3.118. Wir betrachten die Ebene $E : \left[\vec{x} - \begin{pmatrix} 1 \\ 2 \\ 3 \end{pmatrix} \right] \bullet \begin{pmatrix} 4 \\ 5 \\ 6 \end{pmatrix} = 0.$

a) Analog zu Beispiel 3.115 können wir von E drei nicht auf einer Gerade liegenden Punkte A, B und C von E bestimmen und daraus eine Parametergleichung konstruieren. Ein Punkt kann direkt aus der Ebenengleichung abgelesen werden, denn aus dem Stützvektor folgt $A(1|2|3)$. Die Koordinaten der Punkte B und C erhalten wir, wenn wir jeweils für zwei der drei Koordinaten im Ortsvektor $\vec{x} = \begin{pmatrix} x \\ y \\ z \end{pmatrix}$ beliebige Werte einsetzen und

das Skalarprodukt in der Ebenengleichung ausrechnen. Aus der so erhaltenen Gleichung folgt die fehlende dritte Koordinate. Zum Beispiel für $y = z = 0$ ergibt sich die Gleichung

$$\left[\begin{pmatrix} x \\ 0 \\ 0 \end{pmatrix} - \begin{pmatrix} 1 \\ 2 \\ 3 \end{pmatrix} \right] \bullet \begin{pmatrix} 4 \\ 5 \\ 6 \end{pmatrix} = \begin{pmatrix} x \\ 0 \\ 0 \end{pmatrix} \bullet \begin{pmatrix} 4 \\ 5 \\ 6 \end{pmatrix} - \begin{pmatrix} 1 \\ 2 \\ 3 \end{pmatrix} \bullet \begin{pmatrix} 4 \\ 5 \\ 6 \end{pmatrix} = 4x - 32 = 0,$$

aus der $x = 8$ folgt. Damit ist $B(8|0|0)$ ein Punkt von E. Für $x = 3$ und $z = 0$ erhalten

wir die Gleichung $\left[\begin{pmatrix} 3 \\ y \\ 0 \end{pmatrix} - \begin{pmatrix} 1 \\ 2 \\ 3 \end{pmatrix}\right] \cdot \begin{pmatrix} 4 \\ 5 \\ 6 \end{pmatrix} = 5y - 20 = 0$, woraus $y = 4$ und damit

$C(3|4|0)$ als weiterer Punkt von E folgt. Die Vektoren $\overrightarrow{AB}$ und $\overrightarrow{AC}$ sind linear unabhängig und folglich kann aus den Punkten A, B und C eine Parametergleichung bestimmt werden, d. h.

$$E : \overrightarrow{x} = \overrightarrow{0A} + r\overrightarrow{AB} + s\overrightarrow{AC} = \begin{pmatrix} 1 \\ 2 \\ 3 \end{pmatrix} + r\begin{pmatrix} 7 \\ -2 \\ -3 \end{pmatrix} + s\begin{pmatrix} 2 \\ 2 \\ -3 \end{pmatrix}.$$

b) Auch die Vorgehensweise aus Beispiel 3.116 lässt sich übertragen. Mit $x = r \in \mathbb{R}$ und $y = s \in \mathbb{R}$ ergibt sich die folgende Gleichung:

$$\left[\begin{pmatrix} r \\ s \\ z \end{pmatrix} - \begin{pmatrix} 1 \\ 2 \\ 3 \end{pmatrix}\right] \cdot \begin{pmatrix} 4 \\ 5 \\ 6 \end{pmatrix} = \begin{pmatrix} r \\ s \\ z \end{pmatrix} \cdot \begin{pmatrix} 4 \\ 5 \\ 6 \end{pmatrix} - \begin{pmatrix} 1 \\ 2 \\ 3 \end{pmatrix} \cdot \begin{pmatrix} 4 \\ 5 \\ 6 \end{pmatrix} = 4r + 5s + 6z - 32 = 0$$

Daraus folgt $z = \frac{16}{3} - \frac{2}{3}r - \frac{5}{6}s$. Die Parameterdarstellung der Koordinaten stellen wir als lineares Gleichungssystem dar:

$$\left\{\begin{matrix} x = & r & \\ y = & & s \\ z = \frac{16}{3} & -\frac{2}{3}r & -\frac{5}{6}s \end{matrix}\right\} \quad \text{bzw.} \quad \left\{\begin{matrix} x = & 0 + r \cdot 1 + s \cdot 0 \\ y = & 0 + r \cdot 0 + s \cdot 1 \\ z = \frac{16}{3} - r \cdot \frac{2}{3} - s \cdot \frac{5}{6} \end{matrix}\right\}$$

Umschreiben des linearen Gleichungssystems in eine Vektorgleichung liefert eine Parametergleichung der Ebene, d. h. $E : \overrightarrow{x} = \begin{pmatrix} 0 \\ 0 \\ \frac{16}{3} \end{pmatrix} + r\begin{pmatrix} 1 \\ 0 \\ -\frac{2}{3} \end{pmatrix} + s\begin{pmatrix} 0 \\ 1 \\ -\frac{5}{6} \end{pmatrix}$. ◀

Aufgaben zum Abschnitt 3.3.5

Aufgabe 3.3.22: Gegeben seien die Punkte $A(1|-2|2)$, $B(4|0|2)$ und $C(2|2|0)$, die gemeinsam in einer Ebene E liegen. Bestimmen Sie für die Ebene E

a) eine Parametergleichung,
b) eine Koordinatengleichung,
c) eine Normalengleichung und
d) eine Hessesche Normalengleichung.

Aufgabe 3.3.23: Bestimmen Sie eine Parametergleichung der durch die folgenden Koordinatengleichungen definierten Ebenen:

a) $E_1 : 2x + 3y - z = 4$

b) $E_2 : 6x - 2y + 3z = -5$

c) $E_3 : -3x + 12y - 21z = \frac{1}{3}$

d) $E_4 : \frac{1}{2}x + y + \frac{1}{4}z = 9$

e) $E_5 : x - \frac{1}{2}z = 5$

f) $E_6 : \frac{4}{3}y + 5z = -\frac{5}{2}$

Aufgabe 3.3.24: Bestimmen Sie jeweils eine Koordinaten- und eine Parametergleichung der folgenden durch eine Normalengleichung definierten Ebenen:

a) $E : \left[\vec{x} - \begin{pmatrix} -1 \\ 2 \\ -3 \end{pmatrix} \right] \bullet \begin{pmatrix} 4 \\ -2 \\ 1 \end{pmatrix} = 0$

b) $E : \left[\vec{x} - \begin{pmatrix} -5 \\ 0 \\ 1 \end{pmatrix} \right] \bullet \begin{pmatrix} -3 \\ 11 \\ 7 \end{pmatrix} = 0$

3.3.6 Ebenenscharen

Sind in einer Parametergleichung außer den Ebenenparametern oder in einer Koordinatengleichung außer den Koordinaten x, y und z weitere Variablen enthalten, dann ergibt sich für jede Wertewahl dieser Variablen eine eigene Ebene. Wir sprechen in diesem Fall von einer <u>Ebenenschar</u> und die von Ebenenparametern bzw. Punktkoordinaten verschiedenen Variablen heißen <u>Scharparameter</u>. Die Ebenen einer Schar haben oft gewisse Eigenschaften gemeinsam. So können Ebenen einer Schar zum Beispiel parallel sein oder alle auf einer Gerade liegenden Punkte gemeinsam haben.

Beispiel 3.119. Für jedes $c \in \mathbb{R}$ wird durch

$$E_c : \vec{x} = \begin{pmatrix} 2 \\ 3 \\ c \end{pmatrix} + r \begin{pmatrix} 1 \\ 1 \\ 1 \end{pmatrix} + s \begin{pmatrix} 1 \\ 0 \\ 1 \end{pmatrix}$$

eine Ebenenschar definiert. Dabei ist c der Scharparameter und r, s sind die Parameter der Ebenen E_c. Für $c = 1$ erhalten wir mit $E_1 : \vec{x} = \begin{pmatrix} 2 \\ 3 \\ 1 \end{pmatrix} + r \begin{pmatrix} 1 \\ 1 \\ 1 \end{pmatrix} + s \begin{pmatrix} 1 \\ 0 \\ 1 \end{pmatrix}$ eine Ebene der

Schar E_c. Eine weitere Ebene der Schar ist $E_7 : \vec{x} = \begin{pmatrix} 2 \\ 3 \\ 7 \end{pmatrix} + r \begin{pmatrix} 1 \\ 1 \\ 1 \end{pmatrix} + s \begin{pmatrix} 1 \\ 0 \\ 1 \end{pmatrix}$. ◄

Beispiel 3.120. Für jedes $b \in \mathbb{R}$ wird durch $E_b : bx + 2y + (b-2)z = 0$ eine Ebenenschar definiert. Dabei ist b der Scharparameter und x, y, z sind die Koordinaten der in der Ebene E_b liegenden Punkte $P(x|y|z)$. Beispiele für Ebenen der Schar sind $E_0 : 2y - 2z = 0$, $E_5 : 5x + 2y + 3z = 0$ und $E_{-3} : -3x + 2y - 5z = 0$. Alle Ebenen der Schar enthalten den Koordinatenursprung.   ◀

Beispiel 3.121. Für beliebige $a, b \in \mathbb{R}$ wird durch

$$E_{a;b} : \overrightarrow{x} = \begin{pmatrix} 2 \\ 3 \\ a \end{pmatrix} + r \begin{pmatrix} b \\ 4 \\ 5 \end{pmatrix} + s \begin{pmatrix} a+b \\ 6 \\ a-b \end{pmatrix}$$

eine Ebenenschar definiert. Die Schar $E_{a;b}$ hat mit a und b zwei Scharparameter. Weiter sind r und s die Parameter der Ebene $E_{a;b}$. Beispiele für Ebenen der Schar sind

$$E_{1;9} : \overrightarrow{x} = \begin{pmatrix} 2 \\ 3 \\ 1 \end{pmatrix} + r \begin{pmatrix} 9 \\ 4 \\ 5 \end{pmatrix} + s \begin{pmatrix} 10 \\ 6 \\ -8 \end{pmatrix}$$

und

$$E_{3;-4} : \overrightarrow{x} = \begin{pmatrix} 2 \\ 3 \\ 3 \end{pmatrix} + r \begin{pmatrix} -4 \\ 4 \\ 5 \end{pmatrix} + s \begin{pmatrix} -1 \\ 6 \\ 7 \end{pmatrix} .$$ ◀

Die Beispiele zeigen, dass unter einer Ebenenschar eine Menge von Ebenen zu verstehen ist. Das Symbol E_c hat folglich eine doppelte Bedeutung und steht einerseits für die Ebenenschar als Menge und andererseits für eine konkrete Ebene E_c, der ein gewisser Parameterwert $c \in \mathbb{R}$ zugeordnet ist. In diesem Zusammenhang werden die Parameter r, s in Beispiel 3.119 als Parameter der Ebene E_c (mit konkretem Wert für c) und nicht als Parameter der Ebenenschar bezeichnet. Mit anderen Worten sind die Ebenenparameter r, s an eine konkrete Ebene E_c der Schar E_c gebunden und nicht an die gesamte Schar als Menge.

Typische Aufgabenstellungen bestehen darin, den bzw. die Scharparameter einer Ebenenschar so zu bestimmen, dass die zugehörige(n) Ebene(n) gewisse Eigenschaften erfüllen. Das führt in der Regel auf die Betrachtung von (Vektor-) Gleichungen, die nicht immer eine Lösung haben müssen.

Beispiel 3.122. Für die Ebenenschar $E_c : cx + 2y + (c-3)z = 21$ ist $c \in \mathbb{R}$ so zu bestimmen, dass der Punkt $P(2|3|7)$ auf der Scharebene E_c liegt. Dazu werden die Koordinaten $x = 2$, $y = 3$ und $z = 7$ in die Koordinatengleichung der Schar eingesetzt und die entstehende Gleichung nach c umgestellt:

$$2c + 6 + 7(c-3) = 21 \quad \Leftrightarrow \quad 2c + 6 + 7c - 21 = 21 \quad \Leftrightarrow \quad 9c = 36 \quad \Leftrightarrow \quad c = 4$$

Ergebnis: Der Punkt P liegt auf der Ebene $E_4 : 4x + 2y + z = 21$.   ◀

Beispiel 3.123. Für die Ebenenschar $E_c : \vec{x} = r \begin{pmatrix} 1 \\ 2 \\ 3 \end{pmatrix} + s \begin{pmatrix} 4 \\ 0 \\ c \end{pmatrix}$ soll untersucht werden,

ob eine Ebene der Schar den Punkt $P(2|4|1)$ enthält. Dazu ist die Lösbarkeit der Glei-

chung $\begin{pmatrix} 2 \\ 4 \\ 1 \end{pmatrix} = r \begin{pmatrix} 1 \\ 2 \\ 3 \end{pmatrix} + s \begin{pmatrix} 4 \\ 0 \\ c \end{pmatrix}$ zu untersuchen. Das ist äquivalent zur Untersuchung

des folgenden Gleichungssystems:

$$\begin{aligned} \text{I} : \quad & r + 4s = 2 \\ \text{II} : \quad & 2r = 4 \\ \text{III} : \quad & 3r + cs = 1 \end{aligned}$$

Aus Gleichung II folgt $r = 2$. Einsetzen von $r = 2$ in die Gleichungen I und III ergibt $2 + 4s = 2$ bzw. $6 + cs = 1$, woraus $s = 0$ bzw. $s = -\frac{5}{c}$ folgt. Das Gleichungssystem (I-III) ist genau dann lösbar, wenn aus beiden Gleichungen I und III der gleiche Parameterwert s folgt, d. h., es muss $-\frac{5}{c} = 0$ gelten. Diese Gleichung ist offensichtlich durch kein $c \in \mathbb{R}$ erfüllbar, was bedeutet, dass keine Ebene der Schar E_c den Punkt $P(2|4|1)$ enthält. ◀

Beispiel 3.124. Gegeben sei die Ebenenschar $E_c : c^2 x + 5y + (c+4)z = 8$. Es ist zu untersuchen, ob die Ebene $H : 4x + 5y + 6z = 8$ zur Schar E_c gehört. Wenn H zur Schar E_c gehört, dann muss es einen Parameterwert $c \in \mathbb{R}$ geben, sodass $H = E_c$ gilt. Ob es einen solchen Parameterwert gibt, untersuchen wir mit einem <u>Koeffizientenvergleich</u> und prüfen, ob die Lösungsmengen der folgenden Gleichungen I bis IV einen *gemeinsamen*(!) Parameterwert $c \in \mathbb{R}$ liefern:

$$\begin{array}{cccccccc}
E_c & : & \boxed{c^2} & \cdot x + & \boxed{5} & \cdot y + & \boxed{(c+4)} & \cdot z = & \boxed{8} \\
 & & = & & = & & = & & = \\
H & : & \boxed{4} & \cdot x + & \boxed{5} & \cdot y + & \boxed{6} & \cdot z = & \boxed{8} \\
 & & \downarrow & & \downarrow & & \downarrow & & \downarrow \\
\text{Gleichung} & : & \boxed{\text{I}} & & \boxed{\text{II}} & & \boxed{\text{III}} & & \boxed{\text{IV}}
\end{array}$$

Die Gleichungen II und IV sind vom Scharparameter c unabhängig und offensichtlich wahr. Folglich müssen nur die Gleichungen I und III weiter untersucht werden. Gleichung I hat die Lösungsmenge $L_{\text{I}} = \{-2; 2\}$, Gleichung III hat die Lösungsmenge $L_{\text{III}} = \{2\}$. Die Gleichungen I und III bilden zusammen ein nichtlineares Gleichungssystem. Hat dieses System eine Lösung, so muss diese in *beiden*(!) Lösungsmengen L_{I} und L_{III} liegen. Die Lösungsmenge L dieses Gleichungssystems wird folglich durch die Schnittmenge von L_{I} und L_{III} definiert, d. h. $L = L_{\text{I}} \cap L_{\text{III}} = \{2\}$. Das bedeutet, das Gleichungssystem hat mit $c = 2$ eine eindeutige Lösung. Folglich gehört H zur Ebenenschar E_c und es gilt $H = E_2$.

Es sei bemerkt, dass allgemeiner wie folgt argumentiert werden kann: Die Gleichungen II und IV sind allgemeingültig, d. h., sie sind für beliebige Werte $c \in \mathbb{R}$ wahr. Das wird deutlich, wenn Gleichung II zum Beispiel als $5 + 0 \cdot c = 5$ notiert wird. Die Lösungsmengen der Gleichungen II und IV sind deshalb $L_{\text{II}} = L_{\text{IV}} = \mathbb{R}$. Die Gleichungen I bis IV bilden ein Gleichungssystem mit der Lösungsmenge $L = L_{\text{I}} \cap L_{\text{II}} \cap L_{\text{III}} \cap L_{\text{IV}} = \{2\}$. ◀

Aufgabe 3.3.25: Gegeben sei die Ebenenschar $E_c : (c+2)x + (c^2 - 1)y - 3z = c + 8$ mit dem Scharparameter $c \in \mathbb{R}$.

a) Geben Sie die Koordinatengleichungen für die Ebenen E_0, E_3 und E_{-5} an.
b) Gibt es eine Ebene E_c, in welcher der Punkt $P(13|0| - 6)$ liegt? Falls ja, dann geben Sie den Scharparameter c und die zugehörige Koordinatengleichung der Ebene E_c an.
c) Gibt es eine Ebene E_c, in welcher der Punkt $Q(5| - 1|1)$ liegt? Falls ja, dann geben Sie den Scharparameter c und die zugehörige Koordinatengleichung der Ebene E_c an.
d) Gibt es eine Ebene E_c, in welcher der Punkt $R(2|1| - 4)$ liegt? Falls ja, dann geben Sie den Scharparameter c und die zugehörige Koordinatengleichung der Ebene E_c an.
e) Gibt es eine Ebene E_c, in welcher der Punkt $S(1|0| - 2)$ liegt?
f) Untersuchen Sie, ob

$$H' : 7x + 24y - 3z = 13 \quad , \quad H'' : -8x + 99y - 3z = 18 \quad \text{und} \quad H''' : x - z = 3$$

Ebenen der Schar E_c sind.

Aufgabe 3.3.26: Gegeben sei die Ebenenschar $E_{a;b} : (a+b)x + 5ay - bz = a - b$ mit den Scharparametern $a, b \in \mathbb{R}$.

a) Geben Sie die Koordinatengleichungen für die Ebenen $E_{0;1}$, $E_{2;-3}$ und $E_{-2;3}$ an.
b) Gibt es Parameterwerte $a, b \in \mathbb{R}$, durch die keine Ebenengleichung definiert wird?
c) Gibt es eine Ebene E_c, in welcher der Punkt $P(1|1|3)$ liegt? Falls ja, dann geben Sie die Scharparameter a, b und die zugehörige Koordinatengleichung der Ebene $E_{a;b}$ an.
d) Untersuchen Sie, ob $H : -5x + 15y + 8z = 11$ eine Ebene der Schar $E_{a;b}$ ist.

Aufgabe 3.3.27: Gegeben sei die Ebenenschar $E_c : \vec{x} = \begin{pmatrix} 1 \\ 3 \\ -5 \end{pmatrix} + r \begin{pmatrix} 2 \\ 1 \\ 4c \end{pmatrix} + s \begin{pmatrix} 0 \\ 2c \\ 5 \end{pmatrix}$

mit dem Scharparameter $c \in \mathbb{R}$.

a) Geben Sie die Parametergleichungen für die Ebenen E_2 und $E_{\frac{3}{2}}$ an.
b) Bestimmen Sie eine Koordinatengleichung von E_2.
c) Bestimmen Sie eine Koordinatengleichung von E_c für beliebiges $c \in \mathbb{R}$.
d) Verwenden Sie die gegebene Parametergleichung der Schar E_c, um alle Ebenen E_c zu bestimmen, auf denen der Punkt $P(5| - 7|9)$ liegt. Geben Sie Parametergleichungen für diese Ebenen E_c an.
e) Verwenden Sie eine Koordinatengleichung der Schar E_c aus Aufgabenteil c), um alle Ebenen E_c zu bestimmen, auf denen der Punkt $P(5| - 7|9)$ liegt. Geben Sie Koordinatengleichungen für diese Ebenen E_c an und vergleichen Sie mit d).
f) Gehören die Ebenen $H' : -3x - 10y + 4z = -53$ und $H'' : -3x - 10y - 4z = -17$ zur Schar E_c?

3.4 Lagebeziehungen zwischen Geraden und Ebenen

3.4.1 Allgemeine Beziehungen

Zwischen einer Gerade g und einer Ebene E können genau drei mögliche Lagebeziehungen bestehen:

- Fall 1: g und E haben genau einen Punkt D gemeinsam. Man sagt auch: g durchstößt E in D. Der Schnittpunkt D wird deshalb auch als <u>Durchstoßpunkt</u> bezeichnet. Da sowohl Ebenen als auch Geraden als Punktmenge interpretiert werden können, ist die abkürzende Schreibweise $E \cap g = \{D\}$ sinnvoll.

- Fall 2: g und E sind echt parallel, d. h., g und E haben keine gemeinsamen Punkte, in Zeichen $E \cap g = \emptyset$.

- Fall 3: g liegt in E, in Zeichen $g \subset E$ oder alternativ $E \cap g = g$.

Die Lagebeziehung wird ermittelt, indem man die Lösbarkeit der etwas salopp formulierten Gleichung $E = g$ untersucht. Nachfolgend wird sich zeigen, dass die Gleichung $E = g$ auf eine einzelne Gleichung oder ein lineares Gleichungssystem führt. Dies hängt von der Darstellungsform der Geraden- und Ebenengleichung ab.

Wir betrachten die Parameterdarstellung $g : \vec{x} = \overrightarrow{0A} + r\vec{u}$ der Gerade g mit einem Stützpunkt A und einem Richtungsvektor $\vec{u} \neq \vec{0}$. Zuerst wird der Fall untersucht, dass E durch eine Parametergleichung definiert wird, d. h. $E : \vec{x} = \overrightarrow{0B} + s\vec{v} + t\vec{w}$ mit einem Stützpunkt B und linear unabhängigen Richtungsvektoren $\vec{v} \neq \vec{0}$ und $\vec{w} \neq \vec{0}$. Die folgenden Beispiele demonstrieren die grundsätzliche Vorgehensweise zur Untersuchung der Lagebeziehung zwischen g und E.

Beispiel 3.125. Gegeben seien

$$g : \vec{x} = \begin{pmatrix} 1 \\ -1 \\ 1 \end{pmatrix} + r \begin{pmatrix} 1 \\ 1 \\ 1 \end{pmatrix} \text{ und } E : \vec{x} = \begin{pmatrix} -1 \\ 1 \\ -1 \end{pmatrix} + s \begin{pmatrix} 1 \\ 0 \\ -1 \end{pmatrix} + t \begin{pmatrix} -1 \\ 1 \\ 0 \end{pmatrix}.$$

Die Gleichung $E = g$ hat ausgeschrieben die Gestalt

$$\begin{pmatrix} -1 \\ 1 \\ -1 \end{pmatrix} + s \begin{pmatrix} 1 \\ 0 \\ -1 \end{pmatrix} + t \begin{pmatrix} -1 \\ 1 \\ 0 \end{pmatrix} = \begin{pmatrix} 1 \\ -1 \\ 1 \end{pmatrix} + r \begin{pmatrix} 1 \\ 1 \\ 1 \end{pmatrix}.$$

Wir bringen dies in eine etwas rechenfreundlichere Form, indem wir alle parameterabhängigen Vektoren auf eine Seite, alle parameterunabhängigen Vektoren auf die andere Seite des Gleichheitszeichens sortieren. Das ergibt zum Beispiel

$$s \begin{pmatrix} 1 \\ 0 \\ -1 \end{pmatrix} + t \begin{pmatrix} -1 \\ 1 \\ 0 \end{pmatrix} - r \begin{pmatrix} 1 \\ 1 \\ 1 \end{pmatrix} = \begin{pmatrix} 1 \\ -1 \\ 1 \end{pmatrix} - \begin{pmatrix} -1 \\ 1 \\ -1 \end{pmatrix}.$$

Nach Ausrechnen der Vektorendifferenz auf der rechten Seite wird die Vektorgleichung in das folgende lineare Gleichungssystem überführt:

$$
\begin{array}{rl}
\text{I} : & s - t - r = 2 \\
\text{II} : & t - r = -2 \\
\text{III} : -s & - r = 2
\end{array}
$$

Dieses hat die eindeutige Lösung $s = -\frac{4}{3}$, $t = -\frac{8}{3}$ und $r = -\frac{2}{3}$. Die eindeutige Lösbarkeit des Systems ist äquivalent dazu, dass g die Ebene E in einem Punkt D durchstößt. Den Ortsvektor des Durchstoßpunkts D erhalten wir durch Einsetzen von $r = -\frac{2}{3}$ in die Geradengleichung bzw. alternativ durch Einsetzen von $s = -\frac{4}{3}$ und $t = -\frac{8}{3}$ in die Ebenengleichung. Dies ergibt den Ortsvektor von $D\left(\frac{1}{3} \middle| -\frac{5}{3} \middle| \frac{1}{3}\right)$. ◀

Beispiel 3.126. Gegeben seien die Gerade $g : \vec{x} = \begin{pmatrix} 1 \\ -1 \\ 1 \end{pmatrix} + r \begin{pmatrix} 0 \\ -1 \\ 1 \end{pmatrix}$ und die Ebene E

aus Beispiel 3.125. Die Gleichung $E = g$ überführen wir analog zu Beispiel 3.125 in das folgende lineare Gleichungssystem (I-III) und untersuchen dessen Lösbarkeit:

$$
\begin{array}{rl}
\text{I} : & s - t = 2 \\
\text{II} : & t + r = -2 \\
\text{III} : -s & - r = 2 \\
\hline
\text{II} : & t + r = -2 \\
\text{I} + \text{III} = \text{IV} : & -t - r = 4 \\
\hline
\text{II} + \text{IV} = \text{V} : & 0 = 2
\end{array}
$$

Die erhaltene Gleichung V ist ein Widerspruch, woraus folgt, dass das Gleichungssystem (I-III) nicht lösbar ist. Das bedeutet, dass g und E keine gemeinsamen Punkte haben. Folglich verläuft g echt parallel zur Ebene E. ◀

Beispiel 3.127. Gegeben seien die Gerade $g : \vec{x} = \begin{pmatrix} -1 \\ 2 \\ -2 \end{pmatrix} + r \begin{pmatrix} 0 \\ -1 \\ 1 \end{pmatrix}$ und die Ebene E

aus Beispiel 3.125. Die Gleichung $E = g$ wird in das folgende lineare Gleichungssystem (I-III) überführt und dessen Lösbarkeit untersucht:

$$
\begin{array}{rl}
\text{I} : & s - t = 0 \\
\text{II} : & t + r = 1 \\
\text{III} : -s & - r = -1 \\
\hline
\text{II} : & t + r = 1 \\
\text{I} + \text{III} = \text{IV} : & -t - r = -1 \\
\hline
\text{II} + \text{IV} = \text{V} : & 0 = 0
\end{array}
$$

Formales Ziel der Addition zweier Gleichungen mit zwei Variablen t und r ist die Elimination einer der beiden Variablen t oder r. Unterstellen wir, dass das Ziel die Elimination von t war, dann können wir die Gleichung $0 = 0$ auch schreiben als $0 \cdot r = 0$. Aus dieser Darstellung wird deutlich, dass für r beliebige Werte eingesetzt werden können. Wählen wir $r = k \in \mathbb{R}$, dann folgt aus Gleichung II $t = 1 - k$ und damit aus Gleichung I schließlich $s = t = 1 - k$. Setzen wir dies in die Ebenengleichung ein, dann ergibt sich die Schnittmenge $E \cap g$:

$$
\vec{x} = \begin{pmatrix} -1 \\ 1 \\ -1 \end{pmatrix} + (1-k) \begin{pmatrix} 1 \\ 0 \\ -1 \end{pmatrix} + (1-k) \begin{pmatrix} -1 \\ 1 \\ 0 \end{pmatrix}
$$

$$
= \begin{pmatrix} -1 \\ 1 \\ -1 \end{pmatrix} + \begin{pmatrix} 1 \\ 0 \\ -1 \end{pmatrix} + \begin{pmatrix} -1 \\ 1 \\ 0 \end{pmatrix} - k \begin{pmatrix} 1 \\ 0 \\ -1 \end{pmatrix} - k \begin{pmatrix} -1 \\ 1 \\ 0 \end{pmatrix} = \begin{pmatrix} -1 \\ 2 \\ -2 \end{pmatrix} - k \begin{pmatrix} 0 \\ 1 \\ -1 \end{pmatrix}
$$

Das ist aber nichts anderes, als eine alternative Parametergleichung der Gerade g. Dies bedeutet, dass g in E liegt. ◀

Damit sind alle drei Möglichkeiten der Lagebeziehung zwischen einer Gerade und einer Ebene an jeweils einem Beispiel demonstriert. Allgemeiner gilt:

Satz 3.128. Gegeben seien die Gerade $g : \vec{x} = \vec{OA} + r \vec{u}$ mit $r \in \mathbb{R}$ und die Ebene $E : \vec{x} = \vec{OB} + s \vec{v} + t \vec{w}$ mit $s,t \in \mathbb{R}$. Wir betrachten die zu einem linearen Gleichungssystem mit den Variablen r,s,t äquivalente Vektorgleichung

$$
s \vec{v} + t \vec{w} - r \vec{u} = \vec{OA} - \vec{OB} . \tag{$*$}
$$

Für die Lagebeziehung von g und E gilt:

a) g durchstößt E in einem Punkt D, falls die Gleichung $(*)$ genau eine Lösung $(\hat{r}; \hat{s}; \hat{t})$ hat. Es gilt

$$
\vec{OD} = \vec{OA} + \hat{r} \vec{u} = \vec{OB} + \hat{s} \vec{v} + \hat{t} \vec{w} .
$$

b) g ist echt parallel zu E, falls die Gleichung $(*)$ keine Lösung hat.

c) g liegt in E, falls die Gleichung $(*)$ unendlich viele Lösungen $(r; s; t)$ hat.

ACHTUNG! Die Parameter in g und E müssen unterschiedlich bezeichnet werden. Oft verwenden Lernende in ihren Rechnungen zum Beispiel $g : \vec{x} = \vec{OA} + r \vec{u}$ und $E : \vec{x} = \vec{OB} + r \vec{v} + s \vec{w}$ und berechnen dann weiter $r \vec{v} + s \vec{w} - r \vec{u} = \vec{OA} - \vec{OB}$, was äquivalent ist zu $r(\vec{v} - \vec{u}) + s \vec{w} = \vec{OA} - \vec{OB}$. Dies ist falsch und hat grundsätzlich nichts mit der zu untersuchenden Lagebeziehung zu tun. Deshalb bitte auf passende und zu den Rechnungen verträgliche Bezeichnungen achten!

Wir betrachten jetzt den Fall, dass E durch eine Koordinatengleichung definiert wird, und geben für jede mögliche Lagebeziehung ein Beispiel.

Beispiel 3.129. Gegeben seien

$$g : \vec{x} = \begin{pmatrix} 1 \\ -1 \\ 1 \end{pmatrix} + r \begin{pmatrix} 2 \\ 4 \\ -1 \end{pmatrix} \quad \text{und} \quad E : 2x + 3y + 4z = 27 \, .$$

Für jedes beliebige $r \in \mathbb{R}$ ist $\overrightarrow{OD} = \begin{pmatrix} x \\ y \\ z \end{pmatrix} = \begin{pmatrix} 1 + 2r \\ -1 + 4r \\ 1 - r \end{pmatrix}$ der Ortsvektor eines Geraden-

punkts D. Falls es ein $r \in \mathbb{R}$ gibt, sodass $D(1+2r | -1+4r | 1-r)$ auch in der Ebene E liegt, dann müssen die Koordinaten von D die Koordinatengleichung von E erfüllen. Diese Überlegung liefert den Ansatz zur Untersuchung der Lagebeziehung, d. h., wir setzen die Koordinaten der von r abhängigen Geradenpunkte in die Ebenengleichung ein. Dies ergibt eine lineare Gleichung:

$$2(1+2r) + 3(-1+4r) + 4(1-r) = 27 \quad \Leftrightarrow \quad 12r + 3 = 27 \quad \Leftrightarrow \quad r = 2$$

Dass es genau eine Lösung der Gleichung gibt, ist äquivalent dazu, dass g die Ebene E tatsächlich in einem Punkt D durchstößt. Die Koordinaten des Durchstoßpunkts erhalten wir durch Einsetzen von $r = 2$ in die Geradengleichung. Dies liefert $D(5 | 7 | -1)$. ◄

Beispiel 3.130. Gegeben seien $g : \vec{x} = \begin{pmatrix} 1 \\ -1 \\ 1 \end{pmatrix} + r \begin{pmatrix} -1 \\ -2 \\ 2 \end{pmatrix}$ und die Ebene E aus

Beispiel 3.129. Einsetzen der Koordinaten $x = 1 - r$, $y = -1 - 2r$ und $z = 1 + 2r$ der Geradenpunkte $P(1-r | -1-2r | 1+2r)$ in die Ebenengleichung ergibt:

$$2(1-r) + 3(-1-2r) + 4(1+2r) = 27$$

Ausrechnen des Terms auf der linken Seite des Gleichheitszeichens ergibt $3 + 0 \cdot r = 3$, was der rechten Seite 27 widerspricht. Die Gleichung ist nicht lösbar, und dies bedeutet, dass g und E keine gemeinsamen Punkte haben. Folglich verläuft g echt parallel zu E. ◄

Beispiel 3.131. Gegeben seien $g : \vec{x} = \begin{pmatrix} 2 \\ 5 \\ 2 \end{pmatrix} + r \begin{pmatrix} -1 \\ -2 \\ 2 \end{pmatrix}$ und die Ebene E aus

Beispiel 3.129. Einsetzen der Koordinaten $x = 2 - r$, $y = 5 - 2r$ und $z = 2 + 2r$ der Geradenpunkte $P(2-r | 5-2r | 3+2r)$ in die Ebenengleichung ergibt:

$$2(2-r) + 3(5-2r) + 4(2+2r) = 27 \quad \Leftrightarrow \quad 27 + 0 \cdot r = 27 \quad \Leftrightarrow \quad 27 = 27$$

Diese Gleichung ist allgemeingültig und damit für jedes beliebige $r \in \mathbb{R}$ erfüllt. Das bedeutet, dass g in E liegt. ◄

Die Vorgehensweise des Einsetzens von Koordinaten eines Punkts in eine Koordinatengleichung der Ebene ist bereits bei der Punktprobe im Zusammenhang mit Ebenen verwendet worden und wird in anderen Zusammenhängen noch öfters zur Anwendung kommen. Die Erkenntnisse aus den Beispielen 3.129 bis 3.131 lassen sich verallgemeinern:

Satz 3.132. Gegeben seien die Gerade $g : \vec{x} = \begin{pmatrix} p_1 \\ p_2 \\ p_3 \end{pmatrix} + r \begin{pmatrix} u_1 \\ u_2 \\ u_3 \end{pmatrix}$ und die Ebene

$E : ax + by + cz = d$. Wir betrachten die Gleichung

$$a(p_1 + ru_1) + b(p_2 + ru_2) + c(p_3 + ru_3) = d \,,$$

die äquivalent ist zu

$$r(au_1 + bu_2 + cu_3) + ap_1 + bp_2 + cp_3 = d \qquad (\#)$$

Für die Lagebeziehung von g und E gilt:

a) g durchstößt E in genau einem Punkt D, falls (#) genau eine Lösung hat. Das ist äquivalent zu

$$au_1 + bu_2 + cu_3 \neq 0 \,, \quad \text{und es gilt} \quad r = \frac{d - (ap_1 + bp_2 + cp_3)}{au_1 + bu_2 + cu_3} \,.$$

b) g ist echt parallel zu E, falls (#) keine Lösung hat. Dies ist äquivalent zu

$$au_1 + bu_2 + cu_3 = 0 \quad \text{und} \quad ap_1 + bp_2 + cp_3 \neq d \,.$$

c) g liegt in E, falls (#) unendlich viele Lösungen hat. Dies ist äquivalent zu

$$au_1 + bu_2 + cu_3 = 0 \quad \text{und} \quad ap_1 + bp_2 + cp_3 = d \,.$$

Die Betrachtung der dritten Möglichkeit, dass E durch eine Normalengleichung gegeben ist, d. h.

$$E : \left[\begin{pmatrix} x \\ y \\ z \end{pmatrix} - \begin{pmatrix} q_1 \\ q_2 \\ q_3 \end{pmatrix} \right] \bullet \begin{pmatrix} a \\ b \\ c \end{pmatrix} = 0 \,,$$

kann auf die Feststellung reduziert werden, dass die Untersuchung der Lagebeziehung von E zu $g : \vec{x} = \begin{pmatrix} p_1 \\ p_2 \\ p_3 \end{pmatrix} + r \begin{pmatrix} u_1 \\ u_2 \\ u_3 \end{pmatrix}$ nach Einsetzen der Koordinaten $x = p_1 + ru_1$, $y = p_2 + ru_2$ und $z = p_3 + ru_3$ in eine Normalengleichung und anschließendem Ausrechnen des Skalarprodukts genau auf die in Satz 3.132 genannte Gleichung (#) führt. Das ist aber keine große Überraschung, denn bereits früher hatten wir festgestellt, dass sich aus einer Normalengleichung durch Ausrechnen des Skalarprodukts eine Koordinatengleichung der Ebene ergibt.

Wie die Beispiele zeigen, ist der Rechenaufwand vergleichsweise klein, wenn die Ebene E durch eine Koordinaten- oder Normalengleichung definiert ist. Wird E dagegen durch eine Parametergleichung definiert, dann kann der Rechenaufwand relativ groß und damit auch fehleranfällig sein, wenn der Lösungsweg über ein lineares Gleichungssystem mit drei Variablen eingeschlagen wird.

Da ein Normalenvektor mithilfe des Kreuzprodukts schnell berechnet ist, kann aus einer gegebenen Parametergleichung der Ebene E zunächst eine Normalen- oder Koordinatengleichung ermittelt und dann damit die Lagebeziehung zwischen E und einer Gerade g untersucht werden.

Der Einsatz einer Koordinaten- und Normalengleichung der Ebene E zur Überprüfung der Lagebeziehung zu einer Gerade $g : \vec{x} = \vec{0A} + r\,\vec{u}$ hat noch einen weiteren Vorteil: Denn mithilfe eines Normalenvektors $\vec{n}$ von E lässt sich schnell überprüfen, ob E und g parallel sind. Parallelität einschließlich des Sonderfalles $g \subset E$ bedeutet, dass der Richtungsvektor $\vec{u}$ von g und der Normalenvektor $\vec{n}$ orthogonal zueinander sind, d.h. $\vec{u} \bullet \vec{n} = 0$ (siehe Abb. 78 zur Illustration). Dies reduziert den Arbeitsaufwand erheblich, wie die drei nachfolgenden Beispiele demonstrieren.

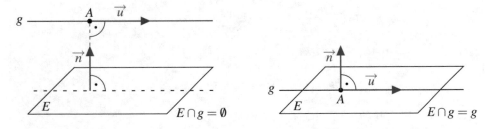

Abb. 78: Parallele Lagemöglichkeiten einer Gerade g und einer Ebene E

Beispiel 3.133. Gegeben seien $g : \vec{x} = \begin{pmatrix} 1 \\ 2 \\ 3 \end{pmatrix} + r \begin{pmatrix} -1 \\ 1 \\ 1 \end{pmatrix}$ und $E : 2x + 5y - 3z = 7$. Aus der Ebenengleichung wird der Normalenvektor $\vec{n} = \begin{pmatrix} 2 \\ 5 \\ -3 \end{pmatrix}$ von E abgelesen, der ortho- gonal zum Richtungsvektor $\vec{u} = \begin{pmatrix} -1 \\ 1 \\ 1 \end{pmatrix}$ von g ist. Das bedeutet, dass g entweder echt parallel zu E verläuft, oder g liegt in E. Welcher der beiden Fälle vorliegt, lässt sich durch Einsetzen der Koordinaten des Geradenstützpunkts $A(1|2|3)$ in die Koordinatengleichung von E schnell überprüfen. Das ergibt $2 \cdot 1 + 5 \cdot 2 - 3 \cdot 3 = 3 \neq 7$, d.h., A liegt nicht in E und folglich verläuft g echt parallel zu E. ◀

Beispiel 3.134. Es ist die Lagebeziehung zwischen

$$g : \vec{x} = \begin{pmatrix} 6 \\ 1 \\ 0 \end{pmatrix} + r \underbrace{\begin{pmatrix} 1 \\ 5 \\ 1 \end{pmatrix}}_{\vec{u}} \quad \text{und} \quad E : \left[\vec{x} - \begin{pmatrix} 4 \\ 1 \\ 3 \end{pmatrix} \right] \bullet \underbrace{\begin{pmatrix} 3 \\ -1 \\ 2 \end{pmatrix}}_{\vec{n}} = 0$$

zu untersuchen. Der Normalenvektor $\vec{n}$ von E ist orthogonal zum Richtungsvektor $\vec{u}$ von g, denn es gilt $\vec{u} \bullet \vec{n} = 0$. Das bedeutet, dass g entweder echt parallel zu E verläuft, oder g liegt in E. Einsetzen des Ortsvektors $\vec{x} = \begin{pmatrix} 6 \\ 1 \\ 0 \end{pmatrix}$ des auf g liegenden Punkts $A(6|1|0)$ in die Normalengleichung von E und Ausrechnen des Skalarprodukts ergibt eine wahre Aussage, d. h., A liegt in E. Das bedeutet, dass g in E liegt. ◀

Beispiel 3.135. Gegeben seien die Gerade $g : \vec{x} = \begin{pmatrix} 1 \\ 2 \\ 3 \end{pmatrix} + r \begin{pmatrix} -1 \\ 1 \\ 1 \end{pmatrix}$ und die Ebene

$E : 2x + 5y + 3z = -3$. Ein Normalenvektor von E ist $\vec{n} = \begin{pmatrix} 2 \\ 5 \\ 3 \end{pmatrix}$, der *nicht* orthogonal

zum Richtungsvektor $\vec{u} = \begin{pmatrix} -1 \\ 1 \\ 1 \end{pmatrix}$ von g ist, denn es gilt $\vec{u} \bullet \vec{n} = 6 \neq 0$. Das bedeutet,

dass g und E nicht parallel zueinander liegen und sich folglich in einem Punkt D schneiden. Um den Ortsvektor von D berechnen zu können, benötigen wir den zugehörigen Parameterwert $r \in \mathbb{R}$. Diesen ermitteln wir durch Einsetzen der Koordinaten $x = 1 - r$, $y = 2 + r$ und $z = 3 + r$ in die Koordinatengleichung von E:

$$2(1 - r) + 5(2 + r) + 3(3 + r) = -3 \quad \Leftrightarrow \quad 6r + 21 = -3 \quad \Leftrightarrow \quad r = -4$$

Einsetzen von $r = -4$ in die Geradengleichung liefert den Ortsvektor des Durchstoßpunkts $D(5| -2| -1)$. ◀

Wir verallgemeinern die Vorgehensweise zur schnellen Überprüfung der Lagebeziehung von Gerade und Ebene formal in dem folgenden Satz und alternativ in dem in Abb. 79 dargestellten Schema.

Satz 3.136. Gegeben seien $g : \vec{x} = \overrightarrow{OA} + r\vec{u}$ und $E : \left[\vec{x} - \overrightarrow{OB} \right] \bullet \vec{n} = 0$. Dann gilt:

a) g ist genau dann echt parallel zu E, wenn $\vec{u} \bullet \vec{n} = 0$ und $\left[\overrightarrow{OA} - \overrightarrow{OB} \right] \bullet \vec{n} \neq 0$.

b) g liegt genau dann in E, wenn $\vec{u} \bullet \vec{n} = 0$ und $\left[\overrightarrow{OA} - \overrightarrow{OB} \right] \bullet \vec{n} = 0$.

c) g durchstößt E genau dann in einem Punkt D, wenn $\vec{u} \bullet \vec{n} \neq 0$.

Der Vollständigkeit wegen sei die folgende Alternative für den Fall notiert, dass E durch eine Koordinatengleichung gegeben ist. Der Zusammenhang zu Satz 3.136 ergibt sich, wenn dort in der Normalengleichung das Skalarprodukt ausgerechnet wird.

Folgerung 3.137. Gegeben seien eine Gerade $g : \vec{x} = \vec{OA} + r\vec{u}$ mit Stützpunkt $A(a_x|a_y|a_z)$ und eine Ebene $E : ax + by + cz = d$. Dann ist $\vec{n} = \begin{pmatrix} a \\ b \\ c \end{pmatrix}$ ein Normalenvektor von E und es gilt:

a) g ist genau dann echt parallel zu E, wenn $\vec{u} \bullet \vec{n} = 0$ und $aa_x + ba_y + ca_z \neq d$.

b) g liegt genau dann in E, wenn $\vec{u} \bullet \vec{n} = 0$ und $aa_x + ba_y + ca_z = d$.

c) g durchstößt E genau dann in einem Punkt D, wenn $\vec{u} \bullet \vec{n} \neq 0$.

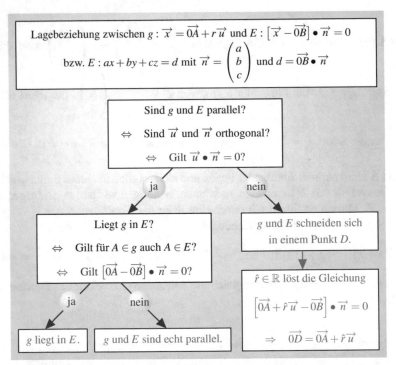

Abb. 79: Schema zur Untersuchung der Lagebeziehung zwischen einer Gerade g und einer Ebene E

Satz 3.136 und Folgerung 3.137 gestatten eine schnelle Überprüfung der Lagebeziehung zwischen Gerade und Ebene, ermöglichen aber ausdrücklich nicht die Berechnung der Koordinaten von Durchstoßpunkten. Für deren Berechnung muss auf die Verfahrensweise gemäß Satz 3.128 oder Satz 3.132 zurückgegriffen werden.

Aufgaben zum Abschnitt 3.4.1

Aufgabe 3.4.1: Begründen Sie, dass die Gerade g und die Ebene E echt parallel sind.

a) $g: \vec{x} = \begin{pmatrix} 1 \\ 2 \\ 3 \end{pmatrix} + r \begin{pmatrix} -1 \\ 8 \\ 5 \end{pmatrix}$, $E: \left[\vec{x} - \begin{pmatrix} -3 \\ -2 \\ 1 \end{pmatrix} \right] \bullet \begin{pmatrix} 5 \\ 5 \\ -7 \end{pmatrix} = 0$

b) $g: \vec{x} = \begin{pmatrix} 2 \\ -5 \\ 8 \end{pmatrix} + r \begin{pmatrix} 17 \\ -6 \\ 2 \end{pmatrix}$, $E: 2x + 6y + z = 45$

c) $g: \vec{x} = \begin{pmatrix} 12 \\ -11 \\ 9 \end{pmatrix} + r \begin{pmatrix} -5 \\ 44 \\ -3 \end{pmatrix}$, $E: \vec{x} = \begin{pmatrix} 1 \\ 2 \\ 3 \end{pmatrix} + s \begin{pmatrix} 4 \\ 5 \\ 6 \end{pmatrix} + t \begin{pmatrix} -7 \\ 8 \\ -9 \end{pmatrix}$

Aufgabe 3.4.2: Begründen Sie, dass die Gerade g in der Ebene E liegt.

a) $g: \vec{x} = \begin{pmatrix} 4 \\ 1 \\ 1 \end{pmatrix} + r \begin{pmatrix} 2 \\ -2 \\ 3 \end{pmatrix}$, $E: \left[\vec{x} - \begin{pmatrix} 3 \\ 1 \\ 2 \end{pmatrix} \right] \bullet \begin{pmatrix} 2 \\ 5 \\ 2 \end{pmatrix} = 0$

b) $g: \vec{x} = \begin{pmatrix} 6 \\ -3 \\ -4 \end{pmatrix} + r \begin{pmatrix} 1 \\ 1 \\ 1 \end{pmatrix}$, $E: 5x - 8y + 3z = 42$

c) $g: \vec{x} = \begin{pmatrix} \frac{16}{3} \\ 2 \\ 3 \end{pmatrix} + r \begin{pmatrix} 3 \\ 8 \\ 9 \end{pmatrix}$, $E: \vec{x} = \begin{pmatrix} 5 \\ 0 \\ 2 \end{pmatrix} + s \begin{pmatrix} 1 \\ 2 \\ 3 \end{pmatrix} + t \begin{pmatrix} -1 \\ 2 \\ -3 \end{pmatrix}$

Aufgabe 3.4.3: Die Gerade g durchstößt die Ebene E im Durchstoßpunkt D. Ermitteln Sie die Koordinaten von D.

a) $g: \vec{x} = \begin{pmatrix} 2 \\ 8 \\ -3 \end{pmatrix} + r \begin{pmatrix} 2 \\ -3 \\ 4 \end{pmatrix}$, $E: \vec{x} = \begin{pmatrix} 1 \\ 1 \\ 6 \end{pmatrix} + s \begin{pmatrix} 1 \\ 1 \\ 1 \end{pmatrix} + t \begin{pmatrix} 0 \\ 2 \\ 3 \end{pmatrix}$

b) $g: \vec{x} = \begin{pmatrix} 1 \\ 0 \\ -3 \end{pmatrix} + r \begin{pmatrix} 2 \\ 2 \\ -3 \end{pmatrix}$, $E: \vec{x} = \begin{pmatrix} 1 \\ 2 \\ 4 \end{pmatrix} + s \begin{pmatrix} 3 \\ 4 \\ 0 \end{pmatrix} + t \begin{pmatrix} -1 \\ 0 \\ 5 \end{pmatrix}$

c) $g: \vec{x} = \begin{pmatrix} -3 \\ 7 \\ 10 \end{pmatrix} + r \begin{pmatrix} 4 \\ -1 \\ 2 \end{pmatrix}$, $E: -4x + 5y + 10z = 144$

d) $g: \vec{x} = \begin{pmatrix} -2 \\ -5 \\ 12 \end{pmatrix} + r \begin{pmatrix} -1 \\ -2 \\ 1 \end{pmatrix}$, $E: 9x - z = 50$

e) $g: \vec{x} = \begin{pmatrix} 7 \\ 7 \\ 16 \end{pmatrix} + r \begin{pmatrix} 1 \\ 2 \\ 3 \end{pmatrix}$, $E: \left[\vec{x} - \begin{pmatrix} -4 \\ 1 \\ 5 \end{pmatrix} \right] \bullet \begin{pmatrix} 2 \\ -3 \\ 6 \end{pmatrix} = 0$

Aufgabe 3.4.4: Verwenden Sie eine Parametergleichung der Ebene E und Satz 3.128, um die Lagebeziehung zwischen der Ebene E und der Gerade g zu untersuchen. Falls E und g genau einen Punkt D gemeinsam haben, dann ermitteln Sie die Koordinaten von D.

a) $E : \vec{x} = \begin{pmatrix} 2 \\ -1 \\ -4 \end{pmatrix} + r \begin{pmatrix} 1 \\ 2 \\ -2 \end{pmatrix} + s \begin{pmatrix} 2 \\ 3 \\ 5 \end{pmatrix}$, $g : \vec{x} = \begin{pmatrix} 4 \\ 5 \\ 5 \end{pmatrix} + t \begin{pmatrix} 1 \\ -2 \\ 3 \end{pmatrix}$

b) $E : \vec{x} = \begin{pmatrix} 2 \\ -1 \\ 1 \end{pmatrix} + r \begin{pmatrix} 1 \\ 2 \\ -2 \end{pmatrix} + s \begin{pmatrix} 2 \\ 3 \\ 0 \end{pmatrix}$, $g : \vec{x} = \begin{pmatrix} 4 \\ 5 \\ 5 \end{pmatrix} + t \begin{pmatrix} 1 \\ -2 \\ 14 \end{pmatrix}$

c) $E : \vec{x} = \begin{pmatrix} 4 \\ 7 \\ 1 \end{pmatrix} + r \begin{pmatrix} 1 \\ 2 \\ -2 \end{pmatrix} + s \begin{pmatrix} 2 \\ 3 \\ 0 \end{pmatrix}$, $g : \vec{x} = \begin{pmatrix} 2 \\ 5 \\ -3 \end{pmatrix} + t \begin{pmatrix} 1 \\ -2 \\ 14 \end{pmatrix}$

d) $E : 2x - 4y + z = 8$, $\quad g : \vec{x} = \begin{pmatrix} -3 \\ 4 \\ 9 \end{pmatrix} + t \begin{pmatrix} -4 \\ 8 \\ -2 \end{pmatrix}$

e) $E : 4x + 2y - z = 8$, $\quad g : \vec{x} = \begin{pmatrix} -3 \\ 4 \\ 9 \end{pmatrix} + t \begin{pmatrix} -4 \\ 14 \\ 12 \end{pmatrix}$

f) $E : \left[\vec{x} - \begin{pmatrix} -1 \\ 0 \\ 0 \end{pmatrix} \right] \bullet \begin{pmatrix} -4 \\ 1 \\ -2 \end{pmatrix} = 0$, $\quad g : \vec{x} = \begin{pmatrix} -3 \\ 4 \\ 6 \end{pmatrix} + t \begin{pmatrix} -4 \\ 0 \\ 8 \end{pmatrix}$

Aufgabe 3.4.5: Verwenden Sie eine Koordinatengleichung der Ebene E und Satz 3.132, um die Lagebeziehung zwischen der Ebene E und der Gerade g zu untersuchen. Falls E und g genau einen Punkt D gemeinsam haben, dann ermitteln Sie die Koordinaten von D.

a) $E : 4x + 7y - 3z = -23$, $\quad g : \vec{x} = \begin{pmatrix} 7 \\ 3 \\ 1 \end{pmatrix} + r \begin{pmatrix} 2 \\ 3 \\ 2 \end{pmatrix}$

b) $E : -5x + 2y + z = -28$, $\quad g : \vec{x} = \begin{pmatrix} 7 \\ 3 \\ 1 \end{pmatrix} + r \begin{pmatrix} 2 \\ 3 \\ 4 \end{pmatrix}$

c) $E : -5x + 2y + z = 28$, $\quad g : \vec{x} = \begin{pmatrix} 7 \\ 3 \\ 1 \end{pmatrix} + r \begin{pmatrix} 2 \\ 3 \\ 4 \end{pmatrix}$

d) $E : \vec{x} = \begin{pmatrix} -1 \\ 2 \\ 3 \end{pmatrix} + r \begin{pmatrix} -1 \\ 1 \\ -1 \end{pmatrix} + s \begin{pmatrix} 2 \\ -1 \\ 8 \end{pmatrix}$, $g : \vec{x} = \begin{pmatrix} 1 \\ 2 \\ 3 \end{pmatrix} + t \begin{pmatrix} 4 \\ -1 \\ -2 \end{pmatrix}$

e) $E : \vec{x} = \begin{pmatrix} -1 \\ 2 \\ -3 \end{pmatrix} + r \begin{pmatrix} 4 \\ 5 \\ -1 \end{pmatrix} + s \begin{pmatrix} -4 \\ 0 \\ 5 \end{pmatrix}$, $g : \vec{x} = \begin{pmatrix} 1 \\ 2 \\ 3 \end{pmatrix} + t \begin{pmatrix} 4 \\ 15 \\ 7 \end{pmatrix}$

f) $E : \vec{x} = \begin{pmatrix} 12 \\ -5 \\ 27 \end{pmatrix} + r \begin{pmatrix} 14 \\ 2 \\ -2 \end{pmatrix} + s \begin{pmatrix} 3 \\ -1 \\ 4 \end{pmatrix}, \quad g : \vec{x} = \begin{pmatrix} 4 \\ 1 \\ 6 \end{pmatrix} + t \begin{pmatrix} 10 \\ 0 \\ 3 \end{pmatrix}$

Aufgabe 3.4.6: Verwenden Sie Satz 3.136 oder alternativ Folgerung 3.137, um die Lagebeziehung zwischen der Ebene E und der Gerade g zu untersuchen. Falls E und g genau einen Punkt D gemeinsam haben, dann ermitteln Sie außerdem die Koordinaten von D.

a) $E : 7x - 8y - 9z = 130, \quad g : \vec{x} = \begin{pmatrix} 11 \\ 12 \\ 13 \end{pmatrix} + r \begin{pmatrix} 24 \\ 25 \\ 26 \end{pmatrix}$

b) $E : 2x - 2y + 3z = 5, \quad g : \vec{x} = \begin{pmatrix} 0 \\ 1 \\ 2 \end{pmatrix} + r \begin{pmatrix} 2 \\ 5 \\ 2 \end{pmatrix}$

c) $E : 2x - 2y + 3z = 5, \quad g : \vec{x} = \begin{pmatrix} 0 \\ -1 \\ 1 \end{pmatrix} + r \begin{pmatrix} 2 \\ 5 \\ 2 \end{pmatrix}$

d) $E : \left[\vec{x} - \begin{pmatrix} 3 \\ 3 \\ 0 \end{pmatrix} \right] \bullet \begin{pmatrix} -1 \\ 2 \\ -3 \end{pmatrix}, \quad g : \vec{x} = \begin{pmatrix} 1 \\ 7 \\ 9 \end{pmatrix} + r \begin{pmatrix} 1 \\ 8 \\ 5 \end{pmatrix}$

e) $E : \left[\vec{x} - \begin{pmatrix} 2 \\ -3 \\ 13 \end{pmatrix} \right] \bullet \begin{pmatrix} 4 \\ 11 \\ 5 \end{pmatrix}, \quad g : \vec{x} = \begin{pmatrix} 7 \\ -3 \\ 9 \end{pmatrix} + r \begin{pmatrix} -5 \\ 5 \\ -7 \end{pmatrix}$

f) $E : \vec{x} = \begin{pmatrix} 4 \\ 4 \\ 1 \end{pmatrix} + r \begin{pmatrix} 3 \\ 5 \\ 7 \end{pmatrix} + s \begin{pmatrix} 3 \\ 6 \\ 1 \end{pmatrix}, \quad g : \vec{x} = \begin{pmatrix} 3 \\ 5 \\ 3 \end{pmatrix} + t \begin{pmatrix} 5 \\ 3 \\ 3 \end{pmatrix}$

Aufgabe 3.4.7: Verwenden Sie eine Methode Ihrer Wahl, um die Lagebeziehung zwischen der Gerade g und der Ebene E zu untersuchen. Falls g und E genau einen Punkt D gemeinsam haben, dann ermitteln Sie außerdem die Koordinaten von D.

a) $g : \vec{x} = \begin{pmatrix} -35 \\ 881 \\ 70 \end{pmatrix} + r \begin{pmatrix} -102 \\ 312 \\ 75 \end{pmatrix}, \quad E : 6x + y + 4z = 950$

b) $g : \vec{x} = \begin{pmatrix} \sqrt{2} \\ \sqrt{2} \\ 2\sqrt{2} \end{pmatrix} + r \begin{pmatrix} 11 \\ 121 \\ 11 \end{pmatrix}, \quad E : 11x - 3y + 22z = 52\sqrt{2}$

c) $g : \vec{x} = \begin{pmatrix} 2\sqrt{3} \\ 3\sqrt{5} \\ 8\sqrt{8} \end{pmatrix} + r \begin{pmatrix} \sqrt{3} \\ \sqrt{5} \\ \sqrt{8} \end{pmatrix}, \quad E : \sqrt{3}x + \sqrt{5}y - \sqrt{8}z = -34$

d) $g : \vec{x} = \begin{pmatrix} 11 \\ 21 \\ 9 \end{pmatrix} + r \begin{pmatrix} 1 \\ 2 \\ -1 \end{pmatrix}, \quad E : 3x + 2y - z = 2$

e) $g : \vec{x} = \begin{pmatrix} 8 \\ -3 \\ 5 \end{pmatrix} + r \begin{pmatrix} -12 \\ 10 \\ -7 \end{pmatrix}$, $\quad E : \vec{x} = \begin{pmatrix} -12 \\ 17 \\ 15 \end{pmatrix} + s \begin{pmatrix} 1 \\ 10 \\ 0 \end{pmatrix} + t \begin{pmatrix} 0 \\ 10 \\ 1 \end{pmatrix}$

f) $g : \vec{x} = \begin{pmatrix} 1 \\ 9 \\ 6 \end{pmatrix} + r \begin{pmatrix} 1 \\ -2 \\ -\frac{3}{2} \end{pmatrix}$, $\quad E : \vec{x} = \begin{pmatrix} 3 \\ 5 \\ 3 \end{pmatrix} + s \begin{pmatrix} 5 \\ 2 \\ 2 \end{pmatrix} + t \begin{pmatrix} 3 \\ 6 \\ 5 \end{pmatrix}$

g) $g : \vec{x} = \begin{pmatrix} 5 \\ 61 \\ 17 \end{pmatrix} + r \begin{pmatrix} 3 \\ -16 \\ 3 \end{pmatrix}$, $\quad E : \vec{x} = \begin{pmatrix} 0 \\ 49 \\ 16 \end{pmatrix} + s \begin{pmatrix} 19 \\ 6 \\ 8 \end{pmatrix} + t \begin{pmatrix} 16 \\ 22 \\ 5 \end{pmatrix}$

h) $g : \vec{x} = \begin{pmatrix} 0 \\ 1 \\ 9 \end{pmatrix} + r \begin{pmatrix} 0 \\ -8 \\ 6 \end{pmatrix}$, $\quad E : \left[\vec{x} - \begin{pmatrix} 0 \\ 4 \\ 9 \end{pmatrix} \right] \cdot \begin{pmatrix} 1 \\ 6 \\ 8 \end{pmatrix} = 0$

i) $g : \vec{x} = \begin{pmatrix} -1 \\ 6 \\ -7 \end{pmatrix} + r \begin{pmatrix} 2 \\ 5 \\ 2 \end{pmatrix}$, $\quad E : \left[\vec{x} - \begin{pmatrix} 0 \\ 1 \\ 9 \end{pmatrix} \right] \cdot \begin{pmatrix} 6 \\ 8 \\ 1 \end{pmatrix} = 0$

Aufgabe 3.4.8: Gegeben seien die Ebene $E : 2x + 4y + 9z = 55$ und die Geradenschar

$g_c : \vec{x} = \begin{pmatrix} 2 \\ 3 \\ 1 \end{pmatrix} + r \begin{pmatrix} c-2 \\ c \\ c+2 \end{pmatrix}$. Kann $c \in \mathbb{R}$ so gewählt werden, sodass

a) g_c echt parallel zu E ist,

b) g_c in E liegt bzw.

c) g_c die Ebene E in einem Punkt D durchstößt?

Aufgabe 3.4.9: Gegeben seien die Ebene $E : 3x - 5y + 5z = 11$ und die Geradenschar

$g_c : \vec{x} = \begin{pmatrix} 2 \\ 3 \\ c \end{pmatrix} + r \begin{pmatrix} -10 \\ c^2-1 \\ 5c+1 \end{pmatrix}$. Wie muss $c \in \mathbb{R}$ gewählt werden, damit

a) g_c echt parallel zu E ist,

b) g_c in E liegt bzw.

c) g_c die Ebene E in einem Punkt D durchstößt?

Aufgabe 3.4.10: Gegeben seien die Ebene $E : 4x - 3y + 2z = 41$ und die Geradenschar

$g_{a;b} : \vec{x} = \begin{pmatrix} a+1 \\ a+3b \\ 1-b \end{pmatrix} + r \begin{pmatrix} a-2 \\ 2a-b \\ b+5 \end{pmatrix}$. Wie müssen $a, b \in \mathbb{R}$ gewählt werden, damit

a) $g_{a;b}$ in E liegt,

b) $g_{a;b}$ echt parallel zu E ist bzw.

c) $g_{a;b}$ die Ebene E in einem Punkt D durchstößt?

Aufgabe 3.4.11: Gegeben sei die Gerade g durch die Punkte $A(1|0|-1)$ und $B(2|-4|3)$ und die Ebenenschar

$$E_c: \ (8+8c)x+(c^2-c)y+8z \ = \ -16 \ .$$

Wie muss $c \in \mathbb{R}$ gewählt werden, damit

a) g in E_c liegt,

b) g und E_c echt parallel sind,

c) g die Ebene E_c in einem Punkt D durchstößt bzw.

d) g und E_c nur den Punkt $D(4|-12|11)$ gemeinsam haben.

Aufgabe 3.4.12: Gegeben sei die Gerade g durch die Punkte $A(5|4|-2)$ und $B(-3|9|3)$ und die Ebenenschar

$$E_{a;b}: \ ax+by+(a+b)z \ = \ 6 \ .$$

Können $a, b \in \mathbb{R}$ so gewählt werden, dass

a) g in $E_{a;b}$ liegt,

b) g und $E_{a;b}$ echt parallel sind,

c) g die Ebene $E_{a;b}$ in einem Punkt D durchstößt bzw.

d) g und $E_{a;b}$ nur den Punkt $D(21|-6|-12)$ gemeinsam haben?

Aufgabe 3.4.13: In einem kartesischen Koordinatensystem sind die Punkte

$$A_t\left(t \ \middle| \ \frac{t}{2} \ \middle| \ 1\right) \ , \ B_t(4 \ | \ t+1 \ | \ -2) \ \text{ und } \ C_t\left(\frac{t}{4} \ \middle| \ 5 \ \middle| \ t-3\right)$$

mit $t \in \mathbb{R}$ gegeben.

a) Bestimmen Sie alle $t \in \mathbb{R}$, für die das Dreieck $\Delta A_t B_t C_t$ gleichseitig ist.

b) Für $t = 4$ bildet das Dreieck $\Delta A_4 B_4 C_4$ jeweils die Grundfläche von regelmäßigen, dreiseitigen, geraden Pyramiden $A_4 B_4 C_4 D_s$ mit der Pyramidenspitze D_s, $s \in \mathbb{R}$. Die Punkte D_s liegen auf einer Gerade d. Ermitteln Sie eine Gleichung der Gerade d.

c) Bestimmen Sie die Koordinaten aller Punkte D_s, für die der Körper $A_4 B_4 C_4 D_s$ ein regelmäßiges Tetraeder ist.

d) Gegeben seien der Punkt $P(4|5|1)$ sowie die Ebene $E: x+y+z = 5$. Weiter seien

- A' der Schnittpunkt der Ebene E und der Gerade g durch die Punkte P und A_4,
- B' der Schnittpunkt der Ebene E und der Gerade h durch die Punkte P und B_4 bzw.
- C' der Schnittpunkt der Ebene E und der Gerade l durch die Punkte P und C_4.

Zeichnen Sie in ein geeignetes Koordinatensystem einen Würfel, der die Punkte A', B', C' und P als Eckpunkte enthält. Weisen Sie nach, dass die Ebene E den Würfel so in zwei Teilkörper zerlegt, dass sich deren Volumina wie $5:1$ verhalten.

3.4.2 Schnittwinkel, Spurpunkte und Spurgeraden

Ist E eine Ebene und P ein nicht in E liegender Punkt, dann kann das <u>Lot</u> von P auf E gefällt werden. Das Lot von P auf E trifft dabei auf einen in E liegenden Punkt P' derart, dass der Vektor $\overrightarrow{PP'}$ ein Normalenvektor von E ist. Das bedeutet, dass die <u>Lotstrecke</u> $\overline{PP'}$ senkrecht auf E steht. Die Ermittlung des auch als <u>Lotfußpunkt</u> bezeichneten Punkts P' kann dabei auf die Lagebeziehung zwischen der Ebene E und der <u>Lotgerade</u> $h : \overrightarrow{x} = \overrightarrow{0P} + s\,\overrightarrow{n}$ zurückgeführt werden, wobei $\overrightarrow{n}$ irgendein Normalenvektor von E ist. Ganz offensichtlich durchstößt h die Ebene E im Lotfußpunkt P'.

Beispiel 3.138. Es ist der Lotfußpunkt P' des Lots von $P(4|9|8)$ auf $E : 2x + 3y + 4z = 9$ zu bestimmen. P' ist der Schnittpunkt der Ebene E und der Lotgerade

$$h : \overrightarrow{x} = \overrightarrow{0P} + s\,\overrightarrow{n} = \begin{pmatrix} 4 \\ 9 \\ 8 \end{pmatrix} + s \begin{pmatrix} 2 \\ 3 \\ 4 \end{pmatrix} .$$

Wir bestimmen den zu P' zugehörigen Parameterwert $s \in \mathbb{R}$:

$$2(4 + 2s) + 3(9 + 3s) + 4(8 + 4s) = 9 \quad \Leftrightarrow \quad 29s + 67 = 9 \quad \Leftrightarrow \quad s = -2$$

Einsetzen von $s = -2$ in die Gleichung von h ergibt den Ortsvektor von $P'(0|3|0)$. ◄

Die Methode, das Lot eines Punkts P auf eine Ebene E zu fällen, ist eine spezielle <u>Orthogonalprojektion</u>. Das bedeutet, dass P durch senkrechte Projektion auf E abgebildet wird.[3],[4] Auch andere geometrische Objekte lassen sich durch Orthogonalprojektionen aufeinander abbilden, wie zum Beispiel eine Gerade g auf eine Ebene E. Dazu wird jeder Punkt P der Gerade g orthogonal auf E projiziert, was eine in E liegende Gerade g' ergibt.[5]

Definition 3.139. Sei E eine Ebene und g eine nicht in E liegende Gerade. Der Richtungsvektor von g sei linear unabhängig vom Normalenvektor der Ebene E. Durch <u>Orthogonalprojektion</u> von g auf E entsteht eine <u>Projektionsgerade</u> g' mit den folgenden Eigenschaften:

a) g' liegt in E.

b) Zu jedem Punkt $P' \in g'$ gibt es genau einen Punkt $P \in g$, sodass $\overrightarrow{PP'}$ ein Normalenvektor von E ist.

Man sagt auch: <u>g' entsteht durch orthogonale Projektion von g auf E.</u>

---

[3] Anschaulich lässt sich das zum besseren Verständnis mit einer vereinfacht erklärten Wirkung einer Taschenlampe vergleichen: Hängt man als Punkt P zum Beispiel einen kleinen Tischtennisball vor eine Wand E auf und richtet eine Taschenlampe vor P so aus, dass ihre Lichtstrahlen nährungsweise senkrecht in Richtung Wand E verlaufen, dann wird P durch die Lichtstrahlen auf die Wand E projiziert und dort als Schatten P' sichtbar. Die Strecke $\overline{PP'}$ ist orthogonal zu E.

[4] Man sagt in diesem Zusammenhang auch: P' entsteht durch orthogonale Projektion von P auf E.

[5] g' lässt sich anschaulich als „Schattenbild" von g auf E verstehen.

Für die praktische Berechnung der Projektionsgerade g' muss man nicht von jedem auf g liegenden Punkt P das Lot auf g fällen. Vielmehr genügt es, das Lot von genau einem nahezu beliebig wählbaren Punkt $P \in g$ auf E zu fällen und den zugehörigen Lotfußpunkt P' zu berechnen. Für eine Gleichung von g' wird ein Richtungsvektor benötigt, zu dessen Bestimmung die folgenden beiden Fälle zu unterscheiden sind, wobei $\overrightarrow{u}$ ein Richtungsvektor von g und $\overrightarrow{n}$ ein Normalenvektor von E ist:[6]

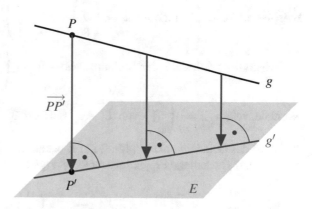

Abb. 80: Orthogonale Projektion einer Gerade g auf eine Ebene E

- <u>Fall 1:</u> g durchstößt E im Punkt D, $\overrightarrow{u}$ und $\overrightarrow{n}$ sind linear unabhängig und es gilt $P \neq D$. Die Projektionsgerade hat die Gleichung $g' : \overrightarrow{x} = \overrightarrow{0P'} + r\overrightarrow{P'D}$.

- <u>Fall 2:</u> g ist echt parallel zu E. Dann sind $\overrightarrow{u}$ und $\overrightarrow{n}$ linear unabhängig und die Projektionsgerade hat die Gleichung $g' : \overrightarrow{x} = \overrightarrow{0P'} + r\overrightarrow{u}$.

Beispiel 3.140. Die Gerade $g : \overrightarrow{x} = \begin{pmatrix} 4 \\ 9 \\ 8 \end{pmatrix} + r \begin{pmatrix} 3 \\ 8 \\ 7 \end{pmatrix}$ durchstößt $E : 2x + 3y + 4z = 9$

im Punkt $D(1|1|1)$. Der Richtungsvektor $\overrightarrow{u} = \begin{pmatrix} 3 \\ 8 \\ 7 \end{pmatrix}$ von g und der Normalenvektor

$\overrightarrow{n} = \begin{pmatrix} 2 \\ 3 \\ 4 \end{pmatrix}$ von E sind linear unabhängig, sodass g auf E orthogonal projiziert wer-

den kann. Aus Beispiel 3.138 ist die Orthogonalprojektion $P'(0|3|0)$ des Geradenpunkts $P(4|9|8)$ auf die Ebene E bekannt. Für die durch orthogonale Projektion von g auf E erhaltene Projektionsgerade g' ergibt sich die folgende Gleichung:

$$g' : \overrightarrow{x} = \overrightarrow{0P'} + r\overrightarrow{P'D} = \begin{pmatrix} 0 \\ 3 \\ 0 \end{pmatrix} + t \begin{pmatrix} 1 \\ -2 \\ 1 \end{pmatrix} \qquad \blacktriangleleft$$

---

[6] Der Vollständigkeit halber sei erwähnt, dass es noch einen dritten Fall gibt: g durchstößt E im Punkt D, $\overrightarrow{u}$ und $\overrightarrow{n}$ sind linear abhängig. Dies ist ein Sonderfall, der nicht durch Definition 3.139 erfasst wird. Die Gerade g durchstößt E in D orthogonal, sodass *jeder* Punkt von g auf den Durchstoßpunkt projiziert wird. Dieser Fall wird hier nicht weiter betrachtet.

Beispiel 3.141. Die Gerade $g : \vec{x} = \begin{pmatrix} 4 \\ 9 \\ 8 \end{pmatrix} + r \begin{pmatrix} -2 \\ 0 \\ 1 \end{pmatrix}$ verläuft echt parallel zur Ebene

$E : 2x + 3y + 4z = 9$, denn der Richtungsvektor $\vec{u} = \begin{pmatrix} -2 \\ 0 \\ 1 \end{pmatrix}$ von g ist orthogonal zum

Normalenvektor $\vec{n} = \begin{pmatrix} 2 \\ 3 \\ 4 \end{pmatrix}$ von E. Aus Beispiel 3.138 ist die Orthogonalprojektion

$P'(0|3|0)$ des Geradenpunkts $P(4|9|8)$ auf E bekannt. Für die durch orthogonale Projektion von g auf E erhaltene Projektionsgerade g' ergibt sich die Gleichung

$$g' : \vec{x} = \overrightarrow{0P'} + r\vec{u} = \begin{pmatrix} 0 \\ 3 \\ 0 \end{pmatrix} + t \begin{pmatrix} -2 \\ 0 \\ 1 \end{pmatrix}. \qquad \blacktriangleleft$$

Schneiden sich eine Gerade g und eine Ebene E im Schnittpunkt D, dann schließen sie dort ein Paar von Winkeln β und $180° - \beta$ ein (siehe Abb. 81). Es ist für die Definition des Schnittwinkels α von g und E sinnvoll, die Definition 3.51 des Schnittwinkels zwei sich schneidender Geraden zu übernehmen. Dazu wird die Hilfsgerade h genutzt, die durch orthogonale Projektion von g auf E entsteht. Die Gerade h liegt in E und geht durch den Punkt D (siehe Abb. 81). Damit können wir den Schnittwinkel α über die Geraden g und h definieren und dazu einfach Definition 3.51 übertragen.

Definition 3.142. Gegeben seien eine Gerade g und eine Ebene E derart, dass g die Ebene E in einem Punkt D durchstößt. Weiter sei h die Orthogonalprojektion von g auf E. Dann schließen g und h am Punkt D zwei Scheitelwinkel β und $180° - \beta$ miteinander ein. Denjenigen dieser beiden Winkel, der $90°$ nicht überschreitet bezeichnet man als <u>Schnittwinkel zwischen der Gerade g und der Ebene E.</u>

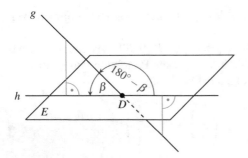

Abb. 81: Winkel zwischen einer Gerade g und einer Ebene E am Schnittpunkt D

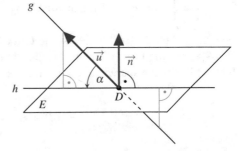

Abb. 82: Berechnung des Schnittwinkels α zwischen einer Gerade g und einer Ebene E

Zur Berechnung des Schnittwinkels α von g und E ist es nicht notwendig, die Orthogonalprojektion h von g auf E zu berechnen. Einfacher ist es, zur Berechnung von α einen Normalenvektor $\vec{n}$ von E zu verwenden (siehe Abb. 82). Interpretieren wir $\vec{n}$ als Richtungsvektor einer durch D verlaufenden Gerade und ist $\vec{u}$ ein Richtungsvektor von g, dann gilt nach Satz 3.60

$$\sin(\alpha) \,=\, \cos(90° - \alpha) \,=\, \frac{|\vec{u} \bullet \vec{n}|}{|\vec{u}| \cdot |\vec{n}|} \;.$$

Die Anwendung der Umkehrfunktion Arcussinus liefert schließlich eine Berechnungsformel für den Schnittwinkel zwischen Gerade und Ebene:

Satz 3.143. Gegeben seien eine Gerade $g : \vec{x} = \vec{0A} + r\vec{u}$ mit $r \in \mathbb{R}$ und eine Ebene $E : \left[\vec{x} - \vec{0B}\right] \bullet \vec{n} = 0$ derart, dass g die Ebene E in genau einem Punkt schneidet. Für den Schnittwinkel α zwischen g und E gilt:

$$\sin(\alpha) \,=\, \frac{|\vec{u} \bullet \vec{n}|}{|\vec{u}| \cdot |\vec{n}|} \quad \text{bzw.} \quad \alpha = \arcsin\left(\frac{|\vec{u} \bullet \vec{n}|}{|\vec{u}| \cdot |\vec{n}|}\right)$$

Beispiel 3.144. Nach Beispiel 3.135 durchstößt die Gerade $g : \vec{x} = \begin{pmatrix} 1 \\ 2 \\ 3 \end{pmatrix} + r \begin{pmatrix} -1 \\ 1 \\ 1 \end{pmatrix}$ die Ebene $E : 2x + 5y + 3z = -3$ im Punkt $D(5|-2|-1)$. Mit dem Geradenrichtungsvektor $\vec{u} = \begin{pmatrix} -1 \\ 1 \\ 1 \end{pmatrix}$ und dem Normalenvektor $\vec{n} = \begin{pmatrix} 2 \\ 5 \\ 3 \end{pmatrix}$ von E wird der Schnittwinkel α von g und E gemäß Satz 3.143 wie folgt berechnet:

$$\alpha \,=\, \arcsin\left(\frac{|\vec{u} \bullet \vec{n}|}{|\vec{u}| \cdot |\vec{n}|}\right) = \arcsin\left(\frac{6}{\sqrt{3}\sqrt{38}}\right) \approx 34,19° \qquad \blacktriangleleft$$

Oft fällt es schwer, anhand einer Skizze die Lage einer Gerade g im räumlichen Koordinatensystem zweifelsfrei zu lokalisieren. Das lässt sich mit einfachen Hilfsmitteln verbessern, zum Beispiel durch zusätzliches Einzeichnen der Schnittpunkte von g mit den Koordinatenebenen.

Definition 3.145. Die Schnittpunkte einer Gerade g mit den Koordinatenebenen heißen <u>Spurpunkte</u> der Gerade g.

Zur Ermittlung der Koordinaten der Spurpunkte müssen keine komplizierten Rechnungen durchgeführt werden. Man muss lediglich überlegen, welche der drei Koordinaten eines Spurpunkts gleich null ist. So hat der Schnittpunkt einer Gerade mit der xy-Ebene die Koordinate $z = 0$, der Schnittpunkt mit der xz-Ebene die Koordinate $y = 0$ und der Schnittpunkt mit der yz-Ebene die Koordinate $x = 0$. Dieses Wissen ermöglicht eine rasche Berechnung der Spurpunktkoordinaten.

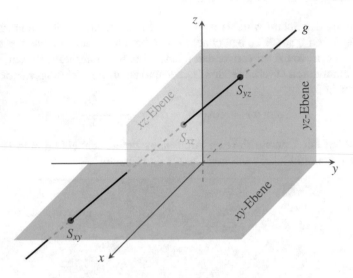

Abb. 83: Spurpunkte einer Gerade g

Beispiel 3.146. Gesucht sind die Spurpunkte von $g : \vec{x} = \begin{pmatrix} 12 \\ 25 \\ 24 \end{pmatrix} + r \begin{pmatrix} 4 \\ -5 \\ 6 \end{pmatrix}$.

a) Für den Spurpunkt S_{xy} mit der xy-Ebene lösen wir die Gleichung $0 = 24 + 6r$ nach r auf, d. h. $r = -4$. Einsetzen von $r = -4$ in die Geradengleichung liefert den Ortsvektor

von S_{xy}, d. h., $\overrightarrow{0S_{xy}} = \begin{pmatrix} 12 \\ 25 \\ 24 \end{pmatrix} - 4 \begin{pmatrix} 4 \\ -5 \\ 6 \end{pmatrix} = \begin{pmatrix} -4 \\ 45 \\ 0 \end{pmatrix}$ und damit $S_{xy}(-4|45|0)$.

b) Für den Spurpunkt S_{xz} mit der xz-Ebene lösen wir die Gleichung $0 = 25 - 5r$ nach r auf, d. h. $r = 5$. Einsetzen von $r = 5$ in die Geradengleichung liefert den Ortsvektor von

S_{xz}, d. h., $\overrightarrow{0S_{xz}} = \begin{pmatrix} 12 \\ 25 \\ 24 \end{pmatrix} + 5 \begin{pmatrix} 4 \\ -5 \\ 6 \end{pmatrix} = \begin{pmatrix} 32 \\ 0 \\ 54 \end{pmatrix}$ und damit $S_{xz}(32|0|54)$.

c) Für den Spurpunkt S_{yz} mit der yz-Ebene lösen wir die Gleichung $0 = 12 + 4r$ nach r auf, d. h. $r = -3$. Einsetzen von $r = -3$ in die Geradengleichung liefert den Ortsvektor

von S_{yz}, d. h., $\overrightarrow{0S_{yz}} = \begin{pmatrix} 12 \\ 25 \\ 24 \end{pmatrix} - 3 \begin{pmatrix} 4 \\ -5 \\ 6 \end{pmatrix} = \begin{pmatrix} 0 \\ 40 \\ 6 \end{pmatrix}$ und damit $S_{yz}(0|40|6)$. ◀

Beispiel 3.147. Jede Gerade hat mit mindestens einer Koordinatenebene einen Spurpunkt, muss aber nicht zwangsläufig alle drei Koordinatenebenen schneiden. So hat die zur

z-Achse parallele Gerade $g : \vec{x} = \begin{pmatrix} 1 \\ 1 \\ 1 \end{pmatrix} + r \begin{pmatrix} 0 \\ 0 \\ 1 \end{pmatrix}$ nur mit der xy-Ebene einen Schnitt-

punkt, nämlich den Spurpunkt $S_{xy}(1|1|0)$. Die Gerade g hat keinen Schnittpunkt mit der xz-Ebene und keinen Schnittpunkt mit der yz-Ebene. ◀

Ein weiteres Hilfsmittel, mit dem die Lage einer Gerade g im Raum in einer Skizze deutlich sichtbar gemacht werden kann, ist die orthogonale Projektion von g auf die Koordinatenebenen. Dazu muss nicht einmal gerechnet werden, denn die Gleichungen der Projektionsgeraden lassen sich leicht aus der Gleichung von g ablesen.

Satz 3.148. Gegeben sei eine Gerade $g : \vec{x} = \begin{pmatrix} a_1 \\ a_2 \\ a_3 \end{pmatrix} + r \begin{pmatrix} p_1 \\ p_2 \\ p_3 \end{pmatrix}$ mit $r \in \mathbb{R}$.

a) Die Orthogonalprojektion von g in die xy-Ebene ist $g_{xy} : \vec{x} = \begin{pmatrix} a_1 \\ a_2 \\ 0 \end{pmatrix} + r \begin{pmatrix} p_1 \\ p_2 \\ 0 \end{pmatrix}$.

b) Die Orthogonalprojektion von g in die xz-Ebene ist $g_{xz} : \vec{x} = \begin{pmatrix} a_1 \\ 0 \\ a_3 \end{pmatrix} + r \begin{pmatrix} p_1 \\ 0 \\ p_3 \end{pmatrix}$.

c) Die Orthogonalprojektion von g in die yz-Ebene ist $g_{yz} : \vec{x} = \begin{pmatrix} 0 \\ a_2 \\ a_3 \end{pmatrix} + r \begin{pmatrix} 0 \\ p_2 \\ p_3 \end{pmatrix}$.

Definition 3.149. Seien g_{xy}, g_{xz} und g_{yz} die Orthogonalprojektionen aus Satz 3.148. Man bezeichnet

a) g_{xy} als Grundrissprojektion oder kurz Grundriss von g,

b) g_{xz} als Kreuzrissprojektion oder kurz Kreuzriss von g und

c) g_{yz} als Aufrissprojektion oder kurz Aufriss von g.

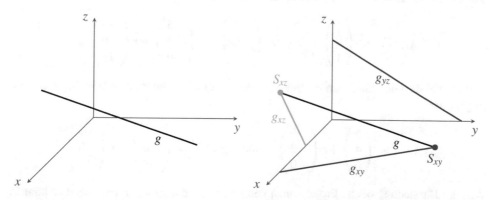

Abb. 84: Ohne Hilfsmittel lässt sich die räumliche Lage des links dargestellten Segments einer Gerade g schlecht lokalisieren, das ohne Kenntnis der Geradengleichung zum Beispiel sowohl vor oder hinter der yz-Ebene verortet werden könnte. Durch Einbeziehen von Spurpunkten und der Projektionen auf die Koordinatenebenen wird die räumliche Lage des Geradensegments besser sichtbar.

Beispiel 3.150. Zur Gerade $g : \overrightarrow{x} = \begin{pmatrix} 6 \\ -5 \\ 6 \end{pmatrix} + r \begin{pmatrix} -2 \\ 5 \\ -3 \end{pmatrix}$ gehören

a) der Grundriss $g_{xy} : \overrightarrow{x} = \begin{pmatrix} 6 \\ -5 \\ 0 \end{pmatrix} + r \begin{pmatrix} -2 \\ 5 \\ 0 \end{pmatrix}$,

b) der Kreuzriss $g_{xz} : \overrightarrow{x} = \begin{pmatrix} 6 \\ 0 \\ 6 \end{pmatrix} + r \begin{pmatrix} -2 \\ 0 \\ -3 \end{pmatrix}$ und

c) der Aufriss $g_{yz} : \overrightarrow{x} = \begin{pmatrix} 0 \\ -5 \\ 6 \end{pmatrix} + r \begin{pmatrix} 0 \\ 5 \\ -3 \end{pmatrix}$. ◀

Sind zwei der drei Projektionsgeraden einer Gerade g bekannt, dann lässt sich daraus eine Gleichung von g ermitteln:

Beispiel 3.151. Eine Gerade g hat den Grundriss $g_{xy} : \overrightarrow{x} = \begin{pmatrix} 5 \\ 4 \\ 0 \end{pmatrix} + r \begin{pmatrix} -6 \\ 3 \\ 0 \end{pmatrix}$ und den

Kreuzriss $g_{xz} : \overrightarrow{x} = \begin{pmatrix} 1 \\ 0 \\ 1 \end{pmatrix} + s \begin{pmatrix} 2 \\ 0 \\ -5 \end{pmatrix}$. Die x-Koordinate eines beliebigen Punkts von

g verändert sich weder durch die Grundriss- noch durch die Kreuzrissprojektion, d. h., die x-Koordinate eines Punkts von g_{xy} und die x-Koordinate von g_{xz} sind gleich. Diese Überlegung führt auf die Gleichung $5 - 6r = 1 + 2s$, die wir z. B. nach s umstellen, d. h. $s = 2 - 3r$. Einsetzen in die Gleichung von g_{xz} ergibt

$$g_{xz} : \overrightarrow{x} = \begin{pmatrix} 1 \\ 0 \\ 1 \end{pmatrix} + (2 - 3r) \begin{pmatrix} 2 \\ 0 \\ -5 \end{pmatrix} = \begin{pmatrix} 5 \\ 0 \\ -9 \end{pmatrix} + r \begin{pmatrix} -6 \\ 0 \\ 15 \end{pmatrix}.$$

Wir stellen die Gleichung von g_{xy} und die eben hergeleitete alternative Gleichung von g_{xz} gegenüber:

$$g_{xy} : \overrightarrow{x} = \begin{pmatrix} 5 \\ 4 \\ 0 \end{pmatrix} + r \begin{pmatrix} -6 \\ 3 \\ 0 \end{pmatrix} \quad \text{und} \quad g_{xz} : \overrightarrow{x} = \begin{pmatrix} 5 \\ 0 \\ -9 \end{pmatrix} + r \begin{pmatrix} -6 \\ 0 \\ 15 \end{pmatrix}$$

Aus der Darstellung beider Projektionen von g mithilfe des gleichen Parameters r können wir eine Gleichung von g ablesen, d. h. $g : \overrightarrow{x} = \begin{pmatrix} 5 \\ 4 \\ -9 \end{pmatrix} + r \begin{pmatrix} -6 \\ 3 \\ 15 \end{pmatrix}$. ◀

Aufgabe 3.4.14: Bestimmen Sie eine Gleichung der Gerade g', die durch orthogonale Projektion der Gerade g auf die Ebene E entsteht:

a) $g : \vec{x} = \begin{pmatrix} 2 \\ 1 \\ 12 \end{pmatrix} + r \begin{pmatrix} 0 \\ 3 \\ -14 \end{pmatrix}$, $E : 3x + 5x + 7z = 12$

b) $g : \vec{x} = \begin{pmatrix} -2 \\ 10 \\ -1 \end{pmatrix} + r \begin{pmatrix} -2 \\ 4 \\ 1 \end{pmatrix}$, $E : x - 3x + 4z = -16$

c) $g : \vec{x} = \begin{pmatrix} 6 \\ -6 \\ -3 \end{pmatrix} + r \begin{pmatrix} 4 \\ 1 \\ 1 \end{pmatrix}$, $E : \vec{x} = \begin{pmatrix} 3 \\ 3 \\ 0 \end{pmatrix} + \lambda \begin{pmatrix} 2 \\ 0 \\ 1 \end{pmatrix} + \mu \begin{pmatrix} 0 \\ 1 \\ -1 \end{pmatrix}$

Aufgabe 3.4.15: Zu jeder in einer Ebene E liegenden Gerade g' lassen sich beliebig viele verschiedene und nicht in E liegende Geraden $g_1, g_2, \ldots$ bestimmen, sodass die orthogonale Projektion von $g_1, g_2, \ldots$ auf E die Gerade g' ist.

Verifizieren Sie diese Aussage beispielhaft durch orthogonale Projektion der Geraden

$$g_1 : \vec{x} = \begin{pmatrix} 3 \\ 3 \\ 7 \end{pmatrix} + r \begin{pmatrix} 1 \\ -1 \\ 9 \end{pmatrix} , \quad g_2 : \vec{x} = \begin{pmatrix} 1 \\ 4 \\ -7 \end{pmatrix} + s \begin{pmatrix} 1 \\ 0 \\ 5 \end{pmatrix} , \quad g_3 : \vec{x} = \begin{pmatrix} 6 \\ 7 \\ 6 \end{pmatrix} + t \begin{pmatrix} 1 \\ 2 \\ -3 \end{pmatrix}$$

auf die Ebene $E : x + y + z = 4$.
Hinweis: Beachten Sie, dass die Gleichung einer Gerade nicht eindeutig ist.

Aufgabe 3.4.16: Die Gerade g durchstößt die Ebene E im Durchstoßpunkt D. Ermitteln Sie die Koordinaten von D und berechnen Sie den Schnittwinkel von g und E.

a) $g : \vec{x} = \begin{pmatrix} 1 \\ 7 \\ 7 \end{pmatrix} + r \begin{pmatrix} -1 \\ 2 \\ -3 \end{pmatrix}$, $E : \left[\vec{x} - \begin{pmatrix} -1 \\ 3 \\ 2 \end{pmatrix} \right] \bullet \begin{pmatrix} 2 \\ 5 \\ 8 \end{pmatrix} = 0$

b) $g : \vec{x} = \begin{pmatrix} 1 \\ 5 \\ 3 \end{pmatrix} + r \begin{pmatrix} -1 \\ 1 \\ -1 \end{pmatrix}$, $E : 2x + 3y - 4z = -95$

c) $g : \vec{x} = \begin{pmatrix} 1 \\ 4 \\ 1 \end{pmatrix} + r \begin{pmatrix} 11 \\ 3 \\ 7 \end{pmatrix}$, $E : \vec{x} = \begin{pmatrix} 7 \\ 12 \\ -3 \end{pmatrix} + s \begin{pmatrix} 2 \\ -2 \\ 3 \end{pmatrix} + t \begin{pmatrix} -1 \\ 1 \\ 0 \end{pmatrix}$

Aufgabe 3.4.17: Gegeben seien die Ebene $E : -6x + 6y + 3z = -17$ und die Geradenschar

$$g_c : \vec{x} = \begin{pmatrix} 5 \\ 1 \\ 3 \end{pmatrix} + r \begin{pmatrix} 3 \\ c \\ 4 \end{pmatrix}. \text{ Kann } c \in \mathbb{R} \text{ so gewählt werden, dass}$$

a) g_c echt parallel zu E ist,

b) g_c die Ebene E im Winkel von $30°$ schneidet,

c) g_c die Ebene E orthogonal schneidet?

Aufgabe 3.4.18: Ermitteln Sie die Koordinaten aller Spurpunkte der folgenden Geraden:

a) $g : \vec{x} = \begin{pmatrix} 1 \\ 2 \\ 3 \end{pmatrix} + r \begin{pmatrix} 5 \\ -1 \\ 3 \end{pmatrix}$

b) $g : \vec{x} = \begin{pmatrix} 8 \\ 1 \\ 5 \end{pmatrix} + r \begin{pmatrix} 2 \\ 2 \\ 0 \end{pmatrix}$

c) $g : \vec{x} = \begin{pmatrix} -6 \\ 12 \\ 88 \end{pmatrix} + r \begin{pmatrix} 11 \\ 5 \\ 22 \end{pmatrix}$

d) $g : \vec{x} = \begin{pmatrix} 3 \\ 5 \\ 7 \end{pmatrix} + r \begin{pmatrix} 0 \\ -17 \\ -21 \end{pmatrix}$

Aufgabe 3.4.19: Stellen Sie von der Gerade g das Geradensegment g' im räumlichen kartesischen Koordinatensystem grafisch dar, dass durch $r \in I$ für die angegebenen Parameterintervalle $I \subset \mathbb{R}$ definiert wird. Erstellen Sie dann eine zweite Grafik, die ebenfalls das Geradensegment g' und zusätzlich alle Spurpunkte von g, den Grundriss, den Aufriss und den Kreuzriss von g' gemeinsam darstellt. Vergleichen Sie die beiden grafischen Darstellungen miteinander hinsichtlich der Sichtbarkeit der räumlichen Lage des Geradensegments g' in Bezug auf die Koordinatenachsen.

a) $g : \vec{x} = \begin{pmatrix} 6 \\ -2 \\ 1 \end{pmatrix} + r \begin{pmatrix} -6 \\ 6 \\ 3 \end{pmatrix}, I = \left[-\frac{1}{3}; 1 \right]$

b) $g : \vec{x} = \begin{pmatrix} 7 \\ -2 \\ 4 \end{pmatrix} + r \begin{pmatrix} -1 \\ 1 \\ 0 \end{pmatrix}, I = [0; 7]$

Aufgabe 3.4.20: Eine Gerade g hat den Grundriss $g_{xy} : \vec{x} = \begin{pmatrix} 23 \\ -6 \\ 0 \end{pmatrix} + r \begin{pmatrix} 13 \\ 3 \\ 0 \end{pmatrix}$ und den

Aufriss $g_{yz} : \vec{x} = \begin{pmatrix} 0 \\ 12 \\ 11 \end{pmatrix} + s \begin{pmatrix} 0 \\ 15 \\ 6 \end{pmatrix}$. Ermitteln Sie eine Gleichung von g.

3.5 Lagebeziehungen zwischen zwei Ebenen

Zwischen zwei Ebenen E_1 und E_2 können drei mögliche Lagebeziehungen bestehen:

- Fall 1: E_1 und E_2 schneiden sich derart, dass die Schnittmenge g eine Gerade ist, die als Schnittgerade bezeichnet wird. Für diesen Fall ist die abkürzende Schreibweise $E_1 \cap E_2 = g$ sinnvoll. Man sagt abkürzend: E_1 und E_2 schneiden sich in g. Alternative Sprechweise: E_1 schneidet E_2 in g.

- Fall 2: E_1 und E_2 sind echt parallel, d. h., E_1 und E_2 haben keine gemeinsamen Punkte, in Zeichen $E_1 \cap E_2 = \emptyset$.

- Fall 3: E_1 und E_2 sind identisch, in Zeichen $E_1 = E_2$. An den nachfolgenden Beispielen wird klar werden, dass in diesem Fall lediglich zwei verschiedene Gleichungen für ein und dieselbe Ebene verwendet werden.

Bezüglich der Lagebeziehungen $E_1 \cap E_2 = \emptyset$ und $E_1 = E_2$ sei bemerkt, dass wir diese bei Bedarf derart zusammenfassen, dass wir zwei Ebenen E_1 und E_2 parallel nennen. Parallele Ebenen sind folglich entweder identisch[7] *oder* echt parallel.

Aus der Lösungsmenge einer einzelnen Gleichung oder eines linearen Gleichungssystems kann auf die Lagebeziehung zwischen den Ebenen E_1 und E_2 geschlossen werden. Welche Gestalt die Gleichung bzw. das lineare Gleichungssystem hat, hängt von der Darstellungsform der Ebenengleichungen sowie dem gewählten Lösungsweg ab.

3.5.1 Rechnung mit beiden Ebenengleichungen in Parameterform

Werden für die beiden Ebenen E_1 und E_2 Parametergleichungen verwendet, dann ergibt sich ein lineares Gleichungssystem mit vier Variablen. Die nachfolgenden Beispiele demonstrieren die grundsätzliche Vorgehensweise für diesen Fall.

Beispiel 3.152. Gegeben seien die Ebenen

$$E_1 : \vec{x} = \begin{pmatrix} 1 \\ -1 \\ 7 \end{pmatrix} + k \begin{pmatrix} 1 \\ -2 \\ 0 \end{pmatrix} + l \begin{pmatrix} 1 \\ 0 \\ -2 \end{pmatrix} \text{ und } E_2 : \vec{x} = \begin{pmatrix} 1 \\ 0 \\ 0 \end{pmatrix} + r \begin{pmatrix} 1 \\ 0 \\ 4 \end{pmatrix} + s \begin{pmatrix} -1 \\ 1 \\ 0 \end{pmatrix}.$$

Haben E_1 und E_2 einen Punkt P gemeinsam, dann muss es Parameterwerte $(k; l)$ und Parameterwerte $(r; s)$ geben, die nach Einsetzen in die jeweilige Parametergleichung den Ortsvektor $\overrightarrow{0P}$ ergeben. Die Wertepaare $(k; l)$ und $(r; s)$ lassen sich folglich dadurch bestimmen, dass wir beide Parametergleichungen gleichsetzen, d. h., die zu den gemeinsamen Punkten zugehörigen Zahlenwerte $(k; l; r; s)$ sind Lösung der folgenden Vektorgleichung:

---

[7] Statt von identischen Ebenen E_1 und E_2 kann auch davon gesprochen werden, dass E_1 und E_2 „unecht" parallel oder „falsch" parallel sind. Die Identität ist als Sonderfall der Parallelität zu interpretieren. Um zwischen diesen Begrifflichkeiten klar unterscheiden zu können, sprechen wir hier von echt parallelen Ebenen, wenn diese parallel, aber nicht identisch sind.

$$\begin{pmatrix} 1 \\ -1 \\ 7 \end{pmatrix} + k \begin{pmatrix} 1 \\ -2 \\ 0 \end{pmatrix} + l \begin{pmatrix} 1 \\ 0 \\ -2 \end{pmatrix} = \begin{pmatrix} 1 \\ 0 \\ 0 \end{pmatrix} + r \begin{pmatrix} 1 \\ 0 \\ 4 \end{pmatrix} + s \begin{pmatrix} -1 \\ 1 \\ 0 \end{pmatrix}.$$

Wir bringen diese Gleichung in eine etwas rechenfreundlichere Form, indem wir alle parameterabhängigen Vektoren auf eine Seite, alle parameterunabhängigen Vektoren auf die andere Seite des Gleichheitszeichens sortieren. Das ergibt zum Beispiel:

$$k \begin{pmatrix} 1 \\ -2 \\ 0 \end{pmatrix} + l \begin{pmatrix} 1 \\ 0 \\ -2 \end{pmatrix} - r \begin{pmatrix} 1 \\ 0 \\ 4 \end{pmatrix} - s \begin{pmatrix} -1 \\ 1 \\ 0 \end{pmatrix} = \begin{pmatrix} 1 \\ 0 \\ 0 \end{pmatrix} - \begin{pmatrix} 1 \\ -1 \\ 7 \end{pmatrix}$$

Nach Ausrechnen der Vektorendifferenz auf der rechten Seite lässt sich diese Vektorgleichung in das folgende lineare Gleichungssystem (I-III) umschreiben, dessen Lösbarkeit wir untersuchen:

$$
\begin{array}{rrrrrl}
\text{I}: & k + & l - & r + s = & 0 \\
\text{II}: & -2k & & - s = & 1 \\
\text{III}: & & -2l - 4r & = & -7 \\
\hline
2 \cdot \text{I} + \text{II} = \text{IV}: & & 2l - 2r + s = & 1 \\
\hline
\text{IV} + \text{III} = \text{V}: & & -6r + s = & -6
\end{array}
$$

In Gleichung V können für eine der beiden Variablen beliebige Zahlenwerte eingesetzt werden. Wir wählen zum Beispiel $s = 6t$ mit $t \in \mathbb{R}$. Damit geht Gleichung V über in $-6r + 6t = -6$, woraus $r = 1 + t$ folgt. Einsetzen von $s = 6t$ und $r = 1 + t$ in Gleichung IV liefert $2l - 2(1 + t) + 6t = 2l + 4t - 2 = 1$, woraus $l = \frac{3}{2} - 2t$ folgt. Einsetzen von $l = \frac{3}{2} - 2t$, $r = 1 + t$ und $s = 6t$ in Gleichung I liefert schließlich $k = -\frac{1}{2} - 3t$.

Die ermittelten Parameterwerte zeigen, dass die Lösungsmenge des Gleichungssystems (I-III) nicht leer ist. Folglich ist die Schnittmenge $E_1 \cap E_2$ nicht leer und besteht aus allen Punkten P, deren Ortsvektoren sich durch Einsetzen von $r = 1 + t$ und $s = 6t$ in die Gleichung der Ebene E_2 ergeben:

$$\vec{x} = \overrightarrow{OP} = \begin{pmatrix} 1 \\ 0 \\ 0 \end{pmatrix} + (1 + t) \begin{pmatrix} 1 \\ 0 \\ 4 \end{pmatrix} + 6t \begin{pmatrix} -1 \\ 1 \\ 0 \end{pmatrix}$$

$$= \begin{pmatrix} 1 \\ 0 \\ 0 \end{pmatrix} + \begin{pmatrix} 1 \\ 0 \\ 4 \end{pmatrix} + t \left[\begin{pmatrix} 1 \\ 0 \\ 4 \end{pmatrix} + 6 \begin{pmatrix} -1 \\ 1 \\ 0 \end{pmatrix} \right] = \begin{pmatrix} 2 \\ 0 \\ 4 \end{pmatrix} + t \begin{pmatrix} -5 \\ 6 \\ 4 \end{pmatrix}$$

Dies ist die Gleichung einer Gerade g, d. h., $E_1 \cap E_2 = g$. Dieselbe Gleichung erhalten wir, wenn wir $k = -\frac{1}{2} - 3t$ und $l = \frac{3}{2} - 2t$ in die Gleichung der Ebene E_1 einsetzen.

Zusammenfassung: Die Ebenen E_1 und E_2 schneiden sich in der Gerade

$$g : \vec{x} = \begin{pmatrix} 2 \\ 0 \\ 4 \end{pmatrix} + t \begin{pmatrix} -5 \\ 6 \\ 4 \end{pmatrix}. \qquad \blacktriangleleft$$

Beispiel 3.153. Gegeben seien die Ebenen

$$E_1 : \vec{x} = \begin{pmatrix} 1 \\ -1 \\ 7 \end{pmatrix} + k \begin{pmatrix} 1 \\ -2 \\ 0 \end{pmatrix} + l \begin{pmatrix} 1 \\ 0 \\ 2 \end{pmatrix} \text{ und } E_2 : \vec{x} = \begin{pmatrix} 1 \\ 0 \\ 0 \end{pmatrix} + r \begin{pmatrix} 1 \\ -1 \\ 1 \end{pmatrix} + s \begin{pmatrix} 0 \\ 1 \\ 1 \end{pmatrix}.$$

Haben E_1 und E_2 gemeinsame Punkte, dann muss es Parameterwerte $(k; l; r; s)$ geben, die die folgende Vektorgleichung lösen:

$$\begin{pmatrix} 1 \\ -1 \\ 7 \end{pmatrix} + k \begin{pmatrix} 1 \\ -2 \\ 0 \end{pmatrix} + l \begin{pmatrix} 1 \\ 0 \\ 2 \end{pmatrix} = \begin{pmatrix} 1 \\ 0 \\ 0 \end{pmatrix} + r \begin{pmatrix} 1 \\ -1 \\ 1 \end{pmatrix} + s \begin{pmatrix} 0 \\ 1 \\ 1 \end{pmatrix}$$

Diese Gleichung wird in das folgende lineare Gleichungssystem (I-III) überführt, dessen Lösbarkeit wir untersuchen:

$$
\begin{array}{rrrrrrr}
\text{I} : & k + & l - r & & = & 0 \\
\text{II} : & -2k & & + r - s & = & 1 \\
\text{III} : & & 2l - r - s & & = & -7 \\
\hline
2 \cdot \text{I} + \text{II} = \text{IV} : & & 2l - r - s & & = & 1 \\
\hline
\text{III} - \text{IV} = \text{V} : & & & & 0 = & -8
\end{array}
$$

Gleichung V ist ein Widerspruch, d. h., das Gleichungssystem hat keine Lösung. Folglich haben E_1 und E_2 keine gemeinsamen Punkte und dies bedeutet, dass E_1 und E_2 echt parallel sind. ◄

Beispiel 3.154. Gegeben seien die Ebenen

$$E_1 : \vec{x} = \begin{pmatrix} -3 \\ 10 \\ 4 \end{pmatrix} + k \begin{pmatrix} 1 \\ -2 \\ 0 \end{pmatrix} + l \begin{pmatrix} 1 \\ 0 \\ 2 \end{pmatrix} \text{ und } E_2 : \vec{x} = \begin{pmatrix} 5 \\ -4 \\ 6 \end{pmatrix} + r \begin{pmatrix} 1 \\ -1 \\ 1 \end{pmatrix} + s \begin{pmatrix} 0 \\ 1 \\ 1 \end{pmatrix}.$$

Analog zu Beispiel 3.152 wird zur Untersuchung der Lagebeziehung von E_1 und E_2 das folgende lineare Gleichungssystem (I-III) hergeleitet, dessen Lösbarkeit wir untersuchen:

$$
\begin{array}{rrrrrrr}
\text{I} : & k + & l - r & & = & 8 \\
\text{II} : & -2k & & + r - s & = & -14 \\
\text{III} : & & 2l - r - s & & = & 2 \\
\hline
2 \cdot \text{I} + \text{II} = \text{IV} : & & 2l - r - s & & = & 2 \\
\hline
\text{III} - \text{IV} = \text{V} : & & & & 0 = & 0
\end{array}
$$

Ziel des letzten Umformungsschrittes war die Herleitung einer Gleichung, in der *höchstens* die Variablen r und s vorkommen. Die erhaltene Gleichung V können wir deshalb alternativ schreiben als $0 \cdot r + 0 \cdot s = 0$. Diese Gleichung ist allgemeingültig, d. h., sie ist für beliebige Werte $r = n \in \mathbb{R}$ und $s = m \in \mathbb{R}$ erfüllt. Setzen wir $r = n$ und $s = m$ in die Gleichung von E_2 ein, dann handelt es sich lediglich um eine Umbenennung der Parameter von E_2. Das bedeutet, dass E_1 und E_2 identisch sind. ◄

Alle drei Möglichkeiten der Lagebeziehung zwischen zwei Ebenen wurden an je einem Beispiel vorgestellt. Die daran demonstrierte Vorgehensweise lässt sich verallgemeinern:

Satz 3.155. Gegeben seien die Ebenen $E_1 : \vec{x} = \overrightarrow{0A} + k\overrightarrow{u_1} + l\overrightarrow{v_1}$ mit $k, l \in \mathbb{R}$ und $E_2 : \vec{x} = \overrightarrow{0B} + r\overrightarrow{u_2} + s\overrightarrow{v_2}$ mit $r, s \in \mathbb{R}$. Wir betrachten die zu einem linearen Gleichungssystem mit den Variablen k, l, r und s äquivalente Vektorgleichung

$$k\overrightarrow{u_1} + l\overrightarrow{v_1} - r\overrightarrow{u_2} - s\overrightarrow{v_2} = \overrightarrow{0B} - \overrightarrow{0A}. \qquad (*)$$

Für die Lagebeziehung zwischen den Ebenen E_1 und E_2 gilt:

a) E_1 und E_2 schneiden sich in einer Schnittgerade g, falls das zur Gleichung $(*)$ zugehörige lineare Gleichungssystem unendlich viele Lösungen $(k; l; r; s)$ hat, wobei drei der Parameterwerte vom vierten abhängen.

b) E_1 und E_2 sind echt parallel, falls das zur Gleichung $(*)$ zugehörige lineare Gleichungssystem keine Lösung hat.

c) E_1 und E_2 sind identisch, falls das zur Gleichung $(*)$ zugehörige lineare Gleichungssystem allgemeingültig ist.

ACHTUNG! Die Parameter in E_1 und E_2 müssen unterschiedlich bezeichnet werden. Oft verwenden Lernende in ihren Rechnungen zum Beispiel $E_1 : \vec{x} = \overrightarrow{0A} + r\overrightarrow{u_1} + s\overrightarrow{v_1}$ und $E_2 : \vec{x} = \overrightarrow{0B} + r\overrightarrow{u_2} + s\overrightarrow{v_2}$ und berechnen $r\overrightarrow{u_1} + s\overrightarrow{v_1} - r\overrightarrow{u_2} - s\overrightarrow{v_2} = \overrightarrow{0B} - \overrightarrow{0A}$, was äquivalent ist zu $r(\overrightarrow{u_1} - \overrightarrow{u_2}) + s(\overrightarrow{v_1} - \overrightarrow{v_2}) = \overrightarrow{0B} - \overrightarrow{0A}$. Dies ist falsch und hat grundsätzlich nichts mit der zu untersuchenden Lagebeziehung zu tun. Deshalb bitte auf passende und zu den Rechnungen verträgliche Bezeichnungen achten!

Es sei darauf hingwiesen, dass es je nach Aufgabenstellung nicht zwingend erforderlich ist, das zur Gleichung $(*)$ in Satz 3.155 zugehörige lineare Gleichungssystem vollständig zu lösen. Dass das Gleichungssystem lösbar ist, lässt sich in den Beispielen 3.152 und 3.154 bereits an der jeweiligen Gleichung V erkennen. In Beispiel 3.152 folgt aus dieser Gleichung V, dass sich E_1 und E_2 in einer Gerade g schneiden. Zur Bestimmung einer Gleichung von g wird aus den Lösungstupeln $(k; l; r; s)$ des Gleichungssystems entweder das Paar $(k; l)$ *oder* $(r; s)$ benötigt. Folglich hätte es in Beispiel 3.152 auch genügt, nach der Bestimmung von $(r; s)$ sofort die Berechnung der Geradengleichung folgen zu lassen. Eine Bestimmung von $(k; l)$ ist damit eigentlich überflüssig, kann aber aus verschiedenen Gründen (z. B. zur Selbstkontrolle) sinnvoll sein.

Aufgaben zum Abschnitt 3.5.1

Aufgabe 3.5.1: Verwenden Sie die gegebenen Parametergleichungen der Ebenen E_1 und E_2, um mithilfe von Satz 3.155 ihre Lagebeziehung zueinander zu untersuchen. Falls sich E_1 und E_2 in einer Gerade g schneiden, dann ermitteln Sie eine Gleichung von g.

a) $E_1 : \vec{x} = \begin{pmatrix} -3 \\ 5 \\ 4 \end{pmatrix} + k \begin{pmatrix} 9 \\ 4 \\ 6 \end{pmatrix} + l \begin{pmatrix} 1 \\ -1 \\ -8 \end{pmatrix}$, $E_2 : \vec{x} = \begin{pmatrix} 1 \\ 8 \\ 2 \end{pmatrix} + r \begin{pmatrix} 4 \\ 1 \\ 8 \end{pmatrix} + s \begin{pmatrix} 5 \\ 6 \\ -4 \end{pmatrix}$

b) $E_1 : \vec{x} = \begin{pmatrix} 1 \\ -7 \\ 13 \end{pmatrix} + k \begin{pmatrix} -2 \\ 11 \\ 1 \end{pmatrix} + l \begin{pmatrix} 4 \\ -5 \\ 2 \end{pmatrix}$, $E_2 : \vec{x} = \begin{pmatrix} 3 \\ -1 \\ 16 \end{pmatrix} + r \begin{pmatrix} 2 \\ 6 \\ 3 \end{pmatrix} + s \begin{pmatrix} -6 \\ 16 \\ -1 \end{pmatrix}$

c) $E_1 : \vec{x} = \begin{pmatrix} -1 \\ 7 \\ -13 \end{pmatrix} + k \begin{pmatrix} -2 \\ 11 \\ 1 \end{pmatrix} + l \begin{pmatrix} 4 \\ -5 \\ 2 \end{pmatrix}$, $E_2 : \vec{x} = \begin{pmatrix} 3 \\ 12 \\ -16 \end{pmatrix} + r \begin{pmatrix} 2 \\ 6 \\ 3 \end{pmatrix} + s \begin{pmatrix} -6 \\ 16 \\ -1 \end{pmatrix}$

d) $E_1 : \vec{x} = \begin{pmatrix} 1 \\ 5 \\ 0 \end{pmatrix} + k \begin{pmatrix} -3 \\ 12 \\ 6 \end{pmatrix} + l \begin{pmatrix} 2 \\ -1 \\ 1 \end{pmatrix}$, $E_2 : \vec{x} = \begin{pmatrix} 8 \\ 4 \\ 1 \end{pmatrix} + r \begin{pmatrix} -1 \\ 4 \\ 2 \end{pmatrix} + s \begin{pmatrix} -1 \\ -3 \\ 3 \end{pmatrix}$

Aufgabe 3.5.2: Gegeben sei die Ebene $E_1 : \vec{x} = \begin{pmatrix} 1 \\ 2 \\ 3 \end{pmatrix} + k \begin{pmatrix} 3 \\ 1 \\ -1 \end{pmatrix} + l \begin{pmatrix} 1 \\ -1 \\ 2 \end{pmatrix}$.

a) Bestimmen Sie eine Parametergleichung der Ebene E_2, die zu E_1 parallel ist und den Punkt $P(11|-64|-11)$ enthält.

b) Weisen Sie nach, dass die Gerade $g : \vec{x} = \begin{pmatrix} 0 \\ 3 \\ 1 \end{pmatrix} + t \begin{pmatrix} 2 \\ 2 \\ -3 \end{pmatrix}$ in E_1 liegt. Bestimmen

Sie eine Parametergleichung der Ebene E_3, welche die Ebene E_1 in g schneidet und die den Punkt $Q(2|-5|-1)$ enthält.

c) Bestimmen Sie eine Parametergleichung der Ebene E_4, welche die Ebene E_1 in der Gerade g aus b) schneidet. Ein Richtungsvektor in der Parametergleichung von E_4 soll linear abhängig zum Normalenvektor von E_1 sein.

Aufgabe 3.5.3: Gegeben seien die Ebenen

$$E_1 : \vec{x} = \begin{pmatrix} 3 \\ 4 \\ 1 \end{pmatrix} + k \begin{pmatrix} -1 \\ 2 \\ 4 \end{pmatrix} + l \begin{pmatrix} 3 \\ 5 \\ -1 \end{pmatrix} \text{ und } E_2 : \vec{x} = \begin{pmatrix} 8 \\ 7 \\ 6 \end{pmatrix} + r \begin{pmatrix} 1 \\ 1 \\ -5 \end{pmatrix} + s \begin{pmatrix} 2 \\ 9 \\ 1 \end{pmatrix}.$$

a) Weisen Sie nach, dass sich E_1 und E_2 in einer Gerade g schneiden und geben Sie eine Gleichung der Schnittgerade g an.

b) Bestimmen Sie eine Parametergleichung der Ebene E_3, welche die Ebene E_1 in der Gerade g aus a) schneidet und die zur z-Achse parallel ist.

3.5.2 Rechnung mit Ebenengleichungen in verschiedenen Formen

Liegt eine Gleichung von E_1 in Parameterform und eine Gleichung von E_2 in Koordinatenform vor, dann kann die Untersuchung der Lagebeziehung zwischen E_1 und E_2 auf eine Gleichung mit zwei Variablen zurückgeführt werden. Die folgenden Beispiele demonstrieren diese Vorgehensweise.

Beispiel 3.156. Gegeben seien die Ebenen

$$E_1 : \vec{x} = \begin{pmatrix} 1 \\ -1 \\ 7 \end{pmatrix} + r \begin{pmatrix} 1 \\ -2 \\ 0 \end{pmatrix} + s \begin{pmatrix} 1 \\ 0 \\ -2 \end{pmatrix} \quad \text{und} \quad E_2 : -4x - 4y + z = -4 \,.$$

Haben E_1 und E_2 den Punkt $P(x|y|z)$ gemeinsam, dann muss es dazu ein Wertepaar $(r;s)$ geben, das nach Einsetzen in die Parametergleichung von E_1 den Ortsvektor von P ergibt. Umgekehrt bedeutet dies, dass P die Koordinaten $x = 1 + r + s$, $y = -1 - 2r$ und $z = 7 - 2s$ hat, welche die Koordinatengleichung von E_2 erfüllen.

Aus diesem Ansatz folgt, dass die Parameterwerte $(r;s)$ zu gemeinsamen Punkten von E_1 und E_2 durch Einsetzen der Koordinaten $x = 1 + r + s$, $y = -1 - 2r$ und $z = 7 - 2s$ in die Koordinatengleichung von E_2 bestimmt werden können:

$$-4(1 + r + s) - 4(-1 - 2r) + (7 - 2s) = -4 \quad \Leftrightarrow \quad 4r - 6s = -11$$

In einer linearen Gleichung mit zwei Variablen können für eine Variable beliebige Werte eingesetzt werden. Wählen wir $s = t \in \mathbb{R}$, dann folgt $4r - 6t = -11$ und daraus $r = -\frac{11}{4} + \frac{3}{2}t$. Setzen wir dies und $s = t$ in die Gleichung von E_1 ein, dann ergibt dies die Gleichung einer Gerade g als Schnittmenge von E_1 und E_2:

$$g : \vec{x} = \begin{pmatrix} 1 \\ -1 \\ 7 \end{pmatrix} + \left(-\frac{11}{4} + \frac{3}{2}t \right) \begin{pmatrix} 1 \\ -2 \\ 0 \end{pmatrix} + t \begin{pmatrix} 1 \\ 0 \\ -2 \end{pmatrix}$$

$$= \begin{pmatrix} 1 \\ -1 \\ 7 \end{pmatrix} - \frac{11}{4} \begin{pmatrix} 1 \\ -2 \\ 0 \end{pmatrix} + t \left[\frac{3}{2} \begin{pmatrix} 1 \\ -2 \\ 0 \end{pmatrix} + \begin{pmatrix} 1 \\ 0 \\ -2 \end{pmatrix} \right] = \begin{pmatrix} -\frac{7}{4} \\ \frac{9}{2} \\ 7 \end{pmatrix} + t \begin{pmatrix} \frac{5}{2} \\ -3 \\ -2 \end{pmatrix}$$

Die Ebenen E_1, E_2 und ihre Schnittgerade g sind bereits aus Beispiel 3.152 bekannt. Allerdings ergibt sich hier eine andere Gleichung von g.　◀

Beispiel 3.157. Gegeben seien die Ebenen

$$E_1 : \vec{x} = \begin{pmatrix} 1 \\ -1 \\ 7 \end{pmatrix} + r \begin{pmatrix} 1 \\ -2 \\ 0 \end{pmatrix} + s \begin{pmatrix} 1 \\ 0 \\ 2 \end{pmatrix} \quad \text{und} \quad E_2 : -4x - 2y + 2z = -4 \,.$$

Einsetzen der Koordinaten $x = 1 + r + s$, $y = -1 - 2r$ und $z = 7 + 2s$ der Punkte von E_1 in die Koordinatengleichung von E_2 ergibt:

$$-4(1 + r + s) - 2(-1 - 2r) + 2(7 + 2s) = -4$$

Ausmultiplizieren und Zusammenfassen der Terme auf der linken Seite der Gleichung ergibt 12, was der rechten Seite -4 widerspricht. Dies bedeutet, dass E_1 und E_2 keine gemeinsamen Punkte haben und folglich echt parallel sind (vgl. Beispiel 3.153). ◄

Beispiel 3.158. Gegeben seien die Ebenen

$$E_1 : \vec{x} = \begin{pmatrix} -3 \\ 10 \\ 4 \end{pmatrix} + r \begin{pmatrix} 1 \\ -2 \\ 0 \end{pmatrix} + s \begin{pmatrix} 1 \\ 0 \\ 2 \end{pmatrix} \quad \text{und} \quad E_2 : -4x - 2y + 2z = 0 \,.$$

Einsetzen der Koordinaten $x = -3 + r + s$, $y = 10 - 2r$ und $z = 4 + 2s$ der Punkte von E_1 in die Koordinatengleichung von E_2 ergibt:

$$-4(-3 + r + s) - 2(10 - 2r) + 2(4 + 2s) = 0 \quad \Leftrightarrow \quad 0 \cdot r + 0 \cdot s = 0 \quad \Leftrightarrow \quad 0 = 0$$

Die Gleichung $0 = 0$ ist allgemeingültig. Das bedeutet, dass die Ebenen E_1 und E_2 identisch sind, wie bereits in Beispiel 3.154 unter Verwendung einer Parametergleichung von E_2 nachgewiesen wurde. ◄

Durch einen Vergleich der Beispiele 3.156 bis 3.158 mit den Beispielen 3.152 bis 3.154 lässt sich Folgendes feststellen: Wird für eine Ebene eine Parametergleichung und für die andere Ebene eine Koordinatengleichung verwendet, dann führt die Untersuchung der Lagebeziehung zwischen den Ebenen auf eine Gleichung mit zwei Variablen. Auf diese Weise ergibt sich ein deutlich kleinerer Rechenaufwand gegenüber der Untersuchung eines linearen Gleichungssystems mit vier Variablen, das aus Parametergleichungen für beide Ebenen entsteht. Das spricht für die Vorgehensweise, zur Untersuchung der Lagebeziehung wenn möglich eine Ebene durch eine Parametergleichung, die andere durch eine Koordinatengleichung darzustellen.

Die an den Beispielen 3.156 bis 3.158 demonstrierte Vorgehensweise lässt sich wie folgt verallgemeinern:

Satz 3.159. Gegeben seien die Ebenen

$$E_1 : \vec{x} = \begin{pmatrix} p_1 \\ p_2 \\ p_3 \end{pmatrix} + r \begin{pmatrix} u_1 \\ u_2 \\ u_3 \end{pmatrix} + s \begin{pmatrix} v_1 \\ v_2 \\ v_3 \end{pmatrix} \quad \text{und} \quad E_2 : ax + by + cz = d \,.$$

Durch Einsetzen der Koordinaten der in E_1 liegenden Punkte in die Koordinatengleichung von E_2 entsteht die Gleichung

$$a(p_1 + ru_1 + sv_1) + b(p_2 + ru_2 + sv_2) + c(p_3 + ru_3 + sv_3) = d \,,$$

die nach Auflösen der Klammern und anschließenden Neusortieren äquivalent ist zu

$$r(au_1 + bu_2 + cu_3) + s(av_1 + bv_2 + cv_3) + ap_1 + bp_2 + cp_3 = d \ . \tag{#}$$

Für die Lagebeziehung zwischen den Ebenen E_1 und E_2 gilt:

a) E_1 und E_2 schneiden sich in einer Schnittgerade g, falls (#) unendlich viele Lösungen $(r; s)$ hat, wobei einer der Parameterwerte vom anderen abhängt. Dies ist äquivalent zu

$$au_1 + bu_2 + cu_3 \neq 0 \quad \text{oder} \quad av_1 + bv_2 + cv_3 \neq 0 \ .$$

b) E_1 und E_2 sind echt parallel, falls (#) keine Lösung hat. Dies ist äquivalent zu

$$au_1 + bu_2 + cu_3 = 0 \quad \text{und} \quad av_1 + bv_2 + cv_3 = 0 \quad \text{und} \quad ap_1 + bp_2 + cp_3 \neq d \ .$$

c) E_1 und E_2 sind identisch, falls (#) allgemeingültig ist. Dies ist äquivalent zu

$$au_1 + bu_2 + cu_3 = 0 \quad \text{und} \quad av_1 + bv_2 + cv_3 = 0 \quad \text{und} \quad ap_1 + bp_2 + cp_3 = d \ .$$

Bemerkung 3.160. Eng im Zusammenhang mit Koordinatengleichungen steht die Möglichkeit, dass E_2 durch eine Normalengleichung gegeben ist, d. h.

$$E_2 : \left[\begin{pmatrix} x \\ y \\ z \end{pmatrix} - \begin{pmatrix} q_1 \\ q_2 \\ q_3 \end{pmatrix} \right] \bullet \begin{pmatrix} a \\ b \\ c \end{pmatrix} = 0 \ . \tag{**}$$

Da das Ausrechnen des Skalarprodukts auf eine Koordinatengleichung von E_2 führt, lässt sich Satz 3.159 leicht auf diesen Fall übertragen. Das bedeutet: Einsetzen der Koordinaten $x = p_1 + ru_1 + sv_1$, $y = p_2 + ru_2 + sv_2$ und $z = p_3 + ru_3 + sv_3$ der Punkte der Ebene E_1 in die Normalengleichung (**) führt genau auf Gleichung (#) in Satz 3.159.   ○

Aufgaben zum Abschnitt 3.5.2

Aufgabe 3.5.4: Verwenden Sie eine Parametergleichung der Ebene E_1 und eine Koordinatengleichung der Ebene E_2 (oder umgekehrt), um mithilfe von Satz 3.159 die Lagebeziehung zwischen E_1 und E_2 zu untersuchen. Falls die Schnittmenge von E_1 und E_2 eine Gerade ist, dann ermitteln Sie eine Gleichung von g.

a) $E_1 : \vec{x} = \begin{pmatrix} 3 \\ 5 \\ 1 \end{pmatrix} + r \begin{pmatrix} 2 \\ 1 \\ 3 \end{pmatrix} + s \begin{pmatrix} 2 \\ -4 \\ 5 \end{pmatrix}$, $E_2 : 10x - 11y + 4z = 210$

b) $E_1 : \vec{x} = \begin{pmatrix} 12 \\ 11 \\ -8 \end{pmatrix} + r \begin{pmatrix} 2 \\ 1 \\ 3 \end{pmatrix} + s \begin{pmatrix} 3 \\ 2 \\ 1 \end{pmatrix}$, $E_2 : 5x - 7y - z = -91$

c) $E_1 : \vec{x} = \begin{pmatrix} 4 \\ 16 \\ 3 \end{pmatrix} + r \begin{pmatrix} 3 \\ -2 \\ -2 \end{pmatrix} + s \begin{pmatrix} 5 \\ 1 \\ 2 \end{pmatrix}$, $\quad E_2 : -2x - 16y + 13z = -225$

d) $E_1 : -4x + 2y + 5z = 30$, $\quad E_2 : \vec{x} = \begin{pmatrix} 1 \\ 2 \\ 3 \end{pmatrix} + r \begin{pmatrix} -5 \\ 10 \\ -9 \end{pmatrix} + s \begin{pmatrix} -4 \\ -8 \\ 3 \end{pmatrix}$

Aufgabe 3.5.5: Verwenden Sie eine Parametergleichung der Ebene E_1 und eine Normalengleichung der Ebene E_2 (oder umgekehrt), um mithilfe von Satz 3.159 und Bemerkung 3.160 die Lagebeziehung zwischen E_1 und E_2 zu untersuchen. Falls die Schnittmenge von E_1 und E_2 eine Gerade ist, dann ermitteln Sie eine Gleichung von g.

a) $E_1 : \vec{x} = \begin{pmatrix} -1 \\ 0 \\ -2 \end{pmatrix} + r \begin{pmatrix} 1 \\ 1 \\ -1 \end{pmatrix} + s \begin{pmatrix} -1 \\ 1 \\ 12 \end{pmatrix}$, $\quad E_2 : \left[\vec{x} - \begin{pmatrix} -5 \\ 5 \\ 17 \end{pmatrix} \right] \bullet \begin{pmatrix} 22 \\ -31 \\ 14 \end{pmatrix} = 0$

b) $E_1 : \vec{x} = \begin{pmatrix} -2 \\ 7 \\ 8 \end{pmatrix} + r \begin{pmatrix} 15 \\ 8 \\ -1 \end{pmatrix} + s \begin{pmatrix} -1 \\ 9 \\ 8 \end{pmatrix}$, $\quad E_2 : \left[\vec{x} - \begin{pmatrix} 2 \\ 14 \\ 8 \end{pmatrix} \right] \bullet \begin{pmatrix} 73 \\ -119 \\ 143 \end{pmatrix} = 0$

c) $E_1 : \left[\vec{x} - \begin{pmatrix} -7 \\ 13 \\ -\frac{17}{3} \end{pmatrix} \right] \bullet \begin{pmatrix} 1 \\ 1 \\ 3 \end{pmatrix} = 0$, $\quad E_2 : \vec{x} = \begin{pmatrix} -14 \\ 0 \\ 0 \end{pmatrix} + r \begin{pmatrix} 1 \\ 2 \\ 3 \end{pmatrix} + s \begin{pmatrix} 0 \\ -3 \\ 1 \end{pmatrix}$

Aufgabe 3.5.6: Wie müssen $a, b \in \mathbb{R}$ gewählt werden, damit durch die Gleichungen

$$E_1 : \vec{x} = r \begin{pmatrix} a \\ 2 \\ -3 \end{pmatrix} + s \begin{pmatrix} 4 \\ 5 \\ b \end{pmatrix} \quad \text{und} \quad E_2 : x + y + z = 0$$

die gleiche Ebene beschrieben wird?

Aufgabe 3.5.7: Wie müssen $a, b \in \mathbb{R}$ gewählt werden, damit die Ebenen

$$E_1 : \vec{x} = \begin{pmatrix} 1 \\ 2 \\ 3 \end{pmatrix} + r \begin{pmatrix} a \\ a \\ -1 \end{pmatrix} + s \begin{pmatrix} -2b \\ 2 \\ b \end{pmatrix} \quad \text{und} \quad E_2 : 2x - y + 3z = 5$$

echt parallel sind?

3.5.3   Rechnung mit beiden Ebenengleichungen in Koordinatenform

Sind beide Ebenen durch eine Koordinatengleichung gegeben, so kann die Untersuchung der Lagebeziehung zwischen den Ebenen auf ein lineares Gleichungssystem mit drei Variablen zurückgeführt werden. Zur Demonstration der Vorgehensweise sollen nochmals die Ebenen aus den Beispielen 3.152, 3.153 und 3.154 betrachtet werden, jetzt allerdings nach Umrechnung beider Parametergleichungen in Koordinatengleichungen.

Beispiel 3.161. Wir betrachten $E_1 : 4x + 2y + 2z = 16$ und $E_2 : -4x - 4y + z = -4$. Ist $P(x|y|z)$ ein gemeinsamer Punkt von E_1 und E_2, dann erfüllen die Koordinaten von P die Koordinatengleichungen von E_1 und E_2. Die Koordinaten gemeinsamer Punkte von E_1 und E_2 lassen sich folglich aus dem linearen Gleichungssystem ermitteln, das aus den beiden Ebenengleichungen entsteht:

$$\begin{array}{rl} \text{I}: & 4x + 2y + 2z = 16 \\ \text{II}: & -4x - 4y + z = -4 \end{array}$$

Addition der Gleichungen ergibt:

$$-2y + 3z = 12$$

In dieser Gleichung können für z beliebige Werte eingesetzt werden, d. h. $z = t \in \mathbb{R}$. Damit folgt $-2y + 3t = 12$ und daraus $y = -6 + \frac{3}{2}t$. Setzen wir dies und $z = t$ in Gleichung I ein, dann ergibt dies $4x + 5t - 12 = 16$, woraus $x = 7 - \frac{5}{4}t$ folgt. Die ermittelten Werte für x, y und z sind die Koordinaten der gemeinsamen Punkte von E_1 und E_2, die auf der Schnittgerade g liegen. Das wird deutlich, wenn wir die Koordinaten zu einem Vektor zusammenfassen und diesen in die übliche Gestalt einer Geradengleichung bringen:

$$g: \vec{x} = \begin{pmatrix} x \\ y \\ z \end{pmatrix} = \begin{pmatrix} 7 - \frac{5}{4}t \\ -6 + \frac{3}{2}t \\ t \end{pmatrix} = \begin{pmatrix} 7 \\ -6 \\ 0 \end{pmatrix} + t \begin{pmatrix} -\frac{5}{4} \\ \frac{3}{2} \\ 1 \end{pmatrix}$$

Damit haben wir neben den Gleichungen in den Beispielen 3.152 und 3.156 eine dritte Gleichung für die Schnittgerade g von E_1 und E_2 erhalten, die sich nur in ihrem Stützvektor und den kollinearen Richtungsvektoren von den beiden zuvor erhaltenen Gleichungen unterscheidet.   ◀

Beispiel 3.162. Wir betrachten $E_1 : -4x - 2y + 2z = 12$ und $E_2 : -2x - y + z = -2$. Daraus ergibt sich das folgende lineare Gleichungssystem:

$$\begin{array}{rl} \text{I}: & -4x - 2y + 2z = 12 \\ \text{II}: & -2x - y + z = -2 \end{array}$$

Addition von Gleichung I zum (-2)-fachen von Gleichung II ergibt den Widerspruch $0 = 16$, d. h., das Gleichungssystem hat keine Lösung. Folglich haben E_1 und E_2 keine gemeinsamen Punkte, d. h., E_1 und E_2 sind echt parallel.   ◀

Beispiel 3.163. Wir betrachten $E_1 : -4x - 2y + 2z = 0$ und $E_2 : -2x - y + z = 0$. Daraus ergibt sich das folgende lineare Gleichungssystem:

$$\begin{aligned} \text{I} &: -4x - 2y + 2z = 0 \\ \text{II} &: -2x - y + z = 0 \end{aligned}$$

Addition von Gleichung I zum (-2)-fachen von Gleichung II ergibt die Gleichung $0 = 0$. Analog zu den Beispielen 3.154 und 3.158 folgt daraus, dass $E_1 = E_2$ gilt. ◄

Die Rechnungen aus den drei Beispielen lassen sich folgendermaßen verallgemeinern:

Satz 3.164. Gegeben seien die Ebenen

$$E_1 : a_1x + b_1y + c_1z = d_1 \quad \text{und} \quad E_2 : a_2x + b_2y + c_2z = d_2 .$$

Wir betrachten das folgende lineare Gleichungssystem:

$$\begin{aligned} a_1x + b_1y + c_1z &= d_1 \\ a_2x + b_2y + c_2z &= d_2 \end{aligned} \tag{\#\#}$$

Für die Lagebeziehung zwischen den Ebenen E_1 und E_2 gilt:

a) E_1 und E_2 schneiden sich in einer Schnittgerade g, falls das Gleichungssystem (##) unendlich viele Lösungen $(x; y; z)$ hat, wobei zwei der Koordinatenwerte vom dritten abhängen.

Alternativ: E_1 und E_2 schneiden sich in einer Schnittgerade g, falls die Lösungsmenge des Gleichungssystems (##) als Gleichung einer Gerade g darstellbar ist.

b) E_1 und E_2 sind echt parallel, falls (##) keine Lösung hat.

c) E_1 und E_2 sind identisch, falls (##) allgemeingültig ist.

Bei der Untersuchung der Lagebeziehung zwischen Ebenen E_1 und E_2 gibt es einen relativ geringen Rechenaufwand, wenn beide Ebenen E_1 und E_2 durch eine Koordinatengleichung dargestellt werden. Gleiches hatten wir bereits im Abschnitt 3.5.2 festgestellt, wenn nur eine Ebene in Koordinatenform vorliegt. Sind dagegen beide Ebenen durch eine Parametergleichung definiert, dann kann der Rechenaufwand recht groß und damit auch fehleranfällig sein. Deshalb sei nochmals die Empfehlung ausgesprochen, bei der Untersuchung der Lagebeziehung zwischen zwei Ebenen mindestens eine der Ebenen durch eine Koordinatengleichung (oder alternativ Normalengleichung) auszudrücken.

Sind die Ebenen E_1 und E_2 beide durch eine Koordinatengleichung bzw. alternativ durch eine Normalengleichung dargestellt, dann lässt diese Darstellung noch eine wesentlich einfachere Überprüfung der Lagebeziehung zu, bei der die leicht aus den Ebenengleichungen ablesbaren Normalenvektoren $\vec{n_1}$ von E_1 bzw. $\vec{n_2}$ von E_2 verwendet werden.

Die Ebenen E_1 und E_2 sind genau dann parallel, wenn die Normalenvektoren kollinear sind, d. h., es gibt ein $r \in \mathbb{R}$ mit $\vec{n_1} = r\vec{n_2}$. Diese Tatsache kann zur Reduzierung des Arbeitsaufwands ausgenutzt werden, wie mit einem zweiten Blick auf die Beispiele 3.161, 3.162 und 3.163 aufgezeigt werden soll.

Beispiel 3.165. Wir betrachten $E_1 : -4x - 2y + 2z = 12$ und $E_2 : -2x - y + z = -2$. Ein Normalenvektor von E_1 ist $\vec{n_1} = \begin{pmatrix} -4 \\ -2 \\ 2 \end{pmatrix}$, ein Normalenvektor von E_2 ist $\vec{n_2} = \begin{pmatrix} -2 \\ -1 \\ 1 \end{pmatrix}$.

Es gilt $\vec{n_1} = 2\vec{n_2}$, d. h., $\vec{n_1}$ und $\vec{n_2}$ sind kollinear und folglich sind E_1 und E_2 parallel. Es bleibt zu prüfen, ob die Ebenen echt parallel oder identisch sind. Dazu bestimmen wir *irgendeinen* Punkt P aus E_1 und prüfen, ob seine Koordinaten auch die Gleichung von E_2 erfüllen. Ein Punkt von E_1 ist z. B. $P(-3|0|0)$. Einsetzen der Koordinaten $x = -3$ und $y = z = 0$ in die Gleichung von E_2 ergibt einen Widerspruch, d. h. $P \notin E_2$. Damit ist gezeigt, dass E_1 und E_2 echt parallel sind. ◄

Beispiel 3.166. Die Ebenen $E_1 : -4x - 2y + 2z = 2$ und $E_2 : -2x - y + z = 1$ haben die gleichen Richtungsvektoren $\vec{n_1}$ bzw. $\vec{n_2}$ wie die Ebenen aus Beispiel 3.165, d. h., sie sind parallel. Zur Feststellung, ob sie echt parallel oder identisch sind, gehen wir analog zu der im Beispiel 3.165 beschriebenen Methode vor. Ein Punkt von E_1 ist $P(0|0|1)$. Einsetzen der Koordinaten $x = y = 0$ und $z = 1$ in die Gleichung von E_2 ergibt die Gleichung $1 = 1$, woraus $P \in E_2$ folgt. Das bedeutet $E_1 = E_2$. ◄

Beispiel 3.167. Wir betrachten $E_1 : 4x + 2y + 2z = 16$ und $E_2 : -4x - 4y + z = -4$. Ein Normalenvektor von E_1 ist $\vec{n_1} = \begin{pmatrix} 4 \\ 2 \\ 2 \end{pmatrix}$, ein Normalenvektor von E_2 ist $\vec{n_2} = \begin{pmatrix} -4 \\ -4 \\ 1 \end{pmatrix}$.

Offensichtlich sind $\vec{n_1}$ und $\vec{n_2}$ linear unabhängig. Dies ist äquivalent dazu, dass E_1 und E_2 nicht parallel sind und eine Gerade g als Schnittmenge haben. Eine Gleichung von g kann analog zum Beispiel 3.161 bestimmt werden. ◄

Wir verallgemeinern die Vorgehensweise formal in einem Satz und alternativ in dem in Abb. 85 dargestellten Schema.

Satz 3.168. Gegeben seien die Ebenen

$$E_1 : a_1 x + b_1 y + c_1 z = d_1 \quad \text{und} \quad E_2 : a_2 x + b_2 y + c_2 z = d_2 \ .$$

Weiter sei $P(p_x|p_y|p_z)$ ein Punkt von E_1. Dann ist $\vec{n_1} = \begin{pmatrix} a_1 \\ b_1 \\ c_1 \end{pmatrix}$ ein Normalenvektor der

Ebene E_1, $\vec{n_2} = \begin{pmatrix} a_2 \\ b_2 \\ c_2 \end{pmatrix}$ ein Normalenvektor der Ebene E_2 und es gilt:

a) E_1 ist genau dann echt parallel zu E_2, wenn es ein $r \in \mathbb{R}$ gibt mit $\vec{n_1} = r\vec{n_2}$ und wenn $a_2 p_x + b_2 p_y + c_2 p_z \neq d_2$ gilt.

b) E_1 und E_2 sind genau dann identisch , wenn es ein $r \in \mathbb{R}$ gibt mit $\vec{n_1} = r\vec{n_2}$ und wenn $a_2 p_x + b_2 p_y + c_2 p_z = d_2$ gilt.

c) E_1 und E_2 schneiden sich genau dann in einer Schnittgerade g, wenn $\vec{n_1}$ und $\vec{n_2}$ linear unabhängig sind.

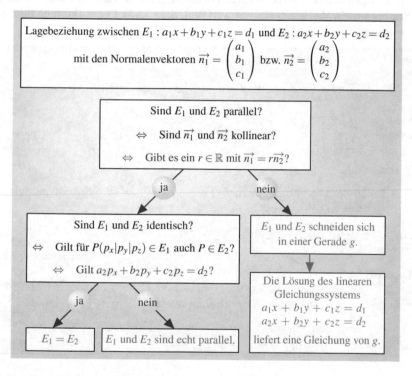

Abb. 85: Schema zur Ermittlung der Lagebeziehung zweier Ebenen E_1 und E_2

Bei genauerer Betrachtung der Beispiele 3.165 und 3.166 fällt ein weiterer Zuammenhang zwischen parallelen Ebenen auf.

Beispiel 3.169. Die Ebenen $E_1 : -4x - 2y + 2z = 2$ und $E_2 : -2x - y + z = 1$ sind identisch. Im Unterschied zur Methode in Beispiel 3.166 lässt sich das alternativ wie folgt begründen: Für die aus den Koordinatengleichungen ablesbaren Normalenvektoren $\vec{n_1}$ von E_1 bzw. $\vec{n_2}$ von E_2 gilt der Zusammenhang $\vec{n_1} = 2\vec{n_2}$. Zwischen den Konstanten $d_1 = 2$ bzw. $d_2 = 1$ auf der rechten Seite der Gleichung von E_1 bzw. E_2 gilt der Zusammenhang $d_1 = 2d_2$. Ein Vergleich der Gleichungen $\vec{n_1} = 2\vec{n_2}$ und $d_1 = 2d_2$ liefert die Erkenntnis, dass Multiplikation der Koordinatengleichung E_2 mit dem Faktor 2 die Koordinatengleichung E_1 ergibt. Daraus folgt $E_1 = E_2$. ◄

Beispiel 3.170. Die Ebenen $E_1 : -4x - 2y + 2z = 12$ und $E_2 : -2x - y + z = -2$ sind echt parallel. Das lässt sich im Unterschied zu Beispiel 3.165 nach der folgenden alternativern Methode begründen: Für die aus den Koordinatengleichungen ablesbaren Normalenvektoren $\vec{n_1}$ von E_1 bzw. $\vec{n_2}$ von E_2 gilt der Zusammenhang $\vec{n_1} = 2\vec{n_2}$. Für die Konstanten $d_1 = 12$ bzw. $d_2 = -2$ auf der rechten Seite der Gleichung von E_1 bzw. E_2 gilt allerdings $d_1 \neq 2d_2$. Im Unterschied zu Beispiel 3.169 gibt es hier keinen Faktor $r \in \mathbb{R}$, für den $\vec{n_1} = r\vec{n_2}$ und(!) $d_1 = rd_2$ gilt. Daraus folgt, dass E_1 und E_2 echt parallel sind.   ◄

Vor allem Beispiel 3.169 zeigt noch einmal deutlich, dass die Koordinatengleichung einer Ebene nur bis auf ein Vielfaches eindeutig ist (vgl. Satz 3.93). Diese Tatsache führt auf die folgende Alternative zu Satz 3.168:

Satz 3.171. Gegeben seien die Ebenen

$$E_1 : a_1x + b_1y + c_1z = d_1 \quad \text{und} \quad E_2 : a_2x + b_2y + c_2z = d_2 \, .$$

Dann ist $\vec{n_1} = \begin{pmatrix} a_1 \\ b_1 \\ c_1 \end{pmatrix}$ ein Normalenvektor von E_1, $\vec{n_2} = \begin{pmatrix} a_2 \\ b_2 \\ c_2 \end{pmatrix}$ ein Normalenvektor von E_2 und es gilt:

a) E_1 ist genau dann echt parallel zu E_2, wenn es ein $r \in \mathbb{R}$ gibt mit $\vec{n_1} = r\vec{n_2}$ und außerdem $d_1 \neq rd_2$ gilt.

b) E_1 und E_2 sind genau dann identisch, wenn es ein $r \in \mathbb{R}$ gibt mit $\vec{n_1} = r\vec{n_2}$ und außerdem $d_1 = rd_2$ gilt.

Alternativformulierung:
E_1 und E_2 sind genau dann identisch, wenn es ein $r \in \mathbb{R}$ gibt, sodass Multiplikation der Koordinatengleichung E_2 mit r die Koordinatengleichung E_1 ergibt.

c) E_1 und E_2 schneiden sich genau dann in einer Schnittgerade g, wenn $\vec{n_1}$ und $\vec{n_2}$ linear unabhängig sind, d. h. $\vec{n_1} \neq r\vec{n_2}$ für alle $r \in \mathbb{R}$.

Aufgaben zum Abschnitt 3.5.3

Aufgabe 3.5.8: Verwenden Sie Koordinatengleichungen der Ebenen E_1 und E_2, um mithilfe von Satz 3.168 die Lagebeziehung zwischen E_1 und E_2 zu untersuchen. Falls die Schnittmenge von E_1 und E_2 eine Gerade g ist, dann ermitteln Sie eine Gleichung von g.

a) $E_1 : 89x + y + 84z = 6, \quad E_2 : 97x + y + 92z = 102$

b) $E_1 : 14x - 12y + 10z = 41, \quad E_2 : -7x + 15y - 14z = -25$

c) $E_1 : -\frac{7}{4}x - \frac{5}{2}y + \frac{3}{8}z = \frac{21}{4}, \quad E_1 : \frac{7}{5}x + 2y - \frac{3}{10}z = -5$

d) $E_1 : 46x - 102y + 56z = -62, \quad E_2 : -23x + 51y - 28z = 31$

e) $E_1 : \vec{x} = \begin{pmatrix} 12 \\ 3 \\ -3 \end{pmatrix} + r \begin{pmatrix} 2 \\ 4 \\ 1 \end{pmatrix} + s \begin{pmatrix} 1 \\ 4 \\ 2 \end{pmatrix}$, $E_2 : -16x + 12y - 16z = 27$

f) $E_1 : \vec{x} = \begin{pmatrix} -1 \\ 3 \\ -8 \end{pmatrix} + r \begin{pmatrix} 1 \\ 11 \\ 1 \end{pmatrix} + s \begin{pmatrix} 1 \\ -1 \\ 11 \end{pmatrix}$, $E_2 : \left[\vec{x} - \begin{pmatrix} 2 \\ 4 \\ 10 \end{pmatrix} \right] \cdot \begin{pmatrix} -5 \\ 5 \\ -8 \end{pmatrix} = 0$

Aufgabe 3.5.9: Untersuchen Sie mithilfe von Satz 3.168 oder alternativ mithilfe von Satz 3.171 die Lagebeziehung zwischen den Ebenen E_1 und E_2. Falls die Schnittmenge von E_1 und E_2 eine Gerade g ist, dann ermitteln Sie eine Gleichung von g.

a) $E_1 : 22x + 12y + 66z = 154$, $E_2 : 22x + 11y + 44z = 132$

b) $E_1 : \sqrt{2}x + \sqrt{6}y - \sqrt{5}z = 2\sqrt{2}$, $E_2 : -\sqrt{14}x - \sqrt{42}y + \sqrt{35}z = \sqrt{14}$

c) $E_1 : -\sqrt{5}x + \sqrt{7}y + \sqrt{13}z = \sqrt{12}$, $E_2 : -\sqrt{10}x + \sqrt{14}y + \sqrt{26}z = \sqrt{24}$

d) $E_1 : \vec{x} = \begin{pmatrix} 17 \\ 18 \\ 44 \end{pmatrix} + r \begin{pmatrix} 5 \\ 0 \\ 2 \end{pmatrix} + s \begin{pmatrix} 0 \\ -2 \\ 5 \end{pmatrix}$, $E_2 : \vec{x} = \begin{pmatrix} -9 \\ 15 \\ 42 \end{pmatrix} + t \begin{pmatrix} 4 \\ 0 \\ 1 \end{pmatrix} + u \begin{pmatrix} 0 \\ -1 \\ 4 \end{pmatrix}$

e) $E_1 : \vec{x} = \begin{pmatrix} -9 \\ 5 \\ 4 \end{pmatrix} + k \begin{pmatrix} 8 \\ -3 \\ 3 \end{pmatrix} + l \begin{pmatrix} 5 \\ 3 \\ -6 \end{pmatrix}$, $E_2 : \vec{x} = \begin{pmatrix} -3 \\ 8 \\ 11 \end{pmatrix} + r \begin{pmatrix} 6 \\ 1 \\ -3 \end{pmatrix} + s \begin{pmatrix} 1 \\ -2 \\ 3 \end{pmatrix}$

Aufgabe 3.5.10: Bestimmen Sie eine Koordinatengleichung einer Ebene H, die zur Ebene E parallel ist und den Punkt P enthält:

a) $E : 5x + 12y - 17z = -35$, $P(100|5|5)$

b) $E : -8x + 3z = 56$, $P(1|2|3)$

c) $E : \left[\vec{x} - \begin{pmatrix} 2 \\ 8 \\ -9 \end{pmatrix} \right] \cdot \begin{pmatrix} 5 \\ 7 \\ 1 \end{pmatrix} = 0$, $P(-12|3|87)$

d) $E : \vec{x} = \begin{pmatrix} 1 \\ 2 \\ 3 \end{pmatrix} + r \begin{pmatrix} 6 \\ -3 \\ 1 \end{pmatrix} + s \begin{pmatrix} -1 \\ 5 \\ -3 \end{pmatrix}$, $P(-4|30|9)$

Aufgabe 3.5.11: Wie muss $c \in \mathbb{R}$ gewählt werden, damit

a) die Ebenen $E_c : cx + 4y + 3z = 5$ und $H_c : 12x - 8y + cz = c^2 - 46$ identisch sind?

b) sich die Ebenen $E_c : (c^2 - 8)x - 4y + 4z = c^3 + 1$ und $H_c : 2cx + 4y + cz = 63$ in einer Gerade schneiden?

3.5.4 Schnittwinkel

Schneiden sich zwei Ebenen E_1 und E_2 in einer Schnittgerade g, dann schließen sie entlang der Schnittgerade g ein Paar von Winkeln β und $180° - \beta$ ein (siehe Abb. 86). Analog zur Definition des Schnittwinkels von Geraden muss entschieden werden, welcher der beiden Winkel als Schnittwinkel definiert wird. Dies kann durch eine einfache Konstruktion auf den Schnittwinkel von Geraden zurückgeführt werden.

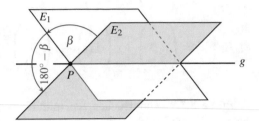

Abb. 86: Winkelpaar zwischen zwei Ebenen E_1 und E_2, die sich in einer Gerade g schneiden

---

Definition 3.172. E_1 und E_2 seien zwei sich schneidende Ebenen mit der Schnittgerade g. Weiter seien g_1 eine in E_1 liegende Gerade und g_2 eine in E_2 liegende Gerade, sodass g_1 und g_2 die Schnittgerade g in einem Punkt $P \in g$ orthogonal schneiden, d. h., P ist gemeinsamer Schnittpunkt von g, g_1 und g_2. Als <u>Schnittwinkel α der Ebenen E_1 und E_2</u> wird der Schnittwinkel der Geraden g_1 und g_2 definiert.

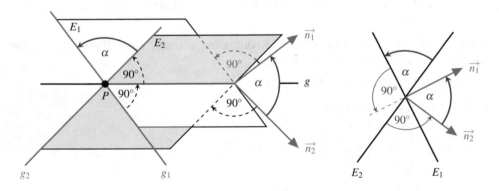

Abb. 87: Definition des Schnittwinkels α zwischen sich in einer Gerade g schneidenden Ebenen E_1 und E_2, links in räumlicher Ansicht, rechts als Schnittansicht

Zur Berechnung des Schnittwinkels α der sich schneidenden Ebenen E_1 und E_2 ist es nicht notwendig, die Richtungsvektoren der in Definition 3.172 genannten Geraden g_1 und g_2 zu bestimmen. Zur Berechnung von α lassen sich Normalenvektoren von E_1 und E_2 verwenden, denn: Ist $\vec{n_1}$ ein Normalenvektor von E_1 und $\vec{n_2}$ ein Normalenvektor von E_2, so ist $\vec{n_1}$ natürlich auch orthogonal zum Richtungsvektor von g_1 und $\vec{n_2}$ ist orthogonal zum Richtungsvektor von g_2. Das bedeutet, dass eine Gerade mit Richtungsvektor $\vec{n_1}$ und eine Gerade mit Richtungsvektor $\vec{n_2}$ ebenfalls den Schnittwinkel α haben (siehe Abb. 87). Folglich kann die Berechnung von α auf Satz 3.60 zurückgeführt werden.

Satz 3.173. Gegeben seien zwei sich schneidende Ebenen E_1 mit Normalenvektor $\vec{n_1}$ und E_2 mit Normalenvektor $\vec{n_2}$. Für den Schnittwinkel α zwischen E_1 und E_2 gilt:

$$\cos(\alpha) = \frac{|\vec{n_1} \bullet \vec{n_2}|}{|\vec{n_1}| \cdot |\vec{n_2}|} \quad \text{bzw.} \quad \alpha = \arccos\left(\frac{|\vec{n_1} \bullet \vec{n_2}|}{|\vec{n_1}| \cdot |\vec{n_2}|}\right)$$

Beispiel 3.174. Die Ebenen $E_1 : 2x - 3y + 9z = 23$ und $E_2 : -6x + 8y - 5z = -5$ haben

die linear unabhängigen Normalenvektoren $\vec{n_1} = \begin{pmatrix} 2 \\ -3 \\ 9 \end{pmatrix}$ bzw. $\vec{n_2} = \begin{pmatrix} -6 \\ 8 \\ -5 \end{pmatrix}$. Die Ebenen

schneiden sich im Winkel $\alpha = \arccos\left(\frac{|\vec{n_1} \bullet \vec{n_2}|}{|\vec{n_1}| \cdot |\vec{n_1}|}\right) = \arccos\left(\frac{|-81|}{\sqrt{94}\sqrt{125}}\right) \approx 41{,}65°.$ ◄

Beispiel 3.175. Die Ebene $E_1 : \vec{x} = \begin{pmatrix} 4 \\ 5 \\ 7 \end{pmatrix} + r\begin{pmatrix} 1 \\ -1 \\ 0 \end{pmatrix} + s\begin{pmatrix} 0 \\ 1 \\ 1 \end{pmatrix}$ hat den Normalenvektor

$\vec{n_1} = \begin{pmatrix} 1 \\ -1 \\ 0 \end{pmatrix} \times \begin{pmatrix} 0 \\ 1 \\ 1 \end{pmatrix} = \begin{pmatrix} -1 \\ -1 \\ 1 \end{pmatrix}$, die Ebene $E_2 : \left[\vec{x} - \begin{pmatrix} 1 \\ 0 \\ 2 \end{pmatrix}\right] \bullet \begin{pmatrix} 1 \\ 2 \\ 4 \end{pmatrix} = 0$ hat den

Normalenvektor $\vec{n_2} = \begin{pmatrix} 1 \\ 2 \\ 4 \end{pmatrix}$. Da $\vec{n_1}$ und $\vec{n_2}$ nicht kollinear sind, schneiden sich E_1 und E_2

unter dem Schnittwinkel $\alpha = \arccos\left(\frac{|\vec{n_1} \bullet \vec{n_2}|}{|\vec{n_1}| \cdot |\vec{n_1}|}\right) = \arccos\left(\frac{|1|}{\sqrt{3}\sqrt{21}}\right) \approx 82{,}76°.$ ◄

Für praktische Anwendungen sind Ebenen interessant, die sich in Winkeln von 30°, 45°, 60° oder 90° schneiden. Der Schnittwinkel von 90° ist dabei auch aus rein mathematischer Sicht interessant.

Definition 3.176. Schneiden sich zwei Ebenen E_1 und E_2 im Winkel von 90°, so sagt man: $\underline{E_1 \text{ und } E_2 \text{ schneiden sich orthogonal}}$. Kürzer sagt man: E_1 und E_2 sind orthogonal. Alternativ spricht man davon, dass sich E_1 und E_2 senkrecht schneiden.

Beispiel 3.177. Jeweils zwei Koordinatenebenen des räumlichen kartesischen Koordinatensystems schneiden sich orthogonal. Die Schnittgerade ist dabei durch eine der Koordinatenachsen gegeben. Zum Beispiel schneiden sich die xy-Ebene und die yz-Ebene orthogonal in der y-Achse. ◄

Beispiel 3.178. Die Ebenen $E_1 : x + y + z = 10$ und $E_2 : x + y - 2z = -8$ schneiden sich

orthogonal, denn ihre Normalenvektoren $\vec{n_1} = \begin{pmatrix} 1 \\ 1 \\ 1 \end{pmatrix}$ und $\vec{n_2} = \begin{pmatrix} 1 \\ 1 \\ -2 \end{pmatrix}$ sind orthogonal

zueinander, d. h. $\vec{n_1} \bullet \vec{n_2} = 0$, woraus $\alpha = \arccos(0) = 90°$ folgt. ◄

Aufgaben zum Abschnitt 3.5.4

Aufgabe 3.5.12: Die Ebenen E_1 und E_2 haben eine Gerade g als Schnittmenge. Berechnen Sie den Schnittwinkel der Ebenen E_1 und E_2. *Gleichungen der Schnittgeraden g sollen nicht bestimmt werden!*

a) $E_1 : 4x - y + 8z = 28$, $E_2 : 3x - 2y - 6z = -24$

b) $E_1 : 9x + 7y - 2z = -71$, $E_2 : 12x - 5y + 33z = 31$

c) $E_1 : 4y - 3z = 29$, $E_2 : 2x - 6y + 9z = 4$

d) $E_1 : 3x - y + 2z = 6$, E_2 ist die xy-Ebene.

e) E_1 ist die xz-Ebene, $E_2 : 3x - 2y + 4z = 24$.

f) E_1 ist die yz-Ebene, $E_2 : -7x + 11y + 4z = 38$.

g) $E_1 : -3x + 16y - 17z = 35$, $E_2 : \left[\vec{x} - \begin{pmatrix} 1 \\ 2 \\ 3 \end{pmatrix} \right] \cdot \begin{pmatrix} -8 \\ 5 \\ -3 \end{pmatrix} = 0$

h) $E_1 : \left[\vec{x} - \begin{pmatrix} -2 \\ 1 \\ -6 \end{pmatrix} \right] \cdot \begin{pmatrix} 2 \\ 2 \\ 1 \end{pmatrix} = 0$, $E_2 : \left[\vec{x} - \begin{pmatrix} 3 \\ 2 \\ -4 \end{pmatrix} \right] \cdot \begin{pmatrix} 3 \\ 2 \\ 6 \end{pmatrix} = 0$

i) $E_1 : \vec{x} = \begin{pmatrix} 5 \\ 0 \\ 101 \end{pmatrix} + r \begin{pmatrix} 5 \\ -7 \\ 3 \end{pmatrix} + s \begin{pmatrix} 3 \\ -3 \\ 5 \end{pmatrix}$, $E_2 : \left[\vec{x} - \begin{pmatrix} -22 \\ 31 \\ 0 \end{pmatrix} \right] \cdot \begin{pmatrix} 5 \\ 3 \\ -7 \end{pmatrix} = 0$

j) E_1 enthält die Punkte $A(2|3|5)$, $B(3|6|6)$ und $C(5|6|4)$, E_2 enthält die Punkte $P(5|6|2)$, $Q(4|3|3)$ und $R(6|3|4)$.

Aufgabe 3.5.13: Untersuchen Sie jeweils die Lagebeziehungen der folgenden Ebenen E_1 und E_2. Falls sich die Ebenen schneiden, dann geben Sie eine Gleichung der Schnittgerade g an und berechnen Sie den Schnittwinkel der Ebenen.

a) $E_1 : x - 2y + 5z = 30$; $E_2 : x + 2y - z = 10$

b) $E_1 : \vec{x} = \begin{pmatrix} 1 \\ 1 \\ 1 \end{pmatrix} + r \begin{pmatrix} 1 \\ 0 \\ 0 \end{pmatrix} + s \begin{pmatrix} 0 \\ 1 \\ 4 \end{pmatrix}$, $E_2 : x - 2y + z = 4$

c) $E_1 : \vec{x} = \begin{pmatrix} 1 \\ 0 \\ 1 \end{pmatrix} + r \begin{pmatrix} 0 \\ 1 \\ 0 \end{pmatrix} + s \begin{pmatrix} 1 \\ 0 \\ -2 \end{pmatrix}$, $E_2 : \vec{x} = \begin{pmatrix} 0 \\ 1 \\ 0 \end{pmatrix} + u \begin{pmatrix} -1 \\ -1 \\ 1 \end{pmatrix} + w \begin{pmatrix} 0 \\ 1 \\ 0 \end{pmatrix}$

d) $E_1 : \left[\vec{x} - \begin{pmatrix} 1 \\ 1 \\ 1 \end{pmatrix} \right] \cdot \begin{pmatrix} 2 \\ 3 \\ -1 \end{pmatrix} = 0$, $E_2 : \left[\vec{x} - \begin{pmatrix} 3 \\ 0 \\ 1 \end{pmatrix} \right] \cdot \begin{pmatrix} -8 \\ -12 \\ 4 \end{pmatrix} = 0$

e) $E_1 : \vec{x} = \begin{pmatrix} -1 \\ 0 \\ 1 \end{pmatrix} + r \begin{pmatrix} 1 \\ 0 \\ 1 \end{pmatrix} + s \begin{pmatrix} 1 \\ 1 \\ 0 \end{pmatrix}$, $E_2 : -x + y + z = 2$

Aufgabe 3.5.14: Gegeben seien die Ebenen

$$E_c : 5x + cy - 4z = 1 \quad \text{und} \quad H : 2x + 2y + z = -1 .$$

Wie muss $c \in \mathbb{R}$ gewählt werden, damit sich E_c und H

a) in einem Winkel von $60°$ bzw.
b) orthogonal schneiden?

3.5.5 Spurgeraden

Aus der Achsenabschnittsgleichung einer Ebene E lassen sich die als <u>Spurpunkte</u> bezeichneten Schnittpunkte von E mit den Koordinatenachsen ablesen. In Beziehung zu diesen Achsenschnittpunkten stehen Geraden, welche die Schnittmengen von E mit den Koordinatenebenen sind. Diese Geraden können unter anderem dazu verwendet werden, um die Lage einer Ebene im räumlichen Koordinatensystem grafisch besser hervorzuheben.

> **Definition 3.179.** Die Schnittgerade zwischen einer Ebene E und einer Koordinatenebene heißt <u>Spurgerade</u>.

Es gibt Ebenen, die sich nicht mit allen drei Koordinatenebenen schneiden, wie zum Beispiel die zur xy-Ebene echt parallele Ebene $E : z = 1$, die keinen Schnitt mit der xy-Ebene hat. Jede Ebene hat aber mit mindestens zwei Koordinatenebenen eine Schnittgerade.

Jeweils zwei Spurgeraden einer Ebene E schneiden sich auf einer Koordinatenachse in den Spurpunkten von E. Aus den Spurpunkten lassen sich deshalb Gleichungen für die Spurgeraden herleiten. Auch ohne Kenntnis der Spurpunkte lassen sich Gleichungen der Spurgeraden recht einfach ermitteln, wie das folgende Beispiel zu einer Parametergleichung einer Ebene zeigt.

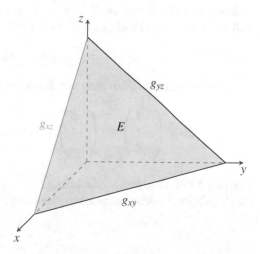

Abb. 88: Spurgeraden g_{xy}, g_{xz} und g_{yz} einer Ebene E mit den Koordinatenebenen

Beispiel 3.180. Gegeben sei die Ebene $E : \vec{x} = \begin{pmatrix} 1 \\ 1 \\ -6 \end{pmatrix} + r \begin{pmatrix} 3 \\ -1 \\ 4 \end{pmatrix} + s \begin{pmatrix} 1 \\ -1 \\ 2 \end{pmatrix}$. Die

Spurgerade g_{xy} von E in der xy-Ebene besteht aus allen Punkten von E, deren z-Koordinate gleich null ist. Wir setzen in der Ebenengleichung die z-Koordinate gleich null und stellen die Gleichung z. B. nach s um:

$$0 = -6 + 4r + 2s \quad \Leftrightarrow \quad s = 3 - 2r$$

Setzen wir dies in die Gleichung von E ein, dann ergibt sich eine Gleichung für g_{xy}:

$$g_{xy} : \vec{x} = \begin{pmatrix} 1 \\ 1 \\ -6 \end{pmatrix} + r \begin{pmatrix} 3 \\ -1 \\ 4 \end{pmatrix} + (3 - 2r) \begin{pmatrix} 1 \\ -1 \\ 2 \end{pmatrix} = \begin{pmatrix} 4 \\ -2 \\ 0 \end{pmatrix} + r \begin{pmatrix} 1 \\ 1 \\ 0 \end{pmatrix}$$

Die Spurgerade g_{xz} von E mit der xz-Ebene besteht aus allen Punkten von E, deren y-Koordinate gleich null ist. Wir setzen in der Ebenengleichung die y-Koordinate gleich null und stellen die Gleichung z. B. nach s um:

$$0 = 1 - r - s \quad \Leftrightarrow \quad s = 1 - r$$

Setzen wir dies in die Gleichung von E ein, dann ergibt sich eine Gleichung für g_{xz}:

$$g_{xz} : \vec{x} = \begin{pmatrix} 1 \\ 1 \\ -6 \end{pmatrix} + r \begin{pmatrix} 3 \\ -1 \\ 4 \end{pmatrix} + (1 - r) \begin{pmatrix} 1 \\ -1 \\ 2 \end{pmatrix} = \begin{pmatrix} 2 \\ 0 \\ -4 \end{pmatrix} + r \begin{pmatrix} 2 \\ 0 \\ 2 \end{pmatrix}$$

Die Spurgerade g_{yz} von E mit der yz-Ebene besteht aus allen Punkten von E, deren x-Koordinate gleich null ist. Wir setzen in der Ebenengleichung die x-Koordinate gleich null und stellen die Gleichung z. B. nach s um:

$$0 = 1 + 3r + s \quad \Leftrightarrow \quad s = -1 - 3r$$

Setzen wir dies in die Gleichung von E ein, dann ergibt sich eine Gleichung für g_{yz}:

$$g_{yz} : \vec{x} = \begin{pmatrix} 1 \\ 1 \\ -6 \end{pmatrix} + r \begin{pmatrix} 3 \\ -1 \\ 4 \end{pmatrix} + (-1 - 3r) \begin{pmatrix} 1 \\ -1 \\ 2 \end{pmatrix} = \begin{pmatrix} 0 \\ 2 \\ -8 \end{pmatrix} + r \begin{pmatrix} 0 \\ 2 \\ -2 \end{pmatrix} \quad \blacktriangleleft$$

Beispiel 3.181. Gegeben sei die Ebene $E : 2x + 3y + z = 6$. Division der Ebenengleichung durch 6 ergibt die Achsenabschnittsgleichung von E:

$$E : \frac{1}{3}x + \frac{1}{2}y + \frac{1}{6}z = 1$$

Daraus lassen sich die Koordinaten der Schnittpunkte von E mit den Koordinatenachsen ablesen, nämlich $S_x(3|0|0)$, $S_y(0|2|0)$ und $S_z(0|0|6)$. Aus diesen Punkten lassen sich Gleichungen für die Spurgeraden ermitteln:

a) Die Spurgerade von E mit der xy-Ebene ist $g_{xy} : \vec{x} = \overrightarrow{0S_x} + r\overrightarrow{S_xS_y} = \begin{pmatrix} 3 \\ 0 \\ 0 \end{pmatrix} + r \begin{pmatrix} -3 \\ 2 \\ 0 \end{pmatrix}$.

b) Die Spurgerade von E mit der xz-Ebene ist $g_{xz} : \vec{x} = \overrightarrow{0S_x} + r\overrightarrow{S_xS_z} = \begin{pmatrix} 3 \\ 0 \\ 0 \end{pmatrix} + r \begin{pmatrix} -3 \\ 0 \\ 6 \end{pmatrix}$.

c) Die Spurgerade von E mit der yz-Ebene ist $g_{yz} : \vec{x} = \overrightarrow{0S_y} + r\overrightarrow{S_yS_z} = \begin{pmatrix} 0 \\ 2 \\ 0 \end{pmatrix} + r \begin{pmatrix} 0 \\ -2 \\ 6 \end{pmatrix}$.

◀

Aufgaben zum Abschnitt 3.5.5

Aufgabe 3.5.15: Ermitteln Sie die Gleichungen aller Spurgeraden der Ebene E:

a) $E : \vec{x} = \begin{pmatrix} 16 \\ 5 \\ -12 \end{pmatrix} + r \begin{pmatrix} 5 \\ -3 \\ 1 \end{pmatrix} + s \begin{pmatrix} -1 \\ 2 \\ 3 \end{pmatrix}$ \qquad b) $E : \vec{x} = \begin{pmatrix} -2 \\ 7 \\ 5 \end{pmatrix} + r \begin{pmatrix} 1 \\ 1 \\ 0 \end{pmatrix} + s \begin{pmatrix} 2 \\ 1 \\ 1 \end{pmatrix}$

c) $E : \vec{x} = \begin{pmatrix} 13 \\ -9 \\ 11 \end{pmatrix} + r \begin{pmatrix} 0 \\ 3 \\ 1 \end{pmatrix} + s \begin{pmatrix} 0 \\ -6 \\ 2 \end{pmatrix}$ \qquad d) $E : x - 2y + 4z = 8$

Aufgabe 3.5.16: Gegeben seien $g_{xy} : \vec{x} = \begin{pmatrix} 2 \\ 3 \\ 0 \end{pmatrix} + r \begin{pmatrix} 1 \\ 1 \\ 0 \end{pmatrix}$ und $g_{yz} : \vec{x} = \begin{pmatrix} 0 \\ 5 \\ 8 \end{pmatrix} + s \begin{pmatrix} 0 \\ 1 \\ 2 \end{pmatrix}$.

a) Begründen Sie, dass g_{xy} und g_{yz} Spurgeraden einer Ebene E sind.

b) Geben Sie eine Parameter- und eine Koordinatengleichung von E an.

c) Begründen Sie unter ausschließlicher Verwendung der Gleichungen der Spurgeraden g_{xy} und g_{yz}, dass E die xz-Ebene in einer Gerade g_{xz} schneidet. Bestimmen Sie außerdem eine Gleichung der Spurgerade g_{xz}.

d) Stellen Sie E unter Verwendung der Spurgeraden grafisch dar.

Aufgabe 3.5.17: Eine Ebene E hat nur mit der y- und z-Achse Schnittpunkte, nicht aber mit der x-Achse. Weiter seien $S_y(0|4|0)$ und $S_z(0|0|3)$ die Spurpunkte von E. Bestimmen Sie die Gleichungen aller Spurgeraden von E und eine Gleichung von E.

3.6 Abstandsberechnungen

Als einfachstes und grundlegendes Beispiel einer Abstandsberechnung in der Ebene und im Raum wurde bereits in Abschnitt 2.1 der Abstand $d(P,Q)$ zwischen zwei Punkten P und Q behandelt, der in vielfältiger Weise bei der Herleitung von Formeln zur Berechnung des Abstands zwischen einem Punkt und einer Gerade, einem Punkt und einer Ebene, parallelen und windschiefen Geraden sowie parallelen Ebenen Verwendung findet. Allen Abstandsberechnungen gemeinsam ist die grundlegende Definition des Abstands durch geeignete orthogonale Projektionen („Lot fällen") zwischen zwei Punkten bzw. Objekten.

3.6.1 Abstand zwischen Punkt und Gerade in der Ebene

Der kürzeste Abstand $d(P,g)$ zwischen einer Gerade g und einem Punkt P wird durch die orthogonale Projektion von P auf g definiert. Man sagt auch, dass man das Lot von P auf g fällt. Dies wird mit einer zu g orthogonalen und durch P verlaufenden Lotgerade h erreicht. Der Fußpunkt des Lots ist der Schnittpunkt der Geraden g und h, der mit F bezeichnet sei (siehe Abb. 89). Sind die Koordinaten von F bestimmt, dann wird die Abstandsberechnung auf die Länge des Vektors $\overrightarrow{FP}$ zurückgeführt, d. h. $d(P,g) = |\overrightarrow{FP}|$.

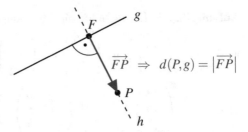

Abb. 89: Abstandsberechnung zwischen einem Punkt P und einer Gerade g in der Ebene

Beispiel 3.182. Gesucht ist der Abstand von $P(9|1)$ zu $g: \overrightarrow{x} = \begin{pmatrix} 1 \\ 2 \end{pmatrix} + r \begin{pmatrix} 2 \\ 1 \end{pmatrix}$. Der Vektor $\overrightarrow{n} = \begin{pmatrix} 1 \\ -2 \end{pmatrix}$ ist orthogonal zum Richtungsvektor $\overrightarrow{u} = \begin{pmatrix} 2 \\ 1 \end{pmatrix}$ von g. Damit schneidet die Lotgerade $h: \overrightarrow{x} = \overrightarrow{OP} + s\overrightarrow{n} = \begin{pmatrix} 9 \\ 1 \end{pmatrix} + s \begin{pmatrix} 1 \\ -2 \end{pmatrix}$ die Gerade g orthogonal im Lotfußpunkt F. Zu dessen Berechnung wird die folgende Gleichung gelöst:

$$\begin{pmatrix} 1 \\ 2 \end{pmatrix} + r \begin{pmatrix} 2 \\ 1 \end{pmatrix} = \begin{pmatrix} 9 \\ 1 \end{pmatrix} + s \begin{pmatrix} 1 \\ -2 \end{pmatrix} \quad \Leftrightarrow \quad r \begin{pmatrix} 2 \\ 1 \end{pmatrix} - s \begin{pmatrix} 1 \\ -2 \end{pmatrix} = \begin{pmatrix} 8 \\ -1 \end{pmatrix}$$

Diese Vektorgleichung entspricht dem folgenden linearen Gleichungssystem:

$$\begin{aligned} \text{I}: 2r - s &= 8 \\ \text{II}: r + 2s &= -1 \end{aligned}$$

Aus Gleichung II folgt $r = -1 - 2s$. Setzen wir dies in Gleichung I ein, dann ergibt sich $-2 - 5s = 8$, woraus $s = -2$ folgt (und daraus der für die weitere Rechnung nicht benötigte Parameterwert $r = 3$). Einsetzen von $s = -2$ in die Gleichung von h liefert

$$\overrightarrow{0F} = \begin{pmatrix} 9 \\ 1 \end{pmatrix} - 2 \begin{pmatrix} 1 \\ -2 \end{pmatrix} = \begin{pmatrix} 7 \\ 5 \end{pmatrix}, \tag{$*$}$$

womit

$$\overrightarrow{FP} = \overrightarrow{0P} - \overrightarrow{0F} = \begin{pmatrix} 9 \\ 1 \end{pmatrix} - \begin{pmatrix} 7 \\ 5 \end{pmatrix} = \begin{pmatrix} 2 \\ -4 \end{pmatrix} \tag{\#}$$

folgt. Damit berechnen wir $d(P,g) = |\overrightarrow{FP}| = \sqrt{20}$. Es sei bemerkt, dass die Zwischenschritte $(*)$ und $(\#)$ eingespart werden können, denn es gilt $s\,\overrightarrow{n} = -2\,\overrightarrow{n} = -\overrightarrow{FP}$. Folglich lässt sich die Rechnung vereinfachen zu $d(P,g) = |-2\,\overrightarrow{n}| = \sqrt{20}$. ◀

Die Anwendung der konstruktiven Methode zur Berechnung von $d(P,g)$ über die Lotgerade h und den Lotfußpunkt F kann etwas mühsam sein, sodass die Herleitung einer kompakten Berechnungsformel für $d(P,g)$ lohnt.

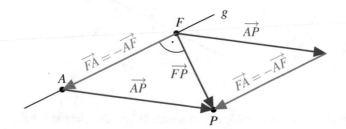

Abb. 90: Vektoren bei der Abstandsberechnung zwischen einem Punkt P und einer Gerade g

Dazu betrachten wir die Vektoren $\overrightarrow{FP}$, $\overrightarrow{AP}$ und $\overrightarrow{FA}$, die durch einen auf g liegenden Punkt A, den nicht auf g liegenden Punkt P und den Lotfußpunkt F des Lots von P auf g definiert werden, wobei $A \neq F$ gelte. Zwischen diesen Vektoren gilt der folgende Zusammenhang (siehe Abb. 90):

$$\overrightarrow{FP} = \overrightarrow{AP} + \overrightarrow{FA} \quad \Leftrightarrow \quad \overrightarrow{FP} = \overrightarrow{AP} - \overrightarrow{AF} \tag{3.183}$$

Daraus folgt:

$$\overrightarrow{FP} \bullet \overrightarrow{FP} = \left(\overrightarrow{AP} - \overrightarrow{AF} \right) \bullet \overrightarrow{FP} \quad \Leftrightarrow \quad |\overrightarrow{FP}|^2 = \overrightarrow{AP} \bullet \overrightarrow{FP} - \overrightarrow{AF} \bullet \overrightarrow{FP} \tag{3.184}$$

Der Vektor $\overrightarrow{FP}$ ist orthogonal zu $\overrightarrow{AF}$, d.h. $\overrightarrow{AF} \bullet \overrightarrow{FP} = 0$, womit $|\overrightarrow{FP}|^2 = \overrightarrow{AP} \bullet \overrightarrow{FP}$ folgt. Division durch $|\overrightarrow{FP}|$ ergibt:

$$d(P,g) = |\overrightarrow{FP}| = \overrightarrow{AP} \bullet \frac{\overrightarrow{FP}}{|\overrightarrow{FP}|} \tag{3.185}$$

In Gleichung (3.185) kommt noch immer der Lotfußpunkt F vor, dessen Berechnung es zu vermeiden gilt. Das gelingt durch eine genauere Betrachtung des Vektors

$$\vec{n_0} = \frac{\vec{FP}}{|\vec{FP}|},$$

der ein Normaleneinheitsvektor der Gerade g ist, d. h., $\vec{n_0}$ ist orthogonal zu g und hat die Länge $|\vec{n_0}| = 1$. Diese Beobachtung führt auf die Feststellung, dass für die Berechnung von $d(P,g)$ jeder beliebige Normalenvektor $\vec{n}$ von g verwendet werden kann, der in die *gleiche(!)* Richtung zeigt, wie der bisher verwendete Normalenvektor $\vec{FP}$. Der Normalenvektor $\vec{n}$ muss dazu lediglich auf die Länge Eins normiert werden und damit gilt:

$$\frac{\vec{FP}}{|\vec{FP}|} = \frac{\vec{n}}{|\vec{n}|} \quad \overset{(3.185)}{\Longrightarrow} \quad d(P,g) = \vec{AP} \bullet \frac{\vec{n}}{|\vec{n}|} \tag{3.186}$$

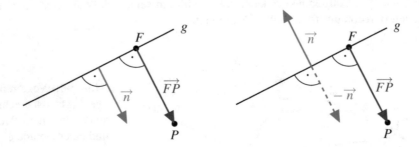

Abb. 91: Ersatz des Lotvektors durch beliebige Normalenvektoren der Gerade g bei der Abstandsberechnung zwischen einem Punkt P und einer Gerade g

Falls $\vec{n}$ zwar ein Normalenvektor von g ist, aber die entgegengesetzte Richtung zu $\vec{FP}$ hat (d. h., $\vec{n}$ zeigt von g *nicht* in Richtung P), dann lässt sich daraus ein zur Abstandsberechnung passender Normalenvektor durch skalare Multiplikation von $\vec{n}$ mit (-1) gewinnen (siehe Abb 91). Damit gilt:

$$\frac{\vec{FP}}{|\vec{FP}|} = -\frac{\vec{n}}{|\vec{n}|} \quad \overset{(3.185)}{\Longrightarrow} \quad d(P,g) = -\vec{AP} \bullet \frac{\vec{n}}{|\vec{n}|} \tag{3.187}$$

Die in (3.186) und (3.187) erhaltenen Gleichungen zur Berechnung des Abstands $d(P,g)$ lassen sich mithilfe der Betragsfunktion zusammenfassen, sodass keine Fallunterscheidung bezüglich der Richtung von $\vec{n}$ notwendig ist, d. h., für einen beliebigen Normalenvektor $\vec{n}$ von g gilt:

$$d(P,g) = \left| \vec{AP} \bullet \frac{\vec{n}}{|\vec{n}|} \right| \tag{3.188}$$

Die Ähnlichkeit dieser Formel zur Hesseschen Normalengleichung einer Gerade in der Ebene (siehe Definition 3.29) ist nicht zufällig und wird noch deutlicher, wenn der Vektor $\overrightarrow{AP}$ durch $\overrightarrow{0P} - \overrightarrow{0A}$ ersetzt wird. Zusammenfassung:

Satz 3.189. Gegeben seien in der Ebene ein Punkt P und eine Gerade

$$g : \left[\vec{x} - \overrightarrow{0A} \right] \bullet \vec{n_0} = 0$$

in Hessescher Normalenform, d.h. $|\vec{n_0}| = 1$. Für den Abstand $d(P,g)$ zwischen dem Punkt P und der Gerade g gilt:

$$d(P,g) = \left| \left[\overrightarrow{0P} - \overrightarrow{0A} \right] \bullet \vec{n_0} \right|$$

Beispiel 3.190. Gegeben sei die Gerade $g : \left[\vec{x} - \begin{pmatrix} 7 \\ 3 \end{pmatrix} \right] \bullet \begin{pmatrix} 1 \\ 0 \end{pmatrix} = 0$. Die Gerade liegt bereits als Hessesche Normalengleichung vor, denn $\vec{n_0} = \begin{pmatrix} 1 \\ 0 \end{pmatrix}$ ist ein Normaleneinheitsvektor. Der Punkt $P(5|-5)$ hat von g den Abstand

$$d(P,g) = \left| \left[\begin{pmatrix} 5 \\ -5 \end{pmatrix} - \begin{pmatrix} 7 \\ 3 \end{pmatrix} \right] \bullet \begin{pmatrix} 1 \\ 0 \end{pmatrix} \right| = \left| \begin{pmatrix} -2 \\ -8 \end{pmatrix} \bullet \begin{pmatrix} 1 \\ 0 \end{pmatrix} \right| = |-2| = 2 \, . \quad \blacktriangleleft$$

Beispiel 3.191. Gesucht ist der Abstand zwischen dem Punkt $P(5|-5)$ und der Gerade $g : \left[\vec{x} - \begin{pmatrix} 1 \\ 0 \end{pmatrix} \right] \bullet \begin{pmatrix} 4 \\ 3 \end{pmatrix} = 0$. Der Normalenvektor $\vec{n} = \begin{pmatrix} 4 \\ 3 \end{pmatrix}$ muss noch auf die Länge Eins normiert werden, sodass die Abstandsberechnung mit $\vec{n_0} = \dfrac{\vec{n}}{|\vec{n}|} = \dfrac{1}{5} \begin{pmatrix} 4 \\ 3 \end{pmatrix}$ erfolgt:

$$d(P,g) = \left| \left[\begin{pmatrix} 5 \\ -5 \end{pmatrix} - \begin{pmatrix} 1 \\ 0 \end{pmatrix} \right] \bullet \frac{1}{5} \begin{pmatrix} 4 \\ 3 \end{pmatrix} \right| = \frac{1}{5} \left| \begin{pmatrix} 4 \\ -5 \end{pmatrix} \bullet \begin{pmatrix} 4 \\ 3 \end{pmatrix} \right| = \frac{1}{5} \quad \blacktriangleleft$$

Ist in Aufgabenstellungen ausschließlich die Abstandsberechnung zwischen einem Punkt P und einer Gerade g verlangt, g aber nicht durch eine Hessesche Normalengleichung definiert, dann ist es natürlich nicht zwingend erforderlich, als Zwischenschritt eine Hessesche Normalengleichung zu notieren. Wichtig ist einzig die Bestimmung eines Normaleneinheitsvektors. Das besagt die folgende Variante von Satz 3.189:

Folgerung 3.192. Gegeben seien in der Ebene ein Punkt P und eine Gerade g. Ist A ein Punkt auf g und $\vec{n}$ ein beliebiger Normalenvektor von g, dann gilt für den Abstand $d(P,g)$ zwischen dem Punkt P und der Gerade g:

$$d(P,g) = \frac{1}{|\vec{n}|} \cdot \left| \left[\overrightarrow{0P} - \overrightarrow{0A} \right] \bullet \vec{n} \right|$$

Beispiel 3.193. Gegeben sei die Gerade $g : \vec{x} = \begin{pmatrix} 2 \\ -1 \end{pmatrix} + r \begin{pmatrix} 1 \\ 1 \end{pmatrix}$. Ein Normalenvektor

von g ist $\vec{n} = \begin{pmatrix} -1 \\ 1 \end{pmatrix}$ mit $|\vec{n}| = \sqrt{2}$. Der Punkt $P(5|-5)$ hat von g den Abstand

$$d(P,g) = \frac{1}{\sqrt{2}} \left| \left[\begin{pmatrix} 5 \\ -5 \end{pmatrix} - \begin{pmatrix} 2 \\ -1 \end{pmatrix} \right] \bullet \begin{pmatrix} -1 \\ 1 \end{pmatrix} \right| = \frac{1}{\sqrt{2}} \left| \begin{pmatrix} 3 \\ -4 \end{pmatrix} \bullet \begin{pmatrix} -1 \\ 1 \end{pmatrix} \right| = \frac{7}{\sqrt{2}} . \blacktriangleleft$$

Eine Gerade g teilt die Ebene anschaulich in zwei Hälften, die deshalb als <u>Halbebenen</u> bezeichnet werden. Die Abstandsformel in Satz 3.189 bzw. genauer die Gleichungen (3.186) und (3.187) erlauben eine weitere Interpretation der Hesseschen Normalengleichung

$$g : \left[\vec{x} - \overrightarrow{0A} \right] \bullet \vec{n_0} = 0 .$$

Für einen Punkt P gibt der Betrag des Ausdrucks $\left[\overrightarrow{0P} - \overrightarrow{0A} \right] \bullet \vec{n_0}$ einerseits den Abstand von P zu g an und sein Vorzeichen gibt an, in welcher Halbebene der Punkt P in Bezug auf die Richtung des Normaleneinheitsvektors $\vec{n_0}$ liegt.

Satz 3.194. Gegeben seien in der Ebene ein Punkt P und eine Gerade

$$g : \left[\vec{x} - \overrightarrow{0A} \right] \bullet \vec{n_0} = 0$$

mit $|\vec{n_0}| = 1$. Dann gilt:

a) P liegt in der Halbebene, in deren Richtung $\vec{n_0}$ zeigt, wenn $\left[\overrightarrow{0P} - \overrightarrow{0A} \right] \bullet \vec{n_0} > 0$.

b) P liegt auf g, wenn $\left[\overrightarrow{0P} - \overrightarrow{0A} \right] \bullet \vec{n_0} = 0$.

c) P liegt in der Halbebene, in deren Richtung $-\vec{n_0}$ zeigt, wenn $\left[\overrightarrow{0P} - \overrightarrow{0A} \right] \bullet \vec{n_0} < 0$.

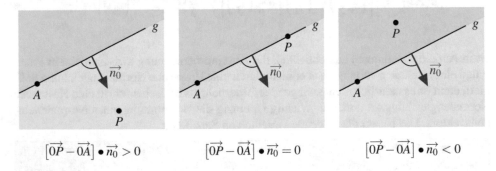

$$\left[\overrightarrow{0P} - \overrightarrow{0A} \right] \bullet \vec{n_0} > 0 \qquad \left[\overrightarrow{0P} - \overrightarrow{0A} \right] \bullet \vec{n_0} = 0 \qquad \left[\overrightarrow{0P} - \overrightarrow{0A} \right] \bullet \vec{n_0} < 0$$

Abb. 92: Lage eines Punkts P in den durch eine Gerade g definierten Halbebenen

Beispiel 3.195. Die Gerade g durch $A(1|1)$ habe den Normaleneinheitsvektor $\vec{n_0} = \begin{pmatrix} 0 \\ -1 \end{pmatrix}$.

Offenbar verläuft g parallel zur x-Achse, sodass wir von einer Halbebene unterhalb und einer Halbebene oberhalb von g sprechen können. Die Aussage, dass ein Punkt P in der Halbebene liegt, in deren Richtung $\vec{n_0}$ zeigt, bedeutet demnach, dass P unterhalb von g liegt. Hier zwei Zahlenbeispiele:

a) Für den Punkt $P(5|-2)$ berechnen wir $[\vec{OP} - \vec{OA}] \bullet \vec{n_0} = \begin{pmatrix} 4 \\ -3 \end{pmatrix} \bullet \begin{pmatrix} 0 \\ -1 \end{pmatrix} = 3 > 0$,

d. h., P liegt in der Halbebene unterhalb von g und hat zu g den Abstand $d(P,g) = 3$.

b) Für den Punkt $P(5|2)$ berechnen wir $[\vec{OP} - \vec{OA}] \bullet \vec{n_0} = \begin{pmatrix} 4 \\ 1 \end{pmatrix} \bullet \begin{pmatrix} 0 \\ -1 \end{pmatrix} = -1 < 0$, d. h.,

P liegt in der Halbebene oberhalb von g und hat zu g den Abstand $d(P,g) = 1$. ◀

Ohne eine Skizze kann es schwierig sein, die durch g definierten Halbebenen in ihrer Lage anschaulich durch „oberhalb" und „unterhalb" oder „links" oder „rechts" von g zu beschreiben. Zur anschaulichen Interpretation der Richtung eines Normalenvektors kann auch ein Vergleich mit den Himmelsrichtungen vorgenommen werden. So zeigt z. B. der Normalenvektor $\vec{n_0} = \begin{pmatrix} 0 \\ -1 \end{pmatrix}$ der Gerade g aus Beispiel 3.195 anschaulich in Richtung Süden und folglich verläuft g horizontal von West nach Ost. Ein anderes Hilfsmittel zur Lagebeschreibung stellt die Bezugnahme zu einem eindeutig festgelegten und nicht auf g liegenden Referenzpunkt R dar.

Beispiel 3.196. Die Gerade g durch $A(1|1)$ habe den Normaleneinheitsvektor $\vec{n_0} = \frac{1}{5} \begin{pmatrix} 3 \\ 4 \end{pmatrix}$.

Als Referenzpunkt wählen wir den Koordinatenursprung $R(0|0)$, der nicht auf g liegt, denn es gilt $[\vec{OR} - \vec{OA}] \bullet \vec{n_0} = \frac{1}{5} \begin{pmatrix} -1 \\ -1 \end{pmatrix} \bullet \begin{pmatrix} 3 \\ 4 \end{pmatrix} = -\frac{7}{5} < 0$.

a) Für den Punkt $P(6|1)$ berechnen wir $[\vec{OP} - \vec{OA}] \bullet \vec{n_0} = \frac{1}{5} \begin{pmatrix} 5 \\ 0 \end{pmatrix} \bullet \begin{pmatrix} 3 \\ 4 \end{pmatrix} = 3 > 0$. Da

die **Vorzeichen** von $[\vec{OR} - \vec{OA}] \bullet \vec{n_0}$ und $[\vec{OP} - \vec{OA}] \bullet \vec{n_0}$ **verschieden** sind, liegt P mit Abstand $d(P,g) = 3$ in der Halbebene, in welcher der Referenzpunkt $R(0|0)$ nicht liegt.

b) Für den Punkt $P(-4|1)$ berechnen wir $[\vec{OP} - \vec{OA}] \bullet \vec{n_0} = \frac{1}{5} \begin{pmatrix} -5 \\ 0 \end{pmatrix} \bullet \begin{pmatrix} 3 \\ 4 \end{pmatrix} = -3 < 0$. Da

die **Vorzeichen** von $[\vec{OR} - \vec{OA}] \bullet \vec{n_0}$ und $[\vec{OP} - \vec{OA}] \bullet \vec{n_0}$ **gleich** sind, liegt P mit Abstand $d(P,g) = 3$ in der Halbebene, in der auch der Referenzpunkt $R(0|0)$ liegt. ◀

Nicht vorenthalten werden soll eine weitere Methode zur Berechnung des Abstands $d(P,g)$ zwischen einem Punkt P und einer Gerade g, die mit Methoden der Analysis eine Verbindung zum im Beispiel 3.182 vorgestellten konstruktiven Rechenweg herstellt, genauer zur Berechnung des Lotfußpunkts F des Lots von P auf g.

Satz 3.197. Gegeben seien in der Ebene ein Punkt P und eine Gerade

$$g : \vec{x} = \vec{OA} + r\vec{u}$$

mit $r \in \mathbb{R}$, Stützpunkt A und Richtungsvektor $\vec{u}$. Die <u>Abstandsfunktion</u> $f : \mathbb{R} \to [0; \infty)$ sei definiert durch

$$f(r) := |\vec{OA} + r\vec{u} - \vec{OP}| .$$

Die Funktion f besitzt eine eindeutige globale Minimalstelle $\tilde{r} \in \mathbb{R}$, für die gilt:

a) $\vec{OF} = \vec{OA} + \tilde{r}\vec{u}$ ist der Ortsvektor des Lotfußpunkts F des Lots von P auf g.

b) $d(P,g) = f(\tilde{r})$

Auf eine detaillierte Herleitung oder einen Beweis des Satzes sei verzichtet. Stattdessen betrachten wir die Abstandsberechnung aus Beispiel 3.182 noch einmal neu:

Beispiel 3.198. Zur Berechnung des Abstands von $P(9|1)$ zu $g : \vec{x} = \begin{pmatrix} 1 \\ 2 \end{pmatrix} + r \begin{pmatrix} 2 \\ 1 \end{pmatrix}$ ergibt sich die folgende Gleichung der Abstandsfunktion:

$$f(r) = \left| \begin{pmatrix} 1 \\ 2 \end{pmatrix} + r \begin{pmatrix} 2 \\ 1 \end{pmatrix} - \begin{pmatrix} 9 \\ 1 \end{pmatrix} \right| = \sqrt{(2r-8)^2 + (r+1)^2} = \sqrt{5r^2 - 30r + 65}$$

Die erste Ableitung von f ist $f'(r) = \dfrac{10r - 30}{2\sqrt{5r^2 - 30r + 65}} = \dfrac{5r - 15}{\sqrt{5r^2 - 30r + 65}}$. Es gilt $f'(\tilde{r}) = 0$ genau dann, wenn $5\tilde{r} - 15 = 0$ gilt, woraus $\tilde{r} = 3$ folgt. Auf die Überprüfung der hinreichenden Bedingung mithilfe der zweiten Ableitung kann verzichtet werden, da es genau eine Extremstelle gibt und diese ist nach Satz 3.197 die globale Minimalstelle. Damit folgt $d(P,g) = f(3) = \sqrt{5 \cdot 9 - 30 \cdot 3 + 65} = \sqrt{20}$. ◀

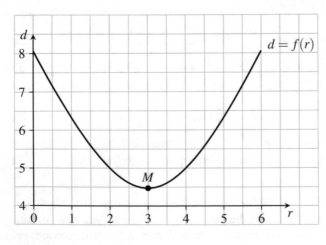

Abb. 93: Der Graph der Abstandsfunktion f aus Beispiel 3.198 im Intervall $[0; 6]$ und der globale Minimalpunkt $M(3|\sqrt{20})$

Sind die Geraden $g : \vec{x} = \overrightarrow{0A} + r\,\vec{u}$ und $h : \overrightarrow{0B} + s\,\vec{w}$ parallel, dann ist der Abstand jedes beliebigen Punkts $P \in h$ zu g gleich. Damit kann die Berechnung des Abstands $d(g,h)$ paralleler Geraden auf den bereits behandelten Fall des Abstands zwischen einem Punkt und einer Gerade zurückgeführt werden.

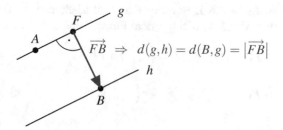

Abb. 94: Abstand paralleler Geraden

Satz 3.199. Gegeben seien in der Ebene zwei parallele Geraden g und h. Ist A ein Punkt auf g, B ein Punkt auf h und $\vec{n}$ ein beliebiger Normalenvektor von g, dann gilt für den Abstand $d(g,h)$ zwischen den Geraden g und h:

$$d(g,h) = \frac{1}{|\vec{n}|} \cdot \left| \left[\overrightarrow{0B} - \overrightarrow{0A}\right] \bullet \vec{n} \right|$$

Beispiel 3.200. Die Geraden $g : \vec{x} = \begin{pmatrix} 1 \\ 3 \end{pmatrix} + r \begin{pmatrix} 2 \\ 1 \end{pmatrix}$ und $h : \vec{x} = \begin{pmatrix} 4 \\ 0 \end{pmatrix} + s \begin{pmatrix} -4 \\ -2 \end{pmatrix}$ sind

parallel, denn ihre Richtungsvektoren sind kollinear. $A(1|3)$ ist ein Punkt auf g, $B(4|0)$ ein Punkt auf h und $\vec{n} = \begin{pmatrix} -1 \\ 2 \end{pmatrix}$ ein Normalenvektor von g und h. Der Abstand zwischen g und h ist

$$d(g,h) = \frac{1}{|\vec{n}|} \cdot \left| \left[\overrightarrow{0B} - \overrightarrow{0A}\right] \bullet \vec{n} \right| = \frac{1}{\sqrt{5}} \left| \begin{pmatrix} 3 \\ -3 \end{pmatrix} \bullet \begin{pmatrix} -1 \\ 2 \end{pmatrix} \right| = \frac{9}{\sqrt{5}}. \qquad \blacktriangleleft$$

Aufgaben zum Abschnitt 3.6.1

Aufgabe 3.6.1: Berechnen Sie nach der Abstandsformel aus Satz 3.189 bzw. Folgerung 3.192 den Abstand $d(P,g)$ vom Punkt P zur Gerade g:

a) $P(4|2)$, $g : \vec{x} = \begin{pmatrix} 2 \\ 1 \end{pmatrix} + r \begin{pmatrix} 4 \\ -3 \end{pmatrix}$ \qquad b) $P(4|-2)$, $g : \vec{x} = \begin{pmatrix} 1 \\ 1 \end{pmatrix} + r \begin{pmatrix} 4 \\ 0 \end{pmatrix}$

c) $P(0|5)$, $g : \vec{x} = \begin{pmatrix} -9 \\ 11 \end{pmatrix} + r \begin{pmatrix} 5 \\ 4 \end{pmatrix}$ \qquad d) $P(2\sqrt{17}|28)$, $g : \vec{x} = \begin{pmatrix} 5\sqrt{17} \\ 22 \end{pmatrix} + r \begin{pmatrix} 8 \\ \sqrt{17} \end{pmatrix}$

e) $P(3|-4)$, $g : \vec{x} = r \begin{pmatrix} 0 \\ -5 \end{pmatrix}$ \qquad f) $P(8|-12)$, $g : \vec{x} = \begin{pmatrix} 3 \\ 3 \end{pmatrix} + r \begin{pmatrix} -6 \\ -9 \end{pmatrix}$

Aufgabe 3.6.2: Verwenden Sie die in Beispiel 3.182 verwendete Vorgehensweise (das Lotfußpunktverfahren) zur Berechnung des Abstands $d(P,g)$ vom Punkt P zur Gerade g:

a) $P(2|23)$, $g : \vec{x} = \begin{pmatrix} 6 \\ 5 \end{pmatrix} + r \begin{pmatrix} 1 \\ 4 \end{pmatrix}$ \qquad b) $P(0|-2)$, $g : \vec{x} = \begin{pmatrix} 3 \\ 1 \end{pmatrix} + r \begin{pmatrix} -5 \\ 3 \end{pmatrix}$

Aufgabe 3.6.3: Berechnen Sie mit Methoden der Differentialrechnung (siehe Satz 3.197) den Abstand zwischen dem Punkt P und der Gerade g.

a) $P(-7|41)$, $g : \vec{x} = \begin{pmatrix} 3 \\ 21 \end{pmatrix} + r \begin{pmatrix} 4 \\ -3 \end{pmatrix}$ 　　　 b) $P(8|12)$, $g : \vec{x} = \begin{pmatrix} -4 \\ 5 \end{pmatrix} + r \begin{pmatrix} 2 \\ 3 \end{pmatrix}$

c) $P(-2|-7)$, $g : \vec{x} = r \begin{pmatrix} 5 \\ -9 \end{pmatrix}$ 　　　 d) $P(1|2)$, $g : \vec{x} = \begin{pmatrix} 8 \\ 1 \end{pmatrix} + r \begin{pmatrix} 0 \\ 1 \end{pmatrix}$

Aufgabe 3.6.4: Berechnen Sie den Abstand der parallelen Geraden g und h:

a) $g : \vec{x} = \begin{pmatrix} 2 \\ 5 \end{pmatrix} + r \begin{pmatrix} 2 \\ 1 \end{pmatrix}$, 　 $h : \vec{x} = \begin{pmatrix} 4 \\ 1 \end{pmatrix} + s \begin{pmatrix} 2 \\ 1 \end{pmatrix}$

b) $g : \vec{x} = \begin{pmatrix} -2 \\ 5 \end{pmatrix} + r \begin{pmatrix} 2 \\ -1 \end{pmatrix}$, 　 $h : \vec{x} = \begin{pmatrix} 4 \\ -1 \end{pmatrix} + s \begin{pmatrix} -6 \\ 3 \end{pmatrix}$

c) $g : \vec{x} = r \begin{pmatrix} 4 \\ -5 \end{pmatrix}$, 　 $h : \vec{x} = \begin{pmatrix} -4 \\ 5 \end{pmatrix} + s \begin{pmatrix} 12 \\ -15 \end{pmatrix}$

d) g geht durch die Punkte $A(12|78)$ und $P(15|74)$, h geht durch die Punkte $B(-36|47)$ und $Q(-45|59)$.

Aufgabe 3.6.5:

a) Bestimmen Sie die Koordinaten aller Punkte P, die von $g : \vec{x} = \begin{pmatrix} 6 \\ 7 \end{pmatrix} + r \begin{pmatrix} 3 \\ -1 \end{pmatrix}$ den

 Abstand $d(P,g) = \sqrt{10}$ haben.

b) Bestimmen Sie die Koordinaten aller Punkte P, die von $g : \vec{x} = \begin{pmatrix} -6 \\ 7 \end{pmatrix} + r \begin{pmatrix} 3 \\ 1 \end{pmatrix}$ den

 Abstand $d(P,g) = 2\sqrt{10}$ haben und auf der Gerade $h : \vec{x} = \begin{pmatrix} -11 \\ 2 \end{pmatrix} + s \begin{pmatrix} 1 \\ 2 \end{pmatrix}$ liegen.

c) Geben Sie Gleichungen derjenigen Geraden k_1 und k_2 an, die mit dem Abstand

 $d(k_1,g) = d(k_2,g) = 2\sqrt{10}$ echt parallel zu $g : \vec{x} = \begin{pmatrix} -6 \\ 7 \end{pmatrix} + r \begin{pmatrix} 3 \\ 1 \end{pmatrix}$ verlaufen.

Aufgabe 3.6.6: Untersuchen Sie rechnerisch, in welcher der durch die Gerade g definierten Halbebenen die Punkte P und Q liegen. Geben Sie außerdem die Abstände von P und Q zur Gerade g an.

a) $g : \left[\vec{x} - \begin{pmatrix} 4 \\ -5 \end{pmatrix} \right] \bullet \begin{pmatrix} 1 \\ 1 \end{pmatrix} = 0$, $P(3|8)$, $Q(2|-5)$

b) $g : \left[\vec{x} - \begin{pmatrix} 1 \\ 3 \end{pmatrix} \right] \bullet \begin{pmatrix} -2 \\ 1 \end{pmatrix} = 0$, $P(-3|10)$, $Q(7|5)$

c) $g : \vec{x} = \begin{pmatrix} 21 \\ 15 \end{pmatrix} + r \begin{pmatrix} 3 \\ 4 \end{pmatrix}$, $P(0|0)$, $Q(28|9)$

Aufgabe 3.6.7: Ein Schüler hat im Stress der schriftlichen Abiturprüfung die Abstandsformel aus Satz 3.189 bzw. Folgerung 3.192 vergessen und damit auch die Bedeutung der
Hesseschen Normalenform der Geradengleichung zur rechnerischen Ermittlung der Lagebeziehung eines Punkts zu den durch g definierten Halbebenen nicht mehr parat (siehe
Satz 3.194). Dafür ist der betreffende Schüler ein Meister des in Beispiel 3.182 demonstrierten Lotfußpunktverfahrens. Wie kann der Schüler die Ergebnisse des Lotfußpunktverfahrens nutzen, um damit zu entscheiden, in welcher der durch g festgelegten Halbebenen
ein Punkt P liegt? Formulieren Sie Ihre Ergebnisse als Alternative zu Satz 3.194.

3.6.2 Abstand zwischen Punkt und Gerade im Raum

Auch im Raum wird der Abstand $d(P,g)$ zwischen einem Punkt P und einer Gerade g
durch die Länge des Vektors $\overrightarrow{PF}$ definiert, wobei F der Fußpunkt des Lots von P auf g ist.
Leider lässt sich die in der Ebene verwendete Methode, das Lot von P auf g mithilfe eines
zum Richtungsvektor von g orthogonalen Vektors $\overrightarrow{n}$ zu fällen, nicht in den Raum übertragen. Dies scheitert daran, dass im Raum ein zu g orthogonaler Vektor $\overrightarrow{n}$ jede beliebige
Richtung haben kann und deshalb nicht zwangsläufig von g zu P führen muss.

Beispiel 3.201. Gegeben sei im Raum die Gerade $g : \overrightarrow{x} = \begin{pmatrix} 1 \\ 2 \\ 3 \end{pmatrix} + r \begin{pmatrix} 1 \\ 0 \\ 0 \end{pmatrix}$. Die Vektoren

$\overrightarrow{n_1} = \begin{pmatrix} 0 \\ 0 \\ 1 \end{pmatrix}$, $\overrightarrow{n_2} = \begin{pmatrix} 0 \\ 1 \\ 1 \end{pmatrix}$ und $\overrightarrow{n_3} = \begin{pmatrix} 0 \\ 1 \\ 0 \end{pmatrix}$ sind orthogonal zum Richtungsvektor von g,

zeigen jedoch in verschiedene Richtungen und sind insbesondere nicht parallel. ◀

Beispiel 3.202. In der Ebene sei die Gerade $g : \overrightarrow{x} = \begin{pmatrix} 1 \\ 2 \end{pmatrix} + r \begin{pmatrix} 1 \\ 0 \end{pmatrix}$ gegeben. Die Vektoren

$\overrightarrow{n_1} = \begin{pmatrix} 0 \\ -1 \end{pmatrix}$, $\overrightarrow{n_2} = \begin{pmatrix} 0 \\ 1 \end{pmatrix}$ und $\overrightarrow{n_3} = \begin{pmatrix} 0 \\ 2 \end{pmatrix}$ sind orthogonal zum Richtungsvektor $\overrightarrow{u} = \begin{pmatrix} 1 \\ 0 \end{pmatrix}$

von g. Die Vektoren $\overrightarrow{n_2}$ und $\overrightarrow{n_3}$ zeigen in die gleiche Richtung, $\overrightarrow{n_1}$ zeigt in die entgegenge-
setze Richtung. Die Vektoren $\overrightarrow{n_1}$, $\overrightarrow{n_2}$ und $\overrightarrow{n_3}$ sind *paarweise kollinear*, d. h., für $i \neq j$ gibt
es ein $r \in \mathbb{R}$ mit $\overrightarrow{n_i} = r\overrightarrow{n_j}$. ◀

Die Beobachtungen aus den Beispielen lassen sich verallgemeinern: In der Ebene sind *alle*
zum Richtungsvektor $\overrightarrow{u}$ einer Gerade orthogonalen Vektoren paarweise kollinear, d. h., sie
sind parallel und unterscheiden sich nur in Richtung und Länge. Aus diesem Grund ist es in
der Ebene möglich, das Konzept eines zu g orthogonalen Vektors zur Abstandsberechnung
zu verwenden.

Die Übertragung in den Raum scheitert daran, dass bei der Verwendung eines mehr oder weniger zufällig ausgewählten und zu g orthogonalen Vektors die falsche Richtung eingeschlagen werden kann und nicht wie erforderlich von g in Richtung P. Aus diesem Grund kann für eine Gerade im Raum keine Normalengleichung definiert werden.

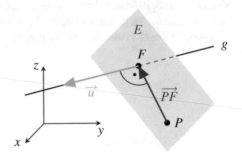

Trotz dieser Probleme ist es möglich, mit einfachen Mitteln eine konstruktive Methode zur Berechnung des Abstands $d(P,g)$ anzugeben. Der Richtungsvektor $\vec{u}$ einer Gerade $g : \vec{x} = \vec{0A} + r\,\vec{u}$ lässt sich als Normalenvektor einer zu g orthogonalen Hilfsebene E interpretieren, in welcher der Punkt P liegt. Weiter können wir leicht die Koordinaten des Schnittpunkts F von g und E berechnen. Da g orthogonal zu E ist, ist auch der Vektor $\vec{PF}$ orthogonal zu g und damit ist das Lot von P auf g durch den Vektor $\vec{PF}$ definiert (siehe Abb. 95). Aus dieser Konstruktion folgt $d(P,g) = |\vec{PF}|$.

Abb. 95: Abstandsberechnung zwischen einem Punkt P und einer Gerade g im Raum

Beispiel 3.203. Gesucht ist der Abstand zwischen dem Punkt $P(1|1|1)$ und der Gerade

$g : \vec{x} = \begin{pmatrix} 2 \\ 1 \\ 3 \end{pmatrix} + r \begin{pmatrix} -1 \\ 1 \\ -1 \end{pmatrix}$. Der Richtungsvektor von g ist ein Normalenvektor der Hilfs-

ebene E, die orthogonal zu g ist und den Punkt P enthält:

$$E : \left[\vec{x} - \begin{pmatrix} 1 \\ 1 \\ 1 \end{pmatrix} \right] \bullet \begin{pmatrix} -1 \\ 1 \\ -1 \end{pmatrix} = 0$$

Zur Ermittlung des zum Schnittpunkt F von g und E führenden Parameterwerts $r \in \mathbb{R}$

setzen wir den Ortsvektor $\vec{x} = \begin{pmatrix} 2-r \\ 1+r \\ 3-r \end{pmatrix}$ der Punkte von g in die Gleichung von E ein,

rechnen das Skalarprodukt aus und lösen die entstehende Gleichung nach r auf:

$$\left[\begin{pmatrix} 2-r \\ 1+r \\ 3-r \end{pmatrix} - \begin{pmatrix} 1 \\ 1 \\ 1 \end{pmatrix} \right] \bullet \begin{pmatrix} -1 \\ 1 \\ -1 \end{pmatrix} = 3r - 3 = 0 \quad \Leftrightarrow \quad r = 1$$

Einsetzen von $r = 1$ in die Gleichung von g liefert den Ortsvektor des Schnittpunkts F,

d. h. $\vec{0F} = \begin{pmatrix} 1 \\ 2 \\ 2 \end{pmatrix}$. Daraus folgt $\vec{PF} = \vec{0F} - \vec{0P} = \begin{pmatrix} 0 \\ 1 \\ 1 \end{pmatrix}$ und weiter $d(P,g) = |\vec{PF}| = \sqrt{2}$. ◄

Das konstruktive Vorgehen zur Berechnung von $d(P,g)$ durch Ermittlung einer zu g orthogonalen Hilfsebene E mit $P \in E$ und die Ermittlung des Lotfußpunkts F kann recht aufwändig sein, sodass die Herleitung einer kompakten Berechnungsformel für $d(P,g)$ lohnt. Ausgangspunkt dazu ist die in Satz 2.144 festgeschriebene Gleichung

$$|\vec{u} \times \vec{w}| = |\vec{u}| \cdot |\vec{w}| \cdot \sin(\alpha) \qquad (3.204)$$

zur Berechnung des Flächeninhalts des durch die Vektoren $\vec{u}$ und $\vec{w}$ aufgespannten Parallelogramms, wobei α der von $\vec{u}$ und $\vec{w}$ eingeschlossene Winkel ist.

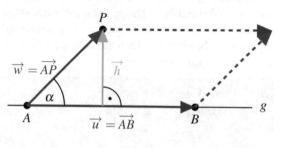

Abb. 96

Um den Nutzen von (3.204) zur Berechnung von $d(P,g)$ einzusehen, betrachten wir zwei Punkte A und B auf g mit $A \neq B$ und definieren $\vec{u} = \overrightarrow{AB}$ und $\vec{w} = \overrightarrow{AP}$. Einsetzen in Formel (3.204) und Umstellen nach $\sin(\alpha)$ ergibt:

$$\sin(\alpha) = \frac{|\overrightarrow{AB} \times \overrightarrow{AP}|}{|\overrightarrow{AB}| \cdot |\overrightarrow{AP}|} \qquad (3.205)$$

Offenbar entspricht die Länge des Höhenvektors $\vec{h}$ des von $\overrightarrow{AB}$ und $\overrightarrow{AP}$ aufgespannten Parallelogramms dem gesuchten Abstand $d(P,g)$, siehe Abb. 96. Die Anwendung der Winkelbeziehungen im rechtwinkligen Dreieck ergibt:

$$\sin(\alpha) = \frac{|\vec{h}|}{|\overrightarrow{AP}|} = \frac{d(P,g)}{|\overrightarrow{AP}|} \quad \Leftrightarrow \quad d(P,g) = |\overrightarrow{AP}| \cdot \sin(\alpha)$$

Durch Einsetzen von (3.205) folgt:

$$d(P,g) = |\overrightarrow{AP}| \cdot \frac{|\overrightarrow{AB} \times \overrightarrow{AP}|}{|\overrightarrow{AB}| \cdot |\overrightarrow{AP}|} = \frac{|\overrightarrow{AB} \times \overrightarrow{AP}|}{|\overrightarrow{AB}|} \qquad (3.206)$$

Beispiel 3.207. Gesucht ist der Abstand des Punkts $P(-1|3|2)$ von der Gerade g durch die Punkte $A(1|2|1)$ und $B(2|4|0)$. Mit $\overrightarrow{AB} = \begin{pmatrix} 1 \\ 2 \\ -1 \end{pmatrix}$ und $\overrightarrow{AP} = \begin{pmatrix} -2 \\ 1 \\ 1 \end{pmatrix}$ berechnen wir

$\overrightarrow{AB} \times \overrightarrow{AP} = \begin{pmatrix} 3 \\ 1 \\ 5 \end{pmatrix}$. Einsetzen von $|\overrightarrow{AB} \times \overrightarrow{AP}| = \sqrt{35}$ und $|\overrightarrow{AB}| = \sqrt{6}$ in Formel (3.206)

ergibt den Abstand $d(P,g) = \dfrac{\sqrt{35}}{\sqrt{6}}$. ◀

Durch Anwendung der Rechenregeln für das Kreuzprodukt lässt sich Formel (3.206) wie folgt notieren:

$$d(P,g) = \left| \frac{1}{|\overrightarrow{AB}|} \overrightarrow{AB} \times \overrightarrow{AP} \right|$$

Diese Darstellung zeigt, dass der Vektor $\overrightarrow{AB}$ bei der Abstandsberechnung auf die Länge Eins normiert, also zu einem Einheitsvektor wird. Der Vektor $\overrightarrow{AB}$ ist ein Richtungsvektor der Gerade g, und da die Punkte $A, B \in g$ mit $A \neq B$ beliebig gewählt werden können, kann zur Abstandsberechnung auch jeder beliebige Richtungsvektor von g herangezogen werden. Das bedeutet, dass zu gegebener Geradengleichung nicht extra ein Paar von Punkten A und B bestimmt werden muss, sondern alle Zutaten zur Abstandsberechnung bereits vorliegen. Zusammenfassung:

Satz 3.208. Gegeben sei im Raum eine Gerade $g : \overrightarrow{x} = \overrightarrow{0A} + r \overrightarrow{u}$ mit $r \in \mathbb{R}$, Stützpunkt A und Richtungsvektor $\overrightarrow{u}$. Für den Abstand $d(P,g)$ eines Punkts P zu g gilt:

$$d(P,g) = \frac{|\overrightarrow{u} \times \overrightarrow{AP}|}{|\overrightarrow{u}|}$$

Beispiel 3.209. Gesucht ist der Abstand von $P(1|1|1)$ zu $g : \overrightarrow{x} = \begin{pmatrix} 2 \\ 1 \\ 3 \end{pmatrix} + r \begin{pmatrix} -1 \\ 1 \\ -1 \end{pmatrix}$. Der

Richtungsvektor $\overrightarrow{u} = \begin{pmatrix} -1 \\ 1 \\ -1 \end{pmatrix}$ hat die Länge $|\overrightarrow{u}| = \sqrt{3}$. Mit dem Punkt $A(2|1|3)$ von g

folgt $\overrightarrow{AP} = \begin{pmatrix} -1 \\ 0 \\ -2 \end{pmatrix}$ und damit $\overrightarrow{u} \times \overrightarrow{AP} = \begin{pmatrix} -2 \\ -1 \\ 1 \end{pmatrix}$. Einsetzen in die Abstandsformel aus

Satz 3.208 liefert $d(P,g) = \dfrac{\sqrt{6}}{\sqrt{3}} = \sqrt{2}$.   ◀

Auch im Raum kann die Abstandsberechnung mit Methoden der Analysis erfolgen. Dazu lässt sich Satz 3.197 sogar ohne Anpassungen und wortwörtlich in den Raum übertragen. Ohne Herleitung oder Beweis notieren wir:

Satz 3.210. Gegeben seien im Raum ein Punkt P und eine Gerade $g : \overrightarrow{x} = \overrightarrow{0A} + r \overrightarrow{u}$ mit $r \in \mathbb{R}$, Stützpunkt A und Richtungsvektor $\overrightarrow{u}$. Die Abstandsfunktion $f : \mathbb{R} \to [0; \infty)$ sei definiert durch

$$f(r) := |\overrightarrow{0A} + r \overrightarrow{u} - \overrightarrow{0P}|.$$

Die Funktion f besitzt eine eindeutige globale Minimalstelle $\tilde{r} \in \mathbb{R}$, für die gilt:

a) $\overrightarrow{0F} = \overrightarrow{0A} + \tilde{r} \overrightarrow{u}$ ist der Ortsvektor des Lotfußpunkts F des Lots von P auf g.
b) $d(P,g) = f(\tilde{r})$

Beispiel 3.211. Zur Berechnung des Abstands von $P(1|1|1)$ zu $g : \vec{x} = \begin{pmatrix} 2 \\ 1 \\ 3 \end{pmatrix} + r \begin{pmatrix} -1 \\ 1 \\ -1 \end{pmatrix}$

erhalten wir die folgende Gleichung der Abstandsfunktion:

$$f(r) = \left| \begin{pmatrix} 2 \\ 1 \\ 3 \end{pmatrix} + r \begin{pmatrix} -1 \\ 1 \\ -1 \end{pmatrix} - \begin{pmatrix} 1 \\ 1 \\ 1 \end{pmatrix} \right| = \sqrt{(1-r)^2 + r^2 + (2-r)^2} = \sqrt{3r^2 - 6r + 5}$$

Die erste Ableitung von f ist $f'(r) = \dfrac{6r - 6}{2\sqrt{3r^2 - 6r + 5}} = \dfrac{3r - 3}{\sqrt{3r^2 - 6r + 5}}$. Die notwendige Bedingung $f'(\tilde{r}) = 0$ wird genau dann erfüllt, wenn $3\tilde{r} - 3 = 0$, d.h. $\tilde{r} = 1$. Auf die Überprüfung der hinreichenden Bedingung mithilfe der zweiten Ableitung kann verzichtet werden, da es genau eine Extremstelle gibt und diese ist nach Satz 3.210 die globale Minimalstelle. Es folgt $d(P,g) = f(1) = \sqrt{2}$ und der Ortsvektor des Lotfußpunkts F des Lots von P auf g ist $\overrightarrow{OF} = \begin{pmatrix} 2 \\ 1 \\ 3 \end{pmatrix} + 1 \cdot \begin{pmatrix} -1 \\ 1 \\ -1 \end{pmatrix} = \begin{pmatrix} 1 \\ 2 \\ 2 \end{pmatrix}$. ◀

Die Berechnung des Abstands paralleler Geraden kann auf die Berechnung des Abstands zwischen einem Punkt und einer Gerade zurückgeführt werden:

> **Satz 3.212.** Gegeben seien im Raum zwei parallele Geraden g und h. Ist A ein Punkt auf g, B ein Punkt auf h und $\vec{u}$ ein Richtungsvektor von g und h, dann gilt für den Abstand $d(g,h)$ zwischen g und h:
>
> $$d(g,h) = \frac{|\vec{u} \times \overrightarrow{AB}|}{|\vec{u}|}$$

Beispiel 3.213. In Beispiel 3.48 wurde gezeigt, dass die Geraden

$$g : \vec{x} = \begin{pmatrix} 3 \\ 1 \\ 1 \end{pmatrix} + r \begin{pmatrix} -1 \\ 1 \\ 2 \end{pmatrix} \quad \text{und} \quad h : \vec{x} = \begin{pmatrix} 2 \\ 1 \\ 3 \end{pmatrix} + s \begin{pmatrix} 5 \\ -5 \\ -10 \end{pmatrix}$$

echt parallel sind. $A(3|1|1)$ ist ein Punkt auf g, $B(2|1|3)$ ein Punkt auf h und $\vec{u} = \begin{pmatrix} -1 \\ 1 \\ 2 \end{pmatrix}$

ist ein Richtungsvektor von g und h. Damit folgt $\overrightarrow{AB} = \begin{pmatrix} -1 \\ 0 \\ 2 \end{pmatrix}$ und $\vec{u} \times \overrightarrow{AB} = \begin{pmatrix} 2 \\ 0 \\ 1 \end{pmatrix}$.

Der Abstand von g und h ist $d(g,h) = \dfrac{|\vec{u} \times \overrightarrow{AB}|}{|\vec{u}|} = \dfrac{\sqrt{5}}{\sqrt{6}}$. ◀

Aufgaben zum Abschnitt 3.6.2

Aufgabe 3.6.8: Berechnen Sie nach der Abstandsformel aus Satz 3.208 den Abstand $d(P,g)$ vom Punkt P zur Gerade g:

a) $P(4|2|1),\, g:\overrightarrow{x} = \begin{pmatrix} -1 \\ 2 \\ 1 \end{pmatrix} + r \begin{pmatrix} 4 \\ 0 \\ -3 \end{pmatrix}$
  b) $P(1|4|2),\, g:\overrightarrow{x} = \begin{pmatrix} 1 \\ 1 \\ 2 \end{pmatrix} + r \begin{pmatrix} 4 \\ 0 \\ 3 \end{pmatrix}$

c) $P(-1|4|5),\, g:\overrightarrow{x} = \begin{pmatrix} 1 \\ 2 \\ 2 \end{pmatrix} + r \begin{pmatrix} -1 \\ 3 \\ 2 \end{pmatrix}$
  d) $P(6|2|2),\, g:\overrightarrow{x} = \begin{pmatrix} 3 \\ 1 \\ 4 \end{pmatrix} + r \begin{pmatrix} -1 \\ -2 \\ 2 \end{pmatrix}$

e) $P(-5|0|5),\, g:\overrightarrow{x} = \begin{pmatrix} -9 \\ 3 \\ 11 \end{pmatrix} + r \begin{pmatrix} 1 \\ 5 \\ 4 \end{pmatrix}$
  f) $P(2|28|1),\, g:\overrightarrow{x} = \begin{pmatrix} 5 \\ 22 \\ 2 \end{pmatrix} + r \begin{pmatrix} 8 \\ 17 \\ 1 \end{pmatrix}$

g) $P(0|\sqrt{2}|-1),\, g:\overrightarrow{x} = r \begin{pmatrix} \sqrt{6} \\ -13 \\ 3\sqrt{2} \end{pmatrix}$
  h) $P(8|5|9),\, g:\overrightarrow{x} = \begin{pmatrix} -1 \\ 3 \\ 3 \end{pmatrix} + r \begin{pmatrix} 1 \\ -2 \\ 3 \end{pmatrix}$

i) $P(-2|2|1),\, g:\overrightarrow{x} = \begin{pmatrix} 1 \\ 3 \\ -1 \end{pmatrix} + r \begin{pmatrix} 0 \\ 2 \\ 1 \end{pmatrix}$
  j) $P(2|5|2),\, g:\overrightarrow{x} = \begin{pmatrix} 1 \\ -1 \\ 3 \end{pmatrix} + r \begin{pmatrix} -2 \\ -3 \\ 4 \end{pmatrix}$

Aufgabe 3.6.9: Verwenden Sie die in Beispiel 3.203 vorgestellte Vorgehensweise (das Lotfußpunktverfahren) zur Berechnung des Abstands $d(P,g)$ vom Punkt P zur Gerade g:

a) $P(-1|-3|7),\, g:\overrightarrow{x} = \begin{pmatrix} 1 \\ 1 \\ 2 \end{pmatrix} + r \begin{pmatrix} 2 \\ -2 \\ 1 \end{pmatrix}$
  b) $P(2|2|3),\, g:\overrightarrow{x} = \begin{pmatrix} 6 \\ 12 \\ 13 \end{pmatrix} + r \begin{pmatrix} 0 \\ 1 \\ 3 \end{pmatrix}$

c) $P(2|0|-1),\, g:\overrightarrow{x} = \begin{pmatrix} 10 \\ 2 \\ 1 \end{pmatrix} + r \begin{pmatrix} 5 \\ -3 \\ 2 \end{pmatrix}$
  d) $P(1|6|5),\, g:\overrightarrow{x} = \begin{pmatrix} 25 \\ 7 \\ 77 \end{pmatrix} + r \begin{pmatrix} 5 \\ 7 \\ 9 \end{pmatrix}$

Aufgabe 3.6.10: Berechnen Sie mit Methoden der Differentialrechnung (siehe Satz 3.210) den Abstand zwischen dem Punkt P und der Gerade g.

a) $P(-7|4|1),\, g:\overrightarrow{x} = \begin{pmatrix} 18 \\ 13 \\ 4 \end{pmatrix} + r \begin{pmatrix} 1 \\ 4 \\ -3 \end{pmatrix}$
  b) $P(2|6|2),\, g:\overrightarrow{x} = \begin{pmatrix} -8 \\ -5 \\ 5 \end{pmatrix} + r \begin{pmatrix} 2 \\ 3 \\ 3 \end{pmatrix}$

c) $P(12|1|-5),\, g:\overrightarrow{x} = \begin{pmatrix} 5 \\ -7 \\ 4 \end{pmatrix} + r \begin{pmatrix} 5 \\ 1 \\ -3 \end{pmatrix}$
  d) $P(-2|-7|9),\, g:\overrightarrow{x} = r \begin{pmatrix} 5 \\ 9 \\ 2 \end{pmatrix}$

Aufgabe 3.6.11: Die Gerade g geht durch die Punkte $A(9|11|18)$ und $B(10|14|21)$. Berechnen Sie den Abstand von g zum Punkt $P(-6|-7|3)$

a) mit der Berechnungsformel aus Satz 3.208,

b) analog zur in Beispiel 3.203 verwendeten Vorgehensweise (Lotfußpunktverfahren) bzw.

c) mit Methoden der Differentialgleichung (siehe Satz 3.210).

Aufgabe 3.6.12: Berechnen Sie den Abstand der parallelen Geraden g und h:

a) $g: \vec{x} = \begin{pmatrix} 2 \\ 0 \\ -4 \end{pmatrix} + r \begin{pmatrix} 1 \\ 1 \\ 4 \end{pmatrix}$, $h: \vec{x} = \begin{pmatrix} 1 \\ -1 \\ 1 \end{pmatrix} + s \begin{pmatrix} 1 \\ 1 \\ 4 \end{pmatrix}$

b) $g: \vec{x} = \begin{pmatrix} 1 \\ 2 \\ 3 \end{pmatrix} + r \begin{pmatrix} -9 \\ 6 \\ -15 \end{pmatrix}$, $h: \vec{x} = \begin{pmatrix} 6 \\ 11 \\ 2 \end{pmatrix} + s \begin{pmatrix} 3 \\ -2 \\ 5 \end{pmatrix}$

c) $g: \vec{x} = \begin{pmatrix} 2 \\ -4 \\ 4\sqrt{11} \end{pmatrix} + r \begin{pmatrix} \sqrt{11} \\ \sqrt{11} \\ 2 \end{pmatrix}$, $h: \vec{x} = \begin{pmatrix} 6 \\ -1 \\ 5\sqrt{11} \end{pmatrix} + s \begin{pmatrix} 33 \\ 33 \\ 6\sqrt{11} \end{pmatrix}$

Aufgabe 3.6.13: Die Gerade g verläuft durch die Punkte $A(-3|2|-3)$ und $B(1|2|-6)$.

a) Für welche $c \in \mathbb{R}$ hat der Punkt $P(5|4|c)$ zur Gerade g den Abstand $d(P,g) = 2$?

b) Geben Sie eine Gleichung der Gerade h an, die durch den in a) bestimmten Punkt P und echt parallel zu g verläuft.

c) Bestimmen Sie eine Gleichung einer beliebigen Gerade k, die zu g mit Abstand $d(g,k) = 10$ echt parallel verläuft.

Aufgabe 3.6.14: Gegeben sei die Geradenschar

$$g_a: \vec{x} = \begin{pmatrix} 0 \\ a-2 \\ 0 \end{pmatrix} + t \begin{pmatrix} 1 \\ 0 \\ 1 \end{pmatrix}$$

mit dem Scharparameter $a \in \mathbb{R}$.

a) Welche Gerade der Schar g_a schneidet die Gerade

$$h: \vec{x} = \begin{pmatrix} 3 \\ 2 \\ -1 \end{pmatrix} + \lambda \begin{pmatrix} 2 \\ 1 \\ 1 \end{pmatrix}$$

in genau einem Punkt? Geben Sie für diesen Fall den Zahlenwert des Parameters a, die Koordinaten des Schnittpunkts und den Abstand $d(g_a, h)$ an.

b) Für welche Gerade(n) der Schar g_a beträgt der Abstand des Punkts $R(5|-2|-4)$ von der (oder den) betreffenden Gerade(n) 9 LE?

3.6.3 Abstand zwischen Punkt und Ebene

Zur Berechnung des Abstands $d(P,E)$ eines Punkts P von einer Ebene E lassen sich alle drei in den Abschnitten 3.6.1 und 3.6.2 kennengelernten Vorgehensweisen in geeigneter Weise mit mehr oder weniger Anpassungsaufwand übertragen, d. h., wir können sowohl mithilfe einer Lotgerade einen konstruktiven Lösungsweg herleiten als auch eine kompakte Berechnungsformel angeben oder alternativ die Berechnung lokaler Extremstellen einer Abstandsfunktion nutzen.

Für einen konstruktiven und damit einpräg-samen Lösungsweg kann auf die bereits in Abschnitt 3.4.2 behandelte Methode der orthogonalen Projektion eines Punkts P auf eine Ebene E zurückgegriffen werden. Darunter wird die Konstruktion des Lots von P auf E mithilfe der Lotgerade h verstanden, die durch P verläuft und E orthogonal in einem Punkt F, dem Lotfußpunkt, schneidet (siehe Abb. 97). Als Richtungsvektor von h wird ein Normalenvektor $\overrightarrow{n}$ von E genutzt, als Stützpunkt muss zwingend P verwendet werden. Diese Vorgehensweise wird auch als Lotfußpunktverfahren bezeichnet. Es sei in dem folgenden Satz zusammengefasst:

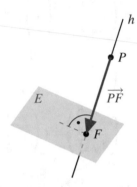

Abb. 97: Abstandsberechnung zwischen einem Punkt P und einer Ebene E mit dem Lotfußpunktverfahren

Satz 3.214. Gegeben seien eine Ebene E mit dem Normalenvektor $\overrightarrow{n}$ und ein Punkt P. Weiter sei F der eindeutig bestimmte Schnittpunkt zwischen der Ebene E und der Gerade $h : \overrightarrow{x} = \overrightarrow{0P} + r\overrightarrow{n}$. Dann gilt:

a) Es gibt ein eindeutig bestimmtes $\tilde{r} \in \mathbb{R}$ mit $\overrightarrow{0F} = \overrightarrow{0P} + \tilde{r}\overrightarrow{n}$.

b) Der Abstand von P zu E ist $d(P,E) = |\overrightarrow{PF}| = |\tilde{r}\overrightarrow{n}| = |\tilde{r}| \cdot |\overrightarrow{n}|$.

Beispiel 3.215. Gesucht ist der Abstand von $P(1|2|3)$ zu $E : 4x + 5y + 6z = 186$. Ein Normalenvektor von E ist $\overrightarrow{n} = \begin{pmatrix} 4 \\ 5 \\ 6 \end{pmatrix}$. Die Gerade $h : \overrightarrow{x} = \begin{pmatrix} 1 \\ 2 \\ 3 \end{pmatrix} + r \begin{pmatrix} 4 \\ 5 \\ 6 \end{pmatrix}$ schneidet E orthogonal in einem Punkt F. Der zu F führende Parameterwert $r \in \mathbb{R}$ kann durch Einsetzen der Koordinaten $x = 1 + 4r$, $y = 2 + 5r$ und $z = 3 + 6r$ der auf h liegenden Punkte in die Koordinatengleichung von E ermittelt werden:

$$4(1+4r) + 5(2+5r) + 6(3+6r) = 186 \quad \Leftrightarrow \quad 77r + 32 = 186 \quad \Leftrightarrow \quad r = 2$$

Gemäß Satz 3.214 ergibt sich der Abstand $d(P,E) = |2\overrightarrow{n}| = 2|\overrightarrow{n}| = 2\sqrt{77}$. ◀

Bemerkung 3.216. Analog zur Abstandsberechnung in der Ebene (siehe Beispiel 3.182) ist auch im Raum beim Lotfußpunktverfahren eine genaue Berechnung der Koordinaten des Lotfußpunkts F bzw. des Vektors $\overrightarrow{PF}$ nicht notwendig. Denn dabei wird zuerst $\overrightarrow{0F} = \overrightarrow{0P} + \tilde{r}\,\vec{n}$ berechnet, woraus $\tilde{r}\,\vec{n} = \overrightarrow{0F} - \overrightarrow{0P} = \overrightarrow{PF}$ folgt. Werden zur Abstandsberechnung F und $\overrightarrow{PF}$ berechnet, dann ist das ein unnötiger Arbeitsmehraufwand. ◯

Das Lotfußpunktverfahren kann umfangreiche Rechnungen erfordern, die sich unter Verwendung einer kompakten Berechnungsformel umgehen lassen. Eine solche Formel lässt sich aus den Ergebnissen der Abstandsberechnung zwischen Punkt und Gerade in der Ebene gewinnen, denn offenbar können die Rechnungen in (3.183) bis (3.187) ohne Anpassungen in den Raum übertragen werden. Damit können wir auch Satz 3.189 und Folgerung 3.192 mit geringen Anpassungen übernehmen:

Satz 3.217. Gegeben seien ein Punkt P und eine Ebene $E : \left[\vec{x} - \overrightarrow{0A}\right] \bullet \vec{n_0} = 0$ in Hessescher Normalenform, d. h. $\left|\vec{n_0}\right| = 1$. Für den Abstand $d(P,E)$ von P zu E gilt:

$$d(P,E) = \left|\left[\overrightarrow{0P} - \overrightarrow{0A}\right] \bullet \vec{n_0}\right|$$

Folgerung 3.218. Gegeben seien ein Punkt P und eine Ebene E. Weiter sei A ein Punkt in E und $\vec{n}$ ein beliebiger Normalenvektor von E. Für den Abstand $d(P,E)$ von P zu E gilt:

$$d(P,E) = \frac{1}{\left|\vec{n}\right|} \cdot \left|\left[\overrightarrow{0P} - \overrightarrow{0A}\right] \bullet \vec{n}\right|$$

Beispiel 3.219. Gesucht ist der Abstand von $P(1|2|3)$ zu $E : \left[\vec{x} - \begin{pmatrix} 4 \\ 5 \\ 6 \end{pmatrix}\right] \bullet \begin{pmatrix} 0 \\ 1 \\ 0 \end{pmatrix} = 0$.

Die Ebene E liegt bereits in Hessescher Normalenform vor, denn $\vec{n_0} = \begin{pmatrix} 0 \\ 1 \\ 0 \end{pmatrix}$ ist ein Normaleneinheitsvektor. Der Abstand von P zu E wird gemäß Satz 3.217 wie folgt berechnet:

$$d(P,E) = \left|\left[\begin{pmatrix} 1 \\ 2 \\ 3 \end{pmatrix} - \begin{pmatrix} 4 \\ 5 \\ 6 \end{pmatrix}\right] \bullet \begin{pmatrix} 0 \\ 1 \\ 0 \end{pmatrix}\right| = \left|\begin{pmatrix} -3 \\ -3 \\ -3 \end{pmatrix} \bullet \begin{pmatrix} 0 \\ 1 \\ 0 \end{pmatrix}\right| = |-3| = 3 \quad \blacktriangleleft$$

Beispiel 3.220. Gesucht ist der Abstand von $P(2|2|0)$ zu $E : \left[\vec{x} - \begin{pmatrix} 1 \\ 2 \\ 3 \end{pmatrix}\right] \bullet \begin{pmatrix} 3 \\ 0 \\ 4 \end{pmatrix} = 0$.

Der Normalenvektor $\vec{n} = \begin{pmatrix} 3 \\ 0 \\ 4 \end{pmatrix}$ hat die Länge $\left|\vec{n}\right| = 5$. Damit berechnen wir den Abstand von P zu E gemäß Folgerung 3.218:

$$d(P,E) = \frac{1}{5}\left|\left[\begin{pmatrix}2\\2\\0\end{pmatrix} - \begin{pmatrix}1\\2\\3\end{pmatrix}\right] \bullet \begin{pmatrix}3\\0\\4\end{pmatrix}\right| = \frac{1}{5}\left|\begin{pmatrix}1\\0\\-3\end{pmatrix} \bullet \begin{pmatrix}3\\0\\4\end{pmatrix}\right| = \frac{9}{5} \quad \blacktriangleleft$$

Ist eine Ebene E nicht durch eine Normalengleichung oder sogar durch eine Hessesche Normalengleichung gegeben, dann ist es zur Abstandsberechnung nicht zwingend notwendig, gesondert eine (Hessesche) Normalengleichung von E als Zwischenergebnis zu notieren. Es genügt, einen Punkt A der Ebene, einen Normalenvektor $\vec{n}$ und dessen Länge $|\vec{n}|$ zu bestimmen. Damit hat man alle Zutaten zur Abstandsberechnung zusammen.

Beispiel 3.221. Gesucht ist der Abstand von $P(1|0|-1)$ zu

$$E : \vec{x} = \begin{pmatrix}1\\2\\-1\end{pmatrix} + r\begin{pmatrix}1\\1\\0\end{pmatrix} + s\begin{pmatrix}0\\1\\1\end{pmatrix} .$$

Ein Punkt von E ist $A(1|2|-1)$, ein Normalenvektor ist $\vec{n} = \begin{pmatrix}1\\1\\0\end{pmatrix} \times \begin{pmatrix}0\\1\\1\end{pmatrix} = \begin{pmatrix}1\\-1\\1\end{pmatrix}$

mit der Länge $|\vec{n}| = \sqrt{3}$. Der Abstand von P zu E ist

$$d(P,E) = \frac{1}{\sqrt{3}}\left|\left[\begin{pmatrix}1\\0\\-1\end{pmatrix} - \begin{pmatrix}1\\2\\-1\end{pmatrix}\right] \bullet \begin{pmatrix}1\\-1\\1\end{pmatrix}\right| = \frac{1}{\sqrt{3}}\left|\begin{pmatrix}0\\-2\\0\end{pmatrix} \bullet \begin{pmatrix}1\\-1\\1\end{pmatrix}\right| = \frac{2}{\sqrt{3}} .$$

$\blacktriangleleft$

Beispiel 3.222. Gesucht ist der Abstand von $P(1|2|3)$ zu $E : 4x + 5y + 6z = 186$ (vgl. Beispiel 3.215). Ein Punkt E ist zum Beispiel $A(0|0|31)$, denn seine Koordinaten $x = y = 0$ und $z = 31$ erfüllen die Koordinatengleichung von E. Ein Normalenvektor von E ist

$\vec{n} = \begin{pmatrix}4\\5\\6\end{pmatrix}$, seine Länge ist $|\vec{n}| = \sqrt{77}$. Der Abstand von P zu E ist

$$d(P,E) = \frac{1}{\sqrt{77}}\left|\left[\begin{pmatrix}1\\2\\3\end{pmatrix} - \begin{pmatrix}0\\0\\31\end{pmatrix}\right] \bullet \begin{pmatrix}4\\5\\6\end{pmatrix}\right|$$

$$= \frac{1}{\sqrt{77}}\left|\begin{pmatrix}1\\2\\3\end{pmatrix} \bullet \begin{pmatrix}4\\5\\6\end{pmatrix} - \begin{pmatrix}0\\0\\31\end{pmatrix} \bullet \begin{pmatrix}4\\5\\6\end{pmatrix}\right|$$

$$= \frac{|4 \cdot 1 + 5 \cdot 2 + 6 \cdot 3 - 186|}{\sqrt{77}} = \frac{|-154|}{\sqrt{77}} = \frac{2 \cdot 77}{\sqrt{77}} = 2\sqrt{77} . \quad \blacktriangleleft$$

Aus der im letzten Beispiel absichtlich etwas umständlich geführten Rechnung lässt sich eine weitere Berechnungsformel für den Fall erkennen, dass E durch eine Koordinatengleichung gegeben ist. Das begründet sich einmal mehr dadurch, dass das Ausrechnen des

Skalarprodukts in einer Normalengleichung von E auf eine Koordinatengleichung von E führt. Wird in Folgerung 3.218 der Term mit dem Skalarprodukt durch

$$\left[\begin{pmatrix} p_1 \\ p_2 \\ p_3 \end{pmatrix} - \overrightarrow{OA}\right] \bullet \begin{pmatrix} a \\ b \\ c \end{pmatrix} = ap_1 + bp_2 + cp_3 - d \quad \text{mit} \quad d = \overrightarrow{OA} \bullet \begin{pmatrix} a \\ b \\ c \end{pmatrix},$$

und $|\vec{n}|$ durch $\sqrt{a^2 + b^2 + c^2}$ ersetzt, dann ergibt sich:

> **Folgerung 3.223.** Für den Abstand $d(P,E)$ von $P(p_1|p_2|p_3)$ zu $E : ax + by + cz = d$ gilt:
>
> $$d(P,E) = \left| \frac{ap_1 + bp_2 + cp_3 - d}{\sqrt{a^2 + b^2 + c^2}} \right|$$

Eine Ebene E teilt den Raum anschaulich in zwei Hälften, die deshalb als <u>Halbräume</u> bezeichnet werden. Die Hessesche Normalengleichung

$$E : \left[\vec{x} - \overrightarrow{OA}\right] \bullet \vec{n_0} = 0$$

erlaubt in Verbindung mit der Abstandsformel aus Satz 3.217 eine Interpretation der Lage eines Punkts in Bezug zur Ebene E. Für einen beliebigen Punkt P gibt der Betrag des Ausdrucks $\left[\overrightarrow{OP} - \overrightarrow{OA}\right] \bullet \vec{n_0}$ einerseits den Abstand von P zu E an und das Vorzeichen gibt an, in welchem Halbraum der Punkt P in Bezug auf die Richtung des Normaleneinheitsvektors $\vec{n_0}$ liegt.

> **Satz 3.224.** Gegeben seien ein Punkt P und eine Ebene $E : \left[\vec{x} - \overrightarrow{OA}\right] \bullet \vec{n_0} = 0$ mit dem Normaleneinheitsvektor $\vec{n_0}$, d. h. $|\vec{n_0}| = 1$. Dann gilt:
>
> a) P liegt in dem Halbraum, in dessen Richtung $\vec{n_0}$ zeigt, wenn $\left[\overrightarrow{OP} - \overrightarrow{OA}\right] \bullet \vec{n_0} > 0$.
>
> b) P liegt in E, wenn $\left[\overrightarrow{OP} - \overrightarrow{OA}\right] \bullet \vec{n_0} = 0$.
>
> c) P liegt in dem Halbraum, in dessen Richtung $-\vec{n_0}$ zeigt, wenn $\left[\overrightarrow{OP} - \overrightarrow{OA}\right] \bullet \vec{n_0} < 0$.

Beispiel 3.225. Die Ebene E enthält den Punkt $A(1|1|1)$ und hat den Normaleneinheitsvektor $\vec{n_0} = \begin{pmatrix} 0 \\ 0 \\ 1 \end{pmatrix}$. Die Ebene E liegt parallel zur xy-Ebene, sodass wir von einem Halbraum unterhalb und einem Halbraum oberhalb von E sprechen können. Der Normalenvektor $\vec{n_0}$ zeigt aus Richtung E in den oberhalb von E liegenden Halbraum.

a) Für den Punkt $P(2|3|4)$ berechnen wir $\left[\overrightarrow{OP} - \overrightarrow{OA}\right] \bullet \vec{n_0} = \begin{pmatrix} 1 \\ 2 \\ 3 \end{pmatrix} \bullet \begin{pmatrix} 0 \\ 0 \\ 1 \end{pmatrix} = 3 > 0$, d. h.,

P liegt im Halbraum oberhalb von E und hat zu E den Abstand $d(P,E) = 3$.

b) Für den Punkt $P(2|3|0)$ berechnen wir $\left[\overrightarrow{OP} - \overrightarrow{OA}\right] \bullet \overrightarrow{n_0} = \begin{pmatrix} 1 \\ 2 \\ -1 \end{pmatrix} \bullet \begin{pmatrix} 0 \\ 0 \\ 1 \end{pmatrix} = -1 < 0$,

　　d. h., P liegt im Halbraum unterhalb von E und hat zu E den Abstand $d(P,E) = 1$. ◄

Nicht für jede Ebene E ist es angebracht, die Lage des durch sie definierten Halbraums mittels „oberhalb" und „unterhalb" oder „links" oder „rechts" von E zu beschreiben. Dann kann es hilfreich sein, die Lage eines Punkts P mithilfe eines nicht in E liegenden Referenzpunkts R zu beschreiben.

Beispiel 3.226. Die Ebene E enthält den Punkt $A(1|1|1)$ und hat den Normaleneinheits-

vektor $\overrightarrow{n_0} = \frac{1}{5} \begin{pmatrix} 3 \\ -4 \\ 0 \end{pmatrix}$. Als Referenzpunkt wählen wir den Koordinatenursprung $R(0|0|0)$,

der nicht in E liegt, denn es gilt $\left[\overrightarrow{OR} - \overrightarrow{OA}\right] \bullet \overrightarrow{n_0} = \frac{1}{5} \begin{pmatrix} -1 \\ -1 \\ -1 \end{pmatrix} \bullet \begin{pmatrix} 3 \\ -4 \\ 0 \end{pmatrix} = \frac{1}{5} > 0.$

a) Für den Punkt $P(6|6|1)$ berechnen wir $\left[\overrightarrow{OP} - \overrightarrow{OA}\right] \bullet \overrightarrow{n_0} = \frac{1}{5} \begin{pmatrix} 5 \\ 5 \\ 0 \end{pmatrix} \bullet \begin{pmatrix} 3 \\ -4 \\ 0 \end{pmatrix} = -1 < 0.$

　　Da die **Vorzeichen** von $\left[\overrightarrow{OR} - \overrightarrow{OA}\right] \bullet \overrightarrow{n_0}$ und $\left[\overrightarrow{OP} - \overrightarrow{OA}\right] \bullet \overrightarrow{n_0}$ **verschieden** sind, liegt P mit Abstand $d(P,E) = 1$ in dem Halbraum, in dem der Referenzpunkt R nicht liegt.

b) Für den Punkt $P(6|-4|1)$ ergibt sich $\left[\overrightarrow{OP} - \overrightarrow{OA}\right] \bullet \overrightarrow{n_0} = \frac{1}{5} \begin{pmatrix} 5 \\ -5 \\ 0 \end{pmatrix} \bullet \begin{pmatrix} 3 \\ -4 \\ 0 \end{pmatrix} = 7 > 0.$ Da

　　die **Vorzeichen** von $\left[\overrightarrow{OR} - \overrightarrow{OA}\right] \bullet \overrightarrow{n_0}$ und $\left[\overrightarrow{OP} - \overrightarrow{OA}\right] \bullet \overrightarrow{n_0}$ **gleich** sind, liegt P mit Abstand $d(P,E) = 7$ in dem Halbraum, in dem auch der Referenzpunkt R liegt. ◄

Sind zwei Ebenen E_1 und E_2 parallel, dann ist der Abstand jedes beliebigen Punkts $P \in E_2$ zu E_1 gleich. Deshalb kann die Berechnung des Abstands $d(E_1, E_2)$ paralleler Ebenen auf den bereits behandelten Fall des Abstands zwischen einem Punkt und einer Ebene zurückgeführt werden.

Satz 3.227. Gegeben seien zwei parallele Ebenen E_1 und E_2. Ist A ein Punkt in E_1, B ein Punkt in E_2 und $\overrightarrow{n}$ ein beliebiger Normalenvektor von E_1 und E_2, dann gilt für den Abstand $d(E_1, E_2)$ zwischen E_1 und E_2:

$$d(E_1, E_2) = \frac{1}{|\overrightarrow{n}|} \cdot \left| \left[\overrightarrow{OB} - \overrightarrow{OA}\right] \bullet \overrightarrow{n} \right|$$

Entsprechende Varianten dieses Satzes lassen sich für die Spezialfälle formulieren, dass $\overrightarrow{n}$ ein Normaleneinheitsvektor oder mindestens eine der Ebenen durch eine Koordinatengleichung gegeben ist. In diesen Fällen sind Satz 3.217 bzw. Folgerung 3.223 im Wortlaut für parallele Ebenen anzupassen.

Beispiel 3.228. In Beispiel 3.153 wurde nachgewiesen, dass die Ebenen

$$E_1 : \vec{x} = \begin{pmatrix} 1 \\ -1 \\ 7 \end{pmatrix} + k \begin{pmatrix} 1 \\ -2 \\ 0 \end{pmatrix} + l \begin{pmatrix} 1 \\ 0 \\ 2 \end{pmatrix} \quad \text{und} \quad E_2 : \vec{x} = \begin{pmatrix} 1 \\ 0 \\ 0 \end{pmatrix} + r \begin{pmatrix} 1 \\ -1 \\ 1 \end{pmatrix} + s \begin{pmatrix} 0 \\ 1 \\ 1 \end{pmatrix}$$

echt parallel sind. Ein Punkt von E_1 ist $A(1|-1|7)$, ein Punkt von E_2 ist $B(1|0|0)$ und

$$\vec{n} = \begin{pmatrix} -2 \\ -1 \\ 1 \end{pmatrix}$$ ist ein Normalenvektor beider Ebenen mit $|\vec{n}| = \sqrt{6}$. Der Abstand zwischen

E_1 und E_2 ist $d(E_1, E_2) = \dfrac{1}{\sqrt{6}} \cdot \left| \left[\begin{pmatrix} 1 \\ 0 \\ 0 \end{pmatrix} - \begin{pmatrix} 1 \\ -1 \\ 7 \end{pmatrix} \right] \cdot \begin{pmatrix} -2 \\ -1 \\ 1 \end{pmatrix} \right| = \dfrac{8}{\sqrt{6}}.$ ◀

Beispiel 3.229. Die Ebenen $E_1 : -2x - y + z = 2$ und $E_2 : 2x + y - z = 123$ sind echt paral-

lel, denn ihre Normalenvektoren $\vec{n_1} = \begin{pmatrix} -2 \\ -1 \\ 1 \end{pmatrix}$ bzw. $\vec{n_2} = \begin{pmatrix} 2 \\ 1 \\ -1 \end{pmatrix}$ sind kollinear und zum

Beispiel der Punkt $P(0|0|2)$ liegt in E_1, aber nicht in E_2. Den Abstand von E_1 zu E_2 be-
rechnen wir, indem wir Folgerung 3.223 auf den Fall paralleler Ebenen übertragen, wobei
$p_1 = p_2 = 0$, $p_3 = 2$, $a = 2$, $b = 1$, $c = -1$ und $d = 123$ gilt:

$$d(E_1, E_2) = \left| \frac{ap_1 + bp_2 + cp_3 - d}{\sqrt{a^2 + b^2 + c^2}} \right| = \left| \frac{2 \cdot 0 + 1 \cdot 0 - 1 \cdot 2 - 123}{\sqrt{2^2 + 1^2 + (-1)^2}} \right| = \frac{125}{\sqrt{6}} \quad ◀$$

Es bleibt die Abstandsberechnung windschiefer Geraden

$$g : \vec{x} = \vec{OA} + r\vec{u} \quad \text{und} \quad h : \vec{x} = \vec{OB} + s\vec{v}$$

zu untersuchen. Auch in diesem Fall wird der Abstand $d(g, h)$ durch die kürzeste Ent-
fernung zweier Punkte $P \in g$ und $Q \in h$ definiert. Nach dem allgemeinen Grundsatz der
Abstandsberechnung ist dazu das Lot von g auf h und umgekehrt zu fällen, d. h., der Abstand wird durch das gemeinsame Lot zwischen beiden Geraden definiert. Dessen Existenz
wird deutlich, wenn die Geraden g und h in zwei Hilfsebenen

$$E_g : \vec{x} = \vec{OA} + r\vec{u} + s\vec{v} \quad \text{und} \quad E_h : \vec{x} = \vec{OB} + s\vec{v} + r\vec{u}$$

eingebettet werden. E_g und E_h entstehen, wenn an jedem beliebigen Punkt der Geraden
g und h ein skalares Vielfaches des Richtungsvektors der jeweils anderen Gerade addiert
wird. Dies gelingt, da $\vec{u}$ und $\vec{v}$ linear unabhängig sind. Weiter gilt $g \subset E_g$ und $h \subset E_h$
und offenbar sind die Ebenen E_g und E_h echt parallel.

Die orthogonale Projektion $\hat{g}$ von g auf E_h schneidet h in einem Punkt Q, die orthogonale
Projektion $\hat{h}$ von h auf E_g schneidet g in einem Punkt P. Wie Abb. 98 deutlich macht, ist die
Strecke $\overline{PQ}$ das gemeinsame Lot zwischen den Geraden g und h. Die Länge der Lotstrecke

$\overrightarrow{PQ}$ ist einerseits der Abstand $d(g,h) = |\overrightarrow{PQ}|$ zwischen den windschiefen Geraden g und h und andererseits der Abstand der parallelen Ebenen E_g und E_h. Das bedeutet, dass die Abstandsberechnung windschiefer Geraden auf die Abstandsberechnung paralleler Ebenen zurückgeführt werden kann, d. h. $d(g,h) = d(E_g, E_h)$.

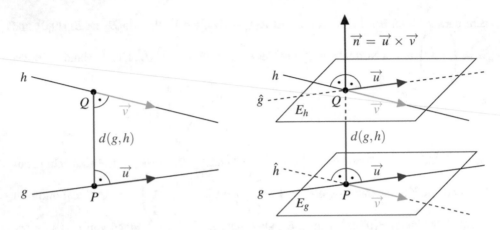

Abb. 98: Abstand windschiefer Geraden, links der allgemeine Ansatz über das gemeinsame Lot, rechts die zur Berechnung verwendete Konstruktion mittels Hilfsebenen

Demnach müssen zur Berechnung von $d(g,h)$ die Fußpunkte P und Q des gemeinsamen Lots von g und h mit ihren speziellen Eigenschaften nicht bestimmt werden. Vielmehr kann irgendein Punkt von g und irgendein Punkt von h zur Abstandsberechnung verwendet werden, wie z. B. die Stützpunkte aus den Geradengleichungen. Folglich kann Satz 3.227 angewendet werden, wobei als Normalenvektor von E_g und E_h das Kreuzprodukt $\overrightarrow{u} \times \overrightarrow{v}$ verwendet wird.

Satz 3.230. Gegeben seien windschiefe Geraden $g : \overrightarrow{x} = \overrightarrow{0A} + r\,\overrightarrow{u}$ und $h : \overrightarrow{x} = \overrightarrow{0B} + s\,\overrightarrow{v}$. Für den Abstand $d(g,h)$ zwischen g und h gilt:

$$d(g,h) = \frac{1}{|\overrightarrow{u} \times \overrightarrow{v}|} \cdot \left| [\overrightarrow{0B} - \overrightarrow{0A}] \bullet (\overrightarrow{u} \times \overrightarrow{v}) \right|$$

Beispiel 3.231. In Beispiel 3.37 wurde festgestellt, dass die Geraden

$$g : \overrightarrow{x} = \begin{pmatrix} 1 \\ 2 \\ 2 \end{pmatrix} + r \begin{pmatrix} -1 \\ 3 \\ 4 \end{pmatrix} \quad \text{und} \quad h : \overrightarrow{x} = \begin{pmatrix} 0 \\ 1 \\ 7 \end{pmatrix} + s \begin{pmatrix} -1 \\ -3 \\ -4 \end{pmatrix}$$

windschief sind. Für die Berechnung des Abstands von g und h benötigen wir den Vektor

$$\overrightarrow{u} \times \overrightarrow{v} = \begin{pmatrix} -1 \\ 3 \\ 4 \end{pmatrix} \times \begin{pmatrix} -1 \\ -3 \\ -4 \end{pmatrix} = \begin{pmatrix} 0 \\ -8 \\ 6 \end{pmatrix} \quad \text{und dessen Länge } |\overrightarrow{u} \times \overrightarrow{v}| = 10. \text{ Damit und mit}$$

dem Stützpunkt $A(1|2|2)$ von g bzw. dem Stützpunkt $B(0|1|7)$ von h berechnen wir gemäß Satz 3.230:

$$d(g,h) = \frac{1}{10} \cdot \left| \left[\begin{pmatrix} 0 \\ 1 \\ 7 \end{pmatrix} - \begin{pmatrix} 1 \\ 2 \\ 2 \end{pmatrix} \right] \bullet \begin{pmatrix} 0 \\ -8 \\ 6 \end{pmatrix} \right| = \frac{1}{10} \cdot \left| \begin{pmatrix} -1 \\ -1 \\ 5 \end{pmatrix} \bullet \begin{pmatrix} 0 \\ -8 \\ 6 \end{pmatrix} \right| = \frac{19}{5}$$

Alternativ kann zum Beispiel mit $\vec{n_*} = \frac{1}{2}\vec{n}$ und folglich mit $|\vec{n_*}| = 5$ gerechnet werden. Es spielt auch keine Rolle, ob der Stützpunkt von g mit A und der Stützpunkt von h mit B bezeichnet wird oder umgekehrt. Deshalb führt auch die folgende Rechnung zum Ziel:

$$d(g,h) = \frac{1}{5} \cdot \left| \left[\begin{pmatrix} 1 \\ 2 \\ 2 \end{pmatrix} - \begin{pmatrix} 0 \\ 1 \\ 7 \end{pmatrix} \right] \bullet \begin{pmatrix} 0 \\ -4 \\ 3 \end{pmatrix} \right| = \frac{1}{5} \cdot \left| \begin{pmatrix} 1 \\ 1 \\ -5 \end{pmatrix} \bullet \begin{pmatrix} 0 \\ -4 \\ 3 \end{pmatrix} \right| = \frac{19}{5} \blacktriangleleft$$

Aufgaben zum Abschnitt 3.6.3

Aufgabe 3.6.15: Berechnen Sie mithilfe des Lotfußpunktverfahrens (siehe Satz 3.214) den Abstand des Punkts P zur Ebene E:

a) $P(1|2|3)$, $\quad E: 5x + 7y - 3z = 259$

b) $P(6|1|2)$, $\quad E: 6x + 3y + 2z = 22$

c) $P(8|3|2)$, $\quad E: -2x - 2y + 1z = -21$

d) $P(-4|6|4)$, $\quad E: \left[\vec{x} - \begin{pmatrix} 6 \\ 1 \\ 10 \end{pmatrix} \right] \bullet \begin{pmatrix} 3 \\ 6 \\ -2 \end{pmatrix} = 0$

e) $P(19|3|-12)$, $\quad E: \left[\vec{x} - \begin{pmatrix} 28 \\ 16 \\ 6 \end{pmatrix} \right] \bullet \begin{pmatrix} 9 \\ -1 \\ 13 \end{pmatrix} = 0$

f) $P(10|-9|7)$, $\quad E: \vec{x} = \begin{pmatrix} 1 \\ 1 \\ -6 \end{pmatrix} + r \begin{pmatrix} 1 \\ 2 \\ 2 \end{pmatrix} + s \begin{pmatrix} -1 \\ 1 \\ 4 \end{pmatrix}$

g) $P(5|-1|-8)$, $\quad E$ enthält die Punkte $A(-5|10|2)$, $B(-5|6|-6)$ und $C(-14|1|-10)$

Aufgabe 3.6.16: Geben Sie eine Hessesche Normalengleichung der Ebene E an und verwenden Sie diese zur Berechnung der Abstände der Punkte P und Q zu E.

a) $E: \left[\vec{x} - \begin{pmatrix} 9 \\ -4 \\ 11 \end{pmatrix} \right] \bullet \begin{pmatrix} 2 \\ 1 \\ 2 \end{pmatrix} = 0$, $\quad P(0|0|0)$, $\quad Q(-3|-10|14)$

b) $E: \left[\vec{x} - \begin{pmatrix} 7 \\ 3 \\ -2 \end{pmatrix} \right] \bullet \begin{pmatrix} 5 \\ -3 \\ \sqrt{2} \end{pmatrix} = 0$, $\quad P(-5|7|-2)$, $\quad Q(16|-2|3\sqrt{2}-2)$

c) $E : \left[\vec{x} - \begin{pmatrix} 1 \\ 2 \\ 3 \end{pmatrix} \right] \cdot \begin{pmatrix} -5 \\ 4 \\ 3 \end{pmatrix} = 0,\quad P(11|8|-5),\quad Q(2|3|4)$

d) $E : 2x + 6y + 3z = 39,\quad P(4|-2|12),\quad Q(-5|5|53)$

e) $E : 12x - 3y - 4z = 18,\quad P(4|-3|-9),\quad Q(2|3|9)$

f) $E : 3y - 3z = -5,\quad P(1|2|3),\quad Q\left(148\left|-\frac{5}{3}\right|2\sqrt{2}\right)$

g) $E : \vec{x} = \begin{pmatrix} 1 \\ 1 \\ 1 \end{pmatrix} + r \begin{pmatrix} 2 \\ -3 \\ -4 \end{pmatrix} + s \begin{pmatrix} -5 \\ 6 \\ 7 \end{pmatrix},\quad P(0|1|0),\quad Q(1|0|0)$

Aufgabe 3.6.17: Berechnen Sie die Abstände der Punkte P und Q zur Ebene E.

a) $E : 2x - 6y + 3z = -64,\quad P(1|2|3),\quad Q(3|-2|3)$

b) $E : -12x + 3y + 4z = 33,\quad P(13|-4|8),\quad Q(-5|11|-11)$

c) $E : \left[\vec{x} - \begin{pmatrix} 2 \\ -12 \\ 21 \end{pmatrix} \right] \cdot \begin{pmatrix} 5 \\ 7 \\ -1 \end{pmatrix} = 0,\quad P(-7|3|6),\quad Q(5|5|5)$

d) $E : \vec{x} = \begin{pmatrix} 8 \\ 7 \\ 4 \end{pmatrix} + r \begin{pmatrix} 1 \\ 4 \\ 1 \end{pmatrix} + s \begin{pmatrix} -7 \\ 2 \\ 5 \end{pmatrix},\quad P\left(\sqrt{19}|\sqrt{19}|6\right),\quad Q\left(\sqrt{76}\left|-15\right|-\sqrt{76}\right)$

e) E enthält die Punkte $A(2|3|-1)$, $B(3|5|1)$ und $C(6|0|-2)$, $P(0|0|0)$, $Q(2|25|17)$

f) E ist parallel zur xy-Ebene und enthält den Punkt $A(3|2|-5)$, $P(2|2|0)$, $Q(9|1|-25)$

g) E enthält den Punkt $A(2|-3|1)$ und die Gerade $g : \vec{x} = \begin{pmatrix} 5 \\ -1 \\ -1 \end{pmatrix} + r \begin{pmatrix} 2 \\ 1 \\ 3 \end{pmatrix}$,

   $P\left(8\sqrt{117}|6\sqrt{117}|-54\right),\quad Q\left(6\sqrt{78}|3\sqrt{78}|-54\right)$

h) E enthält die Gerade $g : \vec{x} = \begin{pmatrix} 2 \\ 2 \\ 0 \end{pmatrix} + r \begin{pmatrix} 1 \\ 2 \\ 2 \end{pmatrix}$ und verläuft parallel zur y-Achse,

   $P(-2|1|-3),\quad Q(8|0|2)$

Aufgabe 3.6.18: Untersuchen Sie rechnerisch, in welchem der durch die Ebene E definierten Halbräume die Punkte P und Q liegen. Verwenden Sie zur Lagebeschreibung den Koordinatenursprung $R(0|0|0)$ als Referenzpunkt und geben Sie die Abstände von P, Q und R zur Ebene E an.

a) $E : \left[\vec{x} - \begin{pmatrix} 7 \\ -4 \\ 2 \end{pmatrix} \right] \cdot \begin{pmatrix} -2 \\ 14 \\ -5 \end{pmatrix} = 0,\quad P(1|2|3),\quad Q(12|-19|-9)$

b) $E : \left[\vec{x} - \begin{pmatrix} 2 \\ 3 \\ 8 \end{pmatrix} \right] \cdot \begin{pmatrix} 3 \\ 6 \\ -2 \end{pmatrix} = 0,\quad P(7|4|1),\quad Q(-7|-10|-27)$

c) $E: -4x + 3y - 12z = -5$, $P(2|-5|5)$, $Q\left(\frac{13}{8}|8|-3\right)$

d) $E: 3x + 7y + \sqrt{6}z = 15$, $P(4|-11|0)$, $Q\left(-3|7|-\frac{11}{2}\sqrt{6}\right)$

Aufgabe 3.6.19: Wie muss $c \in \mathbb{R}$ gewählt werden, damit die Punkte P und Q auf verschiedenen Seiten der Ebene E liegen, aber gleich weit von E entfernt sind?

a) $E: 2x + 5y + 14z = 12$, $P(-9|4|5)$, $Q(c|8|-4)$

b) $E: -3x - 12y + 4z = -7$, $P(9|8|3)$, $Q(5|c|1)$

c) $E: 5x - 2y + 2z = 51$, $P(c|-3|2)$, $Q(8|c|-1)$

d) $E: 2x + cy - 3z = 7$, $P(-6|c|1)$, $Q(4|7|c)$

Aufgabe 3.6.20: Berechnen Sie jeweils den Abstand $d(E, H)$ der parallelen Ebenen E und H aus Aufgabe 3.5.10 a) bis d).

Aufgabe 3.6.21: Berechnen Sie den Abstand der windschiefen Geraden g und h:

a) $g: \vec{x} = \begin{pmatrix} 3 \\ 2 \\ 1 \end{pmatrix} + r \begin{pmatrix} 2 \\ 1 \\ -2 \end{pmatrix}$, $h: \vec{x} = \begin{pmatrix} -2 \\ 7 \\ 3 \end{pmatrix} + s \begin{pmatrix} 1 \\ 2 \\ 2 \end{pmatrix}$

b) $g: \vec{x} = \begin{pmatrix} 0 \\ 5 \\ 2 \end{pmatrix} + r \begin{pmatrix} 4 \\ -1 \\ 0 \end{pmatrix}$, $h: \vec{x} = \begin{pmatrix} 5 \\ 6 \\ 11 \end{pmatrix} + s \begin{pmatrix} 0 \\ -2 \\ 1 \end{pmatrix}$

c) $g: \vec{x} = \begin{pmatrix} 1 \\ -1 \\ 0 \end{pmatrix} + r \begin{pmatrix} 1 \\ 2 \\ 3 \end{pmatrix}$, $h: \vec{x} = \begin{pmatrix} 0 \\ 1 \\ -1 \end{pmatrix} + s \begin{pmatrix} -1 \\ 2 \\ 3 \end{pmatrix}$

d) $g: \vec{x} = \begin{pmatrix} 101 \\ 205 \\ -58 \end{pmatrix} + r \begin{pmatrix} 5 \\ 1 \\ 3 \end{pmatrix}$, $h: \vec{x} = \begin{pmatrix} 323 \\ 95 \\ -68 \end{pmatrix} + s \begin{pmatrix} 7 \\ 2 \\ 1 \end{pmatrix}$

e) $g: \vec{x} = \begin{pmatrix} 23 \\ 42 \\ 12 \end{pmatrix} + r \begin{pmatrix} 9 \\ 19 \\ 4 \end{pmatrix}$, $h: \vec{x} = \begin{pmatrix} 25 \\ -40 \\ 118 \end{pmatrix} + s \begin{pmatrix} 31 \\ 64 \\ 8 \end{pmatrix}$

Aufgabe 3.6.22: Die Ebene E_1 enthält die Punkte $P(9|0|0)$, $Q(0|0|9)$, $R(1|8|4)$. Die Ebene E_2 enthält die Punkte $T(12|0|0)$, $U(3|4|4)$ und $V(4|4|3)$.

a) Bestimmen Sie jeweils eine Parameter- und eine Koordinatengleichung für E_1 und E_2.

b) Bestimmen Sie eine Gleichung der Schnittgerade s von E_1 und E_2.

c) Zeigen Sie, dass die Gerade s und die Gerade h durch die Punkte Q und T windschief sind und berechnen Sie ihren Abstand. Bestimmen Sie einen Punkt S von s und einen Punkt H von h so, dass $|\overrightarrow{HS}|$ der Abstand dieser beiden Geraden ist.

3.7 Spiegelungen

Eng im Zusammenhang mit den Konzepten der Abstandsberechnung stehen Spiegelungen, die zum Beispiel Anwendung in der Computergrafik finden. Dieses Thema wird in der Schulmathematik in der Regel etwas stiefmütterlich behandelt. Dabei bieten Spiegelungen von Punkten, Geraden oder Ebenen an ebensolchen Objekten aus rein mathematischer Sicht eine gute Gelegenheit, die zuvor kennengelernten Begriffe, Konzepte und Theorien zu wiederholen, anzuwenden und zu festigen. In diesem Abschnitt wird die grundsätzliche Vorgehensweise bei einer Spiegelung vorgestellt und an Beispielen vorgeführt.

3.7.1 Spiegelung eines Punkts an einem Punkt und an einer Gerade

Grundlage für die Spiegelung von geometrischen Objekten ist die <u>Punktspiegelung</u>. Darunter wird die Spiegelung eines Punkts an einem anderen Punkt verstanden.

> **Definition 3.232.** Gegeben seien zwei Punkte P und S in der Ebene oder im Raum. Der Punkt P' mit dem Ortsvektor $\overrightarrow{0P'} = \overrightarrow{0S} + \overrightarrow{PS}$ heißt <u>Spiegelpunkt von P bezüglich des Punkts S</u> bzw. kürzer <u>Spiegelpunkt von P an S</u>.[8]

Ein Punkt P wird an einem anderen Punkt S gespiegelt, indem der Vektor $\overrightarrow{PS}$ zum Ortsvektor von S addiert wird. Dies ermöglicht zugleich eine Selbstkontrolle, denn der Punkt S halbiert die Strecke $\overline{PP'}$, d. h., es gilt $\overrightarrow{PS} = \frac{1}{2}\overrightarrow{PP'}$.

Beispiel 3.233. Der Punkt $P(5|1)$ soll an $S(3|2)$ gespiegelt werden. Wir berechnen:

$$\overrightarrow{0P'} = \overrightarrow{0S} + \overrightarrow{PS} = \begin{pmatrix} 3 \\ 2 \end{pmatrix} + \begin{pmatrix} -2 \\ 1 \end{pmatrix} = \begin{pmatrix} 1 \\ 3 \end{pmatrix}$$

Spiegelpunkt von P an S ist $P'(1|3)$. ◄

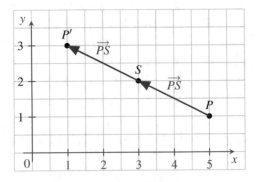

Abb. 99: Die Punktspiegelung aus Beispiel 3.233

Beispiel 3.234. Der Punkt $P(2|0|-4)$ soll an $S(3|-1|0)$ gespiegelt werden. Wir berechnen

$$\overrightarrow{0P'} = \overrightarrow{0S} + \overrightarrow{PS} = \begin{pmatrix} 3 \\ -1 \\ 0 \end{pmatrix} + \begin{pmatrix} 1 \\ -1 \\ 4 \end{pmatrix} = \begin{pmatrix} 4 \\ -2 \\ 4 \end{pmatrix},$$

d. h., der Spiegelpunkt von P an S ist $P'(4|-2|4)$. ◄

---

[8] Mit $\overrightarrow{PS} = \overrightarrow{0S} - \overrightarrow{0P}$ ergibt sich die alternative Berechnungsformel $\overrightarrow{0P'} = 2 \cdot \overrightarrow{0S} - \overrightarrow{0P}$.

Man kann zum Beispiel auch eine Gerade g oder eine Ebene E an einem Punkt S spiegeln. Dazu müssen alle Punkte $P \in g$ bzw. $P \in E$ an S gespiegelt werden. Wir geben zuerst drei Beispiele an, in denen wir direkt auf Definition 3.232 zurückgreifen und einen einzelnen Punkt einer Gerade bzw. Ebene spiegeln.

Beispiel 3.235. Die Punkte der Gerade g mit der Gleichung $y = \frac{1}{2}x + 1$ haben die Koordinaten $P\left(x \mid \frac{1}{2}x + 1\right)$ mit $x \in \mathbb{R}$. Die Spiegelung jedes Geradenpunkts P an $S(-1 \mid 2)$ ergibt die Punkte P' der Spiegelgerade von g:

$$\overrightarrow{OP'} = \overrightarrow{OS} + \overrightarrow{PS} = \begin{pmatrix} -1 \\ 2 \end{pmatrix} + \begin{pmatrix} -1 - x \\ 1 - \frac{1}{2}x \end{pmatrix} = \begin{pmatrix} -2 - x \\ 3 - \frac{1}{2}x \end{pmatrix}$$

Spiegelpunkt von P an S ist $P'\left(-2 - x \mid 3 - \frac{1}{2}x\right)$. ◄

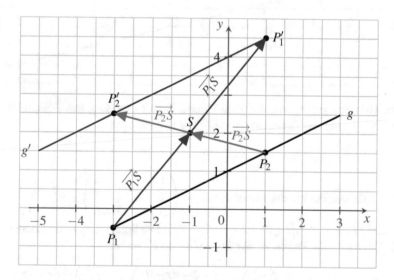

Abb. 100: Spiegelung von Punkten P_1 und P_2 der Gerade g aus Beispiel 3.235 bzw. Spiegelung des Geradensegments für $x \in [-3; 3]$

Beispiel 3.236. Die Punkte der Gerade mit der Gleichung $g : \vec{x} = \begin{pmatrix} 2 \\ -1 \end{pmatrix} + r \begin{pmatrix} 4 \\ -1 \end{pmatrix}$ haben die Koordinaten $P(2 + 4r \mid -1 - r)$. Die Spiegelung jedes Geradenpunkts P an $S(-1 \mid 2)$ ergibt die Punkte P' der Spiegelgerade g' von g:

$$\overrightarrow{OP'} = \overrightarrow{OS} + \overrightarrow{PS} = \begin{pmatrix} -1 \\ 2 \end{pmatrix} + \begin{pmatrix} -3 - 4r \\ 3 + r \end{pmatrix} = \begin{pmatrix} -4 - 4r \\ 5 + r \end{pmatrix}$$

Spiegelpunkt eines Punkts P von g an S ist $P'(-4 - 4r \mid 5 + r)$ bzw. die Spiegelgerade von g ist $g' : \vec{x} = \begin{pmatrix} -4 \\ 5 \end{pmatrix} + r \begin{pmatrix} -4 \\ 1 \end{pmatrix}$. ◄

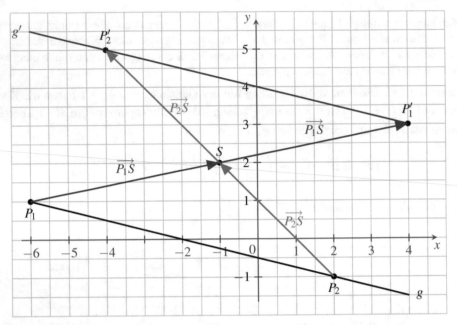

Abb. 101: Spiegelung von Punkten P_1 und P_2 der Gerade g aus Beispiel 3.236 bzw. Spiegelung des Geradensegments für $r \in \left[-2; \frac{1}{2}\right]$

Beispiel 3.237. Die Punkte der Ebene $E : \vec{x} = \begin{pmatrix} 1 \\ 2 \\ 3 \end{pmatrix} + r \begin{pmatrix} 4 \\ 5 \\ -6 \end{pmatrix} + s \begin{pmatrix} 7 \\ 8 \\ -9 \end{pmatrix}$ haben die

Koordinaten $P(1+4r+7s\,|\,2+5r+8s\,|\,3-6r-9s)$. Die Spiegelung jedes Ebenenpunkts P an $S(-1|2|0)$ ergibt die Punkte P' der Spiegelebene E' von g:

$$\overrightarrow{OP'} = \overrightarrow{OS} + \overrightarrow{PS} = \begin{pmatrix} -1 \\ 2 \\ 0 \end{pmatrix} + \begin{pmatrix} -2-4r-7s \\ -5r-8s \\ -3+6r+9s \end{pmatrix} = \begin{pmatrix} -3-4r-7s \\ 2-5r-8s \\ -3+6r+9s \end{pmatrix}$$

Spiegelpunkt eines Punkts P von E an S ist $P'(-3-4r-7s\,|\,2-5r-8s\,|-3+6r+9s)$

bzw. die Spiegelebene von E ist $E' : \vec{x} = \begin{pmatrix} -3 \\ 2 \\ -3 \end{pmatrix} + r \begin{pmatrix} -4 \\ -5 \\ 6 \end{pmatrix} + s \begin{pmatrix} -7 \\ -8 \\ 9 \end{pmatrix}.$ ◀

Beim Vergleich der Gerade $g : \vec{x} = \overrightarrow{OA} + r\vec{u}$ und der Spiegelgerade $g' : \vec{x} = \overrightarrow{OB} + r\vec{u'}$

in Beispiel 3.236 fällt auf, dass die Richtungsvektoren $\vec{u} = \begin{pmatrix} 4 \\ -1 \end{pmatrix}$ und $\vec{u'} = \begin{pmatrix} -4 \\ 1 \end{pmatrix}$

linear abhängig sind. Genauer geht man bei obiger Rechnung zum Gegenvektor von $\vec{u}$ über, d. h. $\vec{u'} = -\vec{u}$. Das bedeutet, dass g und g' echt parallel sind. Zur Herleitung einer

Gleichung der Spiegelgerade hätte es folglich genügt, den Stützpunkt A an S zu spiegeln. In Beispiel 3.236 hätte dies auf die Gleichung $g' : \vec{x} = \begin{pmatrix} -4 \\ 5 \end{pmatrix} + r \begin{pmatrix} 4 \\ -1 \end{pmatrix}$ geführt.

Die für die Spiegelung in Beispiel 3.236 gemachten Beobachtungen lassen sich verallgemeinern. Sowohl in der Ebene als auch im Raum gilt: Soll eine Gerade $g : \vec{x} = \overrightarrow{0A} + r\vec{u}$ an einem Punkt S gespiegelt werden, dann genügt es zur Ermittlung einer Gleichung der Spiegelgerade g', den Stützpunkt A von g an S zu spiegeln. Denn mit dem Ortsvektor $\overrightarrow{0P_r} = \overrightarrow{0A} + r\vec{u}$ eines Punkts P_r von g ergibt sich für den Spiegelpunkt P_r':

$$\overrightarrow{0P_r'} = \overrightarrow{0S} + \overrightarrow{P_r S} = \overrightarrow{0S} + \overrightarrow{0S} - \overrightarrow{0P_r} = \overrightarrow{0S} + \overrightarrow{0S} - (\overrightarrow{0A} + r\vec{u})$$

$$= \overrightarrow{0S} + \overrightarrow{0S} - \overrightarrow{0A} - r\vec{u} = \overrightarrow{0S} + \overrightarrow{AS} - r\vec{u} = \overrightarrow{0A'} - r\vec{u} = \overrightarrow{0A'} + r(-\vec{u})$$

Dabei wurde verwendet, dass $\overrightarrow{0A'} = \overrightarrow{0S} + \overrightarrow{AS}$ gemäß Definition 3.232 der Ortsvektor des Spiegelpunkts A' ist. Wird P_r für beliebiges $r \in \mathbb{R}$ an S gespiegelt, dann liegen die Spiegelpunkte P_r' ebenfalls auf einer Gerade, nämlich der Spiegelgerade $g' : \vec{x} = \overrightarrow{0A'} + r(-\vec{u})$. Da $-\vec{u}$ und $\vec{u}$ kollinear sind, ist

$$g' : \vec{x} = \overrightarrow{0A'} + r\vec{u}$$

eine alternative Gleichung der Spiegelgerade. Liegt S nicht auf g, dann gilt $\overrightarrow{0A} \neq \overrightarrow{0A'}$ und deshalb sind g und g' echt parallel. Analoge Rechnungen und ebenso leicht zu verifizierende Aussagen ergeben sich für die Spiegelung einer Ebene an einem Punkt. Zusammenfassend erhalten wir:

Satz 3.238. Gegeben seien ein Punkt S, eine Gerade $g : \vec{x} = \overrightarrow{0A} + r\vec{u}$ sowie eine Ebene $E : \vec{x} = \overrightarrow{0B} + s\vec{v} + t\vec{w}$. Die Gerade g' entsteht durch Spiegelung von g an S, die Ebene E' entsteht durch Spiegelung von E an S. Dann gilt:

a) Eine Gleichung der Spiegelgerade g' ist $\vec{x} = \overrightarrow{0A'} + r\vec{u}$ mit $r \in \mathbb{R}$, wobei A' Spiegelpunkt von A an S ist. Die Gerade g' ist parallel zu g.

b) Eine Gleichung der Spiegelebene E' ist $\vec{x} = \overrightarrow{0B'} + s\vec{v} + t\vec{w}$ mit $s, t \in \mathbb{R}$, wobei B' Spiegelpunkt von B an S ist. Die Ebene E' ist parallel zu E.

Beispiel 3.239. Die Ebene E enthält die Punkte $A(1|2|3)$, $B(6|3|2)$ und $C(2|-1|-1)$. Gesucht ist eine Gleichung der Ebene E', die durch Spiegelung von E an $S(5|8|-3)$ entsteht.

Dazu bestimmen wir den Spiegelpunkt A' von A an S, d. h. $\overrightarrow{0A'} = \overrightarrow{0S} + \overrightarrow{AS} = \begin{pmatrix} 9 \\ 14 \\ -9 \end{pmatrix}$.

Gemäß Satz 3.238 hat die Spiegelebene die folgende Gleichung:

$$E' : \vec{x} = \overrightarrow{0A'} + s\overrightarrow{AB} + t\overrightarrow{AC} = \begin{pmatrix} 9 \\ 14 \\ -9 \end{pmatrix} + s \begin{pmatrix} 5 \\ 1 \\ -1 \end{pmatrix} + t \begin{pmatrix} 1 \\ -3 \\ -4 \end{pmatrix} \qquad \blacktriangleleft$$

Umgekehrt kann man einen Punkt P an einer Gerade g spiegeln. Die notwendige Vorarbeit dafür wurde bereits bei der Abstandsberechnung zwischen einem Punkt und einer Gerade geleistet. Folglich müssen wir zwischen Ebene und Raum unterscheiden.

In der Ebene lässt sich die Spiegelung von P an g über das Lot von P auf g definieren.

Definition 3.240. Gegeben seien *in der Ebene* eine Gerade $g : \vec{x} = \overrightarrow{0A} + r\,\vec{u}$ und ein Punkt $P \notin g$. Ein Punkt P' heißt <u>Spiegelpunkt von P an g</u>, falls die folgenden Eigenschaften erfüllt sind:

a) $\overrightarrow{PP'} \bullet \vec{u} = 0$, d. h., $\overrightarrow{PP'}$ und $\vec{u}$ sind orthogonal.

b) $d(P,g) = d(P',g)$, d. h., g halbiert die Strecke $\overline{PP'}$.

Die Berechnung des Spiegelpunkts P' knüpft rechnerisch an das in Beispiel 3.182 vorgestellte Lotfußpunktverfahren zur Abstandsberechnung an.

Anleitung 3.241. Die Koordinaten des Spiegelpunkts P' in Definition 3.240 werden in den folgenden drei Schritten berechnet:

- **Schritt 1:** Mit einem beliebigen zum Richtungsvektor $\vec{u}$ orthogonalen Vektor $\vec{v}$ wird die Lotgerade $h : \vec{x} = \overrightarrow{0P} + s\,\vec{v}$ definiert.

- **Schritt 2:** Löse die Gleichung $\overrightarrow{0A} + r\,\vec{u} = \overrightarrow{0P} + s\,\vec{v}$. Die Lösung sei $(r;s) = (\hat{r};\hat{s})$.

- **Schritt 3:** Berechne den Ortsvektor von P', d. h. $\overrightarrow{0P'} = \overrightarrow{0P} + 2\hat{s}\,\vec{v}$.

Schritt 3 in Anleitung 3.241 begründet sich damit, dass für den nicht benötigten Lotfußpunkt F gilt: $\overrightarrow{0F} = \overrightarrow{0P} + \hat{s}\,\vec{v}$. Daraus folgt $\overrightarrow{PF} = \overrightarrow{0F} - \overrightarrow{0P} = \hat{s}\,\vec{v}$. Über den Lotfußpunkt F wird rein formal die Spiegelung des Punkts P an der Gerade g auf die Spiegelung von P am Punkt F zurückgeführt. Deshalb folgt wegen Definition 3.240 b) und zusammen mit Definition 3.232 $\overrightarrow{0P'} = \overrightarrow{0P} + 2\overrightarrow{PF} = \overrightarrow{0P} + 2\hat{s}\,\vec{v}$.

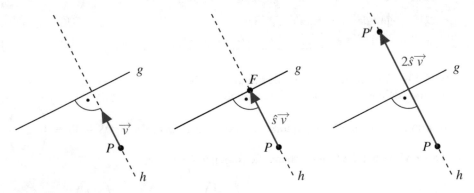

Abb. 102: Drei Schritte zur Spiegelung eines Punkts P an einer Gerade g in der Ebene

Beispiel 3.242. In Beispiel 3.182 wurde zur Berechnung des Abstands von $P(9|1)$ zur Gerade $g : \vec{x} = \begin{pmatrix} 1 \\ 2 \end{pmatrix} + r \begin{pmatrix} 2 \\ 1 \end{pmatrix}$ die Lotgerade $h : \vec{x} = \overrightarrow{OP} + s\vec{v} = \begin{pmatrix} 9 \\ 1 \end{pmatrix} + s \begin{pmatrix} 1 \\ -2 \end{pmatrix}$ definiert. Mit $s = -2$ (und dem für die weitere Rechnung nicht benötigten Wert $r = 3$) erhalten wir bei Bedarf den (für die Spiegelung von P an g ebenfalls nicht benötigten) Ortsvektor des Schnittpunkts F von g und h. Der Spiegelpunkt P' hat den Ortsvektor

$$\overrightarrow{OP'} = \begin{pmatrix} 9 \\ 1 \end{pmatrix} + 2 \cdot (-2) \begin{pmatrix} 1 \\ -2 \end{pmatrix} = \begin{pmatrix} 5 \\ 9 \end{pmatrix} \ ,$$

d. h. $P'(5|9)$ ist Spiegelpunkt von P an g. ◀

Beispiel 3.243. Der Punkt $P(3|-16)$ soll an $g : \vec{x} = \begin{pmatrix} 2 \\ 15 \end{pmatrix} + r \begin{pmatrix} 1 \\ -5 \end{pmatrix}$ gespiegelt werden.

Eine Gleichung der Lotgerade ist $h : \vec{x} = \begin{pmatrix} 3 \\ -16 \end{pmatrix} + s \begin{pmatrix} 5 \\ 1 \end{pmatrix}$. Wir berechnen die zum Schnittpunkt von g und h führenden Parameterwerte $r \in \mathbb{R}$ und $s \in \mathbb{R}$, indem wir das zur Vektorgleichung $\begin{pmatrix} 2 \\ 15 \end{pmatrix} + r \begin{pmatrix} 1 \\ -5 \end{pmatrix} = \begin{pmatrix} 3 \\ -16 \end{pmatrix} + s \begin{pmatrix} 5 \\ 1 \end{pmatrix}$ zugehörige Gleichungssystem

$$\begin{aligned} \text{I}: \quad r - 5s &= 1 \\ \text{II}: -5r - s &= -31 \end{aligned}$$

lösen. Die eindeutige Lösung lautet $(r;s) = (6;1)$. Setzen wir das Doppelte von $s = 1$ in die Gleichung von h ein, dann erhalten wir den Ortsvektor des Spiegelpunkts P', d. h.
$\overrightarrow{OP'} = \begin{pmatrix} 3 \\ -16 \end{pmatrix} + 2 \cdot 1 \cdot \begin{pmatrix} 5 \\ 1 \end{pmatrix} = \begin{pmatrix} 13 \\ -14 \end{pmatrix}$, also $P'(13|-14)$. ◀

Beispiel 3.244. Der Punkt $P(4|5)$ soll an an der x-Achse gespiegelt werden. Die x-Achse kann durch die Gerade $g : \vec{x} = r \begin{pmatrix} 1 \\ 0 \end{pmatrix}$ beschrieben werden. Folglich ist eine Gleichung des Lots von P auf g gegeben durch $h : \vec{x} = \begin{pmatrix} 4 \\ 5 \end{pmatrix} + s \begin{pmatrix} 0 \\ 1 \end{pmatrix}$. Die eindeutige Lösung der Vektorgleichung $r \begin{pmatrix} 1 \\ 0 \end{pmatrix} = \begin{pmatrix} 4 \\ 5 \end{pmatrix} + s \begin{pmatrix} 0 \\ 1 \end{pmatrix}$ können wir ohne Rechnung aus dem dazugehörigen linearen Gleichungssystem ablesen. Das ergibt $(r;s) = (4;-5)$. Setzen wir das Doppelte von $s = -5$ in die Gleichung von h ein, dann erhalten wir:

$$\overrightarrow{OP'} = \begin{pmatrix} 4 \\ 5 \end{pmatrix} + 2 \cdot (-5) \begin{pmatrix} 0 \\ 1 \end{pmatrix} = \begin{pmatrix} 4 \\ -5 \end{pmatrix} \quad \Rightarrow \quad P'(4|-5)$$ ◀

Es ist kein Zufall, dass sich bei der Spiegelung des Punkts $P(4|5)$ an der x-Achse bei den Koordinaten des Spiegelpunkts P' gegenüber den Koordinaten von P nur das Vorzeichen der y-Koordinate verändert. Unter Bezugnahme auf Definition 3.232 ist die Spiegelung von

$P(4|5)$ an der x-Achse auf die Spiegelung von $P(4|5)$ am Schnittpunkt $F(4|0)$ der x-Achse und der Lotgerade h zurückgeführt worden. Das lässt sich analog auf die y-Achse übertragen, sodass zur Spiegelung eines Punkts $P(p_x|p_y)$ an einer der beiden Koordinatenachsen keine Rechnungen notwendig sind. Die Koordinaten des zugehörigen Spiegelpunkts P' werden wie folgt ermittelt:

- Spiegelung an der x-Achse entspricht der Spiegelung an $F(p_x|0) \Rightarrow P'(p_x|-p_y)$
- Spiegelung an der y-Achse entspricht der Spiegelung an $F(0|p_y) \Rightarrow P'(-p_x|p_y)$

Beispiel 3.245. Der Punkt $P(2|1)$ soll an den Koordinatenachsen gespiegelt werden.

a) Die Spiegelung von P an der x-Achse ergibt den Spiegelpunkt $P'(2|-1)$.

b) Die Spiegelung von P an der y-Achse ergibt den Spiegelpunkt $P''(-2|1)$. ◀

Auch im Raum wird die Spiegelung eines Punkts P an einer Gerade g nach dem Grundsatz durchgeführt, das Lot von P auf g zu fällen. Ist dabei F der Lotfußpunkt, so wird die Spiegelung von P an g wieder auf die Spiegelung von P an F zurückgeführt.

Definition 3.246. Gegeben seien *im Raum* eine Gerade $g : \vec{x} = \overrightarrow{0A} + r\vec{u}$ und ein Punkt $P \notin g$. Ein Punkt P' heißt <u>Spiegelpunkt von P an g</u>, falls die folgenden Eigenschaften erfüllt sind:

a) $\overrightarrow{PP'} \bullet \vec{u} = 0$, d. h., $\overrightarrow{PP'}$ und $\vec{u}$ sind orthogonal.

b) $d(P,F) = d(P',F)$, wobei F Schnittpunkt von g und $h : \vec{x} = \overrightarrow{0P} + s\overrightarrow{PP'}$ ist, d. h., g halbiert die Strecke $\overline{PP'}$.

Die Lotgerade h in Definition 3.246 dient einer einfachen Beschreibung des Spiegelpunkts P' und muss zur Berechnung von P' nicht bestimmt werden. Die hier gegebene Definition der Spiegelung von P an g geht vom Ergebnis (dem Spiegelpunkt P') aus und gibt damit keinen direkten Weg zur Berechnung von P' vor.

Trotzdem kennen wir bereits einen Ansatz zur Berechnung des Spiegelpunkts P' und können auf das in Beispiel 3.203 vorgestellte Lotfußpunktverfahren zur Berechnung des Abstands von P zu g zurückgreifen.

Anleitung 3.247. Die Koordinaten des Spiegelpunkts P' in Definition 3.246 werden in den folgenden drei Schritten berechnet:

- **Schritt 1:** Mit dem Richtungsvektor $\vec{u}$ von g definieren wir die zu g orthogonale und den Punkt P enthaltende Hilfsebene $E : \left[\vec{x} - \overrightarrow{0P}\right] \bullet \vec{u} = 0$.

- **Schritt 2:** Berechne die Koordinaten des Schnittpunkts F von g und E.

- **Schritt 3:** Ermittle P' durch Spiegelung von P an F, d. h. $\overrightarrow{0P'} = \overrightarrow{0F} + \overrightarrow{PF}$ bzw. alternativ $\overrightarrow{0P'} = \overrightarrow{0P} + 2\overrightarrow{PF}$.

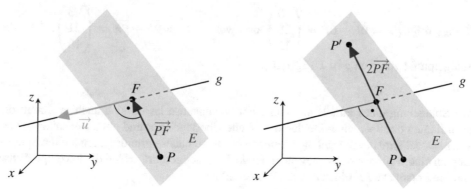

Abb. 103: Spiegelung eines Punkts P an einer Gerade g im Raum

Beispiel 3.248. Zur Berechnung des Abstands von $P(1|1|1)$ zu $g : \vec{x} = \begin{pmatrix} 2 \\ 1 \\ 3 \end{pmatrix} + r \begin{pmatrix} -1 \\ 1 \\ -1 \end{pmatrix}$

wurde in Beispiel 3.203 der Lotfußpunkt $F(1|2|2)$ bzw. der Vektor $\overrightarrow{PF} = \begin{pmatrix} 0 \\ 1 \\ 1 \end{pmatrix}$ berechnet.

Daraus folgt $\overrightarrow{OP'} = \overrightarrow{OF} + \overrightarrow{PF} = \begin{pmatrix} 1 \\ 3 \\ 3 \end{pmatrix}$, d. h., der Spiegelpunkt von P an g ist $P'(1|3|3)$. ◄

Beispiel 3.249. $P(3|-15|-20)$ soll an $g : \vec{x} = \begin{pmatrix} -9 \\ -12 \\ 13 \end{pmatrix} + r \begin{pmatrix} 4 \\ 5 \\ -6 \end{pmatrix}$ gespiegelt wer-

den. Dabei ist $E : \left[\vec{x} - \begin{pmatrix} 3 \\ -15 \\ -20 \end{pmatrix} \right] \bullet \begin{pmatrix} 4 \\ 5 \\ -6 \end{pmatrix} = 0$ eine den Punkt P enthaltende und zu g

orthogonale Ebene. Wir setzen den Ortsvektor $\vec{x} = \begin{pmatrix} -9+4r \\ -12+5r \\ 13-6r \end{pmatrix}$ der Punkte von g in die

Ebenengleichung ein und rechnen das Skalarprodukt aus:

$$\left[\begin{pmatrix} -9+4r \\ -12+5r \\ 13-6r \end{pmatrix} - \begin{pmatrix} 3 \\ -15 \\ -20 \end{pmatrix} \right] \bullet \begin{pmatrix} 4 \\ 5 \\ -6 \end{pmatrix} = 0 \quad \Leftrightarrow \quad 77r - 231 = 0 \quad \Leftrightarrow \quad r = 3$$

Einsetzen von $r = 3$ in die Gleichung von g liefert $\overrightarrow{OF} = \begin{pmatrix} -9 \\ -12 \\ 13 \end{pmatrix} + 3 \begin{pmatrix} 4 \\ 5 \\ -6 \end{pmatrix} = \begin{pmatrix} 3 \\ 3 \\ -5 \end{pmatrix}$.

Daraus folgt $\overrightarrow{PF} = \overrightarrow{OF} - \overrightarrow{OP} = \begin{pmatrix} 0 \\ 18 \\ 15 \end{pmatrix}$ und weiter $\overrightarrow{OP'} = \overrightarrow{OF} + \overrightarrow{PF} = \begin{pmatrix} 3 \\ 21 \\ 10 \end{pmatrix}$, d. h., der

Spiegelpunkt von P an g ist $P'(3|21|10)$. ◀

Zur Spiegelung eines Punkts an einer Koordinatenachse lassen sich auch im Raum die Koordinaten der Spiegelpunkte durch einfache Überlegungen und ohne Rechnungen herleiten. Dabei wird die Spiegelung an einer Koordinatenachse grundsätzlich auf die Spiegelung an einem auf der Achse liegenden Punkt F zurückgeführt, wobei die jeweilige Achse und die Lotstrecke $\overline{PF}$ einen rechten Winkel bilden.

Zum Beispiel bei der Spiegelung eines Punkts $P(p_x|p_y|p_z)$ an der x-Achse bleibt offenbar die x-Koordinate von P unverändert und folglich wird P an $F(p_x|0|0)$ gespiegelt. Damit ist klar, dass die y- und z-Koordinaten des Spiegelpunkts lediglich durch Vorzeichenänderung aus den jeweiligen Koordinaten von P hervorgehen.

Analog kann zur Spiegelung an der y- und an der z-Achse argumentiert werden. Die Spiegelung eines Punkts $P(p_x|p_y|p_z)$ an einer der Koordinatenachsen kann ohne Rechnungen wie folgt durchgeführt werden:

- Die Spiegelung von P an der x-Achse ergibt den Spiegelpunkt $P'(p_x|-p_y|-p_z)$.
- Die Spiegelung von P an der y-Achse ergibt den Spiegelpunkt $P'(-p_x|p_y|-p_z)$.
- Die Spiegelung von P an der z-Achse ergibt den Spiegelpunkt $P'(-p_x|-p_y|p_z)$.

Beispiel 3.250. Der Punkt $P(2|1|-1)$ soll an den Koordinatenachsen gespiegelt werden.

a) Die Spiegelung von P an der x-Achse ergibt den Spiegelpunkt $P'(2|-1|1)$.

b) Die Spiegelung von P an der y-Achse ergibt den Spiegelpunkt $P''(-2|1|1)$.

c) Die Spiegelung von P an der z-Achse ergibt den Spiegelpunkt $P'''(-2|-1|-1)$. ◀

Aufgaben zum Abschnitt 3.7.1

Aufgabe 3.7.1: Der Punkt $P(7|3|2)$ wird gespiegelt

a) an der xy-Ebene,

b) an der xz-Ebene,

c) an der yz-Ebene,

d) an der x-Achse,

e) an der z-Achse,

f) am Koordinatenursprung,

g) an $S(1|1|1)$,

h) an $S(-1|0|-2)$,

i) an $S(7|2|3)$,

j) an $S(12|3|-7)$,

k) an $S(15|155|55)$,

l) an der y-Achse.

Geben Sie jeweils die Koordinaten des Spiegelpunkts P' an.

Aufgabe 3.7.2: Die Ränder des Dreiecks ΔABC werden definiert durch die Gleichungen $-x - y = 8$, $x + 3y = 0$ und $x = -6$. Das Dreieck $\Delta A_1 B_1 C_1$ sei die Spiegelung von ΔABC am Punkt $S_1(1|-1)$ und $\Delta A_2 B_2 C_2$ sei die Spiegelung von ΔABC am Punkt $S_2(-4|2)$. Nutzen Sie Vektoren in der Ebene, um die Koordinaten der Eckpunkte von $\Delta A_1 B_1 C_1$ und $\Delta A_2 B_2 C_2$ zu berechnen. Zeichnen Sie S_1, S_2, das Dreieck ΔABC und seine Spiegelungen $\Delta A_1 B_1 C_1$ und $\Delta A_2 B_2 C_2$ in ein gemeinsames Koordinatensystem.

Aufgabe 3.7.3: Bestimmen Sie die Koordinaten des Punkts P', der durch Spiegelung des Punkts P an der Gerade g entsteht:

a) $P(2|23)$, $g : \vec{x} = \begin{pmatrix} 6 \\ 5 \end{pmatrix} + r \begin{pmatrix} 1 \\ 4 \end{pmatrix}$
b) $P(0|-2)$, $g : \vec{x} = \begin{pmatrix} 3 \\ 1 \end{pmatrix} + r \begin{pmatrix} -5 \\ 3 \end{pmatrix}$

c) $P(28|6)$, $g : \vec{x} = \begin{pmatrix} 1 \\ -2 \end{pmatrix} + r \begin{pmatrix} 2 \\ 7 \end{pmatrix}$
d) $P(-3|-109)$, $g : \vec{x} = r \begin{pmatrix} 11 \\ 13 \end{pmatrix}$

Aufgabe 3.7.4:

a) Die Gerade $g : \vec{x} = \begin{pmatrix} 8 \\ 1 \\ 7 \end{pmatrix} + r \begin{pmatrix} 3 \\ -1 \\ 5 \end{pmatrix}$ wird am Punkt $S(1|2|3)$ gespiegelt. Bestimmen

Sie eine Gleichung der Spiegelgerade g'.

b) Die Ebene $E : \vec{x} = \begin{pmatrix} 3 \\ -1 \\ 0 \end{pmatrix} + r \begin{pmatrix} 3 \\ -1 \\ 5 \end{pmatrix} + s \begin{pmatrix} 1 \\ 0 \\ 5 \end{pmatrix}$ wird am Punkt $S(4|5|6)$ gespiegelt.

Bestimmen Sie eine Gleichung der Spiegelebene E'.

c) Die Ebene $E : 2x - 5y + 3z = -7$ wird am Punkt $S(10|11|-3)$ gespiegelt. Bestimmen Sie eine Gleichung der Spiegelebene E'.

Aufgabe 3.7.5: Bestimmen Sie die Koordinaten des Punkts P', der durch Spiegelung des Punkts P an der Gerade g entsteht:

a) $P(-1|-3|7)$, $g : \vec{x} = \begin{pmatrix} 1 \\ 1 \\ 2 \end{pmatrix} + r \begin{pmatrix} 2 \\ -2 \\ 1 \end{pmatrix}$
b) $P(2|2|3)$, $g : \vec{x} = \begin{pmatrix} 6 \\ 12 \\ 13 \end{pmatrix} + r \begin{pmatrix} 0 \\ 1 \\ 3 \end{pmatrix}$

c) $P(2|0|-1)$, $g : \vec{x} = \begin{pmatrix} 10 \\ 2 \\ 1 \end{pmatrix} + r \begin{pmatrix} 5 \\ -3 \\ 2 \end{pmatrix}$
d) $P(1|6|5)$, $g : \vec{x} = \begin{pmatrix} 25 \\ 7 \\ 77 \end{pmatrix} + r \begin{pmatrix} 5 \\ 7 \\ 9 \end{pmatrix}$

e) $P(8|-3|5)$, g ist die y-Achse
f) $P(-7|3|9)$, g ist die z-Achse

Aufgabe 3.7.6: Bei der Spiegelung eines Punktes P an einer Gerade g wird zwischen Ebene und Raum unterschieden (siehe Definition 3.240 und Definition 3.246).

a) Begründen Sie, warum die für den Raum verwendete Definition 3.246 auch in der Ebene nutzbar ist.

b) Warum ist es umgekehrt nicht möglich, Definition 3.240 in den Raum zu übertragen?

3.7.2 Spiegelungen an einer Ebene

Das Lotfußpunktverfahren zur Berechnung des Abstands zwischen einem Punkt und einer Ebene lässt sich auch verwenden, um einen Punkt P an einer Ebene E zu spiegeln.

Definition 3.251. Sei E eine Ebene, $P \notin E$ ein Punkt und $\overrightarrow{n}$ ein Normalenvektor von E. Ein Punkt P' heißt <u>Spiegelpunkt von P an E</u>, falls folgende Bedingungen erfüllt sind:

a) P und P' liegen auf der Lotgerade $h: \overrightarrow{x} = \overrightarrow{0P} + r\overrightarrow{n}, r \in \mathbb{R}$.

b) Ist D der Durchstoßpunkt von h mit E, dann gilt $d(P,D) = d(D,P')$, d. h., D ist der Mittelpunkt der Strecke $\overline{PP'}$ bzw. die Ebene E halbiert die Strecke $\overline{PP'}$.

Definition 3.251 gibt eine Methode zur Berechnung des Spiegelpunkts P' vor, die wir als einprägsame Rechenanleitung zusammenfassen:

Anleitung 3.252. Die Koordinaten des Spiegelpunkts P' in Definition 3.251 werden in den folgenden drei Schritten berechnet:

- **Schritt 1:** Definiere die Lotgerade $h: \overrightarrow{x} = \overrightarrow{0P} + r\overrightarrow{n}$.
- **Schritt 2:** Bestimme $\hat{r} \in \mathbb{R}$ so, dass $\overrightarrow{0D} = \overrightarrow{0P} + \hat{r}\overrightarrow{n}$ der Ortsvektor des Schnittpunkts von E und h ist.
- **Schritt 3:** Berechne $\overrightarrow{0P'} = \overrightarrow{0P} + 2\hat{r}\overrightarrow{n}$.

Es sei darauf hingewiesen, dass weder der Lotfußpunkt D, noch sein Ortsvektor $\overrightarrow{0D}$ und auch nicht der Vektor $\overrightarrow{PD}$ zur Berechnung des Spiegelpunkts P' benötigt werden, d. h., in Schritt 2 ist ausschließlich der Parameterwert $\hat{r}$ von Interesse. Anschaulich wird von P zu P' der doppelte Weg zurückgelegt, der von P zu D zurückgelegt werden muss (siehe Abb. 104). Dies wird rechnerisch durch Einsetzen von $r = 2\hat{r}$ in die Gleichung von h realisiert, d. h. $\overrightarrow{0P'} = \overrightarrow{0P} + 2\overrightarrow{PD} = \overrightarrow{0P} + 2\hat{r}\overrightarrow{n}$ (vgl. Schritt 3 der Anleitung).

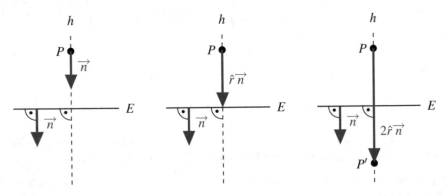

Abb. 104: Drei Schritte zur Spiegelung eines Punkts P an einer Ebene E (Schnittansicht)

Beispiel 3.253. Gesucht sind die Koordinaten des Punkts P', der durch Spiegelung von $P(1|2|3)$ an der Ebene $E : 5x + 4y + 7z = 214$ entsteht. P und P' liegen auf der Gerade

$$h : \vec{x} = \begin{pmatrix} 1 \\ 2 \\ 3 \end{pmatrix} + r \begin{pmatrix} 5 \\ 4 \\ 7 \end{pmatrix}. \text{ Einsetzen der Koordinaten } x = 1 + 5r, y = 2 + 4r \text{ und } z = 3 + 7r$$

der Geradenpunkte in die Ebenengleichung ergibt:

$$5(1 + 5r) + 4(2 + 4r) + 7(3 + 7r) = 214 \quad \Leftrightarrow \quad 90r + 34 = 214 \quad \Leftrightarrow \quad r = 2$$

Zur Berechnung des Ortsvektors von P' verwenden wir $\hat{r} = 2$:

$$\vec{0P'} = \begin{pmatrix} 1 \\ 2 \\ 3 \end{pmatrix} + 2\hat{r} \begin{pmatrix} 5 \\ 4 \\ 7 \end{pmatrix} = \begin{pmatrix} 1 \\ 2 \\ 3 \end{pmatrix} + 4 \begin{pmatrix} 5 \\ 4 \\ 7 \end{pmatrix} = \begin{pmatrix} 21 \\ 18 \\ 31 \end{pmatrix}$$

Ergebnis: $P'(21|18|31)$ ist der Spiegelpunkt von $P(1|2|3)$ an $E : 5x + 4y + 7z = 214$. ◄

Für die Spiegelung eines Punkts $P(p_x|p_y|p_z)$ an den Koordinatenebenen wird das Lot von P auf die jeweilige Ebene gefällt und damit ergeben sich Lotfußpunkte D, aus denen sich leicht die Koordinaten des Spiegelpunkts P' ableiten lassen. Zur Spiegelung von P an einer Koordinatenebene kann auf Rechnungen verzichtet werden, denn bei diesen Spiegelungen ändert sich lediglich das Vorzeichen von genau einer Koordinate:

- Spiegelung von $P(p_x|p_y|p_z)$ an der xy-Ebene: $D(p_x|p_y|0) \Rightarrow P'(p_x|p_y|-p_z)$
- Spiegelung von $P(p_x|p_y|p_z)$ an der xz-Ebene: $D(p_x|0|p_z) \Rightarrow P'(p_x|-p_y|p_z)$
- Spiegelung von $P(p_x|p_y|p_z)$ an der yz-Ebene: $D(0|p_y|p_z) \Rightarrow P'(-p_x|p_y|p_z)$

Beispiel 3.254. Der Punkt $P(2|1|-1)$ wird an den Koordinatenebenen gespiegelt:

a) Die Spiegelung von P an der xy-Ebene ergibt den Spiegelpunkt $P'(2|1|1)$.
b) Die Spiegelung von P an der xz-Ebene ergibt den Spiegelpunkt $P'(2|-1|-1)$.
c) Die Spiegelung von P an der yz-Ebene ergibt den Spiegelpunkt $P'(-2|1|-1)$. ◄

Die Spiegelung einer Gerade g an einer Ebene E kann auf die Spiegelung eines Punkts an E zurückgeführt werden. Dazu genügt es offenbar, einen beliebigen Punkt P von g an E zu spiegeln, was den Spiegelpunkt P' liefert. Schneiden sich g und E in einem Punkt D, dann kann $\vec{DP'}$ als Richtungsvektor der Spiegelgerade verwendet werden (siehe Abb. 105). Wir fassen diese Methode wie folgt zusammen:

Anleitung 3.255. Gegeben seien eine Gerade $g : \vec{x} = \vec{0P} + r\vec{u}$ und eine Ebene E, wobei g und E nicht parallel seien. Eine Gleichung der Gerade g', die durch Spiegelung von g an E entsteht, wird in den folgenden drei Schritten ermittelt:

- **Schritt 1:** Ermittle den Spiegelpunkt P' durch Spiegelung von P an E.
- **Schritt 2:** Ermittle den Schnittpunkt D von g und E.
- **Schritt 3:** Stelle eine Gleichung der Spiegelgerade auf, d. h. $g' : \vec{x} = \vec{0P'} + t\vec{DP'}$.

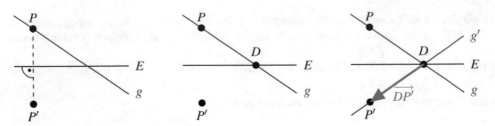

Abb. 105: Die drei Schritte zur Spiegelung einer Gerade g an einer Ebene E, wobei g die Ebene E in einem Punkt D durchstößt (Schnittansicht)

Beispiel 3.256. Zur Spiegelung von $g : \vec{x} = \begin{pmatrix} 1 \\ 2 \\ 3 \end{pmatrix} + s \begin{pmatrix} 8 \\ 7 \\ 16 \end{pmatrix}$ an $E : 5x + 4y + 7z = 214$

spiegeln wir zunächst den Stützpunkt $P(1|2|3)$ an E. Dies liefert nach Beispiel 3.253 den Spiegelpunkt $P'(21|18|31)$. Zur Berechnung des Schnittpunkts von g und E setzen wir die Koordinaten $x = 1 + 8s$, $y = 2 + 7s$ und $z = 3 + 16s$ der Punkte von g in die Koordinatengleichung von E ein:

$$5(1 + 8s) + 4(2 + 7s) + 7(3 + 16s) = 214 \quad \Leftrightarrow \quad 180s + 34 = 214 \quad \Leftrightarrow \quad s = 1$$

Einsetzen von $s = 1$ in die Gleichung von g liefert den Ortsvektor des Schnittpunkts D,

d. h. $\overrightarrow{OD} = \begin{pmatrix} 1 \\ 2 \\ 3 \end{pmatrix} + \begin{pmatrix} 8 \\ 7 \\ 16 \end{pmatrix} = \begin{pmatrix} 9 \\ 9 \\ 19 \end{pmatrix}$. Als Gleichung der Spiegelgerade erhalten wir:

$$g' : \vec{x} = \overrightarrow{OP'} + t\overrightarrow{DP'} = \overrightarrow{OP'} + t\left(\overrightarrow{OP'} - \overrightarrow{OD}\right) = \begin{pmatrix} 21 \\ 18 \\ 31 \end{pmatrix} + t \begin{pmatrix} 12 \\ 9 \\ 12 \end{pmatrix} \quad \blacktriangleleft$$

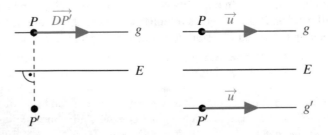

Abb. 106: Die zwei Schritte zur Spiegelung einer Gerade g an einer Ebene E, wobei g und E echt parallel sind (Schnittansicht)

Noch einfacher wird die Spiegelung, wenn g (echt) parallel zu E verläuft (siehe Abb. 106):

Anleitung 3.257. Gegeben seien eine Gerade $g : \vec{x} = \overrightarrow{OP} + r\vec{u}$ und eine Ebene E, wobei g und E parallel seien. Eine Gleichung der Gerade g', die durch Spiegelung von g an E entsteht, wird in den folgenden zwei Schritten ermittelt:

- **Schritt 1:** Ermittle den Spiegelpunkt P' durch Spiegelung von P an E.

- **Schritt 2:** Stelle eine Gleichung der Spiegelgerade auf, d. h. $g' : \vec{x} = \overrightarrow{OP'} + t\vec{u}$.

Beispiel 3.258. Zur Spiegelung von $g : \vec{x} = \begin{pmatrix} 1 \\ 2 \\ 3 \end{pmatrix} + s \begin{pmatrix} 3 \\ 5 \\ -5 \end{pmatrix}$ an $E : 5x + 4y + 7z = 214$

spiegeln wir zunächst den Stützpunkt $P(1|2|3)$ an E. Dies liefert nach Beispiel 3.253 den Spiegelpunkt $P'(21|18|31)$. Weiter stellen wir fest, dass g echt parallel zu E verläuft, denn

für den Richtungsvektor $\vec{u} = \begin{pmatrix} 3 \\ 5 \\ -5 \end{pmatrix}$ von g und den Normalenvektor $\vec{n} = \begin{pmatrix} 5 \\ 4 \\ 7 \end{pmatrix}$ von E

gilt $\vec{u} \bullet \vec{n} = 0$. Deshalb erhalten wir die folgende Gleichung der Spiegelgerade:

$$g' : \vec{x} = \overrightarrow{OP'} + t\vec{u} = \begin{pmatrix} 21 \\ 18 \\ 31 \end{pmatrix} + t \begin{pmatrix} 3 \\ 5 \\ -5 \end{pmatrix}$$ ◀

Die Spiegelung einer Ebene E an einer Ebene H wird auf die Spiegelung eines Punkts von E an H zurückgeführt. Wir betrachten zuerst den Fall, dass sich E und H in einer Gerade $g : \vec{x} = \overrightarrow{OA} + r\vec{u}$ schneiden. Ist E' die Spiegelebene von E an H, dann haben offenbar auch E' und H die Gerade g als Schnittmenge. Folglich kann $\vec{u}$ als Richtungsvektor von E, H und E' verwendet werden. Weiter müssen für E' noch ein geeigneter Stützpunkt und ein von $\vec{u}$ linear unabhängiger Richtungsvektor $\vec{v}$ bestimmt werden.

Dazu spiegeln wir einen beliebigen Punkt $P \in E$ an H, wobei wir darauf achten müssen, dass P nicht auf der Schnittgerade g liegt. Der Spiegelpunkt von P an H sei P'. Ist A ein Punkt auf der Schnittgerade g (zum Beispiel der Stützpunkt aus der Geradengleichung), dann ist $\overrightarrow{AP'}$ linear unabhängig von $\vec{u}$. Folglich können wir $\overrightarrow{AP'}$ als Richtungsvektor für E' verwenden. Jetzt können wir aus P', $\vec{u}$ und $\overrightarrow{AP'}$ eine Gleichung der Spiegelebene E' konstruieren. Zusammenfassung:

Anleitung 3.259. Gegeben seien zwei Ebenen E und H derart, dass sich E und H in einer Gerade g schneiden. Eine Gleichung der Ebene E', die durch Spiegelung von E an H entsteht, wird in den folgenden drei Schritten ermittelt (siehe Abb. 107):

- **Schritt 1:** Ermittle eine Gleichung der Schnittgerade, d. h. $g : \vec{x} = \overrightarrow{OA} + r\vec{u}$.

- **Schritt 2:** Spiegele einen beliebigen Punkt $P \in E$ an H, wobei $P \notin g$. Der Spiegelpunkt von P sei P'.

- **Schritt 3:** Stelle eine Gleichung von E' auf, z. B. $\vec{x} = \overrightarrow{OP'} + r\vec{u} + s\overrightarrow{AP'}$.

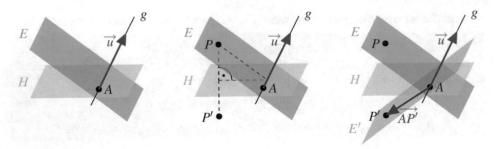

Abb. 107: Die drei Schritte zur Spiegelung einer Ebene E an einer Ebene H, wobei E die Ebene H in einer Gerade g schneidet

Beispiel 3.260. Zur Spiegelung der Ebene $E : \vec{x} = \begin{pmatrix} 1 \\ 2 \\ 3 \end{pmatrix} + k \begin{pmatrix} 8 \\ 7 \\ 16 \end{pmatrix} + l \begin{pmatrix} -4 \\ 1 \\ -2 \end{pmatrix}$ an der

Ebene $H : 5x + 4y + 7z = 214$ berechnen wir zunächst eine Gleichung der Schnittgerade g. Dazu setzen wir die Koordinaten $x = 1 + 8k - 4l$, $y = 2 + 7k + l$ und $z = 3 + 16k - 2l$ der Punkte von g in die Koordinatengleichung von E ein:

$$5(1 + 8k - 4l) + 4(2 + 7k + l) + 7(3 + 16k - 2l) = 214 \quad \Leftrightarrow \quad 180k - 30l + 34 = 214$$

In dieser Gleichung können wir z. B. $k = r \in \mathbb{R}$ beliebig wählen, womit $l = 6r - 6$ folgt. Einsetzen von $k = r$ und $l = 6r - 6$ in die Parametergleichung von E liefert eine Gleichung der Schnittgerade:

$$g : \vec{x} = \begin{pmatrix} 1 \\ 2 \\ 3 \end{pmatrix} + r \begin{pmatrix} 8 \\ 7 \\ 16 \end{pmatrix} + (6r - 6) \begin{pmatrix} -4 \\ 1 \\ -2 \end{pmatrix} = \begin{pmatrix} 25 \\ -4 \\ 15 \end{pmatrix} + r \begin{pmatrix} -16 \\ 13 \\ 4 \end{pmatrix}$$

Weiter spiegeln wir den Stützpunkt $P(1|2|3)$ an E. Dies liefert nach Beispiel 3.253 den Spiegelpunkt $P'(21|18|31)$. Damit und mit dem Stützpunkt $A(25|-4|15)$ von g sowie

dem Richtungsvektor $\vec{u} = \begin{pmatrix} -16 \\ 13 \\ 4 \end{pmatrix}$ von g konstruieren wir eine Gleichung der Ebene E',

die durch Spiegelung von E an H entsteht:

$$E' : \vec{x} = \overrightarrow{OP'} + r\vec{u} + s\overrightarrow{AP'} = \begin{pmatrix} 21 \\ 18 \\ 31 \end{pmatrix} + r \begin{pmatrix} -16 \\ 13 \\ 4 \end{pmatrix} + s \begin{pmatrix} -4 \\ 22 \\ 16 \end{pmatrix} \qquad \blacktriangleleft$$

Beispiel 3.261. In Beispiel 3.152 wurde gezeigt, dass sich die Ebenen

$$E : \vec{x} = \begin{pmatrix} 1 \\ -1 \\ 7 \end{pmatrix} + k \begin{pmatrix} 1 \\ -2 \\ 0 \end{pmatrix} + l \begin{pmatrix} 1 \\ 0 \\ -2 \end{pmatrix} \quad \text{und} \quad H : \vec{x} = \begin{pmatrix} 1 \\ 0 \\ 0 \end{pmatrix} + r \begin{pmatrix} 1 \\ 0 \\ 4 \end{pmatrix} + s \begin{pmatrix} -1 \\ 1 \\ 0 \end{pmatrix}$$

in $g : \vec{x} = \begin{pmatrix} 2 \\ 0 \\ 4 \end{pmatrix} + t \begin{pmatrix} -5 \\ 6 \\ 4 \end{pmatrix}$ schneiden. Dieses Ergebnis können wir verwenden, um

E an H zu spiegeln. Dazu müssen wir weiter den Stützpunkt $P(1|-1|7)$ von E an H

spiegeln. Mit dem Normalenvektor $\vec{n} = \begin{pmatrix} 1 \\ 0 \\ 4 \end{pmatrix} \times \begin{pmatrix} -1 \\ 1 \\ 0 \end{pmatrix} = \begin{pmatrix} -4 \\ -4 \\ 1 \end{pmatrix}$ von H konstruieren

wir die Lotgerade $h : \vec{x} = \overrightarrow{0P} + k\,\vec{n} = \begin{pmatrix} 1 \\ -1 \\ 7 \end{pmatrix} + k \begin{pmatrix} -4 \\ -4 \\ 1 \end{pmatrix}$ und setzen den Ortsvektor

$\vec{x} = \begin{pmatrix} 1-4k \\ -1-4k \\ 7+k \end{pmatrix}$ der Punkte von h in eine Normalengleichung von H ein, rechnen das

Skalarprodukt aus und stellen die entstehende Gleichung nach k um:

$$\left[\begin{pmatrix} 1-4k \\ -1-4k \\ 7+k \end{pmatrix} - \begin{pmatrix} 1 \\ 0 \\ 0 \end{pmatrix} \right] \bullet \begin{pmatrix} -4 \\ -4 \\ 1 \end{pmatrix} = 0 \quad \Leftrightarrow \quad 33k+11 = 0 \quad \Leftrightarrow \quad k = -\tfrac{1}{3}$$

Einsetzen des Doppelten von $k = -\tfrac{1}{3}$ in die Gleichung der Lotgerade h liefert den Ortsvektor des Spiegelpunkts P':

$$\overrightarrow{0P'} = \begin{pmatrix} 1 \\ -1 \\ 7 \end{pmatrix} + 2 \cdot \left(-\tfrac{1}{3}\right) \cdot \begin{pmatrix} -4 \\ -4 \\ 1 \end{pmatrix} = \begin{pmatrix} 1 \\ -1 \\ 7 \end{pmatrix} - \tfrac{2}{3} \cdot \begin{pmatrix} -4 \\ -4 \\ 1 \end{pmatrix} = \begin{pmatrix} \frac{11}{3} \\ \frac{5}{3} \\ \frac{19}{3} \end{pmatrix}$$

Mit $P'\left(\frac{11}{3}|\frac{5}{3}|\frac{19}{3}\right)$, dem Stützpunkt $A(2|0|4)$ von g und dem Richtungsvektor $\vec{u} = \begin{pmatrix} -5 \\ 6 \\ 4 \end{pmatrix}$

von g konstruieren wir eine Gleichung der Spiegelebene:

$$E' : \vec{x} = \overrightarrow{0P'} + r\,\vec{u} + s\overrightarrow{AP'} = \begin{pmatrix} \frac{11}{3} \\ \frac{5}{3} \\ \frac{19}{3} \end{pmatrix} + r \begin{pmatrix} -5 \\ 6 \\ 4 \end{pmatrix} + s \begin{pmatrix} \frac{5}{3} \\ \frac{5}{3} \\ \frac{7}{3} \end{pmatrix} \qquad \blacktriangleleft$$

Wesentlich weniger Rechenaufwand ist zu betreiben, wenn E und H parallel sind.

Anleitung 3.262. Gegeben seien (echt) parallele Ebenen E und H. Eine Gleichung der Ebene E', die durch Spiegelung von E an H entsteht, wird in den folgenden zwei Schritten ermittelt (siehe Abb. 108):

- **Schritt 1:** Spiegele einen beliebigen Punkt $P \in E$ an H. Der Spiegelpunkt sei P'.

- **Schritt 2:** Stelle eine Gleichung von E' auf, z. B. $\vec{x} = \overrightarrow{0P'} + r\,\vec{u} + s\,\vec{v}$, wobei $\vec{u}$ und $\vec{v}$ linear unabhängige Richtungsvektoren von E und H sind.

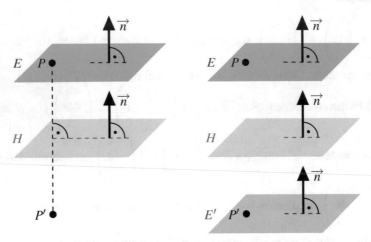

Abb. 108: Die zwei Schritte zur Spiegelung einer Ebene E an einer Ebene H, wobei E und H echt parallel sind. Wegen der Parallelität von E und H erbt die Spiegelebene E' die Richtungs- und Normalenvektoren von E und H.

Beispiel 3.263. Gegeben seien die Ebenen $E : \vec{x} = \begin{pmatrix} 1 \\ 2 \\ 3 \end{pmatrix} + r \begin{pmatrix} 3 \\ 5 \\ -5 \end{pmatrix} + s \begin{pmatrix} 1 \\ -3 \\ 1 \end{pmatrix}$ und

$H : 5x + 4y + 7z = 214$. Für den Normalenvektor $\vec{n} = \begin{pmatrix} 5 \\ 4 \\ 7 \end{pmatrix}$ von H gilt $\begin{pmatrix} 3 \\ 5 \\ -5 \end{pmatrix} \bullet \vec{n} = 0$

und $\begin{pmatrix} 1 \\ -3 \\ 1 \end{pmatrix} \bullet \vec{n} = 0$, d. h., $\vec{n}$ ist auch ein Normalenvektor von E. Weiter ist der Stütz-

punkt $P(1|2|3)$ von E kein Punkt von H. Folglich sind E und H echt parallel. Damit müssen wir zur Spiegelung von E an H lediglich den Punkt $P(1|2|3)$ an H spiegeln, was nach Beispiel 3.253 den Spiegelpunkt $P'(21|18|31)$ ergibt. Damit erhalten wir die folgende Gleichung der Spiegelebene:

$$E' : \vec{x} = \begin{pmatrix} 21 \\ 18 \\ 31 \end{pmatrix} + r \begin{pmatrix} 3 \\ 5 \\ -5 \end{pmatrix} + s \begin{pmatrix} 1 \\ -3 \\ 1 \end{pmatrix}$$

Alternativ können wir auch eine Normalengleichung der Spiegelebene angeben:

$$E' : \left[\vec{x} - \begin{pmatrix} 21 \\ 18 \\ 31 \end{pmatrix} \right] \bullet \begin{pmatrix} 5 \\ 4 \\ 7 \end{pmatrix} = 0$$

Leicht lässt sich daraus durch Ausrechnen des Skalarprodukts als weitere Alternative eine Koordinatengleichung der Spiegelebene herleiten, d. h. $E' : 5x + 4y + 7z = 394$. ◄

Aufgaben zum Abschnitt 3.7.2

Aufgabe 3.7.7: Bestimmen Sie die Koordinaten des Punkts P', der durch Spiegelung des Punkts P an der Ebene E entsteht:

a) $P(3|8|2)$, $E: \vec{x} = \begin{pmatrix} 3 \\ 2 \\ 7 \end{pmatrix} + r \begin{pmatrix} 2 \\ 0 \\ 1 \end{pmatrix} + s \begin{pmatrix} -1 \\ 1 \\ 1 \end{pmatrix}$

b) $P(11|-11|13)$, $E: 10x - 11y + 8z = 50$

c) $P(1|-1|-6)$, $E: \left[\vec{x} - \begin{pmatrix} 4 \\ -3 \\ 5 \end{pmatrix} \right] \bullet \begin{pmatrix} 1 \\ 1 \\ 1 \end{pmatrix} = 0$

d) $P(80|-125|27)$, E ist die xy-Ebene.

e) $P(80|-125|27)$, E ist die yz-Ebene.

Aufgabe 3.7.8: Bestimmen Sie eine Gleichung der Gerade g', die durch Spiegelung der Gerade g an der Ebene E entsteht:

a) $g: \vec{x} = \begin{pmatrix} 11 \\ -9 \\ -6 \end{pmatrix} + r \begin{pmatrix} 8 \\ -11 \\ -9 \end{pmatrix}$, $E: \vec{x} = \begin{pmatrix} 1 \\ -5 \\ 4 \end{pmatrix} + s \begin{pmatrix} 1 \\ 1 \\ 2 \end{pmatrix} + t \begin{pmatrix} 1 \\ -1 \\ 4 \end{pmatrix}$

b) $g: \vec{x} = \begin{pmatrix} -1 \\ 7 \\ -4 \end{pmatrix} + r \begin{pmatrix} 5 \\ 1 \\ 4 \end{pmatrix}$, $E: x - y + 2z = 8$

c) $g: \vec{x} = \begin{pmatrix} -5 \\ -18 \\ 2 \end{pmatrix} + r \begin{pmatrix} 2 \\ -1 \\ -2 \end{pmatrix}$, $E: \left[\vec{x} - \begin{pmatrix} 5 \\ -5 \\ 3 \end{pmatrix} \right] \bullet \begin{pmatrix} 5 \\ 6 \\ 2 \end{pmatrix} = 0$

d) $g: \vec{x} = \begin{pmatrix} 1 \\ 2 \\ 3 \end{pmatrix} + r \begin{pmatrix} 5 \\ 8 \\ 11 \end{pmatrix}$, $E: 5x + 8y + 11z = -37$

e) $g: \vec{x} = r \begin{pmatrix} 7 \\ 0 \\ 3 \end{pmatrix}$, $E: 3x + 4y - 7z = 0$

Aufgabe 3.7.9: Bestimmen Sie eine Gleichung der Ebene E', die durch Spiegelung der Ebene E an der Ebene H entsteht:

a) $E: \vec{x} = \begin{pmatrix} -14 \\ 10 \\ 10 \end{pmatrix} + r \begin{pmatrix} 1 \\ 1 \\ 2 \end{pmatrix} + s \begin{pmatrix} 1 \\ -1 \\ 4 \end{pmatrix}$, $H: -3x + y + z = 7$

b) $E : \vec{x} = \begin{pmatrix} 5 \\ 3 \\ 5 \end{pmatrix} + r \begin{pmatrix} 3 \\ 2 \\ 4 \end{pmatrix} + s \begin{pmatrix} -1 \\ 4 \\ 6 \end{pmatrix}, \quad H : x + y + z = 4$

c) $E : \vec{x} = \begin{pmatrix} 2 \\ 14 \\ 14 \end{pmatrix} + r \begin{pmatrix} -1 \\ 7 \\ 6 \end{pmatrix} + s \begin{pmatrix} -1 \\ 6 \\ 7 \end{pmatrix}, \quad H : x + 3y + 3z = 10$

d) E ist die xy-Ebene, $H : x - y + z = 0$

e) $E : 2x + y + 2z = -3$, $H : 2x - 2y - z = 5$

f) $E : -x + 4y - 6z = -18$, $H : 2x - 8y + 12z = 36$

Aufgabe 3.7.10:

a) Berechnen Sie den Abstand des Punkts $P(-3|4|17)$ von der Ebene E, die durch die Punkte $A(-1|0|1)$, $B(1|2|3)$ und $C(6|5|4)$ definiert wird. Bestimmen Sie außerdem die Koordinaten des Punkts P', der durch Spiegelung von P an E entsteht.

b) Bestimmen Sie den Abstand des Punkts $P(3|9|-3)$ von der Ebene $E : 2x - y + 2z = 12$ und die Koordinaten des Punkts P', der durch Spiegelung von P an E entsteht.

c) Der erste Schritt zur Spiegelung eines Punkts P an $E : \left[\vec{x} - \vec{0A} \right] \bullet \vec{n} = 0$ besteht darin, den Schnittpunkt S von E mit der Lotgerade $h : \vec{x} = \vec{0P} + r\vec{n}$ zu bestimmen. Genauer ist dabei nur der Parameterwert $\tilde{r} \in \mathbb{R}$ von Interesse, für den $\vec{0S} = \vec{0P} + \tilde{r}\vec{n}$ gilt. Damit wird der Ortsvektor $\vec{0P'} = \vec{0P} + 2\tilde{r}\vec{n}$ des Spiegelpunkts P' berechnet. Der Parameterwert $\tilde{r} \in \mathbb{R}$ wird als Lösung der Gleichung

$$\left[\vec{0P} + r\vec{n} - \vec{0A} \right] \bullet \vec{n} = 0 \qquad (*)$$

erhalten. Verifizieren Sie für die Zahlenbeispiele aus a) und b) sowie allgemein, dass $(*)$ nach Ausrechnen des Skalarprodukts und anschließendem Zusammenfassen auf die Gleichung

$$r \cdot |\vec{n}|^2 \pm d(P,E) \cdot |\vec{n}| = 0$$

führt, wobei $d(P,E)$ der Abstand von P zur Ebene E ist. (*Hinweis: Satz 3.224*).

Symbolverzeichnis

$\{x_1, x_2, \dots\}$	Menge mit den Elementen $x_1, x_2, \dots$
$\{x \mid \dots\}$	Menge bestehend aus allen Elementen x für die … gilt.
$\emptyset$	leere Menge (enthält kein Element)
$x \in M$	x ist Element von M
$x, y \in M$	x und y sind Elemente von M
$x \notin M$	x ist kein Element von M
$x, y \notin M$	x und y sind keine Elemente von M
$A \subseteq B$	A ist echte Teilmenge von B oder A ist gleich B
$A \subset B$	A ist echte Teilmenge von B
$A \cap B$	Schnittmenge von A und B
$A \cup B$	Vereinigung der Mengen A und B
$A \setminus B$	Differenzmenge von A und B (A ohne B), Beispiel: $\{1; 2; 3\} \setminus \{2\} = \{1; 3\}$
$\mathbb{N}$	$= \{1, 2, 3, \dots\} =$ Menge der natürlichen Zahlen
$\mathbb{N}_0$	$= \mathbb{N} \cup \{0\} =$ Menge der natürlichen Zahlen einschließlich der Null
$\mathbb{Z}$	$= \{\dots, -3, -2, -1, 0, 1, 2, 3, \dots\} =$ Menge der ganzen Zahlen
$\mathbb{Q}$	$= \left\{ \frac{p}{q} \;\middle|\; p \in \mathbb{Z}, q \in \mathbb{N} \right\} =$ Menge der rationalen Zahlen
$\mathbb{R}$	Menge (Körper) der reellen Zahlen
$\mathbb{R}_{>0}$	$= \{x \in \mathbb{R} \mid x > 0\}$
$\mathbb{R}_{\geq 0}$	$= \{x \in \mathbb{R} \mid x \geq 0\}$
$(a; b)$	offenes Intervall reeller Zahlen $a < b$; **Alternativbedeutung**: Geordnetes Wertepaar reeller Zahlen a und b, wobei zwischen a und b eine beliebige Relation bestehen kann. Das Wertepaar besteht genau aus den Zahlen a und b, während das Intervall $(a; b)$ alle reellen Zahlen zwischen a und b enthält, nicht aber a und b selbst. Die genaue Bedeutung des Symbols $(a; b)$ ergibt sich jeweils eindeutig aus dem Sachzusammenhang.

© Springer-Verlag GmbH Deutschland, ein Teil von Springer Nature 2023
J. Kunath, *Analytische Geometrie und Lineare Algebra zwischen Abitur und Studium I*, https://doi.org/10.1007/978-3-662-67812-1

$[a;b]$	abgeschlossenes Intervall reeller Zahlen mit $a < b$
$(a;b]$	linksseitig offenes Intervall reeller Zahlen mit $a < b$
$[a;b)$	rechtsseitig offenes Intervall reeller Zahlen mit $a < b$
$(a;b;c)$	geordnetes Wertetripel reeller Zahlen a, b und c

$$|x| \quad = \begin{cases} x\,, x \geq 0 \\ -x\,, x < 0 \end{cases} \quad \text{Betrag einer reellen Zahl } x$$

$f : D \rightarrow W$	Funktion mit Definitionsbereich $D \subseteq \mathbb{R}$ und Wertebereich $W \subseteq \mathbb{R}$
$\sin(x)$	Sinus von x
$\cos(x)$	Kosinus von x
$\tan(x)$	Tangens von x
$\arcsin(x)$	Arcussinus von x
$\arccos(x)$	Arcuskosinus von x
$\arctan(x)$	Arcustangens von x

$$\text{sign}(x) \quad = \begin{cases} -1\,, x < 0 \\ 0\,, x = 0 \\ 1\,, x > 0 \end{cases} \quad \text{Signumfunktion (Vorzeichenfunktion)}$$

$+\infty, -\infty$	plus unendlich, minus unendlich; statt $+\infty$ wird auch ∞ verwendet
$P(x|y)$	Koordinaten des Punkts P der reellen Zahlenebene
$P(x|y|z)$	Koordinaten des Punkts P des reellen Zahlraums
0	Null (als reelle Zahl) bzw. alternativ Nullpunkt im kartesischen Koordinatensytem der Ebene bzw. des Raums, dann mit Koordinaten ausgeschrieben auch als $0(0|0)$ bzw. $0(0|0|0)$. Die genaue Bedeutung des Symbols 0 ergibt sich jeweils eindeutig aus dem Sachzusammenhang.
$\overline{AB}$	Strecke vom Punkt A zum Punkt B
$\overrightarrow{0P}$	Ortsvektor des Punkts P
$|\overline{AB}|$	Länge der Strecke $\overline{AB}$
$\vec{x}, \overrightarrow{AB}, \dots$	Vektoren
$|\vec{x}|$	Betrag / Länge des Vektors $\vec{x}$
$\vec{a} \bullet \vec{b}$	Skalarprodukt der Vektoren $\vec{a}$ und $\vec{b}$
$\vec{a} \times \vec{b}$	Kreuzprodukt der Vektoren $\vec{a}$ und $\vec{b}$
LE	Abkürzung für den Begriff Längeneinheit

⇔	äquivalent bzw. Äquivalenzumformung bei Gleichungen und Ungleichungen. Beispiel: Die Gleichungen $x - y = 1$ und $x = 1 + y$ sind äquivalent, d. h., sie haben die gleiche Lösungsmenge. Durch Addition von y entsteht aus der ersten Gleichung die zweite, d. h., die Addition von y ist eine zulässige Äquivalenzumformung. Wir schreiben dafür abkürzend: $x - y = 1 \Leftrightarrow x = 1 + y$
⇒	(daraus) folgt bzw. Folgerungsumformung bei Gleichungen und Ungleichungen. Beispiel: Die Gleichung $x^2 = 1$ hat die Lösungen $x_1 = -1$ und $x_2 = 1$. Wird zum Beispiel in Rechnungen nur die positive Lösung benötigt, dann schreiben wir dafür abkürzend: $x^2 = 1 \Rightarrow x = 1$
$\overset{(\#)}{=}, \overset{(\#)}{\leq}, \overset{(\#)}{<}, \overset{(\#)}{\geq}, \overset{(\#)}{>}$	Verwendung in Beweisen, Herleitungen und diversen Rechnungen, Bedeutung: Wegen (#) gilt das jeweilige Relationszeichen $=, \leq, <, \geq$ oder $>$, wobei (#) ein Querverweis auf eine Formel, einen Satz oder ein zuvor erhaltenes (Zwischen-) Ergebnis ist. Die genaue Bedeutung von (#) ergibt sich aus dem jeweiligen Sachzusammenhang.

Allgemeine Hinweise:

- Als Dezimaltrennzeichen wird grundsätzlich ein Komma verwendet.

- Zur Vermeidung von Missverständnissen wird im Zusammenhang mit Mengen, die rationale Zahlen in Dezimalschreibweise enthalten, ein Semikolon als Trennzeichen zwischen Zahlwerten verwendet. Beispiel: $\{-0{,}123\,;\,1{,}5\,;\,2{,}33\,;\,5\,;\,7{,}03\}$.

- Allgemein ergibt sich stets eindeutig aus dem Sachzusammenhang, welche Bedeutung Komma und Semikolon als Trennzeichen haben, wobei folgende Besonderheiten zu beachten sind: Enthält eine Aufzählung oder Menge keine rationalen Zahlen in Dezimalschreibweise oder ausschließlich Variablen, dann wird als Trennzeichen entweder ein Komma *oder* ein Semikolon verwendet. Gemäß dieser Vereinbarung werden zum Beispiel durch die Schreibweisen $\{x_1, x_2, x_3\}$ und $\{x_1; x_2; x_3\}$ bzw. $\{-2, -1, 0, 1, 2\}$ und $\{-2; -1; 0; 1; 2\}$ die gleichen Mengen mit den Elementen (Variablen) x_1, x_2 und x_3 bzw. den ganzen Zahlen -2, -1, 0, 1 und 2 beschrieben. Enthält eine Menge genau zwei ganze Zahlwerte, dann wird grundsätzlich ein Semikolon als Trennzeichen verwendet. Zum Beispiel enthält die Menge $\{-1; 2\}$ die ganzen Zahlen -1 und 2. Wird $\{-1, 2\}$ notiert, dann ist damit die Menge gemeint, die nur aus der rationalen Zahl $-1{,}2$ besteht.

- Alle hier nicht genannten Symbole und Notationen sind innerhalb dieses Buchs erklärt oder werden als bekannt vorausgesetzt.

Auszug aus dem griechischen Alphabet:

α	Alpha	ε	Epsilon	μ	My	φ	Phi
β	Beta	ϑ	Theta	π	Pi	ψ	Psi
Γ, γ	Gamma	κ	Kappa	ρ	Rho	Ω, ω	Omega
Δ, δ	Delta	λ	Lambda	σ	Sigma		

Literaturverzeichnis

[1] Andrie, Manfred; Meier, Paul: *Lineare Algebra und Geometrie für Ingenieure. Eine anwendungsbezogene Einführung mit Übungen.* Springer, Berlin, 3. Auflage, 1996

[2] Aumann, Günter: *Kreisgeometrie. Eine elementare Einführung.* Springer Spektrum, Berlin, 2015

[3] Bartsch, Hans-Jochen: *Taschenbuch mathematischer Formeln.* Fachbuchverlag, Leipzig, 18. Auflage, 1999

[4] Bronstein, Ilja N.; Semendjaev, Konstantin A.; Musiol, Gerhard; Mühlig, Heiner: *Taschenbuch der Mathematik.* Harri Deutsch, Frankfurt am Main, 8. Auflage, 2012

[5] Bigalke, Anton; Köhler, Norbert; Kuschnerow, Horst: *Analytische Geometrie und Lineare Algebra, Kursstufe Brandenburg.* Cornelsen, Berlin, 1996

[6] Fischer, Gerd: *Analytische Geometrie. Eine Einführung für Studienanfänger*, Vieweg, Wiesbaden, 7. Auflage, 2001

[7] Fischer, Gerd: *Lineare Algebra. Eine Einführung für Studienanfänger.* Vieweg, Wiesbaden, 18. Auflage, 2002

[8] Fucke, Rudolf; Kirch, Konrad; Nickel, Heinz: *Darstellende Geometrie für Ingenieure.* Fachbuchverlag, Leipzig, 15. Auflage, 1998

[9] Frank, Brigitte; Lemke, Horst; Stoye, Werner: *Mathematik, Lehrbuch für Klasse 12.* Volk und Wissen, Berlin, 3. Auflage, 1983

[10] Köhler, Joachim; Höwelmann, Rolf; Krämer, Hardt: *Analytische Geometrie in vektorieller Darstellung.* Diesterweg, Frankfurt am Main, 9. Auflage, 1974

[11] Ogilvy, Charles Stanley: *Unterhaltsame Geometrie.* Vieweg, Braunschweig, 3. Auflage, 1984

[12] Reinhardt, Fritz: *dtv-Atlas Schulmathematik.* Deutscher Taschenbuch Verlag, München, 2002

[13] Schupp, Hans: *Kegelschnitte.* BI Wissenschaftsverlag, Mannheim, 1988

[14] Schuppar, Berthold: *Geometrie auf der Kugel. Alltägliche Phänomene rund um Erde und Himmel.* Springer Spektrum, Berlin Heidelberg, 2017

[15] Schweizer, Wilhelm (Hrsg.): *Lambacher-Schweizer Mathematisches Unterrichtswerk, Analytische Geometrie.* Klett, Stuttgart, 2. Auflage, 1970

© Springer-Verlag GmbH Deutschland, ein Teil von Springer Nature 2023
J. Kunath, *Analytische Geometrie und Lineare Algebra zwischen Abitur und Studium I*, https://doi.org/10.1007/978-3-662-67812-1

Sachverzeichnis

n-Tupel, 5, 52
x-Achse, 61
x-Koordinate, 61
xy-Ebene, 65
xz-Ebene, 65
y-Achse, 61
y-Koordinate, 61
yz-Ebene, 65
z-Achse, 62
z-Koordinate, 62

Abstand
- paralleler Ebenen, 292, 297
- paralleler Geraden
  - im Raum, 285, 287
  - in der Ebene, 279, 280
- von Punkten im Raum, 70, 74, 75
- von Punkten in der Ebene, 69, 74
- windschiefer Geraden, 293, 294
- zweier Punkte im Raum, 176
- zwischen Punkt und Ebene, 288, 289, 291, 295–297
- zwischen Punkt und Gerade
  - im Raum, 282, 284, 286, 287
  - in der Ebene, 272, 275, 278–281
Abstandsfunktion, 278, 284
Abszisse, 62
Abszissenachse, 62
Achsenabschnittsgleichung einer Ebene, 217, 219
Addition von Vektoren
- Parallelogrammregel, 87
- Rechenregeln, 91
Aufriss einer Gerade, 247, 250

Basis eines Vektorraums, 148, 154, 155
Betrag eines Vektors, 81, 84

Dimension eines Vektorraums, 148
Durchstoßpunkt, 229

Ebene, 196
- Dreipunktegleichung, 198
- Normalenvektor, 205, 209, 211, 216
- Punktprobe, 200, 208, 213
- Richtungsvektor, 198, 202
- Spurpunkte, 219
- Stützpunkt, 198, 205
- Stützvektor, 198, 205
- als Punktmenge, 200
- grafische Darstellung, 218, 220, 271
Ebenengleichung
- Achsenabschnittsform, 217
- Hessesche Normalenform, 205, 212, 289
- Koordinatenform, 210, 256
- Normalenform, 205, 212
- Parameterform, 196, 198, 256
Ebenenschar, 225, 228, 241
- Koeffizientenvergleich, 227
- Scharparameter, 225, 228
echt parallele
- Ebenen, 251, 254–257, 260, 261, 265
- Geraden, 179, 181, 183, 184, 191, 192, 194
Einheitspunkt, 61
Einheitsvektor, 91, 141, 143, 144
Einheitswürfel, 144
Erzeugendensystem, 145, 153, 154

Gauß-Algorithmus, siehe linerares Gleichungssystem
Gegenvektor, 90
Gerade, 157, 172, 173, 177
- Anstieg, 158
- Punkt-Richtungs-Gleichung, 162
- Punktprobe, 166, 172, 175
- Richtungsvektor, 159, 161, 174
- Spurpunkte, 245
- Stützpunkt, 159, 161
- Stützvektor, 159, 161
- Zweipunktegleichung, 162
- als Punktmenge, 165, 177
- als Schnitt von zwei Ebenen, 251, 254–257, 260, 261, 265
Geradengleichung, 176
- Hessesche Normalenform, 170, 275
- Koordinatenform, 157, 172
- Normalenform, 170

© Springer-Verlag GmbH Deutschland, ein Teil von Springer Nature 2023
J. Kunath, *Analytische Geometrie und Lineare Algebra zwischen Abitur und Studium I*, https://doi.org/10.1007/978-3-662-67812-1

- Parameterform, 161, 172–174
Geradenschar, 168, 169, 178, 195, 240, 250, 287
- Scharparameter, 168, 169
Geradensegment, 157, 167
gleiche Vektoren, 81
gleichgerichtete
- Pfeile, 77, 78, 83
- Vektoren, 81, 83, 103
Grundriss einer Gerade, 247, 250

Halbebene, 276, 280
Halbraum, 291, 296
Hessesche Normalengleichung
- einer Ebene, 205, 209, 212
- einer Gerade, 170

identische
- Ebenen, 251, 254–257, 260, 261, 265
- Geraden, 179, 181, 183, 191, 192, 194

kollineare Vektoren, 100, 115, 116
komplanare Vektoren, 104, 106, 116, 123, 200
Komponenten eines Vektors, 147
Koordinaten, 61, 62
- eines Pfeils, 76, 82
- eines Punkts, 61, 62, 176
- eines Vektors, 79, 87, 147, 155, 176
Koordinatenebene, 65
Koordinatengleichung
- einer Ebene, 210, 212, 215, 216, 224, 256, 258–260, 265
- einer Gerade, 157, 172, 178
Koordinatensystem, 61, 62
- im Raum, 62, 71–73
- Raumeckenmodell, 65
- Tischplattenmodell, 65
- grafische Darstellung, 62
- in der Ebene, 62, 71
- kartesisches, 62
Koordinatenursprung, 61
Kreuzprodukt von Vektoren, 133, 134, 140, 141
- Eigenschaften, 134
- geometrische Interpretation, 135
Kreuzriss einer Gerade, 247, 250

Lagebeziehung
- zwischen Ebene und Gerade, 214, 229, 231, 233, 235–241
- zwischen Geraden, 179, 183, 184
- im Raum, 183, 185, 187, 192–194
- in der Ebene, 181, 184, 186, 191
- zwischen zwei Ebenen, 215, 251, 254–257, 260, 261, 265
linear

- abhängige Vektoren, 100, 108, 110, 111, 114, 120–123, 148, 183, 194
- unabhängige Vektoren, 100, 108, 109, 114, 120, 122, 123, 146, 148, 176, 183–185, 194, 198, 200
lineare Gleichung, 1–7
- Koeffizienten, 1, 3, 5, 7, 210
- Lösungsmenge, 2, 7
- Normalform, 2, 5
- Unbekannte, 1
- Variable, 1, 5
- allgemeingültige, 6, 8, 23, 52
- eindeutige Lösung, 1–4
- geordnetes n-Tupel, 5
- geordnetes Wertepaar, 2, 3, 8
- geordnetes Wertetripel, 22
- geordnetes Zahlentripel, 4
- mehrdeutige Lösung, 1–4
- nichttriviale, 52
- rechte Seite, 5
lineares Gleichungssystem, 8–13, 15–30, 32–47, 49–60
- Additionsverfahren, 12, 16, 17, 20, 22
- Dreieckssystem, 36
- Einsetzungsverfahren, 9, 10, 20, 22
- Elimination von Variablen, 23, 35
- Gauß-Algorithmus, 35, 40, 43–45, 47, 49, 51
- Gleichsetzungsverfahren, 8
- Lösungsmenge, 8–10, 13, 22, 23, 35, 52
- Normalform, 13, 51
- Rückwärtseinsetzen, 39, 52
- Stufenform, 37, 52, 53
- Tabellenschreibweise, 44, 45, 47, 49, 50, 53
- Zeilenstufenform, 37
- äquivalente Umformung, 13, 40
- äquivalentes System, 8, 23, 35, 40
- eindeutig lösbar, 23, 27, 36, 38, 53
- mehrdeutig lösbar, 23, 27, 36, 38, 53
- mit 2 Gleichungen, 8
- mit 2 Variablen, 8, 21, 22
- mit 3 Gleichungen, 22
- mit 3 Variablen, 22, 32–35, 50, 51
- mit n Variablen, 51, 59, 60
- nicht lösbar, 23, 27, 38, 53
- nichttriviale Gleichung, 37, 52
- überbestimmtes System, 17, 29
- widerspruchsfreie Stufenform, 37
- zulässige Äquivalenzumformung, 40, 56
Linearkombination, 103, 143–145, 147
Lot
- eines Punkts auf eine Ebene, 242, 288
- eines Punkts auf eine Gerade, 242, 272
Lotfußpunkt, 278, 282, 284, 288

Lotfußpunktverfahren, 279, 281, 286, 295, 302, 304
Lotgerade, 242, 272, 308
Länge
- eines Pfeils, 75
- eines Vektors, 81, 82, 84

Mittelpunkt einer Strecke
- im Raum, 70, 72, 74
- in der Ebene, 70, 74

Normaleneinheitsvektor, 170, 291
Normalengleichung
- einer Ebene, 205, 208, 209, 212, 224
- einer Gerade, 170, 178
Normalenvektor, 130, 204, 205, 209, 216, 267, 275, 282
Nullpunkt, 61
Nullvektor, 88
- nichttriviale Linearkombination, 108
- triviale Linearkombination, 108

Ordinate, 62
Ordinatenachse, 62
Orthogonalbasis, 149, 155
orthogonale
- Ebenen, 267, 269
- Vektoren, 129, 140, 281
orthogonale Projektion
- einer Gerade auf eine Ebene, 242, 249
- eines Punkts auf eine Ebene, 242
- eines Punkts auf eine Gerade, 272
orthogonale Vektoren, 170
Orthogonalprojektion, 242, 244, 247
Orthonormalbasis, 151, 155
Ortsvektor, 80

parallele
- Ebenen, 251
- Geraden, 179
- Pfeile, 77
Parametergleichung
- einer Ebene, 198, 201, 202, 224, 251, 255, 256, 258, 259
- aus drei Punkten, 198
- aus zwei echt parallelen Geraden, 199
- aus zwei sich schneidenden Geraden, 199
- einer Gerade, 161, 172–174, 178, 195
Pfeil zwischen Punkten, 75, 82–84
Projektionsgerade, 242
Punktmenge, 65, 73
Punktspiegelung, 298

reelle Zahlenebene, 3, 61, 96

reeller Zahlraum, 4, 62, 96
Richtung
- einer Verschiebung, 76
- eines Pfeils, 76
- eines Vektors, 276, 281
Richtungsvektor
- einer Ebene, 198
- einer Gerade, 159

Schnittgerade zweier Ebenen, 251, 254–257, 260, 261, 265, 268
Schnittpunkt
- zweier Geraden, 179, 181, 183–185, 191–194, 272
- zwischen Gerade und Ebene, 229, 231, 233, 235–241, 249, 288
- zwischen Geraden und Ebene, 308
Schnittwinkel
- zwischen Ebenen, 266–269
- zwischen Gerade und Ebene, 244, 245, 249, 250
- zwischen Geraden, 189, 191–194, 266
Schwerpunkt eines Dreiecks, 179, 195
Skalarmultiplikation, 88
Skalarprodukt von Vektoren, 127, 137, 138
- Definition, 127
- Rechenregeln, 128
Spaltenvektor, 79
Spiegelebene, 301, 307
Spiegelgerade, 301, 307
Spiegelpunkt, 298, 302, 304, 306, 308
Spiegelung
- einer Ebene an einem Punkt, 299, 301, 307
- einer Ebene an einer Ebene, 311, 313, 315
- einer Gerade an einem Punkt, 299, 301, 307
- einer Gerade an einer Ebene, 309, 311, 315
- eines Punkts an einer Ebene, 302, 308, 315
- eines Punkts an einer Gerade, 302, 304, 307
Spurgerade einer Ebene, 269, 271
Spurpunkte
- einer Ebene, 219, 269, 271
- einer Gerade, 245
Standardbasis
- des Vektorraums $\mathbb{R}^2$, 146
- des Vektorraums $\mathbb{R}^3$, 146
Strecke, 167
- Teilverhältnisse, 167, 178, 194
Subtraktion von Vektoren, 91
Summe von Vektoren, 85

Ursprungsgerade, 157, 195

Vektor
- Betrag, 81, 84

- Definition, 78
- Komponenten, 147
- Koordinaten, 79, 87, 147
- Länge, 81
- Repräsentant, 78, 79, 82–84
- Richtung, 82
- der Länge Eins, 91
- inverser, 90
- skalare Multiplikation, 88, 97
  - Rechenregeln, 89
Vektoraddition, 85, 97
  - Parallelogrammregel, 87, 144, 149
  - Rechenregeln, 91
  - grafisch, 87, 96
Vektorgleichung, 92
Vektorraum, 95
  - Basis, 146, 148

- Dimension, 148
- Erzeugendensystem, 145
- Orthogonalbasis, 149
- Orthonormalbasis, 151
Verschiebung, 75, 79

windschiefe Geraden, 179, 183, 185, 191, 192, 194
Winkel
  - zwischen Ebenen, 266–269
  - zwischen Gerade und Ebene, 244, 245
  - zwischen Geraden, 188, 189, 191–193
  - zwischen Vektoren, 124, 125, 129, 138, 139, 142, 192

Zahlengerade, 61
Zeilenvektor, 153

Springer Spektrum

springer-spektrum.de

J. Kunath

Analytische Geometrie und Lineare Algebra zwischen Abitur und Studium II

Theorie, Beispiele und Aufgaben zu nichtlinearen Themen

- Geht anschaulich auf nichtlineare Fragen der Analytischen Geometrie und Linearen Algebra ein: Kreise, Kugeln und Kegelschnitte
- Kompakte Theorie, viele Beispiele und zahlreiche Aufgaben mit Lösungen
- Frischt die Schulmathematik für Schüler und Studienanfänger auf und bietet einen Einblick in Themen, die in der Schule vielleicht zu kurz kamen

Wissen Sie noch, was Polarkoordinaten sind und wie man mit ihnen rechnet? Wie man Kreise, Kugeln oder Ellipsen beschreibt? Mit diesem Buch können Sie Ihr Wissen aus dem Mathematikunterricht der Oberstufe auffrischen und sich so auf ein Studium vorbereiten, in dem solide Kenntnisse der Schulmathematik – und mehr – benötigt werden. Durch die anschauliche Darstellung sowie die vielen Beispiele eignet sich das Werk aber auch hervorragend als Begleitmaterial zu einer einführenden Mathematikvorlesung. Neben ausführlichen, aber klaren Herleitungen erleichtern besonders die zahlreichen Übungsaufgaben mit Lösungen das Lesen und Lernen: Statt trockener Theorie steht hier immer das Üben und Verstehen im Vordergrund. Beweise und zusätzliche Erklärungen gehen außerdem teilweise über den Schulstoff hinaus, sodass Sie gleichzeitig behutsam an den hochschultypischen Lehr- und Lernstil herangeführt werden. In Band 2 liegt der Fokus auf Inhalten, die häufig nicht mehr an der Schule behandelt werden, an Hochschulen aber wieder relevant werden: Kreise, Kugeln und Kegelschnitte. Dieser Band schließt an einen weiteren an, der auf die Grundlagen der Linearen Algebra und Analytischen Geometrie eingeht.

Dipl.-Math. Jens Kunath hat lange an der BTU Cottbus-Senftenberg unterrichtet und ist zurzeit als freiberuflicher Mathematiklehrer in Südbrandenburg und Ostsachsen tätig.

Dieses Lehrbuch kann von DozentInnen als kostenfreies Prüfexemplar über unseren Service **DozentenPlus** bestellt werden.

Verpassen Sie mit **SpringerAlerts** keine aktuellen Informationen aus Ihrem Fachbereich!

2020.
XII, 372 S. 103 Abb., 63 Abb. in Farbe.
Druckausgabe
Brosch.
€ (D) 32,99 | € (A) 33,91 | CHF 36.50
ISBN 978-3-662-60683-4
eBook
€ 24,99 | CHF 29.00
ISBN 978-3-662-60684-1

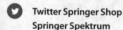 **Twitter Springer Shop Springer Spektrum**

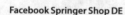 **Facebook Springer Shop DE**

Online auf springer.com bestellen / E-Mail: customerservice@springernature.com / Tel.: +49 (0) 6221-345-0
€ (D): gebundener Ladenpreis in Deutschland, € (A): Preis in Österreich. CHF: unverbindliche Preisempfehlung.
Alle Preise inkl. gesetzl. MwSt. zzgl. evtl. anfallender Versandkosten.

Jetzt bestellen auf link.springer.com oder in Ihrer Buchhandlung

Part of **SPRINGER NATURE**

J. Kunath

Reelle Matrizen, Vektoren und lineare Abbildungen

Ein kompakter Überblick mit Aufgabensammlung

- Erläutert die Eigenschaften und Zusammenhänge von Vektoren, Matrizen und linearen Abbildungen
- Bestens geeignet als Vorbereitung oder Ergänzung zu Kursen in Linearer Algebra
- Mit vielen (Anwendungs-)Beispielen und Übungsaufgaben

Dieses kompakte Lehrbuch stellt zentrale Definitionen, Eigenschaften und elementare Rechenmethoden rund um Vektoren, Matrizen und lineare Abbildungen zwischen reellen Vektorräumen verständlich dar – kurz: Es zeigt, was Matrizen eigentlich sind, wie man mit ihnen rechnet und was man damit alles anfangen kann. Selbstverständlich wird auch erläutert, welche Bedeutung Matrizen im Zusammenhang mit linearen Abbildungen haben. Das Buch bietet somit eine grundlegende Orientierung zu den gängigen Begriffen wie Rang, Inverse, Determinante, Eigenwerte, Eigenvektoren und Kondition einer Matrix oder Bild, Kern, Dimension und Bijektivität bei linearen Abbildungen – und legt die Grundlage für einen tieferen Einblick in die Lineare Algebra. Mit vielen ausführlich dargestellten Beispielen und gut verständlichen, ausformulierten Erklärungen eignet sich dieses Werk als Ausblick für motivierte Schüler, als Begleitung im Übergang von Schule zu Hochschule, als Unterstützung zum Studienbeginn sowie als kompaktes Nachschlagewerk im Berufsleben. Viele Übungsaufgaben mit Lösungen helfen beim Verständnis und der Anwendung der behandelten Begriffe und Methoden sowie beim Entwickeln einer guten Routine in der Arbeit mit Matrizen, die in vielen weiterführenden Vorlesungen zur Mathematik und in Anwendungsfächern von grundlegender Bedeutung ist.

Dipl.-Math. Jens Kunath hat lange an der BTU Cottbus-Senftenberg unterrichtet und ist zurzeit als freiberuflicher Mathematiklehrer in Südbrandenburg und Ostsachsen tätig.

Dieses Lehrbuch kann von DozentInnen als kostenfreies Prüfexemplar über unseren Service **DozentenPlus** bestellt werden.

Verpassen Sie mit **SpringerAlerts** keine aktuellen Informationen aus Ihrem Fachbereich!

2022.
VIII, 175 S. 10 Abb.
Druckausgabe
Brosch.
€ (D) 27,99 | € (A) 28,77 |
CHF 31.00
ISBN 978-3-662-65628-0
eBook
€ 19,99 | CHF 24.50
ISBN 978-3-662-65629-7

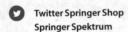 **Twitter Springer Shop**
Springer Spektrum

 **Facebook Springer Shop DE**

Online auf springer.com bestellen / E-Mail: customerservice@springernature.com / Tel.: +49 (0) 6221-345-0
€ (D): gebundener Ladenpreis in Deutschland, € (A): Preis in Österreich. CHF: unverbindliche Preisempfehlung.
Alle Preise inkl. gesetzl. MwSt. zzgl. evtl. anfallender Versandkosten.

Printed in the United States
by Baker & Taylor Publisher Services